内存数据库

IN-MEMORY DATABASE

张延松　王　珊　编著

中国人民大学出版社
·北京·

前　言

随着多核 CPU、大内存技术的发展，当前主流高性能数据库已经从传统磁盘数据库转向新一代内存数据库，GPU、DPU、PIM、非易失内存、CXL 扩展内存等新型存储及计算硬件技术的发展为内存数据库提供了更大的、开放的异构硬件平台，传统磁盘数据库的存储模型、查询处理模型的硬件假设发生变化，以 Hareware-aware 为代表的硬件相关及软硬件一体化设计方法成为数据库新的优化手段，在数据库底层存储访问模型、存储优化技术、查询处理与优化技术等方面需要更好地结合新硬件强大的存储和计算能力，进一步提高数据库在大数据实时分析处理方面的性能。在数据库应用中，数据仓库是计算密集型的应用，以企业级大数据实时分析处理技术为代表，在新的内存计算平台上能够更好地发挥其大数据实时分析处理能力，结合高性能事务处理性能支持 HTAP 混合应用负载，提供更加准确和及时的决策信息。

本书面向内存数据库实现技术，系统地分析了硬件技术发展趋势、数据库模式特征、内存数据库查询优化技术和面向新硬件平台的内存数据库多维分析处理实现技术，解读了现代内存数据库的关键技术，并系统地提出内存数据库技术的实现架构和关键技术问题的解决方案，通过内存数据库核心算子算法实践案例为读者剖析内存数据库查询算法实现与优化技术，探索内存数据库关键实现技术。

本书内容

本书分为三个部分，共 8 章，内容概括如下：

第 1 部分为内存数据库基础，包括第 1、2、3 章，主要介绍与内存数据库技术相关的基础知识、硬件技术发展以及基于内存计算平台的数据仓库模式分析。

第 1 章是内存数据库技术绪论。绪论部分概要地介绍了内存计算的概念及发展趋势，内存数据库的概念、特征、发展历程和分类，宏观地展示内存计算技术驱动的内存数据库技术发展趋势。

第 2 章分析了硬件技术的发展对内存计算技术的影响。内存数据库技术的发展直接被硬件技术的发展推动，新型硬件技术提高了数据库的数据存储访问性能和数据计算能力，改变了传统数据库查询处理的基本假设和理念框架。硬件技术的发展呈现多样化趋势，内存数据库技术的研究主要采用硬件敏感型的模式，即面向硬件特性来优化数据库查询处理技术，本章通过系统地分析与数据库紧密相关的硬件的特征和发展趋势，分析内存数据库优化技术的目标。

第 3 章分析了数据库和数据仓库的模式及模式优化技术。数据仓库是一种特殊的数据库应用，它面向分析处理任务，其模式设计与通用数据库有较大的区别，数据仓库的模式特征可以与硬件特征相结合来提高查询优化实现技术。该章通过详细分析数据仓库模式和数据的特点，分析了内存的查询优化技术，并结合具体的数据仓库模式案例进行分析。

第 2 部分为内存数据库实现技术。当前内存数据库技术处于稳定发展阶段，不同的内存数据库系统使用不同的查询实现和优化技术，工业界的内存数据库产品和学术界的内存数据库系统采用了多样化的技术路线，为实现内存数据库系统提供了丰富的技术案例。第 2 部分对比分析了分析型内存数据库实现的关键技术，梳理了内存数据库实现技术的脉络。

第 4 章介绍了内存数据库存储访问实现技术。主要从存储模型优化技术、数据压缩技术和索引技术等方面系统地介绍内存数据库存储访问实现技术。

第 5 章介绍了内存 OLAP 查询优化技术。主要以内存数据库关系操作符实现技术为线索，对比分析了当前内存数据库领域主要的查询处理实现技术，针对 HTAP 发展趋势进一步扩展了内存事务处理技术，向读者介绍了内存数据库查询处理技术的实现原理。

第 6 章介绍了 GPU 数据库实现技术。随着 CPU-GPU 异构计算平台成为主流高性能计算平台，GPU 数据库成为新一代高性能数据库的代表性技术，GPU 数据库受到学术界和产业界的重视，他们推出了一系列代表性的 GPU 数据库原型系统或 GPU 数据库产品。该章系统地介绍了 GPU 的硬件架构及技术发展趋势，分析了代表性的 GPU 数据库系统，介绍了 GPU 数据库核心的实现技术。

第 3 部分为内存数据库实践技术。这部分内容以中国人民大学王珊教授领导的高性能数据库团队长期以来在内存数据库领域的研究成果为基础，系统地介绍了内存数据库和面向新型异构存储/计算硬件平台数据库技术的理论模型和计算架构，为读者提供一个可参考的内存数据库实现案例素材，并展示我们对于内存数据库未来发展趋势的分析和研究技术路线。

第 7 章介绍了面向未来新型异构存储/计算硬件平台的开放内存 OLAP 计算架构，在传统的关系、多维数据模型基础上提出了扩展的多维–关系数据模型，从数据模型和模式等理论层面探索适合异构硬件的数据模型。在多维–关系数据模型的基础上提出了多维–关系计算模型，扩展了索引技术、计算模型和查询实现技术。最后，设计了面向异构硬件平台的多维–关系计算模型，通过解构传统数据库的存储引擎和查询处理引擎，解构查询处理引擎不同特性的计算层为异构存储和计算设备提供分层的计算模型，优化匹配不同存储访问和计算特性异构硬件与数据库负载。

第 8 章设计了内存 OLAP 实现技术实践案例，通过内存数据库关键算子的算法实现和优化技术实践案例向读者介绍内存数据库代表性的算法设计和优化技术，帮助读者掌握内存数据库核心算法实现及面向硬件特性的优化方法，为构建内存数据库查询处理引擎提供底层算法支持。

读者对象

本书系统介绍了内存数据库的发展和关键技术，便于读者系统地掌握内存数据库的知识体系结构。本书适合数据库实现技术方向的学生及研究开发人员使用，也可以作为计算机专业研究生和本科生的教材使用。本科生教学可以偏重内存数据库算子实现技术，如将第 8 章前 5 个基础算子的实现技术作为教学和实验的主要内容，结合应用实例适当扩展，培养学生的基础关系操作算法实现能力。研究生教学可以覆盖完整的教学实验内容，如第 8 章第 6～10 个实验偏重内存数据库系统实现技术，覆盖了前沿的 GPU 实现技术，并通过 TPC-H Q5 实现案例拓展了内存数据库完整的查询处理过程，在教学过程中可以进一步扩展到 2～3 个代表性的 TPC-H 查询实现技术作为练习或课程报告。

出版意义

在标志着数据库性能的 TPC-C、TPC-E、TPC-H 榜单上，内存数据库已经成为主流技术，传统数据库系统，如 SQL Server、Oracle 集成了内存数据库引擎，实现了在技术上的换道超车，成为当前主流的数据库技术。新型多核 CPU 的核心数量已经超过 100，新型 12 通道内存提供了大容量和高带宽性能，进一步推动内存数据库技术的成熟和产品的普及。在标志着高性能计算和高能效计算的 TOP500 和 GREEN500 榜单上，CPU-GPU 异构计算平台成为主导，高性能处理技术的发展推动了高性能 GPU 数据库技术的成熟，为高性能数据库提供了强大的硬件平台支持。从当前数据库技术的发展来看，传统的磁盘数据库正在经历向内存数据库、GPU 数据库的技术升级，随着硬件技术发展的多样化，FPGA、DPU、CXL 扩展内存、非易失内存等新型处理和存储硬件也将为数据库提供新型硬件平台，需要数据库在软件架构层面充分考虑当前及未来新型异构存储/计算硬件技术的发展趋势，在软件架构、数据模型、计算模型、算法实现等领域设计面向未来开放、异构计算平台的新型数据库系统架构，适应新硬件技术的发展，充分利用新硬件技术的性能红利，通过软硬件相结合的优化技术提升数据库性能。

本书是内存数据库实现方面的教材，系统地介绍了内存数据库相关的理论知识和实现技术，为内存数据库研究和开发人员介绍系统的知识和技术体系，同时也是面向内存数据库核心技术的学术专著，系统地分析了当前数据库领域最前沿的内存数据库实现技术，帮助读者了解数据库领域的学术研究前沿知识，掌握内存数据库实现的关键技术。本书系统地介绍了中国人民大学高性能数据库团队在内存数据库领域的研究成果，提出了面向未来异构硬件平台的内存计算实现框架和关键技术，对内存数据库的研究工作具有一定的借鉴意义。当前数据库技术正经历从传统磁盘数据库向内存数据库的技术升级，内存数据库和 GPU 数据库代表了当前及未来数据库技术的发展方向，本书系统地解读了当前代表性的内存数据库和 GPU 数据库核心实现技术，通过教育的先导作用为我国数据库技术的发展提供技术储备。

本教材为中国人民大学研究生精品教材建设项目成果，受到中国人民大学 2022 年度“中央高校建设世界一流大学（学科）和特色发展引导专项资金”支持。

本教材的编写过程中，博士研究生韩瑞琛承担了第 8 章内存 OLAP 实践案例的算法设计和实验教学内容的编写工作，为教材的使用者提供实验案例代码、测试方法和数据可视化展现工具。

目　录

第 1 部分　内存数据库基础

第 2 部分　内存数据库实现技术

第 3 部分 内存数据库实践技术

第 1 部分　内存数据库基础

在冯·诺依曼型计算机体系结构中，内存处于核心地位，是连接中央处理器（Central Processing Unit，CPU）和外部设备的纽带，为 CPU 数据处理提供直接的数据访问能力。传统磁盘数据库核心的缓冲区管理的目标是通过将访问频度高的磁盘页缓冲到内存来提高数据访问的内存局部性，提高查询处理性能，但数据结构和访问接口仍然采用与磁盘一致的方式，这种缓冲区存储数据向磁盘存储数据兼容的模式可以提高磁盘访问效率，但对 CPU 而言则降低了内存访问效率。随着内存集成度迅速提高和价格快速下降，大容量内存、非易失内存已经能够成为数据的直接存储访问设备而不再是数据缓存单元，从而实现以内存访问和 CPU 计算为主的数据结构和访问模式，数据访问更加直接高效，内存计算模型更加精简并且适应 CPU 等计算设备的特性。内存计算是以内存作为主存储设备，面向处理器计算特性设计的全新的计算模式，使内存中的数据计算更加贴近处理器硬件特性，能够更好地发挥现代高性能处理器的计算性能。

硬件技术的发展主要体现在三个方面：计算性能、存储性能、数据传输性能。从当前计算硬件特点和未来发展趋势来看，多核处理器已经成为主流，以 TOP500 2023 年 6 月榜单为例，代表性的 CPU 为 AMD EPYC 64C、A64FX 48C、Xeon Platinum 8358 32C、IBM POWER9 22C、SW26010 260C 等多核处理器，核心数量有了极大的提升。

处理器的另一个发展趋势是以 GPU（Graphic Processing Unit，图形处理器）、FPGA（Field Programmable Gate Array，现场可编程门阵列）为代表的协处理器技术的发展，TOP500 前 10 名系统中有 7 个系统配置了 GPU 加速器，CPU-GPU 成为当前高性能计算平台的代表性技术。内存容量增长的同时成本降低，以及新型具有更高存储密度的非易失内存，如傲腾持久内存等技术的产品化，使内存成为现代高性能计算平台的新硬盘，内存也由单一的 DRAM 扩展为多级层次内存架构。异构处理器和存储设备之间的数据通道既是计算和存储资源连通的纽带，也成为高性能计算与存储设备之间的性能瓶颈，新一代 PCIe 4.0/5.0 技术、NVLink 技术、CXL 等技术也在持续提高 CPU 与外部处理设备和存储设备之间的数据传输性能，优化异构存储与计算性能。内存计算与硬件平台的特性紧密结合，硬件的特点是优化内存计算的重要基础，硬件的物理性能是算法性能的上限，硬件的特征也是内存数据库查询优化算法设计的基础。

关系数据库采用的是结构化的关系数据存储模型，范式理论和规范化技术优化了数据库的存储模型，同时也根据数据内部的逻辑关系实现数据的划分，提高存储效率。进一步地，面向分析型负载的数据仓库通过多维数据模型将数据组织为更适合分析计算的存储和计算模型，数据量较小但计算量较大的维表和数据量极大的事实表构成了一种偏斜的数据存储模型，不同数据集有不同的数据大小和负载特征，对数据局部性要求和计算能力的要求也各不相同，数据与负载的不均衡性与内存计算平台分层次的异构计算资源和存储资源的分布特点相结合则能够更好地提高硬件资源的利用率。

内存数据库的优化技术需要关注两个重要的因素：一是内存计算平台的硬件特征，它决定了计算能力的上限；二是计算负载的特征，它决定了计算的对象和数据特性。在内存数据库实现技术的设计中，核心的思想是提高数据访问与数据计算的局部性，提高在异构内存计算平台上的数据处理效率。同时根据 80/20 原则重点优化 20% 的关键数据与 80% 的关键计算任务，简化算法设计，降低系统复杂度，提高算法执行效率。

在本书第 1 部分，我们首先介绍内存数据库的基本概念、发展历程和分类；然后结合内存计算平台硬件的特点和未来发展趋势，了解硬件存储与计算设备的特性与技术发展趋势，了解不同硬件的优点与不足；最后通过对数据库模式的分析和数据仓库模型特点的分析，从模式和负载的特点出发划分不同特征的负载，并与不同的硬件特征相结合，获得最佳的负载分配策略，提高存储与计算资源的利用率。

第1章

绪　论

本章要点

随着大规模集成电路技术的不断发展，计算机的 CPU 中集成了越来越多的处理核心，计算机能够提供越来越强大的并行处理能力，例如 AMD EPYC 9684X 处理器配置有 96 核心，三级缓存容量达到 1 152MB[1]; 同时，与处理器的并行计算能力增长相对应，新型处理器支持的内存容量越来越大，例如，英特尔公司（Intel）的至强（Xeon）Platinum 8380 处理器能够支持 6TB 内存，英特尔傲腾（Optane）持久内存单模块容量高达 512GB、每路持久内存容量达到 4TB，SSD 存储容量达到 8TB，英特尔傲腾固态硬盘 P5800X 的读写带宽超过 6GB/s[2]，硬件技术的发展使高性能、大数据内存计算成为现实。在当前的大数据时代，不仅要求系统能够处理大数据计算任务，而且对大数据计算响应时间的性能要求越来越高，大数据的价值不仅体现在从更大规模数据计算中获取更加丰富的信息，而且体现在从大规模数据中实时地获取有价值的信息。随着内存计算平台性能不断提高和硬件成本不断降低，基于内存计算的新型系统不断涌现，传统的基于磁盘存储的数据库厂商也相继推出基于内存计算的新型内存数据库系统，这些基于内存计算模型的软件系统设计思想与传统的基于磁盘数据访问的软件系统设计理念存在较大的差异。当前 TPC-C 和 TPC-H 榜单中，内存数据库已经成为主流的高性能数据库系统，数据库正在经历从理论到实现技术、从磁盘数据库到内存数据库的转型期。

本章介绍内存计算技术的发展，内存数据库的基本概念和特征，内存数据库的发展历程及主要分类，以便读者对内存数据库有一个初步的了解。

1.1　内存计算

顾名思义，内存计算是发生在内存中的计算处理。与传统的基于缓存的磁盘数据处理技术不同，内存计算直接面向内存数据进行软件设计，数据结构和访问模式更加适合内存访问，编程模型更加直接、简洁，与传统的软件设计思想有显著的不同。内存计算更加关注内存访问和处理器计算的性能，与新型存储和处理器技术相结合。随着硬件技术的不断发展，内存计算平台在硬件架构上在不断地升级，内存计算的实现技术也需要随之改变，内存计算正从同构计算平台转变为开放的异构计算架构。

1.1.1 内存计算的概念

内存计算（In-Memory Computing，IMC）是指 CPU 直接从内存而非硬盘上读取数据，并对数据进行并行的计算、分析和处理。基于磁盘存储访问的计算模型，如磁盘数据库（Disk Resident Database，DRDB），是以磁盘数据访问为中心设计算法，通过缓冲区机制加速磁盘访问性能；而基于内存访问的内存计算模型，如 MRDB/IMDB/MMDB（Memory Resident Database/In-Memory Database/Main Memory Database），则以全部数据或者工作数据集驻留内存为假设，以内存数据访问为中心设计算法。在内存计算模型中，磁盘作为数据的后备存储设备，不直接参与计算，磁盘数据可以一次性地全部加载到内存，也可以增量地加载到内存支持内存计算。

广义的内存计算包括不同的研究和应用领域[3]，几个代表性的技术方向如下：

- 操作型内存数据库管理系统（Operational In-Memory Database Management System）是以内存为主要存储设备的事务型数据库系统，也称为内存联机事务处理系统（On-Line Transactional Processing，OLTP）。
- 分析型内存数据库管理系统（Analytical In-Memory Database Management System）是通过内存计算技术实现数据库的分析处理功能，通常应用为内存联机分析处理系统（On-Line Analytical Processing，OLAP）和内存数据仓库技术。
- 内存数据网格（In-Memory Data Grids）是一种分布式内存数据存储技术，通过将数据存储到内存中，并使其分布到多个服务器上，更迅速地访问存储在内存中的数据、改进其可扩展性和更好地进行数据分析。
- 事件流处理平台（Event Stream Processing）是通过分析高速数据流并鉴别重要事件的处理技术，内存计算可以增强其对高速数据流的实时处理能力。主要包括事件流处理、云事件流处理服务（Cloud Event Stream Processing Services）、实时分析处理（Real-Time Analytics）等技术。
- 混合事务分析处理系统（HTAP）是指通过内存计算技术在一个数据库中同时提供高性能事务处理和分析处理功能，简化数据库系统设计。

在内存计算应用领域，与数据库技术关系最为紧密的是操作型内存数据库、分析型内存数据库和 HTAP 混合型内存数据库技术，这也是传统数据库厂商和新兴数据库产品最为重视的领域，代表了高性能数据库技术当前和未来的发展方向。

1.1.2 内存计算浪潮

内存数据库在 20 世纪 80 年代就已经出现，由于当时内存价格昂贵，存储容量有限，内存数据库通常作为磁盘数据库的高速缓存来使用。一方面，随着近年来 64 位处理技术的普及、内存容量的不断提高以及内存价格的持续下降，大内存已能够存储全部的数据集，内存数据库逐渐从磁盘数据库的加速引擎升级为独立的存储和查询处理引擎。另一方面，近年大数据对海量数据快速处理的需求也促使内存成为新兴的高性能分析计算平台，推动内存计算技术的发展。

内存数据存储的最大优势是数据访问性能高。图1.1对比了不同的存储设备，如 CPU 寄存器（CPU register）、CPU 高速缓存（CPU cache）、动态随机存取存储器（DRAM）、SSD/Flash、硬盘（Hard Disk）等存储设备的访问性能，内存的访问性能显著优于硬盘以及 SSD/Flash 存储。除数据访问性能之外，内存可以被 CPU 通过快速通道互联（QPI）直接访问，而磁盘及 SSD/Flash 等外部存储设备则必须通过一系列的总线（PCIe、SAN）和控制器（I/O hub、RAID 控制器或 SAN 适配器以及存储控制器）完成数据传输过程，数据访问的整体延迟更加显著。内存采用多通道技术，最新的 DDR5 支持 12 通道，具有较高的数据访问带宽。内存数据访问使用较小的粒度，可以按地址随机访问，而硬盘上的随机访问导致了磁头移动延迟增加，进一步降低了数据访问性能，而且外部存储设备的 I/O 传输单位通常较大（如 4KB），在细粒度的随机访问操作中大多数的传输代价浪费在无效数据传输上。在多核（multicore）处理器计算平台上，内存可以充分利用多核处理器提高并行访问性能，而磁盘则由于物理结构原因只支持较低的并行访问性能。

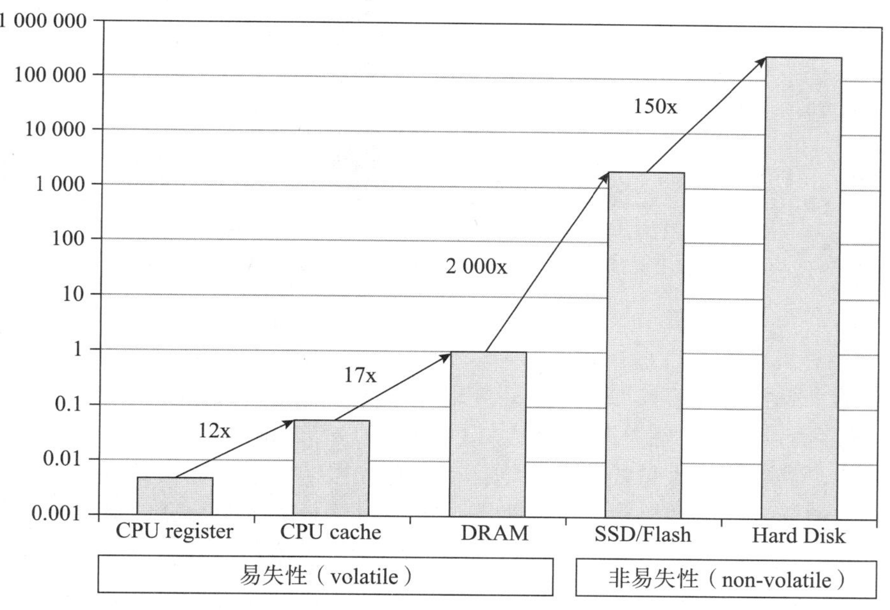

图 1.1 不同存储设备相对于内存的访问性能

虽然内存价格呈现不断下降趋势，但相对于 Flash 及硬盘等存储设备仍然是较为昂贵的存储介质。从能耗的角度来看，如图1.2所示，内存相对于 PCM（Phase Change Memory，相变存储器）、NAND Flash、HDD（Hard Disk Drive，机械硬盘）在读操作和写操作时的能耗非常低，但内存的电路设计决定其在空闲时仍然需要周期性的充电过程，而 PCM、NAND Flash、HDD 等其他存储设备的空闲能耗非常低。对于高负载的应用来说，内存计算平台相对于传统的磁盘存储平台不仅具有更高的性能，还具有更低的能耗水平。但对于持久数据存储任务而言，内存数据的持久存储能耗远高于持久性的存储 PCM、NAND Flash、HDD 等存储设备。基于 3D-XPoint 技术的傲腾持久内存（Persistent Memory，PM）解决了传统 DRAM 易失性的问题，提供了大容量、低成本、低能耗的内存存储和高性能的内存计算能力，从而使内存数据库可以消除磁盘、固态硬盘（SSD）等慢速外部持久存储设备的性能瓶颈因素制约。

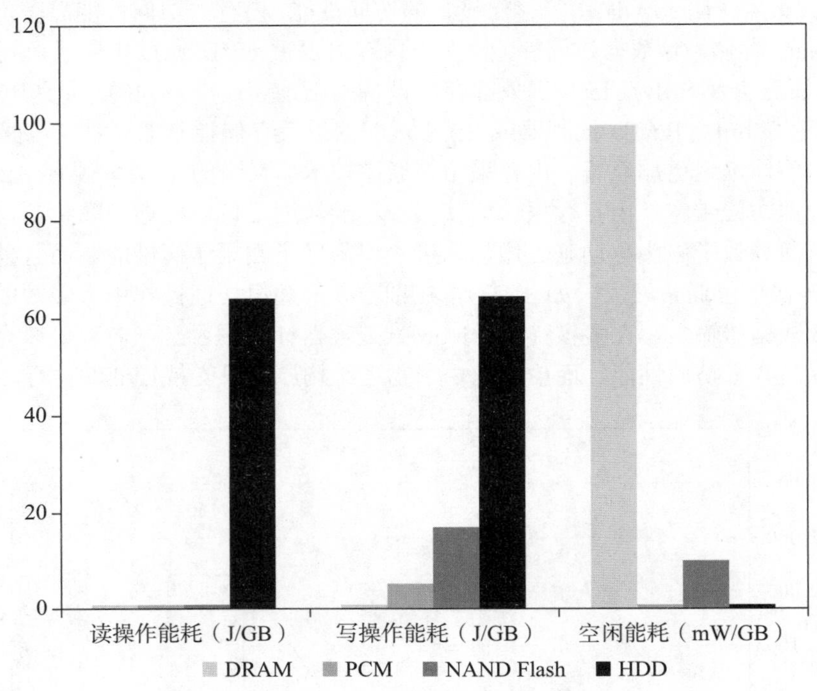

图 1.2 不同存储设备相对于内存的访问性能

磁盘基于旋转盘片的物理结构使其数据访问性能增长缓慢，与基于集成电路的 Flash、DRAM 等存储设备的性能差距越来越大。磁盘 I/O 性能瓶颈导致磁盘数据库的优化技术非常复杂，需要维护大量的索引、物化视图等数据结构来优化查询性能，不仅消耗了大量的存储空间，还导致磁盘数据库的查询处理引擎复杂度非常高，需要数据库管理员（DBA）掌握复杂的数据库调优技术。与此相对，内存计算模型直接访问内存数据，内存访问的高性能使其不再过度依赖代价高昂的索引、物化视图等机制，能够有效地简化内存计算的软件系统架构，减少应用程序代码，使软件系统更加易于扩展和更新。从整体拥有成本（TCO）的角度来看，相对于传统的磁盘计算模式，内存计算能够降低应用程序软件的复杂度，支持数据密集型任务更好地在数据库层完成，加快响应速度，支持快速完成海量数据分析任务，为用户提供更加及时的数据分析结果，从而降低企业级应用程序的总体拥有成本。

内存计算已经开始被越来越多的企业采用，内存数据库也成为继传统磁盘数据库之后最新的数据库技术。SAP 公司的 HANA 内存数据库平台已经成为其最重要的产品；微软的数据库 SQL Server 2014 中增加了代号为 Hekaton 的内存数据库引擎[5]，通过内存优化表实现高性能的内存事务处理，系统中集成了内存列存储索引技术，支持高性能内存分析处理；Oracle 推出了支持两种存储格式的内存数据库产品 Oracle Database In-Memory，行存储结构用于加速内存 OLTP 事务处理负载，列存储结构用于加速内存 OLAP 分析处理负载；新兴的 GPU 数据库进一步通过 GPU 并行计算能力和大容量高带宽内存提供了强大的 GPU 内存计算能力。可以说，内存数据库是新一代数据库技术的代表，随着硬件技术的发展和软件技术的成熟将在实际应用中发挥越来越大的作用。

图1.3（a）为不同的数据库在 SSB（Star Schema Benchmark，星形模式基准测试）数据集（数据集大小用 SF（Scale Fector）表示，SF=1 时，事实表 LINEITEM 包含6 000 000 行记录）上的基准测试结果，其中内存数据库 Hyper、MonetDB、Vector（Vectorwise）和 GPU 数据库 OmniSci（HeavyDB）在查询性能（平均查询时间）上具有显著的优势，与磁盘数据库系统（包括 GPU 磁盘数据库 PG-Strom，各数据库均采用内存数据访问模式）的性能形成较为显著的代差。图1.3（b）中 openGauss 和 PostgreSQL 为最新的多线程版本，较早期版本有较大的性能提升。新兴的内存计算平台已经成为大数据时代高性能、低成本的实时分析处理解决方案。

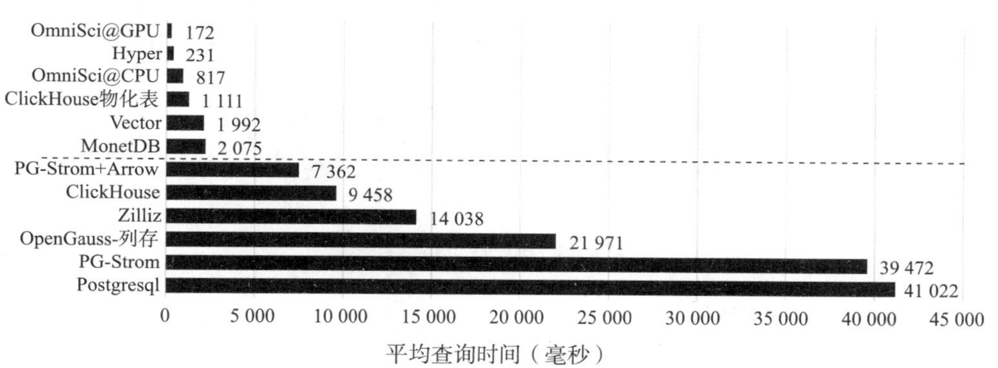

（a） SSB[6]性能对比（SF=100）

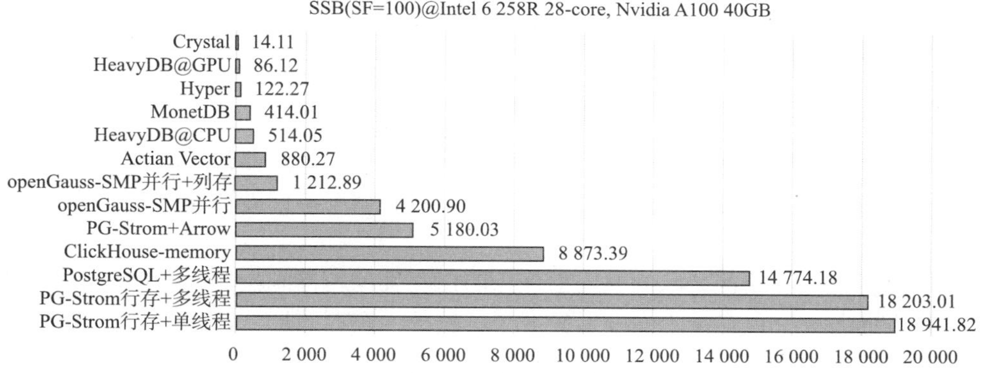

（b） 扩展SSB性能对比（SF=100）

图 1.3 数据库 SSB 基准性能测试

1.1.3 硬件技术驱动的内存计算技术

在冯·诺依曼型计算机体系结构中，内存是处理器直接访问的存储设备，内存与处理器技术的发展具有相互影响的作用。一方面，多核处理器并行计算能力的提高要求足够大的内存空间来满足处理器的数据处理能力；另一方面，内存访问延迟与处理器性能差距的增大要求处理器通过多级 cache 机制和多通道内存技术来降低内存访问延迟和提高内存带宽。也就是说，先进的多核处理器技术必须在大内存平台上才能充分发挥其强大的并行处理能力，大内存同样需要低延迟数据访问和强大的并行访问能力才能保证内存不会成为内存墙（memory wall）。

图1.4描绘了当前硬件体系结构下的内存计算平台，内存计算平台在计算和存储两方面都显示出异构层次特点。

图 1.4 内存计算平台硬件架构

计算单元不仅包括传统的 CPU，还包括面向高性能计算应用的 GPU 和 FPGA 等协处理器。CPU 中集成的处理核心数量相对较少，并行计算能力相对较弱，但具有良好的逻辑处理能力和较大的共享缓存，适合复杂的指令控制和复杂内存数据结构管理。协处理器中集成了众多的计算核心，具有强大的并行计算能力和数据吞吐性能，但逻辑控制能力相对较弱，不适合管理复杂的内存数据结构。当前协处理器主要通过 PCIe 通道与主板内存连接，现阶段 PCIe 通道较低的带宽是协处理器计算的性能瓶颈。在 CPU-协处理器异构计算平台上，计算复杂度低的数据密集型处理任务适合 CPU 处理，而较小数据集上的计算密集型任务则适合协处理器来执行。异构处理器的不同硬件特性需要内存计算模型按计算特点对数据分而治之地处理，合理调度不同处理器上的任务分配和数据分布，获得最佳性能。

存储设备也随着硬件技术的发展由均一的内存存储转向异构内存存储。以傲腾持久内存为代表的非易失内存技术的发展扩展了传统的内存存储层次，其持久存储和空闲能耗低的特点使其成为大数据内存计算理想的存储设备，在 DRAM 热数据层和磁盘/SSD 冷数据层之间增加了一个温数据层，为内存计算提供了更多的技术选择。同时，Flash 也得到了广泛的应用，成为辅助内存的下一级存储设备。单一的内存存储具有最高的性能，内存数据在访问时的能耗也低于其他存储设备，但内存的价格仍然偏高，而且其易失性特点需要额外的持久化管理机制，即使在只读的 OLAP 应用中，断电也将导致较高的数据重新加载代价。持久内存、Flash 存储具有更低的成本，其持久存储特点也适合于数据的长期存储，可以完全替代磁盘的功能，内存–持久内存–Flash 异构存储在性价比上更加具有优势，可能会成为未来内存计算的主流。但内存与持久内存、Flash 存储在数据访问性能上存在差异，持久内存、Flash 读写性能不对称的特点也决定其数据访问和优化机制会比内存更加复杂，因此在异构内存存储平台上不能直接使用单一的内存计算模型，需要根据层次存储的特点采用不同的优化技术。

除了存储性能和计算性能之外，连接存储和计算单元的数据通道性能也是内存计算性能重要的影响因素。在当前的技术水平下，处理器之间通过 QPI 通道互联，在 NUMA 架构中本地节点内存有较低的访问延迟，而远程节点则需要通过 QPI 通道远程访问，增加了数据访问延迟。QPI 通道的性能决定了 NUMA 架构下本地内存访问和远程内存访问的性能差距，也决定了 NUMA 架构下内存计算的算法优化设计。当前的协处理器和 Flash 需要通过 PCIe 通道连接，PCIe 5.0 通道双向带宽可达 128GB/s，但相对于内存带宽（如 8 通道内存带宽约 200GB/s）而言，PCIe 和 QPI 通道带宽仍然较低，因此 PCIe 通道带宽仍然是当前内存计算平台的主要性能瓶颈。英伟达（NVIDIA）GPU 专用的 NVLink 具有较高的带宽，第四代 NVLink 总带宽为 900 GB（GPU 显存带为 3TB/s），是 PCIe 5.0 带宽的 7 倍以上，最多可以直接连接的 GPU 数量达到 256 个。

硬件技术的发展日新月异，新的硬件技术将改变原有硬件平台的体系结构，存储、计算、数据通道的性能可能会发生较大的变化，也将对内存计算模型产生较大的影响。内存计算的优化技术受硬件特性影响较大，是一种硬件敏感（hardware-conscious）型的优化技术，内存计算需要能够将最新的硬件技术融入其中，根据硬件特性优化算法设计，以最大化发挥硬件的性能；同时内存计算也是一种硬件驱动（hardware-driven）型的优化技术，未来硬件技术的发展可能会改变传统硬件假设，因此在算法设计上还需要面向未来硬件发展趋势，设计符合新硬件发展趋势的算法，避免算法与硬件特性过度绑定而导致在未来硬件平台上的优化失效问题。

1.2 内存数据库系统概述

内存数据库是内存计算最具代表性的领域。本节和下两节将对内存数据库的概念、发展加以梳理，并对当前代表性的内存数据库技术进行分析和分类。

1.2.1 内存数据库

内存数据库是在将内存作为主存储设备的基础上设计的以内存存储访问和内存查询优化为核心技术的数据库系统。内存数据库的数据组织、存储访问模型和查询处理模型都是针对内存特性而优化设计，内存数据被处理器直接访问，磁盘只是作为后备存储设备使用，并不作为系统优化设计的重点。而与此相对的磁盘数据库是将磁盘作为主存储设备，而将内存作为磁盘的缓存使用。磁盘数据库的数据组织、存储和访问模型及处理模型都是面向磁盘访问特性而设计，磁盘数据通过缓冲区被处理器间接访问，查询优化的核心是缓冲区的效率。

图1.5显示了传统的磁盘数据库与内存数据库的区别。传统的磁盘数据库以磁盘为主要存储设备，数据库的基础数据结构，如表、索引、临时文件等都存储在磁盘中，数据存储采用面向磁盘 I/O 访问特征而设计的 page 存储结构，数据库的查询优化技术以提高磁盘数据的 I/O 访问性能为中心。在磁盘数据库中，磁盘 I/O 是最重要的性能瓶颈，缓冲区管理（buffer management）是提高查询处理时磁盘访问性能的重要技术，通过缓冲区管理机制提高频繁访问数据在缓冲区中的命中率，降低 I/O 延迟。与磁盘数据库相对，内存数据库的数据文件，如表、索引、临时文件等全部驻留于内存，其数据文件的组织采用面向内存访问特点而优化的细粒度内存数据结构，与磁盘数据库基于 I/O 优化的 page-slot 结构有较大的差异。由于内存数据库默认数据驻留于内存，数据采用内存存储格式被 CPU 直接访问，因此不需要磁盘数据库的缓冲区管理机制，数据库系统程序直接访问内存数据结构，能够更加有效地提高数据访问效率。内存数据库的查询优化技术以内存数据访问、cache 优化、多核并行优化为核心。简而言之，磁盘数据库采用磁盘原生数据结构，内存用于缓存加速，而内存数据库是内存原生数据结构，磁盘用于归档存储。

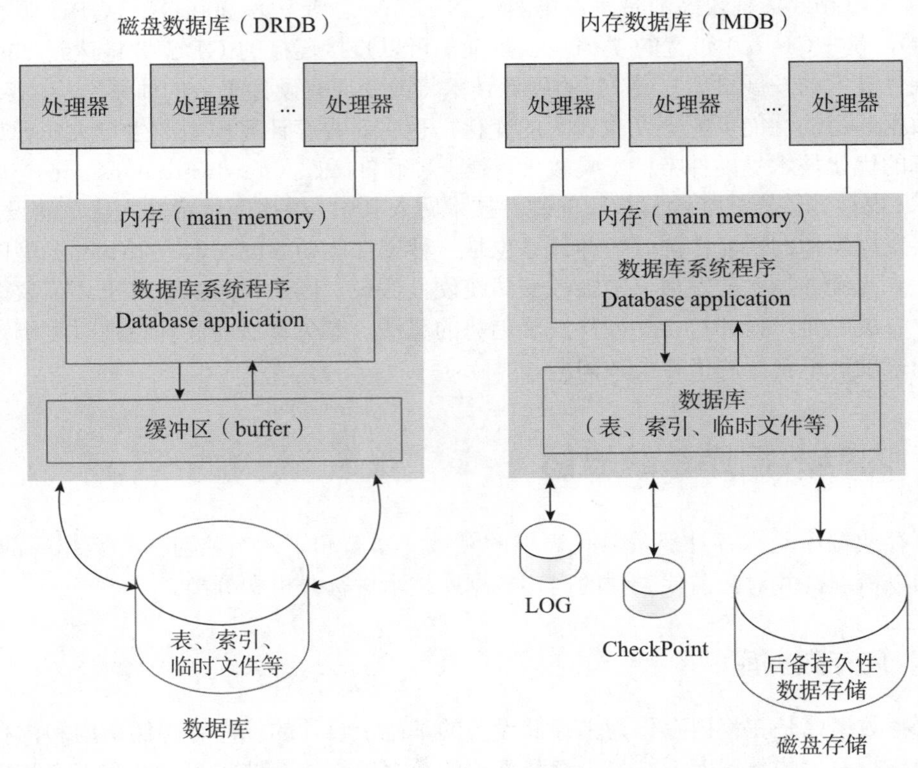

图 1.5 磁盘数据库和内存数据库

磁盘数据库的缓冲区是磁盘数据在内存的副本，采用与磁盘存储一致的基于 page-slot 的数据结构，当内存足够将全部磁盘数据缓存在缓冲区时，数据访问只是相当于在内存磁盘上的访问，而内存数据库通常采用面向内存访问特点的数据组织结构，其数据访问性能仍然优于全部缓存模式下的磁盘数据库。因此，内存数据库并不是简单地将磁盘数据全部缓冲到内存，而是面向内存存储访问特点和多核处理器并行计算特点进行全面优化设计的新的数据库系统，需要对传统的数据库理论和实现技术进行全面升级或重新设计。

内存数据库消除了磁盘数据库中巨大的 I/O 代价。同时，数据的存储和访问算法以内存访问特性为基础，实现处理器对数据的直接访问，在算法和代码效率上高于以磁盘 I/O 为基础的磁盘数据库。在内存数据库中，使用针对内存特性进行优化的 T 树索引、B+ 树索引、hash 索引、面向 cache 优化的索引算法和多种面向连接操作的优化技术，进一步优化了内存数据库的查询处理性能。与数据全部缓存到内存的磁盘数据库相比，内存数据库的性能仍然超出数倍。

由于传统 DRAM 内存是易失性存储介质，因此内存数据库与磁盘数据库相比，在事务的 ACID（atomicity（原子性），consistency（一致性），isolation（隔离性），durability（持久性））特性上能够满足 ACI 特性，但 D 特性的满足需要借助特殊的硬件设备、系统设计和实现机制，例如：

- 日志（transaction logging）。内存数据库需要在事务提交前将日志写到可靠存储（如 SSD）设备上，可靠存储设备的访问性能将影响内存数据库的性能。
- 检查点（check point image）。检查点周期性地将内存数据记录到磁盘或 SSD 上，在发生系统故障并进行恢复时能够还原某一时刻的数据，需要和日志配合使用来保证数据的一致性。内存数据库通常采用并行日志写入和并行恢复机制提高系统发生故障时的恢复性能。
- 非易失内存存储（Non-Volatile Random Access Memory，NVRAM）。它是一种非易失随机存储设备，包括闪存（Flash Memory）、PCM[7]（Phase Change Memory，相变存储器）、MRAM[8]（Magnetic Random Access Memory，非易失磁性随机存储器）、带有后备电源的 SSD[9]（i-RAM 存储）、eXFlash DIMMs[10] 以及最新的傲腾持久内存等。
- 高可用性技术（high availability）。使用数据库复制技术，采用主–备双机内存数据库服务器，在发生故障时数据库系统能够自动在数据库副本之间进行切换，实现不间断服务，提高数据库可靠性。

内存数据库一般应用于对实时响应性要求较高的高端应用领域，如电信、金融等领域的核心事务处理（OLTP）。内存数据库既可以作为独立的高性能数据库来处理核心业务，也可以作为磁盘数据库的高速缓存，加速磁盘数据库中“热”数据集的处理性能。在后一种应用模式中，需要对数据库的模式进行优化，划分出“热”数据集和“冷”数据集，由内存数据库和磁盘数据库来分别处理，在两个数据库之间通过数据迁移技术实现底层数据的融合。随着内存容量的增长和持久内存的产品化，系统能够支持的“热”数据集越来越大，甚至可能支持全部数据存储于内存的工作模式。将内存数据库运行在大内存、多级 cache 和多核硬件环境下，还可以有效解决计算密集型的联机分析处理（OLAP）应用的性能瓶颈问题。这类分析型内存数据库需要重点解决的问题包括存储模型优化技术、查询处理模型优化技术、轻量压缩技术、cache 优化技术、多核并行查询处理优化技术、

cache 分区优化技术等。根据分析型数据的访问特点，分析型内存数据库一般采用列存储技术和轻量数据压缩技术来提高内存存储效率和访问效率，在连接操作中优化内存带宽、cache 访问和 CPU 并行计算性能。

相对于内存 OLTP，内存 OLAP 能够更好地发挥内存的性能优势。事务处理需要保证 ACID 特性，因此内存 OLTP 性能的决定因素在于内存数据库的预写日志（write-ahead logging，WAL）机制的效率。当前数据库的持久存储设备逐渐由慢速的磁盘向速度更高的闪存以及持久内存转移，逐渐降低 WAL 延迟，提高内存数据库的综合性能。但这些持久存储设备的访问速度相对内存还有较大的差距，现阶段仍然是内存事务处理的性能瓶颈。与此相对，内存 OLAP 是读密集型的数据库应用，传统的数据仓库与 OLAP 是只读的分析应用，近年来随着 OLTP 与 OLAP 的融合，支持更新机制的 OLAP 逐渐成为新的研究热点问题，但在 OLAP 中仍然可以放宽对更新的实时性需求，关键的问题在于如何利用内存和现代多核处理器的性能提供高性能的内存分析处理。因此，在内存 OLAP 应用中，内存的易失性并不是制约内存数据库的主要因素，而内存细粒度数据访问、随机访问和多通道内存的特性更加适合处理 OLAP 应用在一个庞大的多维数据空间抽取特定的多维数据子集进行聚集计算的需求。

随着内存集成度的提高、内存容量的增大和内存成本的降低，以及持久内存的商业化，高性能内存事务处理和高性能内存分析处理将成为应用的重要目标和实现实时数据处理的关键技术。近年来的发展趋势是将内存 OLTP 和内存 OLAP 融合在一个统一的内存数据库框架之内[11][12]，为用户提供统一的事务处理与分析处理平台，同时进一步利用先进硬件的整合性能，集成多核处理器、大内存、闪存为高性能存储计算平台，与内存数据库相结合构建内存数据库一体机[13]。进一步地，随着云原生数据库技术的发展和持久内存技术的逐渐成熟，具有 HTAP 特征的云原生内存数据库也将逐渐成为新的高性能数据库平台。

内存数据库通常指基于多核 CPU 和 DRAM 内存计算平台的数据库系统，随着硬件技术的发展，尤其是 GPU 和持久内存技术的发展，内存和计算也扩展了新的概念内涵。从处理器技术的发展趋势来看，内存计算平台的处理器从同构的多核 CPU 向异构的 CPU-GPU 或 CPU-FPGA 技术发展，内存数据库中的计算密集型负载逐渐从 CPU 向计算性能更加强大的协处理器转移，这种技术发展趋势进一步支持了 HTAP 技术的发展，通过异构处理器平台为查询负载特征有极大区别的事务处理和分析处理分配不同的处理器，为高通量事务处理和高性能分析处理分离了硬件计算资源，消除分析处理只读长事务与事务处理短事务在 CPU 上的资源冲突和并发访问控制代价。另外，GPU 或 FPGA 主要使用 PCIe 接口或专用的接口，硬件扩展性高于 CPU，专用的 GPU 服务器可以配置 8~16 块 GPU，通过集中式服务器提供可扩展的并行计算能力。从内存技术的发展趋势来看，新兴的持久内存以更大的容量、更低的成本、更优的能耗提供了持久内存数据存储访问能力，与 DRAM 内存采用相同的内存访问模式，使内存成为最后一级存储设备，构建了真正意义的内存数据库系统。另一个趋势是 GPU、FPGA 以及新一代多核 CPU 中配置了大容量 HBM 高带宽内存，其相对内存更高的带宽提供了优异的存储访问性能，既可以作为 CPU 内存在硬件加速器上的高速缓存，也可以作为“热”数据存储访问设备，通过硬件加速器的可扩展架构提供大容量、高性能的数据库分析计算能力，支持 GPU 内存数据库等新型硬件级的内存数据库实现技术。

1.2.2 内存数据库管理系统

完整的内存数据库管理系统（Database Management System, DBMS）需要为用户提供 SQL 接口、内存查询处理、面向内存的查询优化和内存存储管理等基本模块，除此之外还提供多用户的并发控制、事务管理和访问控制，能够保证数据库的完整性和安全性，在内存数据库出现故障时能够对系统进行恢复。

在用户接口功能上，不同类型的内存数据库采取不同的接口策略。基于嵌入式系统的内存数据库，如 eXtremeDB[14] 提供多种应用接口（C/C++ API 接口、SQL 接口、SQL ODBC/JDBC 接口），既支持标准的 SQL，也支持由应用定制的 API 对数据库的直接访问。eXtremeDB 只有 50~130KB 的系统存储开销，使其能够方便地融入应用程序之中，由应用进程直接访问 eXtremeDB 数据库，避免了进程间通信。通用的内存数据库，如 Oracle Timesten、IBM solidDB，既是符合 RDBMS 标准的独立内存数据库，也可以作为传统磁盘数据库的前端高速 cache，支持通过 ODBC 或 JDBC 的 SQL 访问。一些开源的嵌入式内存数据库系统只提供对部分 SQL 的支持，通过与程序语言相结合的方式使数据库与应用程序易于绑定和集成。对于内存 key/value 存储，如 Redis 采用内存 key/value 存储结构，支持字符串（strings）、哈希（hashes）、列表（lists）、集合（sets）和有序集合（sorted sets）等数据类型及相应的原子操作。内存 key/value 存储是一种内存数据集结构，通过键值实现对值的存储访问，相对于内存数据库的 SQL 语言还缺乏完整的功能支持。考虑到 HIVE 在 Hadoop 上扩展的 SQL 功能，内存 key/value 存储 Redis 在扩展 SQL 功能的基础上也将具备一定的内存数据库特征。Spark 支持可靠的内存数据存储和处理，通过将工作数据集 cache 在内存提供低延迟的内存计算，通过内存共享数据加速迭代计算。

在查询处理模块中，磁盘数据库管理系统由于在磁盘存取、内外存的数据交换、缓冲区管理、排队等待及锁的延迟等方面受到底层 I/O 机制的影响而无法精确评估查询执行时间，而且查询算法复杂，需要较高的 CPU 指令代价。内存数据库相对于磁盘数据库最大的区别是去掉了缓冲区管理机制，数据的主副本或工作副本以长期驻留内存为基础假设，对内存数据的访问更加直接，且代码的 CPU 指令更少，查询算法的执行效率更高。因此，内存数据库管理系统往往比磁盘数据库的查询处理模块更加轻量和精简，算法复杂度也相对较低。

在内存查询优化模块中，与以磁盘 I/O 代价模型和减少数据块访问为中心的磁盘数据库优化技术不同，内存数据库的查询优化技术完全以内存数据访问和多核并行内存查询算法为中心，查询优化的核心问题是降低内存访问延迟、提高内存带宽效率、降低 cache 冲突和提高多核并行处理性能。在并发控制实现技术方面，内存数据库通常采用更轻量级的锁存器（latch）机制提高并发处理性能，在索引设计方面通常基于缓存块（cache line）而不是数据页设计存储访问算法，通过多副本、原子操作等优化技术提高数据更新性能和效率，相对于磁盘数据库而言是全新的查询优化技术。

内存数据库的存储管理通常不采用磁盘数据库基于块的存储模式，记录直接存储在内存中，可以直接添加记录。在索引中使用适合内存 cache 访问的索引节点大小，增加索引的层数，降低索引节点的大小，减少节点内处理的 CPU 代价。在分析型内存数据库中，列存储是提高数据访问效率和提高 CPU 处理效率的基础，现代处理器支持 512 位的单指令多数据（Single Instruction Multiple Data，SIMD）并行数据处理，具有强大的向量处理能力，因此分析型内存数据库的存储多采用数组存储技术以提供连续地址上的并行数据处理。

内存是易失性存储介质，因此内存数据库相对于磁盘数据库而言需要额外的持久化存储机制。对于嵌入式数据库和作为数据库高速 cache 的内存数据库，通常支持将表定义为内存表或磁盘表的功能。在事务密集型应用中，通过事务日志、放宽事务持久性、组提交、快照（snapshot）、检查点、高可用性复制机制等方法来保证内存数据库的数据持久性。

在并发控制机制上，由于内存数据库在事务处理时的低延迟（内存数据库达到微秒级事务处理时间，而磁盘数据库的事务处理时间为毫秒级），为简化内存数据库的并发控制机制，内存数据库采用粗粒度写锁、基于存储过程的事务操作和单线程事务处理机制。粗粒度写锁支持数据库级上的独占性和共享锁定来实现独立事务处理，多个进程和线程可以共享读数据，但写操作必须获得独占锁。VoltDB[15] 采用基于存储过程的事务处理操作，用户将事务操作通过存储过程提交给数据库，用户程序通过调用存储过程完成事务操作。为了充分发挥多核处理器的性能又不引入复杂的多线程事务处理，部分内存数据库采用完全单线程顺序事务执行机制，如 Hyper 系统采用的串行事务执行机制。由于内存数据库利用了内存低延迟数据访问的特点，事务的并发控制相对于磁盘数据库放松很多，通过对应用模式特点的分析，利用内存数据库微秒级的更新性能，采用简单的并发控制机制能够满足应用的需求并提高系统的整体性能。

内存数据库管理系统相对于磁盘数据库管理系统更加轻量化，内存相对于磁盘优异的存储访问性能保证了内存数据库高事务吞吐性能和微秒级低查询处理延迟的特征，这种高性能进一步简化了并发控制的设计，使内存数据库查询处理引擎更加简单高效。相对于磁盘数据库复杂的数据管理和访问控制功能，内存数据库管理系统相对功能简化，系统功能的重点是如何在大内存和多核处理平台上更好地发挥内存数据库高性能查询处理引擎的作用。

1.2.3 内存数据库的特性

内存是计算机存储体系结构中能够被程序可控访问（相对于硬件控制的 cache）的最高层次，是能够提供大数据存储的最快的存储层。内存数据库具有优异的数据存储访问性能、较高的数据访问带宽和并行数据访问能力，具体来说内存数据库具有如下特性。

1. 高吞吐率和低访问延迟

数据库的查询处理性能主要取决于数据的存储访问性能。内存的高带宽和低访问延迟保证了内存数据库具有较高的事务吞吐率和较低的查询处理延迟，能够支持高实时响应的应用需求，在金融、电信、电子商务平台等查询负载重且查询响应时间要求高的应用环境中得到了广泛的应用。

2. 并行处理能力

内存具有良好的并行数据访问能力和随机访问性能，因此内存数据库的查询处理技术带有天然的并行性，并且需要充分利用随机访问能力提高查询的数据访问效率和 CPU 指令效率。多路处理器和多核处理器已成为当前数据库的标准平台，以磁盘为中心的磁盘数据库由于串行 I/O 的限制难以充分利用当前的并行计算能力，而内存数据库面向内存特性采用全新的设计，在查询处理模型中已充分考虑并行计算能力，在内存数据库的查询处理模型设计上，内存访问优化和并行处理优化技术同等重要。

3. 硬件相关性

计算机硬件技术的发展主要体现在高端计算设备和存储设备上，如多核处理器、协处理器、通用 GPU、持久内存、Flash 存储等。这些计算能力和存储性能的提升体现在提升对内存的吞吐需求（众核技术）、提高内存持久存储能力或为内存提供大容量和低成本的二级存储（Flash 技术），能够包含在统一的内存数据库框架之内。内存数据库的性能受硬件特性的直接影响，内存数据库需要一个开放的设计框架来扩展由新硬件技术带来的功能扩展。

1.3 内存数据库的发展历程

1.3.1 内存数据库的发展阶段[16]

1. 雏形期

20 世纪 60 年代末到 80 年代初内存数据库的雏形出现了。内存数据库的发展一方面取决于硬件特性，包括内存相对于磁盘几个数量级的性能优势，内存价格不断下降使完全内存处理变得现实；另一方面取决于应用中普遍存在的冷、热数据特性使较小的热数据适合于高性能的内存存储和处理。1969 年，IBM 公司研制了世界上最早的数据库管理系统——基于层次模型的数据库管理系统 IMS，在设计 IMS 时，IBM 在一个系统中提供了两种数据管理方法，分别是采用内存存储的 Fast Path 和支持通用磁盘存储的 IMS。Fast Path 是一个支持内存驻留数据的商业化数据库，但它同时也可以很好地支持磁盘驻留数据。在这个产品中体现了主存数据库的主要设计思想，也就是将需要频繁访问的、要求高响应速度的数据直接存放在物理内存中访问和管理。在这个阶段，包括网状数据库、关系数据库等其他各种数据库技术也都逐渐成型。内存数据库起步于层次数据库，其后的发展逐渐转向关系型内存数据库。

2. 技术理论成熟期

1984 年，德维特（D.J.DeWitt）等人发表了《内存数据库系统的实现技术》一文。第一次提出了 Main Memory Database（MMDB，内存数据库）的概念。预言当时异常昂贵的计算机内存价格一定会下降，用户有可能将大容量的数据库全部保存在内存中，提出了 AVL 树、哈希算法、主存数据库恢复机制等内存数据库技术的关键理论，为内存数据库的发展构建了系统技术框架并指明了方向。

1984 年，德维特等人提出使用非易失内存或预提交和成组提交技术作为内存数据库的提交处理方案，解决了内存易失性的关键问题，使用指针实现主存数据库的存取访问。

1985 年，IBM 推出了在 IBM 370 上运行的 OBE 主存数据库，OBE 在关系存储和索引上大量使用指针，连接操作使用嵌套循环算法，查询优化的重点是处理代价而不是 I/O 代价。

1986 年，哈格曼（R.B.Hagman）提出了使用检查点技术实现内存数据库的恢复机制。威斯康星大学提出了按区双向锁定模式解决主存数据库中的并发控制问题，并设计出 MM-DBMS 主存数据库。贝尔实验室推出了 DALI 主存数据库模型，其中重要的特征是 DALI 使用内存映射体系，数据库采用分区技术把数据文件映射到共享内存，处理器可以直接通过指针访问存储在 MMDB 中的信息，而且数据库的并行控制和日志机制可以根据需求的不同而关闭。

1987 年，ACM SIGMOD 会议中提出了以堆文件（HEAP FILE）作为主存数据库的数据存储结构。南卫理工会大学（Southern Methodist University）设计出 MARS 内存数据库模型，MARS 采用双处理器分别用于数据库和恢复处理。事务提交点之前的任务由数据库处理器负责，恢复处理器负责事务提交，将日志和更新的数据写到磁盘数据库中，周期性的检查点同样由恢复处理器负责。MARS 采用双处理器，易失内存和非易失内存存储设备将事务处理划分为两个独立的阶段，独立加速各自阶段的处理性能。

1988 年，普林斯顿大学设计出 TPK 内存数据库。TPK 提供了一种多处理器架构下的多线程处理模式，系统包括输入、执行、输出、检查点四类线程，通常配置为单查询执行线程和单检查点线程，单执行线程设计不需要并发控制机制，而输入和输出线程数量可以为多个并使用队列结构与其他线程连接。TPK 的多线程内存数据库技术实现了一种多阶段的查询处理技术。

1990 年，普林斯顿大学又设计出 System M 主存数据库。System M 由一系列协操作服务线程构成，包括消息服务线程、事务服务线程、日志服务线程和检查点服务线程等，System M 可以支持并发查询服务线程，但仍然要将活动事务服务线程控制在较小的数量。

3. 产品发展期和市场成长期

随着互联网的发展，越来越多的网络应用系统需要能够支持大用户量并发访问、高响应速度的数据库系统，高端企业级数据库应用，如电信、金融等领域同样需要高实时响应性的数据库系统，内存数据库的市场需要逐渐成熟。

在硬件技术的支持方面，半导体技术快速发展，内存存储密度不断提高，动态随机存取存储器（DRAM）的容量越来越大，而价格越来越低，这无疑为计算机内存的不断扩大提供了硬件基础，使得内存数据库的技术在可行性和成本方面逐步成熟。

1994 年，美国 OSE 公司推出第一个商业化的、开始实际应用的内存数据库产品 Polyhedra。

1996 年，TimesTen 公司成立并推出第一个商业版产品（TimesTen 2.0）。2005 年，Oracle 公司将 Times Ten 收购，作为其内存数据库产品。

1998 年，德国 SoftwareAG 公司推出 Tamino Database。

1999 年，日本 UBIT 会社开发出 XDB 内存数据库产品，韩国 Altibase 公司推出 Altibase 内存数据库。

2000 年，奥地利 QuiLogic 公司推出了 SQL-IMDB。

2001 年，美国 McObject 公司推出 eXtremeDB，加拿大 Empress 公司推出 EmpressDB。

2003 年，荷兰 CWI 研究院推出基于列存储模型的内存数据库 MonetDB，后来又推出基于向量化处理技术的 X100 系统，2008 年推出其商业化版本 Vectorwise，2010 年 Ingres 公司和荷兰的 CWI 研究院合作推出 Vectorwise 1.0 版本，并于 2011 年 3 月 31 日发布 TPC-H 100GB 数据量排名第一的 1.5 版。

2007 年，由美国布朗大学（Brown University）、麻省理工学院（MIT）和耶鲁大学（Yale University）联合开发了 H-Store。H-Store 为在线事务处理应用设计了数据库管理系统，2010 年正式推出商业版本内存数据库管理系统 VoltDB。

2008 年，IBM 收购 Solid 公司的内存数据库 SolidDB，其成为 IBM 家族的一个产品。IBM 提出 Blink BI（商业智能）内存查询处理引擎，并为 Informix 提供内存加速包 IWA (Informix Warehouse Accelerator)。Exasol 创建于 2000 年，于 2008 年进入商业数据库市场，提供分布式内存数据库产品，在 TPC-H 分布式系统中占据榜首位置。

2011 年，SAP 公司推出 SAP HANA 高性能分析应用系统，是面向企业分析型应用的内存计算技术的产品。产品支持事务处理的行存储模型和分析处理的列存储模型，在后续版本中支持持久内存，将分析处理的列存储数据移动到持久内存。

2011 年，德国慕尼黑工业大学推出内存数据库 Hyper，提出了基于实时编译查询优化技术和基于操作系统级 snapshot 的 OLTP 和 OLAP 事务隔离机制。

2012 年，Oracle 公司推出数据库一体机 Exadata X3，增加了内存计算特性，除 DRAM 之外还包括闪存，提供大容量内存计算能力，2013 年推出 Exadata X4。在 Oracle Exalytics 内存一体机中则提供了商务智能基础套件和面向 Exalytics 的 Oracle TimesTen 内存数据库，支持大数据实时分析处理。

2013 年，微软推出 Hekaton 内存数据库技术，并在 2014、2016 版本中不断完善，增加了列存储索引技术，支持内存 OLTP 和内存 OLAP 应用，2019 版本中支持持久内存应用。

2013 年，Oracle 公司推出的 12c 版本中集成了 Oracle Database In-Memory 技术，支持行式、列式双格式数据存储，同时支持事务型和分析型负载。

2014 年，前脸书（Facebook）工程师创办了 MemSQL，其原理是仅用内存并将 SQL

预编译为 C++。

2017 年，GPU 数据库 MapD 开源了核心数据库代码，支持多 GPU 加速 SQL 查询功能，也支持完全 CPU 数据库功能，MapD 后改名为 OmniSciDB，采用实时编译、向量化查询处理（简称向量化处理）等优化技术。

2020 年，华为在 openGauss 开源项目中集成了 MOT 内存优化表技术[17]。

4. 几种内存技术应用的比较

第一代内存数据库是由一些特定的高实时响应性应用领域用户（如电信等）定制的内存数据库。其特点是：通过应用程序来管理内存和数据；不支持 SQL 语句，不提供本地存储，没有数据库恢复技术；性能好但很难维护，在别的应用中不能使用；应用在实时领域比如工厂自动化生产和一些嵌入式设备中。

第二代内存数据库是具有简单功能的内存数据库，能够快速处理简单的查询，支持部分 SQL 语句和简单的恢复技术。其主要目的是能够快速处理大量事务；针对简单事务处理领域，尤其是交换机、移动通信等。

第三代内存数据库是通用的内存数据库。针对传统的商业关系数据库领域，能够提供更高的性能、通用性以及稳定性；提供不同的接口来处理复杂的 SQL 语句和满足不同的应用领域；可以应用在计费、电子商务、在线安全领域，几乎包括磁盘数据库的所有应用领域。

第四代内存数据库是分析型内存数据库。分析型内存数据库主要针对大内存上的大数据实时分析处理任务，主要面向读优化（read-optimizing）查询处理或只添加（append-only）类型的更新任务，以列存储、多核并行处理、复杂分析查询处理为特点，为用户提供秒级甚至亚秒级分析处理能力。在技术上除传统内存计算平台之外，还支持新兴的持久内存、GPU 等高性能存储和计算设备。在应用场景上，从单一功能的 OLTP 内存数据库和 OLAP 内存数据库走向融合的 HTAP 数据库技术，为应用提供实时的、统一的数据管理分析平台。

图1.6显示了内存数据库发展历程，进入产品发展和市场成长期之后，内存数据库产品发展较快，目前已成为 TPC-C、TPC-E、TPC-H 榜单上主流数据库技术，正在经历从传统磁盘数据库向新一代内存数据库的技术升级。以 MaPD（后更名为 OmniSciDB、HeavyDB）为代表的 GPU 数据库支持内存与 GPU 平台，推动内存数据库从传统的内存计算平台向新兴的 CPU-GPU 高性能计算平台扩展，丰富了内存数据库的技术路线。

随着新硬件技术的发展，内存从 DRAM 扩展为非易失内存存储、CXL 扩展内存、计算型内存、SmartSSD 等异构存储，处理器从 CPU 扩展到 GPU、FPGA、DPU 等异构硬件加速器，内存数据库技术将进一步与新型硬件技术相结合，面向新型异构存储/计算平台而优化设计的内存数据库将成为第五代内存数据库代表性技术，通过高性能硬件技术进一步提高内存数据库的性能、性价比及适应性。

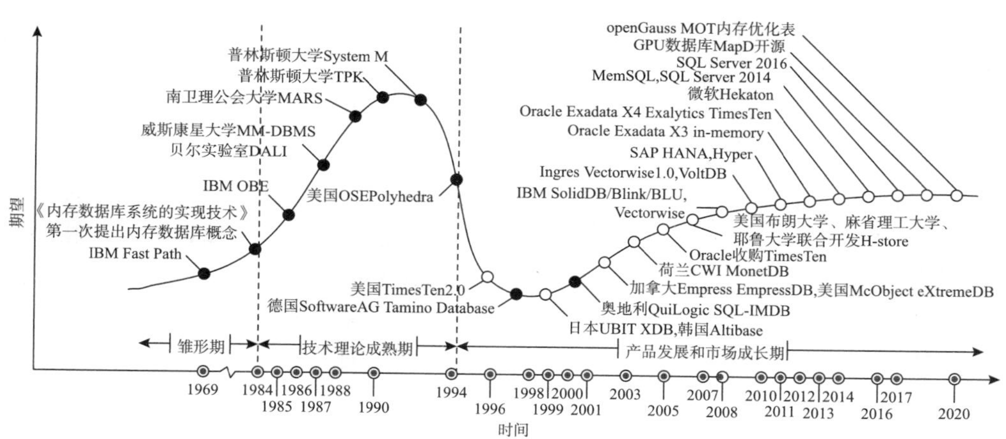

图 1.6 内存数据库发展阶段

1.3.2 代表性的事务型内存数据库

事务型内存数据库是当前内存数据库最重要的产品系列，也是内存数据库技术商业化程度最高的领域，下面介绍目前几种代表性的事务型内存数据库产品。

1. eXtremeDB

eXtremeDB 实时数据库是 McObject 公司的一款特别为实时与嵌入式系统数据管理而设计的数据库，只有 50K 到 130K 的开销，速度达到微秒级。eXtremeDB 与目标程序一同编译，不单独成为与目标程序通信的独立进程，使用内部 API，性能大幅提升。eXtremeDB 完全驻留在主内存中，不使用文件系统（包括内存盘）。eXtremeDB 采用了新的磁盘融合技术，将内存拓展到磁盘，将磁盘当作虚拟内存使用，实时性能保持微秒级。

2. Oracle TimesTen

Oracle TimesTen 是 Oracle 从 TimesTen 公司收购的一个内存优化的关系数据库，它为应用程序提供了实时企业和行业（例如电信、资本市场和国防）所需的即时响应性和非常高的吞吐量。Oracle TimesTen 可以作为独立的数据库使用，也可作为高速缓存或嵌入式数据库被部署在应用程序层中，利用标准的 SQL 接口对完全位于物理内存中的数据存储区进行操作。TimesTen 与 Oracle 进行了很好的集成，能够实现内存数据库 TimesTen 与传统磁盘数据库 Oracle 的互联互通。

3. SolidDB

Solid Information Technology 成立于 1992 年，总部位于美国加利福尼亚州库比蒂诺，Solid 数据管理平台将基于内存和磁盘的全事务处理数据库引擎、载体级高可用性及强大的数据复制功能紧密地融为一体。SolidDB 于 2008 年被 IBM 收购，通过 Universal

Cache 加快访问 IBM DB2、IBM Informix、Dynamic Server（IDS）、Oracle、Microsoft SQL Server 和 Sybase 数据库的速度。

4. Altibase

Altibase 是由韩国公司开发的一款内存数据库产品，Altibase 内存管理模块使用自己的内存池管理内存。Altibase 的存储管理层管理内存中优化过的数据页，通过最大化各数据页之间的关系高效地存储和管理数据库。Altibase 的查询处理层在处理查询时高效管理内存空间，尽量减少由于不必要的内存分配和释放导致的性能下降。Altibase 提供高性能和高可用性的软件解决方案，特别适合通信、网上银行、证券交易、实时应用和嵌入式系统领域。

5. VoltDB

VoltDB 是一个无共享（shared-nothing，SN）的内存数据库，支持 ACID，通过并行单线程来保证事务一致性和高性能，所有事务被实现为存储过程，所有存储过程（事务）均全局有序，由于避免了锁的使用，因此可以保证每个事务在所有分区上并行执行完成后才继续执行下一个事务，事务不会乱序执行。VoltDB 支持自动数据分区，数据表会被自动分配到集群节点，在多核处理器上按服务器的核数划分分区，每个分区对应一个 VoltDB 服务器进程，在单个进程内使用单线程，所有的事务执行都是顺序进行的。VoltDB 是一个优化吞吐率的高性能内存数据库集群。

6. Hekaton

Hekaton 是微软的内存数据库项目，它被集成进 SQL Server 2014 数据库成为 SQL Server 内存 OLTP 引擎（In-Memory OLTP Engine）。相对于其他内存数据库，Hekaton 支持表粒度级别的内存 OLTP 功能，即用户可以把选定的几个表放到内存中，其他的放在硬盘上，因此不需要购买高端的硬件设备来支持数据库粒度的内存存储。通过将事务处理转移到内存 OLTP 引擎，SQL Server 的整体性能能够得到大幅度的提高。

1.3.3 代表性的分析型内存数据库

分析型内存数据库随着近年来大内存硬件平台的普及而迅速发展，为高端企业级用户提供几百 GB 至几百 TB 级的内存分析处理能力。同时，内存高性能分析处理能力的提高改变了企业级分析处理的模式，将企业级 OLAP 从历史数据转移到实时数据，为企业发掘更多的价值。当前分析型内存数据库不仅具有实时分析处理能力，还需要具有集群扩展能力，向上整合功能更加强大的统计分析处理能力。下面介绍当前具有代表性的分析型内存数据库产品。

1. Vectorwise/Vector

Vectorwise 是荷兰 CWI 研究院在 MonetDB/X100 的基础上于 2008 年推出的商业化内存分析型数据库产品，通过与 Ingres 数据库的结合，于 2010 年由 Action 公司推出 Vectorwise 1.0 版本。数据库的顶层采用 Ingres 架构，提供数据库管理、数据库连接、查询解析和基于代价的优化模型等功能，查询执行引擎和存储引擎采用 MonetDB/X100 的模块，以列存储、CPU 效率高的轻量数据压缩、向量化处理、多核并行处理等技术提高了 Vectorwise 的性能。Vectorwise 在 OLAP 测试基准 TPC-H 中获得过集中式服务器上的最佳成绩，Vectorwise 应用于 ParAccel 等大数据分析平台，在 Vectorwise 3.0 分析数据库中具有 Hadoop 集成功能，由 Hadoop MapReduce 提供海量数据处理功能，由 Vectorwise 提供高性能大数据 SQL 引擎。Actian X 是一款混合数据库系统，集成了 Ingres 事务处理数据库和 Vector 高性能分析处理数据库，支持底层面向事务处理的行存储模型和面向分析处理的列存储模型，通过 OLTP 查询引擎和 X100 查询引擎提供事务处理和分析处理功能，为用户提供统一的数据管理和分析处理平台，如图1.7所示。

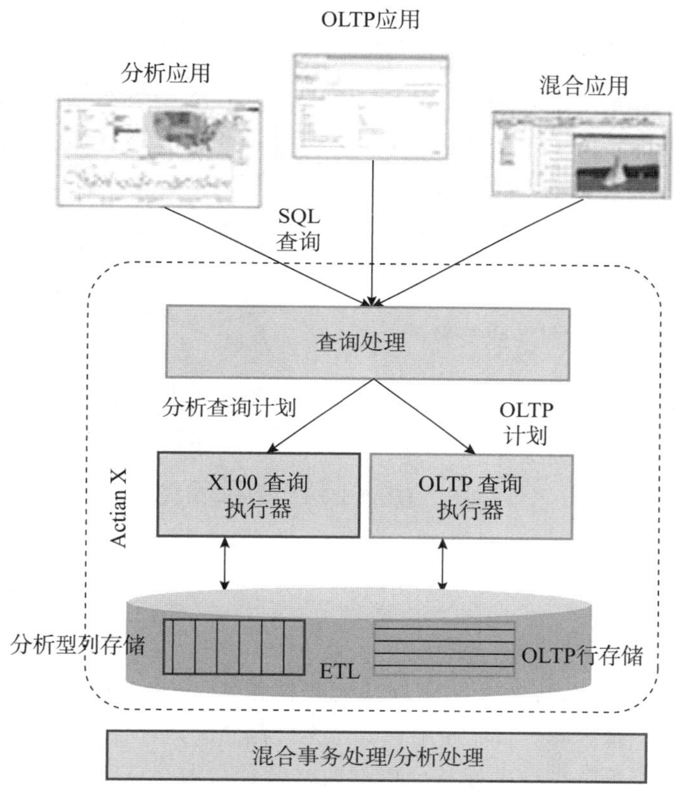

图 1.7　Actian X 数据库架构

资料来源：https://www.actian.com/company/blog/automatically-synchronizing -x100-ingres-tables-actian-x-ingres-11/.

2. Blink

Blink 系统是 IBM Almaden 研究院于 2008 年推出的面向商业智能的查询处理技术，Blink 系统的目标是支持秒级实时查询处理，消除不同查询任务的查询代价差异。Blink 采用字长轻量字典表压缩技术，通过将压缩码组织成长度为 8、16、32、64 位的“bank”，提高算术逻辑单元（ALU）的处理效率以及更好地利用处理器的 SIMD 处理特性。早期的 Blink 采用非规范物化表机制来消除连接操作代价并将不同查询的执行代价均一化，后期采用以单表扫描为基础的哈希连接（hash join）操作。Blink 为 IBM 的两款磁盘数据库产品（IBM Smart Analytics Optimizer（ISAO）和 Informix Warehouse Accelerator（IWA））提供一个并行的内存加速器，将数据仓库中的重要数据抽取到加速器中，Blink 集群能够提供 TB 级的并行内存处理能力。在 Blink 的基础上发展了 BLU 加速引擎，通过动态内存列存储技术支持高性能分析处理。BLU 加速引擎集成到 DB2 内核，使用相同的存储页面、缓冲区、备份和恢复机制，与传统的行列共存，支持面向传统行表和 BLU 加速引擎列表的混合查询，如图1.8所示。

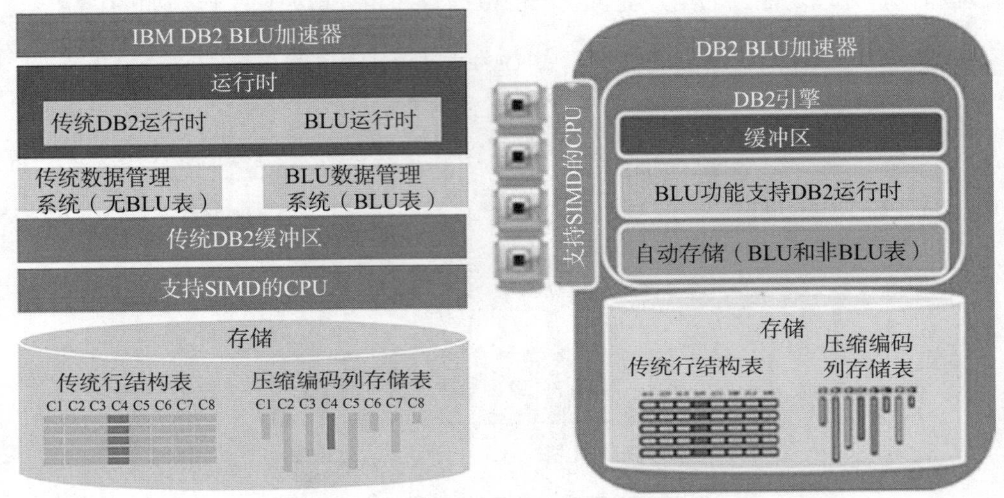

图 1.8 IBM BLU 数据库架构

资料来源：https://www.redbooks.ibm.com/technotes/tips1204.pdf.

3. SAP HANA

SAP HANA 是一个基于内存计算技术的软硬件结合的高性能数据查询分析平台。SAP HANA 采用完全内存存储，使用行、列混合存储的内存计算技术，实现事务处理和分析处理的集成，将事务型数据库和分析型数据库合二为一。HANA 在支持通用的 SQL、MDX（Multi-Dimensional Expressions，多维表达式）的基础上，还通过集成开源的统计分析软件 R 为用户提供复杂分析处理和预测功能。

4. Oracle Exalytics/Exadata

Exalytics 是 Oracle 的内存数据仓库系统，它是由内存分析硬件、内存分析软件以及优化的 Oracle 商业智能基础套件等三个部分组成的一体化系统。Exalytics 由内存数据库 TimesTen 和 Oracle 商业智能基础（Oracle Business Intelligence Foundation）以及 Oracle Essbase 多维 OLAP 分析应用程序服务器组成，通过硬件级的优化和系统级的集成，采用一体化设备提供高性能分析处理能力。TimesTen 原来是一种行存储的内存数据库，事务处理性能好而分析处理能力相对 Vectorwise 等专用的列存储内存分析型数据库有差距，TimesTen 内存数据库在 Exalytics 中支持以列存储技术压缩内存数据，减少内存消耗，有利于扩大内存容量和查询处理时的内存带宽性能，同时分析算法在压缩数据上直接操作进一步加快内存中的分析查询。Oracle Exadata X4 Database In-Memory Machine 是内存数据库一体机，实现将全部数据加载到内存来提供高性能的数据访问和查询处理。Exadata X4 能够提供最大 4TB 内存、44TB Flash 存储、672TB 磁盘存储以及 InfiniBand 高速网络（40Gb/s）。Oracle 12c 中提供 Oracle Database In-Memory 技术，支持内存行式和内存列式双格式（daul-format）数据存储技术，如图1.9所示，行存储结构用于加速内存 OLTP 负载，列存储结构用于加速内存 OLAP 负载。列存储引擎是完全内存列存储结构，应用 SIMD、向量化查询处理、数据压缩、存储索引等内存优化技术，并可以扩展到 RAC 集群提供 Scale-Out 扩展能力和高可用性。

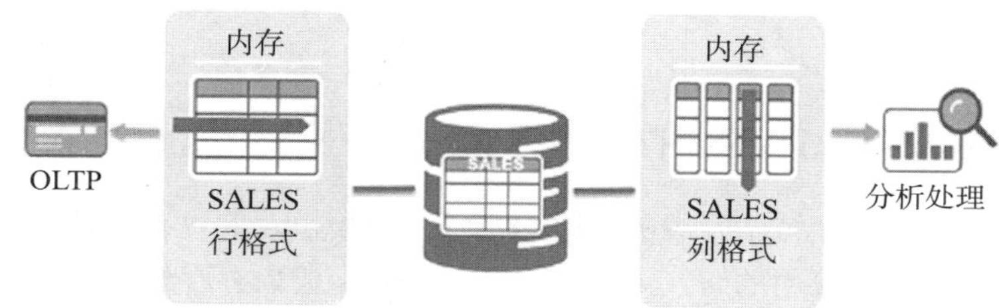

图 1.9 Oracle 双格式数据库架构

5. SQL Server

SQL Server 在传统磁盘行存储引擎的基础上增加了 Hekaton 内存行存储引擎加速 OLTP 性能，还增加了列存储索引加速分析处理性能，如图1.10所示。列存储索引可以用于内存基本表，支持 B+ 树索引及数据同步更新，通过 SIMD 优化及批量处理技术提高查询性能。SQL Server 2019 CTP 2.1 支持基于英特尔傲腾持久内存（Intel OPTANE DC PMEM）的 Hybrid Buffer Pool 技术，通过直接对非易失内存中数据的访问来消除数据从磁盘向 DRAM 缓冲区加载的代价。

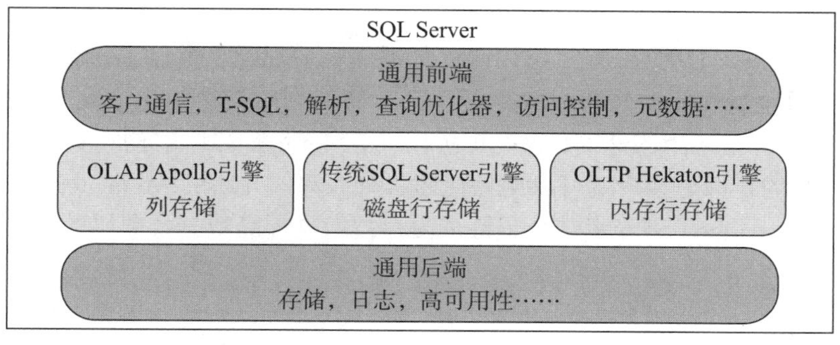

图 1.10 SQL Server 数据库混合引擎架构

6. HeavyDB（MapD、OmniSciDB）

HeavyDB 是一个基于 GPU 和 CPU 混合架构的内存数据库，它分为内存数据库模式的 CPU 版本与加速模式的 GPU 版本。HeavyDB 通过将用户查询编译为 CPU 和 GPU 上执行的机器码提高查询性能，通过向量化查询执行和 GPU 代码优化技术提高查询执行性能。查询执行时，CPU 负责查询解析，与 GPU 计算并行执行。HeavyDB 也支持完全 CPU 平台的查询处理，可以用作内存数据库版本。

7. EXASOL

EXASOL 是一个高性能的大规模并行处理（Massive Parallel Processing，MPP）内存数据库，主要应用于商业智能、分析处理和报表等，在 TPC-H 集群性能和性价比指标上名列第一。EXASOL 采用列存储和内存压缩技术，具有自调优特性、自动维护索引、表统计信息、数据分布等策略。EXASOL 采用内存处理，数据在磁盘持久存储，具有完整的 ACID 特性。

1.3.4 基于 key/value 的内存数据存储

在结构化内存数据库技术发展的同时，基于 key/value 的内存数据存储技术也逐渐成为满足高实时响应性应用的解决方案。这种 NoSQL 的内存存储技术具有良好的扩展性，在很多大型社会网络应用中被大量部署。下面介绍代表性的 key/value 内存数据存储技术。

1. Memcached

Memcached[18] 是一个高性能、分布式的内存对象缓存系统，是一个全内存哈希表（hash table）的开源实现，它以较低的开销提供了对共享存储的低迟延访问。Memcached 是一种读优化的 key/value 存储系统，与数据库相比缺乏认证和安全机制，Memcached 也缺乏类似数据库的持久化机制和冗余机制，重启 Memcached 或重启操作系统会导致 Memcached 中存储的数据丢失。当 Memcached 的存储容量达到上限时，会基于最近最少使用（Least Recently Used，LRU）算法自动删除不使用的缓存。Memcached 主要解决在大量网络应用中当数据全部存储在数据库中时，应用服务器随着数据量的增大、访问的集中，会导致 RDBMS 的负担加重、数据库响应恶化、网站显示延迟等重大影响。Memcached 通过高性能的分布式内存缓存来存储数据库查询结果，减少数据库访问次数，以提高动态网络应用的速度、提高可扩展性。Memcached 的守护进程（daemon）是用 C 语言编写的，但是客户端可以用任何语言来编写，并通过 Memcached 协议与守护进程通信。Memcached 进一步结合了持久内存技术来提高数据持久层的综合性能[19]。

2. Redis[20]

与 Memcached 类似，Redis 也是一个 key/value 存储系统。Redis 支持存储的 value 类型相对较多，包括字符串（string）、链表（list）、集合（set）、有序集合（sorted set，

即 zset）和哈希类型。这些数据类型都支持 push/pop、add/remove，取交集、并集和差集及更丰富的操作，而且这些操作都是原子性的。在此基础上，Redis 支持各种不同方式的排序。与 Memcached 一样，为了保证效率，数据都是缓存在内存中。但 Redis 会周期性地把更新的数据写入磁盘或者把修改操作写入追加的记录文件，并且在此基础上实现了主–从（master-slave）同步。Redis 是一个高性能的 key/value 数据库。Redis 的出现，很大程度弥补了 Memcached 这类 key/value 存储的不足，在部分场合可以对关系数据库起到很好的补充作用。

3. RAMCloud

RAMCloud[21] 是美国斯坦福大学提出的完全内存存储的大规模内存存储服务集群。RAMCloud 面向数据中心级应用，它具有两个显著的特点：一是完全内存存储而不是像 Memcached 一样只作为数据的高速缓存，磁盘只用于数据备份，因此提供了与磁盘数据库系统相当的数据持久化和可用性机制；二是提供透明的自动扩展机制，系统的上千台存储服务器被视为单一的存储系统，是一种内存云计算技术。RAMCloud 的存储访问性能是当前磁盘数据库系统的 100~1 000 倍，这种性能上的优势使其能够更好地应用于高负载应用场景。RAMCloud 采用了介于关系存储和 key/value 存储的中间存储结构，数据以 blob 形式存储，但支持聚集和索引机制。RAMCloud 支持表机制来对对象进行聚集处理，对表的索引数量没有限制。RAMCloud 认为在内存访问低延迟性能的支持下，关键查询模型及优化模型将进一步简化甚至消失。

4. RDD[22]

弹性分布式数据集（Resilient Distributed Datasets，RDD）是一个针对大规模并行 Hadoop 集群的分布式内存数据集，面向数据挖掘、机器学习、图数据等在计算之间存在大量复用数据的应用，提供带有容错支持能力的内存数据存储访问。在此基础上，Spark 系统实现了通过通用交互语言实现集群上的内存数据挖掘。Spark 是由美国加利福尼亚大学伯克利分校 AMP 实验室开发的一个基于内存计算的开源的集群计算系统，它所使用的语言是 Scala。Spark 的核心技术是 RDD，RDD 是分布在一组节点中的只读对象集合。这些集合是弹性的，如果数据集一部分丢失，则可以对它们进行重建，重建部分数据集的过程依赖于容错机制。Spark 启用了内存分布数据集，除了能够提供交互式查询外，它还可以优化迭代工作负载。Spark 为集群计算中的特定类型的工作负载而设计，即那些在并行操作之间重用工作数据集（比如机器学习算法）的工作负载。

相对于内存数据库，内存 key/value 存储以及 RDD 内存存储系统更加强调大规模并行集群上的自动扩展能力。相对于关系数据库面向模式的数据分布技术，基于 key/value 的分布式存储技术能够更加容易地扩展到上千个处理节点，支持大型应用系统的高负载并行访问，成为内存数据库技术的一个重要补充，也成为高性能 NoSQL 处理的技术支持。

1.4 内存数据库的分类

内存数据库技术可以从应用类型、数据模型以及计算平台特征等方面进行分类。

1.4.1 按应用类型分类

从应用类型来看，内存数据库可以分为事务型内存数据库、分析型内存数据库和混合型内存数据库三类。

- 事务型内存数据库（OLTP IMDB）：以内存联机事务处理为主，要求 ACID 特性，需要在非易失存储介质上的日志机制以保证持久性。存储模型主要为行存储，强调对数据的更新性能，需要索引机制提高对记录的查询处理性能，既可以作为独立的事务型内存数据库，也可以作为磁盘数据库的高速缓存。
- 分析型内存数据库（OLAP IMDB）：以内存联机分析处理为主，面向数据密集型处理需求进行内存访问优化，强调对 cache 的优化技术以降低数据的内存访问延迟。存储模型主要为列存储，有些内存数据库的查询处理模型采用完全列式查询处理模型，也有一些内存数据库采用列存储模型上的行式查询处理模型以及向量化查询处理模型。分析型数据库的事务处理能力相对较弱，通常较少使用索引，强调列即索引的技术路线，较多地使用连接索引（Join Index）、位图（bitmap）等数据结构来加速查询处理性能。
- 混合型内存数据库（Hybrid OLTP&OLAP IMDB）：将 OLTP 功能和 OLAP 功能集成在一个内存数据库系统，既需要保证高查询处理性能，也需要保证较好的事务处理能力。事务处理主要以插入式（insert-only）更新为主，在存储模型上通常采用混合存储模型，即事务数据采用行存储模型以提高更新效率，分析数据采用列存储模型以提高查询处理性能，在两个存储模型之间需要高效率的数据通道或转换机制。

1.4.2 按数据模型分类

最早的内存数据库 Fast Path 是层次型数据库，随着关系数据库的普及，内存数据库主要以关系模型为主。随着分析型数据库逐渐与事务型数据库相分离，基于多维模型的 MOLAP 数据库逐渐发展起来。随着大数据和云计算技术的发展，基于内存 key/value 存储的高性能存储系统在一些高并发读密集型访问应用中成为内存数据库的另一个替代方案，而在社会网络等应用中的图数据库也成为内存数据库的新成员。

- 关系型内存数据库：以关系模型为基础的内存数据库，主要技术为面向内存特性的关系操作优化。
- 多维 OLAP 数据库：以多维数组为基础的内存数据库，能够实现对多维数据的直接内存访问，但支持的数据量较小，多维数据的维护代价较大。
- 内存 key/value 存储：内存 key/value 存储是面向内存和大规模内存集群而优化设计的分布式内存存储系统，支持高并发密集型数据访问，支持透明的存储扩展技术。
- 内存图数据库：基于内存的图结构存储，用于提供实时查询与后台批量计算任务（类似于 Map/Reduce），支持 ACI 的事务处理。

1.4.3 按计算平台分类

随着硬件技术的发展，内存数据库的平台具有多样性，从通用 CPU 到多核处理器，再到通用协处理器，内存数据库系统也从单一的服务器平台扩展到并行计算平台和云计算平台。

• 单线程/进程内存数据库：以单线程或进程完成数据库的查询处理任务，甚至利用内存数据库微秒级的事务处理能力完全采用单线程串行处理方式，以消除并发控制代价。对于多核处理器采用数据分片的方式为每一个处理核分配一个数据分片，在各数据分片上采用单线程处理模式。

• 多核并行处理内存数据库：通过多核并行技术实现查询的并行处理。多核并行处理内存数据库需要将数据库的底层关系操作在算法上实现并行化，优化并行查询处理时的 cache 性能，提高并行处理效率。

• GPU 数据库：采用通用 GPU（GPGPU）作为主要的查询处理引擎，加速计算代价大的关系操作，提高内存数据库的整体性能。通常采用 CPU 和 GPU 混合处理架构，需要根据处理器计算代价模型和数据在 CPU 和 GPU 之间传输代价模型在异构计算平台之间分配计算任务，并由 CPU 进行查询执行管理和任务调度。

• 协处理器内存数据库：协处理器为内存数据库提供了更加强大的并行处理能力支持。以通用 GPU、FPGA 等协处理器为代表的协处理器技术在内存之上提供高速显存数据存储，其显存带宽相对于内存带宽性能大大地提高。协处理器更多的处理核心能够提供远远优于通用多核处理器的并行处理能力和近存计算能力，是内存数据库在高并行处理平台上技术的延伸。

• MPP 内存数据库：由于单节点内存容量受内存插槽数量的限制，内存数据库的集群处理能力是内存数据库大数据处理能力的保证。对于内存 OLTP 数据库，需要通过数据分片技术将数据分布在可以动态扩展的集群上，将事务处理尽可能集中于局部节点的数据分片上，同时也要保证集群节点间分布式事务的一致性。对于内存 OLAP 数据库，同样需要数据分片技术将数据均衡地分布在集群节点上，最小化查询处理时数据在集群节点间的传输代价，并实现容错机制和负载均衡。

• 内存 key/value 数据库：相对于关系型内存数据库更加灵活，能够支持更通用的数据存储和访问，支持大规模集群应用。key/value 存储相当于紧凑格式的行存储，在大数据分析时同样会遇到效率问题，而且基于哈希的分布式存储对于 OLAP 中典型的范围查询和复杂模式中的星形连接（star-join）存在效率和性能问题。因此，内存 key/value 数据库面向 OLAP 应用的关键技术在于实现一种基于 key/column 的存储机制和完全基于列计算的 OLAP 查询处理模型，将计算尽可能与数据对象紧密结合，提高数据处理的效率和性能。

1.4.4 按系统设计方式分类

内存数据库系统的设计有不同的技术路线，新兴的内存数据库通常采用全新的设计，传统的磁盘数据库通常采用加速引擎设计模式。

• 混合内存加速引擎：传统的磁盘数据库系统，如 Oracle、IBM DB2、SQL Server 主要采用在传统数据库的磁盘处理引擎基础上通过集成内存数据处理引擎技术提升数据库的实时处理能力。当前最新发展趋势是混合双/多引擎结构数据库，如 Oracle 在磁盘查询处理引擎的基础上支持两个存储格式的内存数据库功能，行存储结构用于加速内存 OLTP 负载，列存储结构用于加速内存 OLAP 负载。IBM BLU Acceleration 与 DB2 构成双引擎，传统数据库引擎采用磁盘行存储表结构，提供事务处理能力，BLU Acceleration 引擎面向列存储，提供高性能分析处理能力。SQL Server 在传统磁盘行存储引擎的基础上增加了 Hekaton 内存行存储引擎加速事务处理性能，还增加了列存储索引加速分析处理性能。这种混合引擎模式在保留传统磁盘查询处理引擎的基础上支持了新的内存查询处理引擎，可以兼顾传统数据库和高性能数据库应用场景。

• 独立的内存数据库系统：这种方案对应独立设计的内存数据库系统，代表性的数据库系统包括 SAP HANA、Vector（Vectorwise）、VoltDB 等。SAP HANA 内存数据库是一个全新的集成 OLTP 与 OLAP 负载于一体的高性能内存数据库系统。Vectorwise 查询执行引擎和存储引擎采用 MonetDB/X100 的模块，以列存储、CPU 效率高的轻量数据压缩、向量化处理、多核并行处理等技术提高了查询处理性能。VoltDB 是一个基于 SN 架构的、支持完全 ACID 特性的内存数据库。VoltDB 使用水平扩展技术增加 SN 集群中数据库的节点数量，数据和数据上的处理相结合分布在 CPU 核上作为虚拟节点，每个单线程分区作为一个自治的查询处理单元，消除并发控制代价，分区透明地在多个节点中进行分布，节点故障时自动由复制节点接替其处理任务。独立的内存数据库系统主要应用于高性能事务处理和分析处理应用场景，系统优化较为深入，系统开发成本较高。

内存数据库技术仍然处于不断发展的过程中，新的硬件技术直接影响内存数据库的设计思想和技术框架。内存数据库的概念、内涵和技术分类也在不断地丰富和扩充，内存数据库代码精简的特性使其相对于传统的磁盘数据库更加易于与应用在系统层进行结合，将计算与数据更加紧密地结合在一起。面向应用领域定制化的内存数据库也可能成为内存数据库的一种新的分类方法。

本章小结

冯 • 诺依曼型计算机体系结构以内存为中心。一方面，与内存直接连接的硬件技术，如多核处理器、协处理器、持久内存、Flash 等近年来迅速发展并产生深刻的变革，原有的数据库软件架构和计算模型并不能很好地适应新型硬件技术的特点，无法充分发挥新硬件的性能优势。另一方面，传统的数据库技术在大数据时代面临严重的性能问题，基于传统硬件体系结构的软件架构已经无法满足应用的性能需求，内存成本的不断降低和容量的增长使其成为高性能计算的新平台。

内存计算并不是简单地用内存代替磁盘，而是需要根据内存的存储访问特点、与内存关联的处理器计算特点、存储/计算设备之间的数据传输特点来全面设计算法和系统结构，面向新型硬件的特点实现优化技术，以使内存计算的软件系统能够更加充分地发挥硬件的性能优势，提高系统的整体性能。

内存计算不应该狭义地将 memory-resident computing 理解为在内存数据上的计算，而应该是以内存为中心的新型计算技术，内存既包括未来安装在主板上的持久内存，也包含当前通过 PCIe 连接的 Flash 存储；同样，计算既包含主板上的 CPU 计算技术，也包含通过 PCIe 连接的协处理器计算技术。

内存是处理器能够直接访问的存储设备，因此内存成为连接新型存储和计算设备的枢纽，我们所提出的内存计算是一种以内存为中心（memory-centric）的计算技术，通过内存计算技术为新型存储和计算硬件设备提供一个开放的计算平台。

问题与思考

1. 通过硬件技术发展趋势，分析未来内存计算平台在存储和计算方面的发展趋势、技术特征和技术路线。

2. 分析当前内存计算硬件平台存在的主要性能瓶颈，以及内存计算需要解决的关键问题。

3. 通过内存数据库的发展历程分析内存数据库技术发展趋势，以及核心关键问题。

4. 结合当前内存数据库、NewSQL、NoSQL、基于内存的 key/value 存储以及 Spark 等新兴内存计算技术，分析内存计算在不同应用领域的技术路线和未来技术发展趋势。

5. 下载并安装内存数据库（如 MonetDB、Vectorwise、OmniSciDB、SQL Server 等开源或测试版内存数据库）进行性能测试（SSB、TPC-H），并进一步比较不同内存数据库在不同的关系操作符，如选择、连接、分组聚集计算等上的性能差异。

本章参考文献

[1] AMD EPYC™ 9004 Series Server Processors [EB/OL]. https://www.amd.com/en/processors/epyc-9004-series, 2023-08-09.

[2] 英特尔 ® 傲腾 ™ 数据中心级固态硬盘 P5800X 系列 [EB/OL]. https://www.intel.cn/content/www/cn/zh/products/sku/201840/intel-optane-ssd-dc-p5800x-series-3-2tb-2-5in-pcie-x4-3d-xpoint/specifications.html, 2022-07-21

[3] Gartner Research. Hype Cycle for In-Memory Computing Technology, 2018 [EB/OL]. https://www.gartner.com/en/documents/3883464, 2018-07-03.

[4] Martin Bachmaier, Ilya Krutov. In-memory Computing with SAP HANA on Lenovo X6 Systems [EB/OL]. http://www.redbooks.ibm.com/redbooks/pdfs/sg248086.pdf, 2015-05-01.

[5] Cristian Diaconu, Craig Freedman, Erik Ismert, Per-Åke Larson, Pravin Mittal, Ryan Stonecipher, Nitin Verma, Mike Zwilling . Hekaton: SQL Server's Memory-Optimized OLTP Engine[C]. SIGMOD Conference. New York: ACM Press, 2013:1243-1254.

[6] Yansong Zhang, Yu Zhang, Jiaheng Lu, Shan Wang, Zhuan Liu, Ruichen Han. One Size Does Not Fit All: Accelerating OLAP Workloads with GPUs [J]. Distributed Parallel Databases，2020，38(4): 995-1037.

[7] Phase-change Memory [EB/OL]. http://en.wikipedia.org/wiki/Phase-change_memory, 2015-06-04.

[8] Magnetoresistive Random-access Memory [EB/OL]. http://en.wikipedia.org/wiki/Magnetoresistive_random-access_memory, 2015-04-07.

[9] i-RAM [EB/OL]. http://en.wikipedia.org/wiki/I-RAM, 2015-07-12.

[10] Ilya Krutov. Benefits of Lenovo eXFlash Memory-Channel Storage in Enterprise Solutions [EB/OL]. http://www.redbooks.ibm.com/redpapers/pdfs/redp5089.pdf, 2014-12-23.

[11] Alfons Kemper, Thomas Neumann, Jan Finis, Florian Funke, Viktor Leis, Henrik Mühe, Tobias Mühlbauer, Wolf Rödiger. Processing in the Hybrid OLTP & OLAP Main-Memory Database System HyPer [J]. IEEE Data Eng. Bull，2013, 36(2): 41-47.

[12] Vishal Sikka, Franz Färber, Wolfgang Lehner, Sang Kyun Cha, Thomas Peh, Christof Bornhövd. Efficient Transaction Processing in SAP HANA Database: The End of a Column Store Myth [C]. SIGMOD Conference. New York: ACM Press, 2012: 731-742.

[13] Oracle White Paper – Oracle Exalytics In-Memory Machine: A Brief Introduction [EB/OL]. http://www.oracle.com/us/solutions/ent-performance-bi/business-intelligence/exalytics-bi-machine/overview/exalytics-introducti on-1372418.pdf, 2014-01-01.

[14] eXtremeDB 主要特性 [EB/OL]. http://www.mcobject.cn/cpjs_list.php?id=5, 2014-12-23.

[15] Michael Stonebraker, Ariel Weisberg. The VoltDB Main Memory DBMS [J]. IEEE Data Eng. Bull，2013, 36(2): 21-27.

[16] Hector Garcia-Molina, Kenneth Salem. Main Memory Database Systems: An Overview [J]. IEEE Trans. Knowl, 1992, 4(6): 509-516.

[17] Hillel Avni, Alisher Aliev, et al. Industrial Strength OLTP Using Main Memory and Many Cores [C]. Proc. VLDB Endow，2020，13(12): 3099-3111.

[18] What is Memcached?[EB/OL]. http://memcached.org/. 2014-12-23.

[19] Virendra J. Marathe, Margo I. Seltzer, Steve Byan, Tim Harris. Persistent Memcached: Bringing Legacy Code to Byte-Addressable Persistent Memory [C]. 9th USENIX Workshop on Hot Topics in Storage and File Systems, HotStorage 2017, Santa Clara, CA, USA, 2017-07-11.

[20] Redis [EB/OL]. http://baike.baidu.com/link?url=R6yaam9r1AEV_j3ERCWFLJ3MeKnJ6YOu5cuVYJ7AJ-BZuvBRFhf7GaXEylSMK0CKPjmG8CGEJmSYBU-3od0JvK, 2014-11-27

[21] John K. Ousterhout, Parag Agrawal, David Erickson, Christos Kozyrakis, Jacob Leverich, David Mazières, Subhasish Mitra, Aravind Narayanan, Diego Ongaro, Guru M. Parulkar, Mendel Rosenblum, Stephen M. Rumble, Eric Stratmann, Ryan Stutsman. The case for RAMCloud [J]. Commun. ACM, 2011, 54(7): 121-130.

[22] M. Zaharia et al. Resilient Distributed Datasets: A Fault-tolerant Abstraction for In-memory Cluster Computing [C]. NSDI'12 Proceedings of the 9th USENIX conference on Networked Systems Design and Implementation, New York: ACM Press, 2012: 2-2.

第2章

硬件技术的发展对内存计算技术的影响

本章要点

从计算机的存储层次来看，存储容量自上而下增加，存储访问性能自下而上增长，各存储层次之间具有较大的数据访问延迟。表2.1为 PC 平台上典型的各级存储访问延迟，做一个形象的比喻：如果访问 L1 cache 的时间为 1 秒，则访问 L2 cache 需要 14 秒，访问内存需要 3 分 20 秒，访问 SSD 需要 3 天，在内存中顺序读取 1MB 数据需要 5 天，在 SSD 中顺序读取 1MB 数据需要 23 天，在磁盘中顺序读取 1MB 数据需要 462 天，如果磁盘上为随机访问，则需要增加额外的磁头定位时间，数据访问延迟更加显著。

表 2.1　不同存储设备访问延迟

存储访问	延迟	延迟倍数
L1 cache	0.5 ns	
L2 cache	7 ns	L1 cache 的 14 倍
内存	100 ns	L2 cache 的 20 倍，L1 cache 的 200 倍
SSD	150 000 ns	内存的 1 500 倍
在内存中顺序读取 1MB 数据	250 000 ns	
在 SSD 中顺序读取 1MB 数据	1 000 000 ns	内存的 4 倍
在磁盘中顺序读取 1MB 数据	20 000 000 ns	内存的 80 倍，SSD 的 20 倍

在高端服务器平台上，各级存储访问设备之间的延迟性能差异更加显著。CPU 指令执行时钟周期、CPU 从 L1/L2/L3 各级 cache 数据访问的时钟周期、CPU 内存访问时钟周期、CPU 访问 SSD 存储设备时钟周期以及 CPU 访问慢速硬盘时钟周期在现代计算机体系结构中存在几个数量级的访问延迟差异，提高数据在高层存储中的局部性是提升查询处理性能的关键。从当前数据库所采用的存储优化技术来看，主要的思想是用上一级存储作为当前存储的缓存，如用 SSD 作为磁盘的缓存，用内存作为 SSD 或磁盘的缓存，CPU 中的 cache 作为内存的缓存，因此提高数据库的存储访问性能的一个关键技

术是提高缓存的命中率。同时，需要根据各级存储设备不同的硬件特性和数据库查询处理时的数据访问负载特性进行操作符级的优化，更好地发挥各级存储的不同存储性能特点。

在计算机硬件体系结构中，与数据库密切相关的存储和处理器层次如图2.1所示。

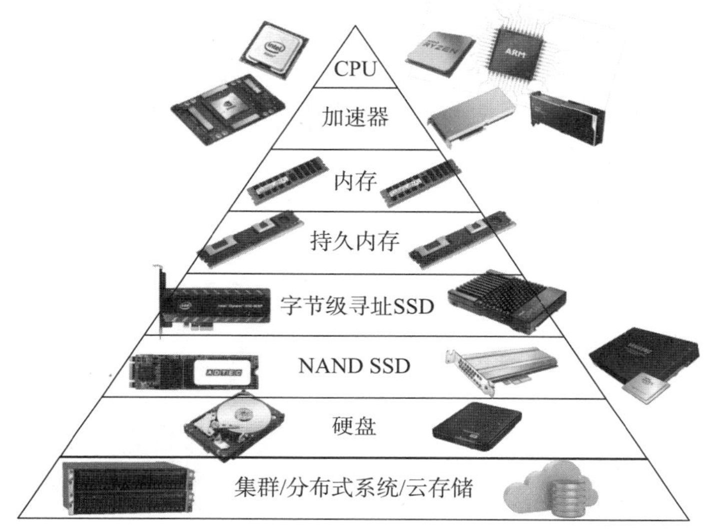

图 2.1　计算机硬件体系结构

处理器已全面进入多核时代，在主频缓慢提高的同时，处理核心的集成度不断增加，例如，AMD EPYC 7773X 处理器拥有 64 个物理核心，128 个物理线程的并行处理能力，L3 cache 达到 768MB，支持 8 通道 DDR4 内存，带宽达到 200GB/s。相对于通用多核处理器，以 GPU 为代表的硬件加速器已成为高性能计算平台最重要的计算设备，在核心数量、内存带性能等方面远超过通用 CPU 的性能（如 AMD Instinct MI250X 拥有14 080个流处理器，8 192 位（bit）位宽的 128 GB HBM2e 显存，带宽达到 3 276.8GB/s；NVIDIA H100 GPU 拥有 16 896 个 CUDA 核心，5 120 位位宽的 80GB HBM3 显存，带宽超过 3 TB/s，第 4 代 NVLink 带宽达到 900GB/s），提供了更加强大的数据处理能力，能够更好地适应计算密集型应用。内存技术的发展一方面表现在内存存储密度快速增长，另一方面也表现在内存带宽大幅提高，提高了内存数据处理的吞吐性能。同时，NVRAM/PM（非易失内存/持久内存）也改变了易失性内存在数据库持久性方面的先天不足，改善了内存数据库的更新性能，扩充了新的存储层次。闪存技术的发展使其成为替代磁盘的高性能大数据存储设备，闪存良好的随机访问性能使其在读密集型应用中具有良好性能优势。磁盘每单位存储的价格大大低于其他存储设备，仍然是海量数据后备存储的重要设备，目前已逐渐替代传统的磁带机成为海量数据的备份设备。面对大数据需求，集群、分布式存储提供了可扩展的存储能力，云存储逐渐成为大型企业新的选择，内存云计算平台也成为高性能内存数据库新的平台。

本章主要介绍各级硬件对内存数据库技术的影响。

2.1 多核处理器

摩尔定律[1] 由英特尔联合创始人之一戈登·E. 摩尔（Gordon E. Moore）在 1965 年提出，它对集成电路复杂度的增长进行了预测，指出单一芯片（Die）上的晶体管数目大约每两年增加一倍。如图 2.2 所示，CPU 上晶体管的数量持续增长，摩尔定律揭示了集成电路在生产工艺上的发展规律：2002 年英特尔奔腾（Pentium）4 处理器采用 90nm 的生产工艺，2007 年英特尔酷睿双核（Core Duo）2 采用 45nm 工艺，2009 年推出采用 32nm 技术的英特尔酷睿双核 i7、i5 和 i3 系列，2011 年推出采用 22nm 的 3-D 集成电路技术，应用于英特尔至强融核（Xeon Phi）协处理器系列，2015 年推出采用 14 nm 的第五代智能酷睿处理器系列产品，2022 年 Ice Lake 第三代英特尔至强可扩展处理器采用 10nm 工艺，AMD EPYC 7773X 处理器采用 7 nm 工艺。CPU 的制程工艺持续提升，速度上有放缓趋势。

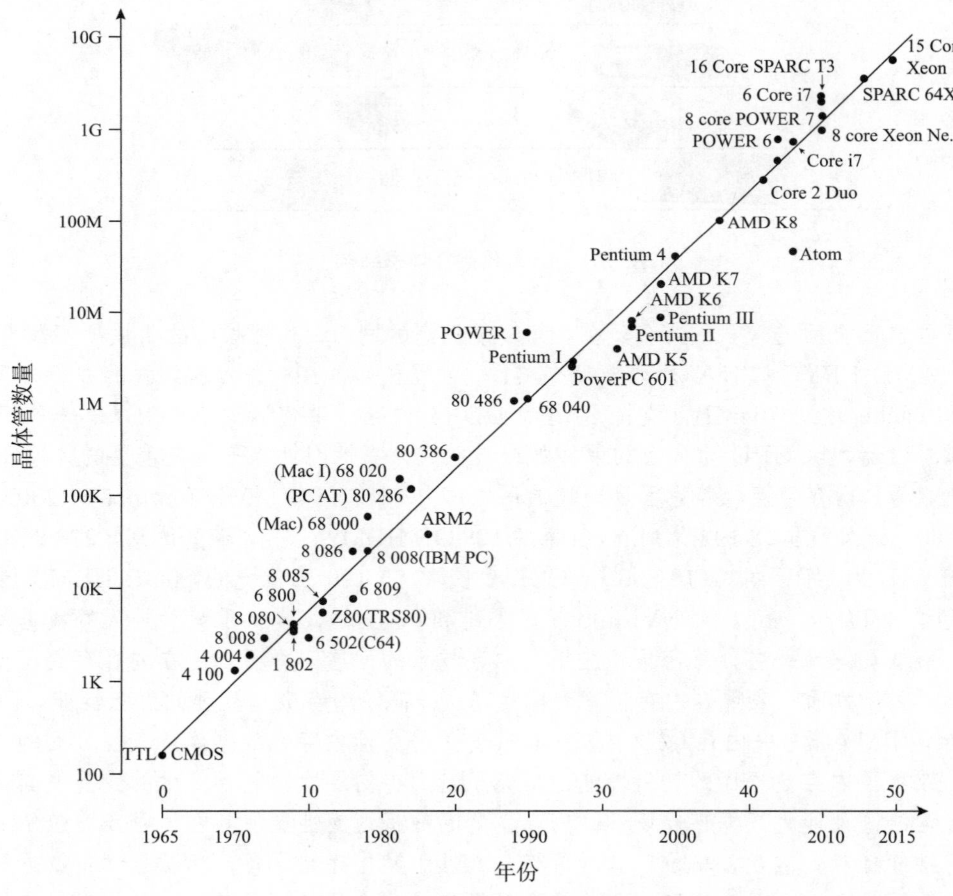

图 2.2 集成晶体管数量

资料来源：https://www.elektormagazine.com/articles/moores-law.

摩尔定律首先表现在中央处理器 CPU 时钟频率的提高速度。在 2005 年之前，CPU 的主频持续增长，数据库的查询处理技术一直以串行计算为主，软件程序受益于处理器时钟速度的加快而自动获得性能提升。从 2002 年开始，处理器主频速度从过去 30 年指数增长的趋势中放缓直至停滞，功耗、热分布、散热和光速问题成为摩尔定律的制约因素[2]。处理器主频增长的停滞驱动摩尔定律在多核处理器集成领域进一步发展，图2.3显示了处理器主频的增长速度和处理器并行处理能力的增长速度。由于 CPU 与内存性能的发展并不平衡，内存访问延迟性能相对于快速提高的 CPU 速度发展较慢，二者之间的性能差距越来越大，CPU 的高速度在数据密集型应用中处于计算能力过剩的状态，因此一些指令级并行处理技术[3]（Instruction-Level Parallelism，ILP）被引入单核 CPU 来获得一定的并行处理能力，其中代表性的技术包括指令流水线、超标量执行、乱序指令执行、寄存器重命名、预测执行、分支预测、预取等。但这些技术在提高 CPU 并行处理能力的同时也增加了系统的复杂性，甚至影响了整体并行收益，因此工业界逐渐转向更高层次的并行处理能力，如多核和多线程。

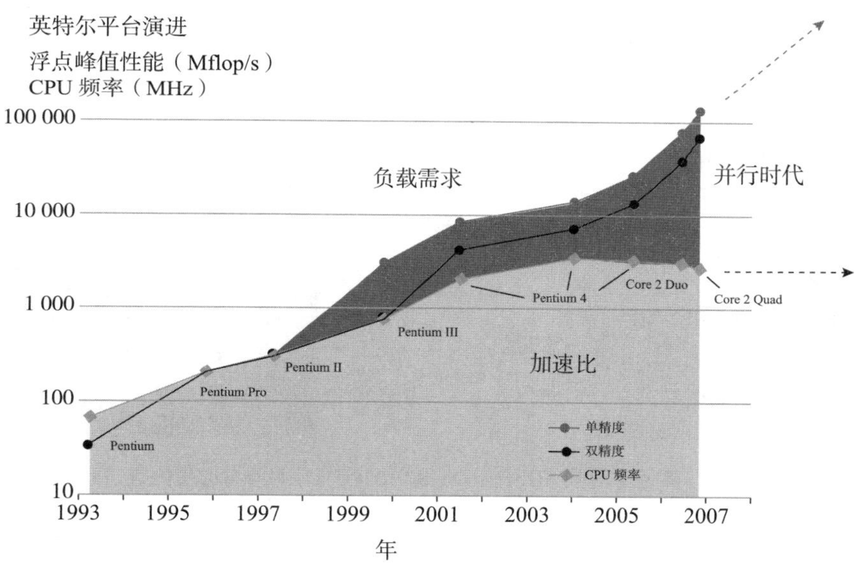

图 2.3 CPU 时钟频率和并行处理性能

资料来源：https://www.spiral.net/problem.html.

IBM 公司于 2001 年推出第一款商用多核处理器 POWER 4 用于高端服务器市场，2002 年英特尔推出其特有的在单一内核中提供线程级并行的超线程技术，2005 年在消费市场由英特尔和 AMD 分别推出了多核处理器产品，但真正的多核元年通常被认为是 2006 年。2006 年，英特尔正式发布基于酷睿架构的多核处理器，随后又推出面向服务器、工作站和高端个人电脑的至强 5300、酷睿双核和四核至尊版系列处理器。与上一代处理器相比，酷睿 2 双核处理器在性能方面提高 40%，功耗反而降低 40%，从此处理器从对性能指标的关注转向对节能指标的关注，功耗成为性能指标之外另一个重要的因素。

现代多核处理器的设计主要体现在三个方面：核心数量、LLC（last level cache，最后一级 cache，通常为 L3 cache）大小和 CPU 互联总线性能。核心数量体现了 CPU 的并行计算能力，LLC 大小对于具有较强数据局部性特征的负载（如数据库）具有较低的数据访问延迟，互联总线则体现了处理器之间互联设备的通信性能。

2.1.1 提高数据局部性和并行处理能力

以英特尔至强 Platinum 8380 40 核 CPU 为例，如图2.4所示，处理器内集成了 40 个核心，能够支持 80 个物理线程，L3 cache 容量为 60MB，40 个核心采用网状互联架构，3 个超路径互联总线（Ultra Path Interconnect，UPI）通道实现芯片之间的高速互联。对于处理核心来说，L1 cache 与 L2 cache 为核心私有 cache，L3 cache 是一种分布式共享方式，即 L3 cache 具有一定的局部性特征，本地核心的 L3 cache 访问延迟与远程的 L3 cache 在访问延迟上有所不同。各级存储访问延迟具有显著的局部性特征[4]：

L1 cache 命中, 约 5 cycles;
L2 cache 命中, 约 14 cycles;
L3 cache 命中（本地 socket），约 21.7 ns;
L3 cache 命中（远程 socket），约 118 ns;
本地内存访问，85ns;
远程内存访问，139ns。

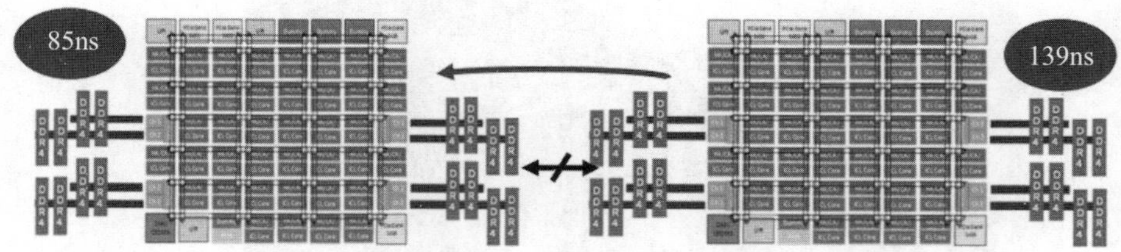

图 2.4 英特尔至强 Platinum 8380 CPU 本地与远程内存访问

资料来源：https://hexus.net/tech/reviews/cpu/147636-intel-xeon-platinum-8380-processor-2p-ice-lake/?page=2.

与英特尔的 Mesh 网状互联架构不同，AMD EPYC 系列 CPU 采用多芯粒（Chiplet）结构，CPU 由 CCD（Core Chiplet Die）的 CPU 核的芯片和 IOD（I/O Die）组成，CCD 上的一个芯片由 8 核的 CPU 构成，如图2.5所示，ZEN3 采用 8 核共享 32MB L3 cache 结构。不同的结构在 cache 上的访问延迟有不同的性能，如 AMD EPYC 7763 CPU，核心数量为 64，物理线程数量为 128，L3 cache 总容量为 256MB，各级存储访问延迟为：

L1 cache 命中, 约 4 cycles;
L2 cache 命中, 约 12 cycles;
L3 cache 命中（<32MB 本地 Die），约 13.4ns;
L3 cache 命中（>32MB 远程 Die），约 112 ns;
L3 cache 命中（远程 socket），约 209 ns;

本地内存访问，96ns；

远程内存访问，191ns。

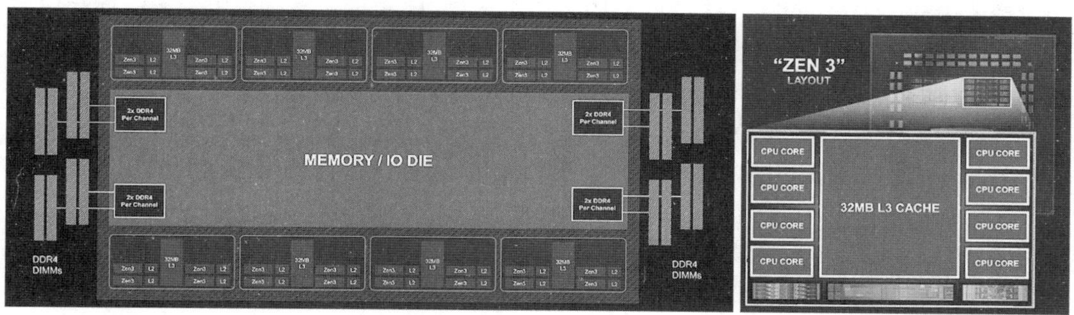

图 2.5　AMD EPYC 64 核 CPU 架构

资料来源：https://news.mydrivers.com/1/745/745188.htm.

近年来，ARM 架构的处理器也逐渐成为代表性的处理器架构，如 TOP500 上 Fugaku 系统采用 48 核的 ARM 处理器，国产华为鲲鹏和飞腾等处理器也采用 ARM 架构。图2.6显示了华为鲲鹏 920 64 核 CPU 架构，鲲鹏处理器采用乐高架构，芯片内有环形通信总线，芯片间通过接口进行通信。每个核心独享 L1 cache、L2 cache，L3 cache 总容量为 64MB，4 个核心和 1 个 L3 cache tag 组成一个集群（cluster），一个芯片上最多有 8 个 cluster，共计 32 个核心，3 条 Hydra 总线用于 CPU 之间互联。ARM 处理器扩展性较好，核心数量增长较快，在每核心 L3 cache 容量上较 x86 处理器相对较小，如华为鲲鹏 920 每核心 1MB L3 cache，AMD EPYC 7763 为每核心 4MB，英特尔至强 Platinum 8380 为每核心 1.5MB，cache 访问延迟也稍高一些。

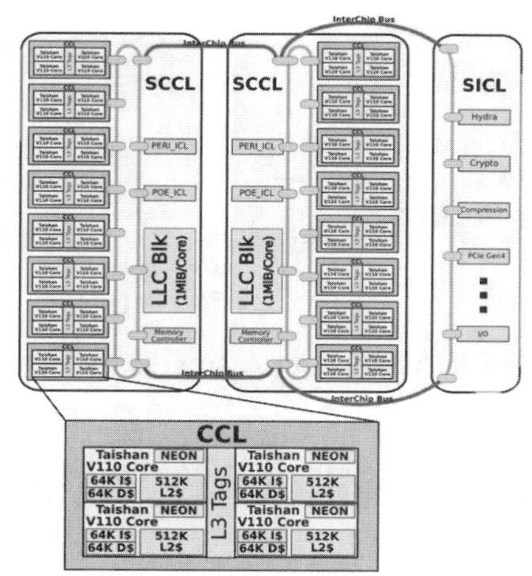

图 2.6　华为鲲鹏 920 64 核 CPU 架构

资料来源：https://www.zhihu.com/question/313080666.

从处理器的架构来看，英特尔的 Mesh 网状架构采用单一芯片设计，核心封装在一个芯片里，生产难度较大，核心数量增长速度相对较慢，但 L3 cache 延迟较低。AMD 处理器采用的多 Chiplet 封装结构，CPU 由多个 CCD 组成，核心数量较多，增长速度较快，但多 CCD 结构中 L3 cache 总容量分布在独立的 CCD 中，使用环形总线架构互联，本地与远程芯片上 L3 cache 访问有较大的延迟，虽然 L3 cache 总容量较大，但 L3 cache 访问延迟在本地 CCD L3 cache 容量和总容量之间有较大的性能差异。ARM 处理器的多芯片结构内部采用环形总线架构，L3 cache 也存在远程访问延迟的问题。

在当前的多核处理器架构上，L1 cache 和 L2 cache 是内核私有 cache，访问延迟通常较低，而 L3 cache 为多核共享 cache，L3 cache 在本地处理器、远程处理器的访问延迟均有所不同，对不同的访问模式，如私有数据访问、共享数据访问、数据更新状态下的缓存一致性访问延迟也各不相同。因此在面向多核处理器 cache 的优化技术中，英特尔架构处理器 LLC 的总容量和 AMD 架构处理器 CCD L3 cache 容量都是需要考虑的性能参数，需要将频繁访问数据集的总大小优化设置为不超过 LLC 容量。在一个典型的分析型查询所涉及的关系操作中，线程间共享访问的频繁数据集大小以 LLC 容量为基准，各线程私有的频繁访问数据集大小以 L1 或 L2 cache 容量为基准进行优化，我们在查询优化技术部分将介绍如何在 OLAP 查询处理中实现这种层次 LLC 优化。

从处理器技术路线发展趋势来看，新一代处理器除在核心数量上持续增长以外，另一个显著的特点是增大缓存容量，除传统的 L3 cache 之外还增加了大容量高带宽内存（High Bandwidth Memory，HBM），将传统 L3 cache 容量从 MB 级提升到 GB 级。

如图2.7所示，ARM 架构的 A64FX 集成了 48+4 个核心，A64FX 将使用高性能的 HBM 2 内存，每个 CMG 单元配备 8GB HBM 2，带宽 256GB/s，总计 32GB HBM 2，1 024GB/s 带宽。

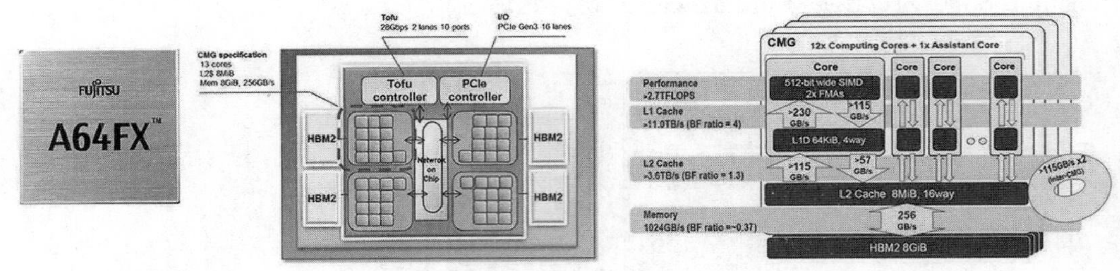

图 2.7 A64FX 48 核 CPU 架构

资料来源：https://expreview.com/63620.html，http://server.zhiding.cn/server/2018/0824/3110374.shtml.

英特尔下一代 Sapphire Rapids 处理器采用可配置的 HBM 架构，如图2.8所示，Sapphire Rapids 处理器配置有 56 核心，其特色是集成了 64GB HBM2e 高带宽内存，总带宽达到 1TB/s。在高带宽内存的使用上支持两种模式：Flat 模式支持将 HBM 作为统一的编程地址访问模式，与内存共同作为程序地址访问空间；Caching 模式将 HBM 作为 DDR 内存前端的缓存，相当于在传统 L1-L2-L3 cache 结构的基础上增加一个大容量的 L4 cache，解决强局部性负载（如数据库负载）优化时 cache 容量不足的问题，简化内存算法设计。

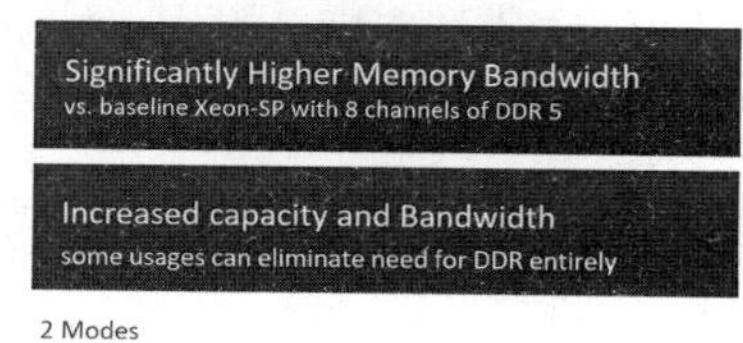

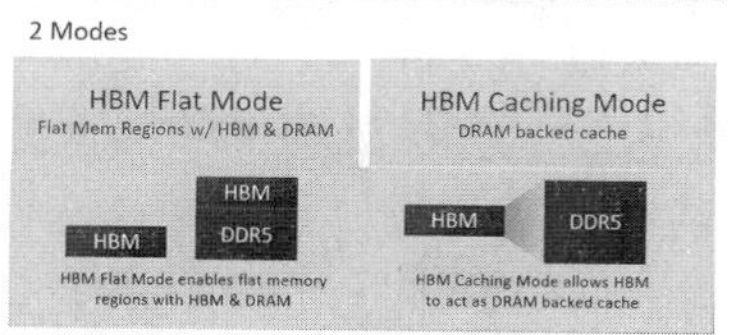

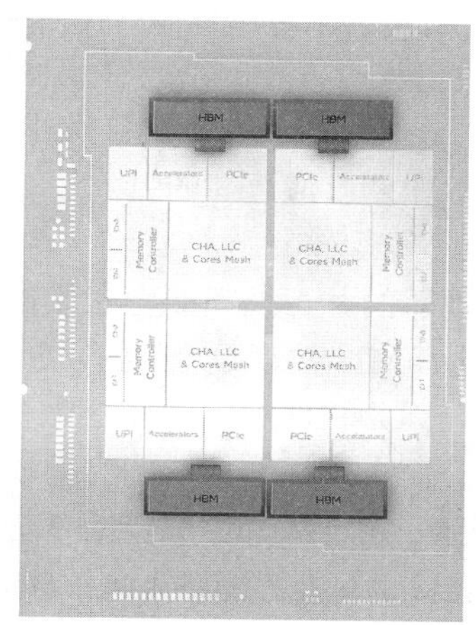

图 2.8　Sapphire Rapids CPU 架构

资料来源：https://www.servethehome.com/intel-sapphire-rapids-xeon-at-hot-chips-33/hc33-intel-sapphire-rapids-hbm-update.

AMD EPYC 7773X Milan CPU 缓存量达到 768 MB，包含标准 256 MB 三级缓存和 512 MB 堆叠三级 SRAM 的 V-cache，较传统设计显著增加了 L3 cache 的容量。

在提高多核处理器内 LLC 效率以减少数据访问延迟的同时，还需要进一步发挥多核处理器所提供的并行处理能力。单指令多数据（SIMD）是能够复制多个操作数，并把它们打包在大型寄存器的一组指令集，例如，单指令多数据扩展（Streaming SIMD Extensions，SSE）、高级矢量扩展（Advanced Vector Extensions，AVX）。以加法指令为例，单指令单数据（Single Instruction Single Data，SISD）的 CPU 对加法指令译码后，执行部件先访问内存，取得第一个操作数；之后再一次访问内存，取得第二个操作数；随后才能进行求和运算。而在 SIMD 的 CPU 中，指令译码后几个执行部件同时访问内存，一次性获得所有操作数进行运算。这个特点使 SIMD 特别适用于多媒体应用等数据密集型运算。现代处理器支持 128 位至 512 位的 SIMD 向量计算，能够更好地发挥处理器寄存器高位宽的性能。

例如，在一个两表循环嵌套连接操作中，连接条件满足如 $X_l \leqslant R.A\text{-}S.B \leqslant X_u$。当 R 表中记录 a 与 S 表中记录 b 进行连接时，可以通过 SIMD 执行方式增加连接的并行度。如在支持 128 位向量计算的处理器中，记录 a_1 与向量形式的记录 b_1、b_2、b_3、b_4 可以并行执行连接操作[5]：

$$
\begin{array}{ll}
\text{initinlly} & a = a_1, v_b = (b_1, b_2, b_3, b_4) \\
\text{SIMD replicate } a & v_a = (a_1, a_1, a_1, a_1) \\
\text{SIMD subtract } u_a \text{ from } v_b & v_d = (\ldots, a_1 - b_i, \ldots) \\
\text{SIMD compare } v_d \text{ with } X_l & v_l = (\ldots, a_1 - b_i \geqslant X_l, \ldots) \\
\text{SIMD compare } X_u \text{ with } v_d & v_u = (\ldots, X_U \geqslant a_1 - b_i, \ldots) \\
\text{SIMD and } v_l \text{ and } v_u & v_r = (\ldots, X_u \geqslant a_1 - b_i \geqslant X_l, \ldots)
\end{array}
$$

对 S 表可以一次取四个记录 b_1、b_2、b_3、b_4 形成 128 位宽整型向量 v_b，将 R 表中的记录 a_1 转换为向量形式 v_a，a_1 在向量中复制四次。两个向量分别执行向量减法操作、两次向量谓词操作和一次向量逻辑操作，最终获得 R 表记录 a_1 与 S 表四个记录 b_1、b_2、b_3、b_4 的连接结果，实现连接操作的数据级并行。向量操作非常适合 OLAP 中的聚集计算操作，如度量值之间的算术运算（lo_extendedprice* lo_discount、lo_revenue - lo_supplycost 等操作）。

多核处理器的并行处理能力在硬件上表现为更多的并行计算内核、更多的并行处理线程、更大的 SIMD 并行数据宽度、更大的 LLC 高速缓存以提高并行处理线程的并行数据访问性能，因此软件程序的并行化获得了强大硬件支持。但对于几十年来依赖单核处理器主频提升而自动提升性能的大型软件系统来说，多核处理器的强大并行能力并不是"免费的午餐"，目前编译器只能对部分简单的循环操作（如预先知道迭代数量的 for 循环而不是 while 循环，不能跳入或跳出，独立循环迭代）进行自动化并行，并生成多线程代码[6]。但并行程序设计最重要的工作是在消除数据相关性的基础上进行并行程序设计，并行程序的加速效率取决于并行与串行计算的比率[7]。传统的磁盘数据库以串行迭代处理为主，磁盘的访问机制也制约了并行查询处理时的并行数据访问性能，在磁盘数据库上实现的多核并行处理技术受到磁盘存储和缓冲区机制的制约，在并行代码执行效率和并行查询处理性能方面还存在很多问题。相对于磁盘数据库而言，内存数据库以内存为存储设备，内存良好的并行数据访问性能更加适合数据库查询处理算法的并行化，面向内存的算法设计也具有更高的指令效率，能够更好地发挥多核处理器的并行处理能力。

2.1.2 增强数据传输通道性能

多路处理器技术不仅需要优化从处理器到内存的访问性能，还要提高处理器与处理器之间的访问性能。在计算机系统架构中，处理器和内存之间的数据通道性能对于数据密集型应用具有重要的作用。从互联技术的发展来看，主要有前端总线、内存数据总线、UPI 总线技术，在异构设备互联方面主要有 PCIe、CXL、NVLink 等技术。

前端总线（Front Side BUS，FSB）是将 CPU 连接到北桥芯片的总线。在早期的计算机架构中，北桥芯片负责联系内存、显卡等数据吞吐量最大的部件，并和南桥芯片连接。FSB 的性能提高已经跟不上处理器性能的指数级增长，而内存延迟和处理器频率之间不断扩大的性能差距又会加剧处理资源利用不足的状况。提高 FSB 速度的技术包括提高可用传输速率，增加一个周期内可传输的数据量以及在多处理器主板上增加额外的独立总线。2001 年，AMD 公司推出 HyperTransport 协议[8]，将内存控制器集成到处理器中，并提供双向传输总线技术，理论传输速度达到 25.6 GB/s。2008 年，英特尔在全新的 Nahalem 架构上推出了 QPI（快速通道互联）技术，QPI 是内存和多个处理内核间的点对点系统接口，取代 FSB。QPI 使用特殊的总线实现芯片之间的直接互联，而不再通过 FSB 连接到北桥芯片，还可使用一个或多个多通道内存控制器来访问内存，QPI 采用了与 PCIe 类似的点对点设计，包括一对线路，分别负责数据发送和接收，每一条通路可传送 20 位 (8bit=1byte, 即 8 位 =1 字节) 数据。在每次传输的 20 位数据中，有 16 位是真实有效的数据，其余 4 位用于循环冗余校验，以提高系统的可靠性。由于

QPI 是双向的，在发送的同时也可以接收另一端传输来的数据，这样，每个 QPI 总线总带宽 = 每秒传输次数（即 QPI 频率）× 每次传输的有效数据（即 16bit/8=2byte）× 双向。所以频率为 6.4GT/s 的 QPI 总带宽 =6.4GT/s×2byte×2=25.6GB/s。

图2.9给出了至强系列处理器所采用的 QPI 与 FSB 技术的对比。FSB 需要通过内存控制器在内存、多路处理器之间、外设接口之间进行数据传输，总数据带宽较低。而 QPI 将内存控制器集成到处理器内部，QPI 通道实现了处理器之间的点对点互联，处理器与内存有独立的多路内存通道，数据带宽性能得到大幅度提高。

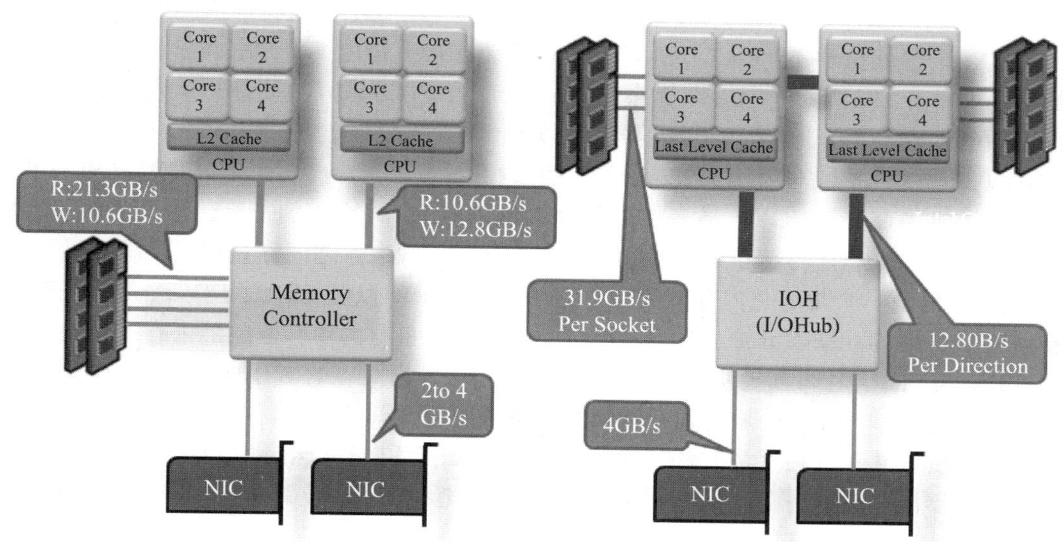

图 2.9　FSB 与 QPI[9] 对比

FSB 架构是一种一致内存访问（Uniform Memory Access，UMA），不同内存区域的访问时间相同。在 QPI 中，每个处理器都有自己专有的内存，本地内存与其他处理单元的远程内存的内存访问时间有较大的不同。而 QPI 的这种非一致内存访问被称为 NUMA 架构（Non Uniform Memory Access Architecture）。NUMA 架构又分为缓存一致内存访问（ccNUMA）和缓存不一致的非一致内存访问：在 ccNUMA 系统中，所有的 CPU 缓存均共享可用内存的同一视图，并通过硬件实现的协议确保一致性；不一致的 NUMA 系统则需要软件层来处理内存访问冲突，当前大部分标准硬件都只提供 ccNUMA。对于 NUMA 架构下的内存数据库而言，并行处理线程必须尽可能地从与处理器本地连接的内存中加载数据，远程内存访问会导致性能下降，原因在于内存与非近邻内存间的数据传输可能造成的 QPI 链路饱和或随机访问远程内存时出现的高延迟。因此在现代 NUMA 架构下的内存数据库不再是一个集中式的并行数据库系统，而是一个高连通的分布式数据库系统，内存数据库的优化技术不仅要考虑多级缓存的效率，还需要根据数据的内存分布进行并行优化，提高计算与数据的局部性。

英特尔于 2017 年发布的 SkyLake-SP Xeon 中用 UPI 取代 QPI，相对于 QPI 有更高的通信速率、效率和更低的功耗。

PCI-Express（Peripheral Component Interconnect Express，简写为 PCIe）是一种高速串行计算机扩展总线标准，原来的名称为“3GIO”，由英特尔公司在 2001 年提出的，用于替代旧的 PCI、PCI-X 和 AGP 总线标准。PCIe 属于高速串行点对点双通道高带宽传输，所连接的设备分配独享通道带宽，不共享总线带宽，主要支持主动电源管理、错误报告、端对端的可靠性传输、热插拔以及服务质量（QOS）等功能。PCIe 是 GPU、SSD 等异构存储/计算设备的连接总线，当前 CPU 支持 PCIe 4.0，可以提供每通道 16GT/s 的传输速度，下一代 CPU 将支持 PCIe 5.0，传输速度达到 32GT/s。相对于内存和 GPU 显存较高的带宽，PCIe 较低的带宽一直是 GPU 数据库应用的性能瓶颈。

CXL（Compute Express Link，计算机快速连接）是由英特尔公司于 2019 年 3 月推出的一种开放性互联协议，支持 CPU 与 GPU、FPGA 或其他硬件加速器之间实现高速高效的互联，更好地满足高性能异构计算的要求。CXL 支持三种协议：CXL.io 使用 PCIe 总线的物理层；CXL.memory 用于主机内存访问，支持内存池化；CXL.cache 用于一致的主机缓存访问。CXL 最高带宽可达 128GB/s，允许更高的带宽、更多的连接设备和更低的延迟，解决目前 PCIe 协议存在的 CPU 与加速器之间高延迟、带宽不足等问题。CXL 的另一个优势是内存一致性，CXL 可在 CPU 以及 GPU、FPGA 等之间建立高速且低延迟的互联，维护 CPU 内存空间和连接设备上的内存之间的内存一致性，允许 CPU 与 GPU 之间直接使用 CXL 协议来共享、访问对方的内存资源，CPU 与 GPU 之间形同连成单一庞大的堆栈内存池，有效降低两者之间的延迟。

除了资源共享（内存池）和交换之外，CXL 还可以通过连接 CXL 的设备向 CPU 主机处理器添加更多内存。当使用持久内存时，低延迟 CXL 链路允许 CPU 主机将持久内存与 DRAM 内存结合使用。

NVLink 是英伟达公司开发并于 2016 年推出的一种总线及其通信协议。NVLink 是一种 GPU 之间的直接互联，可扩展服务器内的多 GPU 输入/输出 (IO)。NVLink 采用点对点结构、串列传输，可以用于 CPU 与 GPU 之间的连联，也可用于多个 GPU 之间的相互连接。相对于 PCIe，NVLink 有更高的带宽性能，第四代 NVLink 技术可为多 GPU 系统配置更高的带宽，并增强可扩展性。单个 NVIDIA H100 Tensor Core GPU 支持多达 18 个 NVLink 连接，总带宽为 900 GB/s，是 PCIe 5.0 带宽的 7 倍。NVIDIA NVSwitch 基于 NVLink 的高级通信能力构建，是一种节点交换架构，可在单个服务器节点中支持 8~16 个全互联的 GPU，为计算密集型工作负载提供更高带宽和更低延迟。NVSwitch 可连接多个 NVLink，在单节点内和节点间实现多对多 GPU 通信。借助 NVSwitch，NVLink 连接可在节点间扩展，以创建无缝、高带宽的多节点 GPU 集群，从而有效地形成数据中心大小的 GPU。

2.2 硬件加速器

多核处理器核心数量持续增长，一方面是摩尔定律所揭示的晶体管集成度在多核技术发展上的规律，另一方面也体现了大数据时代人们希望获得更加强大的数据处理能力的客观需求。处理器硬件上的并行处理能力和实际中的数据并行处理模式决定了不同的并行处理技术路线。并行处理可以分为三类：数据并行、指令并行和任务并行。

数据并行是将不相关的数据分布到不同的并行处理节点进行并行处理。数据并行主要包括两种典型的技术：SIMD 和 MPP。SIMD 是相同的指令作用于多个数据上的寄存器级数据并行，主要应用于向量计算，当前通用处理器一般支持 128~512 位的 SIMD。MPP 是在更大的数据粒度上将大数据划分为多个不相交的分片，将数据分片分布到不同的处理节点上进行并行处理。MPP 是一种基于 SN 架构的大规模并行计算模型，是并行数据库的代表性技术，其核心技术是数据分布技术。对于复杂关联的数据库模式，MPP 数据分布难度较大。

指令并行是指在一个程序运行中，许多指令操作能够同时进行。指令并行要求程序中相邻的一组指令是相互独立的，即不竞争同一个功能部件，不相互等待对方的运算结果，不访问同一个存储单元。目前代表性的指令并行包括指令流水线（Instruction Pipelining）、超标量（Superscalar）、乱序执行（Out-of-order Execution）和超长指令字（Very Long Instruction Word，VLIW）等技术。前三种技术需要增加硬件复杂性和调度硬件，并行能力有限；最后一种技术的特点是将若干条普通指令组装在一起，形成一条“超级指令”，“超级指令”中包含多个不同操作码，分别处理不同的操作数。对于这些操作码，一一对应地设置相应的功能部件。这样，只要取指令一次、分析指令一次，VLIW 技术就可以实现对多个不同操作数同时进行不同的处理/计算。VLIW 的并行指令执行是基于一个确定的调度，不再需要调度硬件并降低了硬件复杂度，但同时增加了编译器的复杂度。

任务并行是指通过线程执行分配到的任务，操作系统对线程进行调度，将任务映射到处理器或处理核心上。任务并行最关键的问题是线程同步，即如何确定多个线程之间的执行顺序和避免数据竞争。在并行数据库实现技术中，并行连接操作、并行聚集操作以及并发更新事务处理中都需要建立良好的线程同步机制来提高并行处理效率。现代处理器能够提供几十到上百个线程，任务并行是提高多核利用率的重要手段。

通用的多核处理器采用复杂核心设计，核心功能强大，设计复杂，逻辑处理能力强，核心集成度较低，核心数量增长较为缓慢。与通用处理器相对，硬件加速器，如 GPU、Phi、FPGA 等设备核心相对比较简单，集成度高，核心数量增长较快，有更加强大的并行计算能力。当前协处理器的主要代表性技术包括通用 GPU 处理器、至强融核协处理器和 FPGA。

2.2.1 GPU

GPU 是图形处理器，由于图形渲染的高度并行性，GPU 在设计上采用了增加并行处理单元和存储控制单元的方式提高处理能力和存储器带宽。随着 GPU 支持越来越复杂的运算，以及可编程性和功能的扩展，GPU 在单精度浮点处理能力和存储器带宽性能上已大大超过 CPU。2006 年，随着支持 DirectX10 的 GPU 的发布，基于 GPU 的通用计算逐渐成熟。2007 年，英伟达公司正式发布计算统一设备架构（Compute Unified Device Architecture，CUDA），该架构使 GPU 能够解决复杂的计算问题，不必像传统方式一样必须依赖图形 API 接口来实现 GPU 的访问。它包含了 CUDA 指令集架构（ISA）

以及 GPU 内部的并行计算引擎。开发人员可以使用 C 语言来为 CUDA 架构编写程序，所编写出的程序可以在支持 CUDA 的处理器上以超高性能运行。

图 2.10 显示了 CPU 与 GPU 的结构差异。CPU 是通用处理器，需要处理复杂的指令和逻辑控制，CPU 主频速度与内存速度之间巨大的访问延迟差异使其必须依赖大容量缓存来减少内存访问延迟。因此，在 CPU 芯片内只集成了较少的算术逻辑单元（ALU），大量的晶体管用于支持大容量缓存，当前英特尔最新的 40 核处理器内置 60MB 高速缓存。而 GPU 主要面对的是高密度并行计算，绝大多数晶体管用于构建数据处理单元，数据访问延迟可以通过高密度的并行处理得到解决。因此相对于 CPU 而言，GPU 具有强大的并行计算能力，但难以处理复杂的指令，如分支跳转语句和线程间数据共享等。近年来在通用 GPU 上实现数据库技术[10] [11] 成为高性能数据库的一个研究方向，通常采用 CPU+GPU 的异构并行结构，即 CPU 负责逻辑性较强的事务处理和流程控制，GPU 则负责大量数据的关系操作。数据库中基础的关系操作，如选择、投影、连接、聚集、排序、索引等操作均已在 GPU 上实现，在 CPU+GPU 混合平台上创建的代价模型辅助数据库在 CPU 和 GPU 平台之间分配不同的关系操作。

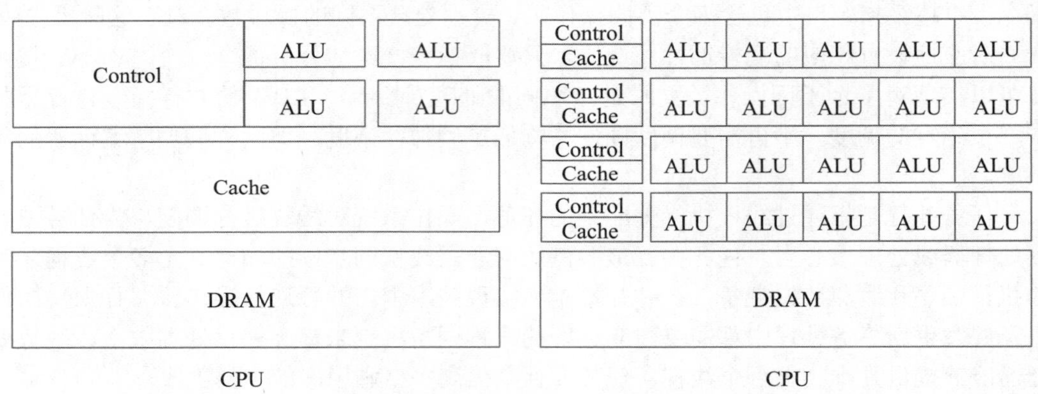

图 2.10 CPU 与 GPU 结构对比

表2.2显示了最新的 CPU 和 GPU 的主要参数。CPU 的性能主要体现在核心数量、显存大小、内存带宽性能等方面，AMD EPYC 9754 核心数量超过 Intel Xeon CPU Max 9480，在缓存容量上，Intel Xeon CPU Max 9480 缓存总容量较小，但配置了 64GB 的 HBM 高带宽内存作为缓存，cache 的局部性较强；AMD EPYC 9754 总 L3 cache 容量为 256MB 的分布式缓存架构，系列中的 AMD EPYC 9684X L3 缓存容量达到1 152MB，表明了大容量缓存技术的发展趋势。Intel Xeon CPU Max 9480 采用 8 通道 DDR5 内存，AMD EPYC 9754 采用 12 通道 DDR5 内存，带宽性能较高。AMD Instinct MI250X 与 NVIDIA H100 SXM 在核心数量上均有较大增幅，相对 CPU 核心数量极大提升，Intel Data Center GPU Max 1550 采用 128 X^e-cores 架构，支持更多的向量化处理引擎。Instinct MI250X 和 Intel Data Center GPU Max 1550 显存容量高达 128GB，NVIDIA H100 SXM 显存也达到 80GB，在高性能互联多 GPU 技术的支持下，GPU 计算平台可以支持大数据集高性能计算，作为新一代的 GPU 内存计算平台。GPU 除核心数量众多

之外，其高带宽内存的带宽性能超过 3 TB/s，相对于 CPU 内存带宽有极大的提升，基于大容量高带宽内存和强大并行计算能力的 GPU 数据库在硬件存储访问和并行处理性能上远远优于 CPU 内存计算平台上的内存数据库，基于高速互联技术的 GPU 平台在 TB 级数据高性能处理领域具有显著的优势。

表 2.2　CPU 和 GPU 主要参数对比

类型	Intel Xeon CPU Max 9480	AMD EPYC 9754	AMD Instinct MI250X	NVIDIA H100 SXM	Intel Data Center GPU Max 1550
核心数量/线程数量	56/112	128/256	14 080	16 896	128 X^e-cores
基础主频	1.9 GHz	2.25 GHz	1.7 GHz	1.065 GHz	900 MHz
内存/显存容量	4 TB/ 64 GB HBM	6TB	128 GB	80 GB	128 GB
缓存容量	112.5 MB	256 MB	16 MB	50 MB	408 MB
内存/显存类型	DDR5-4800	DDR5-4800	HBM2e	HBM3	HBM2e
内存/显存带宽	307.2 GB/s(8 通道)	460.8 GB/s(12 通道)	3 276.8 GB/s	3 000 GB/s	3 276.8 GB/s
价格	12 980 美元	11 900 美元	25 000 美元	36 550 美元	—

在算法设计和优化技术方面，传统 CPU 平台基于迭代处理的数据库查询处理技术并不能很好地适应以向量计算为特点的 GPU 处理，复杂的内存数据结构、内存指针结构、大量的分支跳转语句、数据同步及加锁机制并不适合 GPU 简单逻辑处理和强大并行数据处理的特点。因此，相对于通用的事务处理数据库，GPU 的强大并行计算能力和高带宽更加适合内存分析型列存储数据库的应用。列存储通常采用一次一列的处理方式，适合 GPU 的 SIMT 并行计算能力，大量的聚集计算也是一种向量化处理，非常适合以 GPU 为高密度的数据处理平台。近年来，GPU 平台上流水线处理和向量化查询处理技术也进行了深入的研究，进一步优化 GPU 查询处理的 cache 访问效率和查询性能。随着 GPU 显存容量和并行计算能力的迅速增长，GPU 数据库成为下一代高性能数据库的代表性技术，并推出了一系列商业化的 GPU 数据库系统。

2.2.2　FPGA 加速器

FPGA 作为专用集成电路（ASIC）领域中的一种半定制电路，其芯片主要由可编程输入输出单元、基本可编程逻辑单元、完整的时钟管理、嵌入块式 RAM、丰富的布线资源、内嵌的底层功能单元和内嵌专用硬件模块组成。FPGA 有数量丰富的可编程输入输出单元引脚及触发器，可重复编程和集成度高，相对于 CPU，FPGA 可以更好地支持并行计算，提升运算速率并降低时延；相对于 GPU，FPGA 根据特定应用对硬件进行编程，更具灵活性，并且 FPGA 在低功耗方面具有优势。FPGA 适用于高并行化、低延迟、低功能的定制化任务，可以用作内存数据库的硬件加速器提升特定负载的计算性能。

与 CPU 类似,FPGA 也有不同层次的内存结构,与内核越近的内存速度越快。FPGA 的内存主要包括 BRAM(Block RAMs)和 URAM(UltraRAM),容量较小,但访问延迟低至纳秒,带宽高至 TB/s 级;HBM 高宽带内存容量达到 GB 级,带宽达到几百 GB/s 级,板载内存容量达到几十 GB,带宽达到几十 GB/s,HBM 和板载内存访问延迟大约几十到上百纳秒。CPU 主存容量可以达到 TB 级,但访问延迟最高。FPGA 的互联主要通过 PCIe 接口,相对于 FPGA 内存带宽和 CPU 内存带宽成为典型的性能瓶颈,新型互联技术,如 CAPI、CCIX、CXL 提供了更高的带宽性能。FPGA 采用面向硬件的 VHDL 或 Verilog 语言进行编程,需要用户了解底层硬件特性,了解系统结构细节,技术难度较大,这也制约了 FPGA 的应用。高级编程工具,如 Vivado HLS、Altera OpenCL、Bluespec System Verilog、LegUp、DWARV、Bambu 等支持将 C/C++ 语言编译为 FPGA 程序,提供通用内存访问接口,以及 SQL-to-FPGA 编译器支持将流处理 SQL 语言在 FPGA 编译[12]。FPGA 硬件特性和编程技术的发展为加速数据库性能提供了基础支持。

在数据库应用中,FPGA 有不同的加速模式。FPGA 可以作为外部存储设备和 CPU 之间的数据过滤器,承担存储设备上数据的选择、投影、压缩/解压缩等前端数据预处理任务,将过滤后数据上的后端复杂处理任务交给 CPU 处理,减少 CPU 处理的数据量。对于计算密集型任务,FPGA 可以执行设备端的加速模式,将数据从 CPU 内存复制到 FPGA 内存并通过定制化 FPGA 接口加速计算性能。在特殊的 Xeon+FPGA 架构下,FPGA 可以执行协处理器模式,通过共享访问主存为 CPU 提供定制的 FPGA 功能模块,将 CPU 的一些负载转移到 FPGA 上协同处理。

相对于 GPU 数据库比较成熟的系统研究,FPGA 数据库技术的研究面临很多挑战,除 FPGA 上的关系算子实现技术研究之外,FPGA 在近存(Near-memory)计算方面也有一定的硬件优势。FPGA 硬件及互联技术的发展,如高速互联技术、HBM 高带宽内存及高级编译技术,使其可以更好地适应数据库负载的需求。CPU、GPU、FPGA 具有不同的硬件特性,设计一个结合 CPU-GPU-FPGA 的数据库异构处理平台也是发挥不同硬件性能优势的研究方向。

FPGA 有两条值得关注的技术路线,一条技术路线是基于 FPGA 的专用数据处理器实现技术,如 Intel FPGA-based IPU(Infrastructure Processing Unit,基础设施处理器)、Intel FPGA-based SmartNIC(智能网卡),通过 FPGA 实现专用数据处理加速器,在数据中心、网络、边缘计算等领域为 CPU 卸载计算负载;另一条技术路线是基于 FPGA 的近存计算技术,如 SmartSSD(智能固态硬盘),通过集成在 SSD 中的 FPGA 实现近 SSD 存储的数据处理,从而使传统的 SSD 升级为计算存储设备,最大限度地减少在存储与 CPU、GPU 和 RAM 之间传递数据的需求所产生的瓶颈。FPGA 和 GPU 在加速数据处理性能方面各有特点,FPGA 较好的硬件集成性和较低的能耗及成本提供了更加灵活的实现方案。

2.2.3 DPU 数据中心服务加速器

2020 年英伟达公司发布的 DPU 产品战略将 DPU 定位为数据中心继 CPU 和 GPU 之后的"第三颗主力芯片"，是异构计算的又一个阶段性标志。当前对 DPU 有不同的解释，一种称为 Data Processing Unit，即数据处理器，强调数据的核心地位；第二种是 Datacenter Processing Unit，即数据中心处理器，强调数据中心应用场景，覆盖了数据处理芯片；第三种是 Data-centric Processing Unit，即以数据为中心的处理器，强调区别于传统冯 · 诺依曼型以控制为中心的体系结构，覆盖数据流处理、近存计算、存内计算、存算一体化等技术路线。

DPU 源于智能网卡，目标是将 CPU 不擅长的网络协议处理卸载到智能网卡，但是 DPU 的应用已经远远高于智能网卡，从 DPU 的定义可以看到，它是一个集数据中心基础架构于芯片的数据处理器，和 CPU 及 GPU 一起构成了现代数据中心的三大支柱，在一个 SoC（System on a Chip）上实现了对于数据中心基础设施的软件定义和硬件加速，并可以成为一个单独存在的微型数据中心单元，如可用于边缘服务器。DPU 有 ASIC、FPGA 和 SoC 三种实现技术路线，当前 DPU 主流的市场方案包括以 ARM 核为主的架构、FPGA+CPU 架构以及 SoC 架构，代表性技术包括 NVIDIA BlueField DPU、NVIDIA 融合加速器、Intel FPGA-based IPU。

与 GPU 类似，DPU 是应用驱动的技术案例；与 GPU 不同，DPU 面向更底层的应用而设计。如图2.11所示，CPU 架构基于多核和众核架构，采用以控制为中心的体系结构，在处理复杂逻辑时具有优势，但在图像处理、海量数据计算、基础层应用（如网络协议处理、交换路由计算、加/解密、数据压缩/解压缩、虚拟化、支持分布式处理数据一致性协议等）方面效率不高，加重了 CPU 的负载。GPU 采用数据并行结构，定位于专用加速器，强大的并行计算架构实现了将海量数据并行计算、科学计算等计算型负载从 CPU 卸载，是一种以数据为中心、执行计算密集型任务的架构，通过专用的 GPU 及 GPU 互联技术加速计算密集型负载的处理。DPU 也属于以数据为中心的结构，集成了更多类型的专用加速器（如通用 ARM 核和专用计算核），具备强大网络处理能力，以及安全、存储与网络卸载功能，从而实现释放 CPU 计算资源，更加适合以数据为中心、I/O 密集型任务，如 CPU 相对低效率的网络协议处理、数据加解密、数据压缩等数据处理任务，并对各类资源分别管理、扩容、调度，实现数据中心降本提效，与 CPU 和 GPU 优势互补，建立更加高效的 CPU-GPU-DPU 计算平台。

当前 DPU 的产业化已进入快车道，代表性技术包括英伟达收购 Mellanox 后推出的 BlueField 系列 DPU，Xilinx 宣布收购 Solarflare 通信公司后实现的全新的融合 SmartNIC 解决方案，英特尔收购 Altera 后发布的将 FPGA 与 Xeon D 处理器集成的 IPU 产品，Marvall 发布的 OCTEON 10 DPU 产品，其不仅具备强大的转发能力，还具有突出的 AI 处理能力。同时，国内外的互联网厂商也纷纷启动自研芯片计算，重点是面向数据处理器的高性能专用处理器芯片，目标是改善云端服务器成本结构，降低能耗。

DPU 体现了将数据端和控制端分离的核心思想，强化了数据面专用处理器，与 CPU 配合实现性能和通用性更好的平衡。DPU 的出现体现了计算平台从"以计算为中心"向"以数据为中心"的转变，在网络功能卸载、存储功能卸载、安全功能卸载等方面将起到

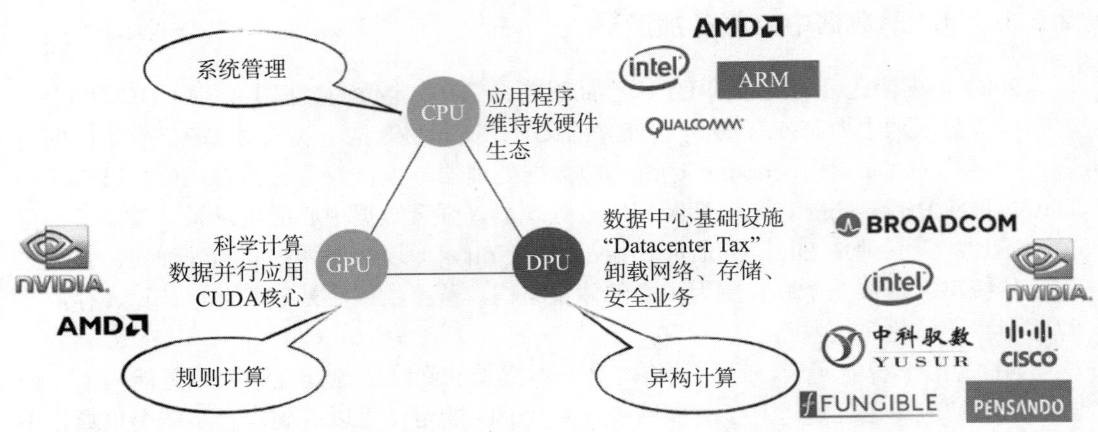

图 2.11　CPU-GPU-DPU 计算架构

资料来源：https://max.book118.com/html/2021/1112/8133121107004035.shtm.

越来越大的作用。

2.3 内　存

内存是计算机硬件体系结构中最重要的存储设备，它直接被高速处理器访问，内存的容量和性能是高性能处理器能否发挥性能优势的关键。当前主流的服务器能够支持 TB 级内存，内存已经是新的大容量存储设备，在某些实时处理性能要求较高的领域，内存能够替代硬盘成为新的大数据存储设备。图2.12展示了内存单位价格容量的变化趋势，从内存自身的价格变化来看，内存的价格呈线性下降趋势，1 美元内存容量持续增长，大容量内存存储在计算机整个成本中所占的比重逐渐下降，但内存计算所带来的计算能力的提升则成倍增长。在一些实时响应要求极高的应用领域，如金融分析、通信处理、实时监测等只有实时分析才能带来价值的应用领域中，内存计算几乎是唯一的选择。

将数据库从传统的慢速磁盘迁移到快速内存能够带来数据库的吞吐性能成百倍的提升，但相对于处理器的速度，尤其是当前具有强大并行处理能力和高数据带宽的协处理器而言，内存访问性能与处理器性能之间的差距越来越大，图2.13显示了这种趋势。内存访问性能主要取决于两个因素：内存访问延迟和内存带宽。内存访问延迟受 DRAM 物理设计原理的制约难以大幅提高，降低内存访问延迟的一个间接方法是将内存控制器集成到处理器中，以及通过多级 cache 机制缓存频繁访问的数据。当前 8 通道内存已成为主流配置，下一代处理器可能采用 12 通道内存，随着内存带宽和内存容量的大幅提高，在单位时间内能够向多核处理器传输更多的数据用于处理，通过多线程并行数据传输来掩盖内存访问延迟对性能的影响。图2.13还显示了处理器性能放缓的趋势，随着多核处理器成为主流技术，CPU 主频的提升放缓，转向集成更多的核心提供更强大的并行计算性能，同时也需要进一步提升内存访问吞吐性能，通过更高的内存带宽更充分发挥多核

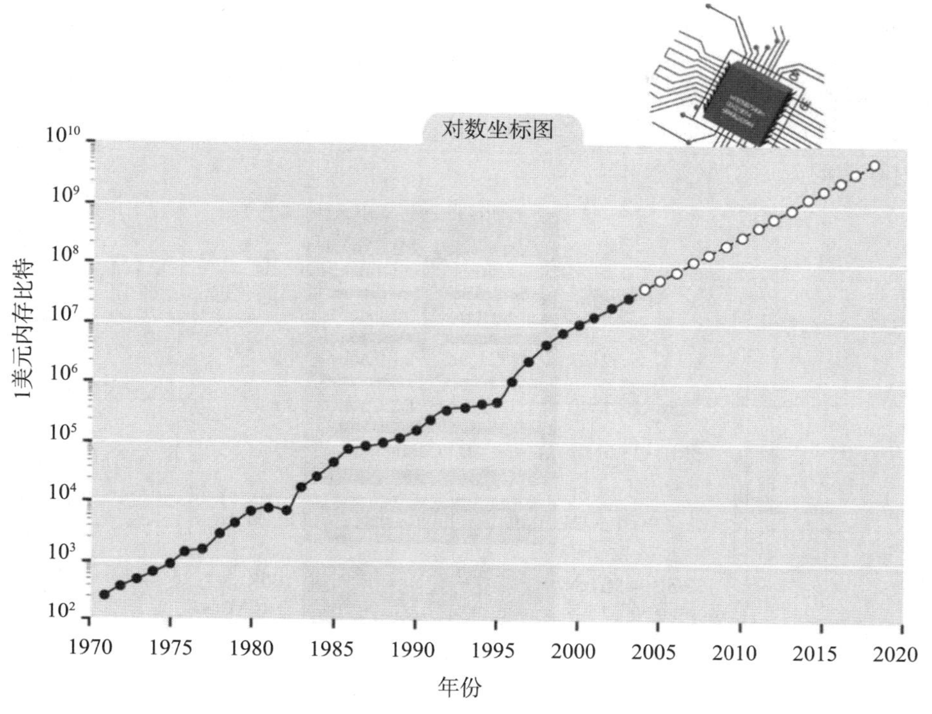

图 2.12　内存单位价格容量趋势

资料来源：https://singularity.com/charts/page58.html.

处理器的处理能力。

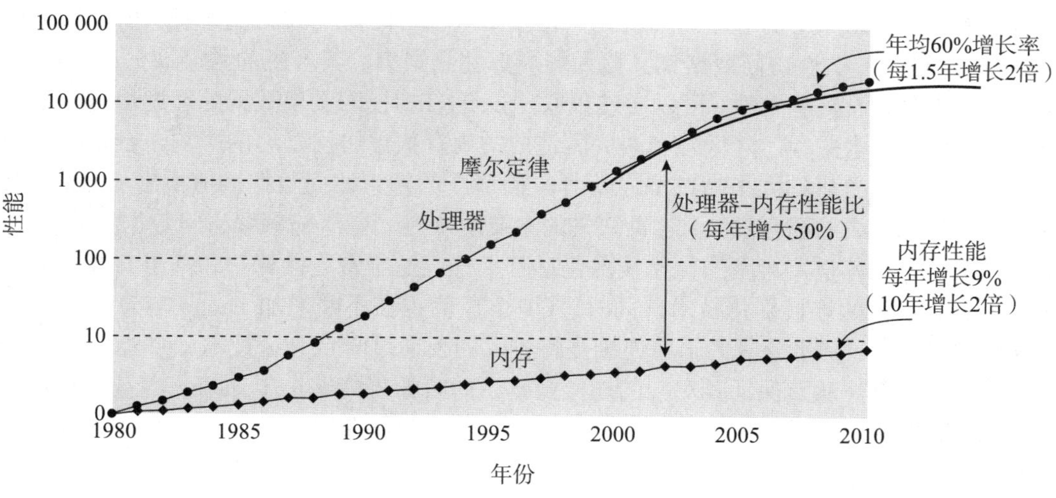

图 2.13　CPU 与内存性能差距

资料来源：https://www.slideserve.com/cosima/vlsi-architecture-design-course-lecture-4-5.

2.3.1 多级 cache 优化技术

当前 CPU 普遍采用 L1-L2-L3 多级 cache 机制，如图2.14所示。在计算机整个存储体系结构中，自顶向下存储容量依次增加，自底向上存储访问延迟依次降低，多级 cache 是优化内存访问延迟的重要技术。

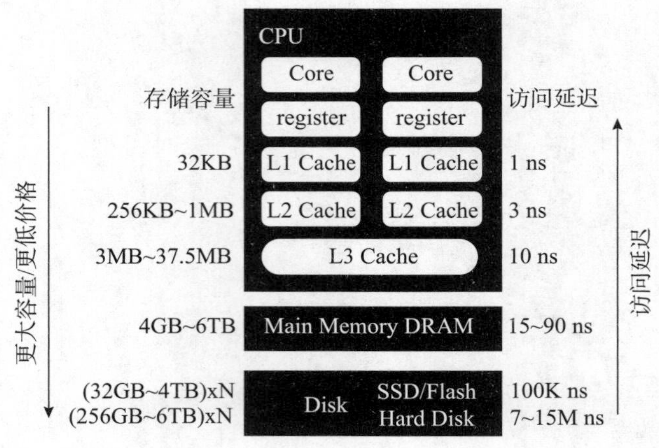

图 2.14 CPU 多级 cache 机制[13]

利用 cache 将频繁访问的数据集缓存于高速存储能够减少大量高延迟的内存访问，因此 cache 性能的最重要因素是缓存命中率（cache hit ratio）。提高缓存命中率、降低缓存缺失率（cache miss ratio）是提升内存访问性能的基础。

缓存缺失（cache miss）主要分为以下三种类型：强制缺失（compulsory miss）、容量缺失（capacity miss）和冲突缺失（conflict miss）。强制缺失是对数据首次读写时所产生的缓存缺失，数据库中的顺序扫描就是一种强制缺失，即每个数据都需要从内存加载到 cache 中，这种一次性访问数据集又称为弱局部性数据集，其产生的强制缺失无法避免，而且缓存的数据没有重用性。可以通过预取（prefetch）技术实现数据处理过程与内存数据访问过程的流水并行，降低强制缺失所造成的内存数据访问延迟的影响。容量缺失是由于频繁访问数据集的大小超过 cache 容量而造成的频繁访问数据被迫换出 cache，在下次访问时所造成的缓存缺失。容量缺失的主要解决方法是压缩频繁访问数据集的大小，使其适应 cache 容量，典型的优化技术包括基于分区的哈希连接算法和基于布隆过滤器（Bloom Filter）的连接优化技术，同时，CPU 厂商也在不断增加 cache 容量以提供更高效的数据缓存。基于分区的哈希连接是将较大的表通过哈希分区技术（如 radix 分区）划分为较小的表，从而保证其对应的连接操作中的哈希表能够小于 cache 容量。布隆过滤是当前数据库广泛采用的一种连接过滤技术，它通过布隆过滤器为连接操作生成一个基于位图的布隆过滤器，连接表先在较小的布隆过滤器（小于 cache 容量）上完成连接过滤，过滤掉大部分不满足连接条件的记录，从而减少最终连接操作的元组数量。冲突缺失是在 cache 容量充足的情况下，频繁访问数据在不适当的 cache 替换策略作用下将需要缓存的数据替换出 cache，造成数据在 cache 的“颠簸”，当再次访问时所产生的缓存缺失。冲突缺失一方面是数据访问时不同访问特征的数据在 cache 替换策略下无法合理分配 cache 资源而产生的，如在数据库的哈希连接中，大表的扫描操作是一次性访问的弱局部性数据集，而较小的哈希表则是频繁访问的强局部性数据集，在类 LRU（Least Recently Used，最近最少使用）cache 替换策略下，两种不同类型的数据访问对 cache 产生争用，连续的一次性访问数据将频繁访问的哈希表数据驱逐出 cache，这种现象称为 cache 污染[14]（cache pollution）。冲突缺失产生的另一方面原因是现代多核处理器采用共享最后一级缓存（Last Level Cache，LLC）的设计方案，不同处理线程的数据访问模式不同，不同线程竞争共享的 cache，cache 污染从线程内不同访问特性的数据集扩展到不同线程间的数据访问模式冲突。

降低缓存缺失是内存数据库提高数据访问性能的关键技术，学术界和工业界针对不同类型的缓存缺失提出了不同的解决方案。强制缺失不可避免，cache 优化的关键在于将频繁访问数据集缓存于 cache。提高缓存命中率的基本条件是频繁访问数据集能够被 cache 容纳，解决方案是 cache 敏感（cache-conscious）的存储优化技术，如 radix-decluster 技术[15]、cache-sensitive B+-tree[16]、cache sensitive T-trees[17] 等，通过优化分区或索引节点的大小，使其适应 cache 容量和 cache line（内存和缓存之间数据交换的大小，通常为 64 字节）大小，减少数据访问时的缓存缺失。冲突缺失是一种难以有效优化的缓存缺失。磁盘数据库的缓冲区（buffer）是内存中可以被程序控制的缓存区域，数据库可以选择最优的替换算法来提高缓冲区的命中率，而 cache 的替换策略是硬件级的，无法被程序控制，而且 cache 替换算法的升级会带来处理器硬件设计复杂度的增加，因此难以让 cache 替换策略适应数据访问特征。冲突缺失主要是由线程内或线程间不同数据局部性强度的数据集之间对 cache 的争用而产生的。一个理想的解决方案是将一次性访问的弱局部性数据越过 LLC 直接加载到 L2 cache，不占用 LLC 中的缓存空间。另一个解决方案是通过 page-color 技术为不同数据访问特性的处理进程映射不同大小的 cache 配额，降低弱局部性进程对 cache 空间的占用[18]，但 page-color 技术会带来内存使用效率降低的问题，即更多的 page-color 能够映射到 cache 中更大的区域，但占用内存中更大的地址范围，而频繁访问数据集通常较小。当前多核处理器支持更多的物理线程，如 40 核处理器支持 80 个物理线程，共享 60 MB LLC，cache 冲突必然会更加复杂和严重，最小化频繁访问数据集以及将私有频繁访问数据集转换为共享的公有频繁访问数据集是提高 LLC 利用率和效率的有效途径。

从硬件的角度来看，cache 的容量增长较为迅速，如 2.1 节所介绍，当前 CPU 通过 3D 堆叠技术的 HBM 高带宽内存将 cache 容量扩展到几十 GB，英伟达 GPU 的 cache 容量也在持续增长，大容量 cache 为优化内存数据访问和算法提供了良好的硬件基础。

2.3.2　TLB 优化技术

另一个与内存访问延迟密切相关的硬件是 TLB（Translation Lookaside Buffer，旁路转换缓冲，或称为页表缓冲）。TLB 是硬件级缓存，与 CPU 的 cache 类似，它是内存里存放的页表的缓存。在内存的页表区里，每一条记录虚拟页面和物理页框对应关系的记录称为一个页表条目（Entry），同样地，在 TLB 里也缓存了同样大小的页表条目。当 CPU 执行机构收到应用程序发来的虚拟地址后，如图2.15所示，首先到 TLB 中查找相应的页表数据，如果 TLB 中正好存放着所需的页表，则称为 TLB 命中（TLB Hit），接下来 CPU 再依次查看 TLB 中页表所对应的物理内存地址中的数据是不是已经在各级缓存里了；如果 TLB 中页表数据不存在，则为 TLB miss，然后使用页表的方式进行寻址，最后把这个映射关系更新到 TLB 中以备下次使用。由于 TLB 大小有限，而一旦出现 TLB miss，则其查询的代价很高，所以现代 CPU 架构基本都进行了一些优化以提高地址映射的效率。例如，线性地址到物理地址转换一开始就选择同时在 TLB 和页表进行查询，而不经过 TLB 查找是否成功的等待；使用多级 TLB 以及软 TLB，在 CPU 上下文切换（context switch）的时候不下刷（flush）整个 TLB。

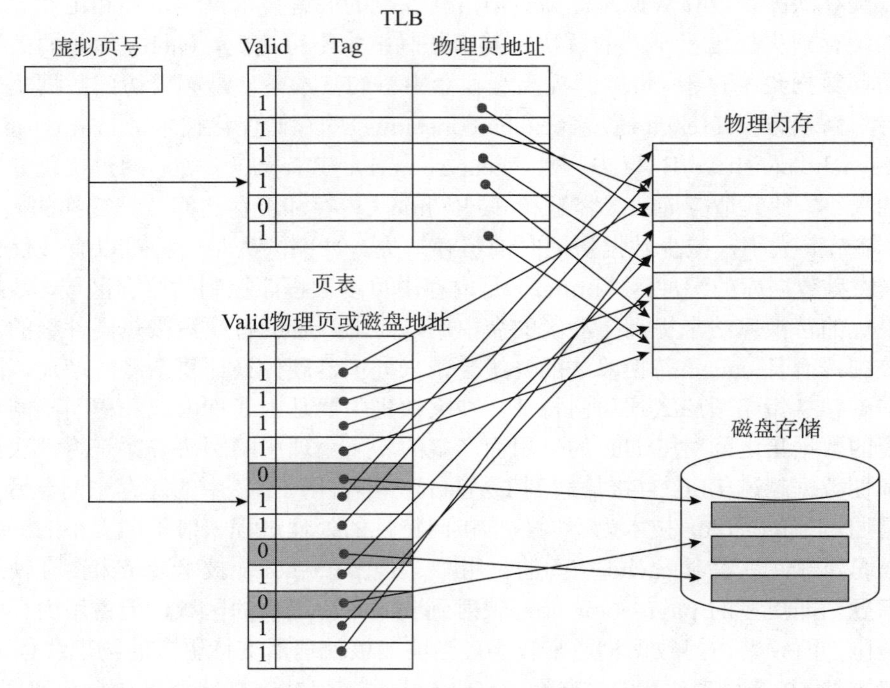

图 2.15 TLB 工作原理[19]

在内存数据库中通常采用分区技术减小连接操作的数据集，分区产生多个虚拟内存映射地址，会产生 TLB miss 问题。减少数据处理过程中分区的数量是优化 TLB miss 的重要技术手段，当前数据库中采用的 radix 分区[20] 技术就是通过多趟分区技术降低每趟分区过程中的分区数量，从而减少 TLB miss。

2.3.3 非易失内存技术

分析型内存数据库的核心问题是在只读的内存数据库中进行实时分析处理，而事务型内存数据库则需要保证严格的 ACID 特性。当前的事务型内存数据库大多采用磁盘作为持久化存储设备，WAL 机制需要保证事务提交时事务日志已写到持久存储设备中，同时，数据库引擎定期发出检查点命令，将当前内存中已修改的页（称为“脏页”）和事务日志信息从内存写入磁盘，并记录有关事务日志的信息。事务型内存数据库的高查询吞吐性能通常在关闭涉及慢速磁盘 I/O 的 WAL 和检查点机制下才能获得，因此内存数据库的持久化代价对内存事务处理的性能有着至关重要的影响，对分析处理来说，内存的容量、成本和能耗决定着内存分析处理的性价比指标。

DRAM 内存少量晶体管设计的原理决定了其是一种访问延迟相对 SRAM 较高、易于扩展容量的易失性存储介质，而高性能内存事务处理需要一种具有内存访问性能的非易失存储介质来满足完全的 ACID 特性。非易失内存存储（NVRAM）是一种硬件级的高性能持久化存储技术，是指即使在内存芯片的电源关闭时也可以保存数据的计算机内存，能够弥补内存事务处理的持久化性能问题。NVRAM 是更大类别的非易失存储器 (NVM) 的一个子集，NVM 包括基于 NAND 闪存的存储器，由于闪存芯片的读写速度比 RAM 芯片慢，NVM 主要用于外部的固态硬盘技术。NVRAM 有很多种不同的实现技术，主要面临技术、成本、读写速度差异和使用寿命等问题。比较有代表性的三种非易失内存技术是铁电 RAM（Ferro-electric RAM，FRAM）、磁阻 RAM（Magnetic Random Access Memory，MRAM）和相变存储器（Phase Change Memory，PCM）。

（1）FRAM 的设计类似于 DRAM，FRAM 使用薄铁电材料层，当施加电流时会改变极性。当电流关闭时，该层保留最后一个极性，芯片保存数据。FRAM 产品具有 RAM 和 ROM 的优点，读写速度快并可以像非易失存储器一样使用，FRAM 存储密度远低于 DRAM，而且该材料在恶劣条件下更加耐用，因此 FRAM 通常用于特定的工业领域。

（2）MRAM 使用磁阻材料中磁状态的改变来存储构成存储数据的二进制 1 或 0 位。MRAM 是一种基于自旋电子学的新型信息存储器件，该技术有接近零的静态功耗，较高的读写速度，允许 MRAM 比 DRAM 更大的存储密度。第三代 MRAM 自旋道矩磁随机存储器（SOT-MRAM）具有对称的读写能力、分离可优化的读写路径、亚纳秒的快速操作速度和低写入功耗等优点。

（3）PCM 利用特殊材料在晶态和非晶态之间相互转换的相变来存储数据。PCM 在施加电流时，材料会改变状态。通过使材料快速改变状态，PCM 在读写速度上甚至比 NAND 闪存更快，理论上接近 DRAM 的速度。PCM 可能在将来代替闪存，因为 PCM 性能能够达到 NAND 闪存的 100 倍，可靠性更是高达 1 000 倍，而功耗低于 DRAM，而且 PCM 更容易缩小到较小尺寸。表2.3对比了 DRAM、PCM、NAND 闪存和硬盘的特点，其中，硬盘在存储容量、存储成本、空闲能耗方面有一定的优势，在性能上较基于芯片技术的 DRAM、PCM 和 NAND 闪存均有较大差距。DRAM 与 PCM 相对于 NAND 闪存成本较高，DRAM 和 PCM 存储密度也高于 NAND 闪存；内存的读写延迟最低，PCM 的写延迟高于内存但低于 NAND 闪存，读延迟接近于 DRAM 而远高于 NAND 闪存，内存是易失性存储，而 PCM 和 NAND 闪存都是非易失内存存储。PCM 技术具有随机存储速度快和支持字节寻址的特点，这使得存储器中的代码可以直接执行，PCM 在使用上接近于内存特性，而 NAND 闪存因随机存储时间长达几十微秒，无法完成代码的直接执行，只能作为内存之下的二级存储设备。与 NAND 闪存相对，PCM 将提供比闪存更高的芯片密度，速度比闪存更快，接近 DRAM 的速度，采用字节寻址而不是块寻址，有更长的工作寿命。相对于 PCM，DRAM 读写性能对称，读写延迟和带宽性能均高于 PCM，读写能耗也低于其他存储设备，适合高负载、高性能计算任务，但 DRAM

的空闲能耗最高，不适合低负载长期存储任务，对于数据仓库具有历史数据存储计算特征的负载而言，在提供高性能计算的同时有较高的存储成本；PCM 具有接近 DRAM 的读写和字节级访问性能，PCM 空闲时的能耗大大低于内存，而且存储密度高于 DRAM，未来可能成为替代 DRAM 的大容量廉价高性能存储，适用于构建高性能内存数据仓库。

表 2.3 DRAM、PCM、NAND 闪存和硬盘各项性能对比[21]

	DRAM	PCM	NAND 闪存	硬盘
读能耗	0.8J/GB	1J/GB	1.2J/GB	65J/GB
写能耗	1.2J/GB	6J/GB	17.5J/GB	65J/GB
空闲能耗	～100mW/GB	～1mW/GB	1～10mW/GB	～10W/TB
持久性	∞	106～108	104～105	∞
页面大小	64B	64B	4KB	512B
页面读延迟	20～50ns	～50ns	～25μs	～5ms
页面写延迟	20～50ns	～1μs	～500μs	～5ms
写带宽	～GB/s per die	50～100MB/s per die	5～40MB/s per die	～200MB/s per drive
擦除延迟	N/A	N/A	～2ms	N/A
密度	1X	2-4X	4X	N/A

2015 年英特尔和美光共同开发了一种名为 3D XPoint 的非易失内存存储技术，同年发布的 3D XPoint 存储产品的第一条线是代号为傲腾的产品，目前产品主要有英特尔傲腾持久内存和英特尔傲腾固态硬盘。傲腾持久内存技术对计算传统的存储层次产生了较大的影响，如图2.16所示的存储层次自上而下容量逐级增大，成本逐级降低，性能逐级下降，系统中的热数据存储层为 DRAM，傲腾持久内存最大单条容量达到 512GB，持久内存提供了向 DRAM 性能和访问方式兼容的大容量持久内存级存储层。傲腾固态硬盘支持的字节级访问和较高的性能提供了向内存访问模式兼容的大容量外部存储层。传统基于较大页面粒度访问的 SSD 和硬盘作为冷数据存储层，为系统提供低成本、大容量的后备数据存储层。

持久内存在应用中有不同的架构，如图2.17所示，方案（a）传统存储层次以 DRAM 作为主存，缓存硬盘数据，供 CPU 进行访问；方案（b）用持久内存完全替代传统 DRAM；方案（c）将 DRAM 用作持久内存之上的自动缓存，作为 L4 cache 使用，利用 DRAM 较高的性能优化持久内存访问性能；方案（d）将持久内存和 DRAM 水平集成，数据可以存储在 DRAM 或持久内存中，通过统一的内存地址进行访问。

现阶段持久内存的性能与 DRAM 仍有较大差距，方案（b）在傲腾持久内存中未被采用，需要 DRAM 与傲腾持久内存共存在主板上。方案（c）称为内存模式（Memory Mode），DRAM 作为持久内存的缓存用于优化持久内存较高的写延迟，在配置上对软件透明，但不支持持久存储，仅作为大容量内存解决方案。方案（d）称为应用直接访问模式（App Direct Mode），应用程序可直接访问由英特尔傲腾持久内存带来的独立持久内存资源，在软件架构上需要通过持久内存专用接口进行算法设计，与传统内存访问方法不兼容，系统开发成本较高。

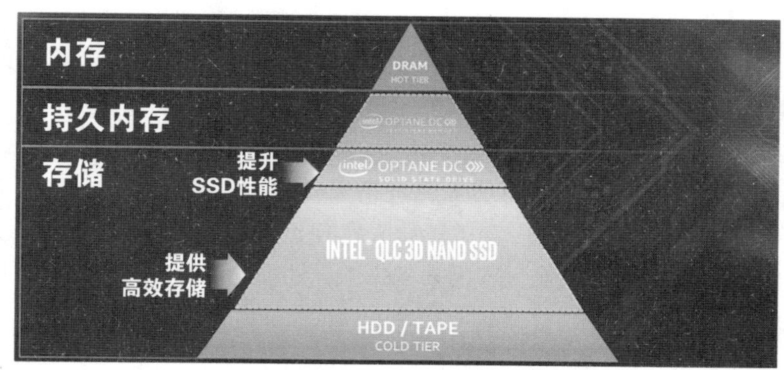

图 2.16　引入傲腾持久内存技术后的存储层次

资料来源：https://www.kclouder.cn/intel-optane-dc-pmm/.

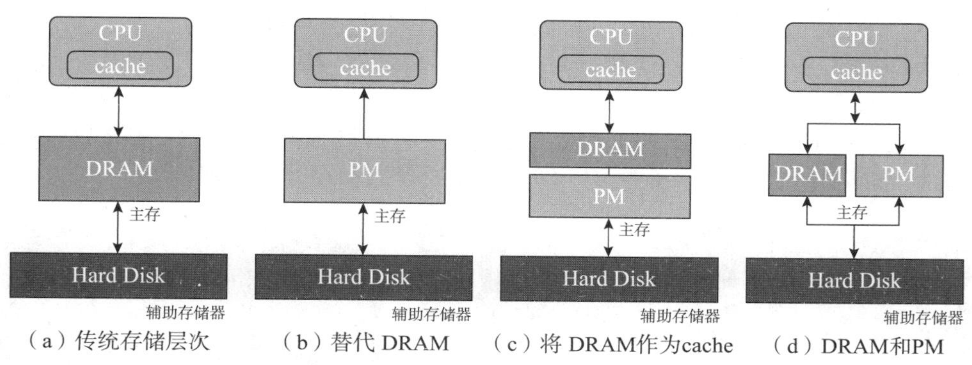

图 2.17　持久内存技术方案[22]

2022 年 7 月，英特尔宣布将退出傲腾业务，使非易失内存技术的发展产生了不确定性。从内存数据库的应用需求来说，内存数据库需要大容量、低成本、低能耗的内存级存储设备来支持内存 OLAP 需求，持久内存可以消除内外存之间的数据冗余，消除数据加载代价，保持统一的内存存储结构与数据访问接口。持久内存相对于 DRAM 的性能差异可以通过 DRAM 优化技术减少对综合性能的影响，读写性能不对称对分析型 OLAP 负载影响相对较小。对于内存事务处理需求而言，持久内存是解决事务处理中持久性的重要技术途径，读写性能不对称对于优化事务处理性能产生较大的影响，对未来新型持久内存的低延迟、读写性能对称等特性有较大的需求。

2.3.4　计算型内存技术

如何克服内存与处理器巨大的性能差距是内存计算的核心问题，当前从硬件技术方面大致有三种技术路线：通过 cache 缓存频繁访问数据集，减少冗余内存访问延迟，技术发展趋势是加大 L3 cache 容量，扩展大容量 HBM 缓存；通过 GPU 和 FPGA 更多的并发内存访问线程提高内存访问的吞吐性能，分摊内存访问延迟；将计算从 CPU 下推到内存存储层，减少内存数据移动的巨大代价和延迟。前两种技术路线是 CPU 端计算，优化内存访问延迟性能，第三种技术路线则是实现内存端计算，最小化 CPU 端计算所导致的数据移动代价。

存内处理（processing-in-memory，PIM）是一种在内层芯片上实现数据处理功能的新型计算型内存技术。存内计算的基本思想是为存储芯片增加处理能力，如在 3D 堆叠存储和非易失内存存储上增加内存逻辑层来实现近存处理（processing-near-memory，PNM），但由于成本、容量、热损耗等因素的影响，处理功能受到较大的限制；在 SRAM 和 DRAM 上采用的内存处理（processing-using-memory，PUM）可以执行一些特定的高效数据处理，但处理逻辑通常限于位操作；另一种代表性的计算型内存技术使用传统 2D DRAM 阵列结合通用的数据处理和内存处理单元技术（DRAM Processing Unit，DPU），在同一个芯片上集成了内存和处理单元的 PIM 处理，DPU 通过深度流水线和细粒度线程提供良好的数据处理性能，并推出了 UPMEM 产品。下面对 UPMEM-based PIM 系统的原理和特点做简要的介绍，分析计算型内存技术的发展趋势。

图2.18（a）显示 UPMEM 内存模块，在形态上与 DRAM 内存条一致，使用主板内存插槽，每个芯片包含 DPU 和内存模块。图2.18（b）显示了一个实际系统中的配置方案，普通 DIMM 内存条作为 CPU 主存，每个内存通道配置 1~2 个 DRAM 内存条，UPMEM-based PIM 内存数量更多，作为主要的存储和存储内处理模块。

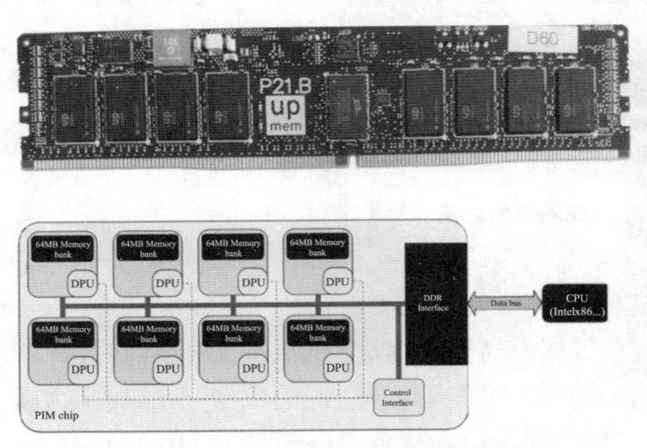

（a）UPMEM-based PIM 内存条形态

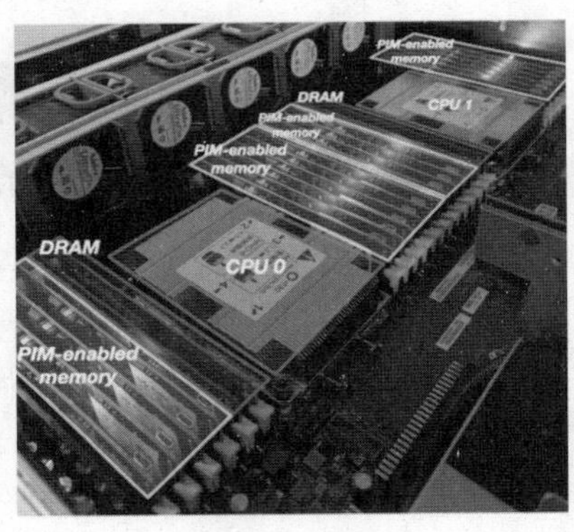

（b）UPMEM-based PIM 内存配置

图 2.18 UPMEM-based PIM 系统配置

资料来源：https://www.upmem.com.

图2.19显示了使用 UPMEM-based PIM 内存的系统结构和 UPMEM-based PIM 内存的内部结构。系统由 CPU、DRAM 内存和 UPMEM-based PIM 内存构成，UPMEM PIM 芯片内部由 8 个 DPU 构成，每个 DPU 独立访问 64MB 内存模块（Main RAM，MRAM）、24KB 的指令内存（Instruction RAM，IRAM）、64KB 的工作内存（Working RAM，WRAM）。MRAM 可由 CPU 访问，将数据从主存复制到 MRAM 以及将结果传回主存，MRAM 和 IRAM 以及 WRAM 之间支持 DMA 传输。当内存模块之间缓存的数据大小一致时，CPU-DPU 和 DPU-CPU 间的数据传输可以并行执行，否则需要串行

执行。当前技术不支持 DPU 之间的直接通信，所有 DPU 之间的通信需要通过将结果复制到 CPU 并且通过 CPU 将结果复制到目标 DPU 来实现。当前支持 CPU 和 DPU 不同内存模块的并发访问，但对相同 DPU 内存模块只能串行访问。

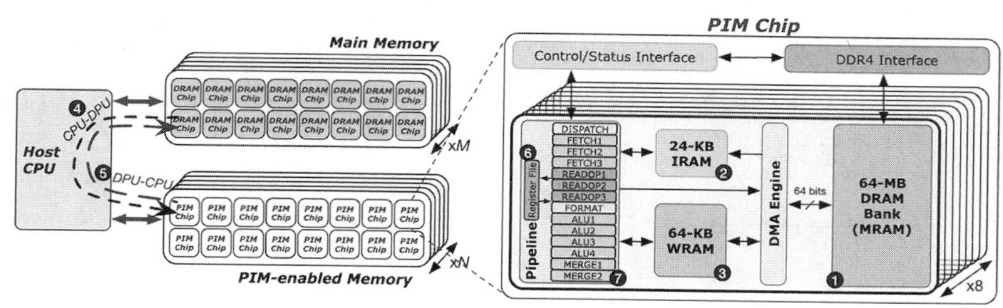

图 2.19　UPMEM-based PIM 内存系统结构[23]

面向 UPMEM-based PIM 内存提供了 CPU-DPU 和 DPU-CPU 间串行、并行访问和广播数据传输接口。CPU 可以分配指定数量的 DPU 执行 DPU 函数或内核功能，CPU 可以同步或异步地调用 DPU 内核功能。图2.19中 DPU 是一个多线程顺序执行 32 位 RISC 核，有 24 个硬件线程，每线程有 24 个 32 位通用寄存器，硬件线程共享 IRAM 和 WRAM，DPU 设计为 14 阶段流水线，只有最后三个阶段（ALU4、MERGE1、MERGE2）可以与线程内下一个指令的 DISPATCH 和 FETCH 并行执行，相同线程的指令分解为 11 个时钟周期执行，需要至少 11 个线程来充分利用流水线的处理能力。DPU 24 个硬件线程支持最多 24 项任务，程序在编译时确定每个 DPU 的任务集，并静态分配给每个 DPU，同一个 DPU 的任务之间可以在 MRAM 和 WRAM 共享数据并通过指令进行同步，不同 DPU 之间的任务不能共享内存数据或直接通信。

DPU 的硬件特性需要划分数据集，设计并行访问算法，设置 DPU 上优化的线程粒度来最大化 DPU 的处理性能。DPU 原生支持 32 位和 64 位整数的加减操作，提供高吞吐性能，但不直接支持 32 位和 64 位的乘除操作和浮点数运算，支持通过 UPMEM 运行时库来实现，但吞吐性能较低。DPU 的访问性能与内存访问模式相关，数据宽度、线程数量、数据大小都对性能有影响，DPU 需要面向硬件特性的细粒度优化技术才能充分发挥其性能。从性能特征来看，UPMEM-based PIM 内存在不需要交互的 DPU 并行访问、流式内存访问、简单数据类型计算方面较 CPU 和 GPU 有较高的性能，在能耗方面也有较好的收益。

基于 UPMEM-based PIM 内存的程序设计在 CPU 和 DPU 层面有不同的角色：CPU 从传统的处理器转换为协调器，运行主程序并控制 DPU 上的任务执行，执行全局计算，在 DRAM 上分布数据，向 DPU 发送执行指令，检索中间结果和最终结果等任务；DPU 执行 CPU 指令分派的核心计算功能，主要是 64MB 内存模块上的局部数据密集型计算任务。从计算模型来看，UPMEM-based PIM 内存系统将 CPU 和 DPU 任务划分为计算密集型和数据密集型，计算密集型任务由 CPU 全局执行，而计算密集型任务则分布到 DPU 局部内存上分布式执行，在内存数据库的模式设计、数据分布和计算任务划分上需要针对 UPMEM-based PIM 内存的特性进行优化设计。

从内存技术的发展趋势来看，性能增速慢于容量是一个显著的特征，优化内存访问性能是一个重要的研究课题，在处理器层面一方面是通过多级 cache 机制优化内存访问性能，另一方面是通过大规模并发硬件级线程提高内存访问吞吐性能；在存储器层面，持久内存的大容量和非易失性更适合内存数据仓库的应用需求，同时针对大内存数据移动代价的存内计算技术将计算能力和内存存储能力结合在一起，为数据密集型简单计算提供了加速能力，相对于处理器实现了计算下推到内存存储层的功能，起到优化内存访问和卸载 CPU 计算负载的作用。

2.3.5 CXL 扩展内存技术

CXL（Compute Express Link）是基于 PCIe5.0 发展而来的一个运行在 PCIe 物理层上针对缓存和内存优化的新协议，用于处理器、内存扩展和加速器的高速缓存一致性互联协议。CXL 技术在 CPU 内存空间和附加设备上的内存之间保持一致性，允许资源共享以获得更高的性能，减少软件堆栈的复杂性，并降低整体系统成本。CXL 被设计为高速通信的行业开放标准接口，CXL 设备可以使用 PCIe 插槽，底层使用 PCIe 协议。CXL 包括三种协议：

（1）CXL.io：为 I/O 设备提供了一个非一致性的加载/存储接口，用于设备的发现、配置、访问和中断等。

（2）CXL.cache：用于设备访问 CPU 内存，通过维护设备端 cache 一致性提供快速访问主机内存的能力，支持设备参与 CPU 的一致性缓存协议，相当于 CPU 缓存一致性协议扩展到设备端。

（3）CXL.memory：用于 CPU 访问设备内存，CXL 设备作为一个扩展内存插到服务器上，主机通过此协议直接访问设备内存。

CXL 设备中.io 是必备发现配置协议，.cache 和.mem 是可选的协议，协议组合出三种类型的设备——Type 1, Type 2, Type3，如图2.20所示。

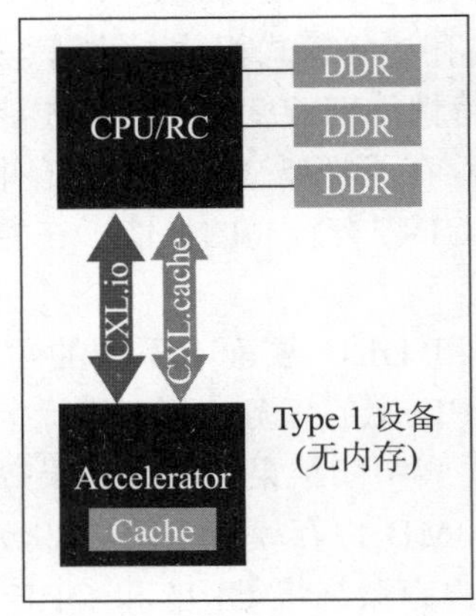

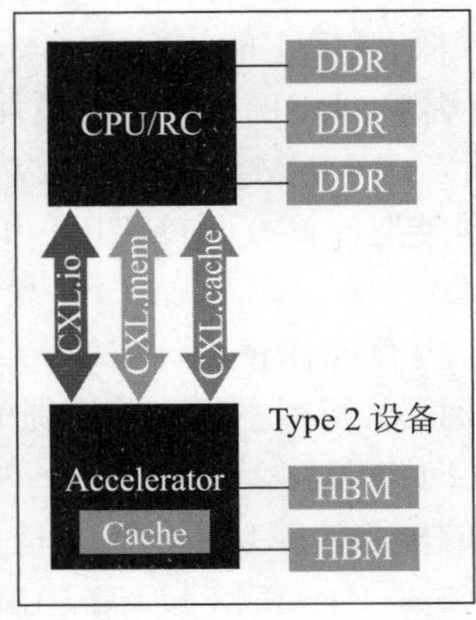

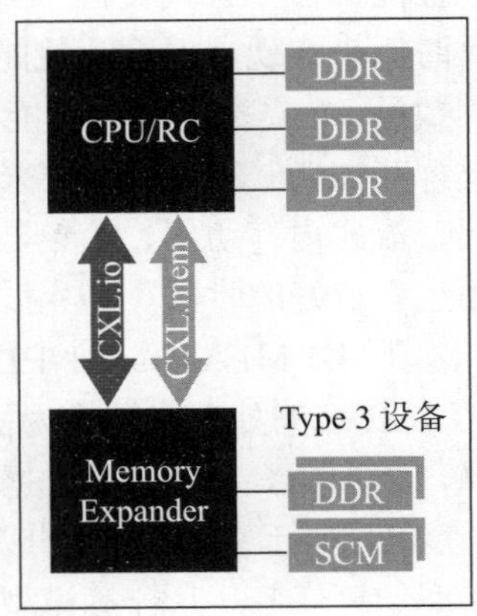

图 2.20 CXL 设备类型

资料来源：https://www.viavisolutions.com/en-uk/products/compute-express-link-cxl.

Type 1 设备有 cache，没有 DDR，或者配置主机看不到的私有内存，如 FPGA 的网络接口控制器或网卡，通过.cache 协议访问主机内存。Type 2 设备既有 cache 也有内存，如 GPU 或外部硬件加速器，需要三种协议支持设备发现、主机内存访问和内存扩展。Type 3 设备只有内存，没有 cache，用作内存扩展设备，需要.mem 协议统一访问设备内存。

CXL 内存扩展控制器属于 Type3 设备，也就是 CXL.mem 设备，能够为处理器提供高带宽、低延时的内存访问，实现高效的内存资源共享，降低系统软件栈的复杂度，降低数据中心总体内存的成本，解决了内存容量与带宽不足的问题。以三星 512GB CXL 内存扩展器为例，如图2.21所示，存储器设备支持 CXL2.0 接口，配备专用集成电路 CXL 控制器，采用 DDR5 DRAM 作为存储核心，实现极高的 I/O 接口带宽。设备具有良好的通用性和灵活的可扩展性，支持将服务器的存储容量扩展到数 TB 以上，可以支持内存数据库、大数据和 AI/ML 工作负载的处理需求，适合下一代大容量企业级服务器和数据中心应用。

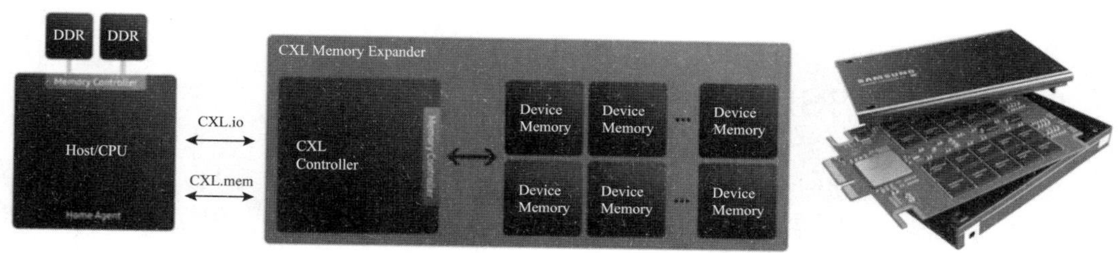

图 2.21　CXL 内存扩展器

相对于 DRAM，CXL 的内存延迟在 170~250ns 左右，与 CPU 内存、缓存和寄存器仍然有较大的差距，在实际应用中 DRAM-CXL 内存构建了一个两级内存架构，在性能和容量上提供了更多的选择。从内存数据库的系统设计来说，DRAM 和 CXL 内存提供了统一的内存访问空间，但 CXL 内存较高的延迟影响随机访问性能，通常将实时更新的低延迟访问需求数据存储于 DRAM，而大容量批量访问数据存储于 CXL 内存，并通过预取机制优化 CXL 内存访问性能[24]。CXL 内存扩展器受 PCIe 物理带宽的限制，其带宽性能显著低于 DRAM，在数据密集型访问中会形成带宽瓶颈，除软件层面的数据分布优化策略外，在硬件层面通过 CXL 内存扩展器中集成近数计算（Near-Data Processing，NDP）单元实现 CXL 内存存储层计算。如图2.22所示，CMS[25] 卡上集成了 Xilinx Alveo U250 处理器，将数据处理逻辑从 CPU 卸载到 CXL 内存扩展卡内部，将查询任务发送给 CXL 内存，由 Xilinx 处理器在 CXL 内存存储端完成，最小化 CXL 内存数据传输的带宽性能瓶颈。

CXL 内存既可以用作类似傲腾内存的容量扩展，又可以用作计算型内存支持存储端计算功能，具有较高的灵活性，为内存数据库提供大容量数据存储和存储级计算能力。

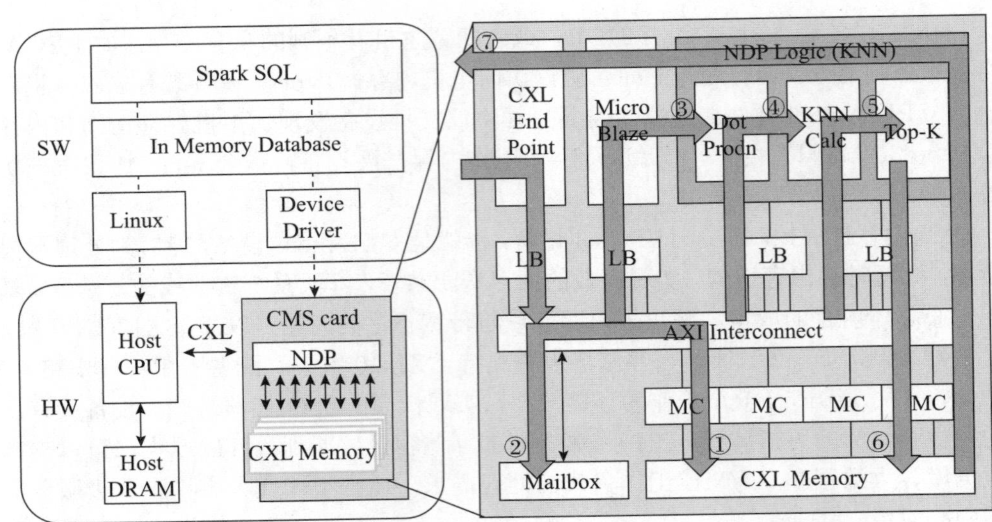

图 2.22 支持 NDP 的 CXL 内存扩展器

2.4 NAND SSD

闪存（Flash Memory）是一种允许在操作中多次擦除和写入的非易失存储器。闪存是非易失存储器，在保存数据时没有电源消耗，适合长期数据保存。闪存由晶体管存储单元组成，相对于硬盘没有活动部件，具有更佳的动态抗震性。闪存将数据存储在由浮闸晶体管组成的存储单元内，通过浮闸将进入存储单元的电子长期屏蔽在其中表示“1”的状态。闪存的读写能够以字节方式进行，但擦除操作在芯片设计上以擦除段为单位，只能实现以较大数据块为单位的擦除，也就是说闪存能够提供随机读取与写入操作，但不能实现对数据的任意改写，数据的改写只能通过对数据块擦除后重新写入的粗粒度方式。

闪存主要分为 NOR 和 NAND 两种类型。NOR Flash 擦除时间很长，但是它提供完整的寻址与数据总线，并允许随机存取存储器上的任何区域，这使它非常适合取代老式的 ROM 芯片成为处理器直接访问的存储设备。NAND Flash 具有较短的擦除时间，每个存储单元的面积也较小。相较于 NOR Flash，NAND Flash 具有较高的存储密度与较低的每比特成本，同时它的可擦除次数也高出 NOR Flash 十倍。然而，NAND Flash 的 I/O 接口并没有随机存取外部地址总线，存储单元的读写是以页和块为单位来进行，一页包含若干字节，若干页则组成储存块。因此 NAND Flash 主要的定位是取代硬盘的辅助存储设备，其读取和写入速度较硬盘有显著的提升。

吉姆·格雷（Jim Gray）在 2006 年提出“磁带已死，磁盘是新磁带，闪存是新磁盘，内存局部性为王”（Tape is Dead, Disk is Tape, Flash is Disk, RAM Locality is King）的著名论断，指出数据库中的大量随机访问与磁盘随机访问性能差的特点存在巨大的矛盾，磁盘更适合取代磁带机成为后备存储设备，而 Flash 则能够替代硬盘成为数据库的主存储设备。基于 Flash 的数据库优化研究分别针对数据库中关键技术，如 B+ 树索引、哈希索引、哈希连接等进行面向 Flash 特点的优化，减少 Flash 写操作及擦除操作性能低对数据库的不利影响，提高整体性能。但 Flash 的基于页块的数据存储访问机制与磁盘数据库相似，Flash 可以看作磁盘数据库在存储技术上的升级，集成了面向 Flash 的优化技术后进一步增加了数据库中优化技术的复杂度，提高了数据库系统升级的软件成本。Flash 读性能好的特点使其更加适合于分析型数据库应用，分析型数据库主要强调更大的数据吞吐性能和随机访问性能，数据以追加型更新为主（append-only 或 append-most），数据仓库存储模型的优化保证了只读追加型事实表占了绝对的存储空间，而更新较多的维表只占极少的存储空间。这种存储模型非常适合大量闪存提供读优化的事实表存储，而较小的维表利用内存或磁盘存储提供良好的写操作性能，不必为较小的维表更新负载而在数据库内核中设计复杂的 Flash 更新优化机制。

闪存甚至傲腾持久内存的访问性能与 DRAM 和现代处理器相比仍然有较大的差距，在高性能计算领域，吉姆 • 格雷提出了"内存是新硬盘，磁盘是新磁带"（Memory is the new disk. Disk is the new tape）[26]。Flash 与磁盘相似的块式访问需要内存缓冲区机制，而缓冲区正是现代高性能数据库一个新的性能瓶颈，内存的直接地址访问能力保证更高的数据访问效率，字节随机访问能力也保证了最佳的内存带宽利用率。当前大容量低成本的内存以及非易失内存已经能够满足大型企业核心业务数据的完全内存存储与访问，内存作为新硬盘不仅提升了原来数据库的 I/O 性能，更是在数据库内核精简优化方面使数据库的代码执行效率提升到一个新的层次。内存适合事务型数据管理、事务处理、各种内存索引管理以及查询处理中间数据管理等写密集的负载，非易失内存则适合日志存储、大量只读追加型数据的存储和字节级随机访问，Flash 适合粗粒度数据的随机读密集型访问，而磁盘则成为顺序存储为主的大数据归档存储设备。

基于闪存的固态硬盘（SSD）已经得到广泛的应用，当前除成本问题以外，闪存主要的问题是读、写、擦除性能不平衡问题和擦除寿命问题。SSD 主要由主控、缓存、与闪存颗粒三个主要部件组成，主控用于 SSD 数据管理，缓存用于优化 SSD 读写，闪存颗粒负责数据存储，性能从高到低排序，分别为 SLC、MLC、TLC 与 QLC，区别是存储空间（cell）存储数据的位数（SLC：1bit/cell、MLC：2bit/cell、TLC：3bit/cell 与 QLC：4bit/cell）不同，单位空间存储的位数越少擦写次数越高，寿命越长，但成本也越高。当前 SSD 主要有 SATA、PCIe、M.2、U.2 等接口类型，如图2.23所示。SATA 是固态硬盘常见接口，与机械硬盘通用，兼容性好，SATA 3.0 接口速度达到 6Gbps，传输速度可以达到 600MB/s，但与新型接口相比，带宽性能差距较大。PCIe 将数据通过总线与 CPU 直连，传输速度较高，当前英特尔傲腾固态硬盘 P5800X PCIe x4 最大读写带宽达到 7.2/6.35GB/s。M.2 接口当前主要使用 PCIe 3.0 x4 通道，接口速度达到 32Gbps，支持面向 SATA 的 AHCI 协议和 NVMe 协议，当前英特尔傲腾固态硬盘 P1600X 采用 PCIe 3.0 x4 NVMe 接口，最大读写带宽速度达到 1.76/1.05GB/s，Adata M.2 2280 PCIe 5.0 SSD 读写性能达到 14/12 GB/s。U.2 接口带宽达到了 32Gbps，支持 NVMe 协议，U.2 接口速度快，与 SATA 3.0 接口固态硬盘兼容，当前 Micron 9300 U.2 NVMe SSD 读写带宽达到 3.5GB/s。

SSD 技术的发展有两个代表性趋势。一个技术趋势是多层堆叠技术，在闪存芯片面积不变的情况下使容量提升，而且有助于降低成本。2022 年 7 月，美光公司发布全球首

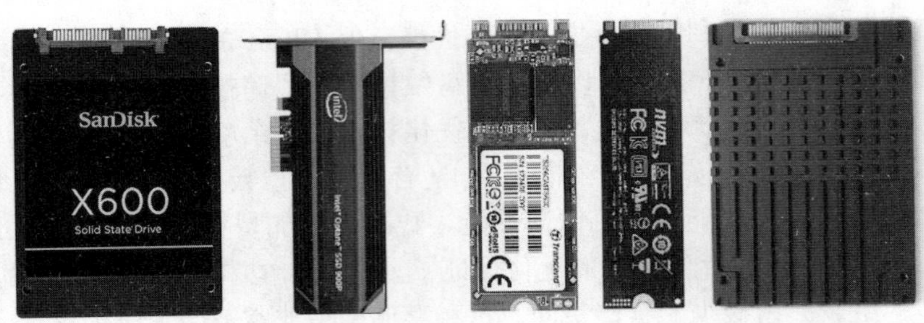

图 2.23 SATA、PCIe、M.2 SATA、M.2 NVMe PCIe、U.2 NVMe 接口类型的 SSD

款 232 层 TLC NAND，NAND I/O 速度达到 2.4GB/s，比上一代 176 层 NAND 数据传输速度快 50%。多层堆叠技术支持大容量 SSD，如 Micron 9300 SSD 容量达到 15.36TB，读带宽达到 3 500GB/s。相对于 SSD 迅速增长的存储容量，SSD 的接口性能提升较慢，从而使大容量 SSD 形成细嘴瓶效应，大量时间花在 CPU 通过低带宽数据通道从大容量 SSD 读取数据的过程。另一个技术趋势是 SSD 端的近存计算技术，通过 SSD 主板上集成的 FPGA 支持的近存计算能力将计算下推到物理存储设备端，实现存储端计算，减少数据通道上低效的数据传输。如三星 SmartSSD 是一种计算存储设备（Computational Storage Drive，CSD），在高性能 SSD 中整合 FPGA 用于数据处理功能，通过在 SSD 中直接处理数据最大限度地减少 CPU、GPU 和内存之间的数据传输。研究表明，通过将算子下推到板载 FPGA 中实现近存计算，数据库排序操作性能相对于 CPU 或独立 FPGA 在性能和能耗方面均有显著提升[27]。

2.5 硬 盘

硬盘机械臂寻道和旋转介质的物理结构决定了其难以像晶体管集成电路存储设备（DRAM、PCM 和 Flash）一样大幅提高访问延迟性能，只能通过提高存储密度降低硬盘成本。磁盘数据库占据了数据库市场的主导地位，长期积累的技术构建了复杂的数据库存储和查询处理引擎。新的硬件为磁盘数据库带来新的机遇，磁盘数据库一方面与新型存储技术相结合，提高数据访问性能，如构建磁盘-SSD 混合存储架构，使用 SSD 作为磁盘高速缓存等；另一方面也不断根据磁盘自身的特点优化存储访问特性，如共享扫描技术、根据负载特点的磁盘数据组织优化技术和基于块索引的磁盘访问技术等。图2.24为面向查询负载特征的存储优化的示例，通过将顺序访问的数据和随机访问的数据在存储层上分而治之地独立存储，消除顺序访问数据与随机访问数据存储在相同硬盘所产生的磁头访问冲突，能够有效地降低数据库查询处理时的数据访问延迟，提高硬盘系统的整体吞吐性能。

图2.25为面向并发查询负载特征的存储优化技术。并发查询需要对磁盘上存储的数据进行重复访问并产生大量磁头争用，极大地降低了磁盘的 I/O 性能。在并发查询处理中，通过共享扫描技术将对磁盘的并发访问转换为统一的循环扫描过程。通过对并发查询的优化，将独立的查询执行过程，如多表哈希连接，转换为面向共享哈希表过滤操作，

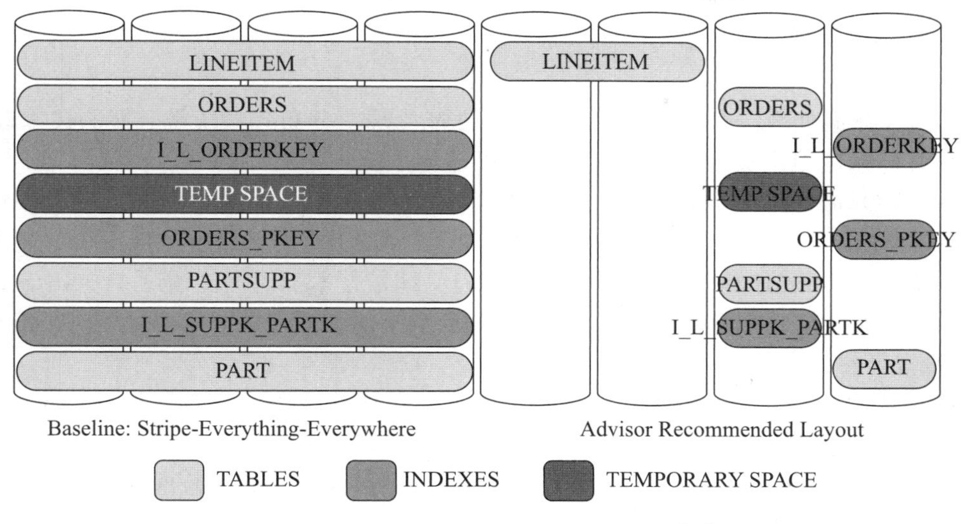

图 2.24　面向查询负载特征的存储优化[28]

从而将并发的查询处理任务约简为磁盘循环扫描向内存提供共享数据，数据在内存中按统一的执行计划完成并发查询处理任务，新的查询在下一个磁盘共享扫描过程或两个邻接的磁盘共享扫描过程中读取全部的数据并完成查询处理任务。该技术可以看作磁盘数据库和内存数据库技术的结合，磁盘只执行磁盘数据库最高效的面向并发查询的循环顺序扫描操作，消除查询中随机访问对磁头的争用，事实表数据上的其他查询任务采用内存数据库模式，通过优化的维连接过滤器执行内存并发查询处理，从而将磁盘 I/O 访问与内存查询处理在设备间流水并行，提高查询的综合性能和并发查询的吞吐性能。

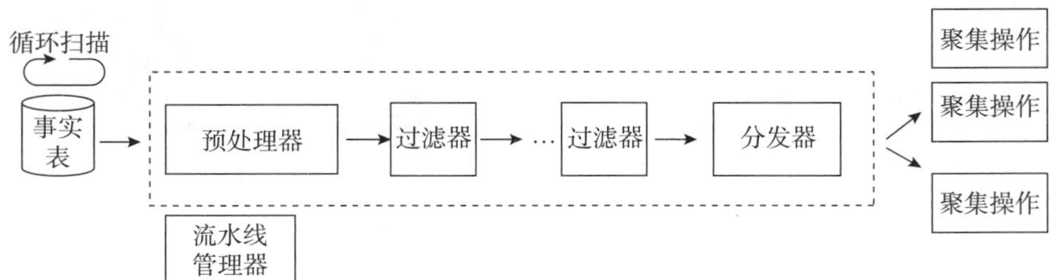

图 2.25　面向并发查询负载特征的存储优化[29]

硬盘接口有很多标准，在服务器端主要采用 SAS（Serial Attached SCSI，串行连接 SCSI 硬盘）硬盘和 SATA（Serial Advanced Technology Attachment，串行高级技术附件）硬盘，这两种技术都是采用串行技术以获得更高的传输速度，并通过缩短连接线改善内部空间等。SAS 的接口技术可以向下兼容 SATA，SATA 是 SAS 的一个子标准。SAS 在接口速度上达到 12Gb/s，是 SATA 接口速度 6Gb/s 的 2 倍。硬盘存储容量较大，例如：希捷 Exos X20 硬盘采用氦气技术，容量达到 20TB，持续数据传输性能达到 285MB/秒；Exos 2X14 硬盘采用多磁臂技术，容量为 524MB/秒，持续数据传输性能达到 524MB/秒。

2.6 高速网络

面向大数据处理，尤其是大数据内存高性能处理，分布式系统是必然的技术选择，因此网络传输延迟也成为内存数据库多级存储体系结构中重要的性能决定因素。SAP HANA 和 Oracle Exadata 数据库一体机等高性能数据库系统中使用 infiniBand 作为高速通信网络，其带宽高达 40Gb/s，相当于 5GB/s 的数据访问带宽。TOP 500 超级计算机所使用的 InfiniBand 和以太网（Ethernet）通信技术都能提供超过 100Gb/s 网络带宽，已经大大超过本地外存设备（Flash 和硬盘）的数据带宽，但相对于内存带宽和 PCIe 带宽仍然有较大差距。

除带宽性能之外，网络传输还有较大的延迟。传统的 TCP/IP 在接收数据时需要先把收到的数据包缓存到系统上，对数据包处理后，再将相应的数据分配到一个 TCP 连接；随后接收系统把 TCP 数据同相应的应用程序联系起来，并将数据从系统缓冲区拷贝到目标存储地址，如图2.26（a）所示。远程直接内存访问（Remote Direct Memory Access，RDMA），是一种解决网络传输中服务器端数据处理延迟的技术。RDMA 通过网络把数据直接传入远程计算机的应用程序存储区，消除了外部存储器复制和数据交换操作，从而解放内存带宽和 CPU 周期用于提高应用系统性能，如图2.26（b）所示。

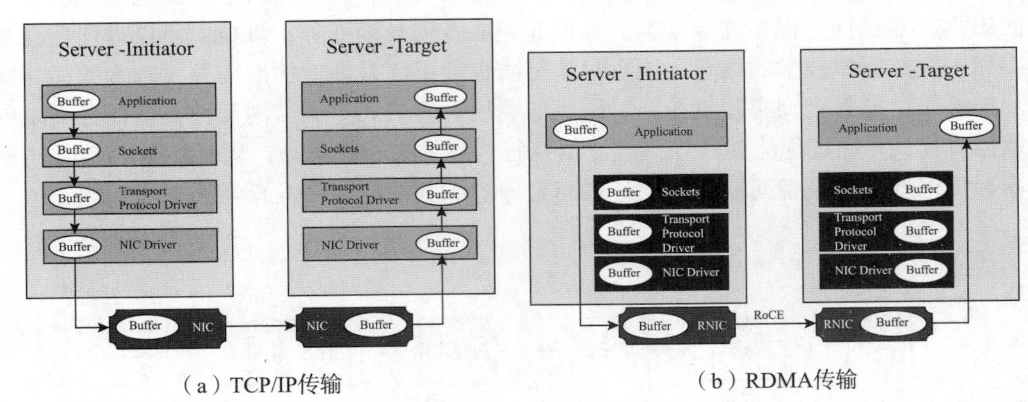

（a）TCP/IP传输　　（b）RDMA传输

图 2.26 TCP/IP 与 RDMA 连接技术[30]

当前主要有三种 RDMA 网络技术，分别是 InfiniBand、RoCE 和 iWARP。InfiniBand 是一种专为 RDMA 设计的网络，性能最好，但需要专用的 InfiniBand 网卡和交换机，价格较高。RoCE 和 iWARP 是基于以太网的 RDMA 技术，仅需要使用特殊的网卡，价格较低。RoCE 协议存在 RoCEv1 和 RoCEv2 两个版本，主要区别是前者基于以太网链路层实现 RDMA 协议，后者基于以太网 TCP/IP 协议中的 UDP 层实现。iWARP 基于以太网 TCP 层实现 RDMA 协议，支持在标准以太网交换机上使用 RDMA。如图2.27所示，RMDA 的性能主要由以下三项关键技术决定：

（1）OS Bypass：应用程序可以直接访问网卡，不需要操作系统或驱动程序的干预，避免了用户空间和内核空间之间的上下文切换，减少数据访问堆栈。

（2）Zero Copy：零拷贝传输技术实现接收节点直接从发送节点的内存读取数据，而传统的 TPC/IP 使用 socket 接口在发送端和接收端通信，消耗 CPU 资源，增加了传输代价。

（3）CPU Offloading：传输协议由硬件完成，减少 CPU 代价，提高传输的可靠性。

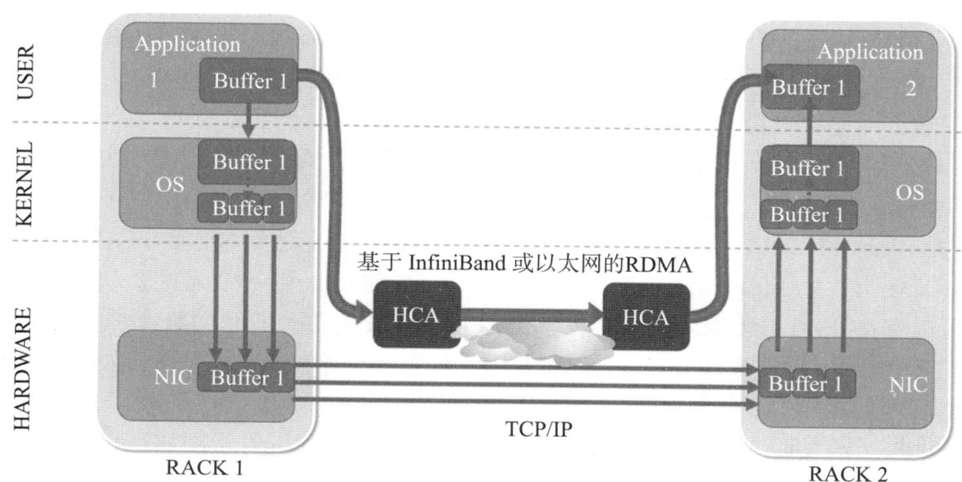

图 2.27　TCP/IP 与 RDMA 连接技术

资料来源：https://www.starwindsoftware.com/blog/smb-direct-the-state-of-rdma-for-use-with-smb-3-traffic-part-i.

对于数据库负载来说，分布式内存数据库是提高内存数据库扩展性的主要架构，如事务型内存数据库 VoltaDB 和分析型内存数据库 EXASOL 均采用 SN 分布式处理架构，前者需要网络提供跨节点事务处理的低延迟数据访问性能，后者需要网络提供节点间分布式查询所产生的高带宽数据传输能力，同时还需要网络传输尽可能少地占用 CPU 资源以免降低数据库吞吐性能，因此对 RDMA 技术有较大的需求。数据库查询处理负载会产生大量碎片化数据的 RDMA 传输需求[31]，对 RDMA 的性能产生不利的影响，结合数据库查询负载的数据特征优化 RDMA 传输技术是 RDMA 研究的一种典型思路。

2.7　数据库一体机

随着数据量的迅速增长和数据处理需求的不断提高，数据库平台必须具有扩展能力，而数据库系统的扩展能力主要有 Scale-up（纵向扩展）、Scale-out（横向扩展）和数据库一体机、云数据库等几种代表性技术路线。

1. Scale-up

Scale-up 技术依赖数据库系统架构平台上硬件性能的提升，如增加 CPU 的数量、提高 CPU 性能、增加 CPU 的核数、增加内存容量、增加 Flash 缓存、增加磁盘数量、扩展磁盘存储阵列等手段。Scale-up 技术具有较高的性能和可靠性，但通常依赖特定供应商定制的高端设备，价格昂贵，升级成本高昂，而且在系统架构上存在性能瓶颈，扩展性达到饱和后难以满足动态增长的数据处理需求。

随着硬件技术的迅速发展，多核 CPU 以及硬件加速器的计算能力得到了极大的提升，大容量 DDR4 内存提供了高性能的海量内存存储能力，大容量非易失内存提供了更大容量、更高性价比的存储技术，大容量、高带宽 SSD 存储技术提供了高性能存储访问能力。例如，英特尔至强 Platinum 8380 处理器集成了 40 个核心，60MB L3 cache，80 个物理线程，支持 6TB 内存，支持持久内存。双路服务器则可以支持 80 个物理线程，12TB 内存容量，支持 10TB 级别（压缩前数据容量可达几十 TB）的高性能内存事务处理和分析处理应用。当采用 GPU 加速器时，服务器可以支持 8~16 块 GPU 卡，如 AMD Instinct MI250X GPU 显存为 128GB HBM2e，带宽达到 3 276.8 GB/s，英伟达 H100 SXM 显存为 80 GB HBM3，带宽达到 3 000 GB/s，则一个配置 8 块 GPU 的服务器可以支持 1TB/640GB 带宽超过 3TB/s 的 HBM 显存，提供 TB 级别数据上高性能的 GPU 分析计算能力。高性能硬件技术的快速发展使单一节点拥有强大的存储和计算性能，为高性能内存数据库提供了强大的硬件支持。

硬件技术的发展通常不是线性的，传统硬件技术的性能提升空间越来越小，发展由快趋缓，而原有技术瓶颈的突破和新兴技术的出现导致硬件技术呈现跨越式发展。当晶体管集成度的提高不能继续提升 CPU 主频时，多核处理器技术应运而生；当多核处理器集成度提升缓慢时，GPU 加速器技术成为高性能计算技术的主流。随着 NUMA 架构和 3D 晶体管制造工艺的成熟以及持久内存、高性能 SSD 的广泛应用，新兴计算平台的存储性能和计算性能达到非常高的水平，硬件的性能指标已经达到较高的标准，但数据库软件架构还不能自动地利用新兴高性能硬件平台的性能，软件水平滞后于硬件水平，形成硬件“倒逼”软件升级的形势，如何最大化硬件性能、提高硬件的利用率成为数据库所面临的新课题。

从宏观架构来看，Scale-up 技术依赖硬件技术使单一服务器性能越来越高，从微观架构来看，高性能内存数据库基于 NUMA 内存架构而设计，GPU 数据库依赖多 GPU 和高性能互联技术，在内部也是一种分布式存储/计算架构，但由于硬件架构的限制，扩展性相对较低。

2. Scale-out

Scale-out 技术是一种无共享（shared nothing，SN）架构，主要利用廉价 x86 计算机集群达到与昂贵的高端服务器相同的处理能力。在 Scale-out 架构中主要通过标准网络技术进行通信，网络传输延迟相对于计算机本地的数据处理延迟非常高，因此需要通过分而治之（Divide and Conquer）算法将数据和计算任务分解为可以独立运行的子集，从而实现大规模并行处理。Scale-out 架构通常由大量的中低端服务器构成，硬件成本低，可靠性低，计算能力相对较差，需要通过大量的廉价冗余计算资源达到较高的并行处理能力，同时，较低的硬件配置导致大规模并行计算集群的可靠性低，节点故障发生概率较高，需要系统具有较好的容错能力，能够在节点故障发生时自动恢复并由其他节点接替故障节点完成处理任务。

Scale-out 架构最有代表性的系统是谷歌（Google）的 MapReduce 和开源的 Hadoop 技术。如图2.28所示，输入数据通过 split 过程划分为一系列数据子集，对应系统创建的多个 Map 工作节点，在工作节点上完成对数据子集的映射（Map）过程并生成中间数据文件，然后由 Reduce 工作节点读取 Map 工作节点生成的中间数据文件，在 Reduce 工作节点上完成 Reduce 工作，最后将结果集合并输出。通过简单的 map 与 reduce 函数能够实现大数据在大规模集群上的并行计算，扩展性较高，基于开源 Hadoop 的大规模并行计算技术已经成为大数据分析主流的计算架构。

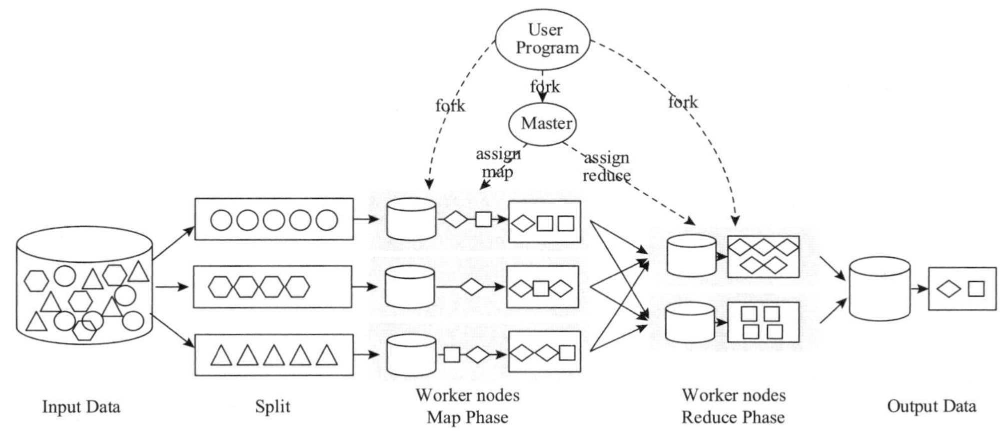

图 2.28　MapReduce 并行计算框架

传统的大规模并行处理（MPP）数据库也是一种基于 SN 技术的并行数据库技术，以 Vertica、Teradata、Action、Exasol 等数据库为代表，提供了可扩展的并行处理能力。NewSQL 数据库结合了数据库完整的功能和 NoSQL 良好的可扩展性的优点，实现了高性能及高可扩展的数据库架构，代表性技术如 SAP HANA、MemSQL、VoltDB 等，通过 Scale-out 架构为数据库提供高可扩展的计算平台。

Scale-up 是一种资源的垂直化扩展技术，而 Scale-out 则是一种资源扁平化扩展技术，前者强调通过硬件的升级达到更高的处理性能，而后者则通过增加更多的冗余计算资源实现处理性能的扩展。从数据库负载的特点来看，计算并不是均匀的，按照 80/20 原则，可能存在 20%的负载决定了 80%的性能，80%的计算负载易于并行处理而 20%的核心计算负载则难以并行处理。因此，在计算能力与资源均匀的 Scale-out 架构中适当地增加 Scale-up 高性能计算资源能够更好地适应高性能与高可扩展性两方面的需求。

3. 数据库一体机

数据库一体机技术可以看作数据库厂商面向大数据需求所推出的大数据数据库解决方案，即 Database on Big Data。

数据库一体机与大数据技术的硬件架构设计思想类似，采用 x86 服务器集群分布式并行模式，处理大规模数据存储与计算。数据库一体机厂商通常采用软硬件一体化、系统性的整体调优，同时利用新兴硬件技术提高性能，如 Oracle Exadata 采用 InfiniBand、

PCIe Flash Cache、持久内存、RMDA 等技术提高网络数据传输和数据访问性能，IBM Nettezza 采用 FPGA 技术在接近数据源的地方尽早地将多余的数据从数据流中过滤掉以提高 CPU、内存、网络的效率。

数据库一体机与大数据技术最本质的区别在于软件架构。数据库一体机的核心是 SQL 体系，包括 SQL 优化引擎、索引、锁、事务、日志、安全、管理以及大数据存储访问等在内的完整而庞大的技术体系。数据库一体机通常采用非对称性大规模并行处理（Asymmetric Massively Parallel Processing，AMPP）架构，结合了对称多处理（SMP）、大规模并行处理和云计算的优点，在以机柜为单位的硬件平台中提供少量高端服务器支持复杂事务及复杂分析处理，提供大量中低端或专用服务器提供海量数据存储访问能力，融合 Scale-up 和 Scale-out 两种计算模式。

图2.29显示了 Oracle Exadata 数据库一体机的硬件结构。系统平台由专用的数据库服务器和可扩展的存储服务器构成，由高速 InfiniBand 网络连接各个服务器，通过持久内存和 PCIe Flash 存储卡提供高性能存储访问和数据缓存支持，通过 SmartScan 将数据过滤操作下推到存储服务器，提高存储服务器上的数据访问性能。

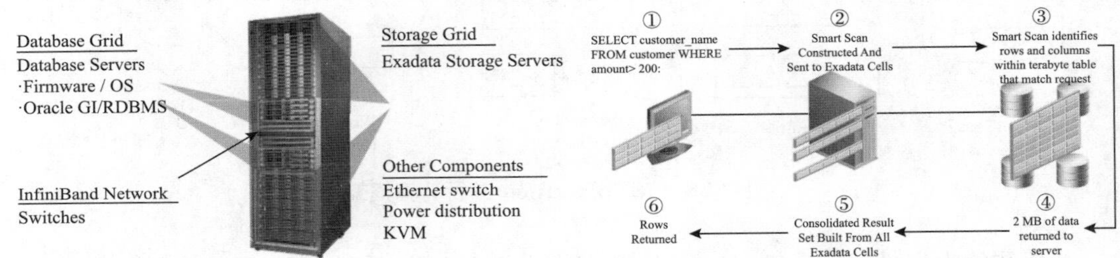

图 2.29 Oracle Exadata 数据库一体机

如图2.30所示的 Oracle Exadata 数据库一体机演变过程展示了数据库一体机硬件性能逐年提高的速度，其中最显著的特征是内存、Flash cache 和 Scan Rate 的增速最高，而 CPU、存储容量（Storage）和网络性能（即 RDMA Network）增速相对较缓，从 X4 系列开始支持内存数据库平台，X5 系列支持具有容错能力的内存数据库平台，推动了大数据内存计算技术的发展，当前最新的 Exadata X9M 在持久内存、Flash cache、RDMA 技术等方面面向数据库负载进行了深入的优化。

表2.4显示了 Dracle Exadata 数据库一体机的典型硬件配置，其中数据库服务器采用 8 路 24 核 CPU 的高配置，内存容量最高达到 6TB，配置 6.4 TB 大容量 Flash 存储卡，支持高性能数据库负载。存储器采用 2 路 16 核 CPU 的中低端配置，内存容量较小，配置较大的持久内存，HC 高容量模式采用大容量磁盘和 Flash 卡缓存，EF 高性能模式不使用磁盘，完全使用高性能 Flash 卡存储。

Exadata 支持 OLTP、数据仓库、物联网、游戏等不同类型的数据库负载，支持云部署。Exadata 在数据库服务和存储服务上均使用 Scale-out 架构，可以根据负载增加 CPU、内存、网络等硬件资源。Exadata X9M 使用 100G 以太网 RDMA（也称为 RoCE），部署最新的共享持久内存加速器（Shared Persistent Memory Accelerator），持久内存相对于传统 SSD 有接近内存的高性能，通过 RDMA 跳过网络和 I/O 栈直接连接到持

	V1	V2	X2	X3	X4	X5	X6	X7	X8	X8M	V1-X8M 增速
	Sep 2008 Xeon E5 430 Harpertown	Sep 2009 Xeon E5 540 Nehalem	Sep 2010 Xeon X5 670 Westmere	Sep 2012 Xeon E5-2 690 Sandy Bridge	Nov 2013 Xeon E5-2 697v2 Ivy Bridge	Dec 2014 Xeon E5-2 699v3 Haswell	Apr 2016 Xeon E5-2 699v4 Broadwell	Oct 2017 Xeon 8 160 Skylake	Apr 2019 Xeon 8 260 Cascade Lake	Sep 2019 Xeon 8 260 Cascade Lake	
Storage (TB)	168	336	504	504	672	1 344	1 344	1.68	2.35	2.3 PB	14 X
Flash cache (TB)	0	5.3	5.3	22.4	44.8	89.6	179.2	358	358	358 TB	64 X
CPU (cores)	64	64	96	128	192	288	352	384	384	384	6 X
Max Mem(GB)	265	576	1 152	2 048	4 096	6 144	12 288	12 288	12	12 TB	48 X
RDMA Network (Gb/s)	20	40	40	40	80	80	80	80	80	200 Gb/s	10 X
Scan Rate (GB/s)	14	50	75	100	100	263	301	350	560	560 GB/s	40 X
Read IOPS (M)	0.05	1	1.5	1.5	2.66	4.14	5.6	5.97	6.57	16 M	320 X

图 2.30　Oracle Exadata 数据库一体机演变过程[32]

表 2.4　Exadata 硬件配置[33]

<table>
<tr><th>服务器 类型</th><th>CPU</th><th>内存</th><th>磁盘</th><th>闪存</th><th>网络</th></tr>
<tr><td>Database Server</td><td>8 × 24-core Intel® Xeon® 8268 processors (2.9GHz)</td><td>3 TB (default) to 6 TB (max)</td><td>None</td><td>2 × 6.4 TB NVMe Flash cards</td><td>• 8 × 10/25 Gb copper Ethernet ports (client)
• 8 × 1/10 Gb copper Ethernet ports (1 used for host ADMIN)
• 8 × 100 Gb QSFP28 RoCE Fabric ports
• 1 × ILOM Ethernet port</td></tr>
<tr><td>Storage Server High Capacity (HC)</td><td>2 × 16-core Intel® Xeon® 8352Y processors (2.2 GHz)</td><td>256 GB 1.5 TB Persistent Memory</td><td>12 × 18 TB 7,200 RPM disks</td><td>4 × 6.4 TB NVMe PCle4.0 Flash cards</td><td rowspan="3">• 2 × 100 Gb QSFP28 RoCE Fabric ports
• 1 × 1 Gb copper Ethernet port (mgmt)
• 1 × ILOM Ethernet port</td></tr>
<tr><td>Storage Server Extreme Flash (EF)</td><td>2 × 16-core Intel® Xeon® 8352Y processors(2.2 GHz)</td><td>256 GB 1.5 TB Persistent Memory</td><td>None</td><td>8 × 6.4 TB NVMe PCle4.0 Flash cards</td></tr>
<tr><td>Storage Server Extended (XT)</td><td>1 × 16-core Intel® Xeon® 8352Y processor (2.2 GHz)</td><td>96 GB</td><td>12 × 18 TB 7,200 RPM disks</td><td>None</td></tr>
</table>

久内存，可以降低延迟 90% 以上。Exadata Persistent Commit Accelerator 通过 RoCE RDMA 技术将日志直接写到持久内存上，并自动分发到不同服务器上，提高了数据库写日志性能。Exadata Smart Software 在磁盘上配置了 Exadata Persistent Memory Data Accelerator 持久内存数据加速、Exadata Smart Flash Cache 闪存缓存层，自动缓存频繁访问数据集，缓存命中率超过 95%，极大地提升了数据访问性能和性价比。Smart Scan

技术将数据库端的 SQL 操作直接下推到存储端，在存储服务器上并行执行过滤和下推的操作，保证仅少量的数据返回数据库服务器处理。存储索引（Storage Indexes）技术通过内存维护的列数据最小值最大值信息消除不必要的 I/O 访问。Exadata 的数据库服务器和存储服务器相当于服务器粒度上的存算分离计算架构，Smart Scan 在存储服务器端执行近数计算，数据库服务器执行过滤数据上的复杂查询处理任务。Exadata 支持内存列存储技术，支持向量化查询处理和内存容错技术，在硬件技术上，通过持久内存、RDMA 技术优化了日志存储、数据缓存访问、事务处理等负载，为数据库提供了结合最新硬件技术的综合数据库平台，同时，Exadata 支持云服务，提供高性能云数据库平台。

图2.31显示了 IBM Nettezza 的系统结构。两个高性能数据库服务器采用主–备工作模式，响应用户的 BI 请求；S-Blades 智能处理节点由标准的刀片服务器和一块 Netezza 特有的数据库加速卡构成，FPGA 卡负责数据的解压缩、投影、过滤等将计算推近数据源的简单操作，CPU 负责数据的聚合、连接、汇总等复杂操作，形成流水线操作；Netezza 内部经过深度定制的网络协议提供了高速网络互联能力。数据库一体机在硬件平台上是将最新的存储技术、处理器技术、网络技术进行整体性优化的平台，提供了强大的性能、可扩展性并优化整体能耗水平，满足大数据高性能处理需求。除硬件优化配置外，数据库一体机也实现了数据库软件与硬件的优化配置，实现数据库、数据仓库、OLAP 服务器、BI 工具等软件的优化配置，从而提供开箱即用的能力，为企业提供完整的解决方案。Netezza Performance Server 的 Cloud Pak for Data System 包括数据收集、虚拟化、优化、治理、数据仓库和高级分析平台，组件以及 Netezza 主机都是容器化的，优化了核心功能与组件的融合，其他工作负载则转移到云端或其他基础设施。

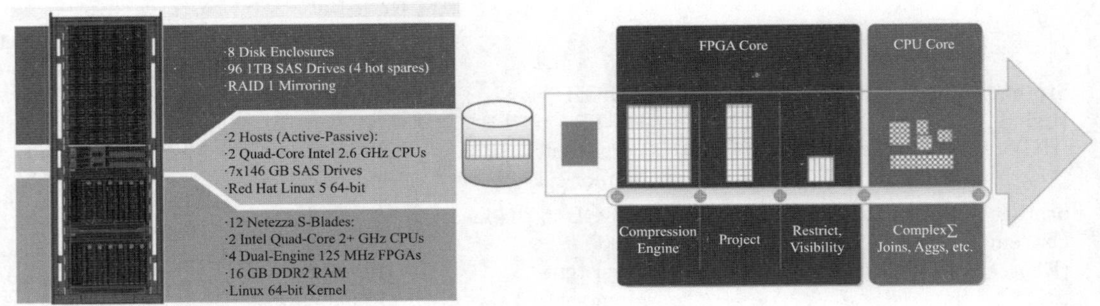

图 2.31 IBM Nettezza 数据库一体机

资料来源：https://www.slideserve.com/starr/ibm-netezza-sales-mastery-course-for-business-partners.

从计算架构来看，Nettezza 配置的 FPGA 实现了一种在 CPU 和硬盘之间基于硬件设备的近数计算能力，与 DPU 的功能类似，提供了系统级的技术方案。

数据库一体机体现了一种高度定制化的软硬件一体化设计思想，在硬件上集成最新的高性能处理器、网络技术、存储技术，在软件上实现 OLTP 与 OLAP 的融合，通过异构服务器集群和 SmartScan 技术支持存算分离，为系统提供良好的可扩展性和高性能。

2.8 云原生数据库

数据库技术的发展产生了很多不同的数据库技术分支，但数据库传统的结构没有改变，大多数研究主要针对存储模型、索引、缓冲区、日志以及事务并发控制、查询优化技术等方面进行改进，结合新硬件技术使其更好地感知底层的硬件特性来优化数据库性能。云计算技术改变了传统数据库自主管理设备和存储资源的假设，存储变成不透明的资源，通过互联的服务器资源池以网络形式提供各种硬件和软件服务。云计算技术提供了更高性价比的数据存储、数据安全和资源弹性，可以更好地解决传统数据库技术难以解决的可靠存储、弹性扩容等问题，数据库云化是云计算技术与数据库技术相结合的发展趋势。

亚马逊计算存储分离的 Aurora 数据库代表了数据库技术进入了云原生数据库阶段，其主要特征是采用存算分离架构和近数计算技术降低网络传输负载并提升存储层计算资源利用率，同时，AI 智能运维和 HTAP 混合事务分析处理方面也成为云原生数据库的主要特征。

云原生数据库首先利用云基础设施进行架构改革，采用面向数据库的文件系统将数据库的计算逻辑和存储功能分离，上层的计算节点执行查询、事务处理和分析计算，底层文件系统向上层提供高可靠、高可扩展存储，计算层和存储层可以根据工作负载的变化弹性扩展。存储层将数据库文件进行切分，如 10GB 大小的存储块，在云存储中冗余备份，利用底层分布式可靠存储技术保证发生故障时数据的可访问性，将数据库的数据备份、高可用性能及恢复功能解构到存储层；采用日志即为数据的策略，只有重做日志通过网络写入分布式存储层，减少网络 IOPS，存储系统以异步方式持续在后台并行构建最新的数据版本，优化恢复性能。在 SQL 执行时，SQL 谓词处理、投影、连接过滤、聚集计算等算子可以下推到存储层，通过存储层计算资源实现在存储端的近数计算，减少从存储层向计算层传输数据的规模，优化查询性能，也可以通过定制的硬件设备，如 PolarDB 采用 FPGA 在存储节点实现表扫描及算子下推功能。

从硬件技术发展的视角来看，云计算平台提供了一个规模更大、可扩展性更强、可靠性更高的弹性存储与计算平台，为数据库提供了新的运行平台，但数据库需要面向云存储的特征来改造底层的功能模块，通过将计算与存储相分离来更好地适应云存储平台的特征。先进硬件平台也在逐渐应用于云计算平台，如多核 CPU、GPU、FPGA、DPU、RDMA、SSD 等，为原生云数据库提供更多的性能优化选择，同时近存计算也是一种通用的微观技术，虽然存算分离将数据库的存储与计算逻辑分开，但存储端近数计算仍然体现了近存计算的原则，定制的存算一体化技术，如 SmartSSD 等，可以作为云原生数据库存算分离架构下存储端的优化技术。

本章小结

数据库技术早期发展过程中强调的是数据库的通用性，因此通过三级模式（外模式–模式–内模式）和两级映射屏蔽数据库与物理设备之间的差异。以“one size fits all”（一种方法适用全部场景）思想设计的数据库遵循的是“木桶效应”原理，即追求系统的均衡发展，避免“短板”破坏系统整体性能，使数据库成为数据管理和处理的综合平台。随着通用数据库成为市场的主导，在数据库的应用中涌现出很多单一指标或部分指标优先的定制化数据库需求，如实时事务处理需求、实时分析处理需求、大数据高可扩展数据管理需求、大数据实时分析处理需求、面向众核处理平台的高并行（100 核心以上并行处理粒度）分析处理需求等。这类需求面向的不是数据库的“短板”而是“长板”应用，这类特殊的应用特征清晰、需求稳定，对“长板”指标要求非常高，因此需要数据库精简系统模块，设计高效率的轻量化查询处理引擎以应对定制化的数据库需求。在定制化数据库的设计中，内存数据库没有传统的磁盘数据库复杂的缓冲区管理机制、存储管理机制、复杂的基于 I/O 代价模型的查询优化机制，定制化数据库的复杂度最低，可行性最高，而且在冯·诺依曼型计算机体系结构中内存处于核心位置，是连接新型存储设备（如 PM、闪存等）和新型计算设备（如 GPGPU、FPGA、DPU）的枢纽，内存数据库是面向新硬件特征进行优化的最佳系统，可以作为通用数据库面向高性能处理的一个技术分支，通过开放的系统架构为新的查询处理模块提供平台。

问题与思考

1. 通过性能测试工具、编写测试程序或检索硬件性能参数对服务器平台的内存带宽与数据访问延迟、QPI/UPI 带宽与数据访问延迟、PCIe 带宽进行测试，分析当前硬件存在的性能瓶颈。

2. 跟踪硬件发展技术动态，分析未来硬件发展趋势，以及在计算和存储性能方面可能带来显著性能提升的新技术，评估当前硬件瓶颈在未来硬件发展中的变化。

3. 根据当前最新的硬件型号模拟配置一台内存数据库服务器，分析计算设备与存储设备的最优性能配置，以及硬件平台存在的性能瓶颈。

4. 以 Oracle Exadata 一体机硬件架构为例，分析内存数据库如何在高性能硬件平台上部署及利用先进硬件性能优化内存数据库的处理能力和性能。

本章参考文献

[1] Cramming More Components onto Integrated Circuits [EB/OL]. https://www.intel.com/content/www/us/en/history/virtual-vault/articles/moores-law.html, 2022-07-28.

[2] Naffziger. S, Warnock. J, Knapp. H. SE2 when processors hit the power wall (or üwhen the CPU hits the fanü) [C]. IEEE International Solid-State Circuits Conference (ISSCC), Piscataway, N.J.: IEEE Press, 2005: 16-17.

[3] Instruction Level Parallelism [EB/OL]. https://www.nvidia.com/content/cudazone/cudau/courses/ucdavis/lectures/ilp1.pdf, 2022-07-27.

[4] Review: Intel Xeon Platinum 8380 Processor 2P (Ice Lake) [EB/OL]. https://hexus.net/tech/reviews/cpu/147636-intel-xeon-platinum-8380-processor-2p-ice-lake/ ? page

=2, 2022-07-29.

[5] Bugra Gedik, Rajesh Bordawekar, Philip S. Yu. CellJoin: a parallel stream join operator for the cell processor [J]. VLDB J. 2009, 18(2): 501-519.

[6] Automatic Parallelization with Intel® Compilers [EB/OL]. https://www.intel.com/content/www/us/en/developer/articles/technical/automatic-parallelization-with-intel-compilers.html#:~:text=In%20addition%20to%20high-level%20code%20optimizations%2C%20the%20Intel,efficiently%20executed%20in%20parallel%20and%20generates%20mul
tithreaded%20code./, 2022-07-29.

[7] Amdahl's Law Tutorial [EB/OL]. https://www.cise.ufl.edu/~mssz/CompOrg/CDA3101-S16-AmdahlsLaw-TEXTSUMMARY.pdf#:~:text=Amdahl%27s%20law%20is%20an%20expression%20used%20to%20find,theoretical%20maximum%20speedup%20using%20multiple%20processors.%20%28source%3A%20https%3A%2F%2Fen.wikipedia.org%2Fwiki%2FAmdahl%2527s_law%29, 202-07-29.

[8] AMD HyperTransport Technology Explained [EB/OL]. https://icrontic.com/article/amd_hypertransport_technology_explained, 2022-07-29.

[9] 处理器新技术解决服务器三大 I/O 瓶颈 [EB/OL]. http://server.51cto.com/News-196416.htm, 2010-04-23.

[10] Bingsheng He, Mian Lu, Ke Yang, Rui Fang, Naga K. Govindaraju, Qiong Luo, Pedro V. Sander. Relational query coprocessing on graphics processors [J]. ACM Trans. Database Syst. 2009, 34(4).

[11] Bingsheng He, Jeffrey Xu Yu. High-throughput transaction executions on graphics processors [J]. PVLDB, 2011, 4(5): 314-325.

[12] Jian Fang, Yvo T. B. Mulder, Jan Hidders, Jinho Lee, H. Peter Hofstee. In-memory database acceleration on FPGAs: a survey [J]. VLDB J.2020，29(1): 33-59.

[13] Hao Zhang, Gang Chen, Beng Chin Ooi, Kian-Lee Tan, Meihui Zhang. In-Memory Big Data Management and Processing: A Survey. IEEE Trans [J]. Knowl. Data Eng. 2015, 27(7): 1920-1948.

[14] Prabhat Jain, Srini Devadas, Larry Rudolph. Controlling Cache Pollution in Prefetching With Software-assisted Cache Replacement [R]. Massachusetts Institute of Technology: Computer Science and Artificial Intelligence Laboratory. http://csg.csail.mit.edu/pubs/memos/Memo-462/memo-462.pdf.

[15] S. Manegold, P. A. Boncz, N. Nes, and M. L. Kersten. Cache-Conscious Radix-Decluster Projections [J]. PVLDB. 2004, 30:684-695.

[16] Rize Jin, Tae-Sun Chung. Node Compression Techniques Based on Cache-Sensitive B+-Tree [C]. IEEE/ACIS International Conference on Computer & Information Science. Piscataway, N.J.: IEEE Press, 2010: 133-138.

[17] Ig-hoon Lee, Junho Shim, Sang-goo Lee, Jonghoon Chun. CST-Trees: Cache

Sensitive T-Trees [C]. 12th International Conference on Database Systems for Advanced Applications, DASFAA 2007. Berlin Heidelberg: Springer, 2007: 398-409.

[18] Rubao Lee, Xiaoning Ding, Feng Chen, Qingda Lu, Xiaodong Zhang. MCC-DB: Minimizing Cache Conflicts in Multi-core Processors for Databases [J]. PVLDB, 2009,2(1): 373-384.

[19] Virtual Memory-Translation-Lookaside Buffer(TLB). http://thebeardsage.com/virtual-memory-translation-lookaside-buffer-tlb/ [EB/OL], 2022-08-3.

[20] C. Kim, E. Sedlar, J. Chhugani, T. Kaldewey, A. D.Nguyen, A. D. Blas, V. W. Lee, N. Satish, and P. Dubey. Sort vs. hash revisited: Fast join implementation on modern multi-core CPUs [J]. PVLDB, 2009, 2(2):1378–1389.

[21] Shen Gao, Jianliang Xu, Bingsheng He, Byron Choi, Haibo Hu. PCMLogging: reducing transaction logging overhead with PCM [C]. The 20th ACM Conference on Information and Knowledge Management (ACM CIKM '11). New York: ACM Press, 2011: 2401-2404.

[22] Alexandro Baldassin, João Barreto, Daniel Castro, Paolo Romano. Persistent Memory: A Survey of Programming Support and Implementations [J]. ACM Comput. Surv.，2022，54(7): 152:1-152:37.

[23] Juan Gómez-Luna, Izzat El Hajj, Ivan Fernandez, Christina Giannoula, Geraldo F. Oliveira, Onur Mutlu. Benchmarking a New Paradigm: Experimental Analysis and Characterization of a Real Processing-in-Memory System [J]. IEEE Access，2022，10: 52565-52608.

[24] Minseon Ahn, Andrew Chang, Donghun Lee, Jongmin Gim, Jungmin Kim, Jaemin Jung, Oliver Rebholz, Vincent Pham, Krishna T. Malladi, Yang-Seok Ki: Enabling CXL Memory Expansion for In-Memory Database Management Systems [C]. DaMoN，2022: 8:1-8:5.

[25] Joonseop Sim, Soohong Ahn, Taeyoung Ahn, Seungyong Lee, Myunghyun Rhee, Jooyoung Kim, Kwangsik Shin, Donguk Moon, Euiseok Kim, Kyoung Park: Computational CXL-Memory Solution for Accelerating Memory-Intensive Applications [J]. IEEE Comput. Archit. Lett.，2023，22(1): 5-8.

[26] On Grids [EB/OL]. http://www.tbray.org/ongoing/When/200x/2006/05/24/On-Grids, 2006-05-24.

[27] Sahand Salamat, Armin Haj Aboutalebi, Behnam Khaleghi, Joo Hwan Lee, Yang-Seok Ki, Tajana Rosing. NASCENT: Near-Storage Acceleration of Database Sort on SmartSSD [C]. FPGA，2021: 262-272.

[28] Oguzhan Ozmen, Kenneth Salem, Jiri Schindler, Steve Daniel. Workload-aware storage layout for database systems [C]. SIGMOD Conference, New York: ACM Press, 2010: 939-950.

[29] George Candea, Neoklis Polyzotis, Radek Vingralek. A Scalable, Predictable

Join Operator for Highly Concurrent Data Warehouses [J]. PVLDB, 2009: 2(1): 277-288.

[30] RoCE Accelerates Data Center Performance, Cost Efficiency, and Scalability [EB/OL]. https://www.roceinitiative.org/wp-content/uploads/2017/01/RoCE-Accelerates-DC-performance_Final.pdf, 2022-08-03.

[31] André Ryser, Alberto Lerner, Alex Forencich, Philippe Cudré-Mauroux. D-RDMA: Bringing Zero-Copy RDMA to Database Systems [C]. CIDR，2022.

[32] Exadata: An Epic Journey at Oracle with Persistent Memory [EB/OL]. https://community.cadence.com/cadence_blogs_8/b/breakfast-bytes/posts/pm-oracle, 2022-08-08.

[33] Oracle Exadata Database Machine X9M-2 [EB/OL]. https://www.oracle.com/a/ocom/docs/engineered-systems/exadata/exadata-x9m-expansion-ds.pdf, 2022-08-08.

第3章

基于内存计算平台的数据仓库模式分析

本章要点

模式是对数据库的逻辑结构和特征的描述，模式既定义了数据的逻辑组织方式，直接影响数据的物理存储设计，同时也对关系操作的性能产生较大影响。关系数据库的模式设计主要面向存储优化技术，解决存储冗余、插入/删除异常、修改复杂等事务处理领域的优化问题；而数据仓库则是面向数据分析处理，模式设计需要考虑计算的特征以及模式结构与处理器物理结构之间的关系，需要考虑到数据逻辑组织模型对计算性能的影响。

因此，一方面，模式设计在数据库和数据仓库两个领域中的目标和策略并不完全相同，需要结合两种不同应用领域的特征来优化设计。另一方面，随着内存数据库性能的提升，OLTP 与 OLAP 融合为统一的 HTAP，这成为高性能数据库技术的发展趋势，除存储模型、不同事务间并发访问控制等优化技术之外，OLTP 与 OLAP 不同模式之间的优化转换也是一个重要的优化手段，可以在数据库统一的模型框架中进行设计。

在新兴的内存计算浪潮中，内存成为新硬盘取代了传统的磁盘存储，CPU 由于直接访问内存数据而获得更高的性能和代码执行效率。数据仓库模式的特点决定了计算中的数据访问特性和数据局部性特征，如模式优化技术既是减少数据冗余存储的技术手段，又可以看作一种数据压缩技术，还可以看作划分频繁与非频繁访问数据集、提高数据局部性的一种方法。数据仓库在模式设计中采用的少量大事实表、大量小维表的思想在内存计算平台上能够显著地提高查询处理时的数据局部性，优化内存数据库查询算法设计。可以说，模式优化是内存数据库查询优化技术的理论基础，通过模式优化提高查询处理时的频繁数据集的数据局部性是提高内存数据库查询处理性能的先决条件。

3.1 数据库与数据仓库概述

数据库早期主要应用于航空订票和账务处理等事务性数据处理领域，其主要特征是数据结构化、数据存储低冗余、数据独立于应用程序以及由数据库管理系统提供的安全性、完整性、并发控制和可靠的恢复机制，需要满足 ACID（即原子性、一致性、隔离性和持久性）的事务处理特征。这种应用类型称为联机事务处理（OLTP），查询处理的对象通常以记录为单位，通常需要索引来加速其记录查找性能，需要复杂的封锁技术、多版本并发控制（MVCC）等机制保证事务的 ACID 特性。随着企业数据量的不断积累，从数据分析中发掘价值成为数据库的另一个重要功能，需要数据库能够在海量数据上支持高响应性的分析处理，即联机分析处理（OLAP）。OLTP 的对象是数据库中少量的记录个体，操作以插入（insert）、删除（delete）、更新（update）等为主，操作的对象通常为完整的记录。OLAP 的对象则是数据库中大量的记录，操作以只读性查询为主，查询处理通常以少量列上的聚集计算为主，不需要 OLTP 数据库中复杂的事务处理机等机制，但对数据库的存储访问性能和复杂的查询处理性能要求较高。分析处理不同于传统的事务处理数据库的特性推动了数据仓库的诞生，并且成为另一个重要的数据库应用领域。数据仓库在模式设计和查询处理优化技术等方面与面向事务处理的数据库有很大的不同，其巨大的数据量使性能成为数据仓库的核心问题，在当前大数据应用背景下，不仅数据库事务处理的“秒杀”性能至关重要，而且数据仓库分析处理的“秒算”性能同样重要，但即使是当前性能最佳的内存数据库系统，在大数据分析时也难以达到“秒算”的性能。本章从模式设计的角度出发，通过对数据库和数据仓库模式设计的对比，分析数据仓库面向以数据为中心、以计算为核心的大数据分析需求的模式优化技术。

3.1.1 数据库

数据库是长期存储在计算机内、有组织的、可共享的数据的集合[1]。数据库中的数据按一定的数据模型组织、描述和存储，具有较小冗余度、较高数据独立性和易扩展性的特点，数据库的目标是为各种用户提供共享的数据服务。数据库管理系统是实现数据库功能的系统软件，它在用户和操作系统之间建立数据管理层，主要提供以下几方面的功能：(1) 数据定义语言（Data Definition Language, DDL），为用户提供定义数据对象的功能；(2) 数据组织、存储和管理功能，提供高效率的存储空间管理和提高数据存取效率的功能；(3) 数据操纵语言（Data Manipulation Language，DML），提供对数据库的基本操作，如查询、插入、删除、修改记录等功能；(4) 事务管理和调度管理，提供对不同数据库进程的统一管理，事务处理、并发访问以及故障后系统恢复功能；(5) 数据库维护功能，包括数据库的创建、数据输入、数据库转储、数据库恢复、性能监视、分析功能等；(6) 数据库通信、数据库数据转换、异构数据库互访等功能。

当前主流的数据库是关系数据库。关系模型在 1970 年由美国 IBM 公司 San Jose 研究室的研究员 E.F.Codd 首次提出并奠定了数据库的理论基础。关系模型被数据库厂商广泛采用，关系数据库成为当前主流的数据库。关系数据库中数据的逻辑结构是二维表，表的每一行称为一个元组（Tuple），表的每一列称为一个属性（Attribute）。关系中唯一标识一个元组的属性组称为候选码（Candidate Key），用户可以选择一个候选码作为关系的主码（Primary Key，也称主键）。关系的实体完整性约束（Entity Integrity）要求主码不能取空值，主码是唯一性标识。关系中的分量（属性）必须是不可分的数据项，即不允许表中有表。关系之间属性的引用遵循参照完整性约束（Referential Integrity），即关系 R 中的某个属性 F 是 R 的外键，它的取值需要参照关系 S 的主码属性 Ks 的取值。实体完整性约束保证了关系中不存在相同的元组，参照完整性约束则定义了关系 R 与 S 之间的等值连接以及 R 中元组与 S 中元组多对一或一对一的关系映射。

在数据库的逻辑设计中主要遵循规范化理论。当关系满足其中的每一个分量必须是不可分的数据项的要求时，我们说关系模式满足第一范式（1NF）要求。第一范式定义了关系的二维表结构，不支持表中嵌套结构。在第一范式的基础上，关系数据库进一步通过属性之间的数据依赖关系定义其他范式。关系数据库通常按属性间的函数依赖关系来区分其规范化程度。函数依赖定义了关系中属性集的子集 X、Y 之间的关系，即 X 中每一个元组在 Y 中只有唯一的元组与其对应。也就是说, 在 X∪Y 的属性集中，X 起到候选码的作用。例如在关系 R={<u>partkey</u>, <u>suppkey</u>, supplycost, nation, region} 中存在一组函数依赖关系 F={(partkey, suppkey)→supplycost, suppkey→nation, suppkey→region, nation→region}，其中 (partkey, suppkey) 为关系 R 的主码。在关系 R 中，非主属性 supplycost 完全函数依赖于码 (<u>partkey</u>, <u>suppkey</u>)，每个唯一的码值只有唯一的 supplycost 与之对应；而非主属性 nation 和 region 不是完全函数依赖于码 (partkey, suppkey)，每个属性值 suppkey 对应一个属性 nation 和 region 值，关系中存在重复的 suppkey 值时，属性 nation 和 region 相应的值也同样重复存储，增加了存储开销。关系 R 中存在部分函数依赖于码的属性时通常会产生一系列的问题：（1）插入异常。当增加一个新的 region 而当前尚未产生供应记录键值 (partkey, suppkey) 时，新的 region 值无法插入。（2）删除异常。当零件供应记录被全部删除后，供应商的 nation、region 等信息也被删除，丢失供应商信息。（3）修改复杂。当主码 (partkey, suppkey) 中的属性 suppkey 基数较大时，部分函数依赖于主码 (partkey, suppkey) 的属性 nation 和 region 需要重复存储多次，当 nation 或 region 的值更新时需要对每一个冗余存储的 nation 或 region 属性进行更新，导致更新操作代价高、复杂度大。因此，将关系 R 分解为两个关系模式：R1={<u>partkey</u>, <u>suppkey</u>, supplycost} 和 R2={<u>suppkey</u>, nation, region}，使得关系 R1 和 R2 中的非主属性完全函数依赖于码。满足每一个非主属性完全函数依赖于码的模式称为第二范式（2NF）。进一步地，当关系中既不存在部分函数依赖，也不存在传递函数依赖关系时称为第三范式（3NF）。关系 R2 中存在传递函数依赖关系：<u>suppkey</u>→nation, nation→region，需要进一步将 R2 分解为 R21={ <u>suppkey</u>，nation } 和 R22={ <u>nation</u>, region }。3NF 消除主属性对码的部分和传递函数依赖后得到 BCNF 范式，消除非平凡且非函数依赖的多值依赖后得到 4NF。数据库设计中通常只用到 3NF，本章对 BCNF 和 4NF 不做进一步的说明。

在关系数据库中常用的关系操作包括查询（Query）操作和数据更新操作。数据更新操作指元组的插入（Insert）、删除（Delete）和修改（Update）操作，查询操作主要包括选择（Selection）、投影（Projection）、连接（Join）、分组（Grouping）、聚集（Aggregation）

等。选择操作是在关系中选择满足条件的元组。投影操作是在关系中选择指定的属性列，相当于在二维表水平和垂直方向上过滤和投影出满足条件的子关系。连接操作是从两个关系中按连接条件选择元组并组成新的关系，连接操作是数据库操作中代价最大的操作，当数据量较大时，连接操作通常为查询中代价最大的部分。分组操作是将关系按分组属性组划分为不同的分组，通常与聚集操作结合起来使用，为用户提供面向元组整体的分析处理能力。为提高关系操作的性能，关系数据库通常采用索引技术加速选择或连接操作的性能。更新操作是数据库事务处理的核心技术。事务是用户定义的一个数据库操作序列，定义在事务中的操作或者全做或者全部不做，是一个不可分割的处理单位。事务具有原子性、一致性、隔离性、持久性四个特性（即 ACID 特性）。以事务为数据库的逻辑工作单位保证了原子性；事务执行的结果必须使数据库从一种一致性状态变到另一种一致性状态，当数据库系统发生故障时，需要通过日志机制保证数据库能够恢复到一致性状态；当前多处理器及多核处理器技术支持高度并发的事务处理能力，需要数据库保证一个事务内部的操作及使用的数据对其他并发事务是隔离的，并发执行的各个事务之间不能互相干扰，需要通过封锁等机制保证事务之间的隔离性；当事务提交以后，事务对数据库的改变需要是永久性的，其后的其他操作或故障都不应该对已提交事务的执行结果有任何影响，事务持久性的一个重要保障是将日志写在非易失存储介质，如磁盘、SSD、非易失内存 NVRAM 上。在当前大内存、多核处理器技术下，硬件技术提供了高并行处理能力和高性能内存存储访问能力，大量并发事务对数据库的隔离性和一致性提出更高的要求，需要更轻量级的并发控制机制提高多核事务处理能力；事务的持久性依赖于将日志写到持久存储介质的性能，当前非易失存储与内存的存储访问仍然有一个以上数量级的性能差异，持久存储的日志写入延迟成为多核内存计算平台重要的性能瓶颈，最新的持久内存提高了写日志性能，已被数据库厂商采用。

数据库主要处理结构化数据，随着多媒体技术和互联网应用的发展，半结构化和非结构化数据也逐渐成为数据库新的管理对象，但在数据库应用中，结构化数据管理仍然是重要的应用，近年发展的 NoSQL 技术则主要面向非结构化的互联网数据处理领域。在结构化数据的物理组织模型上，传统的面向事务处理的数据库的更新操作以记录为单位，通常采用行存储和一次一记录（tuple-at-a-time）的处理模式，而分析型数据库面向读优化的分析处理需求，分析操作以列为单位，通常采用列存储和一次一列（column-at-a-time）的处理模式，为提高现代多核处理器的 cache 效率，一次一向量（vector-at-a-time）的向量化查询处理方法已成为内存数据库的主流技术。在不同的数据存储模型和查询处理模型下，数据库的查询处理性能有较大的差异。新型硬件，如 GPU、FPGA、持久内存的使用使数据库的查询优化可以进一步结合先进硬件的性能特性，通过硬件加速技术提升查询性能。

3.1.2　数据仓库

相对于数据库通用的数据管理领域，数据仓库是面向决策支持领域的数据库，它具有面向主题、集成的、数据不可更新和数据随时间不断变化的特征[2]。

1. 面向主题

主题可以看作某宏观分析领域所涉及的分析对象。数据仓库中的数据是面向分析主题进行组织的，去除了面向应用系统的数据结构，只保留与分析主题相关的数据结构，从而使数据仓库将分析主题相关的数据紧密结合起来。与数据库采用基于二维表的关系模型存储数据不同，数据仓库采用多维数据模型存储面向主题的数据。数据仓库可以看作面向某个分析主题的多维数据集合，由事实数据和相关维属性数据构成，在关系数据库中可以存储为事实表和一系列维表。在采用关系数据库的数据仓库系统中，维表和事实表之间具有主–外键参照引用关系，面向主题的数据库模式通过主–外键参照关系构成一个有向无环图，没有孤立的节点。

2. 数据仓库是集成的

数据仓库不是在业务数据库系统上的分析查询处理，而是面向数据分析主题构建的多维数据集合。从前端业务系统中抽取出面向数据仓库主题的数据并通过一定的清洗、转换等过程将数据集成到数据仓库中。数据仓库的数据可能来自多源数据集，来自不同的业务系统，因此首先需要解决不同来源原始数据的一致性问题，然后将原始数据的结构按分析主题的结构进行转换，使其适用于多维分析处理任务，支持商务智能和决策分析处理，根据数据仓库的应用需求可能还需要对数据进行一定的综合工作。

3. 数据仓库是不可更新的

数据仓库面向分析处理任务而设计，数据为历史数据，通常不进行数据修改操作。在数据仓库体系结构中，操作型数据通常位于前端业务系统数据库中，支持对数据实时的插入、删除、修改操作，而用于分析主题的稳定的历史数据则定期加载到数据仓库中，支持在只读数据上的分析处理任务。数据仓库中的数据不可更新的特点一方面是分析任务面向历史数据的特点决定的，另一方面也使得数据仓库在存储模型、查询处理模型方面能够更好地面向大数据分析处理任务而优化，如采用适合分析处理性能的列存储而不是适合更新处理性能的行存储模型、采用适合分析处理的反规范化设计而不是适合事务处理的规范化设计等，并且将数据库中复杂的事务处理等机制剥离或简化，提高数据仓库系统的效率和性能。

数据仓库与操作型数据库相分离的设计思想简化了数据仓库实现技术，但周期性的数据加载机制造成了分析处理的数据滞后于业务数据的问题，难以保证分析处理的实时性。当前产业界和学术界新的趋势是 OLTP 与 OLAP 相融合，即单一的数据库系统同时支持事务处理任务和分析处理任务，从而达到实时分析处理的目标。当前数据仓库技术一个新的发展趋势是支持 insert-only 类型的更新功能，支持实时分析处理能力。

从多维数据集的角度来看，维属性定义了多维数据的结构，通常具有缓慢更新的特点，需要支持插入和修改操作。由于维属性与事实数据之间具有参照关系，维数据的删除操作必须在事实数据中删除关联的数据之后才能执行，而数据仓库面向历史数据的 insert-only 类型的更新，通常只支持周期性地移除旧的数据而不会面向特定维属性值删除事实数据，因此维数据的删除操作的执行往往限定在特定场景下。事实数据主要支持

insert-only 类型的更新操作，通常不支持对事实数据的修改操作。因此，数据仓库不可更新的特点随应用需求的变化而相应改变，新的数据仓库需要支持一定的更新能力，能够与分析处理同时进行，这对数据仓库的存储优化技术、事务处理、并发控制和查询优化技术等方面都提出了新的挑战，也是当前数据仓库技术研究的热点。

4. 数据仓库随时间而变化

操作型数据库与数据仓库构成二级数据存储体系，操作型数据库通常覆盖较短时间的数据，事务处理的对象主要是最新的数据，而数据仓库则需要覆盖几年的数据，需要不断地将操作型数据更新到数据仓库中。数据仓库中的数据在不断积累的同时也随着数据存储期限的增长需要将超过存储期限的数据从数据仓库中删除或转移到后备数据存储系统中，保持数据仓库一定规模的分析处理数据集。

数据仓库的体系结构如图 3.1 所示，由数据源、数据仓库集成工具、数据仓库服务器、OLAP 服务器和前台分析工具组成。

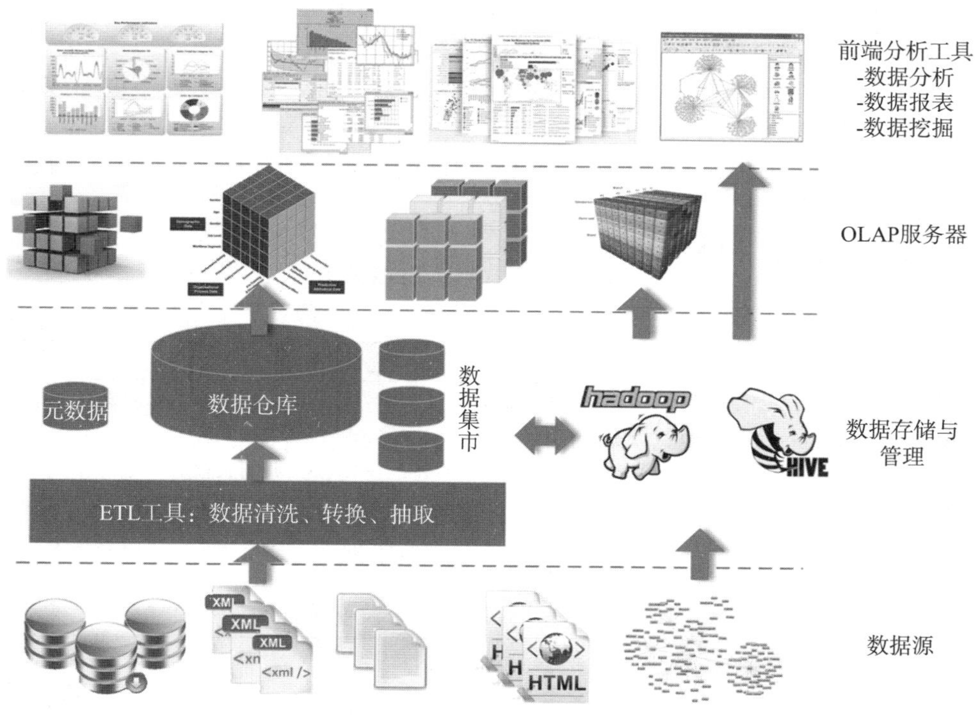

图 3.1　数据仓库体系结构

（1）数据源。数据仓库是集成的多维数据集，面向分析主题而组织，随着企业业务范围的不断扩展，来自不同平台的多源数据集成越来越重要。来自业务系统数据库的结构化数据是数据仓库数据集成的重要来源，数据仓库需要解决来自不同数据库系统、不同平台、不同数据模式的异构数据集成问题。随着互联网、电子商务、社交网络等技术的发展，数据仓库的数据主题需要集成来自半结构化和非结构化数据源的数据，将传统的基于结构化数据的数据仓库扩展为大数据时代具有普遍联系的大数据仓库。

（2）数据仓库集成工具包括数据抽取、清洗、转换、装载和维护等，简称为 ETL 工具。传统的数据仓库 ETL 工具主要面向结构化的数据库，数据转换主要涉及结构、语义等方面。随着互联网上的非结构化数据越来越多地成为数据仓库新的数据来源，对非结构化数据的 ETL 更为复杂和耗时，普通的 ETL 工具难以胜任，当前流行的 Hadoop 技术可以作为海量非结构化数据和结构化的数据仓库之间的 ETL 处理平台，从大量稀疏的非结构化数据中提取出有价值的多维分析数据，通过数据仓库平台为用户提供高性能的多维分析处理能力。

（3）数据仓库服务器是数据仓库中数据的存储管理、存储访问和查询处理引擎。数据仓库服务器通常为关系数据库，为 OLAP 服务器和前台分析工具提供数据服务接口。数据仓库服务器主要面向分析型数据的存储和访问，近年主要的趋势是采用列存储数据库引擎来提高数据存储效率和查询处理性能。数据集市是存储在主数据仓库的数据的子集或聚集数据集，主要用于具体企业部门的分析处理。同时，Hadoop、Hive、Spark 等平台也可以直接用作大数据背景的新型数据仓库管理平台。

（4）OLAP 服务器为前台分析工具提供多维数据视图，通常支持多维查询语言 MDX，支持多维数据的定义、操作和多维数据视图访问。

（5）前台分析工具包括报表工具、多维分析工具、数据挖掘工具、多维分析结果可视化工具以及集成的 OLAP 服务等工具。

数据仓库对应的是分析型数据，数据库对应的是操作型数据，二者主要的区别如表3.1所示。

表 3.1　数据库和数据仓库的区别

特征	数据库	数据仓库
应用场景	日常事务处理	决策分析处理
数据	代表当前时刻的详细数据	当前和历史数据及汇总数据
数据集成	基于应用程序	基于主题
数据访问	少量数据的读写模式	海量数据的只读分析处理模式
更新类型	实时更新	定期更新、insert-only 更新
数据模型	规范化模型	反规范化模型，多维数据模型
查询语言	SQL	MDX，SQL
目标	支持日常事务操作	支持决策分析操作

传统的面向 OLTP 应用的数据库可以看作一种以存储为中心的数据库，关键技术在于优化以事务为单位的数据更新操作，通过行存储、索引、并发控制、事务管理、日志等机制保证数据的可靠和高效更新。面向 OLAP 应用的数据仓库则可以看作一种以数据为中心的特殊数据库，关键技术在于优化海量数据的分析处理性能，通过列存储、索引、面向硬件特性的查询优化技术等支持海量数据的高性能分析处理。

3.2 OLAP

OLAP 是在海量数据上的基于多维数据模型的复杂分析处理技术。OLAP 为用户提供了基于多维模型的交互式分析和数据访问技术，通过导航路径根据不同的视角，在不同的细节层次对事务数据进行分析处理。

3.2.1 多维数据模型

关系模型可以形象地理解为一张二维表，表的行代表元组，表的列代表属性。多维模型则可以理解为一个数据立方体（或超立方体），立方体的轴代表维度，维度定义了分析数据的视角，事实数据则存储在立方体的多维空间中。

图3.2是一个三维数据立方体示例，三个维度分别为时间维、产品维和供应商维，事实数据数量和销售收入存储在三维空间中，每一个小立方体代表三个维度上的销售事实，虚线立方体表示在这三个维度上没有销售事实。图中黑色的立方体表示时间维在 2014 年 3 月 14 日，产品维在电冰箱，供应商维在旗舰店三个维度上的销售事实数据为“数量：10，销售收入：25 000”，即 2014 年 3 月 14 日在旗舰店销售电冰箱 10 台，销售收入 25 000 元。

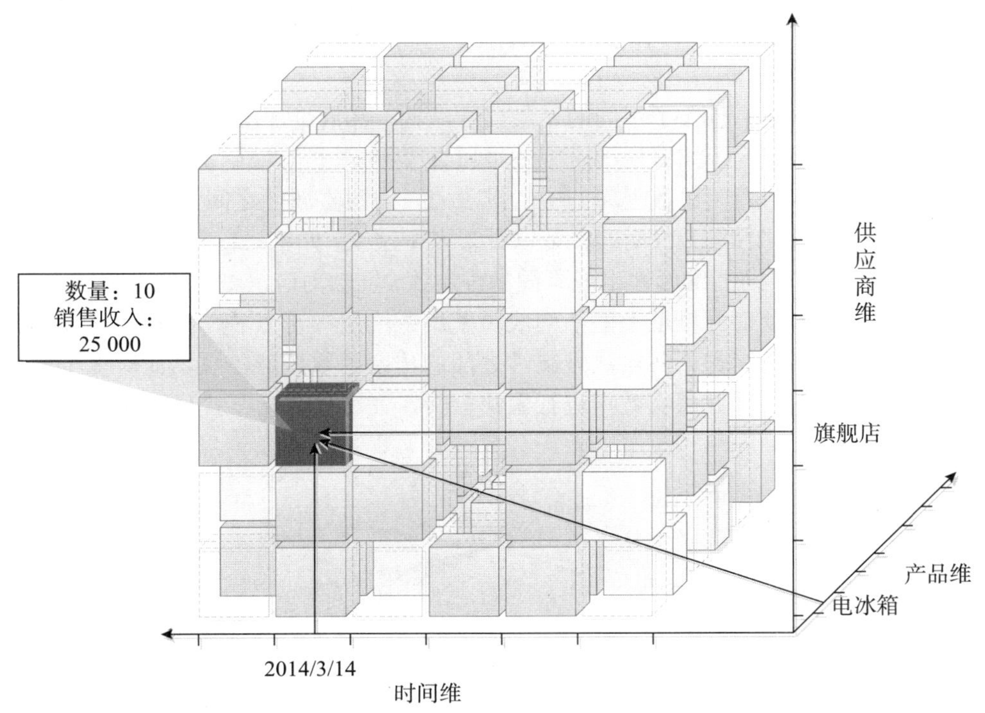

图 3.2　三维销售数据立方体

多维数据模型可以表示为：$M=(D_1, D_2, \cdots, D_n, M_1, M_2, \cdots, M_m)$，其中 M

代表多维数据集，D_i（$1 \leqslant i \leqslant n$）表示 n 个维度，M_j（$1 \leqslant j \leqslant m$）表示 m 个度量。

多维数据最直观的存储模型是多维数组，即：$M[D_1][D_2]\cdots[D_n]$，其中 M 为包含 M_1，M_2，$\cdots$，M_m 度量属性的结构体。

采用多维数组模型存储多维数据时，需要 $|D_1|\times|D_2|\times\cdots\times|D_n|$ 个数组单元，每个多维坐标对应多维空间中唯一的位置，多维数据的访问可以转换为按照多维数组下标的直接数据访问。

当多维数据空间中的数据较为稀疏时，多维数组存储的空间利用率较低。这时可以将多维数据模型转换为关系模型，将维存储为维表，将事实存储为事实表，多维模型转换为下面的关系模式：

销售（供应商，产品，时间，数量，销售收入）

采用关系模型存储时，只需要存储存在的事实数据，而不需要像多维数组存储一样为不存在的事实数据预留空间，因此当数据非常稀疏时，关系存储的效率优于多维数组存储。在多维数组存储中，事实数据的数组下标代表在各维上的取值，因此不需要显式存储事实数据的维属性值；在关系存储中则需要将事实数据在各维上的取值作为复合键值存储在事实数据中，多维数据模型的空间位置关系可以转换为函数依赖关系：（D_1，D_2，$\cdots$，D_n）$\to$（M_1，M_2，$\cdots$，M_m）。维属性存储在维表中，维属性外键与度量属性构成事实表，事实表外键与维表主键需要满足参照完整性约束，以保证每一个事实数据隶属于指定的多维空间。除维表主键完整性约束之外，基于多维模型转换的关系模型中的维表主键还需要满足维映射约束，即维表主键值映射到多维数据集的维轴上，或者维表主键为连续整型序列 1，2，3，$\cdots$。

通常情况下，维度中包含了不同的聚集层次结构，称为维层次（hierarchy）。维层次由维度属性的层次组成，例如日期维度中的维属性“年”“月”“日”构成了“年–月–日”层次结构，当维度存储为关系数据库的中的维表时，维层次属性之间的函数依赖关系为：日 $\to$ 月 $\to$ 年。如图3.3所示，日期维中可以设置多个层次，如年–月–日、年–季节–月–日、年–周–日等，维表中不同的维属性组成不同的维层次，维轴对应最细粒度的维度成员，不同的维层次中的成员映射到维度上的不同成员子集。维层次可以看作维轴的不同划分粒度，各粒度之间的路径定义了各层次维属性之间的传递函数依赖关系。在对多维数据分析时，可以按维度的层次对事实数据进行聚集分析，在维度视角下提供不同粒度的数据分析处理能力。

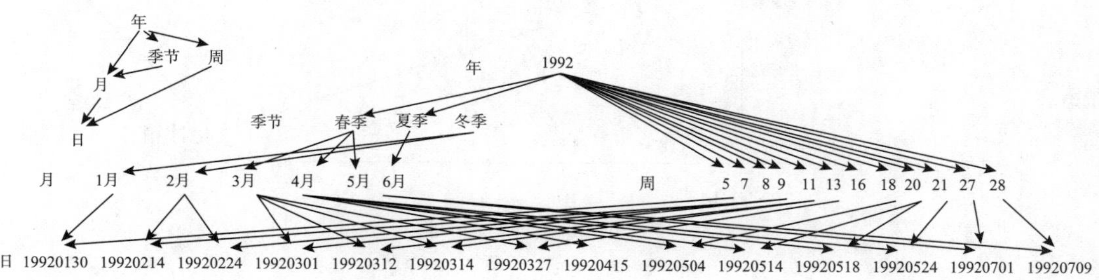

图 3.3　维层次结构

3.2.2　OLAP 操作

OLAP 是一种多维数据操作。常见的 OLAP 操作包括切片、切块、上卷、下钻、旋转等。切片和切块操作是从立方体中分离出部分数据用于分析的操作。上卷和下钻操作对应数据的聚合操作，上卷操作增加数据聚合程度，从层次结构中清除细节层次；下钻操作则降低数据聚合程度，向层次结构中增加新的细节层次。旋转操作对应数据视图布局的改变，通过旋转立方体从新的视角安排立方体的数据视图布局。

1. 切片和切块操作

切片（slicing）是在一个或多个维度上取特定的成员值所对应的数据立方体子集，通过切片操作可以减少立方体的维数。例如在图3.4所示的三维立方体中，在产品维上取值为“微波炉”时，切片为时间维和供应商维上的二维平面，在产品维上取值“微波炉”并且在时间维上取值为“2014/3/14”时，切片为一维柱面。切块（dicing）是切片的一般化形式，即在维属性上通过一些约束条件生成数据立方体子集。

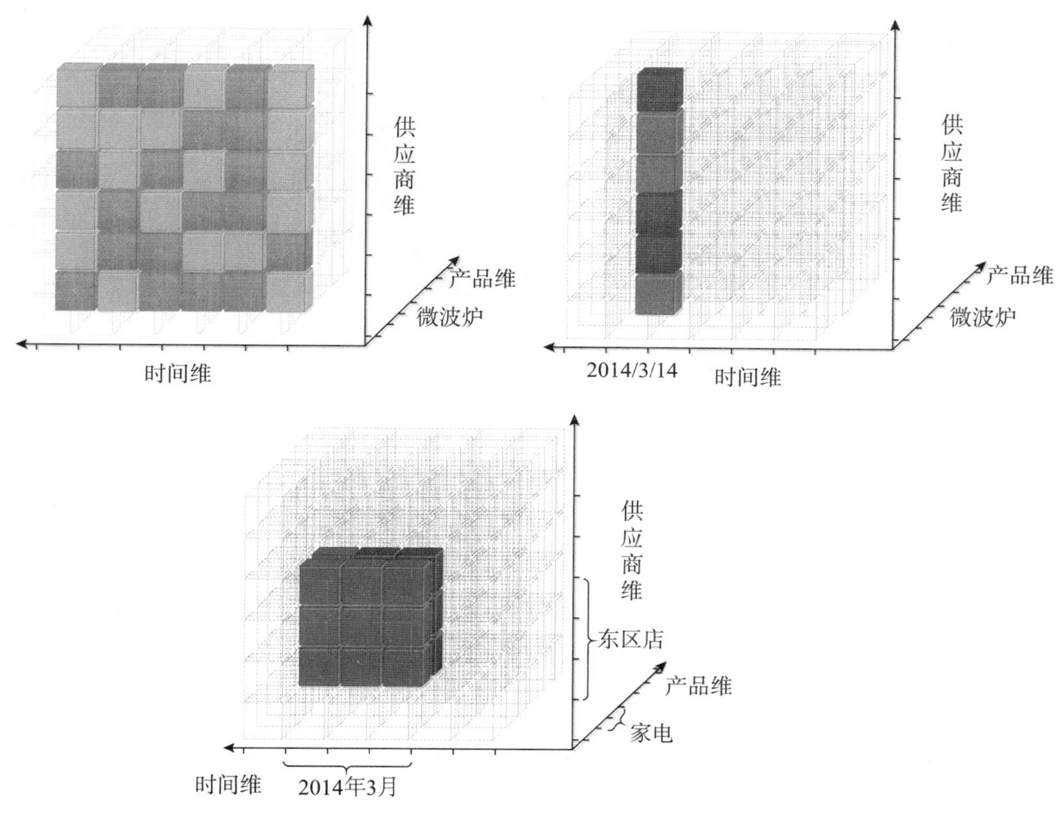

图 3.4　三维立方体的切片和切块操作

在多维数组存储模型中，切片操作是在一个（或多个）维上取一个最细粒度成员时所对应的多维数据子集，切块操作则是在维度上选择一个层次时所对应的多维数据子集。

在关系存储模型中，切片操作是在一个（或多个）维表中选择单个主键值所对应的事实数据子集，切块操作则是在维表上按范围语句选择的维表主键集合所对应的事实数据子集。

2. 上卷和下钻操作

上卷（roll-up）操作是数据聚合程度由低到高的过程，而下钻（drill-down）操作则是数据聚合程度由高到低的过程。在图3.5所示的三维立方体中存在四种聚合程度：

G_0={ 时间，供应商，产品 }

G_1={{ 时间，供应商 }，{ 时间，产品 }，{ 供应商，产品 }}

G_2={{ 时间 }，{ 供应商 }，{ 产品 }}

G_3={}

聚合程度 G_0 代表最细粒度数据，由整个基础数据立方体构成。聚合程度 G_1 代表二维聚合数据，将一个维上的数据全部投影到另外两个维的切片上。G_2 代表一维聚集数据，将二维切片投影到另一个维上。G_3 将整个基础数据立方体聚合在一起。

在图3.5中，从 G_0 向 G_3 的聚合过程是上卷操作，维度逐级减少；而从 G_3 向 G_0 的聚合过程是下钻操作，维度逐级增加。

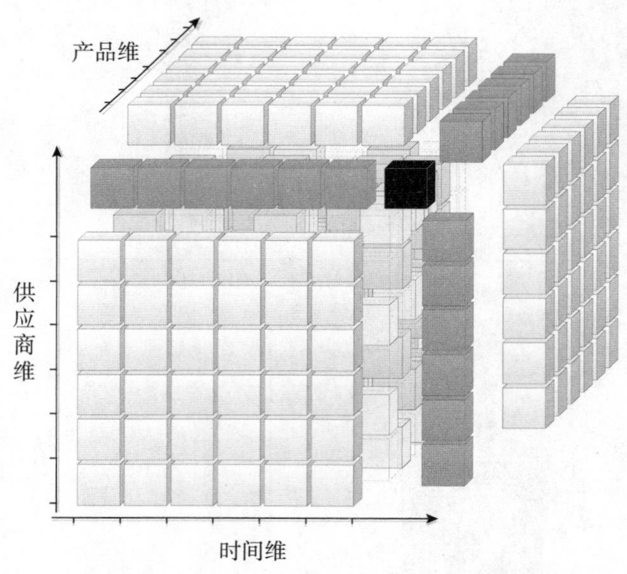

图 3.5 三维立方体的上卷和下钻操作

当维度中存在层次结构时，上卷和下钻操作还对应了沿着维层次的聚合过程。图3.6为使用 SQL Server 2008R2 Analysis Service 在多维数据集 FoodMart 上的上卷和下钻操作过程。时间维上创建了“The Year-Quarter-The Month-Day of Month”层次结构，将时间维层次依次折叠的过程对应了上卷操作，而将时间维层次依次展开的过程则对应了下钻操作。

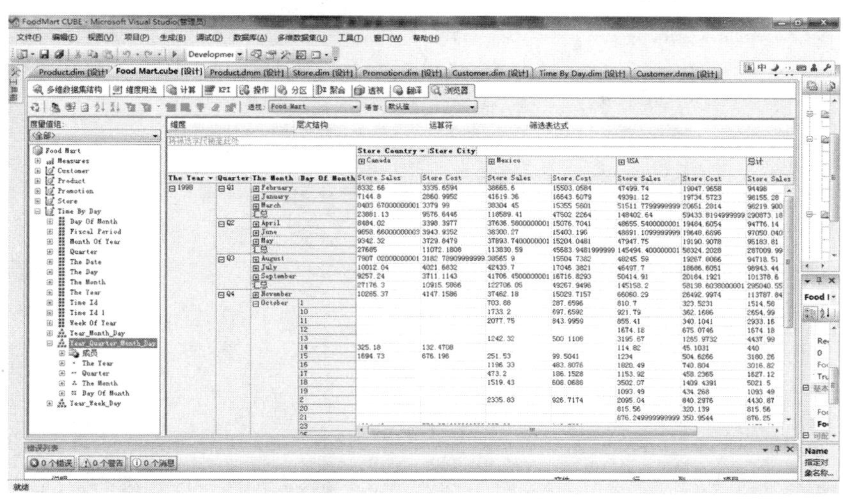

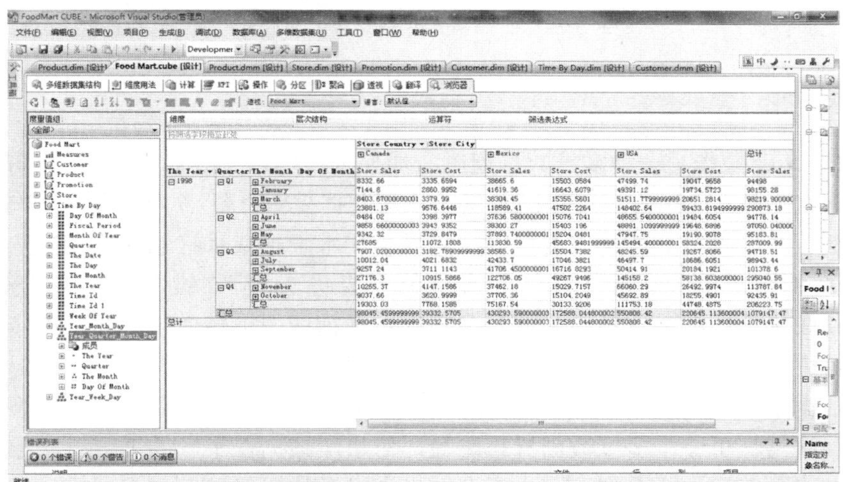

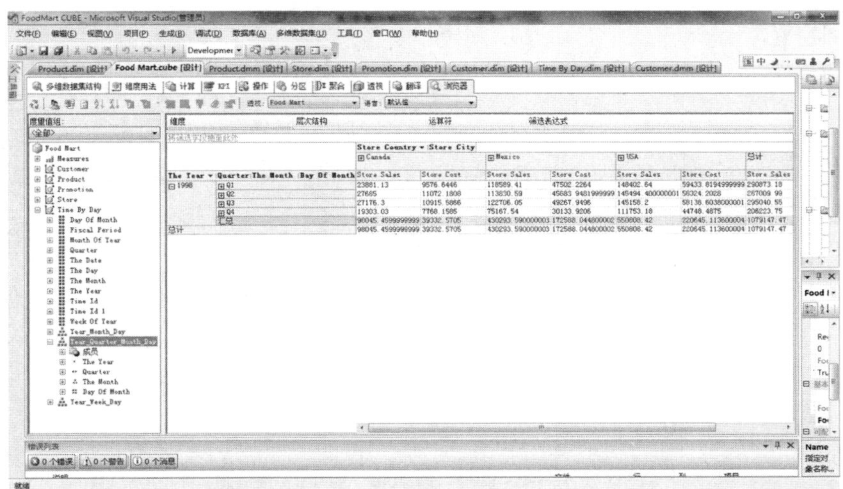

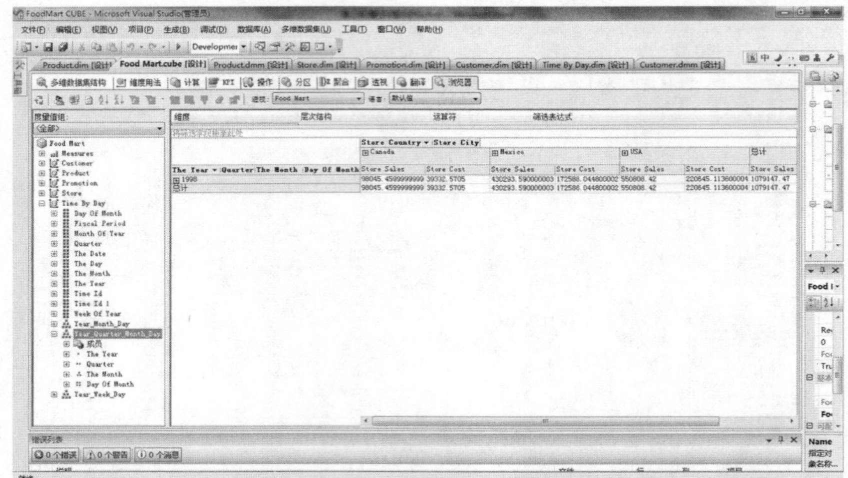

图 3.6　沿维层次的上卷和下钻操作

3. 旋转操作

旋转（pivot）操作是一种多维数据视图布局控制操作，它通过改变数据视图的视角重新安排数据立方体，向用户展现相同数据的不同数据视图。图3.7为二维和三维表格的旋转操作示例。二维表格的两个维度可以共同显示在水平轴或垂直轴，或者分别显示在水平轴和垂直轴，维度的顺序可以改变。三维表格需要通过嵌套二维表格来展示，图3.7显示了三个维度在水平轴和垂直轴布局调整带来的数据视图的旋转效果。通过旋转操作，用户可以选择更清晰的数据视图或者从不同的角度观察数据。

多维数据集的维度定义了数据访问视角，维层次定义了维的聚合粒度，维度以及维度上的维层次定义了一个多维数据导航路径，对事实数据在不同的细节层次上进行分析处理。导航路径转换为一系列查询，查询结果为多维数据集。

	Product Category ▾		
	⊞ Baking Goods	⊞ Bathroom Products	⊞ Beer and Wine
Quarter ▾	Store Sales	Store Sales	Store Sales
Q1	8103.52	6805.34	7614.08999999999
Q2	8441.91000000001	6991.91000000001	6753.41999999999
Q3	8335.11000000001	7109.82	7521.93999999999
Q4	5882.83	4962.31	5218.54
总计	30763.37	25869.38	27107.99

⇨

	Quarter ▾				
	Q1	Q2	Q3	Q4	总计
Product Category ▾	Store Sales	Store Sales	Store Sales	Store Sales	Store Sales
Baking Goods	8103.52	8441.910000(	8335.110000(	5882.83	30763.37
Bathroom Products	6805.34	6991.910000(	7109.82	4962.31	25869.38
Beer and Wine	7614.089999!	6753.419999!	7521.939999!	5218.54	27107.98999!
Bread	8340.319999!	8346.009999!	8787.999999!	6487.21	31961.54
Breakfast Foods	8452.719999!	8080.89	8410.9	5613.02	30557.52999!
Candles	792.53	726.54	847.89	411.33	2778.29
Candy	7618.119999!	7293.58	7584.38	5294.05	27790.13
Canned Anchovies	1165.3	989.71	1248.33	839.08	4242.42
Canned Clams	1018.17	911.21	999.51	650.11	3579
Canned Oysters	951.1100000(	873.5	1061.96	664.73	3551.3
Canned Sardines	747.83	732.19	791.13	480.55	2751.7
Canned Shrimp	1211.7	1267.44	1076.55	710.5	4266.19
Canned Soup	8337.610000(	7871.49	7830.990000(	5506.38	29546.47
Canned Tuna	1803.67	1702.15	1628.46	1197.48	6331.76
Carbonated Beverages	3039.56	2942.78	3266.29	2269.7	11518.33
Cleaning Supplies	3742.87	3459.71	3548.42	2483.81	13234.81
Cold Remedies	1804.06	1447.74	1771.55	1304.02	6327.37
Dairy	19047.5	18766.63	19429.16	13823.55	71066.83999!
Decongestants	1644.46	1436.53	1584.4	1243.72	5909.11
Drinks	3130.78	3065.44	3061.66	2128.21	11386.09
Eggs	4539.89	4591.29	4536.36	3271.27	16938.81
Electrical	8697.17	8002.34	8574.36	6186.36	31460.23000(
Frozen Desserts	6236.25	6567.360000(	6552.12	4778.32	24134.05000(
Frozen Entrees	2875.92	3093.96	3200.3	2041.92	11212.1
Fruit	14921.55	14598.76	14926.55	10453.85	54900.71
Hardware	2965.3	2833.54	2992.55	1833.21	10624.6
Hot Beverages	4677.53	4714.38	4465.36	3108.45	16965.72
Hygiene	2759.51	3096.15	3010.93	2077.58	10944.17
Jams and Jellies	12274.87	11757.48	11995.98	8174.67	44203.00000(
[illegible]	[illegible]	[illegible]	[illegible]	[illegible]	[illegible]

旋转二维表格

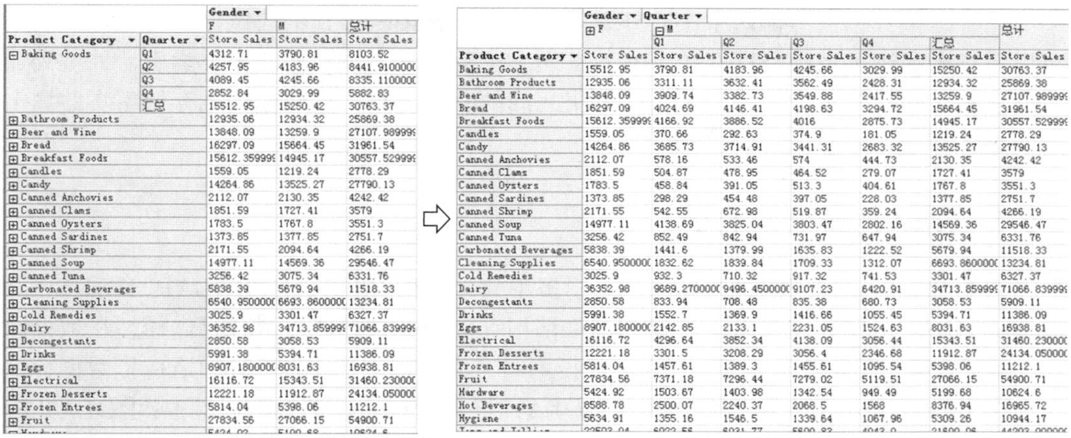

		Gender		
		F	M	总计
Product Category	Quarter	Store Sales	Store Sales	Store Sales
⊟ Baking Goods	Q1	4312.71	3790.81	8103.52
	Q2	4257.95	4183.96	8441.910000(
	Q3	4089.45	4245.66	8335.110000(
	Q4	2852.84	3029.99	5882.83
	汇总	15512.95	15250.42	30763.37
⊞ Bathroom Products		12935.06	12934.32	25869.38
⊞ Beer and Wine		13848.09	13259.9	27107.98999
⊞ Bread		16297.09	15664.45	31961.54
⊞ Breakfast Foods		15612.35999	14945.17	30557.52999
⊞ Candles		1559.05	1219.24	2778.29
⊞ Candy		14264.86	13525.27	27790.13
⊞ Canned Anchovies		2112.07	2130.35	4242.42
⊞ Canned Clams		1851.59	1727.41	3579
⊞ Canned Oysters		1783.5	1767.8	3551.3
⊞ Canned Sardines		1373.85	1377.85	2751.7
⊞ Canned Shrimp		2171.55	2094.64	4266.19
⊞ Canned Soup		14977.11	14569.36	29546.47
⊞ Canned Tuna		3256.42	3075.34	6331.76
⊞ Carbonated Beverages		5838.39	5679.94	11518.33
⊞ Cleaning Supplies		6540.950000(	6693.860000(	13234.81
⊞ Cold Remedies		3025.9	3301.47	6327.37
⊞ Dairy		36352.98	34713.85999	71066.83999
⊞ Decongestants		2850.58	3058.53	5909.11
⊞ Drinks		5991.38	5394.71	11386.09
⊞ Eggs		8907.180000(	8031.63	16938.81
⊞ Electrical		16116.72	15343.51	31460.23000(
⊞ Frozen Desserts		12221.18	11912.87	24134.05000(
⊞ Frozen Entrees		5814.04	5398.06	11212.1
⊞ Fruit		27834.56	27066.15	54900.71

⇨

	Gender	Quarter					
	⊞ F	⊟ M					总计
		Q1	Q2	Q3	Q4	汇总	
Product Category	Store Sales	Store Sales	Store Sales	Store Sales	Store Sales	Store Sales	Store Sales
Baking Goods	15512.95	3790.81	4183.96	4245.66	3029.99	15250.42	30763.37
Bathroom Products	12935.06	3311.11	3632.41	3562.49	2428.31	12934.32	25869.38
Beer and Wine	13848.09	3909.74	3382.73	3549.88	2417.55	13259.9	27107.98999
Bread	16297.09	4024.69	4146.41	4198.63	3294.72	15664.45	31961.54
Breakfast Foods	15612.35999	4166.92	3886.52	4016	2875.73	14945.17	30557.52999
Candles	1559.05	370.66	292.63	374.9	181.05	1219.24	2778.29
Candy	14264.86	3685.73	3714.91	3441.31	2683.32	13525.27	27790.13
Canned Anchovies	2112.07	578.16	533.46	574	444.73	2130.35	4242.42
Canned Clams	1851.59	504.87	478.95	464.52	279.07	1727.41	3579
Canned Oysters	1783.5	458.84	391.05	513.3	404.61	1767.8	3551.3
Canned Sardines	1373.85	298.29	454.48	397.05	228.03	1377.85	2751.7
Canned Shrimp	2171.55	542.55	672.98	519.87	359.24	2094.64	4266.19
Canned Soup	14977.11	4138.69	3825.04	3803.47	2802.16	14569.36	29546.47
Canned Tuna	3256.42	852.49	842.94	731.97	647.94	3075.34	6331.76
Carbonated Beverages	5838.39	1441.6	1379.99	1635.83	1222.52	5679.94	11518.33
Cleaning Supplies	6540.950000(	1832.62	1839.84	1709.33	1312.07	6693.860000(	13234.81
Cold Remedies	3025.9	932.3	710.32	917.32	741.53	3301.47	6327.37
Dairy	36352.98	9689.270000(	9496.450000(	9107.23	6420.91	34713.85999	71066.83999
Decongestants	2850.58	833.94	708.48	835.38	680.73	3058.53	5909.11
Drinks	5991.38	1552.7	1369.9	1416.66	1055.45	5394.71	11386.09
Eggs	8907.180000(	2142.85	2133.1	2231.05	1524.63	8031.63	16938.81
Electrical	16116.72	4296.64	3852.34	4138.09	3056.44	15343.51	31460.23000(
Frozen Desserts	12221.18	3301.5	3208.29	3056.4	2346.68	11912.87	24134.05000(
Frozen Entrees	5814.04	1457.61	1389.3	1455.61	1095.54	5398.06	11212.1
Fruit	27834.56	7371.18	7296.44	7279.02	5119.51	27066.15	54900.71
Hardware	5424.92	1503.67	1403.98	1342.54	949.49	5199.68	10624.6
Hot Beverages	8588.78	2500.07	2240.37	2068.5	1568	8376.94	16965.72
Hygiene	5634.91	1355.16	1546.5	1339.64	1067.96	5309.26	10944.17

旋转三维表格

图 3.7 旋转操作

3.2.3 OLAP 实现技术

OLAP 的实现技术主要分为以下几种类型。

(1) MOLAP（Multidimensional OLAP，多维 OLAP）。MOLAP 采用多维存储，事实数据直接存储在多维数组中，多维操作可以直接执行，查询性能高，但当维数较多或维中包含较多成员时，数据立方体需要大量的存储单元，当数据较稀疏时，存储效率较低。

(2) ROLAP（Relational OLAP，关系 OLAP）。ROLAP 采用关系数据库存储多维数据。关系模型中没有维度、度量、层次的概念，需要将多维数据分解为维表和事实表，并通过参照完整性约束定义事实表与维表之间的多维关系。ROLAP 在事实表中只存储实际的事实数据，不需要 MOLAP 预设多维空间的存储代价，存储效率高，但多维操作需要转换为关系操作实现。由于连接操作相对于多维数据直接访问性能较低，ROLAP 经常使用反规范化（denormalization）技术减少连接操作，并通过物化视图技术将典型 OLAP 查询的聚合数据实体化以减少连接代价。ROLAP 需要在关系数据库服务器和 OLAP 客户端之间设置专用的多维引擎（multidimensional engine）来构造 OLAP 查询，并将其转换为关系数据库服务器上执行的 SQL 命令。

(3) HOLAP（Hybrid OLAP，混合型 OLAP）。HOLAP 是一种混合结构，目标是综合 ROLAP 管理大量数据的存储效率优势和 MOLAP 系统查询速度优势。HOLAP 将大部分数据存储到关系数据库中以避免稀疏数据存储问题，将用户最常访问的数据存储在多维数据系统中，系统透明地实现在多维数据系统和关系数据库中的访问。

(4) Fusion OLAP（融合型 OLAP，也称多维–关系 OLAP 模型）。Fusion OLAP 模型融合了关系模型存储效率高和多维模型计算性能好的特点，在关系存储模型之上构建多维计算模型[3]，达到高效多维数据存储和高性能多维计算的目标。在实现技术上主要有以下几个特点：维表通过主键地址映射约束实现维表记录与多维数据集维结构的映射，group by 分组属性通过压编码技术映射为聚集立方体；查询执行时，维表映射为维向量，构成一个虚拟数据立方体，事实表外键值通过地址直接映射到维向量存储地址，外键列可以看作事实表关系模型存储的事实数据向虚拟数据立方体结构的多维索引，外键列通过向量索引建立多维数据集与关系数据集之间的映射关系，实现在关系存储事实数据上的多维计算。

3.2.4 OLAP 存储模型设计

数据仓库可以使用四种存储模型表示多维数据结构：MOLAP、ROLAP、HOLAP 和 Fusion OLAP，在存储模型上主要为多维结构存储和关系存储，两种存储模型在数据组织、存储效率、查询处理性能、查询优化技术等方面有很大的不同。MOLAP 把数据存储在一个多维数据立方体（CUBE）中；ROLAP 把数据存储在关系数据库中；HOLAP 模型将明细数据保存在关系数据库的事实表中，将聚合后的数据保存在数据立方体中，是一种分层混合结构；Fusion OLAP 在关系存储模型基础上定义了多维计算算子。下面主要介绍 MOLAP、ROLAP 和 Fusion OLAP 的存储模型和计算模型。

1. MOLAP

MOLAP 采用多维数组存储数据立方体，每个维度的成员映射为维坐标，事实数据为按多维坐标存储的数据单元。多维查询可以看作将各个维度上的查询条件映射到各个维坐标轴上，并通过维坐标直接访问事实数据进行聚集计算。

多维存储模型是数据仓库数据的最直接的表示形式，其物理存储与多维数据的逻辑存储结构一一对应，多维查询命令可以直接转换为多维数组上的直接数据访问，不需通过复杂的 SQL 查询来模拟 OLAP 操作，通过 MDX 语言支持多维查询命令。

数据立方体根据各个维度的长度预先构建，当维度发生变化时需要重构，对于维度动态变化的数据仓库应用而言，其数据立方体重构代价很高。多维存储的主要问题是数据立方体可能很大但实际的事实数据非常稀疏，多维存储的效率很低，浪费了系统存储空间并增加了数据访问时间。

对稀疏存储的数据立方体存储访问典型的解决方案包括以下几种类型：

（1）立方体分区。将多维立方体划分为多个子立方体，每个子立方体称为区块（chunk）。这些小型数据区块可以快速加载到内存中。在多维立方体的区块划分过程中可以划分出稀疏区块和稠密区块，稠密区块是指区块中多数单元块包含数据，反之则称为稀疏区块。如图3.8所示，左图中原始数据立方体包含 6×6×6 个事实数据单元，在数据立方体中很多事实数据单元为空；右图为将原始数据立方体划分为 3×3×3 个区块，浅色的区域为稀疏区块，深色的区块为稠密区块。稠密区块可以采用 MOLAP 方式存储，加速区块上的访问性能，稀疏区块采用 ROLAP 方式存储，提高数据存储效率；频繁访问的区块以 MOLAP 方式存储，不频繁访问的区块以 ROLAP 方式存储。

（2）压缩和区块访问顺序优化。稀疏区块采用压缩技术提高存储效率，通常使用只列出包含事实数据的区块单元块的索引来创建稀疏区块的压缩形式。通过区块压缩可以提高数据的存储效率，并且减少数据访问时的 I/O 数据量。

由于磁盘的随机访问性能大大低于顺序访问性能，除了通过压缩和索引技术减少数

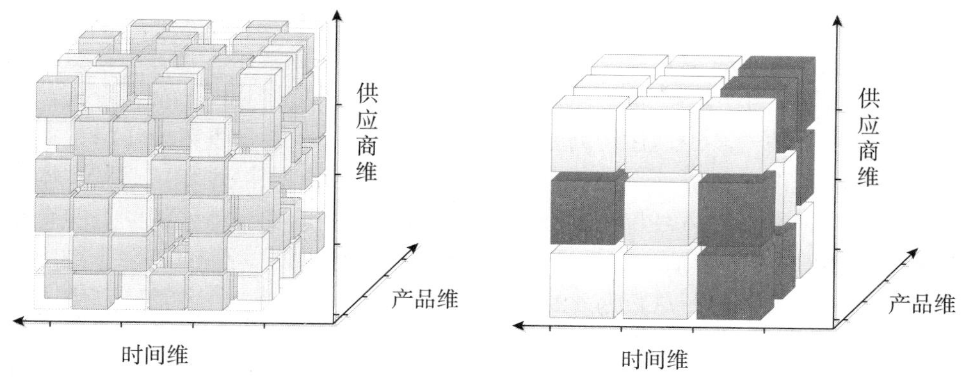

图 3.8 chunk 存储

据访问 I/O 量之外，还可以通过优化数据区块的磁盘访问顺序来提高磁盘 I/O 性能。OLAP 查询在空间形式上是一种区域访问，多维存储通常按照维顺序存储，区域访问时相邻区块在磁盘上存储在不同的位置，产生较多的随机访问 I/O，降低了磁盘数据访问性能。图3.9所示的二维空间 Z-order 顺序将二维数据按区块顺序存储，区域访问产生连续的 I/O 顺序访问，提高数据访问性能。

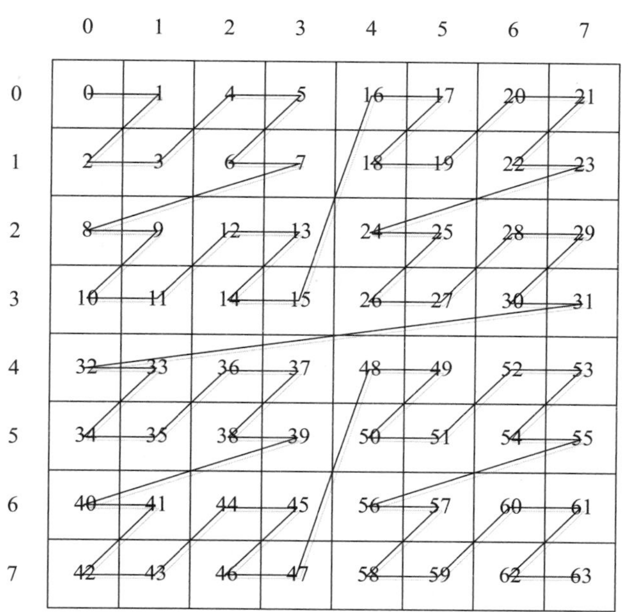

图 3.9 二维空间的 Z 曲线和 Z 地址

Z-order 需要维的层次顺序与维轴顺序一致。在日期维中常用的“周”“月”“季度”“年”等层次的成员顺序与最细粒度的日期层次成员的顺序一致，因此日期维上的任何层次的访问都能与 Z-order 顺序较好地吻合。通常的维度，如产品维表的“类型”“品牌”等层次的成员顺序与最细粒度的产品成员顺序并不一致，在区域访问时与 Z-order 顺序并不吻合，会产生较大的随机 I/O 访问代价。

（3）实体化数据立方体。数据仓库通过维、层次定义多维数据集。多维格是为特定事实模式编码有效分组的依据集合，为分组依据之间建立上卷顺序。图3.10显示了具有三个维度、二个维度（每个维度包含一个下级层次）、二个维度（其中一个维度包含二个下级层次）的多维格结构。OLAP 访问是一种导航式查询，上卷和下钻操作沿着多维格路径进行。实体化视图是选择一组聚合主要视图数据的辅助视图的过程，通过实体化为数据立方体建立的辅助立方体，将在多维空间上的查询转换为在实体化视图上的查询，加速查询性能。图3.10中，具有三个维度的立方体视图总数为 $2^3=8$；具有二个维度，各有一个下级层次的立方体视图总数为（2+1）×（2+1）=9；具有二个维度，其中一个维度有两个下级层次的立方体视图总数为（2^{1-1}+1）×（2^{3-1}+1）=10。当维度和层次数量较多时，实体化视图的总数很大，全部物化的代价很高。当采用实体化视图策略时，数据仓库数据的更新导致实体化视图的重新计算，实体化视图的更新代价同样较高。相对于稀疏存储的数据立方体，实体化视图以较大的粒度聚合数据，数据稀疏度降低，多维

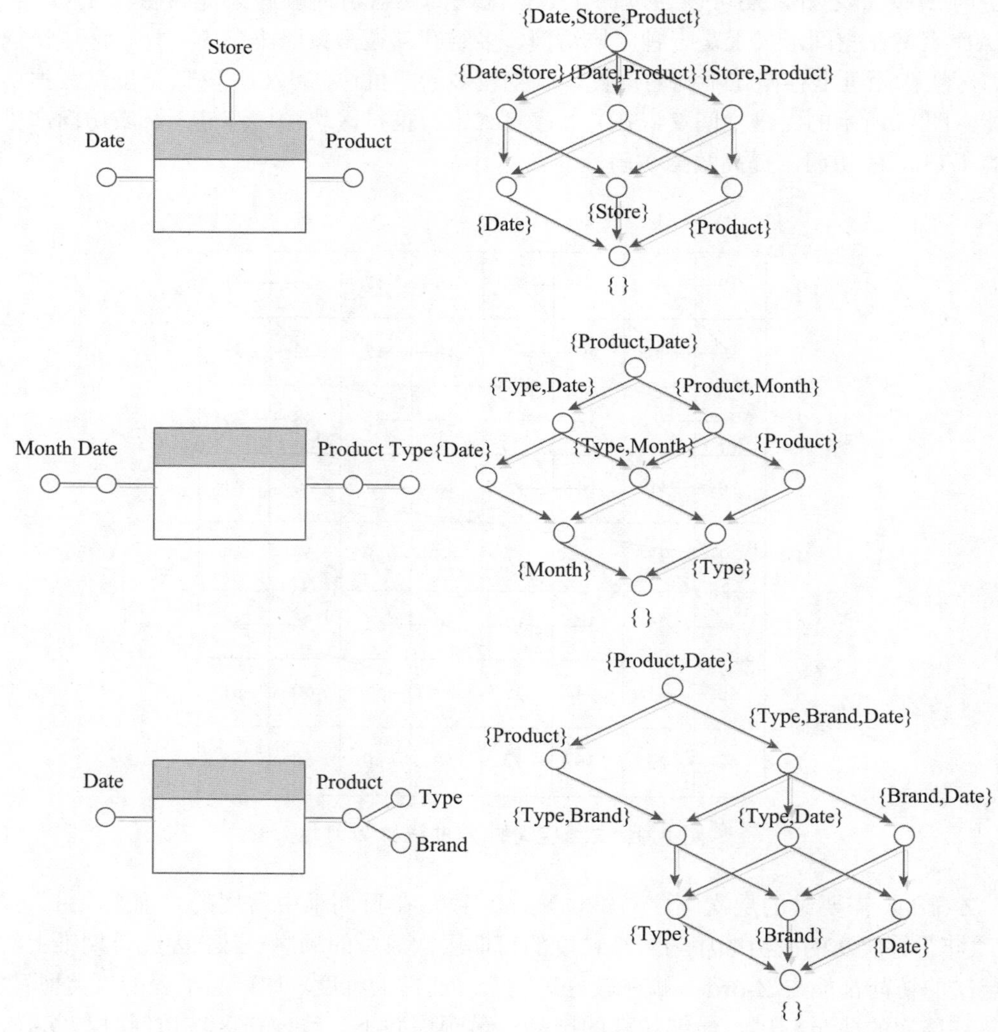

图 3.10 多维格结构示例

查询可能在实体化视图的基础上沿上卷路径进行再次聚合，起到替代原始数据立方体的作用。

实体化视图能够加速 OLAP 查询性能，但需要付出额外的存储空间和视图维护代价，在实际应用中需要根据查询负载的特点，通过实体化视图代价模型选择最佳的实体化视图，提高系统的综合性能。

2. ROLAP

ROLAP 采用关系数据库存储多维数据，使用关系模型表示多维数据。关系模型的结构是二维数据，主要关系操作是选择、投影、连接、分组、聚集。多维数据模型的数据分为维度和事实，每一个维度存储为一个维表，事实存储为事实表，多维操作切片和切块操作相当于在关系中按切片或切块的维度范围在维表中选择满足条件的维表记录并与事实表连接后投影出所需要的度量属性进行分组聚集计算。

在 ROLAP 中，维表和事实表的定义如下：

- 维表：又称为维度表，每个维表对应一个维度，每个维表具有一个主键，维表主键通常为代理键（surrogate key，形如 1，2，3，…的自然数列），维表由主键和一组在不同聚合层次描述维度的属性组成。
- 事实表：所有维度确定的多维事实数据存储为事实表。事实表主键由引用维度的外键集合组成，事实表由维表外键和表示事实的度量属性组成。

多维数据代表一个数据仓库的主题，对应关系数据库中一个事实表、多个维表的星形模式以及若干星形模式的变形。

（1）星形模式（star schema）。星形模式的特点是由一个事实表和多个维表构成，也可以由多个事实表共享具有相同层次结构的维表。维度的层次由维表中表示层次结构的属性构成，在同一个维表中的层次结构属性之间具有传递函数依赖关系，因此维表通常不满足关系数据库的第三范式要求，具有一定的数据冗余。单一的事实表上也存在一定的部分函数依赖关系，有一定的冗余存储代价。维表层次结构通常是静态的，因此冗余造成的插入、更新和删除异常影响较小，由于维表通常较小，冗余造成的存储代价影响并不严重，而数据冗余减少了连接数量，降低了连接操作的代价。事实表只存储实际的事实数据，因此不存在 MOLAP 模型的稀疏存储问题，但多维查询不能像 MOLAP 一样转换为直接数据访问，而要转换为等价的 SQL 命令完成。图3.11为星形模式基准（SSB）的多维结构和表结构，由一个事实表和四个维表组成，维表具有多个层次结构，层次属性"city""nation""region""category""month"等采用冗余存储方式。一个典型的切块操作用 SQL 命令表示如下：

```
SELECT c_nation, s_nation, d_year, sum(lo_revenue) as revenue
FROM customer, lineorder, supplier, date
WHERE lo_custkey = c_custkey
and lo_suppkey = s_suppkey
and lo_orderdate = d_datekey
and c_region = 'ASIA'
and s_region = 'ASIA'
```

```
and d_year >= 1992 and d\_year <= 1997
GROUP BY c_nation, s_nation, d_year
ORDER BY d_year asc, revenue desc;
```

选择条件 c_region = 'ASIA' and s_region = 'ASIA' and d_year >= 1992 and d_year <= 1997 代表在三个维度 customer、supplier、date 上的范围所对应的多维数据切块；GROUP BY c_nation, s_nation, d_year 语句定义了在三个维度上的聚集层次；sum(lo_revenue) 定义了聚合的度量属性和聚集函数。

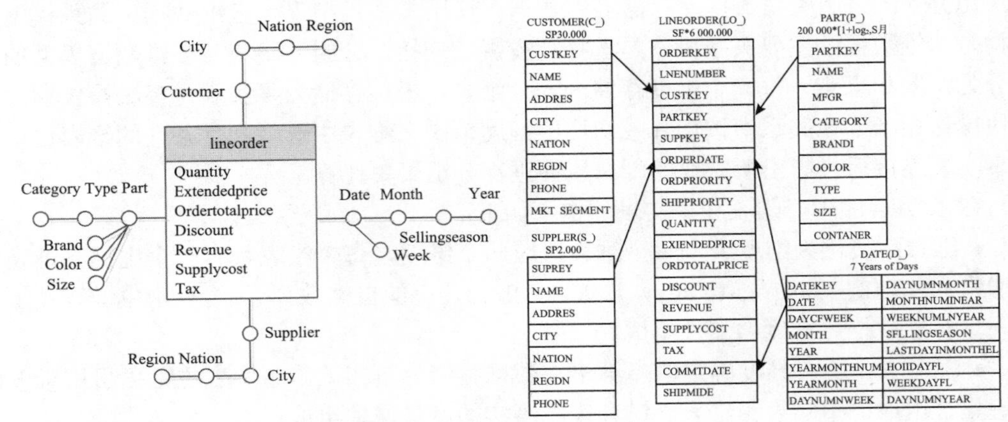

图 3.11 星形模式示例

采用 ROLAP 方式时，不需要预先定义多维数据的模式，也不需要预先定义各个维度上的层次关系。MOLAP 的多维存储由维度结构决定，维度的改变导致多维数据的重构；ROLAP 的维表和事实表是独立的表，只是通过维表与事实表之间的主–外键参照完整性引用逻辑定义了维表和事实表之间的关系，维表的更新并不影响事实表的存储结构，数据维护成本更低，而且关系存储更加适合实际应用中稀疏的大数据存储需求。

（2）雪花形模式（snow-flake schema）。星形模式的主要特点是维表中表示层次的属性之间存在函数依赖关系，以及事实表上的部分函数依赖关系，星形模式的这种冗余存储在一定的应用场景中能够更快地进行查询处理，但在另一些应用场景中，需要对维表进行规范化处理以满足应用的需求。

雪花形模式通过将星形模式一个或多个维表分解为多个独立的维表来达到从维表中删除部分或全部传递函数依赖关系的目的，在事实表上消除部分函数依赖。维表的特点如下：

- 维表分为主要维表和辅助维表；
- 主要维表的键在事实表中被引用，是事实表的第一级维表；
- 函数依赖于主要维表主键（通常是代理键）的属性子集构成辅助维表；
- 主要维表包含重构函数依赖的属性子集所需要的外键，每个外键引用一个辅助维表。

图3.12为 TPC-H 雪花形模式示例，其中维表 PART、SUPPLIER、CUSTOMER 为主要维表，NATION 为辅助维表，和 REGION 表构成了 SUPPLIER 表和 CUSTOMER

表的地理层次结构。ORDER 和 LINEITEM 事实表也构成了层次关系，ORDERS 表为订单综合数据事实表，LINEITEM 表为明细订单事实表，二者通过主–外键连接构成完整的事实数据视图。

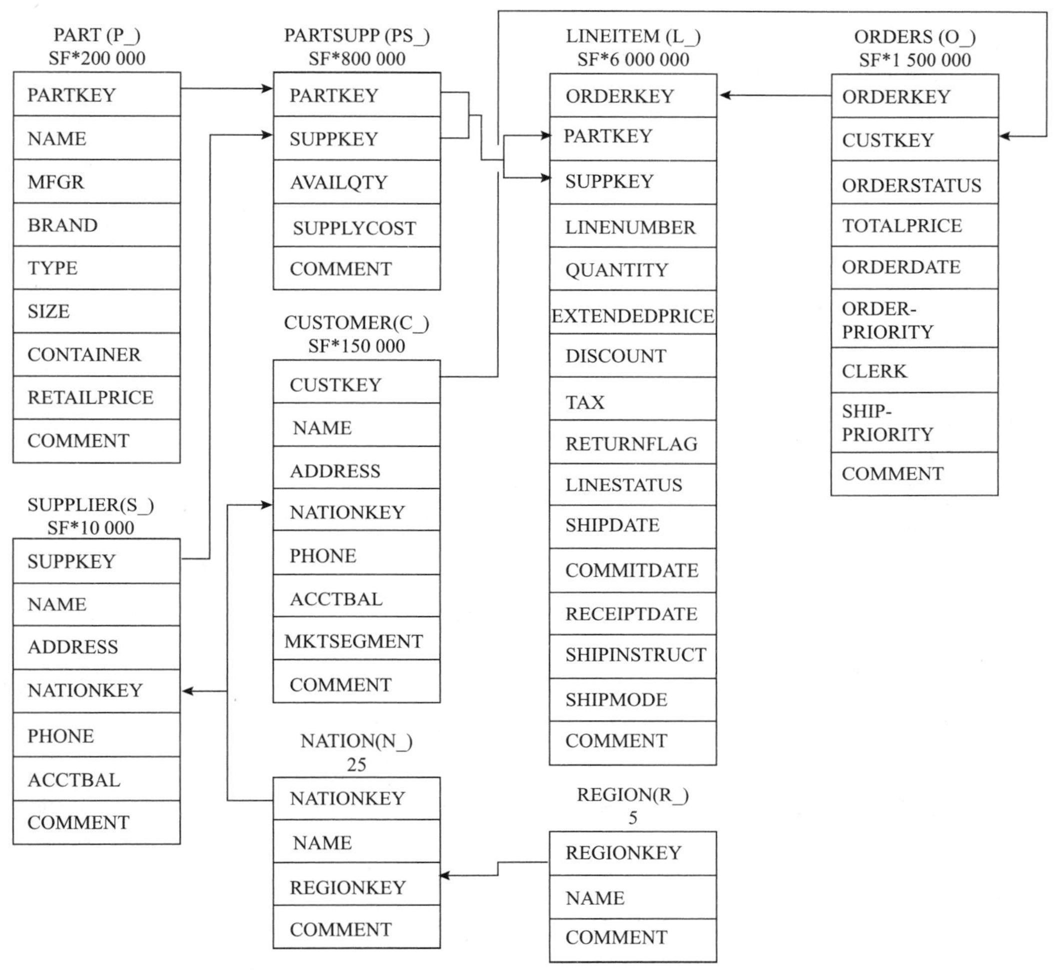

图 3.12　雪花形模式示例

雪花形模式规范化了星形模式的维表，降低了数据存储所需要的磁盘空间，但雪花形模式的查询涉及更多的表间连接操作，尤其是大事实表之间的较高代价的连接操作，导致关系数据库所生成的查询执行计划更加复杂，查询所需要的时间更长，对关系数据库的性能提出了更高的要求。

（3）扩展模式。

1）具有聚合数据的星座模式。当数据仓库中存在面向某个或某些维度层次的实体化聚合视图时，具有多个事实表的模式称为星座模式。星座模式中的实体化聚合视图关联维表中的特定层次，如图3.13所示，星座模式中事实表“Sales_fact_1998”与实体化聚集视图共享维层次表“Quarter”和“State”，不需要为实体化聚合视图复制额外的维表。

如果维表“Date”和“Store”没有对维表采取雪花形模式，则需要一定的冗余技术创建实体化聚合视图“Quarter_State_sales”的关联维表。

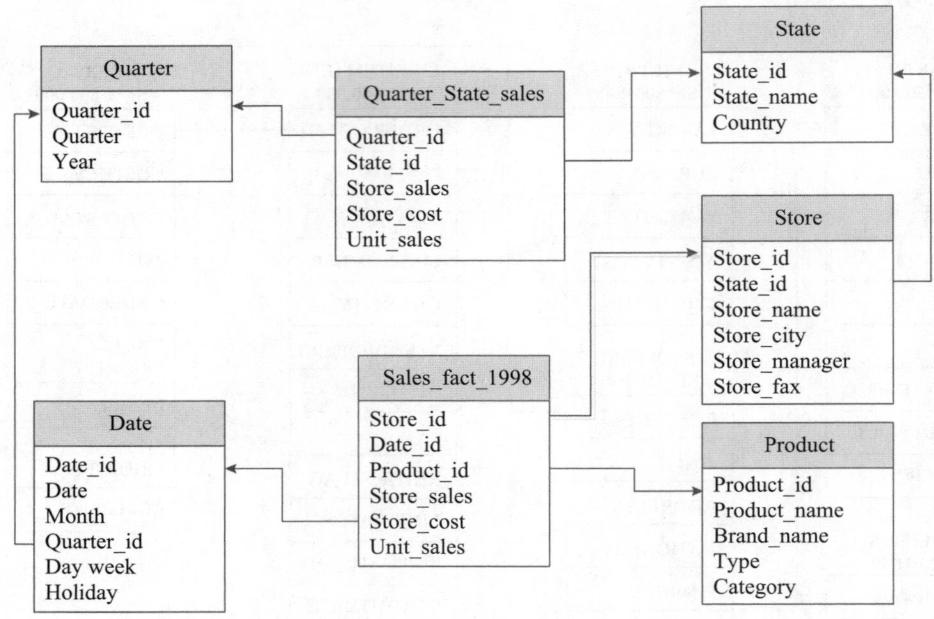

图 3.13 星座模式示例

2）星群模式。多个数据仓库主题共享全部或部分维表的模式称为星群模式。如图3.14所示，销售事实“Store_Sales”和“Store_Returns”共享大部分维表，“Store_Sales”和“Store_Returns”记录之间具有主–外键参照完整性约束，两个表的数据量不同。“Store_Returns”可以通过外键访问“Store_Sales”，再通过“Store_Sales”表外键访问维表，连接操作代价较高。在模式设计上，“Store_Sales”和“Store_Returns”表采用冗余外键方法，即“Store_Sales”和“Store_Returns”冗余存储了共享维表的外键，从而支持“Store_Returns”表的绝大部分查询可以直接通过冗余存储的外键直接访问维表而不需要通过与较大“Store_Sales”的连接操作来实现，消除了大表连接代价。

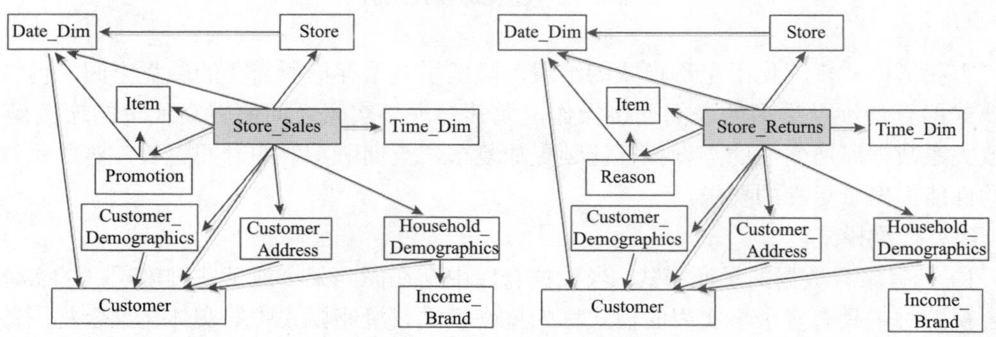

图 3.14 TPC-DS 星群模式示例

3）跨维度属性。跨维度属性定义了两个或多个属于不同维度层次结构的维度属性之间的多对多关联。图3.12所示的 TPC-H 模式中维表 PART 和 SUPPLIER 具有跨维度属性表 PARTSUPP，PARTSUPP 中记录了维表 PART 和 SUPPLIER 相关联的维属性。

4）共享层次结构。图3.12所示的 TPC-H 模式中维表 SUPPLIER 和 CUSTOMER 包含部分共享层次“nation-region”，在雪花形模式中将共享层次存储为共享表，可以同时被多个维表访问，并作为各个维表的维层次。共享层次表在存储上满足第三范式要求，可以消除插入、删除、更新异常，但在查询时当两个维表 SUPPLIER 和 CUSTOMER 都涉及 NATION 或 REGION 上不同的选择条件时，需要通过别名机制物化为两个独立的维表进行访问，增加了 SQL 查询语句的复杂度。

5）退化维度。退化维度是只包含一个属性的维层次结构。在模式设计时，退化维度可以直接存储到事实表中，并在事实表复合主键中包含退化维度属性；当退化维度属性的基数（即不重复值的个数）很小且单个属性的长度比代理键长度大时，也可以为退化维度创建维表。如 TPC-H 事实表中的属性“RETURNFLAG”“LINESTATUS”“SHIPINSTRUCT”“SHIPMODE”描述了单个属性的维层次结构，其中“RETURNFLAG”和“LINESTATUS”的数据类型为 char(1)，适合直接存储在事实表中，而“SHIPINSTRUCT”和“SHIPMODE”的数据类型分别为 char(25) 和 char(10)，宽度大于代理键字节宽度，可以为其创建维表以节省存储空间。

当将退化维度存储为维表时，增加了模式中与事实表连接的维表的数量，增加了查询处理的代价。将退化维度直接存储在事实表中能够降低数据仓库模式的复杂度，降低查询中的连接代价，但需要付出存储空间的代价。在列存储数据库中，退化维度通常为低基数的属性列，退化维度属性在采用压缩技术时与为退化维度创建维表具有类似的存储性能，并且减少连接的数量。

当退化维度较多时，事实表外键数量增加了存储代价和连接代价。杂项维度（junk dimension）是解决退化维度的一个解决方案。杂项维度包含一组退化维度，但不包含属性之间的任何函数依赖，所有可能的组合值都是有效的，这些组合值使用唯一的主键。杂项维度将多个退化维表缩减为一个辅助维表，事实表中只使用一个外键与多个退化维度关联。

TPC-H 中事实表属性“RETURNFLAG”“LINESTATUS”“SHIPINSTRUCT”“SHIPMODE”为退化维度，其基数分别为 3、2、4、7，杂项维表总共有 $3\times2\times4\times7=168$ 个元组，如图3.15所示，杂项维表为 FSSM，元组为四个退化维度属性组合值，事实表中只需要为四个退化维度保留一个一字节长的外键 FSSMkey。以 SF=1 为例，四个退化维度在事实表中的存储空间总量为 $S1=(1+1+25+10)\times6\ 000\ 000=222\ 000\ 000$ 字节，四个退化维度存储为杂项维度时的存储空间总量为 $S2=168\times(1+1+1+25+10)+1\times6\ 000\ 000=6\ 006\ 384$ 字节，两种退化维度存储所需要的空间倍数为 $S1/S2=36.96$ 倍。

杂项维度的基数决定杂项维表的行数和代理键的宽度（本例中 168 个组合值只需要 1 字节的 tiny int 类型存储），杂项维度适用于低基数退化维度存储。

6）代理键。代理键是指采用连续的自然数列作为数据仓库的主键。与普通主键相比，

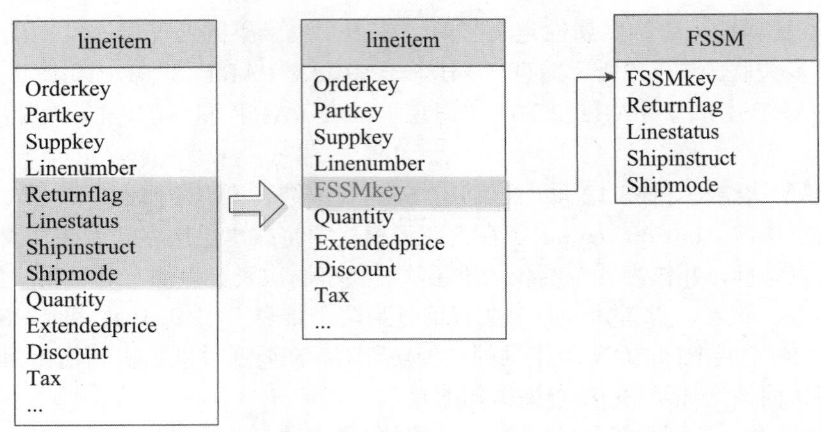

图 3.15 杂项维度

代理键既具有唯一性，又具有稠密性和连续性。代理键是数据仓库中标准的用法，其主要优点如下：

- 维表使用代理键作为主键能够降低主键的字节宽度，降低事实表中存储的维表外键属性的宽度，降低事实表的数据总宽度；
- 代理键为简单数据类型，在执行事实表与维表之间的连接操作时数据访问和键值比较操作更快；
- 代理键不包含任何语义信息，能够与数据的逻辑修改操作分离；
- 代理键是顺序结构，能够代表维表中元组的位置关系，在内存列存储数据库中，代理键能够表示为数组下标，从而直接映射为维表记录的存储地址，简化连接操作；
- 当需要保留维表属性修改版本时，可以为修改后的维表分配新的代理键值，从而实现多版本管理。

代理键的缺点主要包括：

- 当维表包含不连续的自然数列作为主键时，代理键除了能够实现键值位置映射功能外的其他功能与原始主键类似，增加了额外的代理键列存储代价；
- 原始主键中包含实体完整性检测技术用于保证维表记录不重复，使用代理键后仍然需要保留原始主键属性上的实体完整性检测机制，增加了额外的 UNIQUE 索引代价；
- 在数据仓库的 ETL 过程中，需要维表增加或强制转换原始主键为代理键的代价；
- 在维表更新时需要保证记录的代理键值稳定，尤其是维表记录删除时需要通过一定的机制保证维表记录的代理键仍然连续。

代理键是一种简化的主键，它消除了业务系统数据库中主键所代表的语义信息，提高了存储和查找效率，同时，在数据仓库的只读性应用模式中，代理键能够较好地保持其自然序列的特点，与列存储、内存存储等技术相结合能够实现代理键与存储地址的直接映射，实现事实表中的外键直接映射到维表存储地址，简化连接操作。从多维数据模型的角度来看，代理键可以看作 MOLAP 模型中维度存储为维表时对应的维度坐标。

3. Fusion OLAP

Fusion OLAP 模型也是一种关系–多维数据模型，可以看作分层的 ROLAP 与 MOLAP 模型。但不同于 HOLAP 模型按数据的明细程度分层使用 ROLAP 与 MOLAP 模型，Fusion OLAP 模型是在数据存储和计算两个维度上进行 ROLAP 和 MOLAP 模型的分层，即在存储模型上采用关系模型，提高存储效率，消除 MOLAP 模型存储稀疏数据的低效率，在计算模型上采用多维模型，支持事实数据向多维数据空间的直接映射访问，消除关系操作在多维计算的低性能。

在实现技术上，Fusion OLAP 模型在关系存储的维表和事实表上构建了一个虚拟的多维数据立方体，在关系存储模型之上将维表映射为维，如图 3.16 所示，维表主键使用代理键，维表记录按主键值映射为多维空间中的维上的位置，维表上的 group by 属性压缩编码代表查询中聚集立方体（图中的 Aggregation cube）中的某个维坐标值。每个查询中维表上的 where 和 group by 属性投影为一个维向量，空值代表不满足查询过滤条件，非空值表示该维表记录在 group by 确定的聚集立方体上的多维坐标分量，查询生成的多维向量构成一个虚拟数据立方体（Base cube），维向量中的非空值构成一个聚集立方体。事实表的外键值可以直接映射到维向量相应下标，实现从关系数据向虚拟数据立方体的多维地址映射，外键列起到事实表关系数据的多维索引（Multidimension Index）的作用。

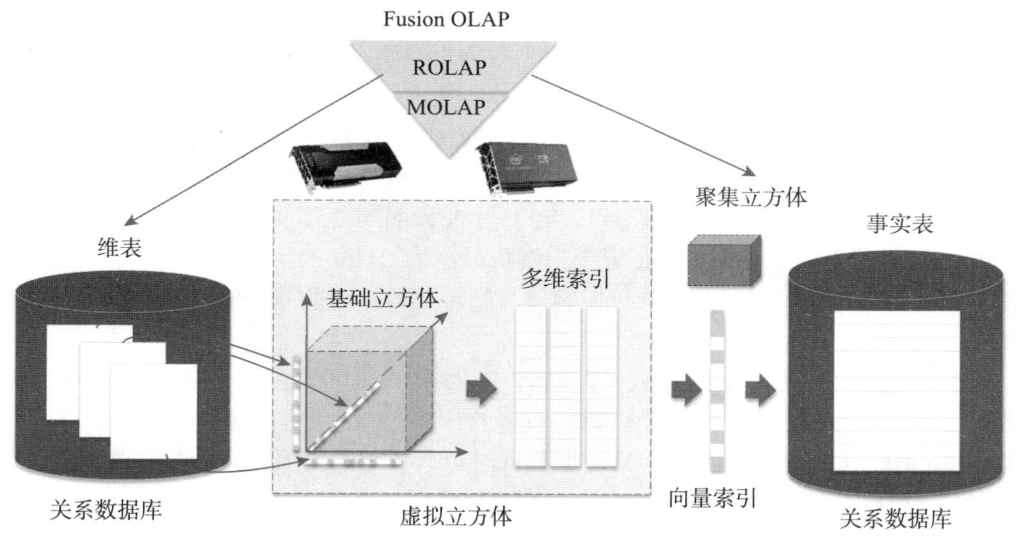

图 3.16 Fusion OLAP 模型

Fusion OLAP 模型在查询处理中需要两个模型映射和一个多维计算过程：关系存储的维表根据查询语句映射为相应的维向量，实现关系–多维映射；事实表外键列作为多维索引，与维向量进行多维计算，生成向量索引，完成多维–关系映射；执行关系存储的事实表上基于向量索引的分组聚集计算，生成查询结果聚集立方体，最后通过维表映射阶段生成的字典表解析为查询结果。其中，多维计算为数据量有限的事实表外键列与较小的维向量之间基于值–地址映射关系的计算，是一种存储空间有限但计算量较大的计算密集型负载，可以进一步通过硬件加速器，如 GPU、Phi、FPGA 等进行加速，加速查询中向量索引的计算过程。

Fusion OLAP 模型的主要特征体现在如下几个方面：

- 扩展主键完整性约束：在关系数据库主键完整性约束的基础上扩展值–地址映射约束，使用代理键作为维表主键，保证维表可以映射为维度；
- 扩展主–外键参照完整性约束：在主–外键参照完整性约束保证每一个外键值在参照表上的唯一性之外，扩展了外键值向维表或维向量的唯一地址映射关系；
- 分组映射：将查询中的 group by 操作转换为基于维表上过滤后 group by 属性的多维数组计算；
- 维映射：查询中维表记录映射为维向量，表示多维模型的维度，记录 group by 多维数据地址在当前维上的分量；
- 扩展关系数据库主–外键连接操作为多维索引计算：将关系数据库基于主–外键的等值连接操作扩展为事实表外键列向维向量的多维映射访问和 group by 多维数组地址计算，生成向量索引，记录多维地址映射结果及满足查询条件记录的 group by 多维数组地址，向量索引用于关系存储事实表上的分组聚集计算。

值–地址映射约束的映射关系可以分为三种类型：直接映射、函数映射和索引映射。

（1）直接映射。在数据仓库应用中，维表通常使用代理键作为维表主键，实现事实表外键与维表记录的直接地址映射关系。表 3.2 中 SSB、TPC-H、TPC-DS 的维表中除日期维使用日期格式的主键之外，其他维均使用代理键，事实表外键可以实现事实表与维表之间记录的直接地址映射访问。

（2）函数映射。SSB 中的 date 表主键 d_datekey 为日期格式的连续数据，可以用当前日期与起始日期之间相差天数的函数映射为代理键。在数据库系统中日期值也可以表示为连续的整数，表示从公元前 4712 年 1 月 1 日起到公元 9999 年 12 月 31 日的天数序列，如 TPC-DS 中 date_dim 表中主键值最小为 2415022，表示日期维表的起始日期为 1900-01-02，可以将当前记录日期键值与起始日期键值的差值映射为代理键，映射函数为 $f(\text{key})=\text{key-key}_0$。

SSB 中 date 表主键 d_datekey 存储为 19920101，19920102，…格式的整型序列，计算两个整数形式的日期之间的差值需要较多的计算代码，增加了从事实表向维表记录访问时的 CPU 代价，将其存储为日期型数据时可以直接通过系统内部整型数据的计算来高效地获得日期值之间的差值。

通过直接映射或函数映射将主键映射为代理键，用于构建查询相应的多维数据模型。如图3.17所示，事实表 lineorder 中三个外键列 l_CK、l_SK、l_DK 通过直接映射或函数映射（虚线箭头）实现由外键值向参照维表记录地址的映射操作，每一个事实表记录都可以将外键值转换为维表记录的数组下标而直接访问相应维表记录的属性值。

将维表主键映射为代理键后，维表上的更新操作需要保持主键与维表记录之间的值–地址映射关系，即维表记录更新时需要保持维表主键的递增保序。维表上的插入操作为新记录自动分配递增的主键值。记录更新时通常采用的删除原始记录、插入修改后记录

表 3.2 SSB、TPC-H 和 TPC-DS 维表主键分析

	表名称	键值	是否为代理键	Key-address映射函数
SSB	customer	1,2,3,···	☑	f(key)=key-1
	supplier	1,2,3,···	☑	f(key)=key-1
	part	1,2,3,···	☑	f(key)=key-1
	date	19920101, 19920102, ···	□	f(key)= key-key$_0$
TPC-H	customer	1,2,3,···	☑	f(key)=key-1
	supplier	1,2,3,···	☑	f(key)=key-1
	part	1,2,3,···	☑	f(key)=key-1
	nation	0,1,2,···	☑	f(key)=key
	region	0,1,2,···	☑	f(key)=key
TPC-DS	call_center	1,2,3,···	☑	f(key)=key-1
	catalog_page	1,2,3,···	☑	f(key)=key-1
	customer	1,2,3,···	☑	f(key)=key-1
	customer_address	1,2,3,···	☑	f(key)=key-1
	customer_demographics	1,2,3,···	☑	f(key)=key-1
	date_dim	2415022, 2415023, ···	□	f(key)= key-key$_0$
	household_demographics	1,2,3,···	☑	f(key)=key-1
	income_band	1,2,3,···	☑	f(key)=key-1
	item	1,2,3,···	☑	f(key)=key-1
	promotion	1,2,3,···	☑	f(key)=key-1
	reason	1,2,3,···	☑	f(key)=key-1
	ship_mode	1,2,3,···	☑	f(key)=key-1
	store	1,2,3,···	☑	f(key)=key-1
	time_dim	0,1,2,···	☑	f(key)=key
	warehouse	1,2,3,···	☑	f(key)=key-1
	web_page	1,2,3,···	☑	f(key)=key-1
	web_site	1,2,3,···	☑	f(key)=key-1

的方式会破坏主键与数组下标的物理映射关系，当记录的更新操作使用 in-place-update 模式时能够保持主键与数组地址的映射关系；当采用 out-place-update 模式时，只要保证删除原始记录、插入修改后的记录使用原始代理键值即可，不需要保证维表记录修改时物理位置，只需要根据代理键的逻辑位置映射为维向量。

图3.18显示了当更新操作未破坏代理键逻辑顺序但破坏了代理键物理顺序情况下的处理方法，需要在维表处理阶段将投影出的列按逻辑代理键顺序生成一个新的维向量，将代理键的逻辑顺序转换为物理顺序，支持事实表外键列与维向量之间的值–地址映射关系。

由于参照完整性约束和数据仓库中事实数据只能移出不能删除的特性，维表记录的删除操作很少执行。当维表发生记录删除操作时，可以采用两种处理方式：大量维表记录被删除时，取消主键与地址之间的映射关系，在维表中增加一个新的代理键列，用新的

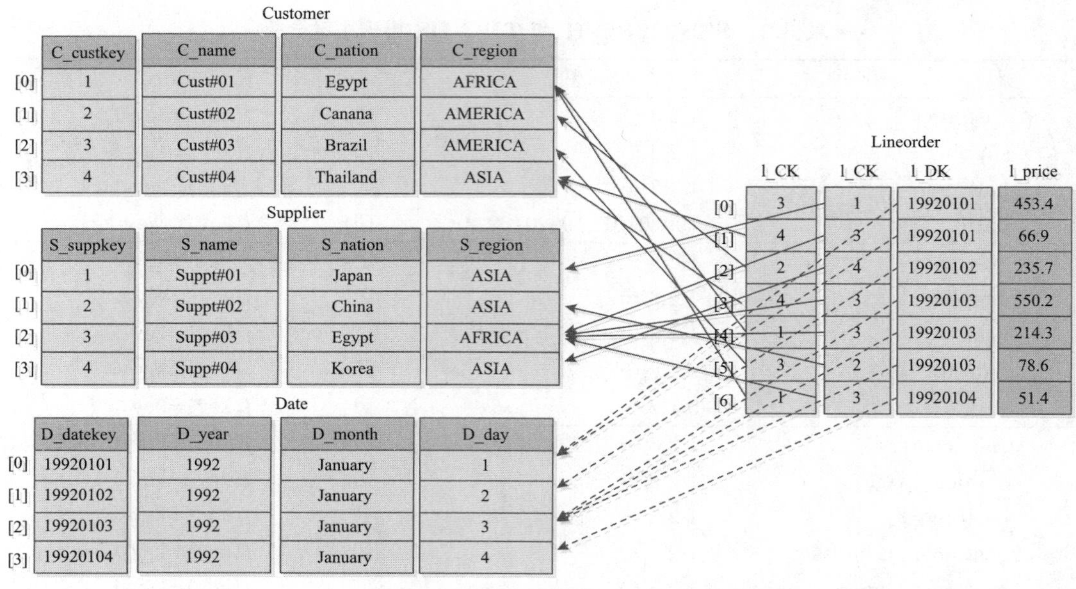

图 3.17 值–地址映射

surregate key	d_datekey	d_date	d_dayofweek	d_month	d_year
1	19920101	1-Jan-92	Thursday	January	1992
2	19920102	2-Jan-92	Friday	January	1992
3	19920103	3-Jan-92	Saturday	January	1992
4	19920104	4-Jan-92	Sunday	January	1992
5	19920105	5-Jan-92	Monday	January	1992
6	19920106	6-Jan-92	Tuesday	January	1992
7	19920107	7-Jan-92	Wednesday	January	1992
8	19920108	8-Jan-92	Thursday	January	1992
9	19920109	9-Jan-92	Friday	January	1992
10	19920110	10-Jan-92	Saturday	January	1992
11	19920111	11-Jan-92	Sunday	January	1992
12	19920112	12-Jan-92	Monday	January	1992
13	19920113	13-Jan-92	Tuesday	January	1992
14	19920114	14-Jan-92	Wednesday	January	1992
15	19920115	15-Jan-92	Thursday	January	1992

original table

surregate key	d_datekey	d_date	d_dayofweek	d_month	d_year
2	19920102	2-Jan-92	Friday	January	1992
9	19920109	9-Jan-92	Friday	January	1992
5	19920105	5-Jan-92	Monday	January	1992
12	19920112	12-Jan-92	Monday	January	1992
3	19920103	3-Jan-92	Saturday	January	1992
10	19920110	10-Jan-92	Saturday	January	1992
4	19920104	4-Jan-92	Sunday	January	1992
11	19920111	11-Jan-92	Sunday	January	1992
1	19920101	1-Jan-92	Thursday	January	1992
8	19920108	8-Jan-92	Thursday	January	1992
15	19920115	15-Jan-92	Thursday	January	1992
6	19920106	6-Jan-92	Tuesday	January	1992
13	19920113	13-Jan-92	Tuesday	January	1992
7	19920107	7-Jan-92	Wednesday	January	1992
14	19920114	14-Jan-92	Wednesday	January	1992

real table

	Dim_vec
[1]	Thursday
[2]	Friday
[3]	Saturday
[4]	Sunday
[5]	Monday
[6]	Thursday
[7]	Wednesday
[8]	Thursday
[9]	Friday
[10]	Saturday
[11]	Sunday
[12]	Monday
[13]	Thursday
[14]	Wednesday
[15]	Thursday

Dim_vec

图 3.18 逻辑值–地址映射

代理键列的值更新事实表外键中原始代理键的值，然后删除维表中原始的代理键列，更新后的外键列重新建立与维表的值–地址映射关系；少量维表记录删除时首先保留记录位置，然后将该记录位置和代理键值分配给新插入的记录，或者将维表记录末尾的记录复制到当前删除记录位置，保持代理键的连续性，并更新复制后维表记录在事实表中对应外键的值。

图3.19显示了两种循环使用代理键的方法。图3.19（a）中通过删除向量（D_Vec）记录删除记录的位置，保留删除记录的存储空间，当插入新记录时将其插入到删除向量中已删除的记录的位置，并将删除记录的代理键值分配给新插入的记录，循环利用已删除记录的代理键值，保持代理键值与数组下标的映射关系。图3.19（b）通过维表记录重新整理的方法将末尾的记录调整到删除记录的位置，保持记录存储的连续性。维表记录删除前首先要将引用维表记录的事实表记录删除，如事实表中 l_CK 值为 2 的事实表记录，然后删除维表中 C_custkey 键值为 2 的记录，将维表末尾记录复制到删除记录的位

置，并将 C_custkey 键值由 4 更新为 2，然后在事实表中将 l_CK 外键值为 4 的记录的 l_CK 外键值更新为 2，更新事实表外键与维表记录之间的地址映射关系。

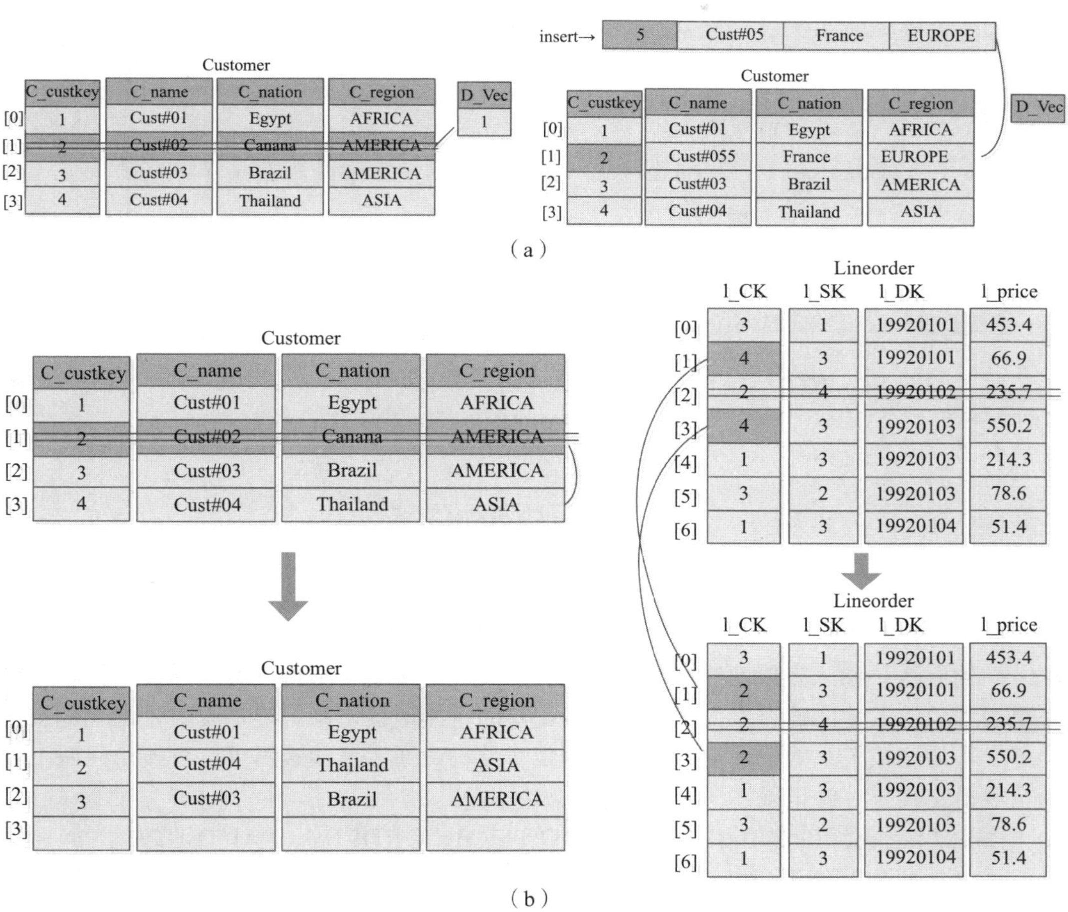

Customer

	C_custkey	C_name	C_nation	C_region
[0]	1	Cust#01	Egypt	AFRICA
[1]	~~2~~	~~Cust#02~~	~~Canana~~	~~AMERICA~~
[2]	3	Cust#03	Brazil	AMERICA
[3]	4	Cust#04	Thailand	ASIA

D_Vec
1

insert→ | 5 | Cust#05 | France | EUROPE |

Customer

	C_custkey	C_name	C_nation	C_region
[0]	1	Cust#01	Egypt	AFRICA
[1]	2	Cust#055	France	EUROPE
[2]	3	Cust#03	Brazil	AMERICA
[3]	4	Cust#04	Thailand	ASIA

D_Vec

（a）

Customer

	C_custkey	C_name	C_nation	C_region
[0]	1	Cust#01	Egypt	AFRICA
[1]	~~2~~	~~Cust#02~~	~~Canana~~	~~AMERICA~~
[2]	3	Cust#03	Brazil	AMERICA
[3]	4	Cust#04	Thailand	ASIA

Customer

	C_custkey	C_name	C_nation	C_region
[0]	1	Cust#01	Egypt	AFRICA
[1]	2	Cust#04	Thailand	ASIA
[2]	3	Cust#03	Brazil	AMERICA
[3]				

Lineorder

	l_CK	l_SK	l_DK	l_price
[0]	3	1	19920101	453.4
[1]	4	3	19920101	66.9
[2]	~~2~~	~~4~~	~~19920102~~	~~235.7~~
[3]	4	3	19920103	550.2
[4]	1	3	19920103	214.3
[5]	3	2	19920103	78.6
[6]	1	3	19920104	51.4

Lineorder

	l_CK	l_SK	l_DK	l_price
[0]	3	1	19920101	453.4
[1]	2	3	19920101	66.9
[2]	~~2~~	~~4~~	~~19920102~~	~~235.7~~
[3]	2	3	19920103	550.2
[4]	1	3	19920103	214.3
[5]	3	2	19920103	78.6
[6]	1	3	19920104	51.4

（b）

图 3.19 循环使用代理键

当维表上删除较多记录时，可以批量实现代表键更新操作。如图3.20所示，C_custkey 键值为 1 和 3 的维表记录被删除，通过删除向量记录删除位置，在批量更新时将维表末尾的记录移动到删除记录的位置，并在维更新向量中记录末尾移动记录在维表中新位置的代理键值。事实表外键列 l_CK 将键值映射到维向量下标地址，若该维向量单元为空则表明对应的维表记录未改变，若非空则表明原来对应的维表记录发生改变，读取新的代理键值更新当前外键值。通过维更新向量记录的维表记录代理键值，实现外键列所参照维表外键值的批量更新处理，保持事实表外键与维表代理键的值–地址映射关系。

代理键不包含任何语义信息，代理键的逻辑顺序与带有语义信息的键列的顺序不需要保持一致，键值的循环使用不影响数据的语义。日期维和时间维的键值可以映射为代理键，但键值本身是时间和日期的一种表示方法，不能对键值重新分配和循环使用，需要严格地保持键值的准确性。时间维和日期维是一种特殊的维度，具有标准的表示方法和数据，通常不支持对特定时间或日期成员的删除操作。

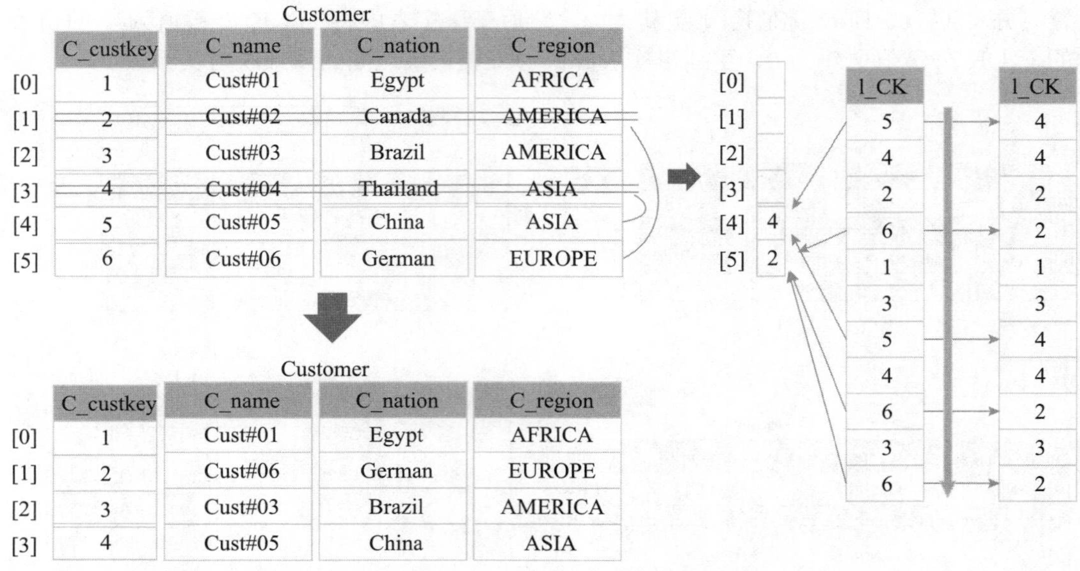

图 3.20 批量更新代理键

（3）索引映射。在数据仓库中，不仅事实表和维表之间具有参照完整性关系，事实表之间也有参照完整性约束，定义了不同粒度事实数据之间的联系或不同主题的事实数据之间的联系。参照完整性约束定义了逻辑的表间连接索引结构，可以通过为具有参照完整性约束的表建立连接索引来实现表间记录的直接地址访问。连接索引是两表记录之间基于等值连接关系的记录地址而构建的索引结构，通过连接索引可以直接访问两个表满足等值连接条件的记录。

图3.21显示了 TPC-H 中事实表 LINEITEM、ORDERS、PARTSUPP 之间通过创建连接索引建立的索引映射关系。ORDERS 表的主键 ORDERKEY 为不连续的递增数列，与记录地址无法建立映射关系。LINEITEM 表的外键 ORDERKEY 为复合主键的第一关键字，与 ORDERS 表的主键 ORDERKEY 存在偏序关系，可以通过 ORDER.ORDERKEY 列与 LINEITEM.ORDERKEY 列的归并连接操作在扫描 ORDER.ORDERKEY 列时用新的代理键值（数组下标 +1）更新原始键值，并同步更新参照的 LINEITEM.ORDERKEY 列中外键值相同的记录，更新完毕后 ORDERS 表的主键成为代理键，LINEITEM 表的外键成为连接索引。当 ORDERS 表和 LINEITEM 表追加新记录时，新增加的记录之间保持普通的参照完整性约束条件，在对新增加的记录进行主–外键索引映射后，使新增加的 LINEITEM 表记录的外键成为 LINEITEM 表与 ORDERS 表之间的连接索引。PARTSUPP 表使用 PARTKEY 和 SUPPKEY 属性作为复合主键，无法建立与数组下标的直接映射。我们在 PARTSUPP 表中增加一个代理键列 SK_PS，同时在 LINEITEM 表中增加对应的外键列 FK_PS，并通过连接操作更新外键列 FK_PS，更新命令如下：

```
UPDATE LINEITEM SET FK\_PS=SK\_PS FROM PARTSUPP
WHERE L\_PARTKEY =PS\_PARTKEY AND L\_SUPPKEY =PS\_SUPPKEY
```

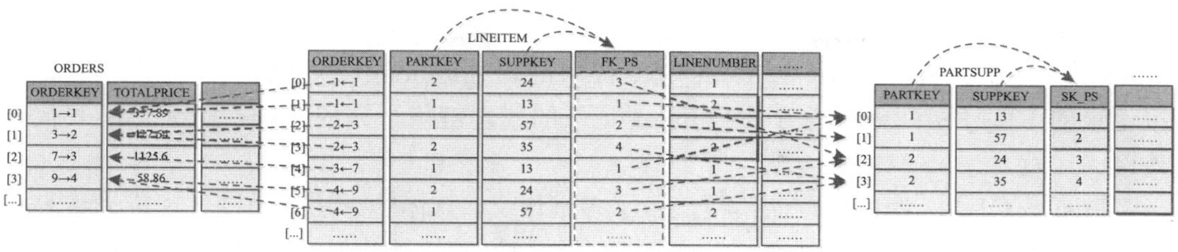

图 3.21　TPC-H 事实表索引映射

更新后，LINEITEM 表中的记录可以通过 FK_PS 列连接索引映射到 PARTSUPP 表中参照的记录地址。FK_PS 列作为 LINEITEM 表中的连接索引列替代 LINEITEM 表复合键（PARTKEY,SUPPKEY）与 PARTSUPP 表进行连接操作。当数据库追加记录时，FK_PS 列与 SK_PS 列为空，数据更新完毕后通过连接操作为新 LINEITEM 表和 PARTSUPP 表中新增加的记录设置 FK_PS 列与 SK_PS 值，完成索引映射。

TPC-DS 中包含多个共享维表的事实表，如 Store_Sales 和 Store_Returns、Catalog_Sales 和 Catalog_Returns、Web_Sales 和 Web_Returns，每对事实表对应一种销售渠道的销售和退货事实数据，事实表共享大部分维表，每个事实表也包含私有的维表，如图3.22中 Store_Sales 和 Store_Returns 销售事实表共享 8 个维表，Promotion 为事实表 Store_Sales 的维表，而 Reason 为事实表 Store_Returns 的维表，事实表 Store_Returns 通过组合键（sr_item_sk、sr_ticket_number）与 Store_Sales 建立参照完整性约束，其语义是 Store_Returns 事实表中的退货销售记录为 Store_Sales 事实表中已发生的销售记录。由于事实表数据是 insert-only 类型，事实表记录的地址是不变的（当发生批量事实表数据移出数据仓库时需要更新记录起始地址），为事实表 Store_Returns 建立连接索引能够实现 Store_Returns 记录与 Store_Sales 表中被参照记录的直接访问。

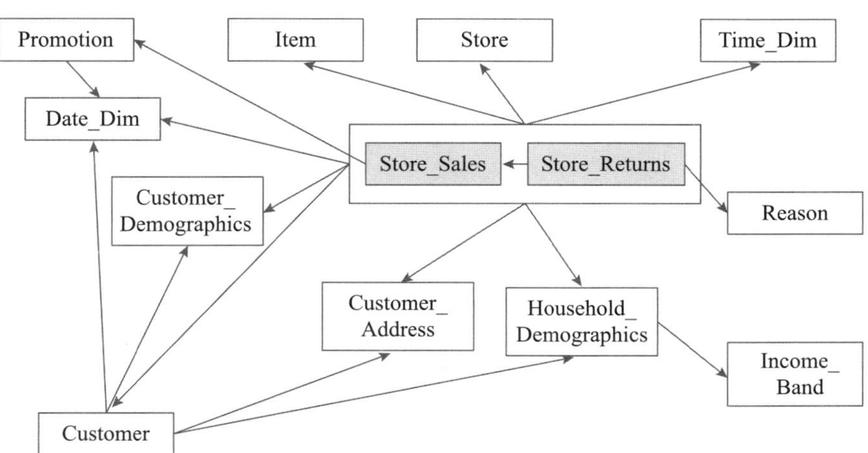

图 3.22　TPC-DS 事实表 Store_Sales、Store_Returns 索引映射

由于事实表 Store_Returns 中的外键也是事实表的主键，可以通过对两个事实表主–外键的归并连接操作来创建连接索引。在 Store_Sales 中创建代理键列 SK_SS，在

Store_Returns 中创建代理外键列 FK_SS，在 Store_Sales（ss_item_sk、ss_ticket_number）与 Store_Returns（sr_item_sk、sr_ticket_number）执行归并连接操作时将连接记录的 FK_SS 列更新为 Store_Sales 记录的代理键值，完成 Store_Returns 表代理外键的设置。

Fusion OLAP 为关系存储模型赋予了多维语义，具体的方法是通过代理键为维表和事实表之间建立了值–地址映射关系，对应多维数据的地址映射关系，同时在具有主–外键参照完整性约束的事实表之间也建立了代理键索引机制，实现事实表之间基于连接索引的记录映射，将多事实表记录通过高效的连接索引映射到统一的多维地址空间中。

表3.3显示了 MOLAP、ROLAP 和 Fusion OLAP 模型的区别。

表 3.3 MOLAP、ROLAP 和 Fusion OLAP 技术对比

对比类型	MOLAP	ROLAP	Fusion OLAP
存储模型实现	多维数组：数据立方体	关系表：维表和事实表	关系表：维表和事实表
存储空间效率	稀疏存储时存储效率低	存储效率高	存储效率高
数据更新约束	重构数据立方体	主–外键参照完整性约束	维与事实数据保持值–地址映射关系
多维查询实现	多维数组地址访问	连接操作	事实数据在维向量上进行过滤
查询使用的数据结构	多维数组	关系、哈希表	数组、位图、向量索引
多维查询操作	多维数组访问	SPJGA（选择、投影、连接、分组、聚集）操作	创建维向量、多维索引计算、向量索引聚集计算

Fusion OLAP 模型将多维模型与关系模型相结合，在关系操作中引入多维计算模型，扩展了传统关系数据库的实现技术。

3.3 代表性数据仓库模式

3.3.1 TPC-H

TPC-H[4] 是 TPC（Transaction Processing Performance Council）组织于 1999 年在 TPC-D 基准的基础上发展而来的面向决策支持的性能测试基准。TPC-H 面向商业模式的即席查询（ad-hoc query）和复杂的分析查询，TPC-H 检测在标准数据集和指定规模的数据量下，通过执行一系列指定条件下的查询时决策支持系统的性能。

1. TPC-H 模式特点

TPC-H 由 8 个表组成，各表结构如表3.4所示。

图3.23显示了 TPC-H 各个表之间的主–外键参照关系以及各个事实表、维表的层次关系。其中，NATION-REGION 为共享层次表；PARTSUPP 为跨维度属性表；CUSTOMER、PART、SUPPLIER 为三个维表；ORDERS 和 LINEITEM 为主–从式事实表，其中包含退化维度属性，ORDERS 为订单事实，LINEITEM 为订单明细项事实，每

表 3.4　TPC-H 各表定义

列名称	数据类型要求	基数	说明
PART			
P_PARTKEY	identifier		SF*200 000 are populated
P_NAME	variable text, size 55		
P_MFGR	fixed text, size 25	5	
P_BRAND	fixed text, size 10	25	
P_TYPE	variable text, size 25	150	
P_SIZE	integer	50	
P_CONTAINER	fixed text, size 10	40	
P_RETAILPRICE	decimal		
P_COMMENT	variable text, size 23		
Primary Key: P_PARTKEY			
SUPPLIER			
S_SUPPKEY	identifier		SF*10 000 are populated
S_NAME	fixed text, size 25		
S_ADDRESS	variable text, size 40		
S_NATIONKEY	Identifier	25	Foreign Key to N_NATIONKEY
S_PHONE	fixed text, size 15		
S_ACCTBAL	decimal		
S_COMMENT	variable text, size 101		
Primary Key: S_SUPPKEY			
PARTSUPP			
PS_PARTKEY	Identifier		Foreign Key to P_PARTKEY
PS_SUPPKEY	Identifier		Foreign Key to S_SUPPKEY
PS_AVAILQTY	integer		
PS_SUPPLYCOST	Decimal		
PS_COMMENT	variable text, size 199		
Primary Key: PS_PARTKEY, PS_SUPPKEY			
CUSTOMER			
C_CUSTKEY	Identifier		SF*150 000 are populated
C_NAME	variable text, size 25		
C_ADDRESS	variable text, size 40		
C_NATIONKEY	Identifier	25	Foreign Key to N_NATIONKEY
C_PHONE	fixed text, size 15		
C_ACCTBAL	Decimal		
C_MKTSEGMENT	fixed text, size 10	5	
C_COMMENT	variable text, size 117		
Primary Key: C_CUSTKEY			

续表

列名称	数据类型要求	基数	说明
ORDERS			
O_ORDERKEY	Identifier		SF*1 500 000 are sparsely populated
O_CUSTKEY	Identifier		Foreign Key to C_CUSTKEY
O_ORDERSTATUS	fixed text, size 1	3	
O_TOTALPRICE	Decimal		
O_ORDERDATE	Date		
O_ORDERPRIORITY	fixed text, size 15	5	
O_CLERK	fixed text, size 15	1 000	
O_SHIPPRIORITY	Integer	1	
O_COMMENT	variable text, size 79		
Primary Key: O_ORDERKEY			
LINEITEM			
L_ORDERKEY	identifier		Foreign Key to O_ORDERKEY
L_PARTKEY	identifier		Foreign key to P_PARTKEY, first part of the compound Foreign Key to (PS_PARTKEY, PS_SUPPKEY) with L_SUPPKEY
L_SUPPKEY	Identifier		Foreign key to S_SUPPKEY, second part of the compound Foreign Key to (PS_PARTKEY, PS_SUPPKEY) with L_PARTKEY
L_LINENUMBER	integer		
L_QUANTITY	decimal		
L_EXTENDEDPRICE	decimal		
L_DISCOUNT	decimal		
L_TAX	decimal		
L_RETURNFLAG	fixed text, size 1	3	
L_LINESTATUS	fixed text, size 1	2	
L_SHIPDATE	date		
L_COMMITDATE	date		
L_RECEIPTDATE	date		
L_SHIPINSTRUCT	fixed text, size 25	4	
L_SHIPMODE	fixed text, size 10	7	
L_COMMENT	variable text size 44		
Primary Key: L_ORDERKEY, L_LINENUMBER			
NATION			
N_NATIONKEY	identifier		25 nations are populated
N_NAME	fixed text, size 25	25	
N_REGIONKEY	identifier		Foreign Key to R_REGIONKEY
N_COMMENT	variable text, size 152		

续表

列名称	数据类型要求	基数	说明
Primary Key: N_NATIONKEY			
REGION			
R_REGIONKEY	identifier		5 regions are populated
R_NAME	fixed text, size 25	5	
R_COMMENT	variable text, size 152		
Primary Key: R_REGIONKEY			

一个订单记录包含若干个订单明细项记录，订单表的 O_ORDERKEY 为主键，订单明细表的 L_ORDERKEY 为复合主键第一关键字，订单记录与订单明细项记录之间保持偏序关系，即订单表的 O_ORDERKEY 顺序与订单明细表中的 L_ORDERKEY 顺序保持一致。

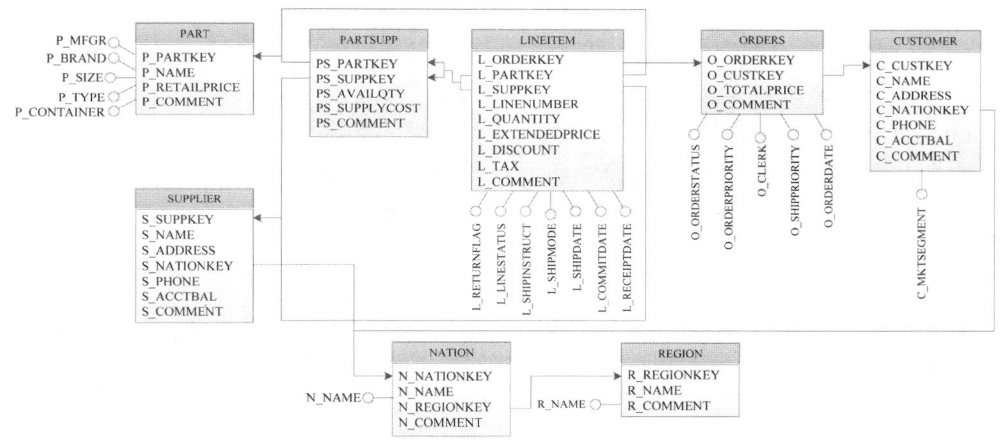

图 3.23　TPC-H 模式及层次结构

2. TPC-H 数据量特点

TPC-H 模式为 3NF，与业务系统的模式结构类似，是一种雪花形模式，查询处理时需要将多个表连接在一起，查询计划较为复杂，因此一直作为分析型数据库的性能测试基准。

TPC-H 提供了数据生成器 dbgen，可以生成指定大小的数据集。数据集大小用 SF（Scale Factor）代表，SF=1 时，事实表 LINEITEM 包含 6 000 000 行记录。各表的记录数量为：LINEITEM[SF×6 000 000]，ORDERS[SF×1 500 000]，PARTSUPP[SF×800 000]，SUPPLIER[SF×10 000]，PART[SF×200 000]，CUSTOMER[SF×150 000]，NATION[25]，REGION[5]。

表3.5列出了在 SF=100 时各表的记录行数、大小及所占比例，其中三个维表 PART、SUPPLIER、CUSTOMER 占总数据量的 5.37%，跨维度属性表 PARTSUPP 所占比例

较大，达到 13.79%，两个事实表 ORDER 和 LINEITEM 所占比例为 80.85%，如图 3.24 所示。在 TPC-H 查询中，主要代价是两个较大的事实表之间的连接操作代价。

表 3.5 TPC-H 各表大小与比例（SF=100）

表名	总宽度	行数	大小 (GB)	比例 (%)
ORDERS	133	150 000 000	18.58	15.70
LINEITEM	138	600 000 000	77.11	65.15
PARTSUPP	219	80 000 000	16.32	13.79
SUPPLIER	197	1 000 000	0.18	0.16
PART	164	20 000 000	3.05	2.58
CUSTOMER	223	15 000 000	3.12	2.63
NATION	185	25	0.000 004	0.000 004
REGION	181	5	0.000 001	0.000 001

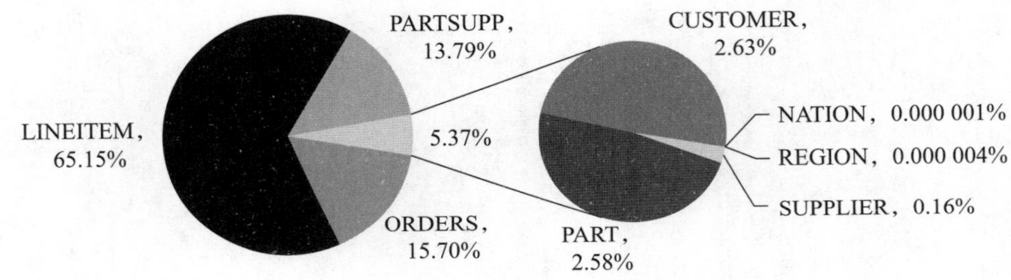

图 3.24 TPC-H 各表数据量比例

TPC-H 面向决策分析系统，主要用于评测分析型查询的性能，并不是专用的数据仓库模式，其中包含了不会用到多维查询的非层次描述性属性，如 comment，对查询性能没有影响。表 3.6 为各表中去除较长的 comment 属性后的记录宽度、数据总量及各表所占比例。

表 3.6 TPC-H 各表大小与比例（SF=100，去除 comment 属性）

表名	总宽度	行数	大小 (GB)	比例 (%)
ORDERS	54	1 500 000	7.54	11.47
LINEITEM	94	6 000 000	52.53	79.88
PARTSUPP	20	800 000	1.49	2.27
PART	141	200 000	2.63	3.99
CUSTOMER	106	150 000	1.48	2.25
SUPPLIER	96	10 000	0.09	0.14
NATION	33	25	0.000 000 8	0.000 001 2
REGION	29	5	0.000 000 1	0.000 000 2

图3.25显示了各表去除查询无关的 comment 属性后所占的比例，其中事实表 OR-

DER 和 LINEITEM 所占比例达到 91.35%，其余 6 个维表总计比例为 8.65%，维表中包含很多字符型的、低基数的层次属性，采用列存储及压缩技术后能够进一步缩减维表的数据总量。

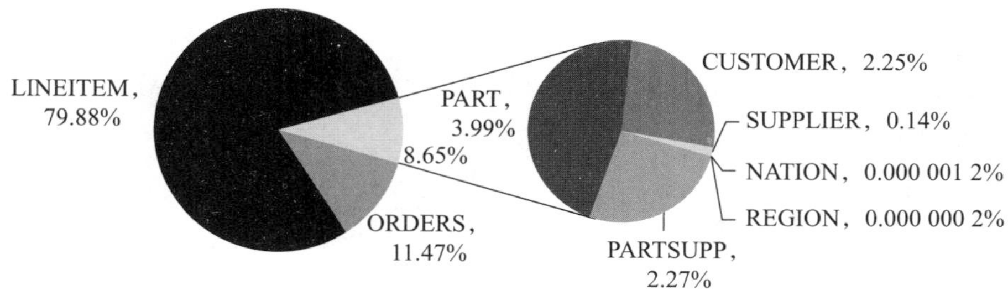

图 3.25　TPC-H 各表数据量比例（去除 comment 属性）

TPC-H 各表数据量的分布特点在集群和分布式系统中有重要的参考作用。事实表数据量最大，事实表上只有 insert-only 式的追加式更新，可以采用水平分片技术分布式存储，ORDER 表和 LINEITEM 表主键上的偏序关系使两个表可以按 ORDER 表主键的顺序水平分片，LINEITEM 表根据 ORDER 表主键分片协同水平分片（co-partition）。由于维表数据量较小，在分布式系统中可以采用全复制技术，也可以采用维表集中存储的策略，减少维表更新代价。

Fusion OLAP 模型在列存储数据上采用基于维向的查询处理量处理技术，各表行数的大小对于向量化处理的性能也有较大影响。图3.26显示了 TPC-H 各表行数的比例，维表较小的行数使其在向量化处理中能够更好地优化其性能。

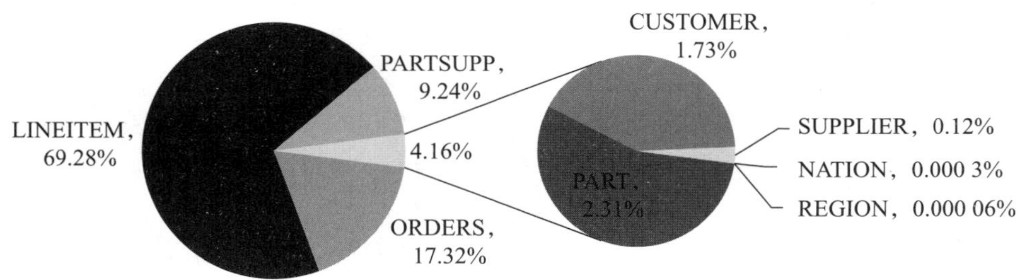

图 3.26　TPC-H 各表行数比例

3. TPC-H 查询特点

TPC-H 是一种雪花形模式，采用双事实表结构，事实表 ORDERS 和 LINEITEM 是一种主–从式事实结构，即 ORDERS 表存储的是订单事实的汇总信息，而 LINEITEM 表存储的是订单的细节信息，查询时需要在 ORDERS 表和 LINEITEM 表连接的基础上才能给出完整的事实数据信息。因此，星形连接（lineitem ⋈ part ⋈ supplier，partsupp ⋈ part ⋈ supplier）、雪花形连接（lineitem ⋈ supplier ⋈ nation ⋈ region，orders ⋈ customer ⋈ nation ⋈ region）、多级连接（lineitem ⋈ orders ⋈ customer）等是 TPC-H

查询优化的关键问题。

TPC-H 的 22 个查询如下：

- Q01 统计查询；
- Q02 WHERE 条件中使用子查询 (=)；
- Q03 多表关联统计查询，并统计 (SUM)；
- Q04 WHERE 条件中使用子查询 (EXISTS)，并统计 (COUNT)；
- Q05 多表关联查询 (=)，并统计 (SUM)；
- Q06 条件 (BETWEEN AND) 查询，并统计 (SUM)；
- Q07 带有 FROM 子查询，从结果集中统计 (SUM)；
- Q08 带有 FROM 多表子查询，从结果集中的查询列上带有逻辑判断 (WHEN THEN ELSE) 的统计 (SUM)；
- Q09 带有 FROM 多表子查询，查询表中使用函数 (EXTRACT)，从结果集中统计 (SUM)；
- Q10 多表条件查询 (>=, <)，并统计 (SUM)；
- Q11 在 GROUP BY 中使用比较条件 (HAVING >)，比较值从子查询中查出；
- Q12 带有逻辑判断 (WHEN AND/ WHEN OR) 的查询，并统计 (SUM)；
- Q13 带有 FROM 子查询，子查询中使用外连接；
- Q14 使用逻辑判断 (WHEN ELSE) 的查询；
- Q15 使用视图和表关联查询；
- Q16 在 WHERE 子句中使用子查询，使用 IN/ NOT IN 判断条件，并统计 (COUNT)；
- Q17 在 WHERE 子句中使用子查询，使用 < 比较，使用了 AVG 函数；
- Q18 在 WHERE 子句中使用 IN 条件从子查询结果中比较；
- Q19 多条件比较查询；
- Q20 WHERE 条件子查询 (三层)；
- Q21 在 WHERE 条件中使用子查询，使用 EXISTS 和 NOT EXISTS 判断；
- Q22 在 WHERE 条件中使用判断子查询、IN、NOT EXISTS，并统计 (SUM、COUNT) 查询结果。

除了复杂多表连接优化技术之外，TPC-H 查询中有很多复杂分组聚集计算，涉及大量高势集分组属性，如 Q3、Q10、Q18，普通的哈希分组聚集计算在效率和性能上有很大不足，需要有针对性地对分组聚集操作进行优化处理。

TPC-H Q1 是在事实表 LINEITEM 上的聚集计算，主要考查多列访问和聚集计算性能，分组属性 l_returnflag 和 l_linestatus 的基数分别为 3 和 2，查询中条件选择的记录数量较多但分组聚集数量极少，适合基于数组分组的并行聚集计算模式。

```
SELECT l_returnflag, l_linestatus,
SUM(l_quantity) as sum_qty,
SUM(l_extendedprice) as sum_base_price,
SUM(l_extendedprice*(1-l_discount)) as sum_disc_price,
SUM(l_extendedprice*(1-l_discount)*(1+l_tax)) as sum_charge,
```

```
AVG(l_quantity) as avg_qty,
AVG(l_extendedprice) as avg_price,
AVG(l_discount) as avg_disc,
COUNT(*) as count_order
FROM lineitem
WHERE l_shipdate <= date '1998-12-01' - interval '[DELTA]' day (3)
GROUP BY l_returnflag, l_linestatus
ORDER BY l_returnflag, l_linestatus;
注: DELTA is randomly selected within [60. 120].
```

TPC-H Q3 为雪花形连接查询，需要将较大的表 CUSTOMER、ORDERS 和 LINEITEM 连接在一起并按照高基数的 l_orderkey、o_orderdate、o_shippriority 等属性进行聚集计算，查询主要考查数据库对多表连接、大表连接、高基数分组聚集计算的处理能力。

```
SELECT
l_orderkey,
SUM(l_extendedprice*(1-l_discount)) as revenue,
o_orderdate,
o_shippriority
FROM customer, orders, lineitem
WHERE c_mktsegment = '[SEGMENT]'
AND c_custkey = o_custkey
AND l_orderkey = o_orderkey
AND o_orderdate < date '[DATE]'
AND l_shipdate > date '[DATE]'
GROUP BY l_orderkey, o_orderdate, o_shippriority
ORDER BY revenue desc, o_orderdate;
注: 1. SEGMENT is randomly selected within the list of values defined for Segments;
2. DATE is a randomly selected day within [1995-03-01 .. 1995-03-31].
```

TPC-H Q5 是一个二维雪花形连接查询，与普通的切片、切块操作不同，Q5 中包含跨维度条件 c_nationkey = s_nationkey，查询条件限定在一年之内指定区域的订单记录，分组为较低基数的指定区域的国家属性，查询主要考虑多表连接性能。

```
SELECT n_name, sum(l_extendedprice * (1 - l_discount)) as revenue
FROM customer, orders, lineitem, supplier, nation, region
WHERE c_custkey = o_custkey
ADN l_orderkey = o_orderkey
ADN l_suppkey = s_suppkey
ADN c_nationkey = s_nationkey
ADN s_nationkey = n_nationkey
ADN n_regionkey = r_regionkey
ADN r_name = '[REGION]'
ADN o_orderdate >= date '[DATE]'
```

```
ADN o_orderdate < date '[DATE]' + interval '1' year
GROUP BY n_name
ORDER BY revenue desc;
注: 1. REGION is randomly selected within the list of values defined for R_NAME;
2. DATE is the first of January of a randomly selected year within [1993 ..
1997].
```

TPC-H Q10 中包含大量分组属性，而且是高基数属性，主要考查多表连接和复杂分组聚集计算的性能。

```
SELECT c_custkey, c_name,
sum(l_extendedprice * (1 - l_discount)) as revenue,
c_acctbal, n_name, c_address, c_phone, c_comment
FROM customer, orders, lineitem, nation
WHERE c_custkey = o_custkey
AND l_orderkey = o_orderkey
AND o_orderdate >= date '[DATE]'
AND o_orderdate < date '[DATE]' + interval '3' month
AND l_returnflag = 'R'
AND c_nationkey = n_nationkey
GROUP BY c_custkey, c_name, c_acctbal, c_phone, n_name, c_address,
c_comment
ORDER BY revenue desc;
注: DATE is the first day of a randomly selected month from the second month of
1993 to the first month of 1995.
```

表3.7中汇总了 TPC-H 22 个查询中表连接的数量、分组属性、聚集计算和是否包含子查询的信息。查询以星形和雪花形连接为主，两个较大的事实表 ORDERS 和 LINEITEM 之间的连接操作较多，事实表 LINEITEM 与较大的跨维度属性表 PARTSUPP 之间的连接操作只有两个，由于维表相对于事实表较小，查询性能主要反映在大事实表之间的连接操作性能上。在分组属性上，7 个查询中包含细粒度维表主键或事实表外键属性上的分组属性，其余查询只涉及低基数的分组属性或没有分组属性，OLAP 中的分组聚集操作相当于一个切块操作，在指定层次所组成的数据立方体上进行聚集计算。在 TPC-H 查询实现中可以针对低基数层次属性分组操作采用多维立方体聚集计算，而对于高基数的属性上的分组操作采用传统的哈希分组聚集或其他优化技术。

TPC-H 中使用的聚集函数包括 SUM、AVG、MAX、COUNT，数据库中的聚集函数可以分为三种类型：

- 可分布式聚集函数(distributed aggregate function)。可分布式聚集函数包括 SUM、COUNT、MAX、MIN 等可以由数据子集分布式聚集，再对中间结果进行聚集计算而得到全局聚集计算结果的聚集函数，支持结合律。可分布式聚集函数可以在数据水平分布的基础上并行计算，适合当前的多核并行处理及集群并行处理技术。
- 代数可分布式聚集函数（algebra distributed aggregate function）。代数可分布式聚集函数是指通过代数转换能够由可分布式聚集函数计算结果而得到全局聚集计算结果

表 3.7　TPC-H 查询特点

查询	连接表	分组属性	聚集计算	子查询
Q1	LINEITEM	l_returnflag, l_linestatus	SUM、AVG、COUNT	
Q2	PART, SUPPLIER, PARTSUPP, NATION, REGION		MIN	
Q3	CUSTOMER, ORDERS, LINEITEM	l_orderkey, o_orderdate, o_shippriority	SUM	
Q4	ORDERS, LINEITEM	o_orderpriority	COUNT	包含
Q5	CUSTOMER, ORDERS, LINEITEM, SUPPLIER, NATION, REGION	n_name	SUM	
Q6	lineitem		sum	
Q7	SUPPLIER, LINEITEM, ORDERS, CUSTOMER, NATION	supp_nation, cust_nation, l_year	SUM	包含
Q8	PART, SUPPLIER, LINEITEM, ORDERS, CUSTOMER, NATION REGION	o_year	sum	包含
Q9	part, supplier, lineitem, partsupp, orders, nation	nation, o_year	SUM	包含
Q10	CUSTOMER, ORDERS, LINEITEM, NATION	c_custkey, c_name, c_acctbal, c_phone, n_name, c_address, c_comment	SUM	
Q11	PARTSUPP, SUPPLIER, NATION	ps_partkey	SUM	包含
Q12	ORDERS, LINEITEM	l_shipmode	SUM	
Q13	CUSTOMER，ORDERS	c_custkey	COUNT	包含
Q14	LINEITEM, PART		SUM	
Q15	SUPPLIER, LINEITEM	l_suppkey	MAX	包含
Q16	PARTSUPP, PART, SUPPLIER	p_brand, p_type, p_size	COUNT	包含
Q17	LINEITEM, PART		SUM	包含
Q18	CUSTOMER, ORDERS, LINEITEM	c_name, c_custkey, o_orderkey, o_orderdate, o_totalprice	SUM	包含
Q19	LINEITEM, PART		SUM	
Q20	SUPPLIER, NATION，PARTSUPP，PART, LINEITEM		SUM	包含
Q21	SUPPLIER, LINEITEM ORDERS, NATION	s_name	COUNT	包含
Q22	CUSTOMER, ORDERS	cntrycode	COUNT, SUM	包含

的聚集计算函数，包括 AVG、VARIANCE 等函数。在进行并行计算时，可将代数可分布式聚集函数转换为一系列可分布式聚集函数并行计算，然后对全局聚集结果进行代数计算获得相应的结果，例如：

AVG(A)= SUM(A)/COUNT(A)

VARIANCE=SUM(A^2)/COUNT(A)-(SUM(A)/COUNT(A))^2

- 不可分布式聚集函数（non-distributed aggregation function）。不可分布式聚集函数是指需要对整体数据进行聚集计算的函数，包括 MEDIAN（中位数，中值）、PERCENTILE（百分位数）、RANK 等函数。不可分布式聚集函数需要将数据集中计算，难以利用当前硬件的高并行处理能力。在商业分析环境中，中位数及百分位数经常用于企业分析需求，对于企业级大数据的分布式存储模型，其聚集函数的计算可能涉及大量数据的集中计算。

TPC-H 的查询中还包含了大量的子查询，考查数据库系统的查询优化性能。

TPC-H 的性能是分析型数据库性能的重要风向标。当前 TPC-H 成绩中的 100GB 数据集性能记录是内存数据库 Altibase 7.1，1 000GB 数据集性能记录是 Microsoft SQL Server 2019 Enterprise Edition 64 bit，3 000GB 以上数据集性能记录是内存数据库集群系统 EXASOL 6.2。

TPC-H 并不是专用的数据仓库性能测试基准，其数据库模式与数据仓库还有很大的不同，表中包含一些与多维分析不相关的属性，维、层次的定义并不明确，3NF 的设计与数据仓库最常见的星形模式也有很大的区别。TPC-H 中很多复杂的查询不能转换为 OLAP 中基础的切片、切块等多维操作，其 SQL 命令也不能与 BI 系统常用的 MDX 语言直接进行转换。

3.3.2 SSB

SSB（Star Schema Benchmark）是面向数据仓库的星形模式性能测试基准。[5]SSB 来源于 TPC-H，通过对 TPC-H 模式的修改实现将一个面向业务系统的 3NF 模式转换为面向数据仓库应用的星形模式。

1. SSB 模式特点

SSB 由一个事实表 LINEORDER 和四个维表 PART、SUPPLIER、CUSTOMER 和 DATE 组成，相对于 TPC-H，创建了一个独立的日期维以助于按日期维的不同层次进行多维分析。SSB 是一种标准的星形模式，TPC-H 中的共享维层次 NATION 和 REGION 其较小且不会改变，SSB 将 NATION 和 REGION 物化到维表 SUPPLIER 和 CUSTOMER 中构成地理层次，虽然增加了部分存储消耗，但有效地减少了表连接的数量，降低了数据库查询执行计划的复杂性，如表3.8所示。

相对于 TPC-H，SSB 做了如下修改：

（1）创建唯一的事实表 LINEORDER。通过反规范化技术将 TPC-H 中的事实表 ORDERS 和 LINEITEM 进行物化，从而减少了 TPC-H 中巨大的事实表之间高昂的连接代价。这种反规范化技术是数据仓库常用的技术，它将业务系统数据库的 3NF 转换为更加适合多维分析操作的星形模式，简化了分布式存储和并行计算模型。从数据上说，ORDERS 表中仅有一个度量属性 O_TOTALPRICE，可以通过 LINEITEM 度量属性计算得出，属于冗余度量属性，其他属性均为过滤或分组属性，物化到 LINEITEM 表后增加了一些冗余存储和计算，但减少了大表连接代价，也减少了与 CUSTOMER 表的级联连接代价。

表 3.8　SSB 各表定义

列名称	数据类型要求	基数	说明
LINEORDER(SF*6 000 000 are populated)			
ORDERKEY	numeric		numeric (int up to SF 300) first 8 of each 32 keys populated
LINENUMBER	numeric		1～7
CUSTKEY	numeric identifier		foreign key reference to C_CUSTKEY
PARTKEY	identifier		foreign key reference to P_PARTKEY
SUPPKEY	numeric identifier		foreign key reference to S_SUPPKEY
ORDERDATE	identifier		foreign key reference to D_DATEKEY
ORDERPRIORITY	fixed text, size 15	5	Priorities: 1-URGENT, etc
SHIPPRIORITY	fixed text, size 1	7	
QUANTITY	numeric		1～50 (for PART)
EXTENDEDPRICE	numeric		MAX about 55 450 (for PART)
ORDTOTALPRICE	numeric		MAX about 388 000 (for ORDER)
DISCOUNT	numeric 0-10		(for PART) – (Represents PERCENT)
REVENUE	numeric		(for PART: (extendedprice*(100-discount))/100)
SUPPLYCOST	numeric		(for PART, cost from supplier)
TAX	Numeric 0～8		(for PART)
COMMITDATE	identifier		Foreign Key reference to D_DATEKEY
SHIPMODE	fixed text, size 10	7	(Modes: REG AIR, AIR, etc.)
Compound Primary Key: ORDERKEY, LINENUMBER			
PART (200 000*$\lfloor 1+\log_2 SF \rfloor$ are populated)			
PARTKEY	identifier		
NAME	variable text, size 22		(Not unique per PART but never was)
MFGR	fixed text, size 6	5	(MFGR#1-5, CARD = 5)
CATEGORY	fixed text, size 7	25	('MFGR#'||1-5||1-5: CARD = 25)
BRAND1	fixed text, size 9	1000	(CATEGORY||1-40: CARD = 1000)
COLOR	variable text, size 11	94	
TYPE	variable text, size 25	150	
SIZE	numeric 1～50	50	
CONTAINER	fixed text(10)	40	
Primary Key: PARTKEY			
SUPPLIER(SF*2 000 are populated)			
SUPPKEY	identifier		
NAME	fixed text, size 25		'Supplier'||SUPPKEY

续表

列名称	数据类型要求	基数	说明
ADDRESS	variable text, size 25		
CITY	fixed text, size 10	250	(10/nation: nation_prefix||(0-9))
NATION	fixed text(15)	25	(25 values, longest UNITED KINGDOM)
REGION	fixed text, size 12	5	(5 values: longest MIDDLE EAST)
PHONE	fixed text, size 15		(many values, format: 43-617-354-1222)
Primary Key: SUPPKEY			
CUSTOMER(SF*30 000 are populated)			
CUSTKEY	numeric identifier		
NAME	variable text, size 25		'Customer'||CUSTKEY
ADDRESS	variable text, size 25		
CITY	fixed text, size 10	250	(10/nation: nation_prefix||(0-9))
NATION	fixed text(15)	25	(25 values, longest UNITED KINGDOM)
REGION	fixed text, size 12	5	(5 values: longest MIDDLE EAST)
PHONE	fixed text, size 15		(many values, format: 43-617-354-1222)
MKTSEGMENT	fixed text, size 10	5	(longest is AUTOMOBILE)
Primary Key: CUSTKEY			
DATE(7 years of days)			
DATEKEY	identifier		unique id – e.g. 19980327
DATE	fixed text, size 18		longest: December 22, 1998
DAYOFWEEK	fixed text, size 8	7	Sunday, Monday, ..., Saturday
MONTH	fixed text, size 9	12	January, ..., December
YEAR	unique value	7	1992-1998
YEARMONTHNUM	numeric		(YYYYMM) – e.g. 199803
YEARMONTH	fixed text, size 7		Mar1998 for example
DAYNUMINWEEK	numeric	7	1～7
DAYNUMINMONTH	numeric	31	1～31
DAYNUMINYEAR	numeric	366	1～366
MONTHNUMINYEAR	numeric	12	1～12
WEEKNUMINYEAR	numeric	53	1～53
SELLINGSEASON	text, size 12	5	(Christmas, Summer,...)
LASTDAYINWEEKFL	1 bit	2	
LASTDAYINMONTHFL	1 bit	2	
HOLIDAYFL	1 bit	2	
WEEKDAYFL	1 bit	2	
Primary Key: DATEKEY			

（2）删除跨维度属性表 PARTSUPP。PARTSUPP 表与 LINEITEM 表具有相同的粒度，都是以 PARTKEY 和 SUPPKEY 作为数据访问层次。在应用中，PARTSUPP 可以作为数据集市中独立的事实表使用，在 TCP-H 中，PARTSUPP 大多数情况下作为一外逻辑的数据集市独立与 PART 表和 SUPPLIER 表连接完成查询处理，如查询 Q2、Q11、Q16，查询 Q9 和 Q20 则需要将 PARTSUPP 表与 LINEITEM 表进行连接。PARTSUPP 表中的 SUPPLYCOST 和 AVAILQTY 属性应该是动态变化的，从而造成 PARTSUPP 和 LINEITEM 表中相关属性的不匹配，而 TPC-H 中并未考虑 PARTSUPP 的更新问题，因此将 PARTSUPP 表中的 SUPPLYCOST 物化到 LINEORDER 表中能够起到同样的查询效果。

（3）事实表属性的调整。删除原 TPC-H 事实表 LINEITEM 和 ORDER 表中面向业务处理但在分析处理中应该价值不大的属性，如 COMMENT、SHIPINSTRUCT、CLERK、SHIPDATE、RECEIPTDATE、RETURNFLAG 等属性，在事实表 LINEORDER 中增加来自 PART 表的 LO_SUPPLYCOST 属性，代替 TPC-H 模式中 PARTSUPP 表中的属性 SUPPLYCOST。

（4）删除 NATION 表和 REGION 表。NATION 和 REGION 表中记录数据很少，而且记录内容极少更改。TPC-H 中将 NATION 表和 REGION 表独立出来的设计方便了业务系统的元数据管理，但在数据仓库的分析应用中其独立表结构的作用很小，而且增加了多维查询中连接的数量。SSB 将 NATION 表和 REGION 表物化到相应的维表中，使用维属性 NATION 和 REGION 表示属性之间的层次关系。NATION 和 REGION 为低基数属性，在列存储数据库中可以通过压缩技术有效减少重复数据的存储代价。

（5）删除维表中粒度不匹配的属性。删除 PART 维表中的 P_RETAILPRICE 属性。该属性是频繁更新属性，不适合作为维属性使用，在 SSB 中可以通过度量属性 LO_EXTEN DEDPRICE/LO_QUANTITY 的计算得到 RETAILPRICE 信息。

删除 PART 表和 CUSTOMER 表中的 ACCTBAL 属性。ACCTBAL 属性用于确保用户下订单时账户余额充足，是业务系统所需要的属性，也随着业务的发生而不断变化，但在 TPC-H 中并没有体现其动态变化的特点。数据仓库分析的目标是满足业务系统各种约束要求的已发生业务事实，默认进入 LINEORDER 表的事实记录在提交时满足用户账户余额约束，故而在 SSB 中删除 ACCTBAL 属性。

（6）增加、删除和修改维属性。

1）缩短属性宽度。将 P_NAME 宽度由 55 字节修改为 22 字节，P_MFGR 由 25 字节缩短为 6 字节。

2）删除属性。删除 P_COMMENT、S_COMMENT、C_COMMENT 、O_COMMENT 等不适用于分析处理的属性。

3）增加属性。增加 P_BRAND1 属性，基数为 1 000，增加 P_BRAND1 的上卷层次属性 CATEGORY。在 CUSTOMER 表和 SUPPLIER 表中增加 C_NATION、C_REGION 和 S_NATION、S_REGION 层次属性。在 PART 表中增加 P_COLOR 属性，截取原 TPC-H PART 表中 P_NAME 中包含的 color 信息。

4）改变维表行数。PART 表的增长相对订单数量增长较慢，将 PART 表行数由

SF×200 000 改为 200 000× 1+log$_2$SF)，这种部分非线性关系也应用于 TPC-DS[6] 等基准中。CUSTOMER 表的行数也由 SF×150 000 降低为 SF×30 000，使每用户平均提交订单数量更加合理，如表3.9所示。

表 3.9　TPC-H、SSB 各表数据量

表名	TPC-H 数据量	SSB 数据量
LINEITEM/LINEORDER	SF×6 000 000	SF×6 000 000
ORDERS	SF×1 500 000	
PART	SF×200 000	200 000×(1+log$_2$SF)
SUPPLIER	SF×10 000	SF×2 000
CUSTOMER	SF×150 000	SF×30 000
DATE		2 556

（7）增加 DATE 维表。时间维是数据仓库的多维分析中重要的维度，在 SSB 中增加了专用的时间维 DATE 表，并支持 DATE 表中定义多个时间层次结构，增加了 DAYOFWEEK、MONTH、SELLINGSEASON 等具有广泛应用价值的时间维层次属性。

图3.27显示了 SSB 模式及层次结构。事实表 LINEORDER 有三个退化维度 ORDERPRIORITY、SHIPPRIORITY 和 SHIPMODE，与四个维表的外键以及若干度量属性；CUSTOMER 和 SUPPLIER 维表有相同的维层次结构 CITY-NATION-REGION，PART 表包含了层次结构 MFGR-BRAND1-CATEGORY，DATE 维表中包含了丰富的日期属性，以及不同的日期层次，能够提供不同日期层次路径上的数据分析视角。

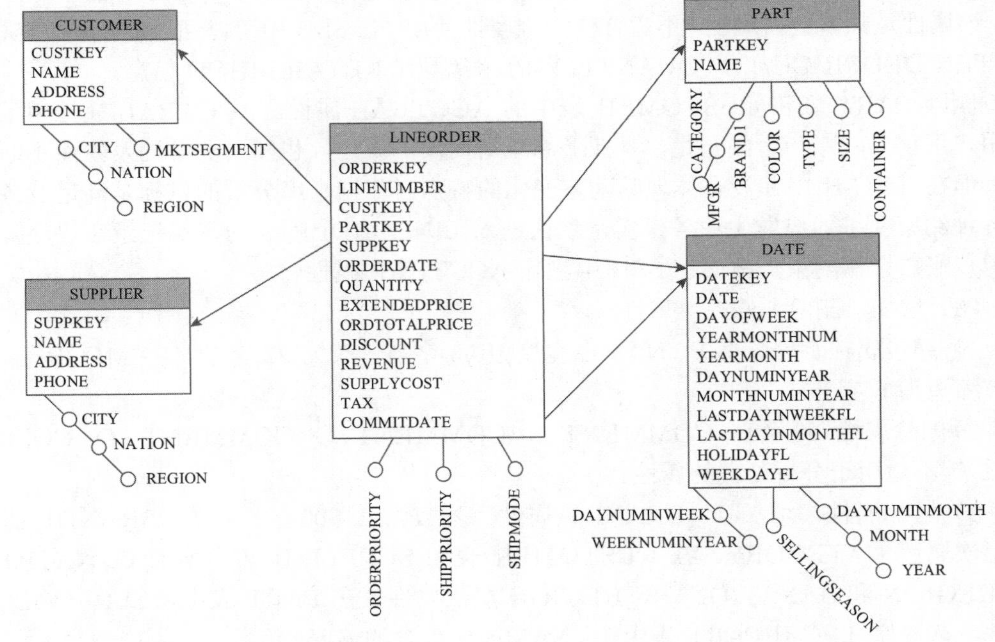

图 3.27　SSB 模式及层次结构

2. SSB 数据量特点

TPC-H 满足 3NF 的雪花形模式按照数据仓库查询特点物化为星形模式，合并了事实表 LINEITEM 和 ORDERS，将第三范式反规范化为一个事实表和四个维表的结构。SSB 通过合并、删除或缩短属性长度将数据量进一步压缩，数据总量相当于 TPC-H 的 50%左右。表3.10列出了 SSB 在 SF=100 时各表的数据量，其中事实表数据量占据绝对比重，如图3.28所示。这种数据量极度偏斜的数据分布特点能够简化数据仓库在分布式系统的数据分布策略，即事实表采用水平分片方式分布在各计算节点，将维表全复制到各计算节点以提高查询处理的性能，维表全复制的代价保持在可接受的程度。也可以采用将维表集中存储的策略来降低维表全复制策略的空间代价和更新代价，将查询中使用的较小的维表子集广播到各计算节点实现分布式查询处理，维表较小的数据量保证了这些数据分布策略具有较低的存储和网络传输代价。

表 3.10　SSB 各表大小与比例（SF=100）

表名	总宽度	行数	大小 (GB)
LINEORDER	82	600 000 000	45.82
CUSTOMER	116	3 000 000	0.32
PART	91	1 528 771	0.13
SUPPLIER	106	200 000	0.02
DATE	90	2 555	0.000 2

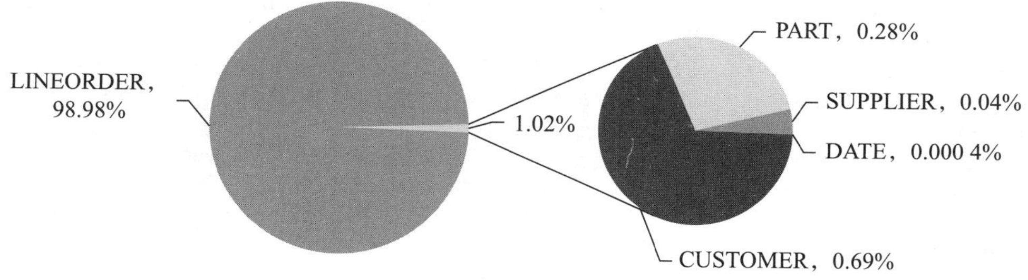

图 3.28　SSB 各表数据量比例

以 SF=100 为例，如图3.29所示，三个较大的维表行数分别为 3M、1.5M 和 0.2M 行，列存储数据库中的操作为列为对象，也就是说事实表列与维表列连接时维表列最大行数为 3M 行，向量长度最大为 12MB（向量宽度为 4 字节为例），小于当前主流 CPU 的 cache 容量，在列间连接操作中较小的维向量具有良好的 cache 性能。当前主流数据库中大量使用布隆过滤器作为连接过滤器以缩减实际连接的记录数量，SSB 维表行数的特征保证其在使用类似的向量过滤技术时所使用的位图过滤器远小于 CPU cache 的容量，保证其良好的 cache 局部性。

SSB 数据量的特点具有代表性，数据仓库是以事实数据为中心的多维数据集结构，维表具有缓慢更新的特点，其数据量较小且增长相对缓慢，存储和查询优化的重点是最大的事实表。虽然维表数量多但其数据量和记录数量极低，能够极大地简化存储和查询模型，提高数据库的查询处理性能。

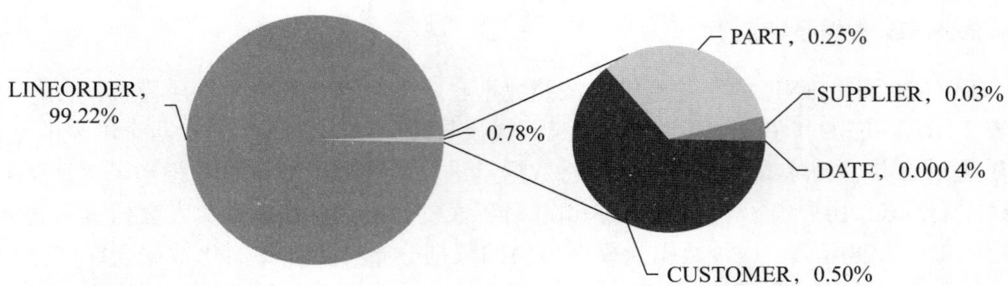

图 3.29 SSB 各表行数比例

3. SSB 查询特点

SSB 查询相对于 TPC-H 查询更加符合数据仓库多维分析处理的特点，13 个查询分为几组，分别面向一维、三维和四维分析处理任务，对应典型的多维切块操作。每组查询中选择率由高到低，分别测试数据库在不同复杂度的查询命令、不同的数据集大小下的查询处理性能。具体的 SSB 查询命令如表3.11所示。

表 3.11 SSB 查询

Q1		
Q1.1 SELECT SUM(lo_extendedprice*lo_discount) as revenue FROM lineorder, date WHERE lo_orderdate = d_datekey AND d_year = 1993 AND lo_discount between1 and 3 AND lo_quantity < 25;	**Q1.2** SELECT SUM(lo_extendedprice*lo_discount) as revenue FROM lineorder, date WHERE lo_orderdate = d_datekey AND d_yearmonth = 199401 AND lo_discount between4 and 6 AND lo_quantity between 26 and 35;	**Q1.3** SELECT SUM(lo_extendedprice*lo_discount) asrevenue FROM lineorder, date WHERE lo_orderdate = d_datekey AND d_weeknuminyear = 6 AND d_year = 1994 and lo_discount between 5 and 7 AND lo_quantity between 26 and 35;
Q2		
Q2.1 SELECT SUM(lo_revenue), d_year, p_brand1 FROM lineorder, date, part, supplier WHERE lo_orderdate = d_datekey AND lo_partkey = p_partkey AND lo_suppkey = s_suppkey AND p_category = 'MFGR#12' AND s_region = 'AMERICA' GROUP BY d_year, p_brand1 ORDER BY d_year, p_brand1;	**Q2.2** SELECT SUM(lo_revenue), d_year, p_brand1 FROM lineorder, date, part, supplier WHERE lo_orderdate = d_datekey AND lo_partkey = p_partkey AND lo_suppkey = s_suppkey AND p_brand1between 'MFGR#2221 AND 'MFGR#2228' AND s_region = 'ASIA' GROUP BY d_year, p_brand1 ORDER BY d_year, p_brand1;	**Q2.3** SELECT SUM(lo_revenue), d_year, p_brand1 FROM lineorder, date, part, supplier WHERE lo_orderdate = d_datekey AND lo_partkey = p_partkey AND lo_suppkey = s_suppkey AND p_brand1= 'MFGR#2239' AND s_region = 'EUROPE' GROUP by d_year, p_brand1 ORDER BY d_year, p_brand1;

续表

Q3		
Q3.1 SELECT c_nation, s_nation, d_year, SUM(lo_revenue) as revenue FROM customer, lineorder, supplier, date WHERE lo_custkey = c_custkey AND lo_suppkey = s_suppkey AND lo_orderdate = d_datekey AND c_region = ’ASIA’ AND s_region = ’ASIA’ AND d_year >= 1992 and d_year <= 1997 GROUP BY c_nation, s_nation, d_year ORDER BY d_year asc, revenue desc;	**Q3.2** SELECT c_city, s_city, d_year, SUM(lo_revenue) as revenue FROM customer, lineorder, supplier, date WHERE lo_custkey = c_custkey AND lo_suppkey = s_suppkey AND lo_orderdate = d_datekey AND c_nation = ’UNITED STATES’ AND s_nation = ’UNITED STATES’ AND d_year >= 1992 and d_year <= 1997 GROUP BY c_city, s_city, d_year ORDER BY d_year asc, revenue desc;	**Q3.3** SELECT c_city, s_city, d_year, SUM(lo_revenue) as revenue FROM customer, lineorder, supplier, date WHERE lo_custkey = c_custkey AND lo_suppkey = s_suppkey AND lo_orderdate = d_datekey AND (c_city=’UNITED KI1’ OR c_city=’UNITED KI5’) AND (s_city=’UNITED KI1’ OR s_city=’UNITED KI5’) AND d_year >= 1992 and d_year <= 1997 GROUP BY c_city, s_city, d_year ORDER BY d_year asc, revenue desc;
Q3.4 SELECT c_city, s_city, d_year, SUM(lo_revenue) as revenue FROM customer, lineorder, supplier, date WHERE lo_custkey = c_custkey AND lo_suppkey = s_suppkey AND lo_orderdate = d_datekey AND (c_city=’UNITED KI1’ or c_city=’UNITED KI5’) AND (s_city=’UNITED KI1’ or s_city=’UNITED KI5’) AND d_yearmonth = ’Dec1997’ GROUP BY c_city, s_city, d_year ORDER BY d_year asc, revenue desc;		
Q4		
Q4.1 SELECT d_year, c_nation, SUM(lo_revenue - lo_supplycost) as profit FROM date, customer, supplier, part, lineorder WHERE lo_custkey = c_custkey AND lo_suppkey = s_suppkey AND lo_partkey = p_partkey AND lo_orderdate = d_datekey AND c_region = ’AMERICA’ AND s_region = ’AMERICA’ AND (p_mfgr = ’MFGR#1’ OR p_mfgr = ’MFGR#2’) GROUP BY d_year, c_nation ORDER BY d_year, c_nation;	**Q4.2** SELECT d_year, s_nation, p_category, SUM(lo_revenue - lo_supplycost) as profit FROM date, customer, supplier, part, lineorder WHERE lo_custkey = c_custkey AND lo_suppkey = s_suppkey AND lo_partkey = p_partkey AND lo_orderdate = d_datekey AND c_region = ’AMERICA’ AND s_region = ’AMERICA’ AND (d_year = 1997 or d_year = 1998) AND (p_mfgr = ’MFGR#1’ OR p_mfgr = ’MFGR#2’) GROUP BY d_year, s_nation, p_category ORDER BY d_year, s_nation, p_category;	**Q4.3** SELECT d_year, s_city, p_brand1, SUM(lo_revenue - lo_supplycost) as profit FROM date, customer, supplier, part, lineorder WHERE lo_custkey = c_custkey AND lo_suppkey = s_suppkey AND lo_partkey = p_partkey AND lo_orderdate = d_datekey AND s_nation = ’UNITED STATES’ AND (d_year = 1997 or d_year = 1998) AND p_category = ’MFGR#14’ GROUP BY d_year, s_city, p_brand1 ORDER BY d_year, s_city, p_brand1;

SSB 查询的选择率和分组数量如表 3.12 所示。在数据库的关系操作中，查询的性能受选择率、分组属性宽度、连接表大小等因素影响。在 SSB 的每组查询中，选择率由高到低，在每个维上的选择率相对于 OLTP 查询负载要高很多，如 1/7、6/7、1/5 等，选择率越高则哈希连接中的哈希表越大，哈希连接的代价越高，OLAP 导航式操作的特点决定了常用的上卷、下钻等多维操作通常需要在变化的选择率上执行一组查询，需要在数据库的优化技术中解决不同选择率下的性能问题。分组集大小决定了多维连接的记录需要聚合在多少个单元中，在多核以及集群并行计算中，基于可分布式聚集函数的 OLAP 查询通常采用水平分片、并行聚集、全局归并的并行 OLAP 技术，分组集的大小决定了局部聚集结果集的大小，分组集越小则局部计算结果的存储和全局归并的代价越低。SSB 查询的分组集最大值为 800，非常适合并行 OLAP 计算。

表 3.12 SSB 查询选择率和分组数量

查询	选择率	维表选择率				总选择率	分组	
	LINEORDER	DATE	PART	SUPPLIER	CUSTOMER		分组属性	分组数量
Q1.1	0.47*3/11	1/7				0.019		1
Q1.2	0.2*3/11	1/84				0.000 65		1
Q1.3	0.1*3/11	1/364				0.000 075		1
Q2.1			1/25	1/5		1/125 = 0.008 0	d_year, p_brand1	7×40=280
Q2.2			1/125	1/5		1/625 =0 .001 6	d_year, p_brand1	7×8=56
Q2.3			1/1 000	1/5		1/5 000 = 0.000 20	d_year, p_brand1	7×1=7
Q3.1		6/7		1/5	1/5	6/175 = 0.034	c_nation, s_nation, d_year	5×5×6 =150
Q3.2		6/7		1/25	1/25	6/4 375 = 0.001 4	c_city, s_city, d_year	10×10×6=600
Q3.3		6/7		1/125	1/125	6/109 375 =0.000 055	c_city, s_city, d_year	2×2×6=24
Q3.4		1/84		1/125	1/125	1/1 312 500 =0.000 000 76	c_city, s_city, d_year	2×2×1=4
Q4.1			2/5	1/5	1/5	2/125 = 0.016	d_year, c_nation	7×5=35
Q4.2		2/7	2/5	1/5	1/5	4/875 =0.004 6	d_year, s_nation, p_category	2×5×10 =100
Q4.3		2/7	1/25	1/25	1/5	2/21 875 = 0.000 091	d_year, s_city, p_brand1	2×10×40=800

在以磁盘数据库为引擎的数据仓库系统中，实时查询处理的性能较差，通常采用物

化数据立方体的方法预先计算出不同的物化视图供 OLAP 使用。在内存计算时代，内存存储和内存计算的性能远远高于磁盘数据库系统，但在内存容量相对磁盘偏小和价格相对磁盘偏高的情况下，通常不使用存储空间消耗极大的物化视图、索引等技术，而是通过在原始数据上实时计算满足用户的 OLAP 查询需求。在面向终端用户的 OLAP 中，查询结果集通常为用户可以直接查看的较小结果集，并不需要计算作为公共用户物化视图的高基数查询结果集，因此在内存 OLAP 应用场景中，实时计算的 OLAP 查询通常面向较细的粒度或层次，主要是供用户直接浏览的分组集较小的查询任务，与 SSB 的查询特点相似。

SSB 查询的 SQL 命令能够较好地转换为 MDX 命令，与上层的 BI 应用更好地衔接。

3.3.3 TPC-DS

TPC-DS 是最新的面向决策支持系统的数据库性能测试基准，用于评测决策支持系统（或数据仓库）的标准 SQL 测试集。测试集包含对大数据集的统计、报表生成、联机查询、数据挖掘等复杂应用。相对于 TPC-H 的均匀数据分布，TPC-DS 测试用的数据和值是倾斜的，更加接近真实数据应用场景。相对于 TPC-H 采用的第三范式，TPC-DS 支持目前普遍使用的星座模式，在测试中也支持索引、物化视图等优化技术。

基准测试有以下几个主要特点：

- 模式：使用共享维度的多雪花形模式，包含 24 个表，平均每个表有 18 个列，包含丰富的主–外键信息。
- 查询：包含 99 个测试案例。
- 类型：测试案例中包含各种业务模型（如分析报告型，迭代式的联机分析型，数据挖掘型等）。
- 几乎所有的测试案例都有很高的 IO 负载和 CPU 计算需求。

1. TPC-DS 模式和数据量特点

TPC-DS 是一种星座模式，即多个共享维表、多个事实表，事实表与共享维表构成雪花形模式。

下面以 SF=100 为例分析 TPC-DS 模式的特点。表 3.13 列出了 TPC-DS 中 24 个表的信息，其中包含 7 个事实表、17 个维表，事实表与维表总数据量的比例为 99.52%: 0.48%。较大的维表 customer 与 customer_demographics、household_demographics、customer_ address 构成雪花形维度；日期维 date_dim 存储的是标准的日期格式，表示从 1900 年 1 月 2 日至 2100 年 1 月 1 日的连续日期，主键取值为 2 415 022～2 488 070；时间维 time_dim 设置为一天的标准时间，时间粒度为秒，记录了一天 24 小时的每一秒，主键取值为 0～86 399；其余维表主键取值为代理键，即从 1 开始的连续整数数列。

如图3.30所示，在 Store 销售渠道中，销售事实表 Store_Sales 和退货事实表 Store_Returns 共享主要的维表结构。在 Store 销售渠道中，事实表 Store_Sales 和 Store_Returns 数据量占比分别为 91.50% 和 7.47%，维表总数据量占比为 1.03%，事实表数据量远大于维表数据量。

表 3.13 TPC-DS 维表与事实表

	ID	表名	大小（MB）	行数	比例（%）
维表	1	income_band	0.000 3	20	0.000 000 3
	2	ship_mode	0.001	20	0.000 001
	3	warehouse	0.002	15	0.000 002
	4	reason	0.002	55	0.000 002
	5	web_site	0.008	30	0.000 008
	6	call_center	0.009	30	0.000 008
	7	store	0.10	402	0.000 1
	8	promotion	0.12	1 000	0.000 1
	9	household_demographics	0.14	7 200	0.000 1
	10	web_page	0.19	2 040	0.000 2
	11	catalog_page	2.70	20 400	0.002 6
	12	time_dim	4.86	86 400	0.004 6
	13	date_dim	9.82	73 049	0.01
	14	item	54.67	204 000	0.05
	15	customer_demographics	76.94	1 920 800	0.07
	16	customer_address	104.90	1 000 000	0.10
	17	customer	251.77	2 000 000	0.24
事实表	18	web_returns	1 112.01	7 197 670	1.06
	19	catalog_returns	2 280.36	14 404 374	2.17
	20	store_returns	3 679.79	28 795 080	3.50
	21	inventory	6 093.29	399 330 000	5.79
	22	web_sales	15 518.46	72 001 237	14.74
	23	catalog_sales	31 035.74	143 997 065	29.48
	24	store_sales	45 043.48	287 997 024	42.79

如图3.31所示，在 Catalog 销售渠道中，事实表 Catalog_Sales 和 Catalog_Returns 数据量占比分别为 91.76% 和 6.74%，维表总数据量占比为 1.50%。

如图3.32所示，在 Web 销售渠道中，事实表 Web_Sales 和 Web_Returns 数据量占比分别为 90.56% 和 6.49%，维表占比为 2.95%。

如图3.33所示，在 Inventory 销售事实中，事实表 Inventory 数据量占比为 98.95%，维表占比为 1.05%。

在整个 TPC-DS 数据集中，所有事实表与所有维表数据量之比为 99.52%: 0.48%，维表数量众多但数据量较小，显示了数据仓库显著的数据倾斜特征。

在 TPC-DS 不同的数据量（不同的 SF）下，维表行数的增长特点不同，如图3.34中带有底纹的为缓慢增长维表，即维表的行数不随数据量的增长而增长或随数据量的增长而缓慢增长，维表总行数相对较少。较大的维表，如 customer、customer_address、item

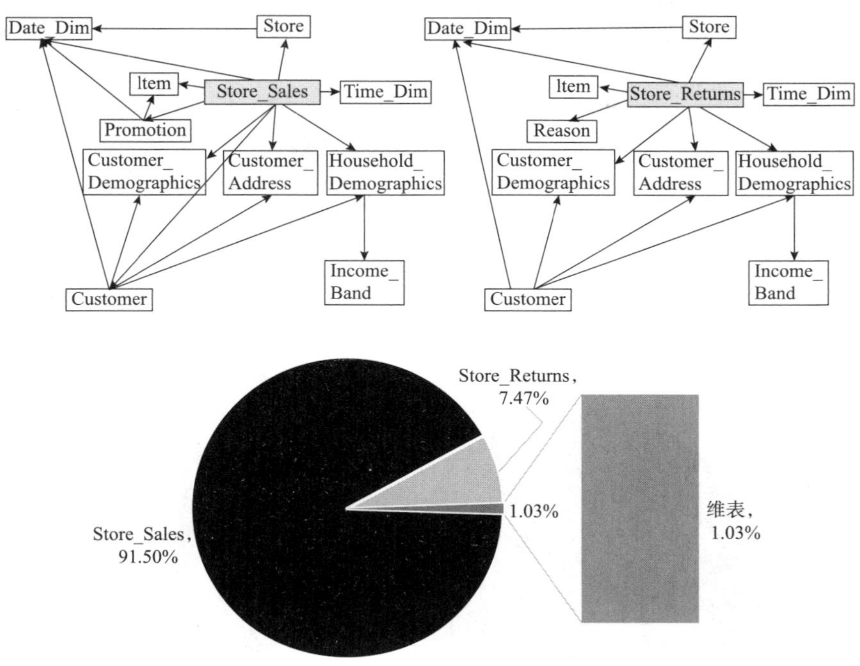

图 3.30　Store 销售渠道表结构和数据量占比

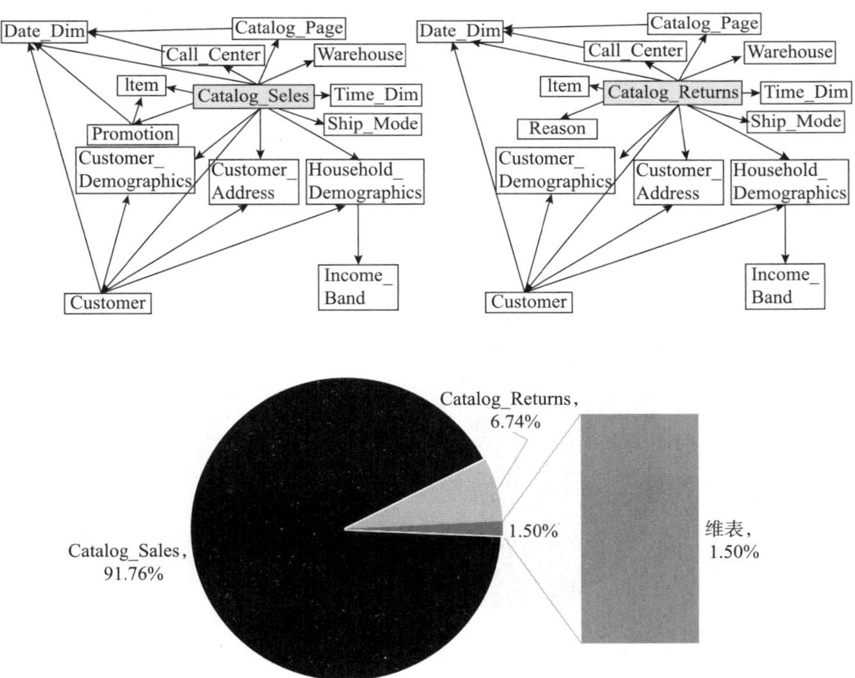

图 3.31　Catalog 销售渠道表结构和数据量占比

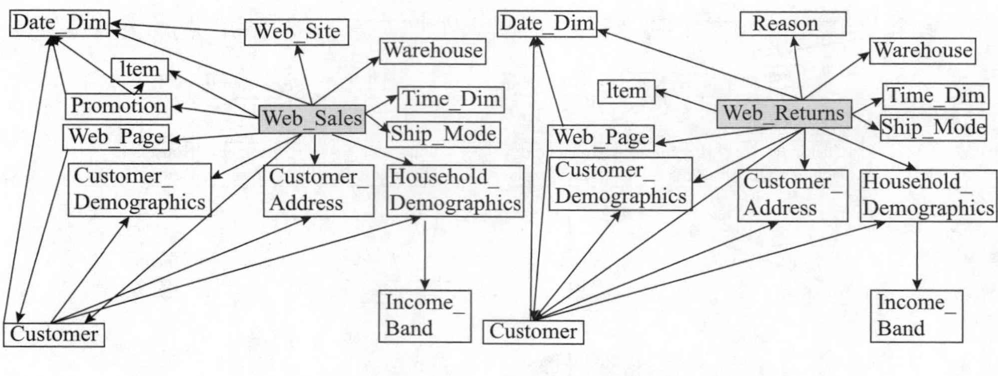

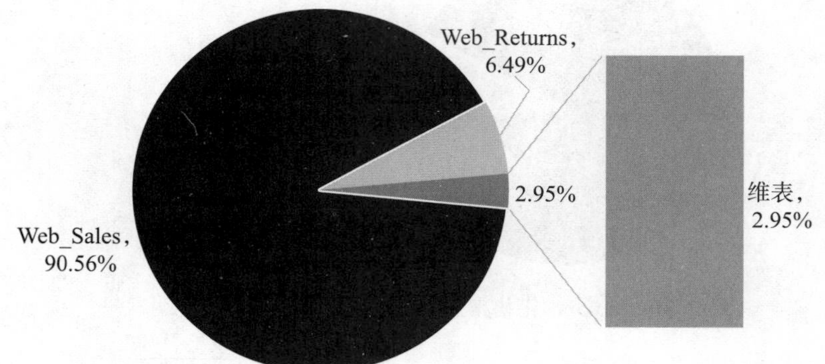

图 3.32 Web 销售渠道表结构和数据量占比

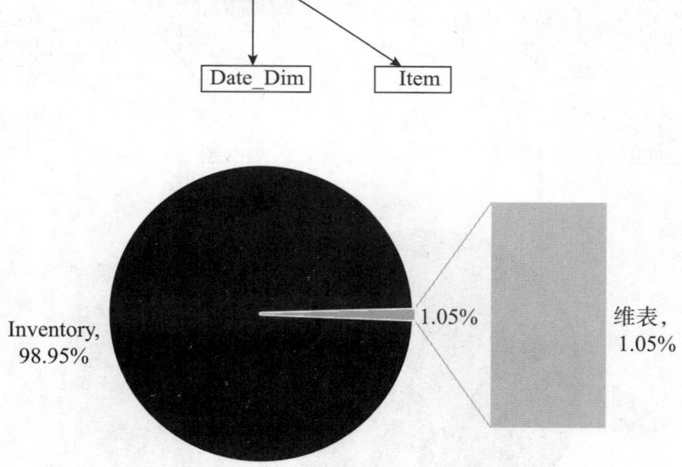

图 3.33 Inventory 事实与各表数据量比例

等随数据量增长而增长，因此在 TPC-DS 中，事实表与大维表的连接操作是一个重要的问题。相对于 SSB 增长缓慢的维表和 TPC-H 相对较少的维表，TPC-DS 既体现了高维连接查询的特点，也体现了大维连接操作的特点。

Table	Avr Row Size in bytes	Sample Row Counts. Number of rows are within 1/100th Percent of these numbers							
		1GB	100GB	300GB	1TB	3TB	10TB	30TB	100TB
Dimension Tables									
call_center	305	6	30	36	42	48	54	60	60
catalog_page	139	11,718	20,400	26,000	30,000	36,000	40,000	46,000	50,000
customer	132	100,000	2,000,000	5,000,000	12,000,000	30,000,000	65,000,000	80,000,000	100,000,000
customer_address	110	50,000	1,000,000	2,500,000	6,000,000	15,000,000	32,500,000	40,000,000	50,000,000
customer_demographics	42	1,920,800	1,920,800	1,920,800	1,920,800	1,920,800	1,920,800	1,920,800	1,920,800
date_dim	141	73,049	73,049	73,049	73,049	73,049	73,049	73,049	73,049
household_demographics	21	7,200	7,200	7,200	7,200	7,200	7,200	7,200	7,200
income_band	16	20	20	20	20	20	20	20	20
item	281	18,000	204,000	264,000	300,000	360,000	402,000	462,000	502,000
promotion	124	300	1,000	1,300	1,500	1,800	2,000	2,300	2,500
reason	38	35	55	60	65	67	70	72	75
ship_mode	56	20	20	20	20	20	20	20	20
store	263	12	402	804	1,002	1,350	1,500	1,704	1,902
time_dim	59	86,400	86,400	86,400	86,400	86,400	86,400	86,400	86,400
warehouse	117	5	15	17	20	22	25	27	30
web_page	96	60	2,040	2,604	3,000	3,600	4,002	4,602	5,004
web_site	292	6	30	36	42	48	54	60	60
Fact Tables									
catalog_returns	166	144,067	14,404,374	43,193,472	143,996,756	432,018,033	1,440,033,112	4,319,925,093	14,400,509,482
catalog_sales	226	1,441,548	143,997,065	431,969,836	1,439,980,416	4,320,078,880	14,399,964,710	43,200,404,822	144,001,292,896
inventory	16	11,745,000	399,330,000	585,684,000	783,000,000	1,033,560,000	1,311,525,000	1,627,857,000	1,965,337,830
store_returns	134	287,514	28,795,080	86,393,244	287,999,764	863,989,652	2,879,970,104	8,639,952,111	28,799,941,488
store_sales	164	2,880,404	287,997,024	864,001,869	2,879,987,999	8,639,936,081	28,799,983,563	86,399,341,874	287,998,696,432
web_returns	162	71,763	7,197,670	21,599,377	71,997,522	216,003,761	720,020,485	2,160,007,345	7,200,085,924
web_sales	226	719,384	72,001,237	216,009,853	720,000,376	2,159,968,881	7,199,963,324	21,600,036,511	71,999,537,298

图 3.34　TPC-DS 在不同数据量下各表的行数[7]

2. TPC-DS 查询特点

TPC-DS 中包含 99 个测试案例模板，包含的查询类型多样，如 ad-hoc 查询、迭代式的联机分析查询、数据挖掘等不同的查询案例。下面给出几个典型的 TCP-DS 查询案例。

Query1：ad-hoc 查询。返回在指定的州的商店中、指定年内退货商品数量超过平均退货数量 20%的客户。

```
define COUNTY = random(1, rowcount("active_counties", "store"), uniform);
define STATE = distmember(fips_county, [COUNTY], 3);
define YEAR = random(1998, 2002, uniform);
define AGG_FIELD =
text({"SR_RETURN_AMT",1},{"SR_FEE",1},{"SR_REFUNDED_CASH",1}},{"SR_RETURN_AM
T_INC_TAX",1},{"SR_REVERSED_CHARGE",1},{"SR_STORE_CREDIT",1},{"SR_RETURN_TA
X",1});
define _LIMIT=100;

with customer_total_return as
(select sr_customer_sk as ctr_customer_sk
,sr_store_sk as ctr_store_sk
,sum([AGG_FIELD]) as ctr_total_return
from store_returns,date_dim
where sr_returned_date_sk = d_date_sk
```

```
and d_year =[YEAR]
group by sr_customer_sk,sr_store_sk)
[_LIMITA] select [_LIMITB] c_customer_id
from customer_total_return ctr1,store,customer
where ctr1.ctr_total_return > (select avg(ctr_total_return)*1.2
from customer_total_return ctr2
where ctr1.ctr_store_sk = ctr2.ctr_store_sk)
and s_store_sk = ctr1.ctr_store_sk
and s_state = '[STATE]'
and ctr1.ctr_customer_sk = c_customer_sk
order by c_customer_id
[_LIMITC];
```

Query2：报表查询。输出相邻两年每周网络购物（web sales）和目录寄购（catalog sales）增长率报告。

```
with wscs as
(select sold_date_sk,sales_price
from (select ws_sold_date_sk sold_date_sk
,ws_ext_sales_price sales_price
from web_sales) x
union all
(select cs_sold_date_sk sold_date_sk
,cs_ext_sales_price sales_price
from catalog_sales)),
wswscs as
(select d_week_seq,
sum(case when (d_day_name='Sunday') then sales_price else null end)
sun_sales,
sum(case when (d_day_name='Monday') then sales_price else null end)
mon_sales,
sum(case when (d_day_name='Tuesday') then sales_price else  null end)
tue_sales,
sum(case when (d_day_name='Wednesday') then sales_price else null end)
wed_sales,
sum(case when (d_day_name='Thursday') then sales_price else null end)
thu_sales,
sum(case when (d_day_name='Friday') then sales_price else null end)
fri_sales,
sum(case when (d_day_name='Saturday') then sales_price else null end)
sat_sales
from wscs
,date_dim
where d_date_sk = sold_date_sk
```

```
group by d_week_seq)
select distinct d_week_seq1
,round(sun_sales1/sun_sales2,2) 'Sunday'
,round(mon_sales1/mon_sales2,2) 'Monday'
,round(tue_sales1/tue_sales2,2) 'Tuesday'
,round(wed_sales1/wed_sales2,2) 'Wednesday'
,round(thu_sales1/thu_sales2,2) 'Thursday'
,round(fri_sales1/fri_sales2,2) 'Friday'
,round(sat_sales1/sat_sales2,2) 'Saturday'
from
(select wswscs.d_week_seq d_week_seq1
,sun_sales sun_sales1
,mon_sales mon_sales1
,tue_sales tue_sales1
,wed_sales wed_sales1
,thu_sales thu_sales1
,fri_sales fri_sales1
,sat_sales sat_sales1
from wswscs,date_dim
where date_dim.d_week_seq = wswscs.d_week_seq and
d_year = 2000) y,
(select wswscs.d_week_seq d_week_seq2
,sun_sales sun_sales2
,mon_sales mon_sales2
,tue_sales tue_sales2
,wed_sales wed_sales2
,thu_sales thu_sales2
,fri_sales fri_sales2
,sat_sales sat_sales2
from wswscs
,date_dim
where date_dim.d_week_seq = wswscs.d_week_seq and
d_year = 2000+1) z
where d_week_seq1=d_week_seq2-53
order by d_week_seq1;
```

Query14：迭代查询。查询包括多重迭代处理：

（1）首先输出在三个销售渠道中连续三年销售的相同品牌、类别和种类的产品，然后计算这三个销售渠道相同三年间的平均销售额量 (quantity*list price)，最后计算出总的销售量和销售额，并按每个销售渠道、品牌、种类进行聚合 (ROLLUP)。查询只处理三个渠道中超过平均销售额的销售数据。

（2）基于前面的查询比较 12 月商店销售情况。

```
define YEAR= random(1998, 2000, uniform);
define DAY = random(1,28,uniform);
define _LIMIT=100;


with  cross_items as
(select i_item_sk ss_item_sk
from item,
(select iss.i_brand_id brand_id
,iss.i_class_id class_id
,iss.i_category_id category_id
from store_sales
,item iss
,date_dim d1
where ss_item_sk = iss.i_item_sk
and ss_sold_date_sk = d1.d_date_sk
and d1.d_year between [YEAR] and [YEAR] + 2
intersect
select ics.i_brand_id
,ics.i_class_id
,ics.i_category_id
from catalog_sales
,item ics
,date_dim d2
where cs_item_sk = ics.i_item_sk
and cs_sold_date_sk = d2.d_date_sk
and d2.d_year between [YEAR] and [YEAR] + 2
intersect
select iws.i_brand_id
,iws.i_class_id
,iws.i_category_id
from web_sales
,item iws
,date_dim d3
where ws_item_sk = iws.i_item_sk
and ws_sold_date_sk = d3.d_date_sk
and d3.d_year between [YEAR] and [YEAR] + 2) x
where i_brand_id = brand_id
and i_class_id = class_id
and i_category_id = category_id
),
avg_sales as
```

```
(select avg(quantity*list_price) average_sales
from (select ss_quantity quantity
,ss_list_price list_price
from store_sales
,date_dim
where ss_sold_date_sk = d_date_sk
and d_year between [YEAR] and [YEAR] + 2
union all
select cs_quantity quantity
,cs_list_price list_price
from catalog_sales
,date_dim
where cs_sold_date_sk = d_date_sk
and d_year between [YEAR] and [YEAR] + 2
union all
select ws_quantity quantity
,ws_list_price list_price
from web_sales
,date_dim
where ws_sold_date_sk = d_date_sk
and d_year between [YEAR] and [YEAR] + 2) x)
[_LIMITA] select [_LIMITB] channel,
i_brand_id,i_class_id,i_category_id, sum(sales), sum(number_sales)
from(
select 'store' channel, i_brand_id,i_class_id
,i_category_id,sum(ss_quantity*ss_list_price) sales
, count(*) number_sales
from store_sales
,item
,date_dim
where ss_item_sk in (select ss_item_sk from cross_items)
and ss_item_sk = i_item_sk
and ss_sold_date_sk = d_date_sk
and d_year = [YEAR]+2
and d_moy = 11
group by i_brand_id,i_class_id,i_category_id
having sum(ss_quantity*ss_list_price) > (select average_sales
from avg_sales)
union all
select 'catalog' channel, i_brand_id,i_class_id,i_category_id,
sum(cs_quantity*cs_list_price) sales, count(*) number_sales
from catalog_sales
,item
```

```
,date_dim
where cs_item_sk in (select ss_item_sk from cross_items)
and cs_item_sk = i_item_sk
and cs_sold_date_sk = d_date_sk
and d_year = [YEAR]+2
and d_moy = 11
group by i_brand_id,i_class_id,i_category_id
having sum(cs_quantity*cs_list_price) $\mathrm{>}$ (select average_sales
from avg_sales)
union all
select 'web' channel, i_brand_id,i_class_id,i_category_id, sum(ws
_quantity*ws_list_price) sales , count(*) number_sales
from web_sales
,item
,date_dim
where ws_item_sk in (select ss_item_sk from cross_items)
and ws_item_sk = i_item_sk
and ws_sold_date_sk = d_date_sk
and d_year = [YEAR]+2
and d_moy = 11
group by i_brand_id,i_class_id,i_category_id
having sum(ws_quantity*ws_list_price) > (select average_sales
from avg_sales)
) y
group by rollup (channel, i_brand_id,i_class_id,i_category_id)
order by channel,i_brand_id,i_class_id,i_category_id
[_LIMITC];


with  cross_items as
(select i_item_sk ss_item_sk
from item,
(select iss.i_brand_id brand_id
,iss.i_class_id class_id
,iss.i_category_id category_id
from store_sales
,item iss
,date_dim d1
where ss_item_sk = iss.i_item_sk
and ss_sold_date_sk = d1.d_date_sk
and d1.d_year between [YEAR] and [YEAR] + 2
intersect
select ics.i_brand_id
```

```
,ics.i_class_id
,ics.i_category_id
from catalog_sales
,item ics
,date_dim d2
where cs_item_sk = ics.i_item_sk
and cs_sold_date_sk = d2.d_date_sk
and d2.d_year between [YEAR] and [YEAR] + 2
intersect
select iws.i_brand_id
,iws.i_class_id
,iws.i_category_id
from web_sales
,item iws
,date_dim d3
where ws_item_sk = iws.i_item_sk
and ws_sold_date_sk = d3.d_date_sk
and d3.d_year between [YEAR] and [YEAR] + 2) x
where i_brand_id = brand_id
and i_class_id = class_id
and i_category_id = category_id
),
avg_sales as
(select avg(quantity*list_price) average_sales
from (select ss_quantity quantity
,ss_list_price list_price
from store_sales
,date_dim
where ss_sold_date_sk = d_date_sk
and d_year between [YEAR] and [YEAR] + 2
union all
select cs_quantity quantity
,cs_list_price list_price
from catalog_sales
,date_dim
where cs_sold_date_sk = d_date_sk
and d_year between [YEAR] and [YEAR] + 2
union all
select ws_quantity quantity
,ws_list_price list_price
from web_sales
,date_dim
where ws_sold_date_sk = d_date_sk
```

```
and d_year between [YEAR] and [YEAR] + 2) x)
[_LIMITA] select [_LIMITB] * from
(select 'store' channel, i_brand_id,i_class_id,i_category_id
,sum(ss_quantity*ss_list_price) sales, count(*) number_sales
from store_sales
,item
,date_dim
where ss_item_sk in (select ss_item_sk from cross_items)
and ss_item_sk = i_item_sk
and ss_sold_date_sk = d_date_sk
and d_week_seq = (select d_week_seq
from date_dim
where d_year = [YEAR] + 1
and d_moy = 12
and d_dom = [DAY])
group by i_brand_id,i_class_id,i_category_id
having sum(ss_quantity*ss_list_price) > (select average_sales
from avg_sales)) this_year,
(select 'store' channel, i_brand_id,i_class_id
,i_category_id, sum(ss_quantity*ss_list_price) sales, count(*)
number_sales from store_sales
,item
,date_dim
where ss_item_sk in (select ss_item_sk from cross_items)
and ss_item_sk = i_item_sk
and ss_sold_date_sk = d_date_sk
and d_week_seq = (select d_week_seq
from date_dim
where d_year = [YEAR]
and d_moy = 12
and d_dom = [DAY])
group by i_brand_id,i_class_id,i_category_id
having sum(ss_quantity*ss_list_price) > (select average_sales
from avg_sales)) last_year
where this_year.i_brand_id= last_year.i_brand_id
and this_year.i_class_id = last_year.i_class_id
and this_year.i_category_id = last_year.i_category_id
order by this_year.channel, this_year.i_brand_id, this_year.i_class_id,
this_year.i_category_id
[_LIMITC];
```

Query22：OLAP 查询。按产品名称、品牌、类别、种类计算销售数量并对结果进行汇总 (Rollup)。查询包括多重迭代处理：

```
define YEAR=random(1998,2002,uniform);
define _LIMIT=100;
define DMS = random(1176,1224,uniform);
[_LIMITA] select [_LIMITB] i_product_name
,i_brand
,i_class
,i_category
,avg(inv_quantity_on_hand) qoh
from inventory
,date_dim
,item
,warehouse
where inv_date_sk=d_date_sk
and inv_item_sk=i_item_sk
and inv_warehouse_sk = w_warehouse_sk
and d_month_seq between [DMS] and [DMS] + 11
group by rollup(i_product_name
,i_brand
,i_class
,i_category)
order by qoh, i_product_name, i_brand, i_class, i_category
[_LIMITC];
```

相比 TPC-H 和 SSB，TPC-DS 更加复杂，查询类型更加多样化，查询通常由复杂的查询任务组成，包括复杂的迭代查询、基于 ROLLUP 的聚集计算、报表查询等，强调测试数据库系统对 SQL 标准的支持度。

TPC-DS 相对于 TPC-H 和 SSB 有更多的维度，更复杂的维结构，连接操作复杂度更高，聚集计算的分组属性数量更大，是一种高维分析处理负载。

SSB 的星形结构只有一个庞大的事实表，连接操作相对简化，星形连接优化空间较大。TPC-H 的事实表分解为一种 master-slave 结构，即事实表 ORDERS 表示订单的整体数据，事实表 LINEITEM 则表示订单的明细数据，两个事实表通过连接操作提供完整的事实数据。TPC-DS 的模式中包含多个共享维表的星形结构，但事实表之间也有连接操作，如 Query80 需要将各个销售渠道的销售事实表与退货事实表连接，需要数据库具有较好的大数据事实表连接性能。

```
define YEAR = random(1998, 2002, uniform);
define SALES_DATE=date([YEAR]+"-08-01",[YEAR]+"-08-30",sales);
define _LIMIT=100;



with ssr as
(select  s_store_id as store_id,
sum(ss_ext_sales_price) as sales,
```

```
sum(coalesce(sr_return_amt, 0)) as returns,
sum(ss_net_profit - coalesce(sr_net_loss, 0)) as profit
from store_sales left outer join store_returns on
(ss_item_sk = sr_item_sk and ss_ticket_number = sr_ticket_number),
date_dim,
store,
item,
promotion
where ss_sold_date_sk = d_date_sk
and d_date between cast('[SALES_DATE]' as date)
and (cast('[SALES_DATE]' as date) +  30 days)
and ss_store_sk = s_store_sk
and ss_item_sk = i_item_sk
and i_current_price > 50
and ss_promo_sk = p_promo_sk
and p_channel_tv = 'N'
group by s_store_id)
,
csr as
(select  cp_catalog_page_id as catalog_page_id,
sum(cs_ext_sales_price) as sales,
sum(coalesce(cr_return_amount, 0)) as returns,
sum(cs_net_profit - coalesce(cr_net_loss, 0)) as profit
from catalog_sales left outer join catalog_returns on
(cs_item_sk = cr_item_sk and cs_order_number = cr_order_number),
date_dim,
catalog_page,
item,
promotion
where cs_sold_date_sk = d_date_sk
and d_date between cast('[SALES_DATE]' as date)
and (cast('[SALES_DATE]' as date) +  30 days)
and cs_catalog_page_sk = cp_catalog_page_sk
and cs_item_sk = i_item_sk
and i_current_price > 50
and cs_promo_sk = p_promo_sk
and p_channel_tv = 'N'
group by cp_catalog_page_id)
,
wsr as
(select  web_site_id,
sum(ws_ext_sales_price) as sales,
sum(coalesce(wr_return_amt, 0)) as returns,
```

```
sum(ws_net_profit - coalesce(wr_net_loss, 0)) as profit
from web_sales left outer join web_returns on
(ws_item_sk = wr_item_sk and ws_order_number = wr_order_number),
date_dim,
web_site,
item,
promotion
where ws_sold_date_sk = d_date_sk
and d_date between cast('[SALES_DATE]' as date)
and (cast('[SALES_DATE]' as date) +  30 days)
and ws_web_site_sk = web_site_sk
and ws_item_sk = i_item_sk
and i_current_price > 50
and ws_promo_sk = p_promo_sk
and p_channel_tv = 'N'
group by web_site_id)
[_LIMITA] select [_LIMITB] channel
, id
, sum(sales) as sales
, sum(returns) as returns
, sum(profit) as profit
from
(select 'store channel' as channel
, 'store' || store_id as id
, sales
, returns
, profit
from  ssr
union all
select 'catalog channel' as channel
, 'catalog_page' || catalog_page_id as id
, sales
, returns
, profit
from  csr
union all
select 'web channel' as channel
, 'web_site' || web_site_id as id
, sales
, returns
, profit
from  wsr
) x
```

```
group by rollup (channel, id)
order by channel
,id
[_LIMITC];
```

当前使用得最多的还是 TPC-H 基准，其适中的复杂度适合进行数据库分析处理性能测试和对比。TPC-DS 正逐渐被数据库厂商和学术界接受，目前在 TPC 网站上 TPC-DS 的测试结果主要以云数据库为主，内存数据库系统还没有相应的测试结果，查询优化技术还没有像 TPC-H 一样得到广泛的关注。随着应用需求的不断发展，TPC-DS 将逐渐成为被广泛接受的性能测试基准。

本章小结

面向事务处理的 OLTP 数据库遵循以存储为中心的设计思想，模式设计和模式优化面向数据存储特点。面向分析处理的数据仓库则遵循以计算为中心的设计思想，采用更加适合分析处理的多维数据模型作为基础数据模型。与关系数据库的选择、投影、连接等关系操作不同，数据仓库主要使用切片、切块、上卷、下钻、旋转等多维数据上的操作来支持分析处理任务。简而言之，数据仓库的模式设计面向多维数据结构，数据仓库的模式优化面向多维数据操作。

数据仓库最直接的存储模型是 MOLAP，但 MOLAP 难以解决稀疏存储、维更新时的重构等问题。在大数据应用中通常采用存储效率更高的 ROLAP 模型，但 ROLAP 模型需要依赖关系数据库的查询性能，而关系数据库是面向关系而不是多维数据模型设计的，将多维数据操作转换为关系数据库中基础的选择、投影、连接等关系操作时需要进一步根据 OLAP 查询的特点进行性能优化。Fusion OLAP 模型强化了关系模型面向多维模型的约束条件，如代理键约束，从而支持关系数据上的多维操作，优化了 OLAP 性能。TPC-H 和 SSB 作为分析型数据库性能测试的基准，一方面检测数据库的分析型查询负载的性能，另一方面也通过查询性能测试优化数据仓库的模式设计，使其更加适合数据仓库应用。

对内存数据库来说，OLAP 查询处理的性能与查询负载的数据局部性有紧密的联系。当前基准的发展趋势是从多维向高维，从大维表向小维表转换，这种模式虽然增加了数据仓库中表的数量，增加了 OLAP 查询处理时连接表的数量，使数据库查询处理执行计划更加复杂，但对于内存数据库来说查询具有更好的数据局部性，尤其是行数与 LLC 之间的大小关系决定了内存 OLAP 查询算法能否具有较高的 cache 性能。通常来说，当数据仓库中维表的行位图小于 LLC 大小时，即$\max\frac{|\text{DimTable}|}{8} < \text{LLC}$ 大小（例如，45MB LLC 对应最大维表行数为 377 487 360），内存 OLAP 能够通过优化的内存算法加速 OLAP 查询处理性能。

问题与思考

1. 通过对数据仓库应用特征和模式特征的分析，归纳数据仓库应用中更新操作的特点，分析在数据仓库应用中如何定制高效的更新操作机制。

2. 对比分析 MOLAP、ROLAP 模型的特点，思考在现代内存计算平台上如何利用内存随机访问性能高的特点设计性能更好的 OLAP 计算模型，并根据当前 CPU 多级 cache 体系结构分析 OLAP 模型在计算时的数据局性特征。

3. 分析 TPC-H 模式的特点，通过实验配置 TPC-H 测试集，通过 MonetDB、Vector、Hyper、OmniSciDB 等内存数据库系统测试查询执行性能，对比不同内存数据库在查询执行时间上的差异，分析不同内存数据库系统查询优化技术的异同。

4. 分析 SSB 模式的特点，通过实验配置 SSB 测试集，通过 MonetDB、Vector、Hyper、OmniSciDB 等内存数据库系统测试查询执行性能，对比不同内存数据库在查询执行时间上的差异，分析不同内存数据库系统查询优化技术的异同。对比在不同选择率下不同内存数据库系统性能上的差异。

5. 通过实验测试分析不同内存数据库系统的查询优化技术，对比在关系操作符实现技术上的差异与性能特征，根据模式特点优化内存 OLAP 计算模型，进一步优化内存 OLAP 的计算性能。

本章参考文献

[1] 王珊, 萨师煊. 数据库系统概论 [M].5 版. 北京: 高等教育出版社,2014.

[2] 王珊, 李翠平, 李盛恩. 数据仓库与数据分析教程 [M]. 北京: 高等教育出版社, 2012.

[3] Yansong Zhang, Yu Zhang, Shan Wang, Jiaheng Lu. Fusion OLAP: Fusing the Pros of MOLAP and ROLAP Together for In-Memory OLAP [J]. IEEE Trans. Knowl. Data Eng. 2019，31（9）: 1722-1735 .

[4] TPC-H is An Ad-hoc, Decision Support Benchmark [EB/OL]. http://www.tpc.org/tpch/default.asp, 2014-11-27.

[5] Pat O'Neil, Betty O'Neil, Xuedong Chen. Star Schema Benchmark [EB/OL]. http://www.cs.umb.edu/~poneil/StarSchemaB.PDF, 2009-06-03.

[6] Meikel Poess, Bryan Smith, Lubor Kollar and Paul Larson. TPC-DS, Taking Decision Support Benchmarking to the Next Level [C]. ACM SIGMOD. New York: ACM Press, 2002:582-587.

[7] TPC Benchmark™DS (TPC-DS): The New Decision Support Benchmark Standard [EB/OL]. http://www.tpc.org/tpcds/default.asp, 2014-11-27.

第 2 部分　内存数据库实现技术

查询处理引擎的性能直接决定数据库的可用性和实用性。相对于业务数据库系统较小的操作型数据集，分析型数据库中存储了海量的历史数据并需要提供多维视角的分析处理能力，需要支持复杂的查询命令并且能够实时向用户反馈分析结果。

作为数据共享存储平台的数据库的性能一直是学术界和产业界关注的焦点，数据库查询优化技术是数据库的核心技术，一直是数据库界研究的热点。数据库的性能受诸多因素影响，如模式分解和反规范化技术分别优化数据库的存储性能和部分查询性能，列存储通过对列数据的集中存储提高分析型查询中以少数列为访问单位特征的查询性能，内存计算技术则借助高性能的内存提高数据库的 I/O 访问性能和内存数据处理性能，索引技术用于提高对数据的随机访问性能，垂直分区和水平分区技术用于提高数据访问的局部性和数据库的并行处理能力等。

随着高性能数据分析需求的持续增长，列存储技术已逐渐成熟并被分析型数据库广泛采用。列存储将属性存储为独立的连续数据，当查询只涉及表中较少的属性时能够按需访问最小的列数据集，相对于行存储需要访问全部数据的模式能够极大地降低 I/O 代价。OLAP 负载主要针对多维空间的事实数据子集进行聚合处理，列存储一次一列的处理模式能够提高数据和指令在 cache 中的利用率，提高查询处理性能。随着硬件技术的发展，多核处理器、协处理器、内存计算、非易失内存等新型硬件为进一步提高数据库性能提供了硬件基础，列存储技术与硬件技术相结合则进一步发挥了数据库在新型硬件上的分析处理性能。

本书第 2 部分分别从存储访问实现技术、查询优化实现技术和基于新硬件协处理器查询优化实现技术三个方面，具体介绍内存数据库实现的关键技术。

第4章

内存数据库存储访问实现技术

本章要点

数据的存储访问技术是数据库的核心功能，内存数据库相对于磁盘数据库在性能上能够达到 100～1 000 倍的提升，一方面是由于内存相对于硬盘在硬件访问性能上具有更低的访问延迟和更高的带宽；另一方面则得益于内存字节级细粒度访问机制和 CPU 所采用的多级 cache 机制，能够更加有效地提高数据访问效率和数据局部性，提高数据访问性能。提高数据存储访问性能主要通过三种途径：减少无效访问、减少数据宽度、提高单位内存访问的数据存储效率。减少无效数据访问主要是通过 workload-conscious 的存储模型优化技术，通过列存储实现数据存储访问的独立性，支持对表的物理投影操作，实现查询对数据的“按需访问”；减少数据宽度主要是通过数据压缩技术缩减数据存储宽度，数据压缩能够显著地减少数据存储空间，提高数据访问的磁盘 I/O 和内存带宽效率，从而提高内存数据访问性能，但需要在压缩数据访问收益和解压缩代价之间进行权衡，适宜采用轻量数据压缩技术提高数据访问整体性能；内存数据访问以 cache line（64 个字节）为单位，提高内存数据访问性能的有效途径是提高 cache line 中的数据命中率，减少内存数据访问时的 cache miss，需要通过数据结构优化设计提高 cache line 中的数据利用率。

通用处理器采用多级 cache 优化内存数据访问延迟，内存数据访问性能的关键是提高数据在 cache 中的局部性（locality），以 cache size 为基准优化频繁访问数据集大小，提高 cache 命中率，这种内存访问优化技术称为 cache-conscious design。随着高性能计算技术的发展，硬件加速器成为新兴的高性能计算平台，以英伟达 GPGPU 和 FPGA 为代表的硬件加速器成为新的计算引擎，而在硬件架构上，硬件加速器与通用 CPU 有显著的差别，芯片上集成了越来越多的计算单元而非 cache 单元，支持更多的处理核心、硬件级线程和更高的向量计算宽度，cache 容量相对通用 CPU 减少，大容量、高带宽内存成为新的“LLC”，数据访问优化从提高 cache 命中率转变为通过大量并发内存访问线程和零代价线程切换来掩盖内存访问延迟的机制，查询优化实现技术有了很大的不同，这就要求内存数据库查询优化技术的设计需要充分考虑当前处理器平台和未来处理器平台的特征，以可扩展的优化技术满足当前通用 CPU 和未来协处理器计算平台性能优化的需求。

4.1 存储模型优化技术

数据存储模型对数据库性能有较大的影响。传统的以事务处理为目标的数据库以记录为存储单位，优化的重点是数据库的 I/O 性能，采用将记录各属性连续存储的行存储模型能够保证在一次 I/O 中访问全部记录的属性。随着企业数据量的快速增长，大数据的分析处理成为重要的应用需求。在实际的数据仓库应用中，事实表可能包含上百个度量属性，而分析处理任务通常只面向较少属性的分析操作，采用将属性值连续存储的列存储模型能够实现对较少的属性访问时不产生无效的其他属性数据访问代价。当行存储数据库应用于分析型任务时，较少的属性的访问仍然需要读取全部的记录，并不能真正地减少数据访问的 I/O 数量；与此相对，当列存储数据库应用于事务处理时，记录的更新需要全部或多个属性的访问，从而产生多个 I/O 操作代价。因此，行存储与列存储模型有各自适合的应用场景，具有各自的优缺点，数据库需要根据各应用的特点和负载的特征选择适合的存储模型。当前数据库领域典型的存储模型主要有行存储、列存储和混合存储模型。

4.1.1 行存储模型

传统的面向事务处理的数据库通常采用行存储模型（N-ary Storage Model，NSM），即将表的各个属性连续存储的模型。如图4.1所示，关系中元组的各个属性值连续存储在页面中，PAGE HEADER 记录了元组属性元数据，页面尾部存储有元组在页面中的偏移地址。当元组各属性为定长字段时，元组的长度相同，各元组的偏移地址可以通过偏移地址计算得出，而当元组中包含变长字段时，则需要通过页面中的元组偏移地址结构获得各元组访问的地址。

	ORDERKEY	ORDERSTATUS	TOTALPRICE	ORDERDATE
1	1	O	173665.47	1996/1/2
2	2	O	46929.18	1996/12/1
3	3	F	193846.25	1993/10/14
4	4	O	32151.7	1995/10/11
5	5	F	144659.2	1994/7/30
6	6	F	58749.59	1992/2/21
7	7	O	252004.18	1996/1/10
8	32	O	208660.75	1995/7/16
9	33	F	163243.98	1993/10/27
10	34	O	58949.67	1998/7/21

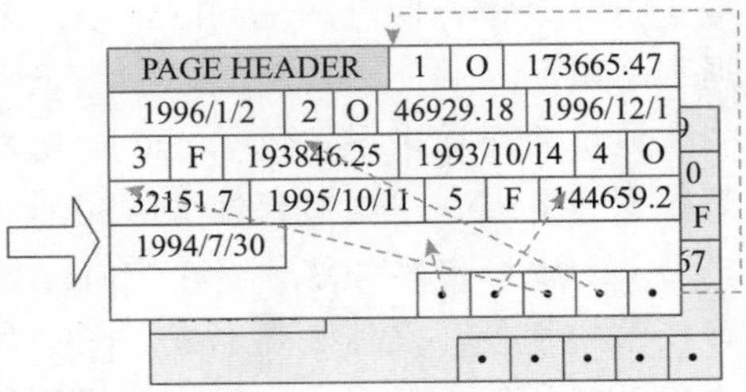

图 4.1 行存储模型（NSM）

行存储的页面在记录写入时确定了元组在页面中的位置，当元组更新时，特别是变长字段更新为更长的属性值时无法将更新后的数值写入元组原始的存储地址区域中。行存储数据库在元组更新时通常采用异位更新模式，即删除原始记录并插入更新后的记录。当表结构发生变化时，如增加或删除表中的属性，行存储模型不能动态改变记录的物理存储结构，表结构的修改产生较大的记录重新整理代价。

行存储模型主要应用于事务处理数据库系统，事务的对象是记录的全部或大部分属性，行存储模型保证一个 I/O 访问中能够访问记录全部的属性。行存储数据库的 I/O 性能对投影率不敏感，即使查询的投影操作中只涉及较少的属性列，也需要访问全部的数据页面，无法实现在物理存储层上的“投影”操作，而分析型处理通常是在大量的属性中选择少数的属性进行处理。行存储的这种特征在分析型负载中导致 I/O 效率低，查询性能差。

针对行存储模型的缺点，典型的优化技术是垂直分区，即将表划分为多个垂直分片，每个分片中包含在查询负载中相关度较高的属性子集，从而使查询任务可以在较小的数据分片上执行，提高 I/O 效率。垂直分片的划分需要根据查询负载的特点来设计，当查询负载的数据相关性特点变化时需要重新划分物理分区，并且需要额外的分区连接操作完成跨分区的查询处理任务。

行存储数据库在表扫描时从磁盘加载了全部数据，I/O 时间通常长于查询处理时间。对于并发查询而言，表扫描的过程能够为多个不同的查询任务提供共享的数据，基于大数据表的循环扫描可以实现共享 I/O 上的并发查询处理，在一次 I/O 时间内完成尽可能多的查询处理任务。图4.2为一种基于磁盘事实表循环共享扫描的并发查询处理技术，磁盘数据加载到内存后，每一条元组通过并发查询的连接过滤器（Filter）和聚集分发器完成并发查询处理。并发查询处理时间随并发查询数量的增长而增加，理想的情况是 n 个并发查询对一个 I/O 块内元组的内存处理时间等于 I/O 的访问时间，从而最大化磁盘顺序访问性能，最大化查询处理效率。

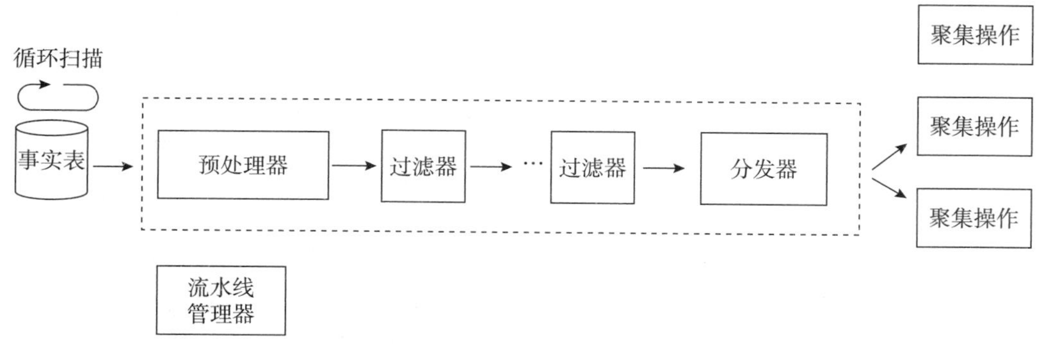

图 4.2 基于共享扫描的并发查询处理[1]

4.1.2 列存储模型

列存储模型（Decomposition Storage Model，DSM）是指将数据库的表分解为独立存储的列，在查询的投影操作中只需要访问所需属性对应的数据，避免行存储模型从磁盘上读取全部的数据并在内存处理时抛弃查询无关的属性所带来的存储访问的低效率。列存储在只有少量属性需要访问的分析型负载中具有较好的 I/O 和内存带宽效率，随着近年来大数据分析技术的升温已成为分析型数据库或系统的主流存储模型。

图4.3为列存储示意图。将二维表分解为独立的列结构后仍然需要遵循关系操作，需要动态地将列再转换为关系，即将列组合为行。图 4.3 显示了两种不同的列存储方案，左图表示将关系分解为列时为每个列附加一个统一的行标记，通常使用代理键表示列的 OID。在查询处理时需要通过 OID 指示列中满足查询条件的记录位置，根据统一的记录位置将各列中相应的数据组合为行记录。OID 增加了列冗余的存储空间，当列上的操作产生的 OID 结果集较大时，作为物化中间结果的 OID 列也需要消耗较大的存储空间。右图为采用虚拟 OID（virtual OID）的列存储模型，当各列为定长数据时，列中数据项可以根据位置计算出其偏移地址，不需要每个列存储冗余的 OID，从而消除冗余的存储空间开销。

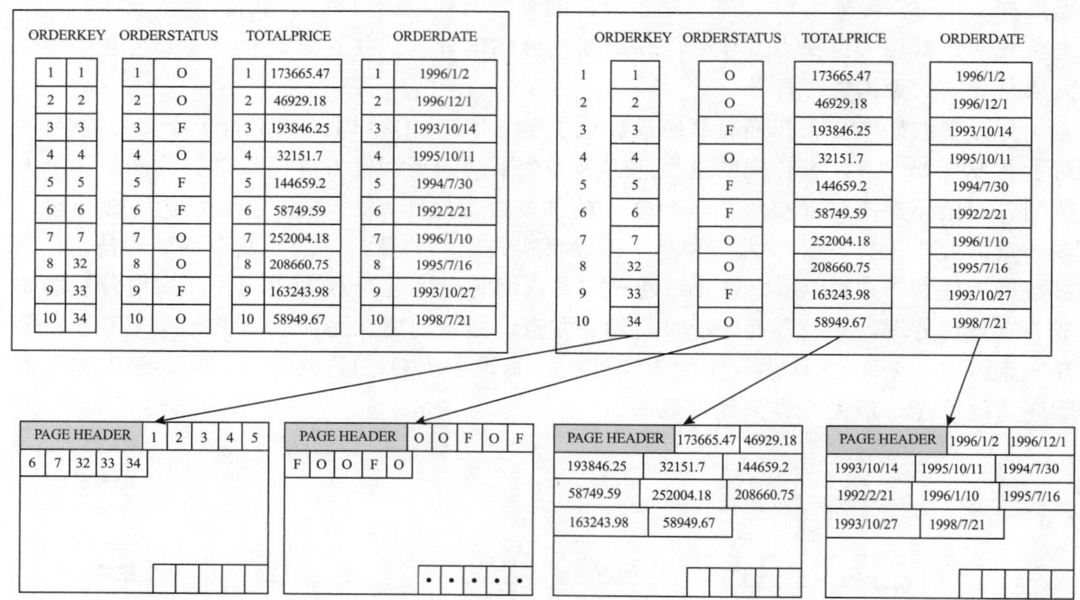

图 4.3 列存储模型（DSM）

列存储数据库通常将变长属性值集中存储，在列中存储各属性值在存储空间的偏移地址，从而将变长属性存储为定长属性，支持 VOID 机制。图4.4为内存列存储数据库 MonetDB 的 BAT（Binary Association Table）Algebra 列存储模型，数据列存储为内存数组，数据下标作为虚拟 OID 使用，变长字符串属性"name"存储在内存连续地址空间中，"name"列中存储变长属性值在存储地址中的偏移地址，实现变长列数据的定长转换。OID 不仅可以用作数据列隐式的偏移地址，也可以用作查询中间结果显式的记录位置指示，如图4.4中选择 1927 年记录操作的结果记录在 OID 中，存储满足条件记录的 OID 序列。

在分析处理负载中，列存储相对于行存储的性能优势主要体现在两个方面。

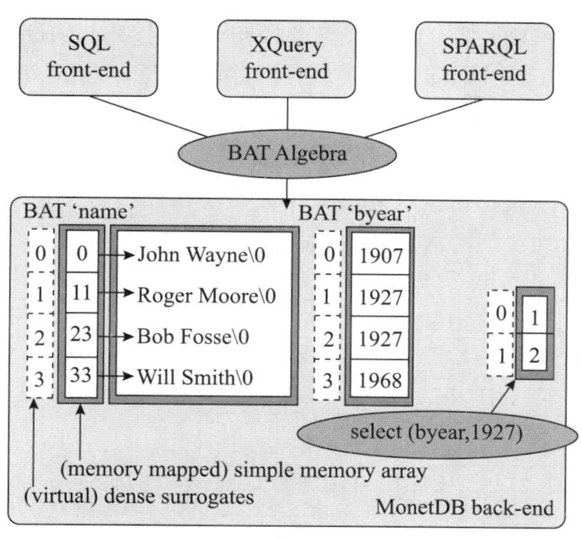

图 4.4　MonetDB 基于 BAT Algebra 的列存储模型

1. 提高存储访问效率

提高查询性能的一个重要方法是减少查询需要访问的数据量，主要技术手段是提高数据访问效率和数据压缩。

（1）提高数据访问效率。在关系中提高数据访问效率一方面需要直接访问指定的投影列，另一方面需要直接访问满足选择条件的行以实现最小化数据访问。图4.5为行存储模型上的选择和投影操作。由于元组连续存储在一起，查询需要读取完整的元组，然后再根据选择条件“ORDERSTATUS='O' AND ORDERDATE<'1996/1/1'”对元组进行筛选，选择满足条件的元组并读取输出属性 TOTALPRICE 进行聚集计算。在查询处理时执行的是全表扫描操作，数据访问的 I/O 和内存带宽消耗较高。

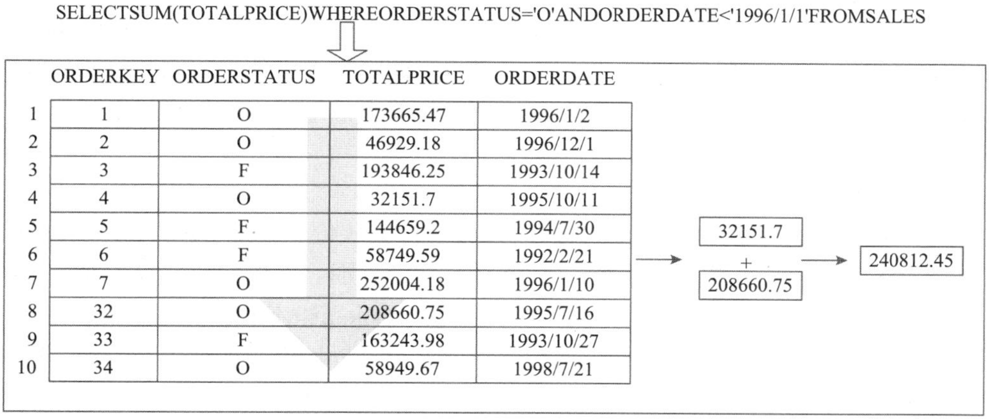

SELECTSUM(TOTALPRICE)WHEREORDERSTATUS='O'ANDORDERDATE<'1996/1/1'FROMSALES

	ORDERKEY	ORDERSTATUS	TOTALPRICE	ORDERDATE
1	1	O	173665.47	1996/1/2
2	2	O	46929.18	1996/12/1
3	3	F	193846.25	1993/10/14
4	4	O	32151.7	1995/10/11
5	5	F	144659.2	1994/7/30
6	6	F	58749.59	1992/2/21
7	7	O	252004.18	1996/1/10
8	32	O	208660.75	1995/7/16
9	33	F	163243.98	1993/10/27
10	34	O	58949.67	1998/7/21

32151.7 + 208660.75 → 240812.45

图 4.5　行存储模型上的选择和投影操作

图4.6显示了列存储模型上的查询处理过程。首先根据查询条件访问第一个选择条件列 ORDERSTATUS，根据筛选条件“ORDERSTATUS='O'”进行过滤，并通过选择向

量存储满足条件记录的 OID 值；然后根据选择向量中记录的 OID 按位置直接访问下一个条件列 ORDERDATE，根据筛选条件“ORDERDATE<’1996/1/1’”将满足条件的记录的 OID 更新到选择向量中；最后根据选择向量中的 OID 按位置访问（positional join）TOTALPRICE 列并对指定数据项进行 SUM 计算，得到最终的查询结果。

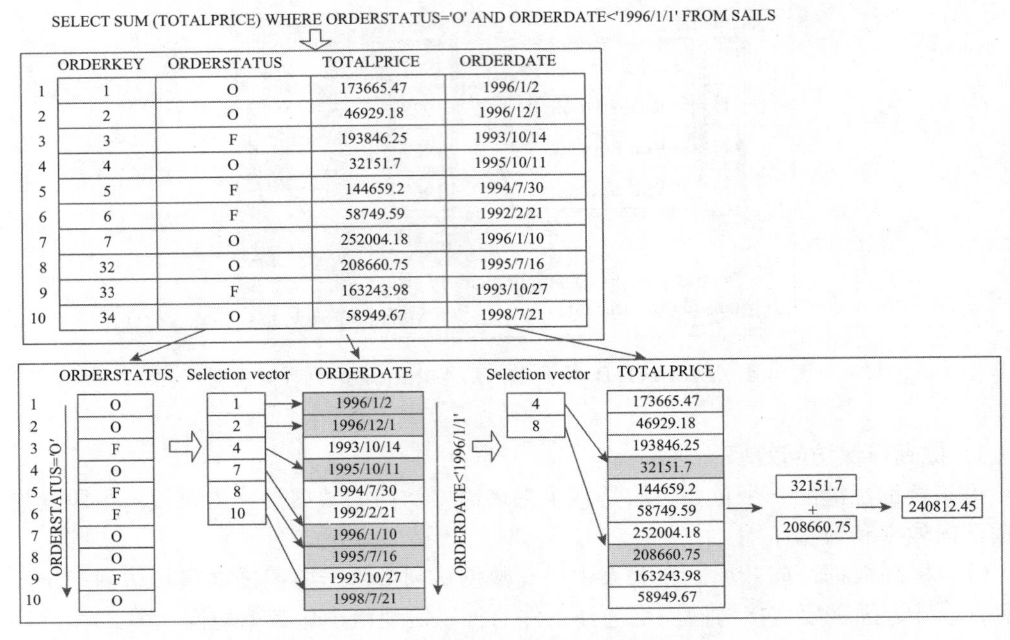

图 4.6 列存储模型上的选择和投影操作

列存储首先保证投影操作只访问指定的列，然后通过选择向量在执行多个列上的选择操作时跳过前一个选择条件过滤掉的列数据项，减少无效的列数据访问，从而提高系统 I/O 和内存带宽的利用率。

（2）数据压缩。数据压缩是提高数据访问性能的重要手段。列存储实现将相同数据类型、相同语义的数据集中存储，从而相对于将不同数据类型数据存储在一起的行存储模型具有更高的压缩效率。列存储数据压缩技术能够有效地减少数据存储空间，提高查询的 I/O 和内存带宽效率，缩短查询执行时间。

2. 提高查询处理性能

内存数据库消除了传统数据库的磁盘 I/O 代价，其代价主要是 CPU 执行代价。CPU 代价主要体现在代码执行效率和 cache 访问效率两个方面。不同的存储模型对应不同的查询处理模型：行存储数据库主要采用一次一记录（tuple-at-a-time）的迭代处理模型，在操作符间一次只传递一条记录，指令的利用率低，也难以使用当前处理器主流的向量计算（SIMD，单指令多数据）技术。行存储的查询实现技术相对比较复杂，在一条记录的处理过程中函数调用代价较高，指令的局部性较低。列存储数据库采用一次一列（column-at-a-time）的查询处理技术，能够充分利用当前处理器的向量计算技术实现并行计算，提高 CPU 指令的执行效率，其将查询分解为一系列简单的列操作符，算法实现相对简单，代码的执行效率较高。列存储一次一列的处理方式必须依赖物化的中间结果记录列与列之间的对应关系，将多属性访问转换为列间的连接操作，既增加了物化数据的存储代价又增加了额外的列间连接操作。

行式查询处理模型是一种流水线处理模型，可以最小化查询中间结果的缓存代价，列式查询处理模型需要将列操作结果进行物化，增加了内存中间结果物化开销。向量化查询处理模型对列存储数据进行水平划分，划分为适合 L1 cache 处理的向量大小（通常为 1 024），查询处理采用一次一向量（vector-at-a-time）的处理模式，从而将列存储的中间结果物化在 cache 中，既保证了列式查询处理模型较高的代码效率，又优化了列存储中间结果的物化开销，可以看作是一种面向 cache 机制的向量粒度的迭代处理模型。

行式查询处理模型、列式查询处理模型、向量化查询处理模型和实时编译查询处理模型是比较有代表性的几种查询处理技术，分别从内存访问效率、代码执行效率、cache 访问效率等方面优化查询处理性能。

传统的查询处理模型是基于行存储结构的迭代处理模型，查询引擎基于查询树迭代解析每条记录，完成查询处理过程。图4.7显示了查询 Price*Quantity*(1-Tax) 表达式的不同查询处理过程。

如图4.7（a）所示，行式查询处理模型需要查询执行引擎迭代访问每一条记录，为每一条记录查询关系的元数据，解析查询属性偏移地址并访问查询相关的属性，计算并累加查询表达式。在行式查询处理模型中，重复执行的记录迭代解析及相应的函数调用执行代价较高。

如图4.7（b）所示，列式查询处理模型一次解析并处理整个列，如执行 Price 列和 Quantity 列中所有记录的乘积操作，中间结果记录在 ToPrice 临时列。然后中间结果列 ToPrice 再与 Tax 列执行 ToPrice*(1-Tax) 计算，列计算结果存储在中间结果列 Results 中，最后通过对 Results 列中记录的累加计算出查询结果。列式查询处理模型数据解析和函数调用用于处理全部的列数据，执行代价被大量记录分摊。但一次一列的处理模式需要较大的临时列暂存中间结果数据，产生较大的内存空间消耗和访问代价。

如图4.7（c）所示，向量化查询处理模型基于 cache 大小将列数据水平划分为适当大小的向量（如 1 024 个数据作为一个向量），查询处理引擎以向量为单位执行查询处理任务，记录的解析和函数调用代价被向量中的数据分摊，而且向量化的中间结果列存储于低延迟的 cache 中，既具有列式查询处理模型较高的执行效率，又消除了列式查询处理模型中间结果暂存的内存代价，实现了 cache 内的查询处理，提高了查询处理性能。

向量化查询处理模型结合了行迭代流水处理模型和列式查询处理模型的优点，是当前内存数据库的代表性优化技术，具有较高的 cache 访问效率。随着编译器技术的发展，现代数据库应用实时编译技术将查询任务编译为高效执行的机器码或中间级字节码，最小化记录解析与函数调用代价，提高代码执行效率。向量化查询处理与实时编译技术是现代内存数据库代表性的优化技术。

列存储模型采用适合分析处理的按列存储技术，在数据更新时相对于按行存储的方式更为复杂。图4.8为 MonetDB/X100 中的更新机制。删除的记录首先将其 ID 记录在删除向量中，插入的记录在独立的 delta 列中以 append 的方式追加。delta 列与数据列存储在相同的 chunk 中，以保证数据更新操作只产生一个 I/O。update 操作转换为一

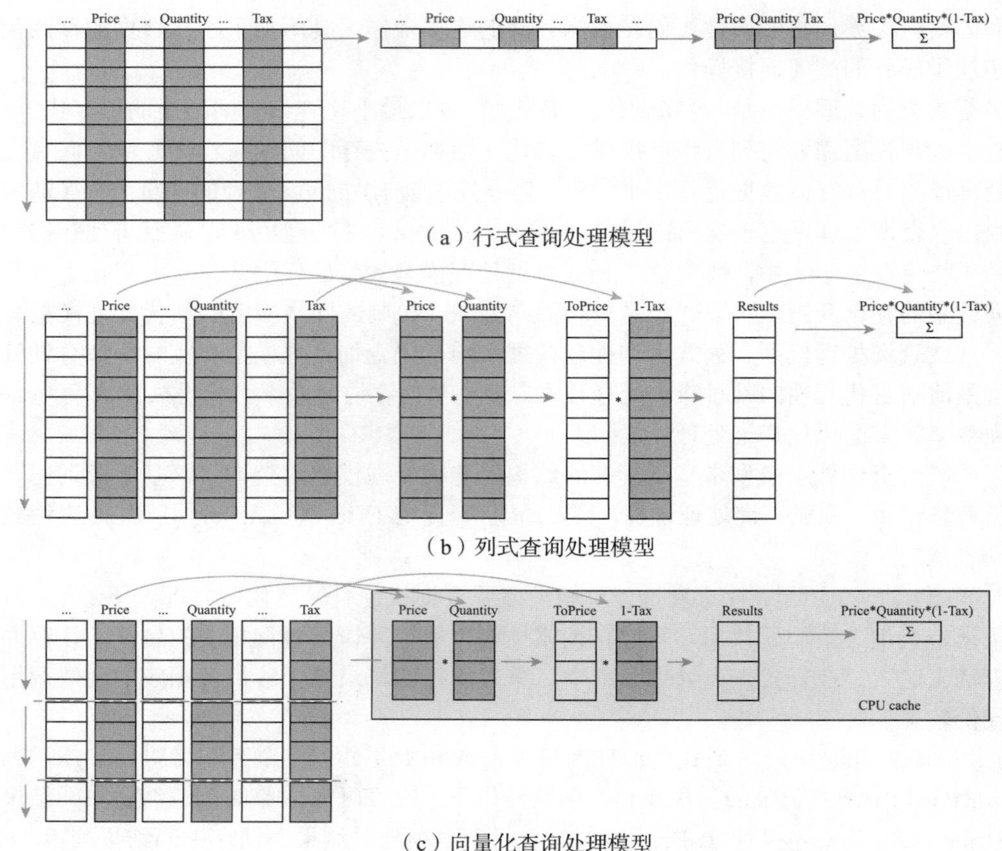

（a）行式查询处理模型

（b）列式查询处理模型

（c）向量化查询处理模型

图 4.7　查询处理模型

个 delete 操作和一个 insert 操作。数据更新导致 delta 列不断增长，当 delta 列的大小超过表的设定比例时，需要对表进行重新整理，将 delta 列合并到表中，清空 delta 列。

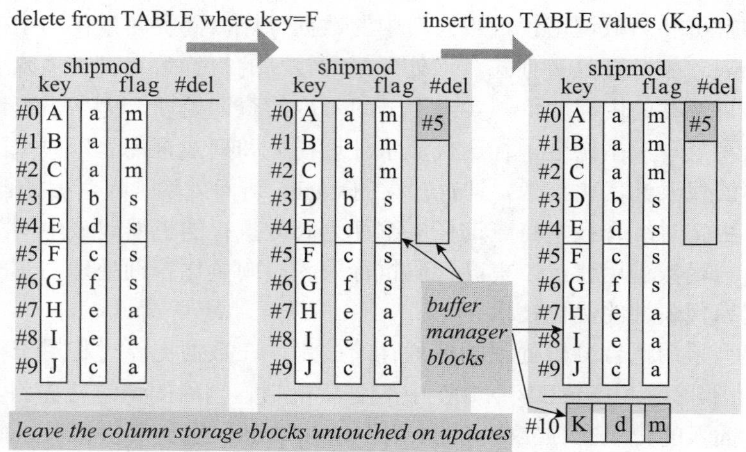

图 4.8　列存储基于 delta 表的更新机制[2]

在数据库系统中，列存储数据通常为分块压缩存储数据，更新代价较高。为了支持在列存储系统上在线更新数据，Positional Delta Tree（PDT）数据结构设计的目标是在不牺牲读优化系统的读性能优势的前提下支持事务一致性更新。PDT 是存储在内存中的结构记录列数据上的更新操作，充分利用现代大内存硬件平台，采用基于位置的方法最小化持久数据与更新数据的合并代价。

PDT 支持三种类型的更新操作：Insert、Delete、Modify。如图4.9所示，Stable Table 表示存储在磁盘上的列存储表，SID 与 RID 相同。PDT 是一个 B ＋树结构，存储更新信息（SID，TYPE，VALUE），SID 是持久表的位置，TYPE 表示 I、D、M 三种更新类型，VALUE 是更新值。RID 设置为 SID ＋ DELTA，DELTA 值等于其对应子节点的插入数减去删除数，如果是子节点而非叶节点，DELTA 值则等于子节点 DELTA 值之和。例如，最左侧叶节点表示在 Stable Table 表记录 SID 为 0 的记录之前插入两条记录，值为 a，修改记录 SID 为 2 的记录值为 b，删除 SID 为 3 的记录，RID 对应 SID 依次加上增加的记录数量 0、1、2、2，即 RID 为 0、1、4、5。左侧非叶节点指向三个下级节点，DELTA 分别存储子节点 DELTA 值之和 1、3、−1，代表三个子节点中 DELTA 分别为 2（I）−1（D）、3（I）、1（I）−2（D），相应记录的 RID 则分别为 0（(SID）0+0)、1（(SID）0+1)、4（(SID）2+2)、5（(SID）3+2)，未修改记录 A 和 B 的 RID 则为 2（(SID）0+2）和 3（(SID）1+2)，SID 为 3 的记录 D 的 RID 为 5，SID 为 4 的记录 E 的 RID 为 4+1=5，覆盖了删除掉的 D 的位置……通过 RID 的计算生成图中右侧合并之后的更新列数据。

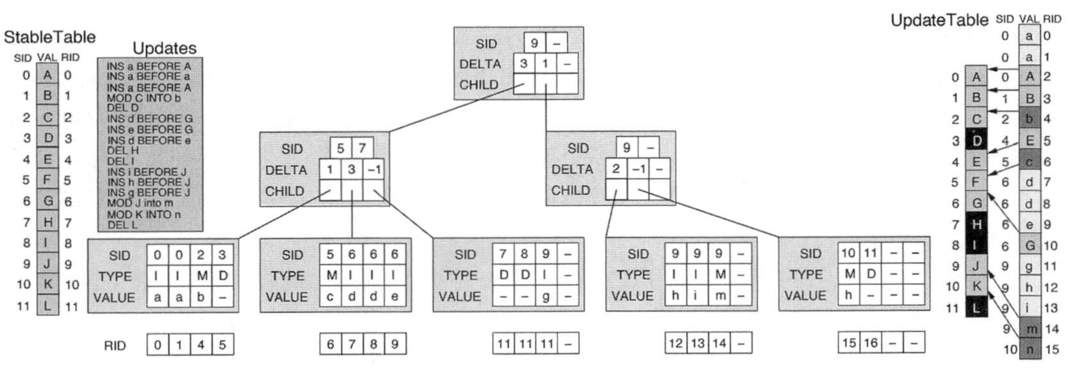

图 4.9　PDT 示例[3]

PDT 通过内存更新树记录持久列数据上的更新操作，并通过位置计算快速生成与更新数据合并后的列数据，支持读优化列存储上的实时更新。

4.1.3　混合存储模型

单一的行存储和列存储模型都有其适用的应用场景。面向应用的多样性，学术界和产业界提出很多混合存储模型方案。

1. PAX（Partition Attributes Across）

在行存储模型中，如图4.10（a）所示，元组的各个属性在页面上连续存储。每一个元组包含一个记录头（RH）结构，包含了一个空的位图、变长数据偏移地址和其他信息。由于元组中包含变长字符串数据，因此需要通过页面末尾的记录指针存储每个元组在页面中的偏移地址。当页面从磁盘加载到内存并被处理时，CPU 将数据按 cache line（block）大小为单位加载到 cache 中。如果查询访问的单位是整个元组，则查询优化的重点是将数据按 cache line 大小（通常为 64 字节）对齐，尽量将元组访问安排在一个 cache line 中减少跨 cache line 的元组访问，从而降低数据访问时的 cache miss。一般采用数据对齐技术来优化数据在 cache line 中的分布。当查询中只涉及较少的属性访问时，如对图4.10（a）中的关系 R 只对 Age 属性进行聚集计算，需要访问 4 个 block 才能读取 4 个 Age 属性，数据访问效率为 4×4(bytes)/cacheline_size(64bytes)×4=1/16。

在列存储模型中，如图4.10（b）所示，关系 R 按属性分解为若干个子关系，每个子关系包含一个全局逻辑记录 ID 和一个属性，每个子关系独立存储。列存储模型对于分析型负载中只访问少量属性的查询处理模式非常适合，当对 Age 属性进行聚集计算时，只需要访问 Age 属性所在的子关系，磁盘 I/O 与内存带宽效率得到充分的利用，消除了数据访问时的无效数据扫描代价。列存储需要记录每一个列数据在关系中对应的记录号以实现将相同记录在列间连接的过程，如果记录号显式地存储在列数据中，则增加了额外的存储代价。MonetDB 采用的 VOID 存储技术用数组下标隐式地表示记录号，从而节省了记录 ID 的存储开销，避免了列存储所造成的数据膨胀，但这种 VOID 技术需要将变长数据转换为定长表示才能保证列数据的隐式访问。在 VOID 的基础上，MonetDB 采用位置抽取（positional-lookup）技术按数组下标直接在各列上按偏移地址访问，提高了内存列存储数据的行式访问效率。由于列存储数据库将一个元组的各个属性存储在不同的物理位置，当查询需要同时访问多个属性时，如更新操作或多属性访问操作，需要从不同的磁盘存储位置或内存地址区域访问数据，产生大量的随机访问，尤其对磁盘产生较大的性能影响。

图4.10（c）所示的混合存储 PAX 技术是一种页面内列存储技术，即将一个页面内的行记录转换为列存储方式。如图4.10（d）所示，一个物理页面被细分为若干个子页面（mini-page），每个属性在一个子页面中按列存储。在 page header 数据结构中记录了各个 mini page 在页面内的偏移地址、属性的数量、记录数量、属性数据宽度等信息，在每个 mini page 内数据连续存储，定长属性在 mini page 尾部保留一个记录位图，变长属性在 mini page 尾部保留指向记录偏移地址的指针序列。一个 I/O 将多个元组加载到内存，在内存访问时按列访问所需要的数据，提高 cache line 访问效率。PAX 并没有优化磁盘 I/O 效率，而是优化了内存数据访问效率，对于更新操作或多属性访问操作能够减少磁盘 I/O 代价，在内存中能够减少 cache line miss 代价。

2. Data Morphing 存储

PAX 模型解决了查询中包含对多个属性访问时的 I/O 性能问题，但在内存访问过程中多个属性的访问仍然产生较多的 cache line 操作。在分析型负载中，查询通常涉及

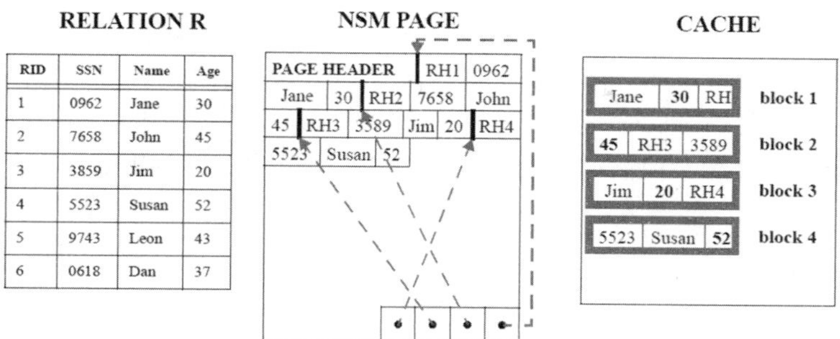

（a）NSM模型和数据的cache访问

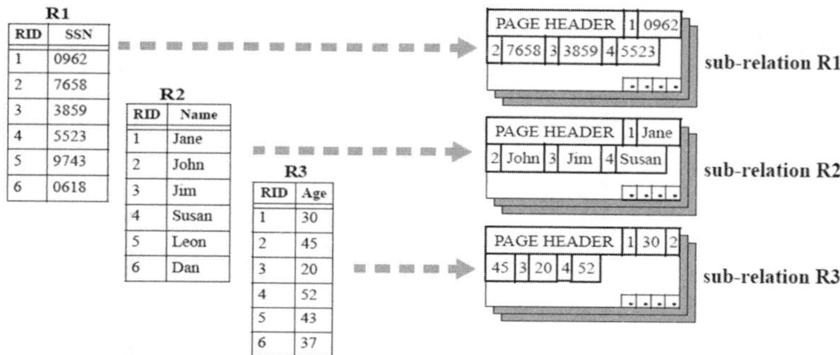

（b）DSM模型和数据的cache访问

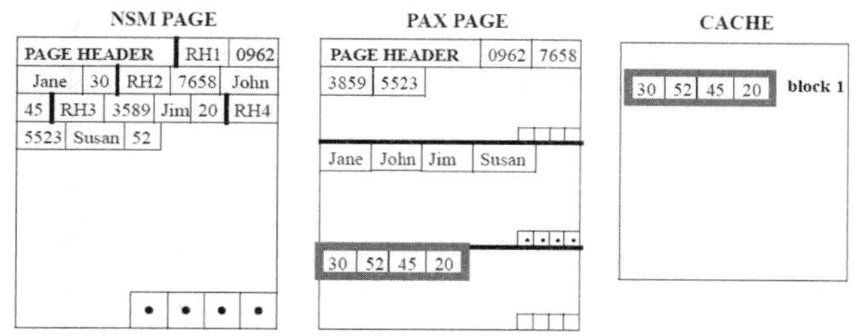

（c）混合存储PAX模型和数据的cache访问

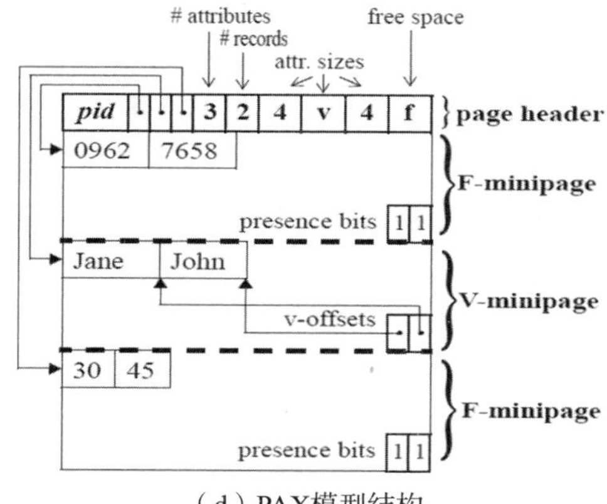

（d）PAX模型结构

图 4.10　NSM、DSM 和 PAX 存储模型对比[4]

多个相关属性，如在 TPC-H 中，查询中包含了较多的 (l_extendedprice * l_discount)、l_extendedprice * (1 - l_discount)、ps_supplycost * ps_availqty 等表达式，在计算表达式时需要从不同列的不同物理地址中访问相关数据，产生额外的 cache miss。

Data Morphing 是一种根据查询负载特征的属性分组（Attribute Grouping）存储技术，如图4.11所示，将查询中访问的相关属性 use 和 loc 作为属性组聚集存储。与 PAX 存储模型相比，相当于将相关性高的属性集用作一个 super attribute，从而在查询处理时在一个 cache line 内访问两个不同的属性值。属性分组存储技术对于一些具有典型语义关系的属性，如 TPC-H 中的 l_extendedprice&l_discount、ps_supplycost&ps_availqty 等属性集，能够在模式设计阶段确定其为相关性较高的属性，并通过查询负载验证将其作为属性组。属性分组存储技术在一些企业级数据仓库系统中能够更好地解决查询负载相对稳定的应用需求，一些列存储数据库，如 SAP HANA 等也使用组合列技术提高查询相关列的内存访问效率。

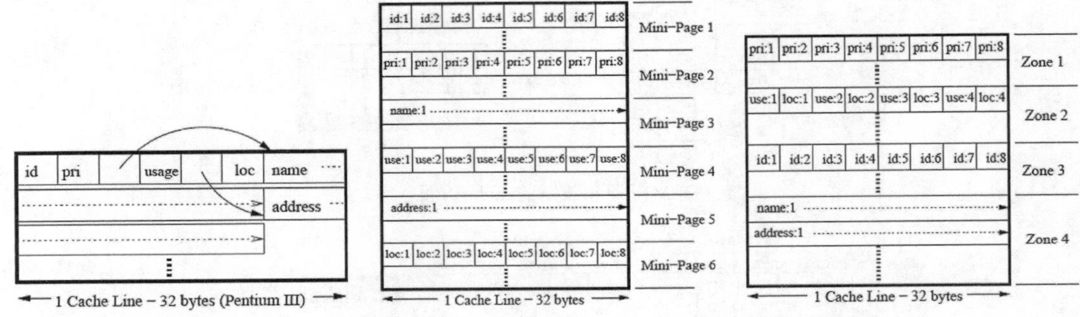

图 4.11 NSM、PAX 和 Attribute Grouping 存储模型对比[5]

属性分组的难度在于当查询负载变化时，属性之间的相关性若发生较大的变化，则原来优化的属性组物理存储结构难以对新的查询负载产生优化作用，甚至产生一定的性能负面影响。

我们进一步分析属性分组存储对不同查询性能的影响因素。假设我们在 TPC-H 数据存储中将 l_extendedprice 和 l_discount 属性作为相关属性组存储，当查询中使用表达式 l_extendedprice * l_discount 时，在一个 cache line 访问中能够获得 l_extendedprice 和 l_discount 属性值进行计算。当查询负载变化时，查询主要访问单一的属性，如 l_extendedprice 时，对于全表扫描操作而言，属性组中的两个连续存储的数据只有一个是有效数据，cache line 的数据访问效率只有 50%；但对于 OLAP 负载中典型的较小数据子集上的分析处理来说，列数据在过滤条件的作用下主要执行随机访问操作，当选择率较低时，每个满足条件的元组对应一个 cache line 访问，从 cache line 中读取一个数据对查询整体性能并没有产生额外的影响。具体来说，当 l_extendedprice 独立存储时，一次 cache line 访问能够读取 16 个元组（4 字节 ×16=64 字节），当查询的选择率低于 6.25%（1/16）时，每一次元组访问对应一个独立的 cache line 访问；当 l_extendedprice 和 l_discount 属性组合存储时，一次 cache line 访问能够读取 8 个元组（8 字节 ×8=64 字节），当查询的选择率低于 12.5%（1/8）时，每一次元组访问对应一个独立的 cache line 访问。对于低选择率的查询（如本例中低于 6.25%），属性分组存储方式在 cache line 性能方面没有影响；对于选择率较高的查询而言，属性分组存储对于相关性不高的属性访问将产生 cache line 效率上的差异。数据压缩技术能够进一步减少数据存储宽度，将进一步降低选择率阈值。

3. row group 存储和 rough set 过滤

Brighthouse 是一个列存储数据仓库引擎。在 Brighthouse 中，数据被压缩存储在 Data Pack 中，Knowledge Grid 是查询执行器和数据存储层之间的协调层，它的功能是在查询处理时排除掉那些不需要解压缩的 Data Pack 数据，从而优化 I/O 性能。

图4.12（a）显示了 Brighthouse 引擎的结构。记录以 64K（2^{16}）行的 row group 为粒度（称为 Row Pack）存储，以列的方式压缩存储在 Data Pack 层中，如图4.12（b）所示。row group 机制类似于 PAX 的 mini page 机制，采用的是定长记录数量的存储粒度。在 Data Pack 之上有两层元数据，第一层是 Data Pack Node，存储了 Data Pack 中数据对应的统计数据，如最大值/最小值、元组数、总和、空值数量等，如图4.10（c）中的 a）所示；第二层是 Knowledge Grid，包含了 Data Pack 更丰富的信息，如 Data Pack 和 Row Pack、列以及表的依赖关系等，如 Data Pack 内的数据分布直方图、表之间的 Data Pack 连接标志等。由于 Data Pack Node 和 Knowledge Grid 只存储了 Data Pack 的统计信息，其数据量占比通常低于 1%。

如图4.12（c）所示，Data Pack Node 中存储的统计信息记录了属性 A 和 B 对应的 Data Pack 里数据的最大值和最小值信息，在查询处理时先将查询条件与 Data Pack Node 的最大值和最小值进行匹配，查询条件在最大值和最小值之外时，该 Data Pack 与查询不相关（Irrelevant）；查询条件在最大值与最小值之间时，该 Data Pack 与查询相关（Relevant）；查询条件与最大值和最小值区域相交时，该 Data Pack 与查询可能相关（Suspect）。通过在较小的 Data Pack Node 元数据上的粗糙过滤操作，与查询条件不相关的 Data Pack 被直接排除，只有与查询条件相关或可能相关的 Data Pack 需要解压缩并进行记录级的查询处理。

Brighthouse 的 Row Pack 机制相当于基于定长记录水平分片的列存储技术，通过压缩技术减少数据存储和磁盘 I/O 访问代价。基于 Data Pack 元数据的粗糙过滤技术能够进一步降低查询处理过程中所需要访问的数据量。

4. Hybrid Columnar Compression

Oracle 的 Exadata 系统中采用了 Hybrid Columnar Compression 压缩存储技术，如图4.13所示。一个 Compression Unit 是一个 I/O 访问单位，在 Compression Unit 内部是压缩的列存储结构。Compression Unit 优化更新或多列访问时的数据 I/O 性能，同时通过数据压缩和列存储技术提高 I/O 和内存带宽的数据访问效率。

在数据压缩技术的基础上，Exadata 还支持存储索引技术，即为每 MB 数据在内存中建立汇总信息，可以对常用列自动收集汇总信息并在内存建立存储索引，如图4.14所示，通过存储索引过滤掉与查询条件不相关的磁盘数据块，提高 I/O 效率。

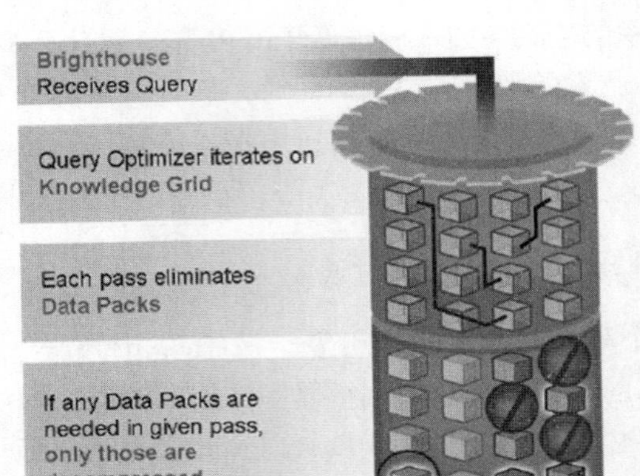

（a）Brighthouse结构

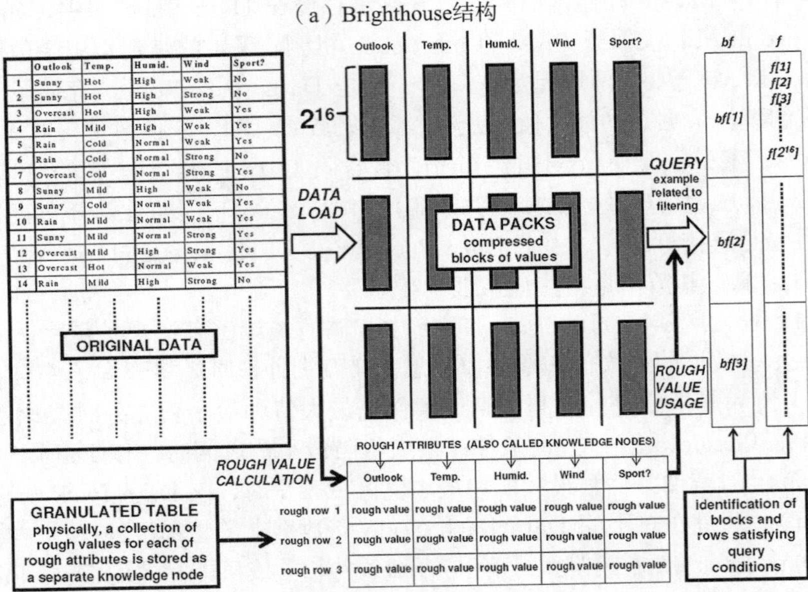

（b）基于row group的Data Pack存储

a)		b)		c)		d)	
Pack A1 Min = 3 Max = 25	Pack B1 Min = 10 Max = 30		S	S	S	I	I
Pack A2 Min = 1 Max = 15	Pack B2 Min = 10 Max = 20		S	I	I	I	I
Pack A3 Min = 18 Max = 22	Pack B3 Min = 5 Max = 50		S	S	S	I	I
Pack A4 Min = 2 Max = 10	Pack B4 Min = 20 Max = 40		R	I	I	I	I
Pack A5 Min = 7 Max = 26	Pack B5 Min = 5 Max = 10		I	I	I	I	I
Pack A6 Min = 1 Max = 8	Pack B6 Min = 10 Max = 20		S	I	I	I	I

（c）基于粗糙集的压缩数据过滤

图 4.12 Brighthouse 存储模型[6][7]

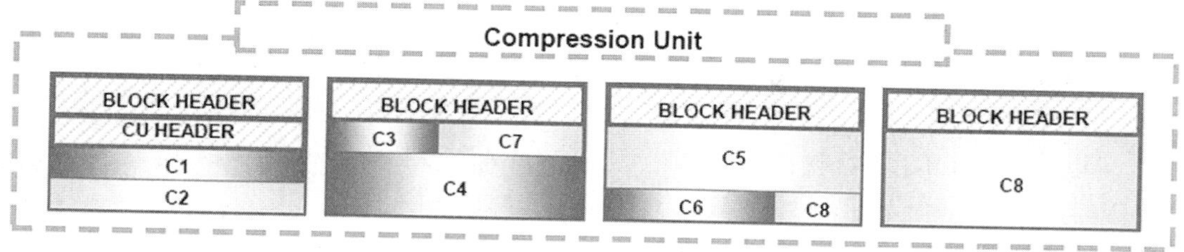

图 4.13　Compression Unit 存储模型[8]

Order date	Ship date	Cust ID	Prod ID	Amount
03-SEP-2009	19-SEP-2009	10075	32932	10,000.00
03-SEP-2009	05-SEP-2009	20098	20098	20,000.00
03-SEP-2009	07-OCT-2009	10089	20010	15,000.00
03-SEP-2009	01-OCT-2009	20100	10000	35,000.00
03-SEP-2009	19-OCT-2009	80300	30000	10,000.00
03-SEP-2009	03-NOV-2009	10000	2030	40,000.00

	MIN	MAX
Data Chunk #1		
Order_date	03-SEP-2009	03-SEP-2009
Ship_date	05-SEP-2009	07-OCT-2009
Cust_ID	10075	20098
Prod_ID	20010	32932
Amount	10,000	20,000
Data Chunk #2		
Order_date	03-SEP-2009	03-SEP-2009
Ship_date	01-OCT-2009	03-NOV-2009
Cust_ID	10000	80300
Prod_ID	2030	30000
Amount	10,000	40,000

图 4.14　存储索引

与 Brighthouse 相比，Hybrid Columnar Compression 技术是一种 PAX 存储模型与 Data Pack 存储模型的结合。它使用 Compression Unit 获得与 PAX 相同的 I/O 访问效率，通过存储索引获得与 Knowledge Grid 相同的查询性能。在存储索引的组织上更加接近于行存储数据库的方式。Hybrid Columnar Compression 在 OLTP 系统中可以用于压缩不活跃数据，活跃数据采用行压缩技术。对于分析处理任务，Exadata Columnar Flash Cache 技术支持双格式结构，自动将频繁访问的 Hybrid Columnar Compression 数据转换为 Flash Cache 中存储的纯列格式，在支持 OLTP 负载的同时加速 OLAP 处理性能。

Oracle 12c 引入了内存列存储（In-Memory Column Store）新特性[9]，每个列存储为一个单独的结构，作为数据库缓冲区的一个补充，数据可以以行和列的格式并存在内存中，Oracle 优化器能根据请求类型自动决定访问行存或者列存来加速请求执行。在内存列存储格式下，数据以 IMCU（In-Memory Compress Unit）为单位分块存储，内存存储索引（In-Memory Storage Index）会针对列存的数据块存储额外的索引元数据，例如列的最大值、最小值等统计信息，用于访问时快速过滤数据块，支持 SIMD、向量化处理加速 CPU 对数据的处理性能。

5. 列存储索引

SQL Server 2012 开始采用列存储索引（Column Store Index）技术，即为行存储表全部或指定的列创建列存储结构的索引，用于加速分析处理性能。如图4.15所示，行记录以 1M 行为单位划分为行组（row group），每个行组中的属性按列存储并进行压缩，采用字典表压缩技术的列需要在行组中存储字典表。每个列和相应的字典表以 blob 数据类型存储在 SQL Server 现有的存储机制中。SQL Server 2016 列存储索引支持操作分析，可以支持在 OLTP 负载上运行高性能实时 OLAP 分析处理能力。

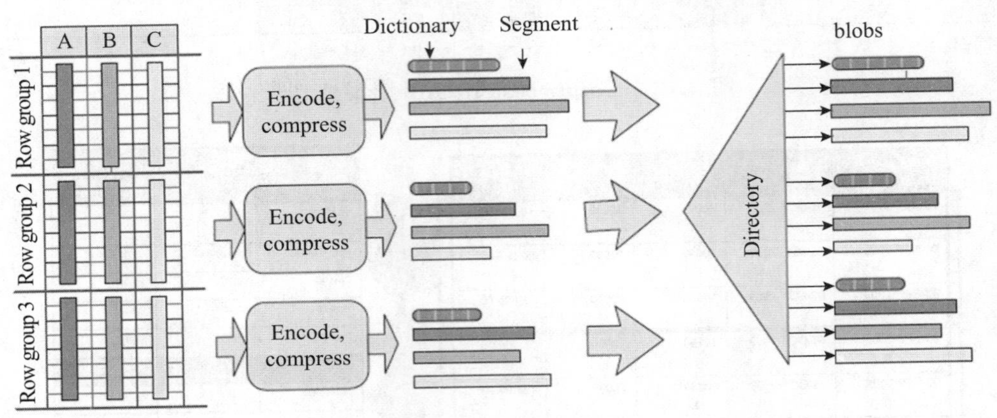

图 4.15 列存储索引[10]

图4.16显示了列存储索引在数据加载时的处理过程。数据按 1M 行划分为行组，每个行组内以列方式压缩每个行组。增量行组（DeltaStore）用于存储剩余的所有索引记录，一个列存储索引可以有多个增量行组，它是在列存储之外使用的 B +树索引，当存储的行满足阈值可以创建新的行组时，tuple-mover 的后台进程将增量行组从增量存储移动到列存储索引。列存储索引可以使用行组存储的 Min 和 Max 值加速查询处理，在行组上执行批处理模式，基于向量或向量化的执行加速查询处理。

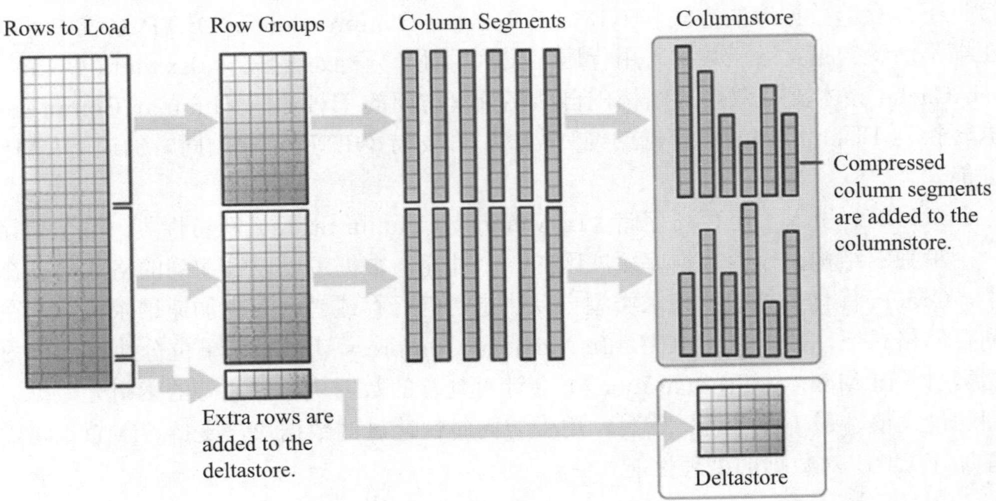

图 4.16 列存储索引与增量行组

资料来源：https://www.red-gate.com/simple-talk/databases/sql-server/t-sql-programming-sql-server/what-are-columnstore-indexes/.

列存储索引是索引形式的列存储数据，可以支持列存储索引数据的同步更新、在列存储索引上创建 B +树索引等功能，为传统数据库引擎提供灵活的列存储数据访问模式。

6. RCFile 存储模型

RCFile 是在 Hadoop HDFS 之上的存储结构，如图4.17所示，该存储结构遵循“先水平划分，再垂直划分”的设计思想，先将数据按行水平划分为行组，保证同一行的数据就存储在同一个集群节点；然后对行进行垂直划分，实现对行组内数据的按列访问。在 HDFS 块中，RCFile 以行组为基本单位来组织记录。也就是说，存储在一个 HDFS 块中的所有记录被划分为多个行组；对于一张表所有行组大小都相同，一个 HDFS 块会有一个或多个行组。

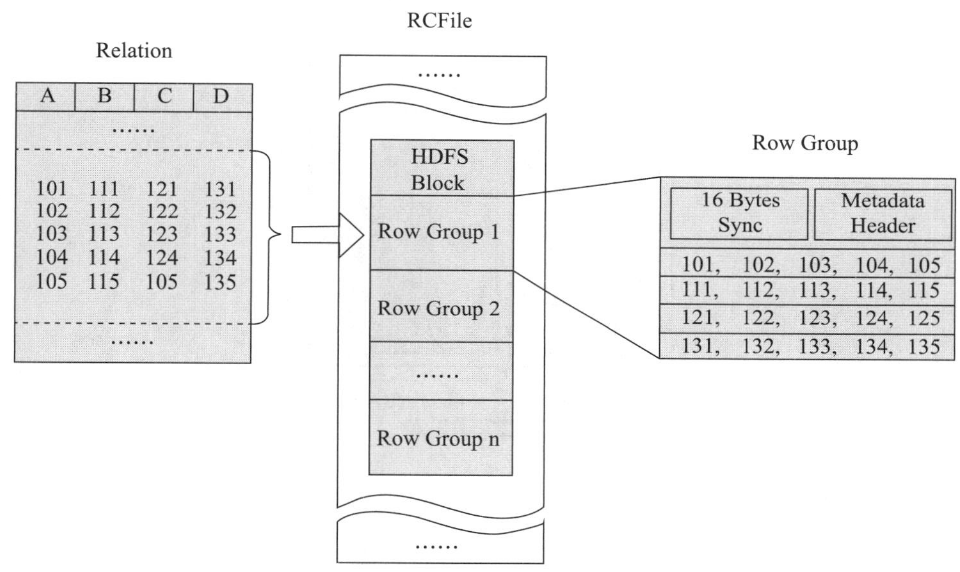

图 4.17 HDFS 块内的 RCFile 存储[11]

数据库的混合存储技术注重查询处理时的 I/O 效率，RCFile 存储模型更加侧重于 HDFS 块的集群访问效率，避免列存储模型所产生的相关列跨集群节点的访问代价。

7. Banked Layout

IBM Blink 系统[12][13] 通过对列中属性值的访问频率进行统计，采用哈夫曼编码为访问频率不同的属性值分配定长的位压缩编码，高频属性值分配短编码，低频属性值分配长编码。关系表按列属性频度划分为 cell 分区，在每一个 cell 分区内列采用定长编码，不同的 cell 分区中列属性值因频率的不同而采用不同长度的位编码。在 cell 分区内按字长（8，16，32，64 bit）将列组合到不同的 bank 中，并补充对齐位，如图4.18（a）所示，属性组的物理存储单位为 bank，提高了位数据存储的利用率。在存储单元中，如图4.18（b）所示，水平 bank 和垂直 bank 分区共存，垂直 bank 存储用于谓词操作和分组操作的属性列，垂直 bank 上的谓词处理后通过 RID 标识谓词结果，并在其他垂直 bank 中根据 RID 完成后续的数据访问，最后通过 RID 在水平 bank 中访问度量属性列。由于数据以字长 bank 为单位按位分组存储，bank 上的操作可以按寄存器长度（128、256、512 位）执行 SIMD 并行向量化计算，如图4.18（c）所示。

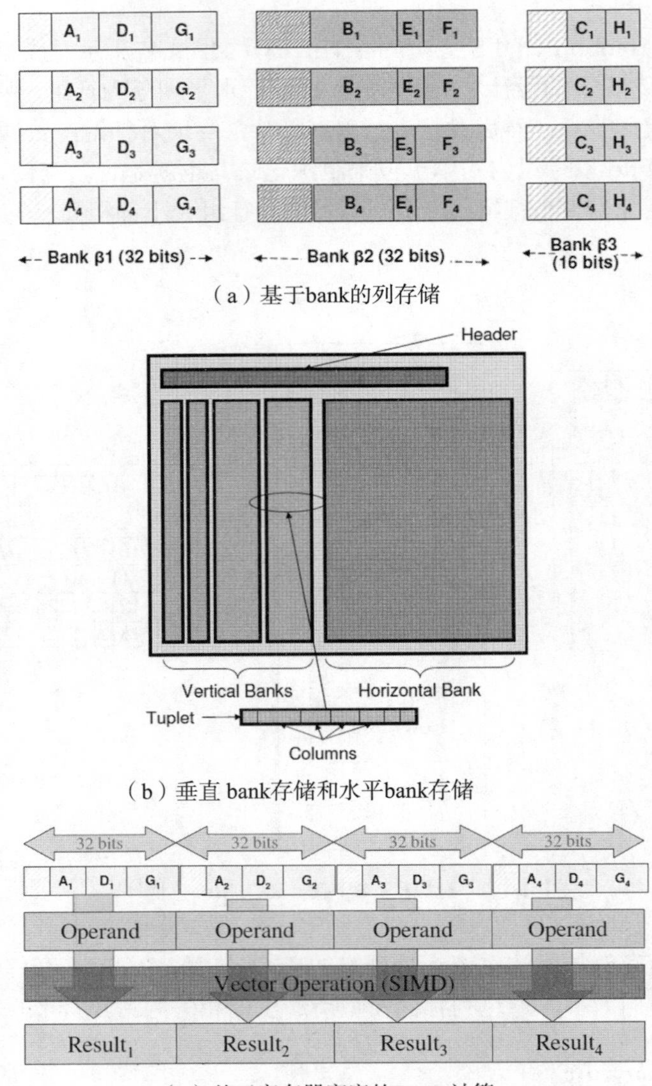

（a）基于bank的列存储

（b）垂直 bank存储和水平bank存储

（c）基于寄存器宽度的SIMD计算

图 4.18　Blink 系统的存储和计算模型[14]

Bank Layout 存储是一种面向寄存器运算优化技术的属性组混合存储模型，通过属性值访问频率分析产生最短位压缩编码，通过 bank 存储优化组合属性级存储和数据对齐问题，通过将常规谓词运算转换为位运算提高数据处理效率，并面向寄存器 SIMD 向量计算特性实现数据的并行处理。

8. Projection 存储

在 C-store 和 Vertica 系统中使用 Projection 作为表的物理数据组织方式。Projection 是表中排序的属性子集，Projection 可以看作一种特殊的物化视图，但区别于其他物化视图机制，Vertica 中不支持聚集表、连接物化视图等对象，只支持表上的 Projection。如图4.19所示，表被划分为两个 Projection，第一个 Projection 的 date、price、cid、cust、sale_id 各列按 date 列排序，第二个 Projection 的 cust、price 列按 cust 列排序，Projection 之间可以有重叠的列。Projection 通过水平分片存储在不同的节点上。在 Projection 采用编码压缩技术，不同的列可以采用不同的编码技术。由于 Projection 是排序的，因此编码的压缩效率通常优于普通的列存储数据库。

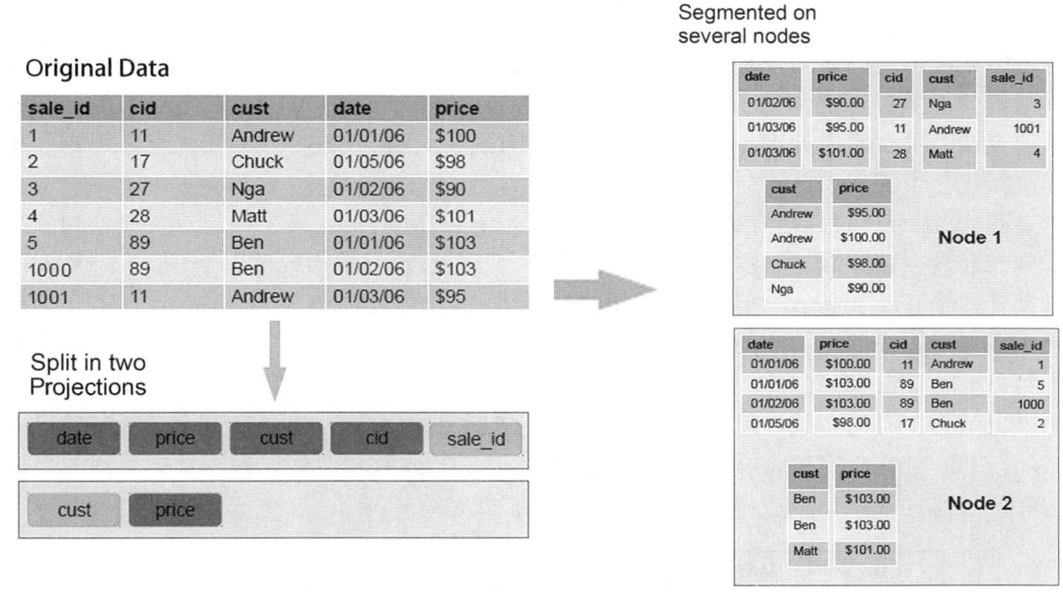

图 4.19　Projection 存储模型[15]

9. 面向 OLTP 和 OLAP 融合的存储模型

OLTP 和 OLAP 是数据库最重要的两个负载，但 OLTP 和 OLAP 负载具有完全不同的特性，在对处理器资源、存储能力、存储访问特性要求等方面具有显著的差异。传统的磁盘数据库系统受存储能力和处理器性能的约束，通常将 OLTP 和 OLAP 系统作为两个独立的系统设计，采用不同的存储技术、存储模型、查询优化技术，需要将 OLTP 数据库更新的数据周期性地通过 ETL 工具抽取到 OLAP 数据库中进行分析处理，这种分离的数据库系统设计复杂度较高，成本较高，难以保证查询处理的实时性。随着存储和处理器硬件技术的发展，尤其是基于高性能内存计算和 GPU 计算平台的内存数据库和 GPU 数据库技术的发展，数据库平台具有更加强大的存储能力和处理能力，可以支持将 OLTP 和 OLAP 负载部署在相同的硬件平台，实现 OLTP 和 OLAP 的融合，也简化了数据库系统设计，支持实时事务与分析处理。

OLTP 和 OLAP 数据库在存储模型方面有不同的需求。OLTP 数据库通常使用行存储结构，适合基于完整记录访问的事务处理，在分析处理时其连续的数据存储结构在使用较少属性的分析处理任务中存储访问效率较低。列存储模型面向分析处理而优化设计，但在更新操作中需要同时在多个列上进行访问，产生较多的 I/O 或 cache line 访问代价。列存储数据库面向读优化负载（Read Optimized Workload），不适合更新密集型负载。当前主流的列存储数据库主要支持 insert-only 类型的更新操作，简化并发控制机制。列存储数据通常采用数据压缩格式，而更新的数据采用原始格式并以行存储结构为主，因此 OLTP 与 OLAP 融合的系统中需要解决更新数据的存储、存储结构转换、数据压缩等问题。

OLTP 和 OLAP 融合首先要解决存储模型问题，代表性的存储模型有以下几种：

（1）统一存储模型。统一存储模型的基本设想是通过对表中记录热度的区分在统一的表中采用不同的布局，用于事务处理的热数据存储为适合 OLTP 处理的布局，用于分析处理的冷数据存储为适合 OLAP 处理的布局，通过逻辑抽象将不同布局的数据在统一的查询处理引擎中处理，同时，通过在线重组技术根据负载特征的变化对表的物理布局重新优化组织。

图4.20显示了 FSM 存储模型（Flexible Storage Model），表中的记录按属性划分为不同的连续存储区域。属性的子集构成 Tile，若干 Tile 记录构成 Tile group，一个表可以设置多个 Tile group，使用不同的记录布局方法，如图4.21中 Tile group A、B、C。记录在表中可以存储在不同的 Tile group 中，通过后台方式将一个 Tile group 中的记录复制到另一个 Tile group 中。例如，数据库中默认设置为新记录存储于 Tile group C 对应的以记录为中心的布局，当记录热度降低时，重新组织为适合 OLAP 查询的较窄的记录布局。Tile group 的布局可以在行存储、列存储、Tile 存储之间转换，根据负载的数据访问特征通过数据重组适应不同查询负载的需求。

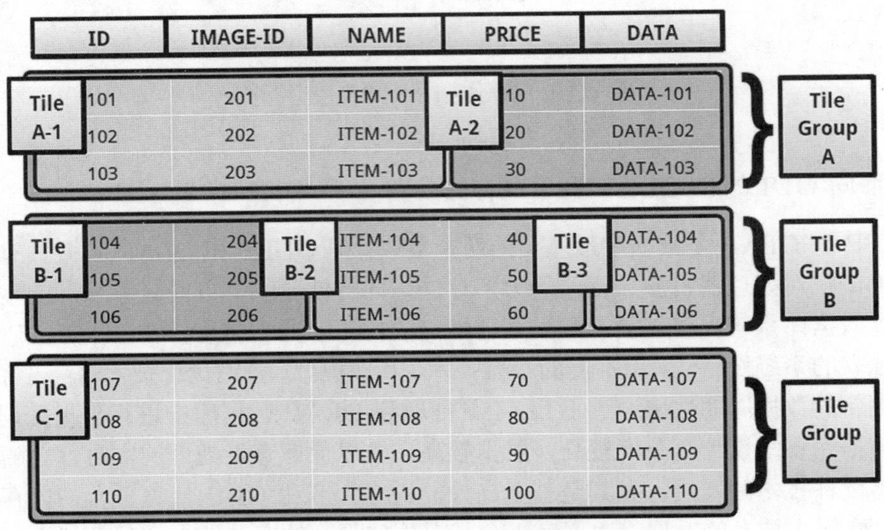

图 4.20 基于 Tile group 的存储模型[16]

（2）行存储为主，列存储加速分析处理。传统的数据库通常是基于行存储模型的 OLTP 数据库，如 Oracle、IBM DB2、Microsoft SQL Server 是传统关系数据库的典型代表。传统磁盘数据库的主要性能瓶颈在于慢速的磁盘 I/O 代价，除传统的存储访问优化、索引优化、缓冲区管理优化等技术之外，在传统的磁盘处理引擎的基础上通过集成内存数据引擎技术提升了数据库的实时处理能力。

Oracle TimesTen 和 IBM SolidDB 既可以用作独立的内存数据库，应用于大内存、高实时响应性场景，也可以作为大容量磁盘数据库的前端高速数据库缓存使用。

当前最新发展趋势是混合双/多引擎结构数据库。如图4.21所示，Oracle 推出了支持两种存储格式的内存数据库产品 Oracle Database In-Memory，行存储结构用于加速内存 OLTP 负载，列存储结构用于加速内存 OLAP 负载。列存储引擎是完全内存列存储结构，应用 SIMD、向量化处理、数据压缩、存储索引等内存优化技术增强数据库的分析处理性能，并可以扩展到 RAC 集群提供 Scale-Out 扩展能力和高可用性。

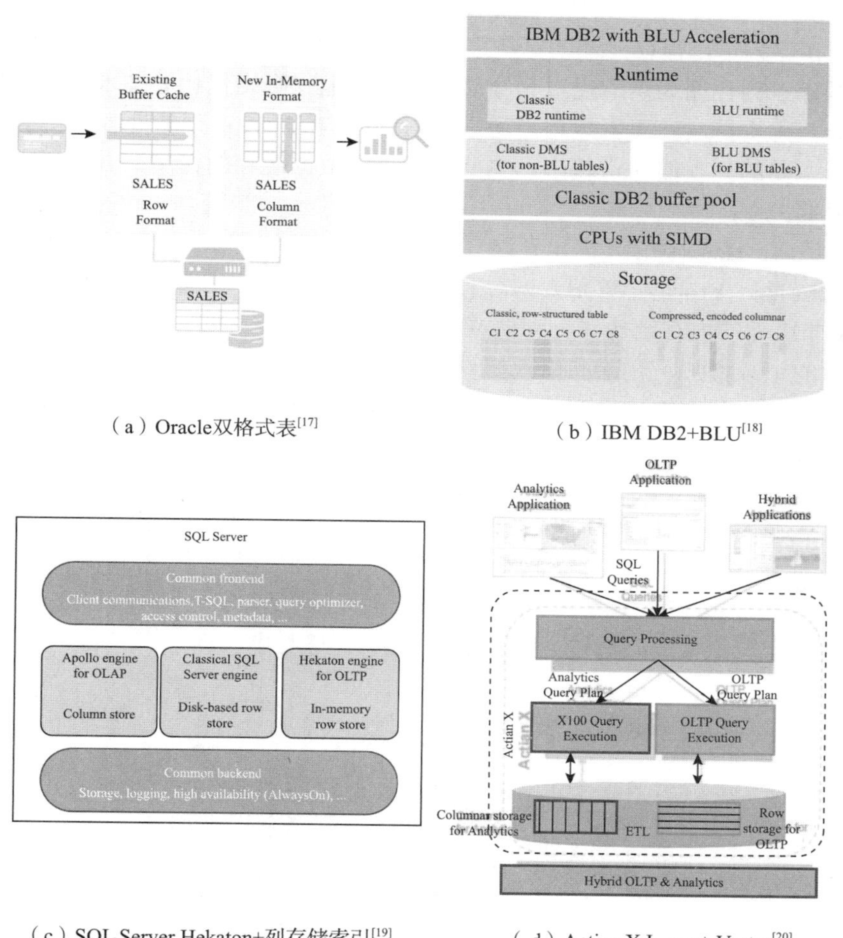

（a）Oracle双格式表[17]　（b）IBM DB2+BLU[18]

（c）SQL Server Hekaton+列存储索引[19]　（d）Actian X Ingres+ Vector[20]

图 4.21　代表性 OLTP 与 OLAP 融合引擎

BLU Acceleration 是面向商业智能查询负载的加速引擎，它采用内存列存储和改进的数据压缩技术，面向硬件特性的并行查询优化等技术加速分析处理性能。BLU Acceleration 与 DB2 构成双引擎，传统数据库引擎采用磁盘行存储表结构，提供事务处理能力；BLU Acceleration 引擎采用列存储，扩展面向高性能分析处理能力。

SQL Server 在传统磁盘行存储引擎的基础上增加了 Hekaton 内存行存储引擎加速 OLTP 性能，还增加了列存储索引加速分析处理性能。列存储索引可以用于内存基本表，支持 B +树索引及数据同步更新，通过 SIMD 优化及批量处理技术提高查询性能。

Actian X 集成了事务处理引擎 Ingres 和分析处理引擎 Vector，基于列存储和向量化处理技术的 Vector 为 Ingres 提供了强大的分析处理性能，用户可以为分析的数据创建 X100 表，数据库引擎自动将分析查询任务分派到 X100 引擎进行处理。

上述数据库系统可以看作传统数据库系统面向内存计算平台和高性能内存分析处理需求定制的多引擎结构，在原有行存储事务处理引擎的基础上扩展高性能的列存储内存分析引擎，实现数据库对 OLTP 和 OLAP 负载的支持。

（3）列存储为主，行存储辅助更新事务。与传统的基于行存储的事务型数据库不同，分析型数据库以列存储为主，通过列存储、数据压缩、查询优化等技术提高数据库的分析处理性能。为支持实时更新数据，通常采用行结构的 delta 存储处理更新事务，delta 存储相对于主要的列存储通常较小，主要起到事务数据缓存的作用，并快速转换为分析引擎的列存储。

图4.22是 Vertica 中的读优化存储（Read Optimized Store，ROS）和写优化存储（Write Optimized Store，WOS）混合存储结构。ROS 是压缩的磁盘列存储结构，而 WOS 则是非压缩的内存结构（行存储或者列存储，以行存储为主）。WOS 的主要目标是缓存少量的记录增加、删除和修改操作，Tuple Mover 负责按照配置参数周期性地将更新数据批量地转移到 ROS 存储中。查询执行时从 ROS 和 WOS 中读取数据，动态合并为完整的数据集。

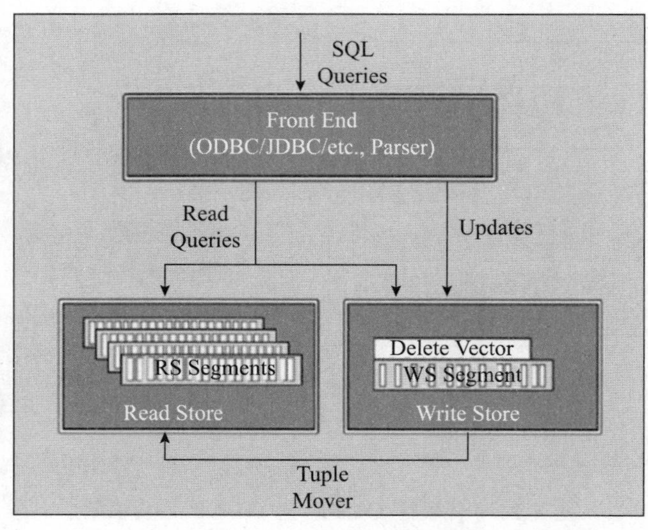

图 4.22 ROS 和 WOS 存储模型

SAP HANA 是一个新兴的内存数据库，支持 insert-only 模式的更新，一个记录在生命周期内需要通过多个不同的物理表示阶段。如图4.23所示，unified table 的概念中包含了记录的三个不同的物理存储阶段：

1）L1-delta：L1-delta 中存储所有数据库更新的记录，记录采用写优化存储模式，保持记录原始的逻辑结构，数据不压缩，支持数据的快速插入、删除、字段更新以及投影操作。每个节点根据数据库负载特征和内存大小通常支持 10 000～100 000 条记录。

2）L2-delta：L2-delta 表示记录生命周期的第二阶段，数据转换为列存储结构，采用不排序的字典表压缩技术，L2-delta 容纳记录的大小为 L1-delta 的 10～100 倍左右。

3）main 存储（main store）：main 存储是记录的最终存储场地，使用多样的高压缩比压缩技术降低数据存储。缺省的情况下，数据存储为排序字典表位置的编码，编码以紧密的位压缩格式存储。字典表通常以前缀压缩、RLE 压缩等更加复杂的压缩技术来进一步压缩数据存储空间。

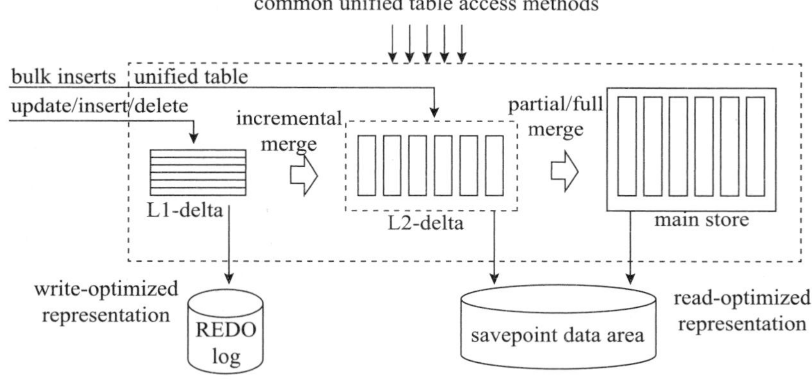

图 4.23 SAP HANA 记录的多阶段存储[21]

在批量数据插入时，数据直接进入 L2-delta，缩减数据处理过程。不同的数据存储类型共享统一的 unified table 数据视图，数据访问可能是以记录为单位，或者基于 pipeline 处理的向量访问单位。unified table 需要维护全局排序压缩字典表，数据需要经历两个转换过程（两个 merge 阶段）：L1-to-L2-delta Merge 和 L2-delta-to-main Merge。

- L1-to-L2-delta Merge 转换阶段是一个记录由行到列的存储结构的转换过程，在数据转换的过程中更新压缩字典表。

- L2-delta-to-main Merge 过程需要在 L2-delta 和 main 存储之外创建新的资源，这是一个需要较多 CPU 资源的过程，需要适当的任务调度。在 L2-delta-to-main Merge 过程中创建一个新的 L2-delta 隔离当前 L2-delta 的转换事务，当数据转换不成功时需要将原有的 L2-delta 与新创建的 L2-delta 合并。

随着大数据实时分析处理需求的不断增长，OLTP 与 OLAP 融合技术成为现实的需求，但由于 OLTP 和 OLAP 在存储模型、查询处理模型、优化技术、查询引擎复杂度等方面存在较大的差异，在存储引擎实现技术上通常采用多存储引擎结构，或者是系统集成粒度，或者是数据库微引擎粒度，OLTP 与 OLAP 融合技术通常需要由事务数据状态向分析数据状态转换的机制。

4.2 数据压缩技术

数据压缩技术是指按照一定的算法对数据进行重新组织，按照特定的编码机制用比原始形式更少的数据位元（或者其他信息相关的单位）表示信息，缩减数据量，减少数据的冗余和存储的空间，以提高其存储、处理和传输效率的技术。数据库采用的是无损压缩技术，即数据压缩后可以恢复为原始数据。

数据库模式优化设计的一个基本目标就是减少数据冗余存储，提高存储效率和数据处理效率。在数据库模式设计层面上的值域约束用于指定属性列的最小存储宽度，范式理论则通过模式分解减少关系内部的冗余数据存储。因此，一个良好模式设计的数据库是数据压缩技术的基础。

列存储数据库以属性列为物理存储单位，相同数据类型的数据集中存储在一起。相对于不同数据类型的属性存储在一起的行存储模型，列存储模型通常具有更好的压缩性能，而且一次一列的压缩模式能够简化压缩算法设计，提高数据压缩性能。

数据压缩技术的直接收益是减少存储空间代价。在一些典型的分析型负载中，数据压缩系数能够达到几十，对于内存数据库系统而言，原始的 PB 级数据通常在高效压缩后能够减少到 TB 级数据量，实现完全的内存计算。数据压缩技术还能够提高 CPU 效率。数据压缩后减少了磁盘 I/O 和内存带宽，在数据处理过程中降低 CPU 要处理的数据量，在压缩数据上直接处理的技术还能够进一步通过简化数据类型来提高 CPU 的计算性能。数据压缩技术能够减少一些查询中频繁访问数据集的大小，提高关键数据集（如哈希表、索引节点）在 cache 中的命中率，提高查询处理性能。内存数据库通常采用的轻量数据压缩技术，如使用定长压缩编码，降低了数据宽度，能够在主流 CPU 的 SIMD（单指令多数据流）计算中增加并行计算数据的数量（CPU 通常支持 128~512 位 SIMD 计算），提高数据的并行计算性能。

下面介绍一些具有代表性的数据压缩技术。

4.2.1 数据宽度压缩

数据位宽决定了数据的值域，当数据实际值域的位宽小于系统数据类型的位宽时，如 int 类型的字段 quantity 最大值为 1 000，仅需要 10 位（bit）存储，但实际存储宽度为 32 位。

位压缩（Bit Packing 或 Null Suppression）[22] 采用数据实际位宽存储数据，消除数据存储中的零位数据，通常以属性列最大值位宽为基准。数据库系统支持不同位宽的 int 数据类型，如 bigint（64 位，8 字节）、int（32 位，4 字节）、smallint（16 位，2 字节）和 tinyint（8 位，1 字节），能够支持不同值域的数据。位压缩能够减少存储空间，但会产生数据对齐问题，即一个宽度为 n 位的数据可能跨越两个 cache line（64 字节）内存访问，产生额外的数据访问代价。在 int 类型的属性中，可能只存在较少的数值，但值域较大，在最大值和最小值之间有很多不存在的数据项，通过最大值确定位宽可能会产生一定的存储空间浪费。

可变字节压缩（Null Suppression with Variable Length，NSV）支持变长字节压缩编码，压缩编码长度也需要记录下来。如图4.24所示，原始数据序列为 4 字节数值序列，采用位压缩编码后每个数值按其实际数值大小以字节对齐方式可以使用 1、2、3、4 个字节表示实际数据存储宽度，由于数据宽度的值域较小，使用 2 位即可表示，因此在压缩数据编码序列的基础上增加一个宽度为 2 位的编码宽度序列。两个独立的列构成了原始数据的变长位压缩数据，在扫描压缩编码序列时通过前缀和（prefix-sum）计算出每个数值在数据压缩编码序列中的偏移地址，从而读取压缩数据的原始值。

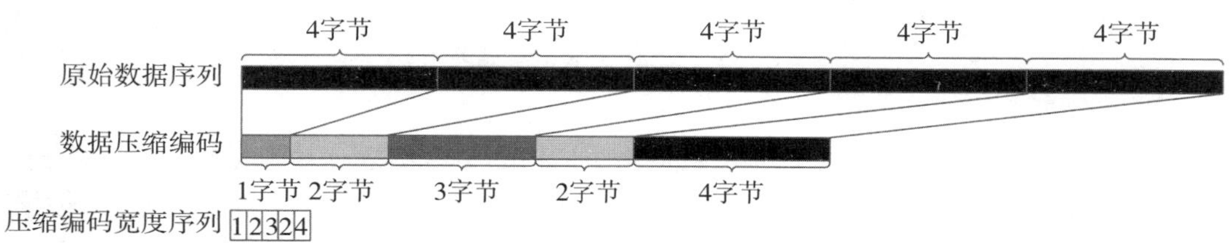

图 4.24　可变字节压缩[23]

Bank size 压缩是采用机器字长（machine word width）为单位的数据压缩存储技术。如图4.25所示，行存储数据的各个属性值连续存储，由于数据类型各不相同，数据压缩效率受到很大的影响。列存储连续存储数据类型相同的数据，具有较高的压缩效率，当使用位压缩技术时能够大大缩减存储空间开销。但位压缩需要通过数据对齐技术来提高压缩数据的 cache 访问效率，需要牺牲一部分数据压缩收益。基于 Bank size 的压缩技术以机器字长为压缩数据存储单位，将多个采用位压缩的属性组合到 bank 中存储，并以机器字长为单位进行数据对齐，从而减少了数据对齐的空间开销。当查询中需要对关联属性进行较为频繁的访问时，通过存储优化将关联列的压缩编码存储在相同的 bank 中，提高多属性访问的数据局部性，Bank size 压缩相当于压缩数据上的属性组存储模型。

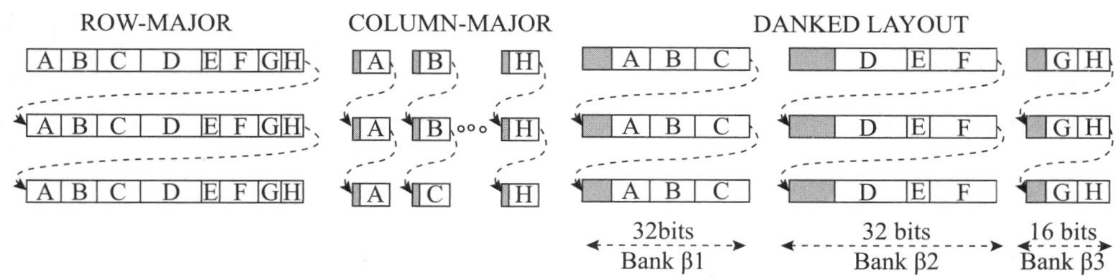

图 4.25　Bank size 压缩存储[24]

4.2.2　字典表压缩

字典表（Dictionary）压缩是为属性列中的数据建立一个字典表，采用数组存储时每个不同的值存储在一个数组单元中，使用字典表索引或数组下标作为原始数据的压缩编码。压缩编码宽度可以采用位压缩技术按字典表中不同值的个数选择最小的位宽。

图4.26为一个字典表压缩数据列示意图，原始数据中包含 3 个不同的取值：REG AIR、MAIL 和 TRUCK，在数据导入时为该列的不同值创建字典表数组，根据字典表中不同值的个数 3 设置字典表压缩编码宽度 2 位，原始数据被存储为宽度为 2 位的字典表数组下标值。采用数组字典表能够实现压缩数据直接访问字典表中原始数据的功能。

原始数据	REG AIR	MAIL	REG AIR	REG AIR	TRUCK	MAIL	MAIL	TRUCK	REG AIR

字典表数组

[0]	REG AIR
[1]	MAIL
[2]	TRUCK

字典表压缩编码	0	1	0	0	2	1	1	2	0

图 4.26 字典表压缩

当访问字典表压缩编码数据时，可以将编码映射到字典表上读取原始数据。如在压缩属性 shipmode 上执行过滤操作 shipmode='TRUCK' 时，可以在扫描字典表压缩编码序列时将每一个压缩编码映射到字典表数组下标并读取该数组单元存储的数值，完成谓词过滤操作。这种操作相当于一种解压缩操作，必须将压缩编码映射为原始值后再完成查询处理任务。对于等值操作，可以先将谓词条件应用于字典表上，在较小的字典表中获得原始数据 TRUCK 对应的压缩编码为 2，然后将原始的谓词条件 shipmode='TRUCK' 转换为在压缩编码序列上的谓词条件 shipmode=2，在压缩数据上直接完成查询处理。

当查询条件为范围（如 shipmode between 'M' and 'T'）或模糊查询条件（shipmode='%AIR%'）时，无序的字典表难以直接支持在压缩数据上的直接处理。基于字典表的保序字符串压缩技术，是一种面向字符串数据类型上范围查询优化的压缩技术。如图4.27所示，字典编码采用较大的数值间隔（如 32000，32100），以保证中间插入的新的字典项能够分配到偏序的字典编码（如 32050）。图4.27（a）表示采用保序字符串字典表压缩技术后的两个记录批量插入过程，在记录插入时，原始 p_name 字段的数据在字典表中检索，找到后将字符串存储为压缩编码，当原始 p_name 字段的数据在字典表未检索到时，将新的字符串数值插入字典表分配字典编码，并保持新的编码与字符串的字典序具有相同的偏序关系。在保序字符串字典表压缩技术支持下，查询中的范围谓词，如 p_name='Whole Milk*' 转换为在字典表中查找以'Whole Milk' 为前缀的字符串序列中第一个和最后一个的压缩编码，然后图4.27（b）将查询转换为对压缩编码列上的查询条

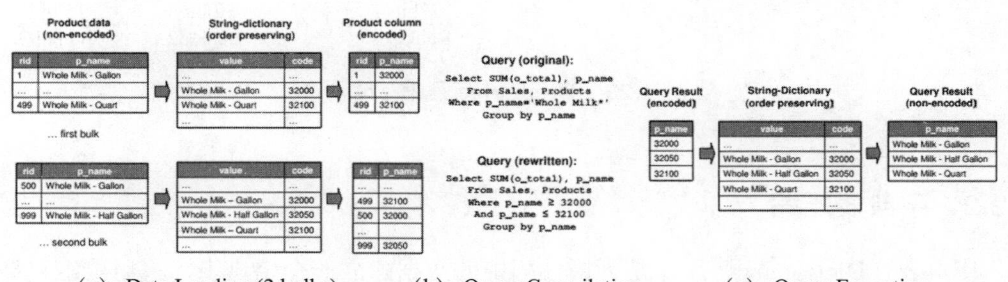

（a） Data Loading (2 bulks)　（b） Query Compilation　（c） Query Execution

图 4.27 保序字符串字典表压缩[25]

件 p_name ⩾ 32000 And p_name ⩽ 32100，实现在压缩数据上的直接处理。对于查询结果集，图4.27（c）表示需要根据压缩编码从字典表中检索到对应的原始字符串数据并输出。

实现保序字符串字典表压缩的关键在于动态维护一个与原始字符串顺序一致的编码顺序。

图4.28显示了一个共享叶节点的压缩/解压缩索引结构，原始值 value 和编码 code 作为压缩/解压缩索引的共享叶节点。压缩编码取值按一定的范围分布，当插入新的字符串数据时能够在已有的排序字符串范围之内分配到未使用的编码，从而减少数据不断增加时重新压缩编码的代价。压缩索引通过 value 索引检索字典表，找到匹配的数据后输出压缩编码 code；解压缩索引通过 code 索引检索字典表，找到匹配的数据后输出原始数据 value。当输入字符串在字典表中未能找到匹配的索引值时，需要将当前字典表中没有的输入字符串插入到字典表索引中，并为新的索引项分配编码值。

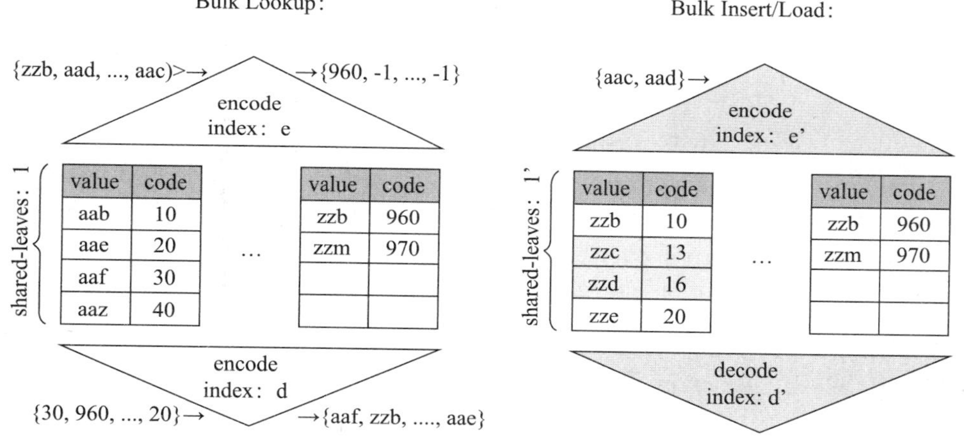

图 4.28　保序字符串字典表更新

在行/列混合存储模型中，如 SAP HANA 采用 L1-delta、L2-delta 和 main 三级存储机制，L1-delta 为行存储非压缩存储数据结构，L2-delta 为列存储非排序字典表压缩数据结构，main 为采用排序字典表压缩技术的列存储结构。图4.29显示了采用排序字典表压缩与非压缩分区合并的过程。主存储采用排序字典表压缩，根据字典表中条目的数量（6）确定压缩编码为 3 位（$\lceil \log_2 6 \rceil$）。delta 表中存储非压缩数据，在 delta 列上建立一个 CSB +树索引，存储所有非压缩数据，每个数据存储其在 delta 列上的指针，如数据“charlie”在 delta 列上的指针为 1 和 3，delta 列上的更新需要同步到 CSB+ 树上。在 delta 分区与 main 存储分区合并时，需要更新字典表，如“inbox”的字典编码由 101 更新为 0111。在合并过程中由于字典表条目增加（由 6 增加到 10），字典编码宽度需要由 3 位变为 4 位（$\lceil \log_2 10 \rceil$）。

当 L2-delta 采用字典表压缩时，在数据更新时，L2-delta 字典表会增加一些 main 存储字典表中没有的数据条目，两个存储层中使用不同的字典表，如图4.30所示，需要采用不同的策略实现合并数据及合并字典表。

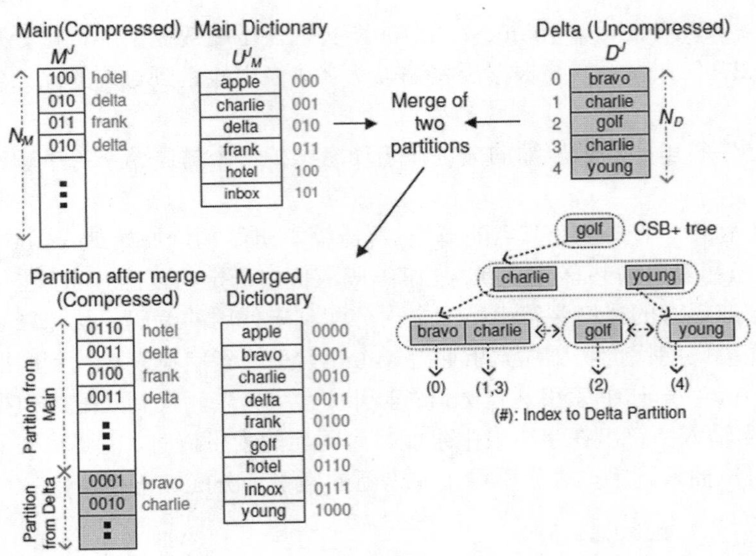

图 4.29 字典表压缩分区与非压缩分区合并[26]

图4.30（a）显示了 delta 存储和 main 存储都采用排序字典表时的合并过程。delta 存储使用排序字典表，使用 2 位编码；main 存储使用排序字典表，使用 3 位编码。在合并过程中，两个排序字典表仍然维持在各自字典表中的位置，但使用全局字典编码，例如 apple[0000]，bravo[0001]，Charlie[0010]，…使用全局排序编码，仍然存储在 delta 分区和 main 分区原来的字典表中，字典编码更新为全局编码，此时，delta 和 main 中存储的压缩编码仍然能够映射到两个字典表的数组下标。在 main 存储和 delta 存储的列合并时，原始编码，如 main 存储中的编码 100[hotel] 被映射为在更新后的 main 存储字典表的偏移地址 4，读取更新后的全局字典表编码 0110，将压缩列的编码 100 更新为 0110；delta 存储中的编码 00[bravo] 被映射为更新后的 delta 存储字典表偏移地址 0，将压缩列的编码由 00 更新为 0001。

当 L2-delta 中字典表未排序时，在数据向 main 存储中合并的过程中需要根据 L2-delta 中非排序字典表更新 main 存储中排序字典表并分配新的字典编码，如图4.30（b）所示。main 向量中存储的是合并前 main 存储中的字典表编码，−1 表示当前字典表条目不在 main 存储的字典表中；delta 向量中存储的是 L2-delta 中字典表编码，−1 表示当前字典表条目不在 L2-delta 字典表中；在 main 和 delta 向量中相同位置均不为 −1 的值（如 [5,1]）表示合并后的当前字典表条目（Los Gatos）在 main 存储中字典表编码为 5，在 L2-delta 存储中字典表编码为 1。根据新/旧字典表条目映射表，压缩存储的编码数据能够更新为合并字典表条目编码，实现 L2-delta 中非排序字典表压缩数据与 main 存储中排序字典表压缩数据的合并。这种不同压缩技术数据的合并保证了合并后数据的保序特征，能够优化范围查询，实现在压缩数据上的直接查询处理。但这种压缩数据的合并过程需要较大的代价，在实际应用中可以采用对压缩列重新排序后合并或者部分合并的技术来降低压缩合并代价。

字典表压缩的收益在于用较短的字典编码代替较长的原始数据，压缩效率取决于字

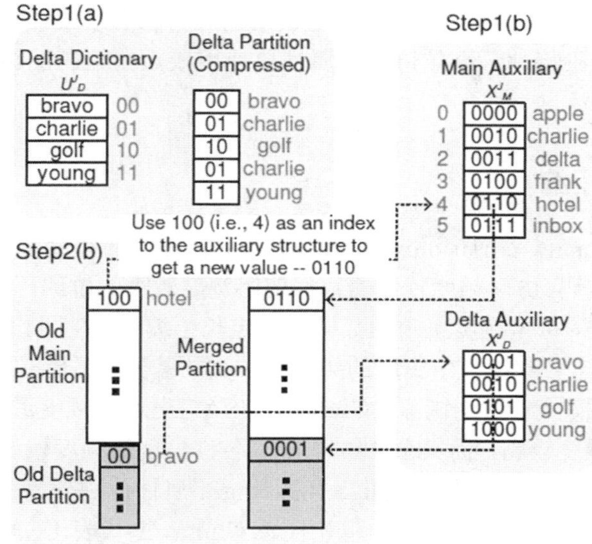

（a）基于排序字典表合并过程

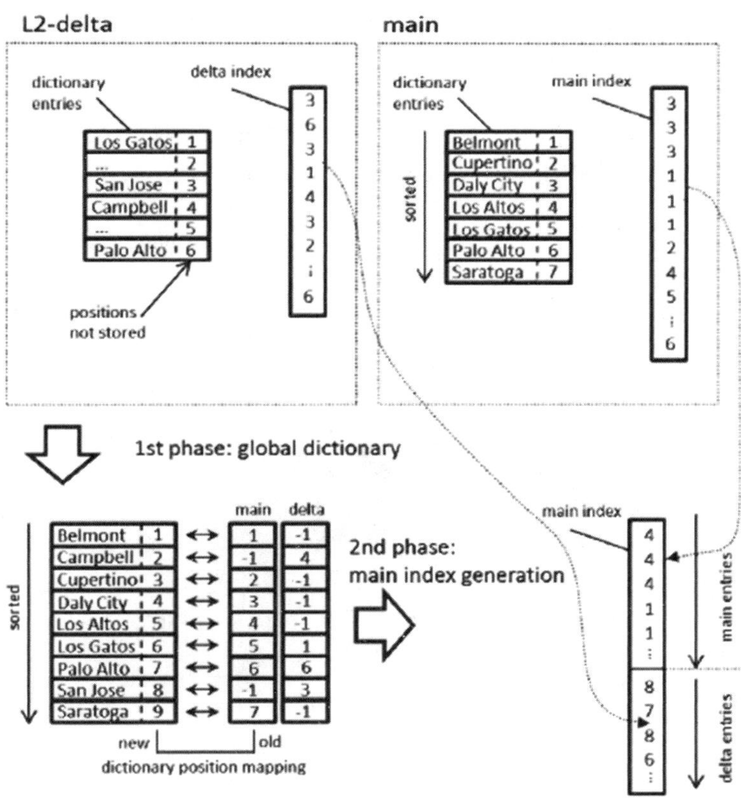

（b）排序/非排序字典表合并[27]

图 4.30　分区合并过程

典编码的宽度。通常情况下字典编码采用定长结构，简化系统设计，但现实应用负载中查询通常具有 skewed 特性，高频访问的属性值使用较短的编码能够进一步提高数据访问和处理性能。

4.2.3 频度分区压缩

频度分区（frequency partitioning）编码是将数据按访问频度分区，高频访问的数据使用宽度较小的位编码，访问频度较低的数据使用宽度较大的位编码。不同访问频度的数据集采用哈夫曼编码，每个频度集中的数据使用定长位编码。在图4.31所示的 SALES 表中，origin 字段中国家名称在表中出现的频度有较大的差异，在数据导入时通过对 origin 属性值建立的直方图进行分析，国家“China”“USA”出现的频度最高，“GER”“FRA”等国家名称出现的频度较高，而其余 196 个国家名称出现的频度较低。根据 origin 属性值直方图的统计信息，按使用频度分布特点将 origin 属性值划分为三个集合，使用频度最高的“China”“USA”采用 1 位编码（0 代表 China，1 代表 USA），频度较高的国家名称集合使用 5 位编码，而频度较低的 196 个国家采用 8 位编码。假设 SALES 表中包含“China”“USA”的记录有 1 000 000 条，包含“GER”“FRA”等国家名称的记录有100 000条，包含低频度国家名称的记录有 10 000 条，则按频度哈夫曼变长编码的压缩字段总的存储空间需要 $1\times1\ 000\ 000+5\times100\ 000+8\times10\ 000$ =1.58M 位，而采用相同宽度的 8 位（$\lceil \log_2(2+32+196)\rceil=8$）编码时则需要的存储空间为 $8\times1\ 000\ 000+8\times100\ 000+8\times10\ 000$=8.88M 位，两种压缩存储的空间比约为 1 : 5.6。

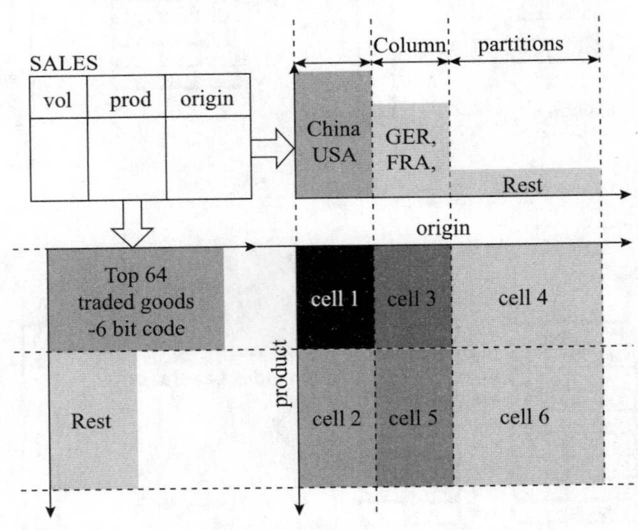

图 4.31 基于频度分区的变长字典表压缩[28]

类似地，prod 字段根据直方图分析可以将属性划分为两个频度集，最高频度的 64 个属性值采用 6 位编码，其他属性值使用较长的编码。origin 字段和 prod 字段将各自的属性集划分为 3 个和 2 个采用不同定长压缩编码的压缩数据分区，在 SALES 表中按 origin 字段和 prod 字段将表划分为 6 个 cell，在每个 cell 中 origin 字段和 prod 属性值使用相同宽度的位压缩编码，不同 cell 内 origin 字段和 prod 属性值使用的位压缩编码不同。通过对一个表多个字段频度分区的压缩编码将表划分为多维分区，各个分区的压缩字段采用不同的编码长度，达到对表整体压缩比最高的目标。频度分区所产生的 cell 数量随着表中属性数量的增加而增长，假设表中包含 k 个属性，每个属性划分为 n_k 个分区，则频度分区产生的 cell 数量为 $\prod_{i=0}^{k} n_i$，cell 中的数据可能非常偏斜并且稀疏。当属性列中增加由少量非压缩数据产生的分区，所对应的 cell 数量较大但数据稀疏，在实际应用中将包含非压缩数据 cell 中的记录统一存储在一个称为 cache-all cell 中。如图4.32所示的 LINEITEM 表存储示例中，属性 L_OrderKey 包含两个压缩分区和一个非压缩数据，属性 L_ShipDate 包含一个压缩分区和两个非压缩数据，所有包含非压缩属性的记录统一存储在 cache-all cell 中，如包含压缩 L_OrderKey 属性值 100 的记录 [100,5/1/2010]。

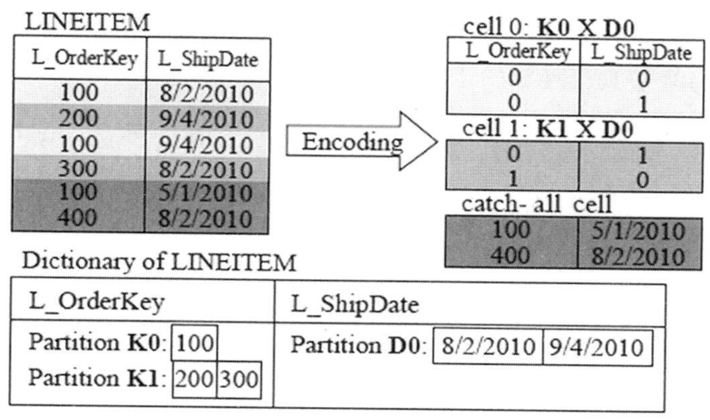

图 4.32　cache-all cell

当压缩字段为连接字段时，如 ORDER 表的 O_OrderKey 和 LINEITEM 表的 L_OrderKey 为压缩属性时，首先在 ORDER 表上按谓词条件选择满足条件的 O_OrderKey 属性值，然后按在 O_OrderKey 属性值的不同频度分区上生成压缩编码哈希表，如 HT[0] 表示图4.33中分区 K0 对应的压缩编码哈希表，HT[1] 表示分区 K1 对应的压缩编码哈希表，HT[2] 表示非压缩数据 400 对应的哈希表。压缩数据直接访问压缩

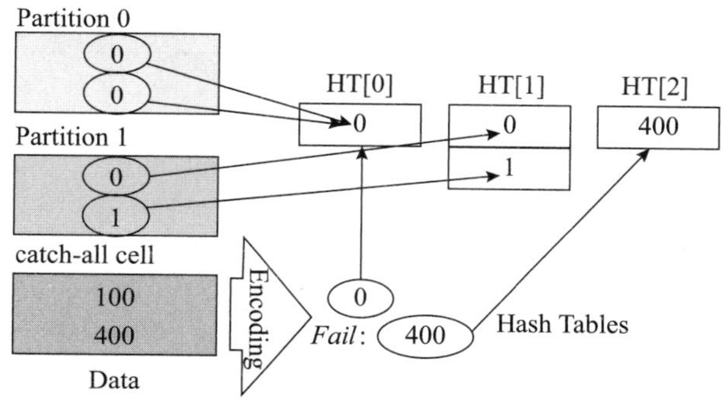

图 4.33　压缩数据与非压缩数据上的哈希连接

编码哈希表，非压缩分区通过动态编码过程将非压缩分区中能够映射为压缩分区编码的 L_OrderKey 转换为压缩编码并在压缩分区的哈希表中进行探测，而没有对应压缩编码的 L_OrderKey 则在非压缩数据哈希表 HT[2] 中进行哈希探测。通过这种对压缩属性列分而治之的处理方法实现压缩编码上的直接哈希连接处理，减少哈希连接中的解压缩代价。

4.2.4 RLE 压缩

RLE 压缩（Run-Length-Encoding）又称行程长度压缩，将一个序列表示为 [值，出现次数] 序列。RLE 压缩适用于序列中元素数量较少、重复次数较多的情况，排序后的序列压缩效果更好。图4.34所示的原始数据为排序数列，RLE 压缩编码可以表示为 [值，首次出现位置，重复次数]，如 1，1，1，1，1，2，2，2，2，2，2，3，⋯可以表示为：[1，0，5]，[2，5，6]，⋯。RLE 编码还可以表示为 [值，值的最后出现位置]，如 1，1，1，1，1 序列可以表示为值 1 和当连续的 1 最后出现的位置 4（[1，4]）。

	[0]...				[4]...						[10]...		[12]...				[16]...			[19]...					[24]
原始数据	1	1	1	1	1	2	2	2	2	2	2	3	3	4	4	4	4	5	5	5	6	6	6	6	6

值	1	2	3	4	5	6
位置	0	5	11	13	17	20
重复次数	5	6	2	4	3	5

值	1	2	3	4	5	6
行程	40	10	12	16	19	24

图 4.34 RLE 编码

当数据序列采用字典表编码时，如图4.35所示，首先对数据进行字典编码，然后按字典编码对数据序列进行 RLE 编码，生成数据字典编码值和行程序列。相对于图4.34的排序数据序列，图4.35中的数据序列未排序，数据重复次数少，REL 编码中的值重复多次，编码的效率相对较低。

	[0]	[1]	[2]	[3]	[4]	[5]	[6]	[7]	[8]
原始数据	REG AIR	MAIL	REG AIR	REG AIR	TRUCK	MAIL	MAIL	TRUCK	REG AIR

字典表数组	
[0]	REG AIR
[1]	MAIL
[2]	TRUCK

值	0	1	0	2	1	2	1
行程	0	1	3	4	6	7	8

图 4.35 基于字典表的 RLE 编码

RLE 编码适用于低势集、排序的数据序列。C-store 的 Projection 存储模型将属性组按某一属性排序，当排序的属性列为低势集列时，该排序列适合 RLE 编码压缩技术。

对于列的顺序访问来说，RLE 编码在解压缩时顺序读取值和行程序列并还原为原始数据，对于列的随机访问而言，如列存储中典型的按位置访问操作，需要对行程序列累加才能计算出指定位置对应的值。

4.2.5 FOR 压缩

参考帧（Frame-Of-Reference，FOR）压缩在每一个块或列中保存一个参考值，然后将数据存储为相对参考值的偏移值。例如，ID 属性列数据为 100，101，102，103，…，将最小值 100 作为参考值，数据序列转换为各数值相对于参考值的偏移值，FOR 编码序列为 0，1，2，3，…。由于偏移值相对于参考值通常更小，因此可以使用宽度更小的数据序列存储原始数据。偏移值可以使用位压缩技术进一步缩减数据存储宽度。使用偏移值编码时，列上的位置抽取操作可以直接通过偏移值加上参考值的方法计算出原始数据。

FOR 压缩的偏移值序列可以使用 delta 编码，即存储当前值与前一值的差值。ID 属性列数据为 100，101，102，103，…可以表示为 0，1，1，1，…。当 delta 值较小时，偏移序列可以使用更少的位表示压缩数据。delta 编码在存储有序序列时效率较高，但当序列无序时，delta 序列数值跳跃性较大，与 FOR 压缩编码相比差别不大。使用 delta 值编码时，列上顺序访问可以在前一值的基础上加上 delta 值计算出当前值，但在随机的位置抽取操作中需要计算出当前位置之前的所有 delta 值的累加和才能计算出当前位置的原始数值。

在实际应用中很多数据适合 FOR 压缩编码。如 SSB 日期维表 date 中的 datekey 序列为 19920101，19920102，19920103，19920104，…，在计算机内部日期型数据存储为相对于 1900-01-01 的偏移值，因此日期序列可以看作一个数值序列（连续日期对应等差序列），可以将 datekey 存储为以序列中最小日期 19920101 为参考值的日期 delta 值序列 0，1，1，1，…。当 delta 值序列存在较多重复值时，可以在 delta 序列上应用 RLE 编码进一步压缩 delta 序列。

一些字符型数据也具有数据序列的特征，如订单流水号为字符和数据序列的组合，如 TPC-H 的 SUPPLIER 表中的 s_name：Supplier#000000001，Supplier#000000002，Supplier#000000003，Supplier#000000004，Supplier#000000005，Supplier#000000006，…，可以表示为前缀字符串’Supplier#’和字符形式的数值序列 000000001，000000002，000000003，…的组合值，字符形式的数值序列可以采用 delta 值存储数值格式的前后数据差值，然后转换为字符形式。

4.2.6 数据分段压缩

当数据可以划分为不同语义结构的片段时，可以将数据分解为若干个部分，并对各个数据部分分别采用不同的压缩方法。如日期型数据 19920101，19920102，19920103，19920104，…可以分解为三个部分：年份、月份和日期。年份可以采用 FOR 压缩，存储相对于日期序列中最小值的偏移值；月份和日期可以采用字典表或位压缩技术缩短存储宽度。如 SSB 中 date 表 int 类型的 d_datekey 列存储的数据序列为 19920101，19920102，…，19981230，采用 FOR 压缩时存储为参考值 19920101 和偏移序列 0，1，2，…，61 129，偏移序列采用位压缩时位宽度为 $\lceil\log_2 61\,129\rceil=16$。当 d_datekey 为 date 类型时，计算机内部存储的是日期的偏移天数，以 19920101 日期为参考值，FOR 编码的偏移序列为 0，1，2，…，2 556，偏移序列采用位压缩时位宽度为 $\lceil\log_2 2\,556\rceil=12$。将日期 19920101 分解为年份 1992，月份 01，日期 01 时，年份的位压缩编码宽度为 $\lceil\log_2 7\rceil=3$，月份位压缩编码宽度为 4，日期位压缩编码宽度为 5，总的压缩编码宽度为 3+4+5=12。对于 varchar（19）类型的列 d_date，数据存储格式为“January 1, 1992…”，不能直接使用 FOR、delta 或字典表压缩方法。将 d_date 数据划分为 month、day 和 year 三个字符串分段，并对各个分段采用不同的压缩编码技术。

如图4.36所示，varchar（19）类型的列 d_date 划分为三个数据段，month 数据段采用字典位压缩编码，字典表共 12 个条目，位压缩编码为 0000，0001，…，1011；day 数据段采用位压缩编码，日期值采用 $\lceil\log_2 31\rceil=5$ 位编码；year 数据采用 FOR 编码，参考值为 1992，偏移值采用位压缩编码，编码宽度为 $\lceil\log_2 7\rceil=3$ 位。压缩后的 d_date 为 12 位，与原始存储 19 字节相比，压缩比为 1 : 12。

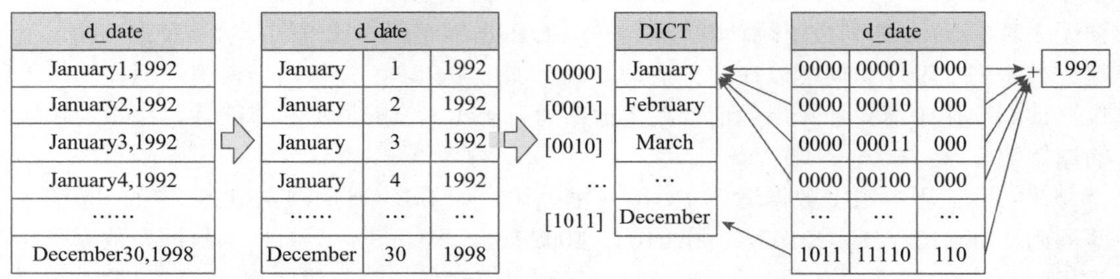

图 4.36 分段压缩编码

4.2.7 位向量压缩

位向量（Bit-vector）压缩采用位图表示属性列中的每一个元素，相当于为低势集的属性列建立一个位图索引。如图4.37所示，TPC-H 数据库 LINEITEM 表的 L_shipmode 列数据类型为 char（10），数据宽度为 10 字节。L_shipmode 列为低势集列，只包含 7 个不同的元素。采用字典表位压缩编码时，7 个不同的元素存储在字典表中，使用 3 位作为位压缩编码，L_shipmode 列中存储宽度为 3 位的字典位压缩编码。采用位向量压缩技术时，为每个元素构建一个位图。从存储效率来看，采用字典表位压缩的列的存储空间为 $\lceil\log_2 n\rceil\times N$ 位，采用位向量压缩编码的列的存储空间为 $n\times N$ 位，列中的元素数量越多，位向量压缩的效率越低。在查询处理时，如果列上有等值谓词操作，则位向量压缩数据起到位图索引的作用，可以直接访问元素对应的位图实现谓词处理，而采用字典表位压缩的列需要将谓词转换为字典表查找，然后在压缩列上执行压缩编码上的等值谓词计算操作，计算代价高于位向量编码技术。

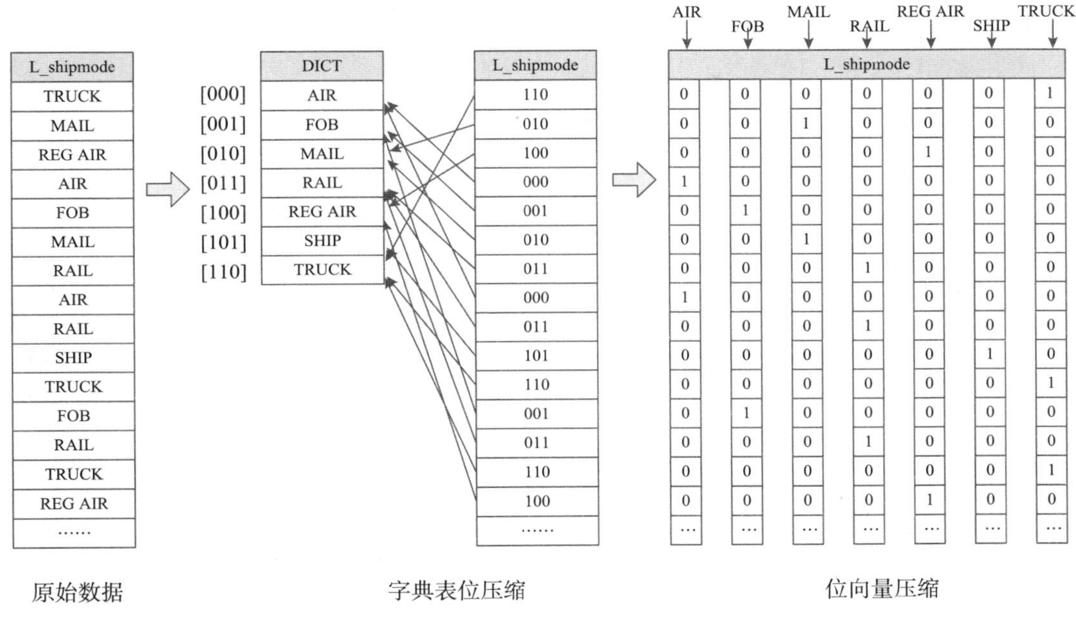

图 4.37　位向量分段压缩编码

4.2.8　比例压缩编码（SCALE）

浮点型数据类型的宽度通常较大，当存储的数据值域相对较小且精度要求较低时，如 TPC-H 数据库 LINEITEM 表中 l_discount 列的值域为 [0,0.1]，l_tax 列的值域为 [0,0.08]，采用 float 类型存储时数据宽度为 4 字节，将 l_discount 列和 l_tax 列的数值乘以 100 得到 0~10 范围的整型数据，采用位压缩存储为 4 位。将浮点型数据存储为宽度较小的整数数据类型，在查询处理时对整型数据除以 100 还原为原始数据。

数据压缩技术能够有效地降低数据存储空间消耗，提高内存利用率。磁盘数据库查询处理主要的代价在于 I/O，通常采用较高压缩比的压缩技术，解压缩的 CPU 代价相对于磁盘 I/O 代价更低，数据压缩率对性能的收益更大。内存数据库消除了巨大的磁盘 I/O 代价，CPU 代价更为重要，通常采用轻量压缩技术，平衡数据压缩率和解压缩性能。

从压缩技术的应用策略来看，有两个代表性的技术路线：一是通过软件优化方法，如在压缩数据上直接处理降低解压缩代价，如 Succinct[29] 支持 extract、count 和 search 算子在压缩数据上的直接处理，CompressDB[30] 支持压缩数据上直接执行插入、删除、并行查找、替换等操作，并通过对算子下推的支持使压缩数据上的算子操作下推到存储层，减轻上层数据库对压缩数据的处理代价；另一种是硬件加速方法，通过 FPGA（如 Netezza）和新兴的 DPU 实现硬件级的解压缩和算子下推，通过扩展的硬件数据处理层将压缩数据的处理负载从 CPU 中分离。从未来技术发展趋势来看，两种技术存在融合的可能性，通过硬件定制压缩数据上的处理方法，实现硬件级的近存压缩数据直接计算。

4.3 索引技术

索引是数据库重要的优化技术，索引主要面向低选择率的数据访问优化，通过索引上的有序访问在原始数据上按索引记录地址访问指定的数据。在磁盘数据库中，随机 I/O 访问导致较大的磁头定位延迟，随机访问的单位为 page，因此只有当查询的选择率低于一定的域值时（如选择率低于 0.008%[31]），索引访问的性能才能优于顺序 I/O 访问的性能。在内存数据库中，内存的随机访问性能与顺序性能之间的差距较小，内存访问的单位是 cache line（64 字节），顺序访问时可以通过预取技术进一步提高数据访问性能，而且顺序访问时还可以通过多核并行扫描技术加速数据访问性能。内存索引一方面需要通过优化存储结构来减少索引查找时的 cache line 延迟，另一方面也需要借助现代硬件技术加速索引计算性能。

我们以具有代表性的 CSB +-Tree 索引、CST-Tree 索引、连接索引、位图连接索引等为例，分析在内存分析处理技术中的索引优化技术。

4.3.1 CSB+-Tree 索引

B +-Tree 索引是一种 m 阶多路查找树，它通过最大化节点内部子节点数量来减少树的高度，从而使索引查找访问使用尽可能少的 I/O，提高索引查找效率。如图4.38所示，B +-Tree 索引的节点表示为一组有序的元素和子指针，叶节点中包含全部关键字的信息，以及指向含有这些关键字记录的指针，并且叶节点按照关键字的大小顺序链接，非叶节点是 B +-Tree 的索引部分，节点中仅包含其子树根节点中最大（或最小）关键字。B +-Tree 的内部节点中没有指向关键字具体信息的指针，因此在固定大小的节点中能够存储较多的索引信息。一棵 m 阶的 B +-Tree 中，除了根之外的每个节点都包含最少 $\lfloor m/2 \rfloor$ 个元素，最多 $m-1$ 个元素，对于任意的节点有最多 m 个子指针。内部节点中子指针的数目总是比元素的数目多一个。非叶节点并不包含最终指向数据物理地址的信息，而只是叶节点中关键字的索引。因此任何关键字的查找必须遍历一条从根节点到叶节点的路径。所有关键字查询的路径长度相同，从而保证每一个数据的查询效率相当。磁盘数据库中的 B +-Tree 索引通常使用 page 作为节点存储单位，较大的 page 支持较多的分支，有效降低 B +-Tree 索引的层次，减少索引查找时从根节点到叶节点的 I/O 数量，提高查询性能。

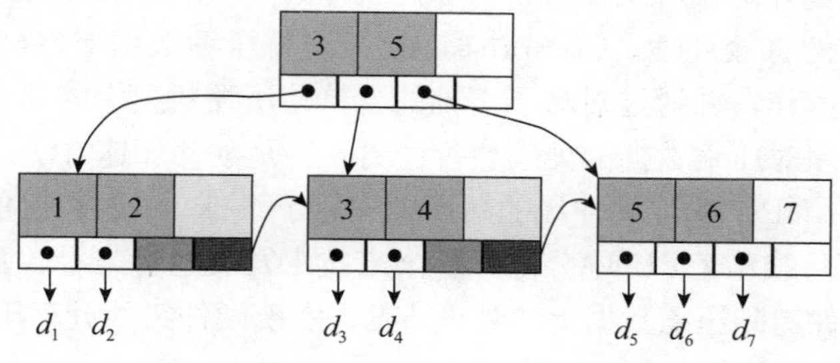

图 4.38 B +-Tree 索引[32]

CSB +-Tree 是一种 cache 敏感的内存 B +-Tree 索引（Cache-Sensitive B +-Tree）。内存索引优化技术的关键是提高索引查找过程的 cache line 利用率，即在一个 cache line 中存储尽可能多的索引信息。通常的 B+-Tree 节点中至少有一半的空间用于存储下级节点的指针，而 CSB +-Tree 将给定节点的下一级子节点在数组中连续存储，并且只保留第一个子节点的指针，其他子节点的地址通过第一个子节点地址加上偏移地址计算得到。通过这种地址计算机制，CSB +-Tree 的非叶节点中减少了指针的存储空间，能够存储更多的节点信息，从而提高 cache line 的利用率。

内存访问以 cache line 为单位，一个 cache line 长度通常为 64 字节，内存 B +-Tree 索引的节点以 cache line 为单位，假设一个键值和指针的长度均为 4 字节，则一个 cache line 节点中至多能存储 7 个子节点（7 个键值，8 个指针）信息，而 CSB +-Tree 节点中只存储一个下级子节点指针，则一个 cache line 节点中能够存储 14 个子节点（1 个 int 型节点内键值数量字段，1 个下级第一个子节点地址指针，14 个键值）信息，从而提高了索引查找时 cache line 的利用率，降低了索引树的高度。

图4.39为 CSB +-Tree 示意图，虚线部分是连续存储的下级子节点组（node group），非叶节点上的箭头代表指向下一级子节点中第一个子节点的指针，节点组的所有节点物理相邻地存储在连续的地址区域中。示例中 1 阶 CSB +-Tree 节点组中包含不超过 3 个的节点，如节点 [3] 的下级节点有两个，节点 [13 19] 的下级节点有 3 个，下级节点定长连续存储，通过首节点地址和偏移地址可以计算出下一级每个节点的地址。

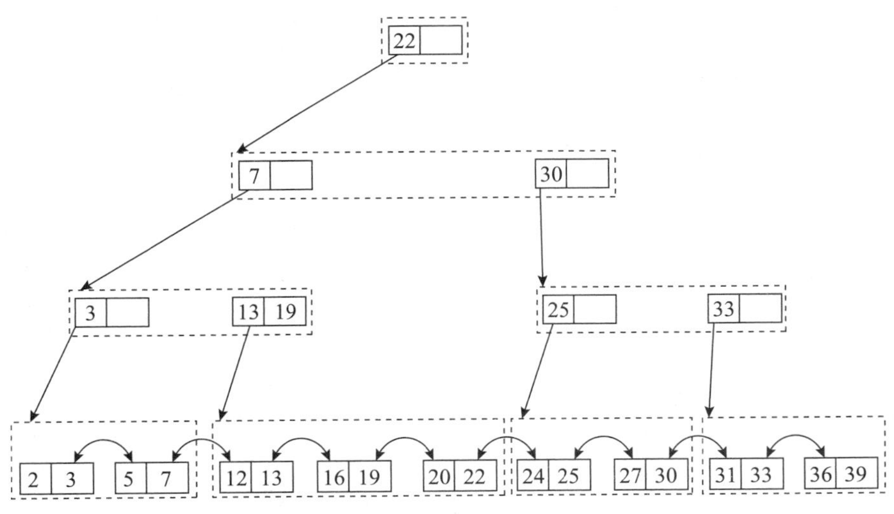

图 4.39　1 阶 CSB+-Tree 索引[33]

B +-Tree 节点分裂时只需要创建一个新的节点，而 CSB +-Tree 节点分裂时则需要创建一个新的节点组。当 CSB +-Tree 在更新时产生较多的分裂操作时，CSB +-Tree 的维护代价较大，可以通过在 CSB +-Tree 节点中预留较大的空间来减少分裂代价。CSB +-Tree 分裂时节点组的复制代价较大，进一步的优化策略是将节点组存储为多个段，如图4.40所示，每个节点组分成两段，节点存储每段的指针，每一段构成一个节点组，只有相同段的子节点连续存储。插入数据产生分裂时通过段复制代替代价较大的节点组复制，从而降低 CSB +-Tree 索引维护代价。

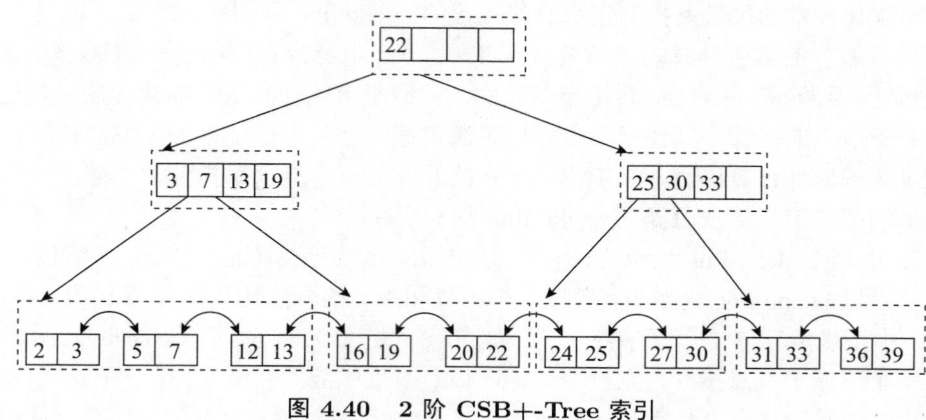

图 4.40 2 阶 CSB+-Tree 索引

总体上说，CSB +-Tree 索引具有较好的查找性能，能够提高 cache line 利用率，提高索引性能。但由于采用偏移地址计算来代替节点地址存储的策略需要将节点的下一级节点组连续存储，因此产生较大的索引维护代价。CSB +-Tree 索引适用于读密集型的决策支持负载，如 SSB、TPC-H、TPC-DS 等负载中索引字段为顺序递增的主键，使用 CSB +-Tree 索引能够获得较好的索引查找代价并且具有较低的索引维护代价。CSB+-Tree 主要面向 cache line 优化索引节点大小，优化索引存储和访问，另一种代表性技术是通过预取技术提高 cache line 访问性能，如 Pb +-Tree[34] 索引通过 B +-Tree 索引的预取技术提高索引查找性能。

4.3.2 CST-Tree 索引

T-Tree 是 AVL-Tree 的变种，是一种适合内存存储的索引结构，它在一个节点中存储 n 个键值和左、右子树指针。相对于 B+-Tree，T-Tree 一个节点中只有两个指针，因此 T-Tree 的高度远远高于 B+-Tree，从根节点到叶节点检索时的内存访问代价较高。提高 T-Tree 内存访问性能的另一种方法是按 cache line 大小设计 T-Tree 节点。在 T-Tree 检索中，每个节点的访问产生一个 cache line miss，但在一个节点中通常只有最大值和最小值用于比较查找键值，cache line 的利用率低，一个检索操作产生较多的 cache line misse。

在图4.41（a）所示的 T-Tree 中，只有最大值用于节点查找。图4.41（b）为 T-Tree 节点的最大值构建一个二分查找树，该二分查找树用作 T-Tree 节点的索引结构，用于定位包含查找键值的 T-Tree 节点。该二分查找树相对于 T-Tree 只占用较少的存储空间，并且能够显著提高索引查找时的 cache 命中率。

当二分查找树存储为数组时，不需要存储父节点和子节点的指针，我们可以根据节点的位置 i 分别计算出其父节点、左子节点、右子节点的位置为 $i/2$、$i\times2$ 和 $i\times2+1$。如图4.41（b）中第一个二分查找子树中第 3 个节点 240 对应的父节点位置为 1，左子节点位置为 6，右子节点位置为 7。当每个二分查找子树连续存储时，节点只需要存储下级第一个子树的地址指针，其他子树可以通过偏移地址计算得到其存储地址。图4.41（c）使用 cache line 长度的数组存储节点组，当键值为 4 字节，cache line 长度为 32 字节时，一个节点组的二分查找树包含 7 个键值，高度为 3。节点组内部的查找只产生一个 cache line miss，节点组之间的查找产生新的 cache line miss。

例如在 T-Tree 索引中查找 287 时，首先在根节点组中查找，通过一次 cache line 访问在节点组内部完成与 3 个节点 160、240 和 280 的比较，然后访问另一个节点组，产生一个 cache line miss；在图4.41（c）最右侧的节点组中与节点 300 和 290 进行比较，确定键值 287 在节点 290 对应的 T-Tree 节点中，访问对应的 T-Tree 节点并找到匹配的键值。

当 CST-Tree 插入新的数据产生节点分裂时，需要增加新的节点以及新的节点组。

CST-Tree 和 CSB +-Tree 索引一方面以 cache line 为节点存储单位，减少索引查找

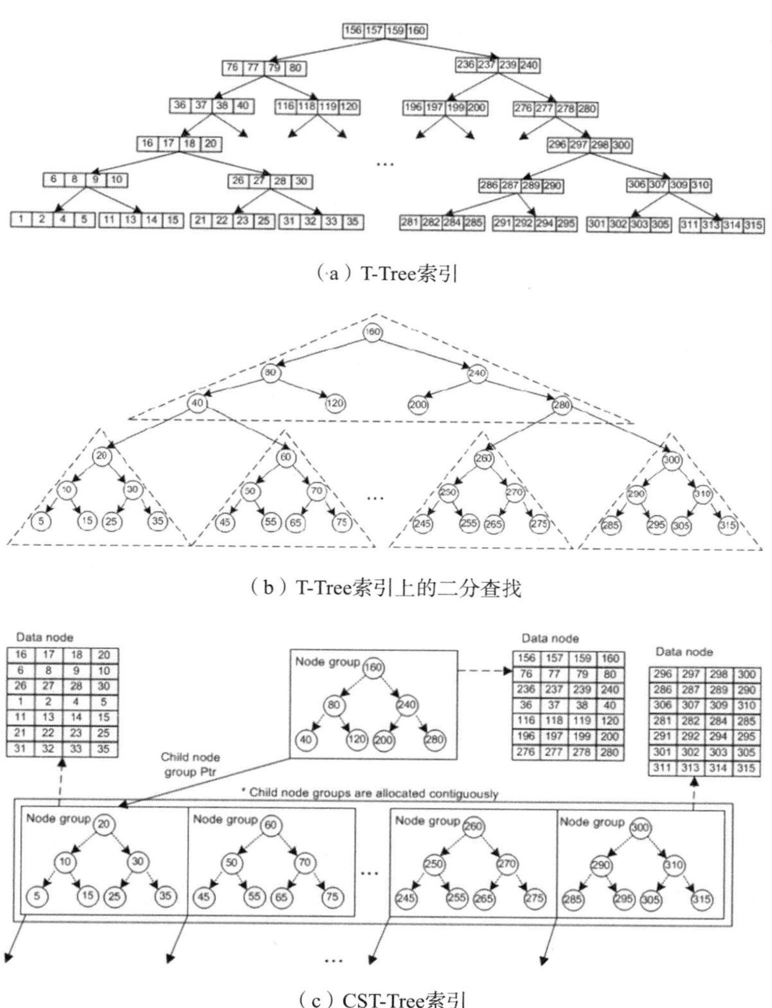

（a）T-Tree索引

（b）T-Tree索引上的二分查找

（c）CST-Tree索引

图 4.41 CST-Tree 索引[35]

时的 cache line miss 数量，另一方面采用连续的数组存储消除指针存储代价，提高 cache line 的利用率，提高索引的 cache 性能。但 CST-Tree 和 CSB +-Tree 索引需要保证节点组的连续存储，当数据更新产生较多的节点分裂时，索引维护代价较传统索引更高，因此适用于更新较少或者按索引键值顺序更新的应用场景。

在典型的 OLAP 负载 SSB 和 TPC-H 中，各个表的主键通常为代理键或者顺序递增的数列，使用 CST-Tree 和 CSB +-Tree 索引时新增的数据增加在右子树中，索引维护代价较低；维表属性和事实表属性通常为低势集属性，查询中常用的是维层次属性，重复值较多但新键值的更新较为缓慢，适合 CST-Tree 和 CSB +-Tree 索引查找性能高但更新代价较大的特点。

4.3.3 Bw-Tree 索引

Bw-Tree[36] 是 2013 年微软提出的一种面向闪存存储和多核处理器的无锁化 B +-Tree 索引。Bw-Tree 的主要特征是 latch-free 结构，减少上下文切换，提高并行吞吐；Bw-Tree 采用增量更新避免了原地更新引发的 cache miss；Bw-Tree 在外存中使用 Log Structure Store 管理物理数据存储，追加写操作能够充分利用闪存顺序写速度快、吞吐高和随机读并发性能高的特点。

Bw-Tree 分为三个层次：逻辑上的 Bw-Tree 索引层、物理上的 Log Structured Store 存储层和中间缓存层。缓存层使用映射表（Mapping Table）记录 PID（Page ID）到物理指针的映射，并控制数据在内存和闪存间移动。Bw-Tree 的节点由一个基础节点（Base Node）和一个增量记录链（Delta Records Chain）组成。增量记录（Delta Record）主要有两种类型，一种是针对叶节点的键值增量修改；一种是针对中间节点（Inner Node）的树结构修改。所有对节点的修改，包括插入（insert）、更改（modify）和删除（delete），都会以增量记录的形式追加到链表头。Bw-Tree 中指针包括两种：节点内的物理指针（Physical Link）和节点间的逻辑指针（Logical Link）。逻辑指针是 PID，物理指针在内存中表现为 pointer，在闪存上表现为文件系统或块存储上的地址。映射表记录了 PID 到物理指针的映射。Bw-Tree 节点，如果在内存中通过内存指针链接到一起，刷到闪存上时通过物理地址存储在一起。Bw-Tree 节点的修改是通过创建增量记录并附加到节点上实现的，在映射表中用增量记录地址替换节点地址是通过原子级的 CAS（compare and swap）指令实现的，数据修改、节点状态修改（节点分裂或刷到闪存）、节点合并等操作都通过 latch-free 的 CAS 指令完成，核心技术是映射表机制。

单个节点改变一般只发生在叶节点上，包括单条记录键值的修改操作引起的插入、删除、更改。如图4.42所示，修改时首先在内存中新申请一个增量记录，包含增量信息（如修改类型、待修改键值）、查找优化信息（如 low key，high key）以及指向当前增量链的物理指针；通过 CAS 操作修改映射表对应项，使之指向新的增量链的头；为了释放空间，节点合并操作首先在内存中新申请一个页，将增量记录和基础页合并，拷贝到新申请的页中，通过 CAS 操作，修改映射表指向新页，完成节点修改后的合并。

分裂操作如图4.43所示。分裂节点 Page P 分为两个阶段：子节点分裂（图4.43（a）（b））和父节点更新 parent Update（图4.43（c）），每个阶段均使用 CAS 操作。

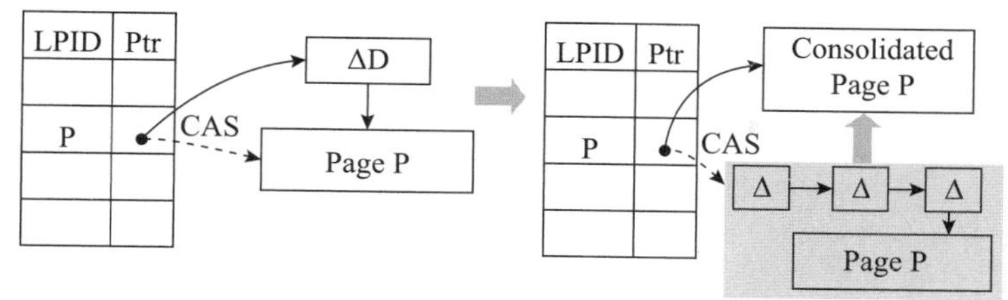

图 4.42　Bw-Tree 增量修改及合并操作

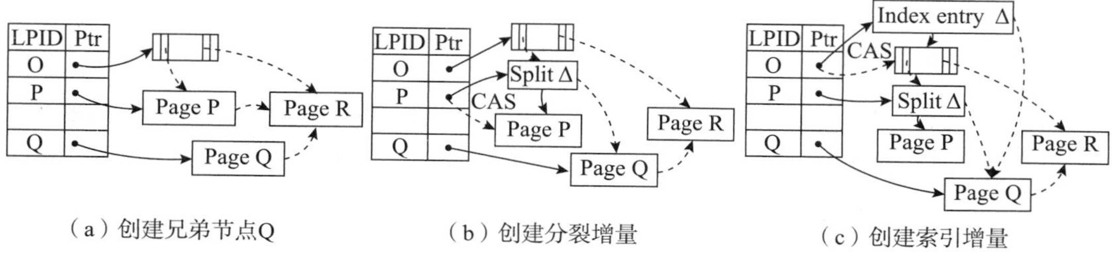

（a）创建兄弟节点Q　（b）创建分裂增量　（c）创建索引增量

图 4.43　Bw-Tree 增量分裂

在分裂时，首先创建 Page Q，容纳 Page P 的右半部分键值，并将其兄弟节点逻辑指针置为 Page P 右兄弟 Page R；然后创建分裂增量（Split Delta），包含原 Page P 中的分裂键值，记录 Page Q 兄弟节点指针，通过 CAS 操作将分裂增量替换到映射表中；最后，创建索引增量（Index Entry Delta），在父节点添加一个 Index Entry 指向新增的节点 Page Q。

合并操作如图4.44所示。将 Page R 合并到 Page L 分为三个 CAS 操作阶段：首先，标记删除，引入移除节点增量（Remove Node Delta），追加到 Page R ，然后通过 CAS 操作更新映射表中的 Page R 对应值，将 Page R 标记删除，但 Page R 仍然可以通过 Page L 的 side pointer 访问到，移除节点增量只屏蔽了来自父节点的访问；接着引入节点合并增量（Merge Delta）合并子节点，增量记录到 Page L 和 Page R 的物理指针，再通过 CAS 操作，更新映射表中 Page L 的值；最后，引入索引删除增量（Delta Delete Index Term）更新父节点，追加到原父节点，逻辑删除其中原先指向 Page R 的键值和指针，通过 CAS 操作，更新映射表中父节点 P 的值。

以上示例演示了映射表与逻辑指针的作用，即通过 CAS 修改一个映射表项，达到同时修改多个逻辑指针的目的。

Bw-Tree 的特点是通过缓存层维护映射表，保存逻辑 PID 到物理地址间的映射。物理地址可以是内存中的指针，也可以是闪存文件系统中的地址。同时负责页面在内存和闪存之间读取（reading）、交换（swapping）、下刷（flushing）等数据移动操作。在实现技术上，所有对映射表更新都通过 latch-free 的 CAS 来完成，更好地适合多核处理并发访问场景。

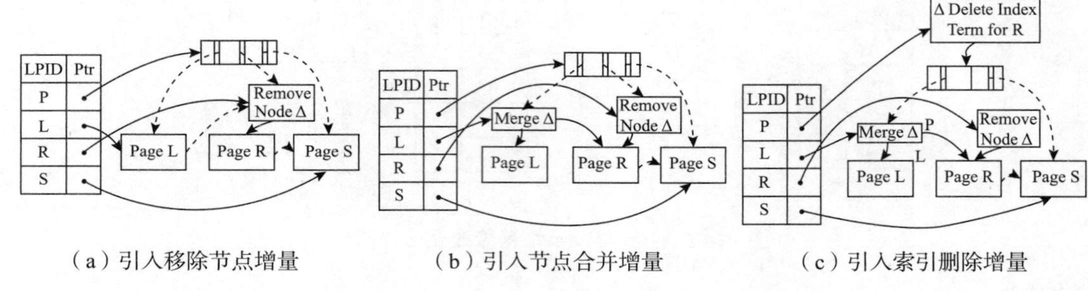

（a）引入移除节点增量　（b）引入节点合并增量　（c）引入索引删除增量

图 4.44 Bw-Tree 增量合并

4.3.4 ART 索引

ART（Adaptive Radix Tree，自适应基数树）是一种以减少空间浪费为目标的 Radix Tree 索引技术。Radix Tree 是一种多叉搜索树，每个节点有一个固定的、2^s 指针指向子节点（每个节点有 2^s 个子节点，s 称为 span，如 int_32 键值 Radix Tree 设置 4 层，span=8，每个子节点有 2^8 个子节点），其主要特点是：（1）树的高度不随表的大小而增长，而是和 key 的长度有关；（2）更新和删除不涉及树结构的调整。n 越大则每个内部节点的子节点数越多，整体树高越矮，越有利于查询，但必然会导致产生大量子节点稀疏的内部节点，NULL 指针占有更多空间，存储空间利用率较低。ART 的目标是在保持树高较矮的同时提高节点空间存储效率，方法是并不统一地在每个内部节点中保存 2^8 大小的指针数组，而是根据当前实际的子节点数目设计了 4 种不同体积类别的节点。如图4.45所示，ART 使用 4 种类型节点：

（1）Node4：包含大小为 4 的 key 数组和子节点指针数组，key 同子节点索引指针是一一对应的，且是排好序的。

（2）Node16：存储 5~16 个子节点指针的情况，16 个 key 和 16 个子节点指针，key 同子节点索引指针是一一对应的，且是排好序的。可使用二分查找在数组中查找 key，也可以使用 SIMD 指令，直接把 key 同最多 16 个数组值相比较。

（3）Node48：存储 17~48 个子节点指针的情况，256 个数组项和 48 个子节点指针，查询的时候可以根据 key 中的相应 8 位值直接在子节点指针数组中做索引。

（4）Node256：存储 49~256 个子节点指针的情况，跟 Node48 类似，只是可容纳的子节点指针更多。

根据实际上子节点指针数目设计不同的节点结构，在 span=8，值相对较大的情况下，只占用很少的存储空间。

ART 是一种高效的搜索树结构，也支持高效的插入和删除操作，具有良好的空间利用率，通过适应性地选择内部节点结构消除过多的存储空间消耗。ART 在性能上接近哈希表，但保持数据排序，支持范围查找和前缀搜索。

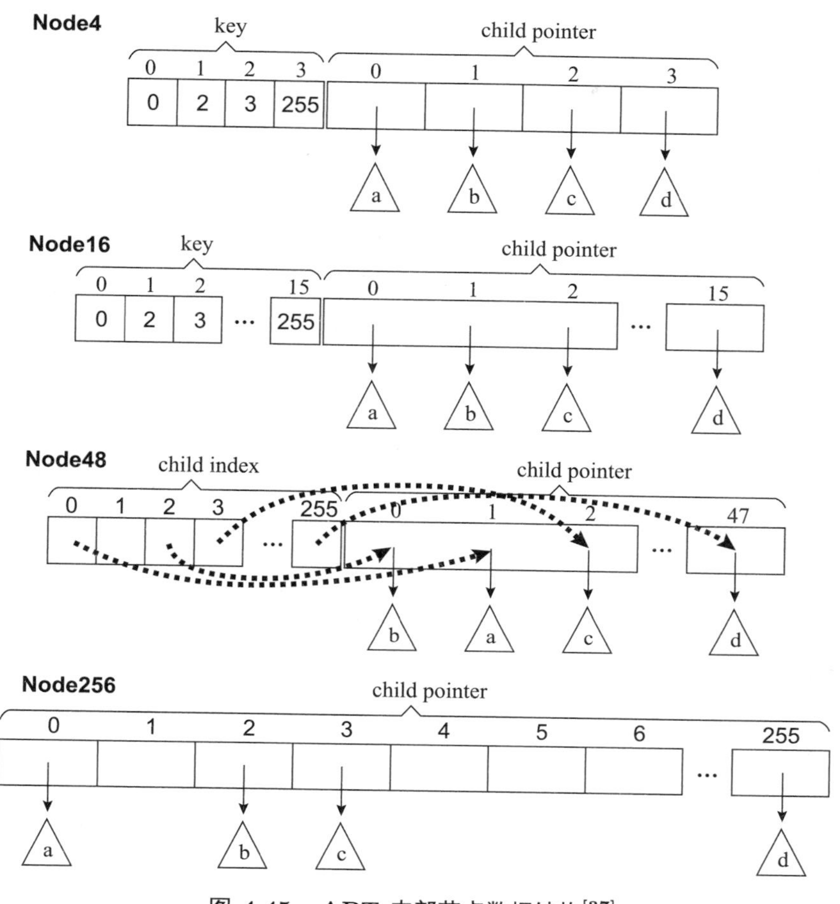

图 4.45　ART 内部节点数据结构[37]

4.3.5　Skiplist 索引

跳表（Skiplist）是一个特殊的链表，是在 MemSQL、SingleStore 和 Redis、LevelDB、RocksDB 等数据库和开源软件中采用的数据结构。Skiplist 最底层是一个有序的列表，下层依照一定的概率（P-value）抽取数据，再做一层列表。搜寻时从最上层开始，类似于二分查找，平均期望的查找、插入、删除时间复杂度都是 O(logn)，不需要像 B +-Tree、红黑树或 AVL 树那样进行复杂的树平衡或页面拆分。所有对列表的插入操作，都能够通过 Compare-and-Swap 原子操作实现，从而省去了锁的开销，在并发读/写工作负载下提供具有更好并行性的线程安全。

Skiplist 索引是一种内存优化型索引，直接使用指向行的指针。Skiplist 的实现较 B +-Tree、Bw-Tree 等索引更为简单，实现了线程安全、无锁跳过列表的算法，执行速度快，支持一些灵活的操作，如对列表的任意范围内元素数量的预估等。

Skiplist 由元素和塔（垂直排列的位置）组成，Skiplist 中的塔在相同的高度与同级的塔上形成链表，Skiplist 每一层构成一组链表。当新元素插入到 Skiplist 中时，塔的高度由 1/2 概率决定，即层 S1 有大约 $n/2$ 个元素塔，层 S2 有大约 $n/4$ 个元素塔，Si 有

$n/2$^i 个元素塔，Skiplist 的高度 h 大约是 log$n$。如图4.46所示，Skiplist 底层有 10 个元素，第一层随机选出 1/2 个元素（4 个元素：3，4，6，9）作为第一级链表，第二层从第一层链表元素中再随机选出 1/2 个元素（2 个元素：4，6）构成第二级链表。

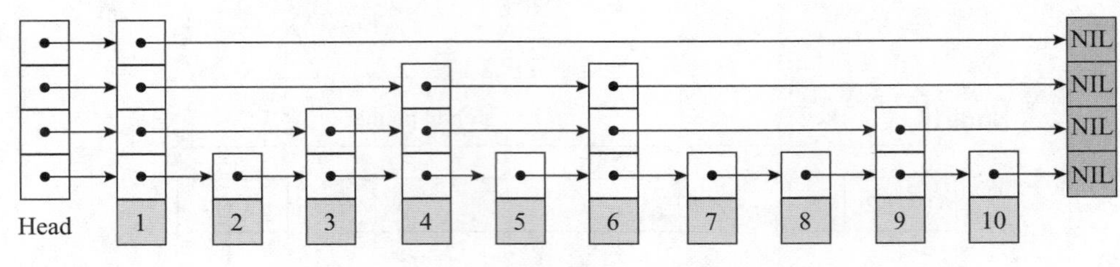

图 4.46 Skiplist 结构

资料来源：https://www.singlestore.com/blog/what-is-skiplist-why-skiplist-index-for-memsql/.

Skiplist 在查找时通过访问元素前、后、上、下节点的位置查找键值。如查找元素 8 时，首先比较第二层的第一个元素塔节点 4，键值大则继续访问后一节点元素塔节点 6，键值大且当前层无后续节点，则访问元素塔节点 6 的下一级节点，访问后一元素塔节点 9，键值小则访问前一节点元素塔节点 6，键值大则访问下一级节点元素塔，继续访问后一元素塔节点 7，比较后访问后一元素塔节点 8，找到键值。插入键值时首先在底层找到插入位置将键值加入列表，然后计算随机函数值，若为 1 则创建上一层元素塔，并加入该层链表。删除时找到键值底层元素，删除整个元素塔，并调整各层指针链接关系。Skiplist 在 Lock-free 方面的优点使其较传统的 B +-Tree 索引更适合多核并行应用场景。

4.3.6 连接索引

连接操作是数据库中频繁使用且执行代价较高的操作，关系数据库主要采用哈希连接（hash join）、排序归并连接（sort-merge join）和嵌套循环连接（nested-loop join）等技术实现连接操作，连接操作的核心是如何为关系 R 中的元组 r_i 找到关系 S 中的元组 s_j，使 r_i 与 s_j 的连接键 $r_i.key$、$s_j.key$ 满足连接条件。在连接操作中，等值连接最为常用，也是数据仓库中最主要的连接操作。

除连接操作的各种优化技术之外，物化视图是一种将频繁连接的表通过预连接生成物化的用户数据视图的技术，物化视图消除了连接操作，简化了查询实现技术，但物化视图一方面增加了额外的存储代价，另一方面物化视图的数据更新代价非常高。连接索引[38]（Join Index）是一种轻量物化视图技术，它通过预连接将两个表的连接代理键（通常为能够直接访问元组的 RID）的连接结果物化下来作为索引使用（见图4.47）。

图4.47（a）显示了关系 CUSTOMER 和 CP 之间的连接索引，JI 为关系 CUSTOMER 和 CP 的连接索引，存储为二元关系，其中 csur 为关系 CUSTOMER 的代理键，标识 CUSTOMER 表中元组的地址；cpsur 为关系 CP 的代理键，标识 CP 表中元组的地址。JI 通过 CUSTOMER 和 CP 的预连接将满足连接条件 CUSTOMER.cname=CP.

cname 的 CUSTOMER 记录的 csur 和 CP 记录的 cpsur 存储为代理键对，供需要连接 CUSTOMER 和 CP 表的查询使用。查询可以通过扫描连接索引 JI 获得满足连接条件的记录在 CUSTOMER 和 CP 表的地址并直接访问相应的记录完成连接操作，从而消除了通过连接键值比较的连接操作代价。

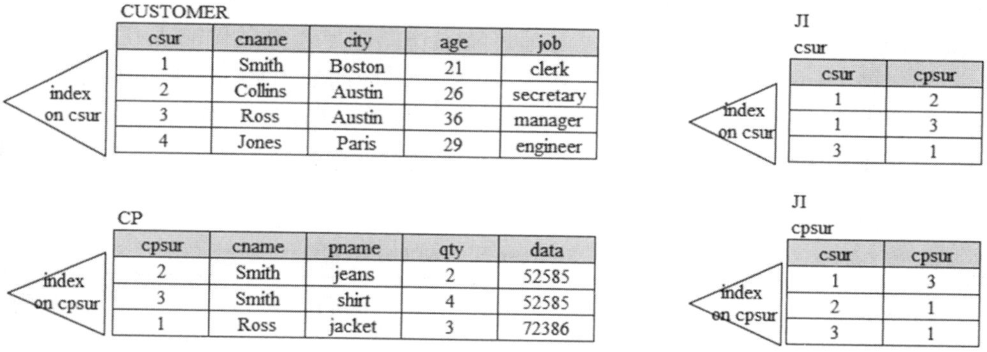

CUSTOMER

csur	cname	city	age	job
1	Smith	Boston	21	clerk
2	Collins	Austin	26	secretary
3	Ross	Austin	36	manager
4	Jones	Paris	29	engineer

JI

csur	cpsur
1	2
1	3
3	1

CP

cpsur	cname	pname	qty	data
2	Smith	jeans	2	52585
3	Smith	shirt	4	52585
1	Ross	jacket	3	72386

（a）关系R和S的连接索引

CUSTOMER（index on csur）

csur	cname	city	age	job
1	Smith	Boston	21	clerk
2	Collins	Austin	26	secretary
3	Ross	Austin	36	manager
4	Jones	Paris	29	engineer

JI csur（index on csur）

csur	cpsur
1	2
1	3
3	1

CP（index on cpsur）

cpsur	cname	pname	qty	data
2	Smith	jeans	2	52585
3	Smith	shirt	4	52585
1	Ross	jacket	3	72386

JI cpsur（index on cpsur）

csur	cpsur
1	3
2	1
3	1

（b）连接索引上的索引机制

R

A	B	r
	b	r1
	b	r4

JI（index on r）

r	s
r1	s8
r4	s3

S（index on s）

s	C	D
s3		
s8		

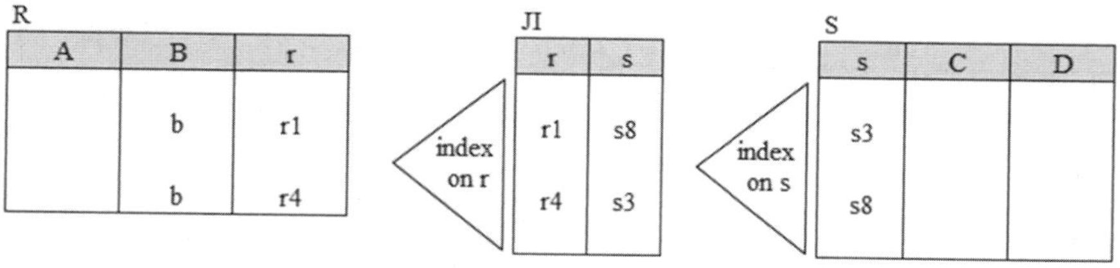

（c）连接索引应用

图 4.47　连接索引的使用

连接索引相当于一种动态物化视图，在扫描较小的连接索引时实时完成连接关系物化过程，但相对于物化视图需要更少的存储空间。图4.47（b）显示了基于 B +-Tree 索引机制的连接索引，对于从 CUSTOMER 向 CP 表的连接，在 csur 上建立的 B +-Tree 索引能够加速 CUSTOMER 表上谓词操作在连接索引上的查找性能。连接索引可以创建两份拷贝，分别按 csur 和 cpsur 创建聚集索引，加速从 CUSTOMER 和 CP 表对连接索引的查找性能。

在图4.47（c）所示的连接索引实例中，关系 R 和 S 按 R.A=S.D 进行连接，同时 R.B 上有谓词条件 R.B='b'。在查询处理时，首先在 R 表上按谓词条件 R.B='b' 选择代理键属性 r 的值 r1 和 r4，然后在连接索引中索引查找对应的元组，获得对应的 S 表的代理键 s3 和 s8，再将 s3 和 s8 通过 S 表的代理键索引定位到对应的连接记录，完成连接操作。

当关系中的记录更新时，连接索引也需要更新。关系中的记录删除操作需要反映到连接索引中并删除相应的连接索引记录，当连接索引有两份拷贝时，需要分别进行相应的连接索引记录的删除，建有相关表代理键聚集索引的连接索引删除较快，而另一份连接索引则需要通过 B +-Tree 查找后执行删除操作。关系中记录的插入产生关系连接操作并对连接操作结果生成的代理键对插入连接索引中。当数据库频繁更新时，连接索引的维护代价很大。因此，连接索引主要应用于批量更新应用场景，不适用于频繁更新的应用环境。

分析型内存数据库通常采用内存列存储，各属性采用定长存储（变长属性通常存储为定长的实际数据存储偏移地址），连接索引中代表记录位置的代理键可以表示为记录在内存列中的偏移地址。如图4.48所示，关系 R 和 S 在执行连接操作时，首先将 OID 和连接列投影出来执行基于连接键的等值连接操作，满足连接条件的 OID 对存储为连接索引，然后再通过连接索引访问关系 R 和 S 中对应的输出列 R2 和 S2，按 OID 位置输出各表中的连接结果列，再将关系 R 和 S 连接结果列合并为连接结果。此示例中，连接索引在执行连接操作中动态生成，用于记录列存储连接结果集，并作为输出记录时的地址指针。

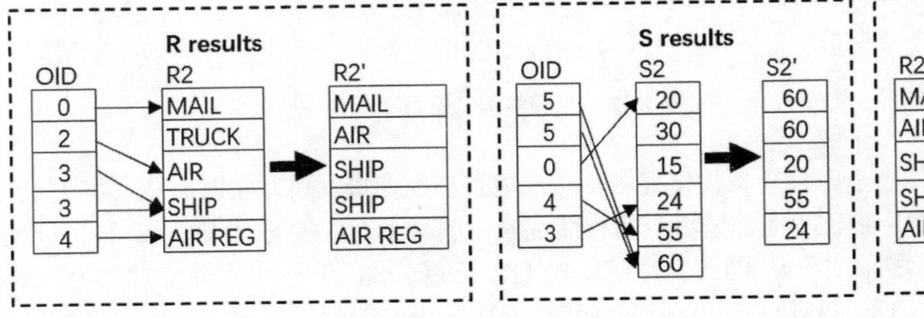

图 4.48 列存储连接索引示例

在 SSB、TPC-H、TPC-DS 等 Benchmark 中，维表主键通常使用代理键，可以映射为维表记录的内存偏移地址，如图4.49（a）中 PART 表主键 P_PARTKEY 和 SUPPLIER 表主键 S_SUPPKEY 使用代理键（1,2,3，⋯），因此维表 PART 与事实表 LINEITEM 之间的连接索引为维表 PART 外键（代理键）和事实表记录偏移地址对，如图4.49（b）所示。在列存储中，事实表外键列 L_PARTKEY 和隐式的列偏移地址能够起到连接索引的作用。我们将采用代理键作为维表主键的模式中，事实表外键属性称为内置连接索引（Native Join Index），事实表中的每一个外键列相当于具有事实表隐式 VOID 的连接索引。

P_PARTKEY	P_NAME	P_MFGR	P_BRAND	P_SIZE	P_CONTAINER	......
1	goldenrod lace spr	Manufacturer#1	Brand#13	7	JUMBO PKG	......
2	blush rosy metallic	Manufacturer#1	Brand#13	1	LG CASE	......
3	dark green antique	Manufacturer#4	Brand#42	21	WRAP CASE	......
4	chocolate metallic	Manufacturer#3	Brand#34	14	MED DRUM	......
5	forest blush chiffo	Manufacturer#3	Brand#32	15	SM PKG	......
6	white ivory azure	Manufacturer#2	Brand#24	4	MED BAG	......
7	blue blanched tan	Manufacturer#1	Brand#11	45	SM BAG	......
8	ivory khaki cream	Manufacturer#4	Brand#44	41	LG DRUM	......
9	thistle rose mocca	Manufacturer#4	Brand#43	12	WRAP CASE	......
10	floral moccasin ro	Manufacturer#5	Brand#54	44	LG CAN	......
......	......	......	......	......	......	......

S_SUPPKEY	S_NAME	S_NATIONKEY	S_PHONE	......
1	Supplier#000000001	17	27-918-335-1736	......
2	Supplier#000000002	5	15-679-861-2259	......
3	Supplier#000000003	1	11-383-516-1199	......
4	Supplier#000000004	15	25-843-787-7479	......
5	Supplier#000000005	11	21-151-690-3663	......
6	Supplier#000000006	14	24-696-997-4969	......
7	Supplier#000000007	23	33-990-965-2201	......
8	Supplier#000000008	17	27-498-742-3860	......
9	Supplier#000000009	10	20-403-398-8662	......
10	Supplier#000000010	24	34-852-489-8585	......
......	......	......	......	......

（a）维表PART和维表SUPPLIER的主键

LINEITEM

	L_ORDERKEY	L_PARTKEY	L_SUPPKEY	L_QUANTITY	L_DISCOUNT	......
[1]	1	155190	7706	17	0.04	......
[2]	1	67310	7311	36	0.09	......
[3]	1	63700	3701	8	0.1	......
[4]	1	2132	4633	28	0.09	......
[5]	1	24027	1534	24	0.1	......
[6]	1	15635	638	32	0.07	......
[7]	2	106170	1191	38	0	......
[8]	3	4297	1798	45	0.06	......
[9]	3	19036	6540	49	0.1	......
[10]	3	128449	3474	27	0.06	......
[11]	3	29380	1883	2	0.01	......
[12]	3	183095	650	28	0.04	......
[13]	3	62143	9662	26	0.1	......
[14]	4	88035	5560	30	0.03	......
[15]	5	108570	8571	15	0.02	......
[16]	5	123927	3928	26	0.07	......
[17]	5	37531	35	50	0.08	......
[18]	6	139636	2150	37	0.08	......
[19]	7	182052	9607	12	0.07	......
[20]	7	145243	7758	9	0.08	......
[...]	......	......	......	......	......	......

JI_P_L

PART	LINEITEM
155190	1
67310	2
63700	3
2132	4
24027	5
15635	6
106170	7
4297	8
19036	9
128449	10
29380	11
183095	12
62143	13
88035	14
108570	15
123927	16
37531	17
139636	18
182052	19
145243	20
......	......

JI_S_L

L_SUPPKEY	LINEITEM
7706	1
7311	2
3701	3
4633	4
1534	5
638	6
1191	7
1798	8
6540	9
3474	10
1883	11
650	12
9662	13
5560	14
8571	15
3928	16
35	17
2150	18
9607	19
7758	20
......	......

（b）事实表LINEITEM外键和连接索引

图 4.49　内置连接索引

当事实表外键属性转换为内置连接索引时，星形连接可以简化为连接索引扫描操作。如图4.50所示，在扫描事实表外键属性时，按外键属性值映射到内存列存储维表属性列偏移地址，访问对应连接的维表记录，完成其他查询操作。这种内置连接索引机制将独立物理存储的事实表和维表构造为一个虚拟连接的物化视图，简化了 OLAP 查询处理。

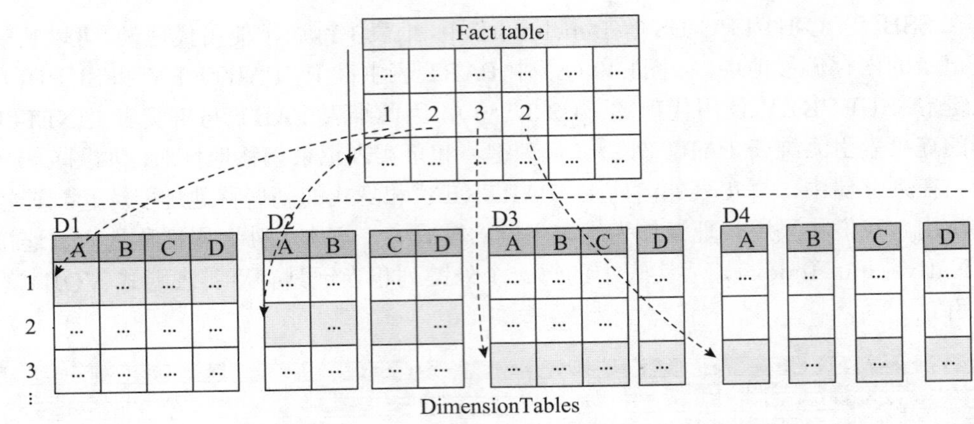

图 4.50 内置连接索引连接优化技术[39]

4.3.7 位图连接索引

位图索引是一种通过位图记录属性列中每个成员在行中位置的技术，位图索引适用于属性列中不同成员的数量与行数之比小于 1%的低势集属性。如图4.51所示，关系中的属性 Gender 和 Country 分别有 2 个和 3 个成员，为属性 Gender 创建的位图索引包含两个位图，分别表示 Gender 值为 M 或 F 的记录在表中的位置。图右侧所示的位图索引结构可以看作为属性 Gender 按属性成员的数量创建一个位图矩阵，Gender 属性的每一行的取值在 Gender 位图矩阵的对应行中只有一个对应位置取值为 1，其余位置取值为 0。通过位图索引机制，Gender 属性存储为 2 个位图，压缩了属性存储空间，而且通过位图索引能够直接获得 Gender 取指定值时所有满足条件记录的位置。

Customer_id	Gender	Country
1	F	Mexico
2	M	Canada
3	F	USA
4	M	Canada
5	F	USA
6	F	USA
7	F	Mexico
8	M	Mexico
9	M	Canada
10	M	USA
11	M	USA

	Gender		Country		
Customer_id	M	F	Mexico	Canada	USA
1	0	1	1	0	0
2	1	0	0	1	0
3	0	1	0	0	1
4	1	0	0	1	0
5	0	1	0	0	1
6	0	1	0	0	1
7	0	1	1	0	0
8	1	0	0	1	0
9	1	0	0	1	0
10	1	0	0	0	1
11	1	0	0	0	1

图 4.51 位图索引

图4.52对应了在为 Gender 和 Country 属性创建位图索引后执行查询时位图索引的计算过程：

```
SELECT count(*) FROM Customer
WHERE Gender='M' AND Country in ('Mexico' ,'USA');
```

查询中的谓词条件对应已建立位图索引的属性，将谓词条件 Gender='M' 转换为访问 Gender 值为'M' 的位图，查询条件 Country in ('Mexico' ,'USA') 转换为访问 Country 值为'Mexico' 和'USA' 的位图，并对两个位图执行 OR 操作。查询中的复合谓词条件转换为图 4.52 所示的多个位图之间的逻辑运算，位图运算结果对应的位图则指示了满足查询谓词条件的记录在表中的位置。

Gender='M'		Gountry='Mexico'		Gountry='USA'						
0		1		0		0		1		0
1		0		0		1		0		0
0		0		1		0		1		0
1		0		0		1		0		0
0		0		1		0		1		0
0	AND	0	OR	1	=	0	AND	1	=	0
0		1		0		0		1		0
1		0		0		1		0		0
1		0		0		1		0		0
1		0		1		1		1		1
1		0		1		1		1		1

图 4.52　位图索引的使用

属性中的成员数量越多，位图索引中的位图数量越多，位图存储空间代价越大。但属性中的成员数量越多，每个位图中 1 的数量越稀疏，位图运算对应的选择率越低，查询性能提升越大。当表中记录数量非常大时，稀疏的位图可以通过压缩技术缩减位图索引存储空间，同时，当位图很大时，位图运算也消耗大量的 CPU 计算资源，可以通过 SIMD 并行计算技术提高位图计算性能，也可以通过 GPU 硬件加速器来提高位图索引的计算性能。

在数据仓库应用中，适合创建位图索引的表示层次结构的属性存储在维表中，而查询优化的重点是优化这些层次属性对应的事实表记录的扫描代价。位图连接索引（Bitmap Join Index）是连接索引和位图索引相结合的技术，它通过预连接维表与事实表并且为指定维属性创建位图索引的策略为维表中的属性创建映射到事实表上的位图索引，从而实现了维表属性值向事实表记录位置的映射关系。

在数据仓库中，事实表位于模式的中心，通过外键与各个维表建立等值连接关系，OLAP 查询通常涉及事实表与多个维表之间的连接操作，这种事实表与多个维表之间的连接操作称为星形连接。利用位图连接索引加速星形连接的技术可以分为两种类型。

（1）为维表主键创建位图连接索引[40]。以 TPC-H 为例，维表 PART 与事实表 LINEITEM 通过 PART.P_PARTKEY 和 LINEITEM.L_PARTKEY 连接，可以为 PART 表的 PART.P_PARTKEY 属性创建位图连接索引，为每一个 PART.P_PARTKEY 键值创建一个事实表 LINEITEM 上的位图。PART 表上的谓词操作产生一个 PART.P_PARTKEY 键值集合，然后按 PART.P_PARTKEY 键值抽取对应的位图进行 OR 操作，生成一个 PART 表连接位图，事实表 LINEITEM 按照位图访问相应的记录并进行其后的查询操作。

位图连接索引使用位图和位图操作代替了连接索引代理键上的索引和索引查找，当维表主键包含大量的键值时位图连接索引的位图数量大，位图存储和位图运算的代价都很大。

（2）为维表属性创建位图连接索引。OLAP 查询是一种依据数据立方体特征而执行的多维查询，查询通常按照预定义的维度层次进行上卷、下钻等操作，表示维表层次的属性通常为低势集属性，在频繁访问的维层次属性上可以创建位图连接索引，加速对应的维表与事实表连接性能。

图4.53中维表 CUSTOMER 的属性 Gender 和 Country 为低势集属性，事实表 SALES 中包含 CUSTOMER 表的外键属性 Customer_id。我们可以使用如下的 SQL 命令为 CUSTOMER 表的 Gender 和 Country 属性创建与 SALES 表的位图连接索引。

```
CREATE BITMAP INDEX sales\_c\_gender\_country
ON sales(customer.gender, customer.country)
FROM sales, customer
WHERE sales.customer\_id = customer.customer\_id;
```

Customer

Customer_id	Gender	Country
1	F	Mexico
2	M	Canada
3	F	USA
4	M	Canada
5	F	USA

Bitmap Join index

	Gender		Country		
sales_id	M	F	Mexico	Canada	USA
1	1	0	0	1	0
2	0	1	0	0	1
3	0	1	1	0	0
4	0	1	0	0	1
5	1	0	0	1	0
6	1	0	0	1	0
7	0	1	0	0	1
8	1	0	0	1	0
9	0	1	0	0	1
10	0	1	1	0	0
11	0	1	0	0	1

Sales

time_id	customer_id	Revenue
20120301	4	3452
20120301	3	4432
20120302	1	5356
20120303	5	2352
20120303	2	5536
20120304	4	6737
20120305	3	5648
20120306	2	9345
20120306	5	5547
20120307	1	7578
20120308	3	5533

图 4.53 位图连接索引的使用

位图索引表示的是属性成员在当前表中的位置信息，而位图连接索引则表示属性成员在连接表中的位置信息。位图连接索引相当于为物化连接表属性创建的位图索引，在实际应用中能够有效地减少连接操作代价。

位图索引和位图连接索引都是在选定属性上为所有成员创建位图，低势集的属性上创建的位图数量较少，索引空间开销较小，但由于属性成员数量少，每一个位图对应的选择率较高，对连接操作的加速能力较低，而高势集属性的成员数量较多，需要创建较多的位图，索引存储空间开销较大，但位图的选择率低，对连接操作的加速能力强，因此位图连接索引的创建和使用需要权衡位图连接索引的存储开销和查询性能优化收益而综合评估。

普通的位图索引和位图连接索引都是存储访问型索引，需要预先创建索引，存储位图，需要额外的存储代价和数据更新时位图同步更新代价。图4.54显示了一种计算型动态位图连接索引，它的工作原理如下：

（1）维表主键采用代理键，支持外键与主键列的值–地址映射；

（2）维表上执行谓词操作，生成维位图索引，用于动态标识维表上的谓词操作结果，谓词可以是复杂谓词表达式，1 或 0 标识当前记录满足或不满足谓词条件；

（3）外键列通过值–地址映射直接访问维位图索引相应的单元，创建与外键列等长的动态位图连接索引，用维位图索引相应单元值填充动态位图连接索引单元，创建的动态位图连接索引用于指示外键表中满足维表谓词条件的记录。

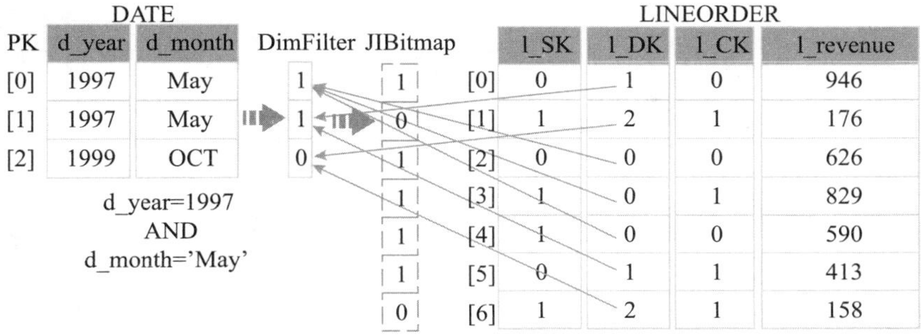

图 4.54　动态位图连接索引

当查询在多个维表上有谓词条件时，可以创建相应的维位图索引，使用选择率最低的维位图索引创建动态位图连接索引，然后扫描动态位图连接索引，按 1 的位置访问下一个外键列，将外键值映射到相应的维位图索引单元，用维位图索引单元值更新动态位图连接索引当前单元值，当前外键列扫描完毕后，再迭代处理下一个外键列。当所有外键列扫描完毕后，动态位图连接索引为计算所生成的最终位图连接索引，用于按位置访问事实表记录。动态位图连接索引机制只需要在维表端实时生成较小的位图索引，通过外键列的值–地址映射计算动态生成位图连接索引，具有较高的计算性能，不需要传统位图连接索引的预创建和存储开销，支持实时数据更新。

动态位图连接索引计算使用较小的外键列和维位图索引，可以设制一种硬件化位图连接索引的混合计算架构，如图4.55所示。根据事实外键列和维位图索引的大小和硬件加速器（如 GPU、FPGA）内存的大小配置硬件，使外键列和动态生成的维位图索引能够存储在硬件加速器板载内存中。查询执行时维表生成位图索引，传输到硬件加速器中，由硬件加速器完成动态位图连接索引计算，生成事实表位图连接索引并传回 CPU，按位图索引访问事实数据，消除与查询无关的事实数据访问代价，提高查询处理的整体性能。

动态位图连接索引在多核 CPU 平台也有较高的性能。如图4.56（a）所示，假设事实表行数为 N，维表行数为 M，则维位图索引大小为 $M/8$ 字节。当前多核 CPU 几十到几百 MB 的 L3 cahce 能够支持千万以上的维位图长度，满足维表大小需求，通常能够在访问维位图索引时有较高的 cache 命中率，动态位图连接索引计算具有较高的性能。当维位图索引超过 L3 cahce 大小时，访问维位图索引时产生较大的 cache miss。当维位图索引选择率极低时，维位图索引中存在大量 0 值位置，可以在稀疏动态位图连接索引上创建多级位图索引机制来提高维位图索引访问时的 cache 命中率。如图4.56（b）所示，在原始维位图索引之上建立多级位图索引，将原始位图中连续的 K 个位图的值按位或操作结果映射到高一级较小的位图中，通过较小位图良好的 LLC 数据局部性对数据进行第一级过滤，满足第一级模糊过滤条件的数据再映射到原始位图索引上进行最终的精确过滤操作。多级位图索引满足 K=512 时，即高一级位图中的“1”对应下一级位图索引的一个 cache line（64 字节，512 位）访问。高一级位图索引大小不超过 LLC，否则

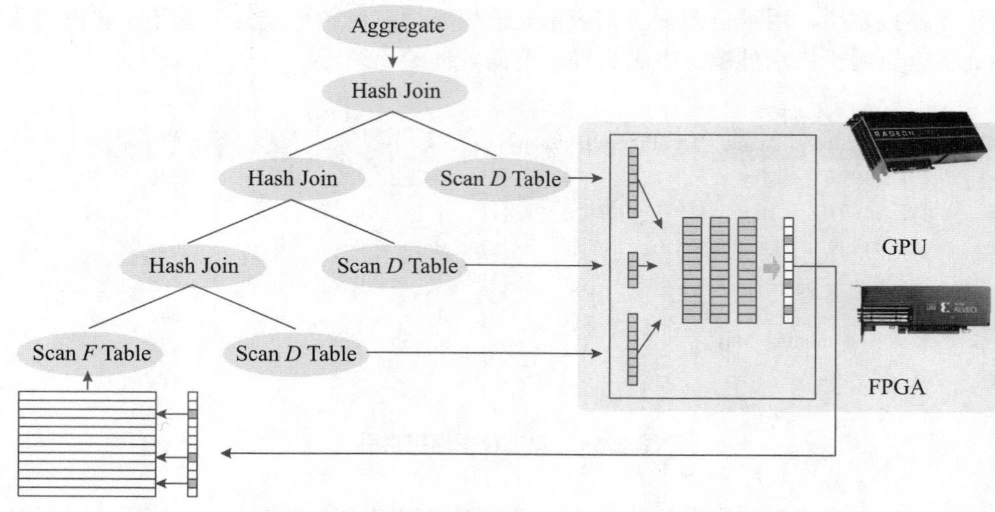

图 4.55 动态位图连接索引加速引擎

继续构建多级位图索引，高一级位图索引也应该具有较低的选择率（低于 1/512，即选择率低于 0.195%）以抵消增加额外位图索引访问的代价，高一级位图索引中每一个“0”的位置能够消除一个 cache line 的访问代价。

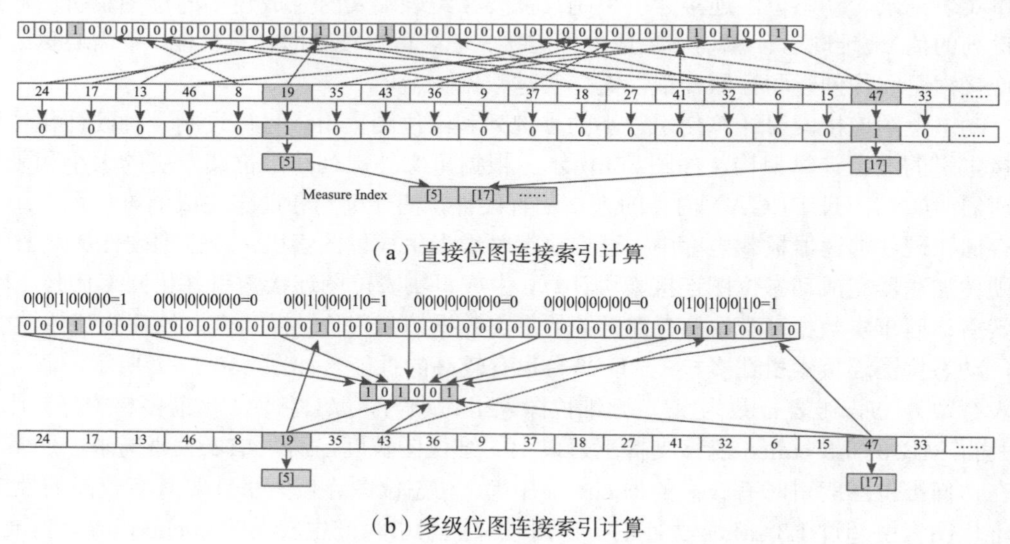

（a）直接位图连接索引计算

（b）多级位图连接索引计算

图 4.56 动态位图连接索引计算策略

4.3.8 Database Cracking

在 OLAP 查询中，范围查询是比较常见的查询模式。当范围查询的列上没有索引时，范围查询需要扫描整个列；B +-Tree 索引能够支持范围查询，但需要额外的索引维护代价。Cracking 是一种自维护索引机制，当属性列 A 上执行范围查询时，生成一个 A

列的副本 Cracker A，按查询的条件将 Cracker A 分裂为连续存储的属性组。随着查询的执行，Cracker A 不断分裂为连续的范围段，构成一个区域有序的自适应索引。

在图4.57所示的例子中，A 列上首先应用查询 Q1 条件 R.A > 10 和 R.A < 14，创建 A 列的副本 Cracker A，将 Cracker A 分裂为 3 个区域——A⩽10、10 < A < 14 和 A⩾14；查询 Q2 条件 R.A > 7 和 R.A⩾16 进一步将 Cracker A 分裂为 5 个区域——A⩽7、7 < A⩽10、10 < A < 14、14⩽A⩽16 和 A > 16，随着查询数量的增加，Cracker A 分裂的区域越来越多，每个区域内部无序，但区域之间保持有序结构，Cracker A 逐渐成为一个有序的索引列。

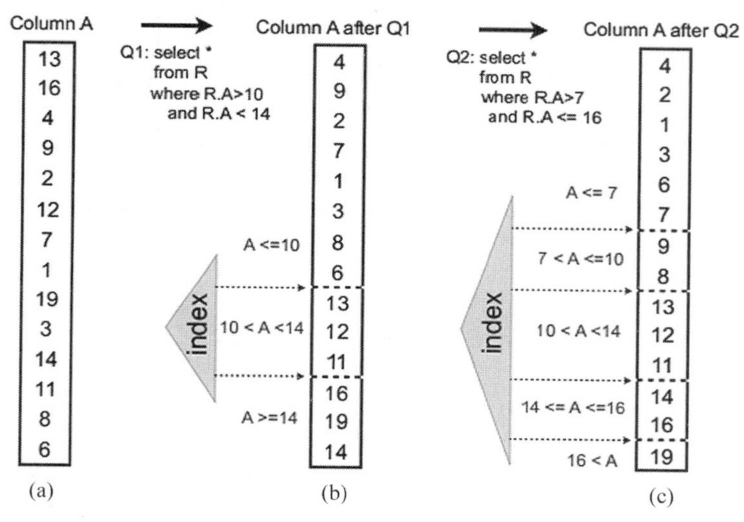

图 4.57　Cracking[41]

Cracking 不需要了解查询负载的特征，随着查询的执行而不断调整列中数据的分布，使查询产生的范围段的数据连续存储，范围段有序存储。Cracking 相对于列存储中常用的排序方法能够将排序所产生的巨大代价分摊在查询执行过程中，增量地完成排序工作。

关系中的属性 A 和 B 构成一个 Cracker map M_{AB}，记录了查询相关列 A 和 B，同时创建一个 Cracker index，记录 M_{AB} 中 A 列值的分布情况。如图 4.58 所示，执行第一个查询时，按查询条件 10<A<15 将 A 列划分为三个区域，按相同的记录顺序同步划分 M_{AB} 中的 B 列；执行第二个查询时，按查询条件 5⩽A<17 对 M_{AB} 进一步划分，并在 cracker index 中记录各区域的信息，第二个查询按划分后的区域定位查询所对应的区域集合，返回查询结果。

当查询中涉及多个输出列时，如图 4.59 中按 A 列查询并输出 B 或 C 列的结果，需要在对 A 列动态划分时同步相关列 B 和 C 的位置。图 4.59 示例中，B 列和 C 列为与 A 列相关的输出列，需要建立 M_{AB} 和 M_{AC}。在执行第一个查询时根据查询条件 A<3 同步划分 M_{AB} 和 M_{AC}，执行第二个查询时根据查询条件 A<5 同步划分 M_{AC} 和 M_{AB}，执行第三个查询时根据查询条件 A<4 同步划分 M_{AC} 和 M_{AB}，并输出 M_{AC} 和 M_{AB} 中对应的 B 和 C 列的结果。

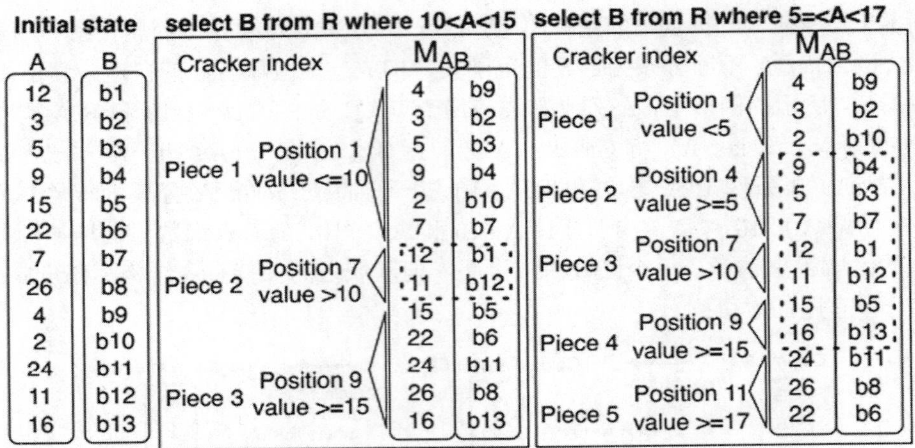

图 4.58 Cracker map 和 Cracker index

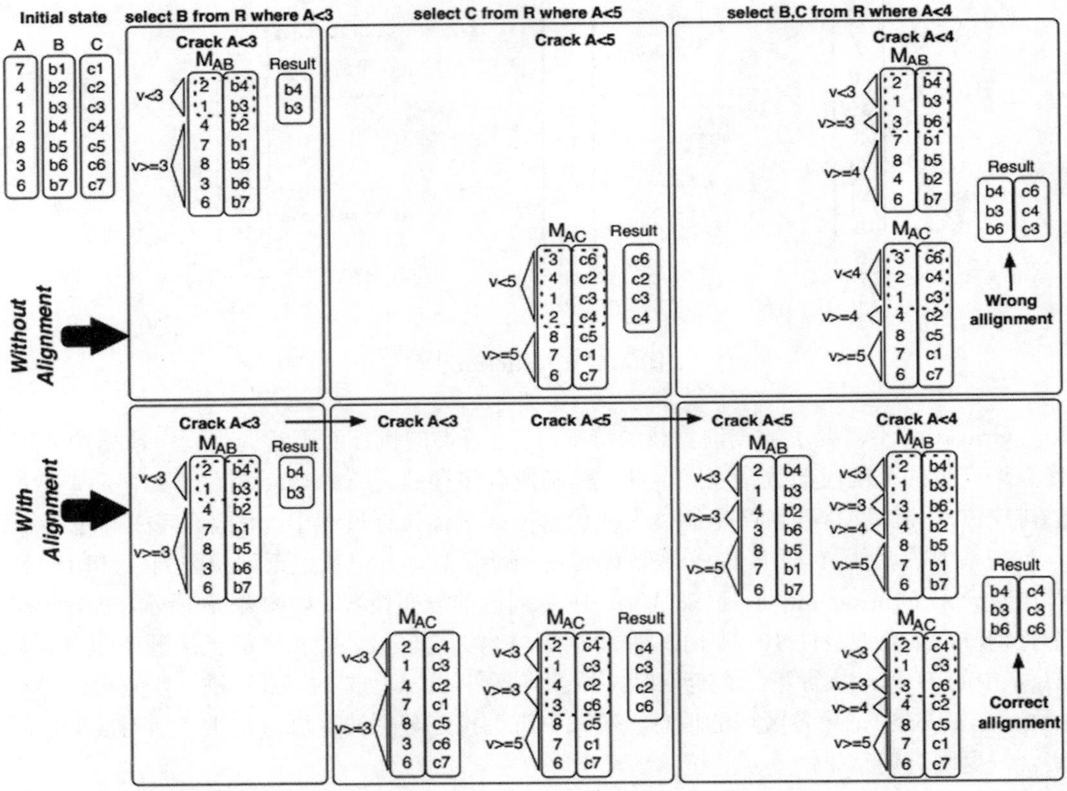

图 4.59 多个查询相关属性的 Cracking 划分

当查询条件涉及多个属性时，如图4.60中列 A、B、C 上均有查询条件，使用多个 M_{AD}、M_{BD} 和 M_{CD} 时无法解决列数据对齐问题，因此需要选择一个列作为对齐的基准，如 A 列，通过 M_{AB}、M_{AC} 和 M_{AD} 完成查询处理任务。在 M_{AB} 中按照查询条件 3<A<10 划分，并同步划分 M_{AC} 和 M_{AD}，将查询条件 4<B<8 应用于 M_{AB} 的 B 列，

生成满足查询条件 $3<A<10$ 和 $4<B<8$ 查询结果的位图；按位图指示位置在 M_{AC} 中将查询条件 $1<C<7$ 应用于 M_{AC} 的 C 列，更新满足查询条件 $3<A<10$ 和 $1<C<7$ 查询结果的位图；根据位图中 1 的位置在 M_{AD} 的 D 列选择输出记录的结果 2，12。作为对齐轴的 A 列应用查询条件进行数据划分，其他列上的查询条件结果通过位图指示，通过这种列划分与位图相结合的技术解决多属性查询处理任务。

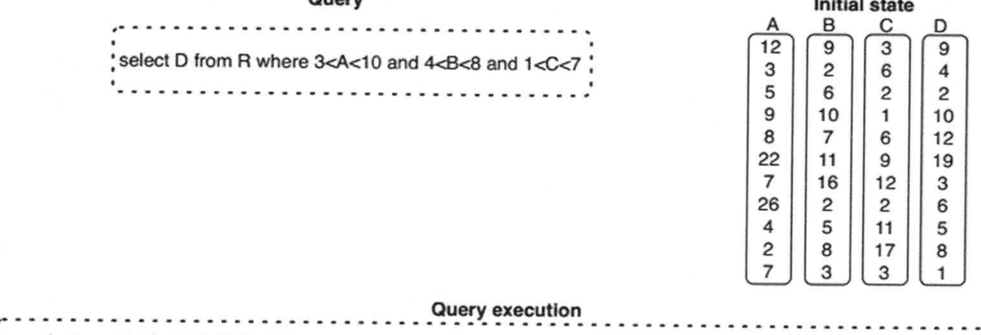

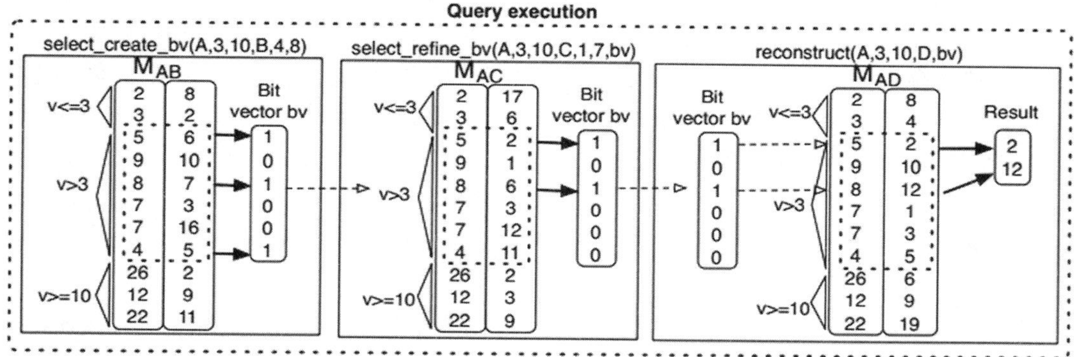

图 4.60 复合查询条件下的 Cracking 处理过程

Cracking 技术不仅优化单表上的查询条件处理，还可以优化表间的连接操作。在连接操作中，如果两个连接列划分的区域不一致，按划分区域连接时会产生数据范围的交叠，从而增加区域连接的数量。当两个连接列划分的区域不一致时，通过划分区域的同步将连接列划分为更细粒度的区域，从而实现按列数据范围的区域连接，消除区域之间的迭代连接。如图 4.61 所示的 R 列与 S 列连接示例中，R 和 S 具有不同的划分区域，首先按 R 的区域（R 的最小边界值小于 S 的最小边界值）对 S 进行划分，使 S 区域划分得更细，并产生与 R 最小区域相匹配的区域，R 和 S 将范围为 $v<10$ 的区域进行连接操作；在第二次迭代处理中，S 剩余数据的区域数量多于 R 剩余数据的区域数量，按 S 划分的范围对 R 剩余的数据进行划分，从而在 R 和 S 剩余的数据中同步划分为 $10<v\leqslant15$ 和 $v>15$ 两个区域，然后对两个匹配的区域分别进行连接操作。

Cracking 技术是一种根据查询负载自动维护和优化的索引技术，它一方面将集中式索引创建代价分摊到查询执行过程中，另一方面通过分裂数据范围的方法实现更加轻量的部分排序，降低排序代价。在连接操作中可以根据连接列的分裂区域实现 range partition 连接，减少连接时的 range 分区代价，提高连接性能。

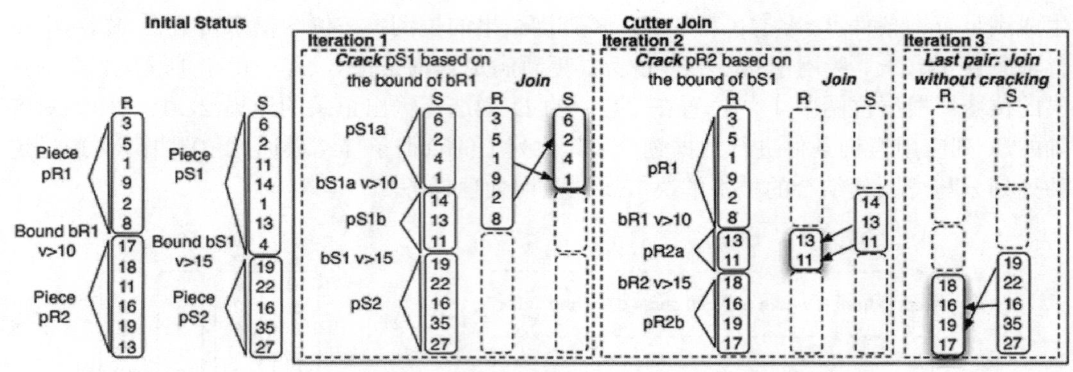

图 4.61 Cracking 索引的应用

在数据仓库中，范围查询通常发生在事实表数值型列上，而事实表数据庞大，构建 Cracker map 的存储代价和计算代价都比较大，在 OLAP 查询中更多的谓词条件应用于维表上，事实表上的范围查询可能执行顺序靠后并且事实表列根据前面的过滤操作结果而按位置稀疏访问，Cracker map 与基础列存储不一致的位置关系增加了多个谓词操作的计算代价。数据仓库的事实表上往往产生批量的数据插入操作，这对 Cracker map 数据的组织也产生较大的数据重构代价。

本章小结

在分析型内存数据库应用中，列存储已经成为事实上的存储模型标准，在列代数、向量化处理技术等新型查询处理技术的支持下，列存储能够与多级 cache 和 cache line 内存访问特点相结合，适应 CPU 的处理特性，提高查询处理性能。列存储同时提高了数据压缩的效率，节省了数据存储空间，并降低了数据访问代价。在磁盘数据库中，I/O 是最重要的性能瓶颈，解压缩代价相对于 I/O 代价较低，因此需要尽可能提高压缩比；在内存数据库中，CPU 执行代价与内存数据访问代价的比值高于磁盘数据库中 CPU 执行代价与 I/O 数据访问代价的比值，解压缩代价是个不能忽略的因素，因此，内存数据库通常采用轻量数据压缩算法，牺牲最高压缩比，提高 CPU 执行效率，提高压缩数据访问的整体性能。内存数据库中优先选择支持压缩数据上直接处理的轻量压缩算法，从而使数据压缩技术不仅能够提高内存存储效率，还能够提高数据处理性能。

在列存储内存数据库中，在多核并行处理技术的支持下，列上的扫描操作具有极高的性能，通常不使用索引机制来加速检索的性能。内存数据库的索引通常适用于更新较少、查找较多的应用场景，基于 cache-conscious 设计思想的 CSB +-Tree、CST-Tree 等索引技术被广泛使用。数据仓库中的索引不仅可以加快键值查找速度，还能够加速连接性能。位图连接索引是一种面向主–外键连接关系的位图索引技术，通过位图指示连接表中相应连接关系记录的位置信息，从而通过位图计算加速连接性能。位图存储和计算适合于现代处理器的 SIMD 向量计算技术，也适合于 GPU 硬件加速器计算，是一种有效的连接加速索引技术。与传统索引技术相对，Cracking 是一种自适应索引，通过查询动态创建索引和对索引调优，分摊索引维护代价，同时能够加速连接等操作的性能。

在内存数据库中，存储模型、数据压缩算法、索引机制的选择具有鲜明的平台适应性，需要面向 CPU 处理技术、多级 cache 结构、内存访问特点等硬件特征进行优化设计，更加强调轻量、CPU 代码执行效率、cache 效率等特征，同时需要与查询实现算法结合以达到更好的优化效果。

问题与思考

1. 以 TPC-H、TPC-DS、SSB 为例，结合查询特点分析列存储的性能收益。

2. 以 TPC-H 的 lINEORDER 表为例，应用各种数据压缩算法，计算数据压缩的最大压缩比以及在进行列谓词处理时（在列上应用谓词操作）的执行时间，与不采用压缩技术的列存储比较压缩收益与谓词处理性能。

3. 分析 TPC-H、SSB 负载，评估应用连接索引和位图连接索引的优化策略，以典型查询为例，编程实现连接索引和位图连接索引，评测基于索引的查询处理性能。

本章参考文献

[1] George Candea, Neoklis Polyzotis, Radek Vingralek. A Scalable, Predictable Join Operator for Highly Concurrent Data Warehouses [J]. PVLDB, 2009, 2(1): 277-288.

[2] Peter A. Boncz, Marcin Zukowski, Niels Nes. MonetDB/X100: Hyper-Pipelining Query Execution [C]. CIDR, 2005: 225-237.

[3] S’andor H’eman, Niels Nes, Marcin Zukowski, Peter Boncz. Positional Delta Trees to Reconcile Updates with Read-Optimized Data Storage [EB/OL]. http://www.odbms.org/wp-content/uploads/2014/07/PositionalDelat-Trees.pdf, 2022-08-22

[4] Anastassia Ailamaki, David J. DeWitt, Mark D. Hill. Data Page Layouts for Relational Databases on Deep Memory Hierarchies [J]. VLDB J. 2002, 11(3): 198-215.

[5] Richard A. Hankins, Jignesh M. Patel: Data Morphing. An Adaptive, Cache-Conscious Storage Technique [J]. VLDB, 2003: 417-428.

[6] Dominik Slezak, Victoria Eastwood. Data Warehouse Technology by Infobright [C]. SIGMOD Conference. New York: ACM Press, 2009: 841-846.

[7] Dominik Slezak, Jakub Wroblewski, Victoria Eastwood, Piotr Synak. Rough Sets in Data Warehousing [C]. Rough Sets and Current Trends in Computing (RSCTC). Berlin Heidelberg: Springer, 2008: 505-507.

[8] Hybrid Columnar Compression (HCC) on Exadata [EB/OL]. http://www.oracle.com/technetwork/database/exadata/ehcc-twp-131254.pdf, 2012-11-01.

[9] Shasank Chavan, Albert Hopeman, Sangho Lee, Dennis Lui, Ajit Mylavarapu, Ekrem Soylemez. Accelerating Joins and Aggregations on the Oracle In-Memory Databa

se [C]. ICDE 2018, Paris, France, April 16-19, 2018:1441-1452.

[10] Per-Åke Larson, Cipri Clinciu, Campbell Fraser, Eric N. Hanson, Mostafa Mokhtar, Michal Nowakiewicz, Vassilis Papadimos, Susan L. Price, Srikumar Rangarajan, Remus Rusanu, Mayukh Saubhasik. Enhancements to SQL Server Column Stores [C]. SIGMOD Conference. New York: ACM Press, 2013: 1159-1168.

[11] Yongqiang He, Rubao Lee, Yin Huai, Zheng Shao, Namit Jain, Xiaodong Zhang, Zhiwei Xu. RCFile: A Fast and Space-efficient Data Placement Structure in MapReduce-based Warehouse Systems [C]. ICDE. New York: IEEE Press, 2011: 1199-1208.

[12] Ryan Johnson, Vijayshankar Raman, Richard Sidle, Garret Swart. Row-wise Parallel Predicate Evaluation [J]. PVLDB, 2008, 1: 622-634.

[13] Ronald Barber, Peter Bendel, Marco Czech, Oliver Draese, Frederick Ho, Namik Hrle, Stratos Idreos, Min-Soo Kim, Oliver Koeth, Jae-Gil Lee, Tianchao Tim Li, Guy M. Lohman, Konstantinos Morfonios, René Müller, Keshava Murthy, Ippokratis Pandis, Lin Qiao, Vijayshankar Raman, Richard Sidle, Knut Stolze, Sandor Szabo. Business Analytics in (a) Blink [J]. IEEE Data Eng. Bull, 2012, 35(1): 9-14.

[14] Guy M. Lohman. Blink: Not Your Father's Database! [EB/OL]. http://dm.kaist.ac.kr/lab/slides/isao_overview.pdf, 2014-05-13.

[15] Andrew Lamb, Matt Fuller, Ramakrishna Varadarajan, Nga Tran, Ben Vandier, Lyric Doshi, Chuck Bear. The Vertica Analytic Database: C-Store 7 Years Later [J]. PVLDB, 2012, 5(12): 1790-1801.

[16] Joy Arulraj, Andrew Pavlo, Prashanth Menon. Bridging the Archipelago between Row-Stores and Column-Stores for Hybrid Workloads [C]. SIGMOD Conference 2016: 583-598.

[17] Tirthankar Lahiri, Shasank Chavan, Maria Colgan, Dinesh Das, Amit Ganesh, Mike Gleeson, Sanket Hase, Allison Holloway, Jesse Kamp, Teck-Hua Lee, Juan Loaiza, Neil MacNaughton, Vineet Marwah, Niloy Mukherjee, Atrayee Mullick, Sujatha Muthulingam, Vivekanandhan Raja, Marty Roth, Ekrem Soylemez, Mohamed Zaït. Oracle Database In-Memory: A Dual Format In-Memory Database [C]. ICDE 2015: 1253-1258.

[18] Vijayshankar Raman, Gopi K. Attaluri, Ronald Barber, Naresh Chainani, David Kalmuk, Vincent KulandaiSamy, Jens Leenstra, Sam Lightstone, Shaorong Liu, Guy M. Lohman, Tim Malkemus, René Müller, Ippokratis Pandis, Berni Schiefer, David Sharpe, Richard Sidle, Adam J. Storm, Liping Zhang. DB2 with BLU Acceleration: So Much More than Just a Column Store [C]. PVLDB 6(11): 1080-1091 (2013).

[19] Per-Åke Larson, Adrian Birka, Eric N. Hanson, Weiyun Huang, Michal Nowakiewicz, Vassilis Papadimos. Real-Time Analytical Processing with SQL Server [C]. PVLDB 8: 1740-1751 (2015).

[20] Actian X and X100 [EB/OL]. https://www.actian.com/wp-content/uploads/20

21/05/DS39-0521-ActianX_X100_01.pdf?id=23566, 2022-08-22.

[21] Vishal Sikka, Franz Färber, Wolfgang Lehner, Sang Kyun Cha, Thomas Peh, Christof Bornhövd. Efficient Transaction Processing in SAP HANA Database: The End of a Column Store Myth [C]. SIGMOD Conference. New York: ACM Press, 2012: 731-742.

[22] S. Harizopoulos, V. Liang, D. J. Abadi, and S. Madden. Performance Tradeoffs in Read-optimized Databases [C]. VLDB '06 Proceedings of the 32nd International Conference on Very Large Data Bases, New York: VLDB Endowment, 2006: 487-498.

[23] Wenbin Fang, Bingsheng He, Qiong Luo. Database Compression on Graphics Processors [J]. PVLDB, 2010, 3: 670-680.

[24] R. Johnson, V. Raman, R. Sidle, and G. Swart. Row-wise Parallel Predicate Evaluation [J]. PVLDB, 2008, 1:622–634.

[25] Carsten Binnig, Stefan Hildenbrand, Franz Färber. Dictionary-based Order-preserving String Compression for Main Memory Column Stores [C]. SIGMOD Conference. New York: ACM Press, 2009: 283-296.

[26] David Schwalb, Jens Krüger, Hasso Plattner. Column Organization in In-Memory Column Stores [EB/OL]. http://opus.kobv.de/ubp/volltexte/2013/6389/pdf/tbhpi67.pdf, 2014-07-07.

[27] Vishal Sikka, Franz Färber, Wolfgang Lehner, Sang Kyun Cha, Thomas Peh, Christof Bornhövd. Efficient Transaction Processing in SAP HANA Database: The End of a Column Store Myth [C]. SIGMOD Conference. New York: ACM Press, 2012: 731-742.

[28] Jae-Gil Lee, Gopi K. Attaluri, Ronald Barber, Naresh Chainani, Oliver Draese, Frederick Ho, Stratos Idreos, Min-Soo Kim, Sam Lightstone, Guy M. Lohman, Konstantinos Morfonios, Keshava Murthy, Ippokratis Pandis, Lin Qiao, Vijayshankar Raman, Vincent Kulandai Samy, Richard Sidle, Knut Stolze, Liping Zhang. Joins on Encoded and Partitioned Data [J]. PVLDB, 2014, 7: 1355-1366.

[29] Rachit Agarwal, Anurag Khandelwal, Ion Stoica. Succinct: Enabling Queries on Compressed Data [C]. NSDI 2015: 337-350.

[30] Feng Zhang, Weitao Wan, Chenyang Zhang, Jidong Zhai, Yunpeng Chai, Haixiang Li, Xiaoyong Du. CompressDB: Enabling Efficient Compressed Data Direct Processing for Various Databases [C]. SIGMOD Conference，2022: 1655-1669.

[31] Stavros Harizopoulos, Velen Liang, Daniel J. Abadi, Samuel Madden. Performance Tradeoffs in Read-Optimized Databases [C]. VLDB '06 Proceedings of the 32nd international conference on Very large data bases, New York: VLDB Endowment, 2006: 487-498.

[32] B+ tree [EB/OL]. http://en.wikipedia.org/wiki/B+_tree, 2015-06-01.

[33] Jun Rao, Kenneth A. Ross. Making B+-Trees Cache Conscious in Main Me-

mory [C]. SIGMOD Conference. New York: ACM Press, 2000: 475-486.

[34] Shimin Chen, Phillip B. Gibbons, Todd C. Mowry. Improving Index Performance through Prefetching [C]. SIGMOD Conference，2001: 235-246

[35] Ig-hoon Lee, Sang-goo Lee, Junho Shim. Making T-Trees Cache Conscious on Commodity Microprocessors [J]. J. Inf. Sci. Eng. 2011, 27(1): 143-161.

[36] Justin J. Levandoski, David B. Lomet, Sudipta Sengupta. The Bw-Tree: A B-tree for New Hardware Platforms [C]. ICDE，2013: 302-313.

[37] Viktor Leis, Alfons Kemper, Thomas Neumann. The Adaptive Radix Tree: ARTful Indexing for Main-memory Databases [C]. ICDE，2013: 38-49.

[38] Valduriez, P. Join indices[J]. ACM Transactions on Database Systems, 1987,12 (2):218-246.

[39] M. Jiao, Y. Zhang, S. Wang and X. Zhou. CDDTA-JOIN: One-pass OLAP Algorithm for Column-oriented Databases [C]. 14th Asia-Pacific Web Conference, APWeb 2012, Kunming, China. Berlin Heidelberg: Springer, 2012，7235: 448-459.

[40] O'Neill.P, and Graefe, G. Multi-table Joins through Bitmapped Join Indices [J]. SIGMOD Record. 1995, 24(3):8-11.

[41] Felix Martin Schuhknecht, Alekh Jindal, and Jens Dittrich. The Uncracked Pieces in Database Cracking [J]. PVLDB. 2013, 7(2):97-108.

第5章

内存 OLAP 查询优化技术

本章要点

OLAP 的本质是在数据仓库的多维数据集上完成切片、切块、上卷、下钻等聚合计算，核心技术是从多维数据集中抽取查询对应的多维数据子集，对多维数据子集按选定的维层次属性组进行聚集计算。在关系模型中，OLAP 查询是在事实表与维表连接的基础上执行选择、投影、分组、聚集等操作，因此关系操作算子 SPJGA（选择、投影、连接、分组、聚集）的实现方法和性能对 OLAP 查询整体性能影响较大。

本章主要介绍面向 OLAP 负载的关系算子实现及优化技术，分别介绍选择、投影、连接、分组、聚集等算子在列存储数据上的实现技术，以及面向内存、多核 CPU、多级 cache、GPU 等硬件的优化技术。在算子实现技术的基础上，进一步学习现代内存数据库查询处理技术和 OLAP 实现技术，了解 OLAP 查询处理引擎实现技术、面向 HTAP 数据库的实现技术。

5.1 选择操作优化技术

选择操作对应表中多个列上的谓词操作，关键是如何提高记录的过滤效率。在行存储数据库中主要通过过滤属性上的索引提高过滤效率，如 B + -Tree 索引可以支持等值查询和范围查询，位图索引可以按选择关键字直接获得满足条件的记录在表中位置的位图。对于列存储数据库来说，各列独立存储，多个选择条件应用于多个独立的列，需要将多个列的选择结果归并为最终的选择结果。

5.1.1 基于选择向量的选择操作

选择向量是一种记录选择结果在列中位置的向量，用于标识选择条件在列上的执行结果。当查询中包含多个选择条件时，选择向量分别记录每个选择条件应用后满足条件的列记录的位置，最后通过列记录位置输出查询结果。

如图5.1所示的例子中，列存储的关系 R 中通过虚拟 OID（VOID）为各列标识统一的记录位置，查询 SELECT R.d FROM R WHERE 20<=R.a<=30 AND 0.03<R.b<=0.06 AND R.c='AIR'; 对应的多列选择操作和投影操作过程如图所示：R.a 列应用条件 20<=R.a<=30 并将满足条件的记录的 VOID 保存在中间结果向量 inter1 中，然后按 inter1 中所记录的 VOID 位置访问第二个查询条件列 R.b，对指定位置的记录应用查询条件 0.03<R.b<=0.06，将满足查询条件的记录的 VOID 存储在中间结果向量 inter2 中，接着按 inter2 向量中记录的 VOID 位置访问 R.c 列并应用查询条件 R.c='AIR'，满足查询条件的记录的 VOID 存储于中间结果向量 inter3 中，最后按 inter3 中记录的位置访问 R.d 列，输出满足全部查询条件的 R.d 列的内容。

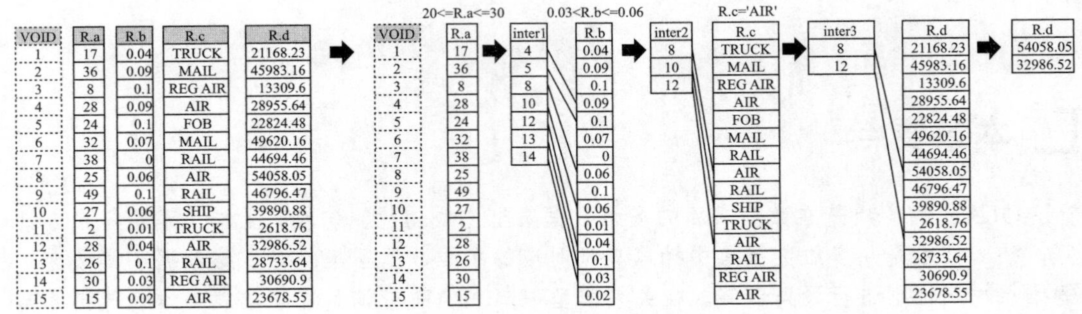

图 5.1 选择向量[1]

选择向量技术将多条件查询分解为多个处理阶段，每个阶段处理一个列上的查询条件，查询条件输出为满足查询条件记录的选择向量（VOID 集合），然后通过选择向量在下一个查询列上按位置访问满足第一个查询条件的记录并应用第二个查询条件，通过迭代处理完成多列上的多谓词操作，输出最终查询结果的选择向量。在多条件查询时，每个查询条件需要将结果物化，当查询涉及多列且选择率较高时，选择向量的物化代价较大，但当查询条件的选择率较低时，选择向量的物化代价较小，根据选择向量对列的按位置访问具有较高的效率。

选择操作使用 if⋯else 语句，对应分支指令，其指令执行效率由 CPU 的分支预测执行单元的性能决定，在不同 CPU 上有不同的性能。分支预测单元的执行效率受选择率影响，通常选择率较低或较高时分支预测成功率较高，代码执行效率较高，选择率中等时分支预测成功率较低，需要重新加载预测错误分支的代码而产生较大的延迟，影响代码执行性能。无分支选择操作是将谓词操作作为逻辑表达式执行，消除 if⋯else 语句以及分支预测对性能的影响，有利于指令预取优化，通常选择率中等时代码执行效率较高。图5.2显示了一个双谓词选择操作示例，图5.2（a）和图5.2（b）分别代表分支和无分支选择操作。分支选择操作是通过 if 语句填充选择向量，而无分支选择操作直接使用谓词逻辑运算结果更新选择向量。

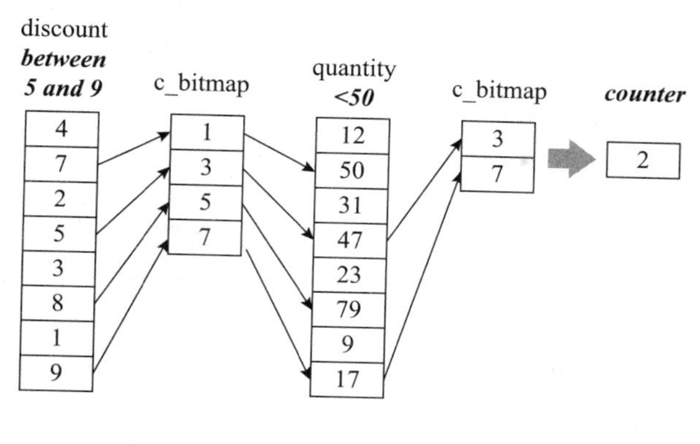


```
j=0;
for (int i = 0; i < FRows; i++)
   {
      if (discount[i] >= 5 && discount[i] <= 9)
         c_bitmap[j++]=i;
   }
k=0;
for (int i = 0; i < j; i++)
   {
      if(quantity[c_bitmap[i]]<50)
         c_bitmap[k++]=c_bitmap[i];
   }
```

(a) 基于选择向量的分支选择操作

```
j=0;
for (int i = 0; i < FRows; i++)
   {
      c_bitmap[j]=i;
      j+=(discount[i] >= 5&&
discount[i] <= 9);
   }
k=0;
for (int i = 0; i < j; i++)
   {
      c_bitmap[k]=c_bitmap[i];
      k+= (quantity[c_bitmap[i]]<50)
   }
```

(b) 基于选择向量的无分支选择操作

图 5.2 分支和无分支选择算法

5.1.2 基于位图的选择操作

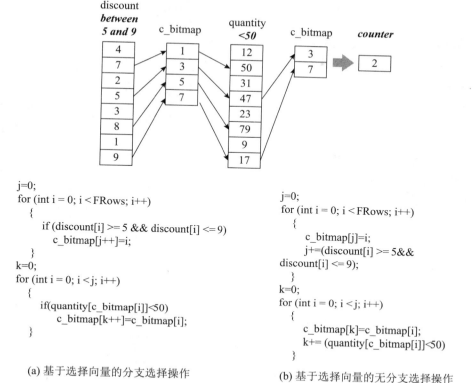

在列存储数据库中，也可以将查询条件独立地应用于相关列，并通过较小的位图记录查询结果，多个查询条件产生多个表示查询结果的位图，然后通过位图运算得出满足所有条件的查询结果位图，最后按位图访问相关的输出记录结果。

图5.3(a)为采用字典表压缩编码技术的列存储关系表，原始的字符型属性 Customer Name 和 Material 采用字典表压缩编码，字典表为 Customers 和 Material，字典表中存储对应列中不重复成员值和相应的字典编码，在压缩存储的表中，Customer Name 和 Material 列只存储原始数据对应的字典编码。

如图5.3(b)所示，查询条件 Customer Name='Miller' AND Material='Refrigerator' 首先应用于 Customer Name 和 Material 列相应的字典表，只对列中成员比较一次，获得满足 Customer Name='Miller' 条件的值的编码为 4，满足 Material='Refrigerator' 条件的值的编码为 3，然后在压缩存储的表上以字典编码为条件执行查询 Customer Name=4 AND Material=3，Customer Name 列上满足条件的结果记录为位图 0010010，Material 列上满足查询条件的结果记录为 0000010，两个位图执行与操作，结果 0000010 表示表中的第 6 条记录满足所有查询条件。

选择位图与选择向量都是列上选择结果的表示方法，假设选择向量的数据宽度为 n，

Row ID	Date/ Time	Material	Customer Name	Quantity
1	14:05	Radio	Dubois	1
2	14:11	Laptop	Di Dio	2
3	14:32	Stove	Miller	1
4	14:38	MP3 Player	Newman	2
5	14:48	Radio	Dubois	3
6	14:55	Refrigerator	Miller	1
7	15:01	Stove	Chevrier	1
⋮				

#	Customers
1	Chevrier
2	Di Dio
3	Dubois
4	Miller
5	Newman

#	Material
1	MP3 Player
2	Radio
3	Refrigerator
4	Stove
5	Laptop

Row ID	Date/ Time	Material	Customer Name	Quantity
1	845	2	3	1
2	851	5	2	2
3	872	4	4	1
4	878	1	5	2
5	888	2	3	3
6	895	3	4	1
7	901	4	1	1
⋮				

（a）字典表压缩存储

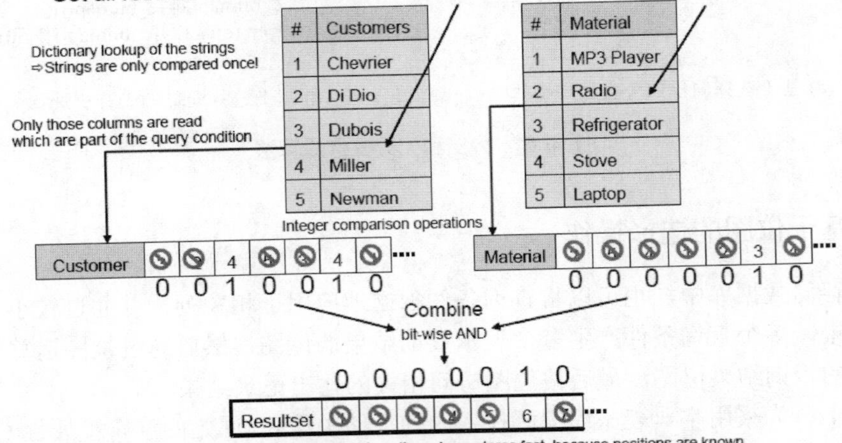

（b）基于位图的多谓词选择操作

图 5.3 基于位图的多条件选择操作[2]

则当选择率低于 $1/n$ 时，选择向量的存储空间少于位图。多条件查询需要多个选择向量，但选择向量的长度依选择率递减，而选择位图是定长的。选择向量用于对下一个列按位置直接访问，选择条件为多个时，列上的访问主要是按位置内存访问，而选择位图需要执行位图计算，各个列上要执行列扫描操作，选择向量可以直接按向量值访问下一个列上的指定位置，而位图则需要通过扫描和判断当前位置是否为 1 决定是否访问下一个列相对应位置，增加了分支判断操作。因此，在多条件查询中，当选择率较低时，选择向量长度逐级递减，对各列的访问也逐级减少，而且代码执行效率较高。

5.1.3 基于位运算的选择操作

列存储压缩编码技术使列存储宽度降低，如采用 6 位字典表压缩编码技术，而计算机寄存器宽度达到 128 位，一次一数据的处理方式极大浪费了寄存器的处理能力。

Banked Layout 存储是将多列压缩在固定宽度的数据列中，按 ALU 计算的特征设置列宽为 8、16、32 或 64 位，如图5.4所示，每个记录（tuple）存储为多个 tuplet，每个 tuplet 宽度适应寄存器处理。采用 Banked Layout 存储能够最大化利用寄存器宽度，在一个寄存器中存储多个 tuplet，利于 SIMD 并行处理。一个 tuplet 中存储多个列压缩编码，将这些列属性上的谓词条件转换为统一的表达式后能够实现一次处理多个谓词的并行谓词处理。

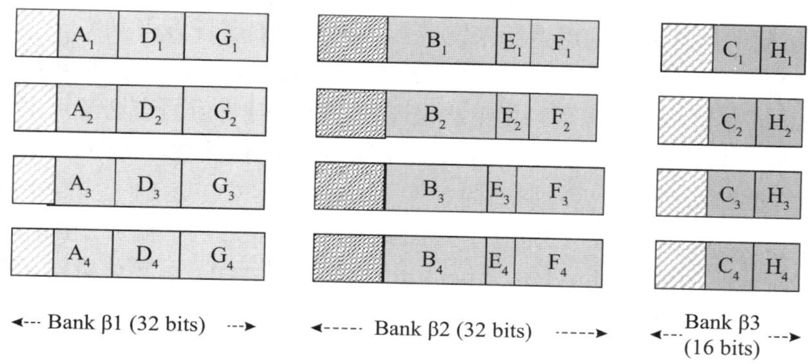

图 5.4 Bank Layout 存储[3]

图5.5所示例子中，State 和 Quarter 列采用字典表压缩存储，分别采用 5 位和 4 位编码，一个 tuplet 中包含 4 个属性，假设 tuplet 位宽为 16，第 2 和第 4 个属性位宽分别为 4 和 3。查询首先将条件 State='CA' && Quarter='2011Q4' 中的关键字'CA' 和'2011Q4' 转换为对应的字典编码 01001 和 1110，然后为 tuplet 设置谓词掩码 1111100001111000，再计算当前 tuplet 的位表达式 T&1111100001111000=0100100000111000000 是否成立，成立则说明满足查询条件。

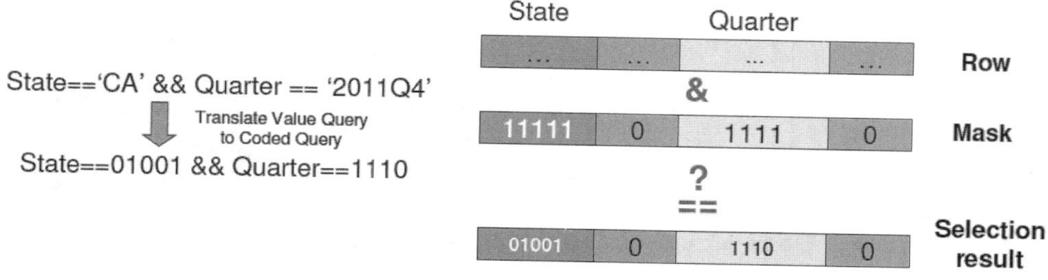

图 5.5 谓词位运算

通过压缩编码和将谓词操作转换为位表达式的技术，寄存器中的 tuplet 能够实现一次计算获得多个谓词操作的结果，提高了复杂谓词计算的效率。

不仅是等值谓词表达式，范围条件、IN 表达式等也都可以转换为压缩编码上的位运算表达式。例如，一个包含 3 个 3 位编码的 tuplet 中包含 A、B、C 三个属性，查询条件 T1.A >= 2 and T1.B <= 6 and T1.C between 3 and 5 可以改写为位运算表达式：$((T1 - 010000011) \oplus (111110101 - T1))\ \&\ 1001001000 = 0101110000$，通过查询改写将多谓词查询转换为适合寄存器的位运算表达式，提高计算效率。

5.2 投影操作优化技术

在行存储数据库中，投影操作是一个从多属性行中投影出所需要的列的过程，用来缩减查询访问记录的宽度。列存储数据库中，各列独立存储，每个列是一个独立的投影，需要按查询访问的属性将各列组合起来完成其后的查询处理任务。

按照列组合的策略可以分为早物化（Early Materialization，EM）和后物化（Late Materialization，LM）两类。早物化策略是在扫描各列时将后面查询节点用到的列或输出的列物化到中间结果元组中。在图5.6（a）所示的早物化处理过程中，列 Shipdate 和 Linenum 上有谓词条件，首先应用谓词条件 shipdate < CONST1 过滤 Shipdate 列并输出数据流 (pos, shipdate)，数据流作为 Linenum 列上的一个输入并执行 linenum < CONST2 谓词条件，生成 (shipdate, linenum) 查询结果元组。后物化策略在执行完部分列处理之后才对查询用到的属性进行物化，延迟记录属性物化时机，延长列独立处理阶段。在图5.6（b）所示的后物化处理过程中，列 Shipdate 和 Linenum 上分别执行谓词条件并生成代表查询结果位置的位置序列或位图，然后对两个列的位置序列取交集或对两个列的位置位图执行 AND 操作，获得满足两个条件的位置序列或位图，最后按位置序列或位图再次扫描列 Shipdate 和 Linenum，输出指定位置的 (shipdate, linenum) 查询结果元组。

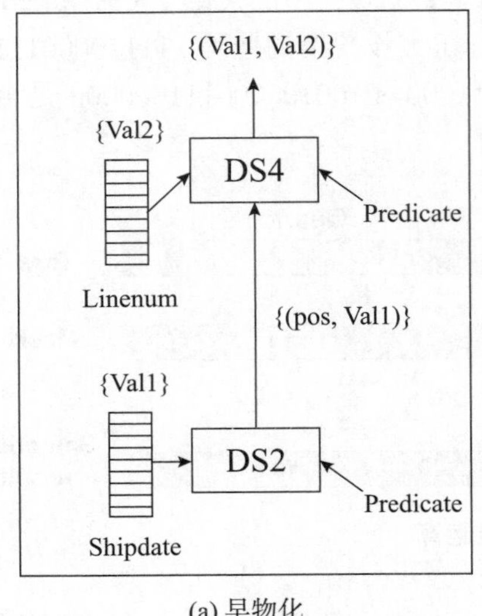

(a) 早物化

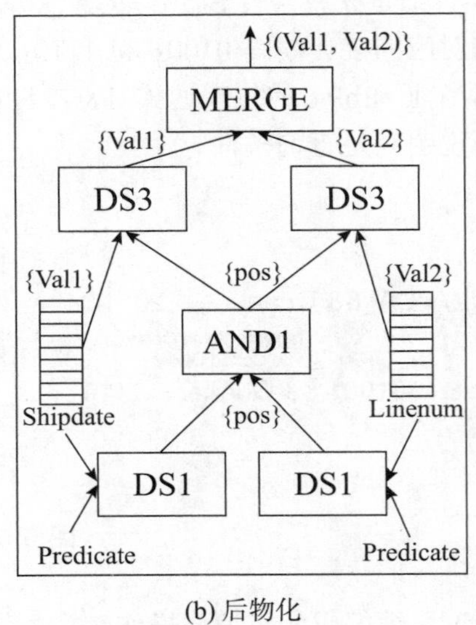

(b) 后物化

图 5.6 早物化和后物化策略

早物化策略只需要对相关的列扫描一次，列扫描操作符之间传输的数据较多，当在后续列上选择率比较低时，前一列扫描操作符传输的大量数据为无效数据，当后续列上的选择率较高时，早物化策略效率较高。后物化策略需要在进行列选择位置序列的计算后对列进行二次扫描，当列上的选择操作具有较高的选择率时，列上的二次扫描代价较大，当列上的选择率较低时，列选择位置序列计算和对列的二次效率较高。通常情况下，当选择率较高时，如 TPC-H Q1 的选择率超过 95%，早物化策略比后物化策略更有性能优势；当选择率较低时，如 SSB 各组测试中低选择率的查询，后物化策略更有性能优势。

5.3　连接操作优化技术

在列存储数据库中，查询处理可以采用与传统行存储数据库兼容的行式查询处理模型，执行一次一记录（tuple-at-a-time）的迭代过程，也可以采用一次一列（column-at-a-time）的列式查询处理模型，以列为查询处理的数据单位。行式查询处理模型通常采用早物化策略，由查询相关的列创建物化的或逻辑的行记录，然后以 volcano 模型查询树为基础将记录在各查询节点间迭代处理，这种处理方式主要利用了列存储在投影操作上的优点，在查询处理阶段与传统数据库引擎保持兼容性。列式查询处理模型以 MonetDB 的 BAT Algebra 为代表，BAT 是 MonetDB 中列的二元存储结构，由 OID（或 VOID，虚拟 OID，对应基表列由隐式下标表示 OID）和值构成，MonetDB 提供了很多基于 BAT 的操作原语，查询命令转换为一系列的 BAT 操作。列式查询处理模型主要采用后物化策略，将对列的访问尽量推后，减少无效数据访问。图5.7显示了列式查询处理模型下的连接操作过程：首先，R 表和 S 表的连接列 R1 和 S1 执行连接操作（哈希连接或嵌套循环连接（nested-loop join）等），连接的结果存储为二元的 OID BAT[OID_R,OID_S]（图中 POS BAT），记录了满足连接条件的 R 表和 S 表记录的 OID 位置，连接生成的 OID 对相当于动态生成的连接索引；R 表根据 Pos BAT 中 OID_R 按位置访问输出列 Ra，生成输出列 Ra，S 表根据 Pos BAT 中 OID_S 按位置访问输出列 Rb，生成输出列 Rb，将输出列 Ra 和 Rb 组合为输出记录。

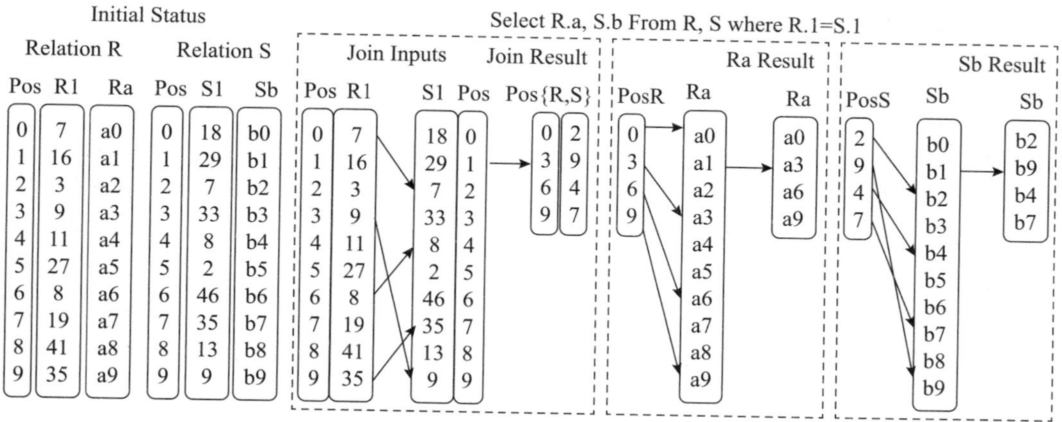

图 5.7　列存储连接操作[4]

5.3.1 哈希连接

数据仓库应用中的连接操作主要是星形连接，即事实表通过外键与各个维表进行等值连接。典型的连接实现技术包括哈希连接、排序归并连接、嵌套循环连接、索引连接等，其中哈希连接是应用最为广泛的连接算法，在多核处理器和硬件加速器上都有较好的性能，是数据库中重要的查询实现技术。

哈希连接包括两个处理阶段，如图5.8所示，在 build 阶段，在较小的连接表 R 上为满足 R 表谓词条件的记录的连接属性值创建哈希表，哈希表中存储的记录中包括 R 表连接属性值和后续查询处理需要的其他属性；在 probe 阶段，较大的 S 表扫描连接键列，并将连接键值按相同的哈希函数在哈希表中探测，查找与 S 表连接键值相同的 R 表记录，将 S 表记录与 R 表匹配记录构造为连接输出记录。在哈希连接中，R 表和 S 表只扫描一次，假设哈希探测为常量执行时间，则哈希连接的时间复杂度为 O(|R|+|S|)。

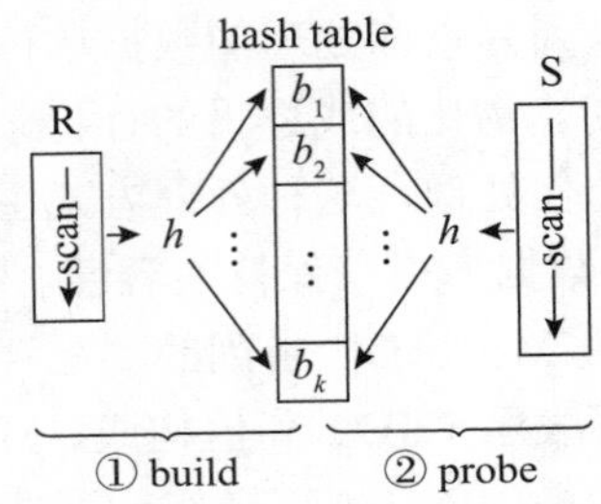

图 5.8 哈希连接过程[5]

图5.9为链接哈希桶实现示例。例子中稀疏数组 buckets 存储数据的指针，插入新记录时，首先将键值哈希映射为桶号，当不同值的哈希映射到相同的桶时产生碰撞，碰撞的概率取决于哈希表加载因子（load factor= 哈希表中存储值的数量/哈希桶的数量）；链接桶哈希表将产生碰撞的记录存储在桶号链表中，如 129 和 234 在哈希表中对应相同的哈希桶，通过 next 数组存储其链接桶号，next 数组中 0 表示链表的末尾。

图5.9下图所示的为 Cuckoo 哈希[6]，其原理是为哈希表键值设计两个哈希函数，每个记录有两个可能的哈希映射位置。当插入一个新记录时，哈希映射到其中一个位置，如果该位置被占据，则“踢出”该位置的记录，将其放置在另一个哈希桶位置。图5.9 Cuckoo 哈希表中哈希函数为 (hash mod 5) 和 ((hash div 10) mod 5)，input 序列中的每一个记录都有两个哈希桶位置。记录 234 插入时通过 hash mod 5 映射到标号为 4 的桶中，桶中已有记录 129，则新记录 234 将 129 踢出，129 通过 (hash div 10) mod 5 映射到标号为 2 的桶中，标号为 2 的桶中已有记录 312，则新记录 129 将 312 踢出，312 通过第二个哈希函数 (hash div 10) mod 5 映射到标号为 1 的桶中。

Cuckoo 哈希在插入值时存在产生环路的可能性，但在实际应用中，加载因子低于 0.5 时这种情况出现的概率极低。当链式查找时间较长时，可以对查找深度设定阈值，超出查找深度的记录插入到独立的链表中。

当哈希表比较大时，cache 容量不足以容纳全部哈希表，哈希探测可能产生比较多的 cache miss。分区哈希连接（partitioned hash join）是将连接表 R 和 S 按相同的方法

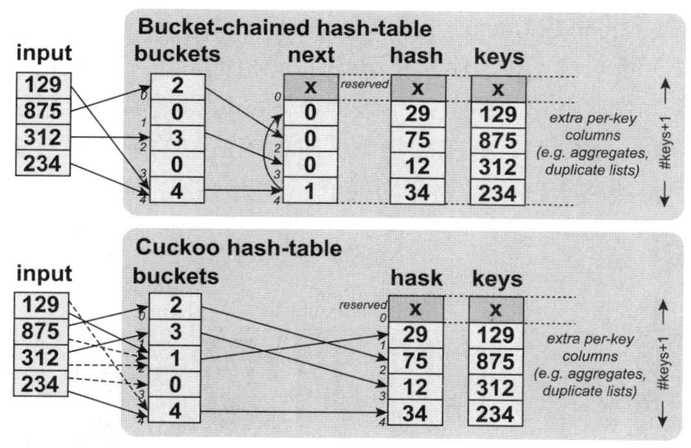

图 5.9　链接哈希桶和 Cuckoo 哈希桶结构[7]

（如图5.10中的哈希函数 h_1）划分为相同数量的分区，从而保证 R 表分区 r_i 的候选连接记录集在 S 表分区 s_i 内。在 build 阶段，在较小的连接表 R 上为满足 R 表谓词条件的记录的连接属性值创建哈希表（如图5.10中按哈希函数 h_2 创建哈希表），每个分区的哈希表要小于 cache 容量以保证哈希探测具有较好的 cache 性能，由于每个线程独立在分区上创建哈希表，不需要并发访问控制机制，是一个无锁化（latch-free）的哈希表创建过程；在 probe 阶段，扫描 S 表的分区 s_i 并探测相应的 r_i 分区上的哈希表，完成哈希连接操作。分区哈希连接在 probe 阶段具有较好的 cache 性能，但在 build 阶段需要将 R 表数据通过哈希函数分布到不同的分区中，由于分区上要创建小于 cache 容量的哈希表，因此需要将 R 表划分为数量众多的分区，即需要将 R 表的数据写入大量具有不同虚拟内存地址的分区段中。在分区过程中需要执行虚拟地址向物理地址的映射，而虚拟地址–物理地址映射表缓存在 TLB（translation lookaside buffers）中，TLB 映射表的条目有限，当 build 阶段分区数量超过 TLB 条目数量时，会产生较大的 TLB miss，影响查询处理性能。

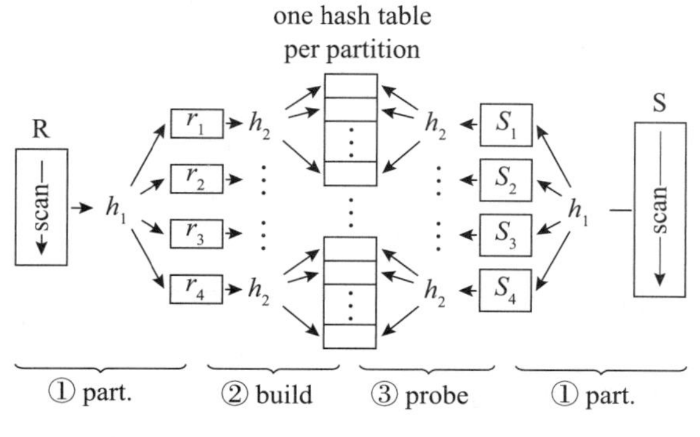

图 5.10　分区哈希连接

图5.11（a）显示了常规的分区策略，需要将表中的数据写入多个具有不同地址的数据分区中，产生较大的 TLB miss。图5.11（b）为 radix 分区（radix-partitioning）技

术，通过多趟分区技术将每趟划分的分区数量控制在 TLB 条目数量之内，从而降低 TLB miss。如图5.11（b）所示例子中，L 表和 R 表按数值的二进制基数进行分区，在分区过程中采用两趟分区方式，在第一趟分区中按最低的二位将全部数据划分为四个分区，分别对应基数为 00、01、10、11，在第二趟分区时按第三位的基数将当前的四个分区各自划分为两个分区，最终将全部数据划分为最低三位为 000、001、010、011、100、101、110、111 的八个分区。

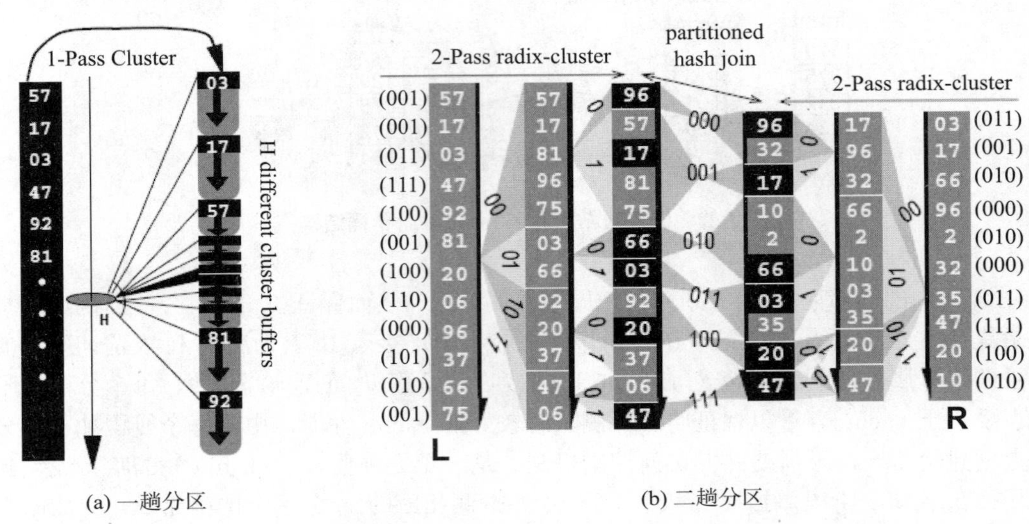

(a) 一趟分区　　(b) 二趟分区

图 5.11　分区和 radix 分区[8]

通过多趟 radix 分区，较大的 L 表和 R 表划分为小于 cache 容量的数据分区，然后在 L 表和 R 表对应的分区上执行连接操作。图5.12（a）显示了 radix 分区后的两种连接策略：分区哈希连接算法首先对 L 表和 R 表按 B 位基数划分为 $2^B=H$ 个分区，然后在每个 L 表和 R 表对应的分区上执行哈希连接操作；radix 连接（radix-join）算法则在对 L 表和 R 表 radix 分区之后通过 nested-loop 连接算法完成对应 L 表和 R 表分区上的连接操作，由于 L 表和 R 表的分区是按 cache 大小进行的分区，对 cache 内数据的 nested-loop 扫描具有较好的数据访问性能。

图5.12（b）显示了基于 radix 分区的哈希连接算法。R 表和 S 表分别按 $h_{1,1}$ 对应的基数进行第一趟分区，然后再按 $h_{1,2}$ 对应的基数进行第二趟分区，较小的 R 表的每个分区按哈希函数 h_2 创建哈希表并将分区的记录映射到哈希表中，S 表对应的分区对相应的哈希表进行哈希探测，完成连接操作。

radix 哈希连接（radix-hash join）的主要思想是通过 TLB 优化的基数分区技术提高哈希连接时的 cache 性能，降低哈希表大小是提高 cache 性能的一个重要因素。在传统的行存储数据库中，通常采用早物化策略，即在表扫描阶段将连接操作需要的全部数据投影出来，如图5.13（a）所示，对两个连接表进行扫描时将连接用到的全部字段物化下来，并按连接键列进行 radix 分区，分区时需要物理重组所有相关属性。经过两趟 radix 分区后对相应的分区进行连接并生成查询结果集。列存储数据库通常采用后物化策略，如图5.13（b）所示，在表扫描阶段只访问带有记录 OID 信息的连接列，对连接列进行 radix

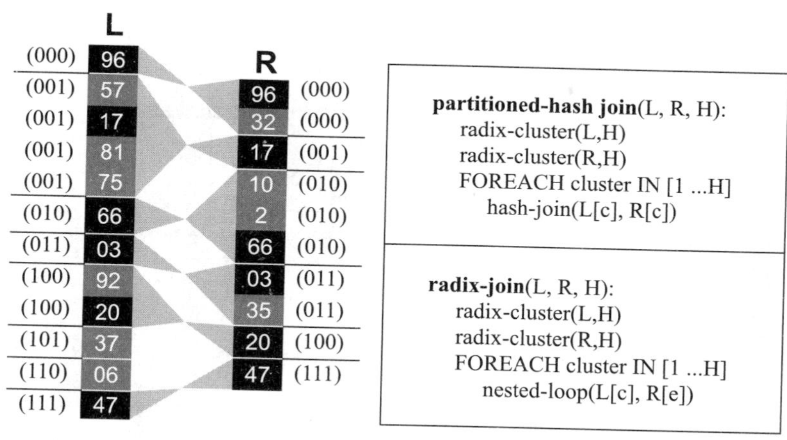

(a) radix-cluster

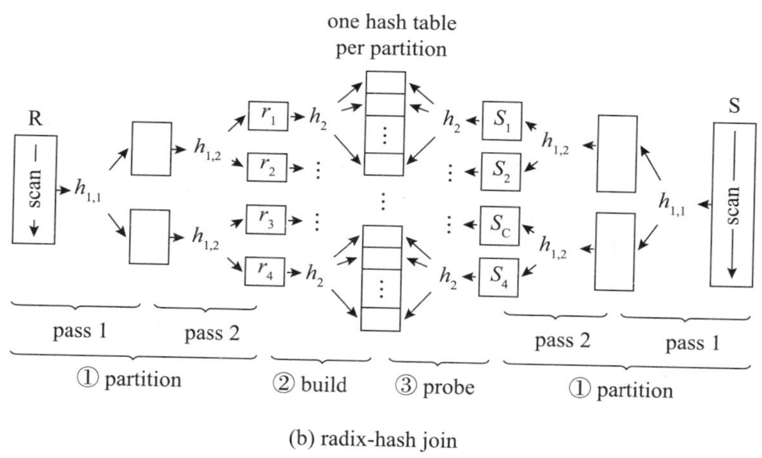

(b) radix-hash join

图 5.12 基于 radix 分区的连接技术

分区。由于连接列较小，只包含键值和 OID 值，因此相对于行存储的 radix 分区，使用更少的趟数即可将连接列划分为适应 cache 大小的分区，然后在分区后的连接列上执行连接操作，并生成代表两个表连接记录 OID 的连接索引（OID 对），再按连接索引中的两个表中连接记录的 OID 信息对其他连接输出属性列按 OID 位置访问（positional join），抽取出对应的列数据并组成连接输出记录。列存储的连接操作只涉及连接列，radix 分区和哈希连接的效率较高，内存列存储数据库，如 MonetDB 采用数组存储，OID 可以映射为数组下标，连接列完成连接后可以通过 OID 实现对其他列的按位置直接访问，能够通过后物化策略将对非连接列的访问代价降到最低。

radix 分区后列存储连接结果 OID 在源表中的列上抽取记录时导致随机访问，当两个表都超过 cache 容量时会导致大量的内存访问。图5.14所示的 radix-decluster 是在连接结果抽取过程中通过对连接 OID 进行 radix 分区来对连接结果 OID 进行划分，使其在源表中访问的列分区在 cache 大小范围内，降低按位置列访问时的 cache miss 代价。图5.14的示例中，首先根据连接产生的连接索引对 L 表 OID 列按第一位进行 radix 分

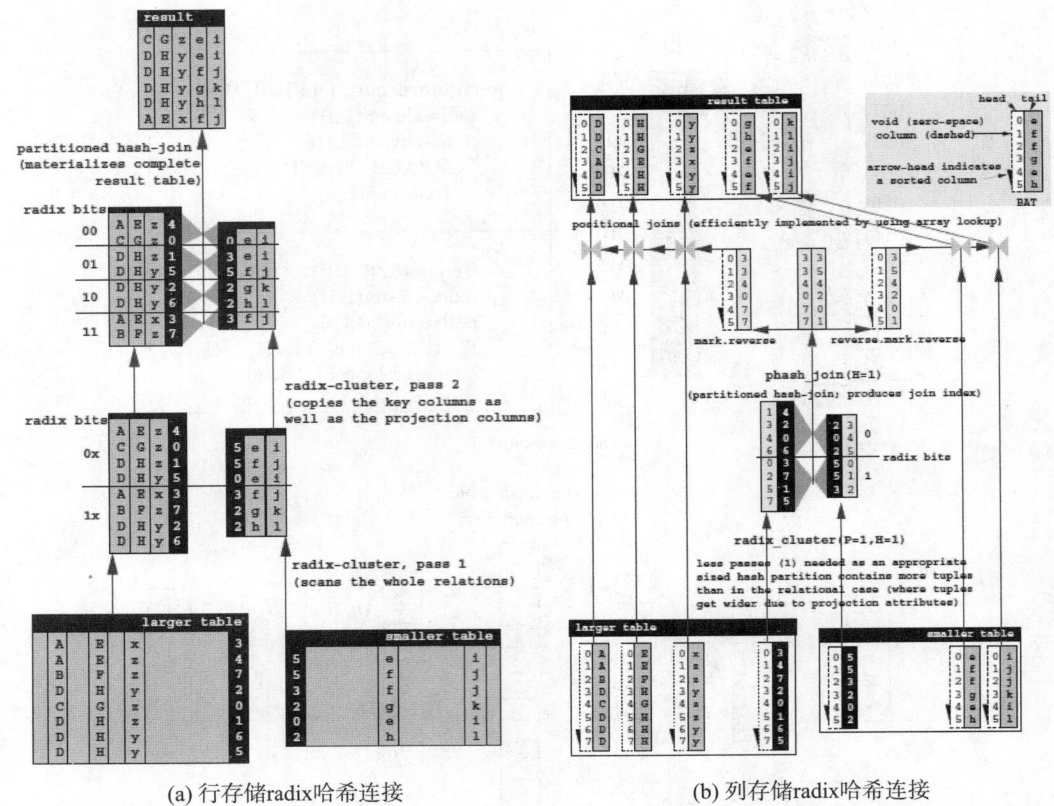

(a) 行存储radix哈希连接

(b) 列存储radix哈希连接

图 5.13　行存储和列存储模式下的 radix 哈希连接

区，将 L 表 OID 列划分为两个分区，分别对应 L 表中的列 OID 范围 [0,3] 和 [4,7]，在保证 L 表列的两个 OID 范围对应的列分区小于 cache 大小后分别执行连接索引与 L 表输出列的按位置访问操作，按 OID 位置抽取输出列。

在对连接索引按 L 表 OID 列 radix 分区后，将 R 表 OID 列按第一和第二位进行 radix 分区，分区时只使用部分位实现部分 radix 分区，R 表 OID 分区对应的源表列范围满足小于 cache 容量的条件以使后续的按位置访问的随机访问发生在 cache 内，完成对连接索引的 R 表 OID 列的 radix 分区后按分区完成对源表输出列的抽取操作。抽取的输出列按连接索引的 R 表 OID 列在 radix 分区之前的 OID 顺序通过 radix-decluster 过程重组为 radix 分区之前的连接索引中的 R 表 OID 顺序，然后将整理后的输入列与 L 表输出列组合为查询连接结果集。

基于分区的连接优化技术的核心思想是通过对连接数据的分区操作将数据划分为较小的分区，并使分区哈希表具有较好的 cache 局部性，提高哈希探测过程的性能。但数据分区需要额外的存储空间，对于内存数据库而言内存空间相对有限，数据分区阶段有可能超出系统内存空间，从而导致磁盘数据交换代价。

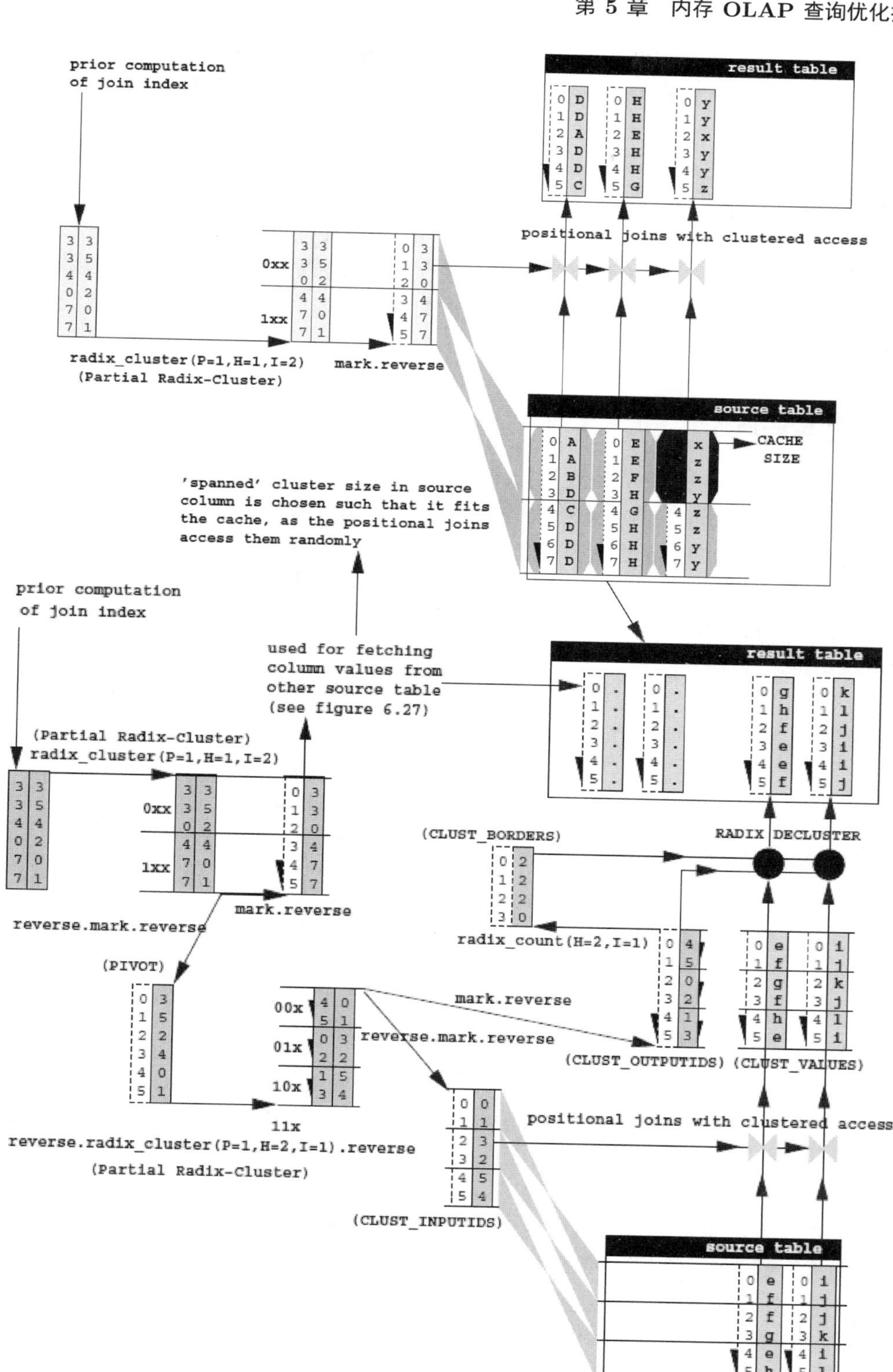

图 5.14 radix-decluster

BEP（Best-effort partitioning）不同于传统的先完成对表的全部分区操作再按分区进行哈希连接的方法，而是采用一种流水线式的流式处理过程。在分区过程中，如果可用的分区内存已满，则选择一个最大的分区执行后续的哈希连接或哈希分组聚集等操作，然后释放该分区。每个分区创建一个独立的哈希表，所选择的用于哈希探测的分区存储着连续的记录，并选择与该分区对应的哈希表完成哈希连接操作。BEP 是一种在有限内存模式下的流水处理技术，主要应用于内存缓存全部分区空间不足的情况，通过将分区尽早地完成后续的操作，并释放当前分区所占的内存，为后续的分区操作提供充足的内存缓冲区。

5.3.2 向量连接

哈希连接是一种通用的等值连接技术，通过哈希表的哈希探测功能执行高效的等值查找操作，不考虑索引、数据语义及数据库模式定义。向量连接可以看作一种面向 OLAP 多维数据模型定制化的哈希连接操作，它基于多维数据模型和代理键索引机制，扩展了传统的主–外键参照完整性约束条件，将连接表上的哈希表转换为与代理键索引一一对应的向量，在外键上执行面向向量的值–地址映射，如图5.15所示，简化了哈希探测操作和哈希表结构。

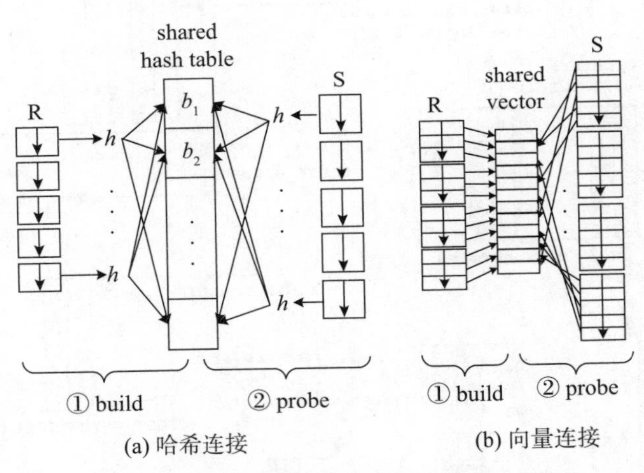

图 5.15 哈希连接与向量连接的区别

向量连接是一种混合索引连接技术，它主要处理主–外键连接，面向 OLAP 多维数据集结构，将维表主键设置为代理键，主键值映射为列存储维表记录的偏移地址，主键表连接数据存储为与代理键值一一对应的向量，包括列向量、位图、向量索引等形式；外键列用作主–外键表之间的连接索引，外键值直接映射到维向量相应的偏移地址完成连接操作。

图5.16显示了向量连接的几种执行方式。图5.16（a）表示连接 CUSTOMER 表中的 C_region 列，将 C_region 列直接用作列向量，与外键列 l_CK 执行向量连接操作，生成连接结果向量。列向量连接操作可以作为连接操作或后物化模式的基于连接索引的连接表记录抽取操作。图5.16（b）表示基于连接表选择操作生成的位图上的连接操作，生

成位图连接索引，可以用于连接过滤操作。图5.16（c）表示先对连接表记录进行选择操作，然后对选择的投影列进行字典表压缩，生成维向量索引（向量索引可以看作多位位图索引），执行外键列 l_CK 向压缩向量索引的向量连接操作，生成向量索引，记录连接的分组压缩编码向量。OLAP 查询通常在维表上执行选择和分组操作，图5.16（c）是一种“早分组，晚聚集”的执行模式，即先对维表上的 group by 属性进行字典表压缩编码，然后执行面向分组压缩编码向量的连接操作，最后在向量索引中执行基于分组压缩编码的聚集操作。多个维上的分组字典表构成 group by 分组立方体，在多个向量连接过程中迭代计算 group by 分组立方体的压缩编码，最终的向量索引中非空值表示该事实表记录在 group by 分组立方体上的分组地址。

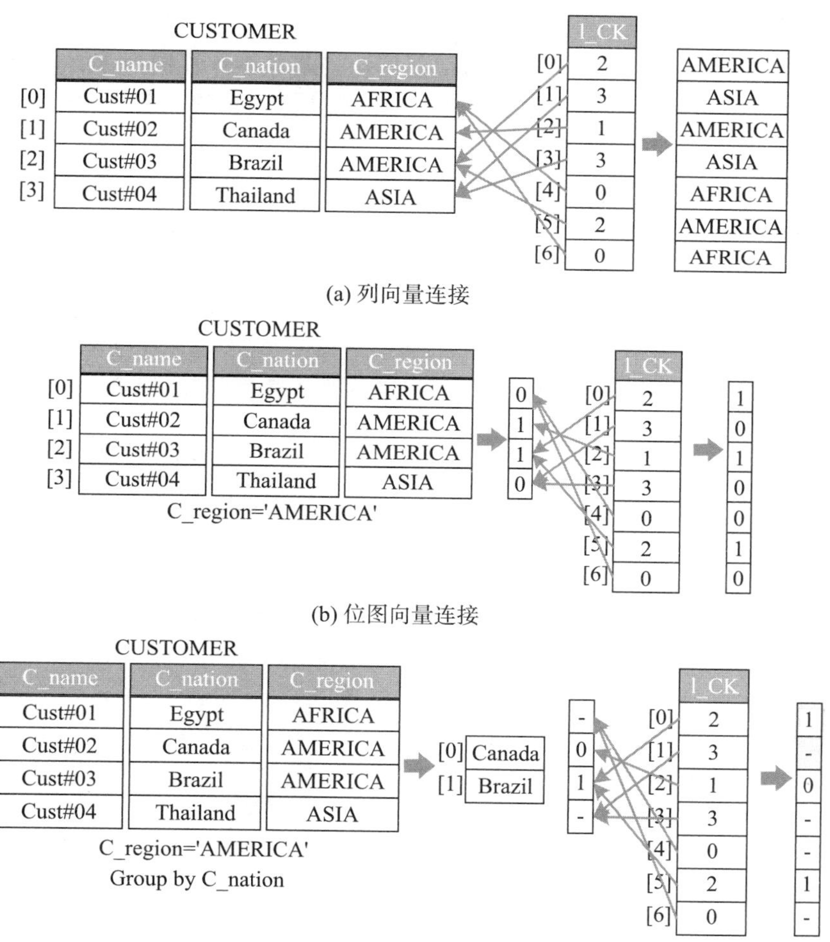

图 5.16 向量连接算法示例

向量连接算法数据结构简单，易于实现，位图及向量索引较小，具有较好的 cache 局部性。列向量连接和位图连接是 latch-free 结构，在多核处理器中有较高的性能，分组压缩编码向量连接需要在维表端创建向量索引时基于 latch 并发控制生成压缩字典表，通常需要较低的并发度。向量连接使用定长的列向量、位图和向量索引，选择率的不同只影响向量中值的分布，可以支持不同选择率的查询任务。OLAP 查询中维表较小且分组属性具有低势集的特点，通常可以支持 cache 内的向量访问，有较高的连接性能。

向量连接是一种结合了多维数据模型、代理键索引、连接索引、主–外键参照完整性约束等一系列数据库管理和优化技术而设计的一种面向 OLAP 负载定制的连接算法，通过在模式、约束、索引等方面的整体优化技术简化连接算法实现技术，只使用简单的数组、向量数据结构和简单的数组地址访问操作，不仅在多核 CPU 平台有较好的性能，在 GPU、FPGA 平台也较容易实现。

5.3.3 星形连接

在两表关系连接操作中，列存储应用后物化策略先执行连接列上的连接操作，生成连接索引，然后通过连接索引从各个连接表输出列上生成连接结果列并组合为输出记录。在 OLAP 数据库的事实表中包含多个维表的外键列，在星形连接中需要将外键与每个维表进行连接，将各外键的连接结果与各外键列再次进行连接，获得事实表中满足星形连接结果的记录，再与维表输出列和事实表度量列连接，获得维表列和事实表度量列上的输出记录。在星形连接中，事实表外键列需要访问两次，而且事实表外键与各维表连接结果之间的连接操作涉及较大的事实表列间连接操作，代价较大。

以下示例查询为星形模型数据库中的典型查询，事实表 LINEORDER 与四个维表通过外键连接，然后将维表上的分组属性和事实表上的度量属性连接后进行分组聚集计算。

```
SELECT c.nation, s.nation, d.year, sum(lo.revenue) as revenue
FROM customer AS c, lineorder AS lo, supplier AS s, dwdate AS d
WHERE lo.custkey = c.custkey
  AND lo.suppkey = s.suppkey
  AND lo.orderdate = d.datekey
  AND c.region = 'ASIA'
  AND s.region = 'ASIA'
  AND d.year >= 1992 and d.year <= 1997
GROUP BY c.nation, s.nation, d.year
ORDER BY d.year asc, revenue desc;
```

1. 基于列存储和后物化策略的星形连接

典型的列存储星形连接处理包括三个主要阶段。

（1）维表谓词处理。按谓词条件对维表连接列进行过滤，如图5.17所示，分别生成三个维表的中间结果列 Inter_C、Inter_S 和 Inter_D，记录了满足维表谓词条件的连接列记录值。

（2）星形连接。事实表外键列 custkey、suppkey 和 orderdate 分别和维表连接列中间结果 Inter_C、Inter_S 和 Inter_D 执行基于列的连接操作，分别生成与 CUSTOMER

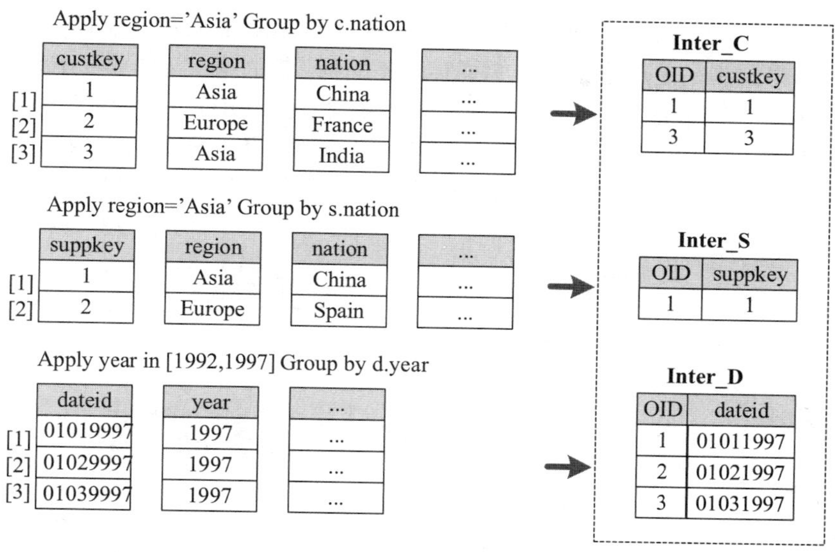

图 5.17　维表谓词结果列

表连接的连接索引 JI_LC，与 SUPPLIER 表连接的连接索引 JI_LS，与 DATE 表连接的连接索引 JI_LD。然后分别将三个表的连接索引进行基于 OID 的连接，生成满足星形连接条件的最终连接索引 JI_LCSD，如图5.18所示。

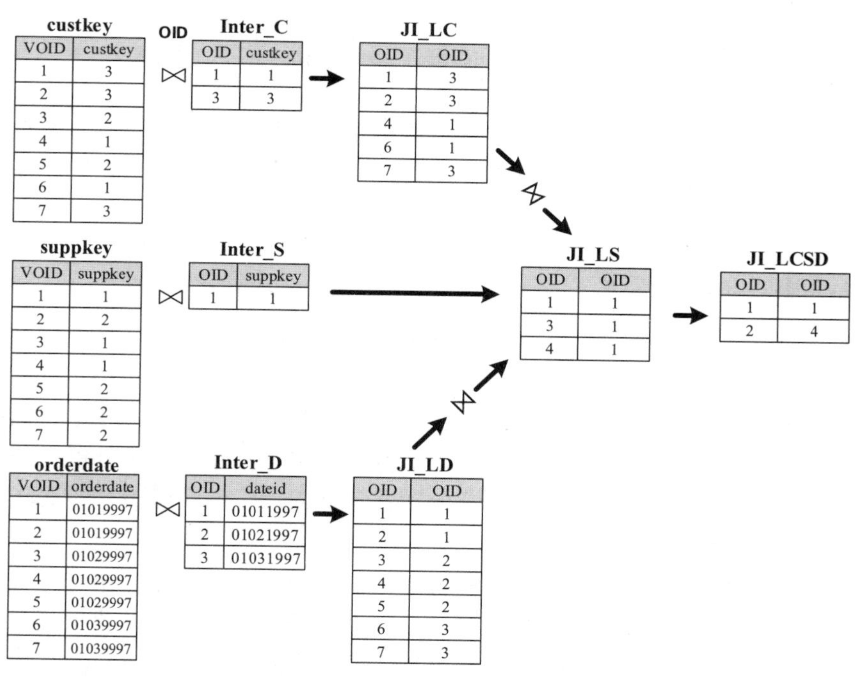

图 5.18　列存储星形连接

（3）星形连接结果输出。根据星形连接的最终连接索引 JI_LCSD 再次扫描事实表四个外键列，如图5.19所示，生成满足星形连接条件的各外键列结果，与各维表中间结果列进行连接，得到满足星形连接条件的事实表外键列，然后事实表外键 OID 列再与维表谓词过滤后的主键列进行连接，得到连接结果在维表上的 OID 序列，再与连接需要的维表分组属性列按 OID 连接，取出维表输出列。各个维表用相同的方法取出维表输出列，然后与事实表度量列上按 OID 取出的输出列合并为最终的连接输出结果集。

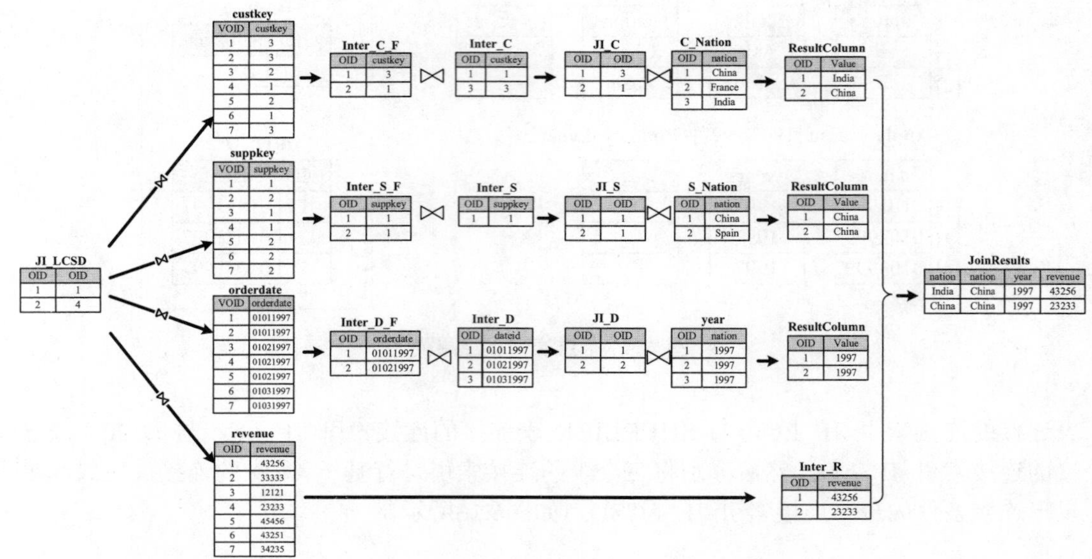

图 5.19 星形连接结果输出

列存储星形连接主要的代价集中在事实表外键列与各维表主键列上的连接操作以及事实表各外键列之间的连接操作。当事实表较大时，事实表外键列之间的连接操作代价较大。

2. invisible-join

invisible-join[9] 是一种面向 OLAP 负载的查询改写技术，它通过将连接操作改写为事实表外键列上的谓词操作来优化连接性能。上述 SQL 命令在 invisible-join 算法中分为三个执行阶段：在第一阶段将 SQL 命令中的谓词应用于维表，将满足谓词条件的维表主键抽取出来并为其创建一个较小的内存哈希表，用于判断事实表外键的值是否满足维表谓词条件。如图5.20所示，SQL 命令的谓词条件应用于三个维表，投影出满足条件的维表主键集合并为这些键创建哈希表。

在第二个阶段扫描事实表外键列，并将外键值在维表主键哈希表中进行探测，判断是否满足维表谓词条件，每个外键列将满足维表谓词条件的外键记录位置记录为列表或位图，如图5.21所示，然后通过位置列表的交运算或位图与运算计算出满足所有维表谓词条件的事实表记录的位置。这种基于位图的星形连接与图5.3所示的基于位图的谓词处理技术类似，通过事实表外键在维表主键哈希表上的哈希探测将事实表与维表的连接操作转换为谓词操作，并通过位图操作简化事实表多个外键列之间的星形连接操作。

Apply `region = 'Asia'` on CUSTOMER table

custkey	region	nation	…
1	Asia	China	…
2	Europe	France	…
3	Asia	India	…

→ hash table with keys 1 and 3

Apply `region = 'Asia'` on SUPPLIER table

suppkey	region	nation	…
1	Asia	Russia	…
2	Europe	Spain	…

→ hash table with keys 1

Apply `year in = [1992,1997]` on DATE table

dateid	year	…
01011997	1997	…
01021997	1997	…
01031997	1997	…

→ hash table with keys 01011997, 01021997, and 01031997

图 5.20　创建维表连接列哈希表

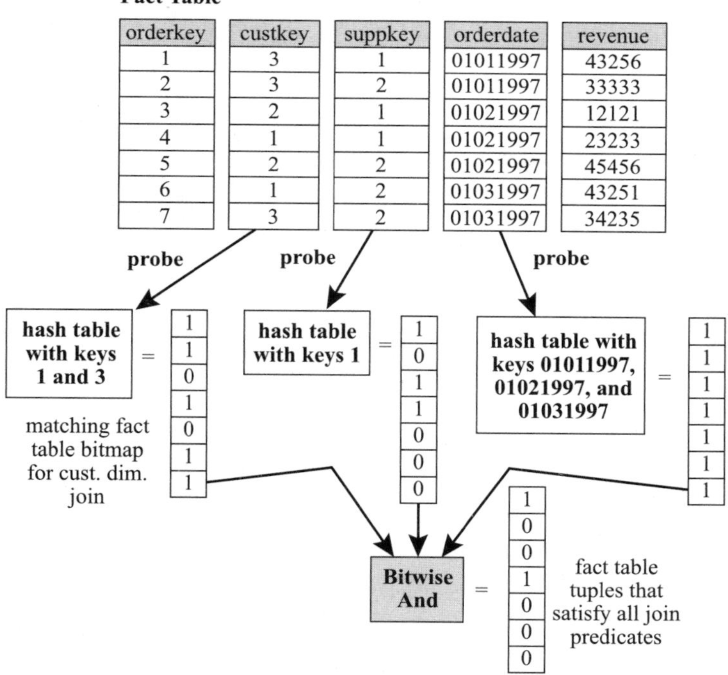

图 5.21　事实表外键表 invisible-join

通过事实表位图扫描各事实表外键列，获得满足维表谓词条件的事实表外键值，并从维表中抽取查询需要的维属性值，生成各维表上的输出列，最终组合为查询输出结果。图5.22中维表是有序集合，维表主键对应维表记录偏移地址，因此可以通过事实表外键直接映射到维表列来按位置抽取（positional-lookup）查询相关属性值。对于维表外键不能直接映射到维表偏移地址的维表 DATE 则采用哈希连接方法获得相应的维属性值。

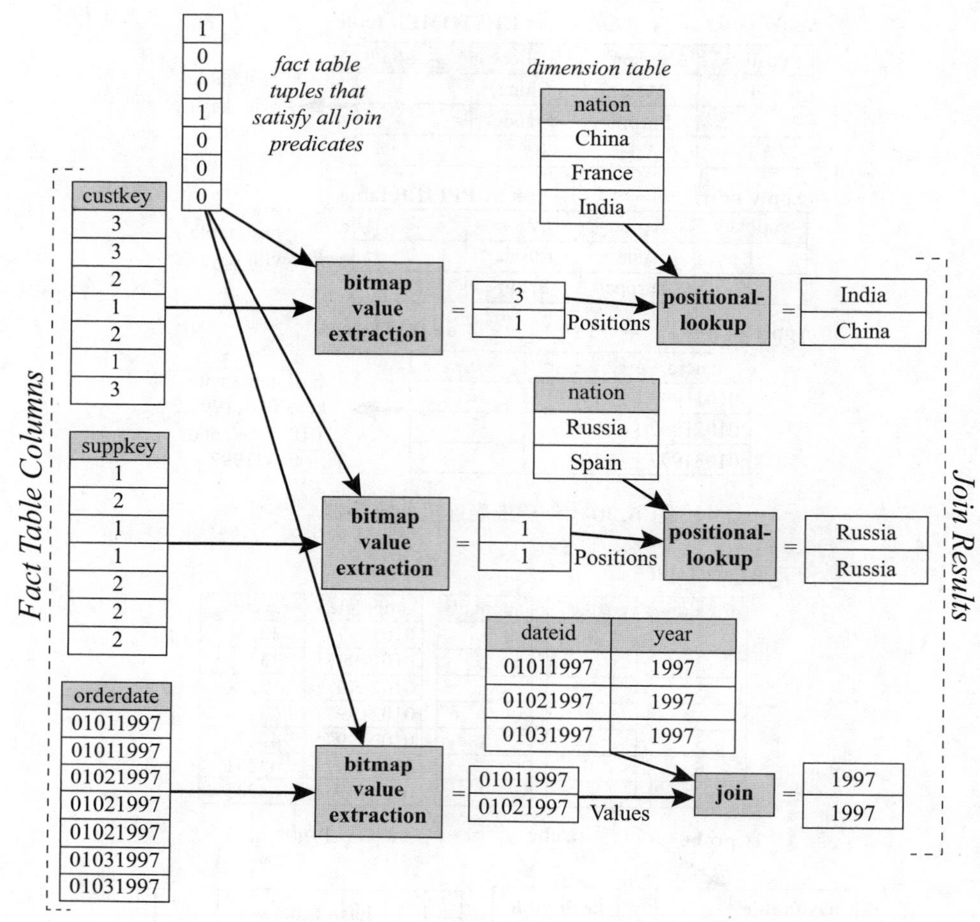

图 5.22 连接结果输出

另一种相关技术是 Between 谓词改写（Between Predicate Rewriting）。当维表上执行范围谓词（between...and）条件后对应的主键是连续的键值时，不需要将这些连续的键值创建哈希表后由事实表外键探测，只需要将连续键值的起始值记录下来，将事实表与该维表的连接操作改写为事实表外键按维表键值起始值的 between...and 谓词操作即可完成事实表与该维表的连接操作。当维表的谓词属性与主键保持相同的顺序时，如 DATE 表中 datekey 的顺序与 year、month、day、quarter、season 等属性顺序一致，在这些保序属性上的范围条件可以映射为 DATE 表主键的连续取值区域，如 year=1997 映射到主键 [19970101, 19971231]，事实表与 DATE 表的连接操作可以改写为事实表外键上的 between...and 谓词操作 orderdate between 19970101 and 19971231。在数据仓库中，日期维和时间维按标准日期和时间格式设置，其相关的各个属性通常为单调递增属性，日期和时间维上的范围条件以及粗粒度层次属性上的条件通常都可以转换为日期和时间维表主键上的连续取值区域，在与事实表的连接中都可以转换为事实表外键上的 between...and 谓词操作。但日期和时间维具有多个粒度不同的层次，当日期或时间维上的谓词对应较细的粒度时，如在 SSB 的 DATE 维表中选择从周一到周三的记录对应的谓词条件 d_daynuminweek between 2 and 4，则在日期主键上产生很多较小的主键区域，需要转换成事实表外键 orderdate 上大量的 between...and 谓词操作，难以起到连接优化的作用。因此，Between 谓词改写技术主要适用于谓词属性与主键具有保序关系的维表，并且维表上的谓词操作只对应一个或少量的连续主键区域的情况。

当维表谓词属性与主键没有保序关系时，可以通过对谓词属性排序使维表适应 Between 谓词改写技术。如 SSB 的 CUSTOMER、SUPPLIER 等维表主要使用具有维层次结构的属性 region、nation、city 等作为谓词操作对象，按照维层次顺序 region-nation-city 对维表排序后，维层次属性上的谓词操作所产生的主键为连续的。但对维表排序时需要更新事实表中相应的外键，需要较大的主–外键同步代价。

3. 基于布隆过滤器的星形连接

虽然列存储模型上的列代数模型能够提高列处理的 CPU 效率，并且通过后物化策略提高数据访问效率，但完全的列代数模型在哈希连接或哈希分组聚集等关系操作中需要多次访问多个列，算法过于复杂，现代的内存分析型数据库通常不采用完全的列代数模型实现查询处理，如 Vectorwise[10] 使用 NSM 的记录结构进行查询处理，尤其应用于使用哈希表的关系操作中。但在典型的低选择率星形连接 OLAP 查询中，基于行存储模型的星形连接在迭代哈希连接中产生大量无效的连接操作，浪费了较多的内存带宽和 CPU 计算资源。

在 invisible-join 算法中，事实表外键与维表的连接操作转换为事实表外键根据维表选择条件进行的多谓词操作，对庞大的事实表首先进行多维过滤操作，然后对满足多维过滤条件的较少的事实表记录执行真正的连接操作，消除了连接操作中无效的数据访问代价。消除无效连接操作的另一种方法是连接过滤技术，即通过布隆过滤器对连接键值进行过滤，过滤掉大部分不满足连接条件的记录，减少实际连接操作的数据量。布隆过滤器在现代数据库中得到广泛的应用，如 Vectorwise、Oracel Exadata SmartScan 等系统中均使用布隆过滤器作为连接过滤器来加速连接性能。

布隆过滤器使用一个位图向量和若干个哈希函数来检索一个给定的值是否在集合中。在图5.23所示的例子中，布隆过滤器设置为一个长度为 m 的位图用于检索长度为 n 的元素集合，位图初始值为 0，使用 k 个哈希函数将每一个输入值映射到位图中的 k 个位置：在元素插入时，每一个输入值通过哈希函数映射到 k 个位置并将其置为 1（不论其当前值为 0 还是为 1），如 x,y,z 分别通过 3 个哈希函数将其对应的 3 个位置在位图中置为 1；在检索元素时，将检索键值按预设的 k 个哈希函数在位图中检索 k 个位图值是否全部为 1，全部为 1 则检索键值有可能存在于集合中，如果其中任何一位为 0 则该键值肯定不存在于集合中，如检索键值 w 时将其映射到布隆过滤器的三个位置，其中一个位置为 0，则可以确定键值 w 不在检索的集合中。

由于两个不同键值 key_1、key_2 经过 k 个哈希函数可能映射到完全相同的 k 个位图位置，当 key_1 在集合中而 key_2 不在集合中时，布隆过滤器的检索结果都为 1，因此布隆过滤器存在一定概率的误报可能性；但只要 key_1 在集合中，其 k 个哈希函数映射的位置一定全部为 1，因此布隆过滤器不存在漏报的可能性。

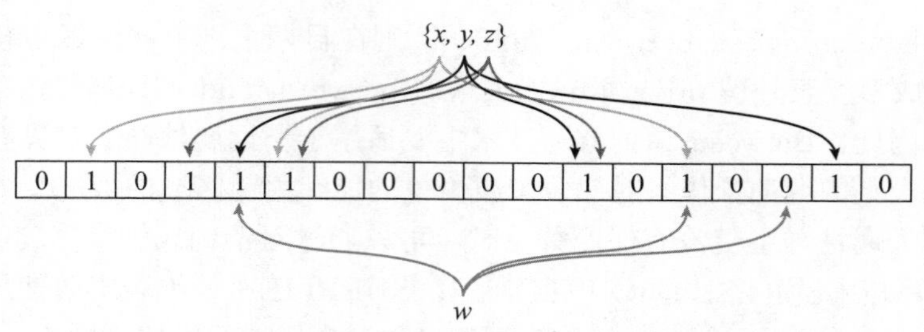

图 5.23 布隆过滤器[11]

布隆过滤器的这种特性可以应用于星形连接过滤操作，即为维表中满足谓词条件的主键集合创建一个布隆过滤器，事实表在与维表连接时首先用外键值在布隆过滤器上进行哈希探测，过滤掉大部分不满足连接条件的连接键值，减少实际的连接记录数量。我们可以将 invisible-join 中基于位图的星形连接操作简化为将事实表记录的各个外键依次在相关维表的布隆过滤器上进行过滤，并对满足所有布隆过滤器过滤条件的事实表记录执行实际的连接和分组聚集操作。

布隆过滤器的效率取决于布隆过滤器大小 m、哈希计算代价以及误报率。如果布隆过滤器中哈希函数数量多，则对于不属于集合的键值检索时得到 0 的概率增大，误报率降低，但哈希函数数量多会导致位图中 1 的位置增多，提高不同键值全部映射到相同位置的概率，提高误报率。数学推导出哈希函数的数量 $k=\ln 2\times(m/n)$ 时错误率最小，在哈希函数取到最优时，满足误报率低于 ϵ 的布隆过滤器位图长度 m 需要满足如下条件：

$$m \geqslant n\frac{\log_2\left(\frac{1}{\epsilon}\right)}{\ln 2} = n\log_2 e \times \log_2\left(\frac{1}{\epsilon}\right)$$

表5.1给出了长度为 n=10 000 个元素时的布隆过滤器的最优参数，当误报率为 0.01%时，最少需要 13 个哈希函数，布隆过滤器位图长度 m 最小值为元素长度 n 的 19 倍。对于记录长度为 N，选择率为 s 的维表连接操作，需要为其创建一个长度为 $N\times s\times 19$ 的位图实现正确率为 99.99%的连接过滤操作，能够消除（$1-s+0.01\%$）的哈希连接操作。

表 5.1 布隆过滤器参数设置

m/n	m	n	k	ϵ
10	95 672	10 000	7	1.000 0%
14	143 507	10 000	10	0.100 0%
19	191 343	10 000	13	0.010 0%
24	239 179	10 000	17	0.001 0%
29	287 015	10 000	20	0.000 1%
29	287 015	10 000	20	0.000 1%

在典型的星形模型数据仓库负载中，如表5.2所示，OLAP 查询中包含多个维表，每个维上的选择率较高。当采用布隆过滤器连接过滤技术时，在全部 32 个布隆过滤器中有 23 个布隆过滤器位图长度超过或接近维表行数。

表 5.2 SSB 查询选择率

查询	LINEORDER 表上选择率	维表上选择率				LINEITEM 表总选择率	行数
		DATE	PART	SUPPLIER	CUSTOMER		
Q1.1	0.47*3/11	1/7				0.019	1
Q1.2	0.2*3/11	1/84				0.000 65	1
Q1.3	0.1*3/11	1/364				0.000 075	1
Q2.1			1/25	1/5		1/125 = 0.008 0	280
Q2.2			1/125	1/5		1/625 = 0.001 6	56
Q2.3			1/1 000	1/5		1/5 000 = 0.000 20	7
Q3.1		6/7		1/5	1/5	6/175 =0 .034	150
Q3.2		6/7		1/25	1/25	6/4 375 = 0.001 4	600
Q3.3		6/7		1/125	1/125	6/109 375 =0.000 055	24
Q3.4		1/84		1/125	1/125	1/1 312 500=0.000 000 76	4
Q4.1			2/5	1/5	1/5	2/125 = 0.016	35
Q4.2		2/7	2/5	1/5	1/5	4/875 = 0.004 6	100
Q4.3		2/7	1/25	1/25	1/5	2/21 875 = 0.000 091	800

OLAP 查询主要是根据维层次进行的上卷、下钻等多维操作，产生较多的粗粒度的多维分析任务，对应较高的维表选择率。在这种应用场景下，我们可以使用 5.3.2 节中维位图向量连接技术来简化布隆过滤器。

数据仓库的维表通常采用代理键作为主键，代理键为连续的整型数据序列，不包含维表语义信息，但在列存储内存数据库中可以映射为维记录的内存偏移地址，可以由事实表外键通过位置抽取方式直接访问维表相关记录项。图5.24显示了一种基于键值–地址映射机制的连接优化算法 DDTA-JOIN（其中 Directly Dimensional Tuple Accessing，直接维表记录访问，简称 DDTA），主要使用事实表外键向维表列偏移地址映射和维过滤器技术来优化传统的基于等值匹配的哈希连接代价。DDTA-JOIN 算法在 OLAP 查询处理时分为三个阶段：

（1）将 OLAP 查询中维表上的谓词操作作用于对应的维表，生成一个表示维表谓词结果的与维表等长的位图，位图为 1 的位置表示该位置对应的维表记录满足维表谓词条件，反之该位图位置为 0。

（2）事实表（行存储或列存储事实表）采用 Row-wise 扫描，将每一个查询相关外键值映射到相关维位图过滤器（Dimensional Bitmap Filter）偏移位置，抽取位图值，并与其他通过事实表外键映射抽取的位图值按谓词条件转换为位操作，如果位操作结果为 0 则跳到下一条事实表记录，如果为 1 则执行基于位置抽取的分组聚集操作。

（3）若当前事实表记录映射的多维过滤结果为 1，则根据 SQL 中的分组属性通过事实表外键向维属性列偏移地址的映射直接抽取出相关的分组属性值，与 SQL 命令中相关的度量属性一起生成连接结果记录并使用哈希表进行分组聚集计算。

DDTA-JOIN 的处理过程由如图5.24所示的三个阶段组成。其中，维位图过滤器与布隆过滤器都是位图，区别是布隆过滤器将一个维表主键值通过多个哈希函数映射到多个位图位置，支持的是一种基于概率的过滤操作，事实表外键通过哈希映射只能判断当前事实表记录可能或不可能满足维表过滤条件；与之相对，维位图过滤器则是维表记录与位图的一一对应关系，事实表外键通过值–地址映射能够精确地判断当前事实表是否满足对应维表的过滤条件。当维表上的查询选择率高于 5%时，误报率低于 0.01%的布隆过滤器长度超过维过滤位图长度。维位图过滤器的效率取决于维位图过滤器能否被 CPU 的 LLC（最后一级共享 cache，如 L3 cache 或新型 HBM 大容量 L4 cache）缓存，由于维表记录行数增长缓慢且较小，并且 CPU LLC 容量持续增长，维位图过滤器在使用中有较高的 cache 效率。

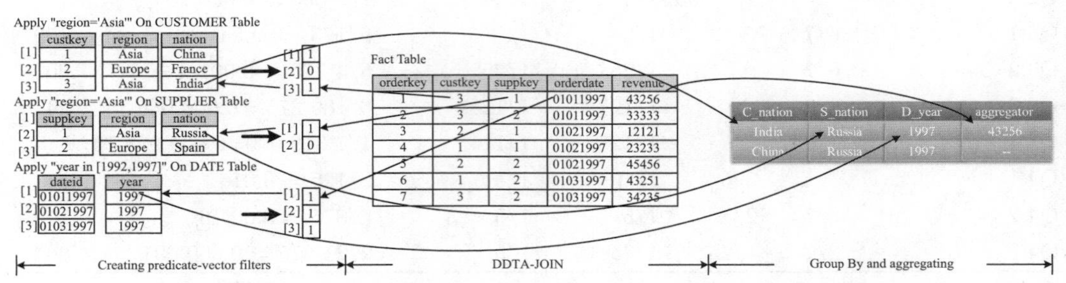

图 5.24 DDTA-JOIN[12]

当事实表较大不能完全内存存储时，我们采用了基于内存–磁盘/SSD 二级存储模型的 CDDTA-JOIN 算法（C 代表列存储），即将事实表外键列以垂直分片形式存储于内存，较大的事实表度量属性以列存储方式存储于磁盘或 SSD 存储设备。查询处理时首先在内存事实表外键上应用 DDTA-JOIN 算法，通过维位图过滤器判断事实表是否满足星形连接条件，满足连接条件的记录按事实表位置抽取方式抽取维表分组属性值并创建内存哈希分组聚集表，将当前记录在哈希表中的桶号记录在事实表向量索引中，如图5.25所示，事实表向量索引中 0 表示当前位置对应的事实表记录不满足星形连接条件，非 0 值代表满足星形连接条件的事实表记录在内存哈希分组聚集表中的桶号。事实表属性列数据分片扫描完毕后，根据事实表向量索引按位置抽取存储在磁盘或 SSD 中的事实表度量属性值，并按事实表向量索引中记录的内存哈希表桶号将其推送到内存哈希桶中进行聚集计算。

相对于 invisible-join 将各事实表外键连接过滤结果位图物化并执行位图运算的方法，DDTA-JOIN 算法物化了较小的维表位图过滤器，相对于布隆过滤器在 OLAP 查询较高选择率的应用场景下更为简单和精确，事实表执行扫描操作时实时完成向各个维位图过滤器的流水线式映射访问和位图计算，消除了事实表位图的物化和计算代价。当事实表较大，需要二级存储时，CDDTA-JOIN 算法通过事实表二级存储、预哈希和事实表向量索引访问技术提高了 OLAP 查询处理效率。

DDTA-JOIN 使用维位图过滤器进行星形连接过滤，在维过滤位图上执行的是随机访问，因此位图相对于 LLC 的大小成为决定星形连接过滤操作 cache 性能的重要因素。图5.26（a）显示了代表性的 OLAP benchmark TPC-H 和 SSB 的维表在不同的数据量（SF=100，300，1 000，3 000，10 000）时维过滤位图大小与不同类型 CPU 的 LLC 大

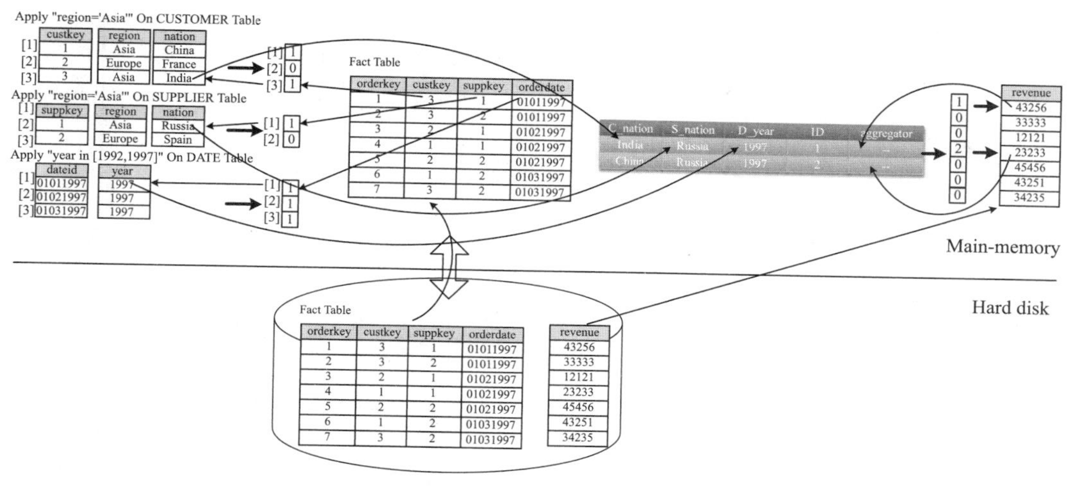

图 5.25　CDDTA-JOIN[13]

小的相对关系。当前最新的 40 核 CPU LLC 大小为 60MB，大于 SF=1 000 时最大的维过滤位图大小，也就是说虽然在低选择率时维位图过滤器的位图长度可能高于布隆过滤器，但由于数据仓库维表相对较小的特点，维过滤位图能够全部缓存在 LLC 中，其 cache 访问性能差异不大，但维过滤向量是一对一的精确过滤，不需要像布隆过滤器一样进行多个哈希计算，具有更好的 CPU 处理效率。当数据量超过 3TB 时，TPC-H 的 PART 表和 CUSTOMER 表维位图过滤器超出 CPU LLC 容量，SSB 数据集优化了维表设计，在 10TB 数据集时维位图过滤器仍然小于 LLC 容量，具有较好的 cache 访问性能。图5.26（b）显示了不同大小 TPC-DS 数据集各维位图过滤器与 CPU LLC 大小之间的关系，TPC-DS 维表缓慢非线性增长模式更加符合现实中 OLAP 负载的数据特征，在较大数据集时维位图过滤器仍然远低于最新多核 CPU 的 LLC 大小。

对于超大维表上极低选择率的场景，维位图过滤器非常稀疏，可以采用图4.56所示的多级位图压缩技术减小维过滤位图，使用不同粒度的多级位图提高 cache 效率，或者使用布隆过滤器作为第一级稀疏数据的连接过滤器、使用维位图过滤器作为第二级连接过滤器的方法提高连接过滤的效率。

从性能优化的角度来看，一方面需要设计优化算法提高查询处理性能，另一方面需要优化数据库模式设计，通过优化的模式结构优化数据分布特征，提高算法的性能与效率。

4. 基于向量索引的星形连接

向量索引是一种多位位图索引，是位图索引与分组字典表压缩技术的结合。位图索引使用 0 和 1 标识记录是否满足选择或连接条件，向量索引用空值表示不满足选择或连接条件，用非空值表示该记录对应的分组压缩编码。向量索引在维表端表示维表满足选择条件的记录在 group by 属性上的字典表压缩编码，在事实表端表示事实表满足与维表连接条件的记录的 group by 属性部分或最终分组编码。向量索引可以采用定长结构和压缩结构，定长结构采用与表等长的向量结构，空值和非空值表示当前记录的过滤状

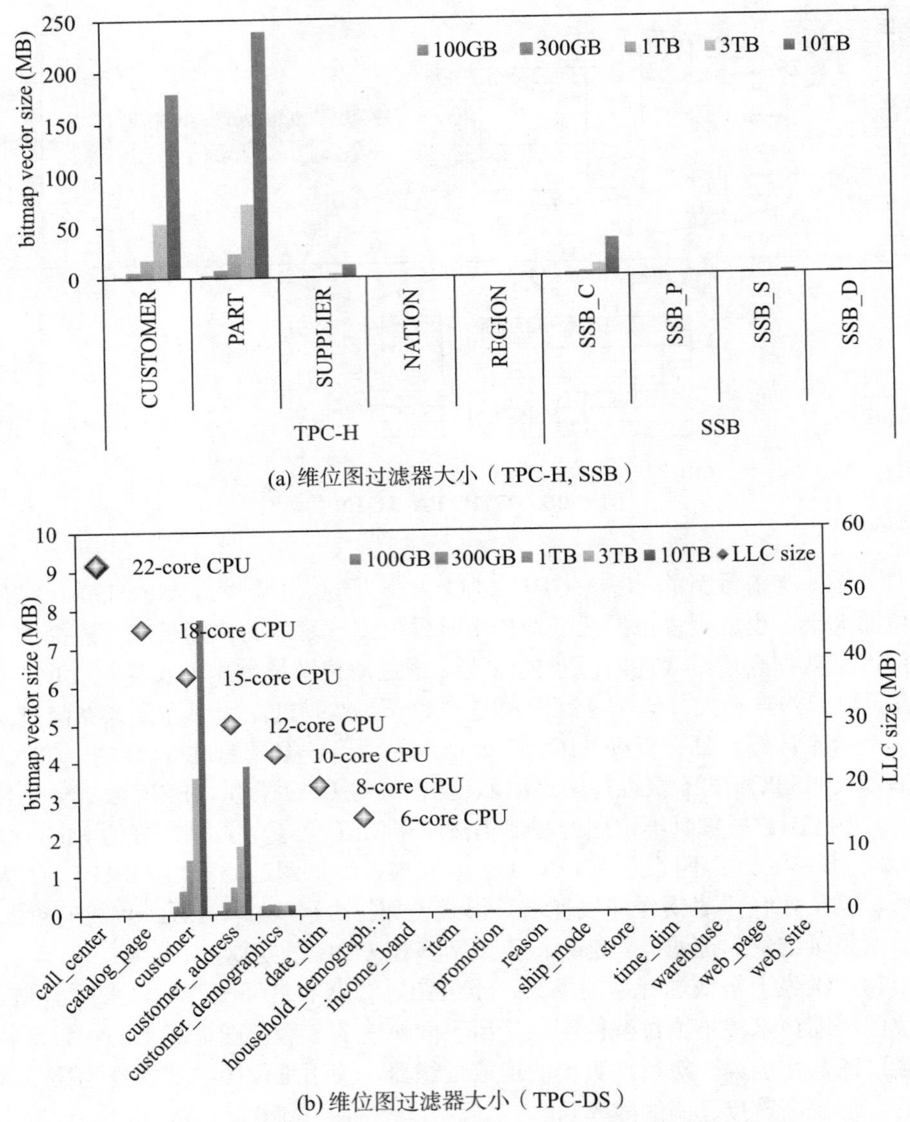

(a) 维位图过滤器大小（TPC-H, SSB）

(b) 维位图过滤器大小（TPC-DS）

图 5.26　维位图过滤器与 LLC 大小的关系

态，压缩结构采用 [OID,VALUE] 二元结构，表示定长向量索引中非空向量索引的 OID 和对应的压缩分组编码值。维表端的向量索引采用定长结构，用于被事实表外键列直接地址映射访问，事实表端的向量索引在选择率低时采用压缩向量索引结构，降低存储空间开销并通过消除分支判断提高代码执行效率。

图5.27显示了一个基于向量索引的星形连接示例，显示了向量索引在维表处理和事实表星形连接处理阶段的执行过程。

维表处理阶段将 SQL 命令分解到相应的维表上执行选择和投影操作，如在 CUSTOMER 表上首先执行 c_region='Asia' 操作，投影出满足条件的分组属性 c_nation，

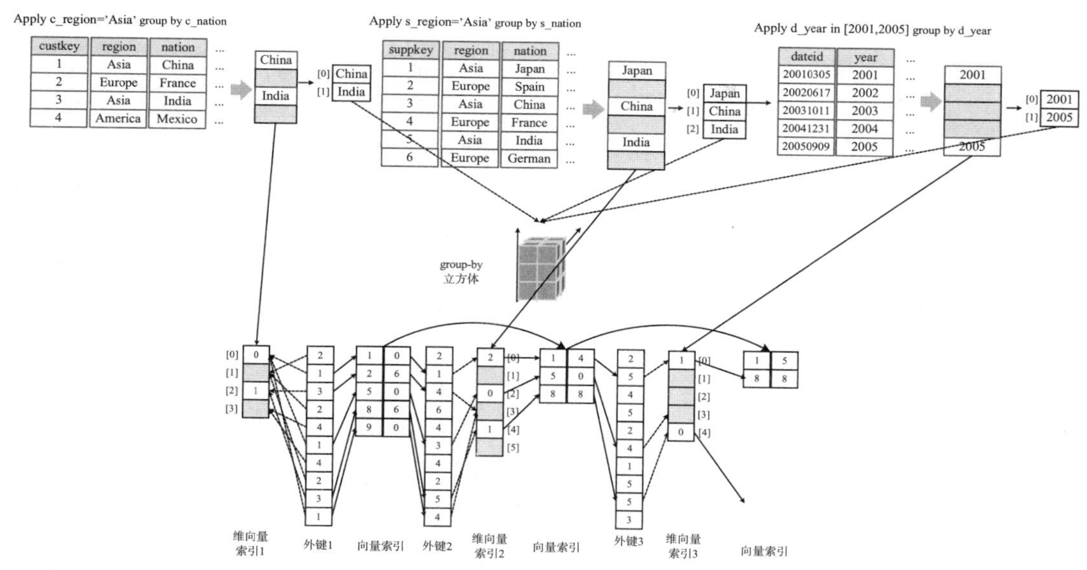

图 5.27　基于向量索引的星形连接示例

同时对投影出的 c_nation 属性建立数组字典表，用字典表下标作为压缩编码，生成维向量索引。同理，生成 SUPPLIER 和 DATE 表对应的维向量索引。每个维表上投影出的 group by 属性构成一个 group by 立方体，分组立方体的多维坐标以地址分量的形式存储于维向量索引中，在星形连接过程中迭代地计算最终的分组地址并存储于向量索引中，作为星形连接的输出。

在星形连接执行阶段，事实表 CUSTOMER 外键列执行扫描操作，将键值映射到 CUSTOMER 维向量索引相应单元，若非空则在事实表压缩向量索引中增加一条记录，记录该事实表记录 OID 和维向量索引中的分组地址分量。向量索引继续用于事实表 SUPPLIER 外键列的连接操作，根据压缩向量索引的 OID 按位置访问事实表 SUPPLIER 外键列，执行与 SUPPLIER 维向量索引的映射连接，当维向量索引单元为空值时，当前事实表记录不满足星形连接条件，当前压缩向量索引记录由后一个满足星形连接条件的记录覆盖并迭代计算分组下标值。当执行完事实表 DATA 外键列上的向量连接操作时，更新后的压缩向量索引为星形连接生成的向量索引，OID 序列用于按位置访问事实表度量列中满足星形连接条件的记录，VALUE 值映射为分组向量（group by 立方体的一维向量结构）地址，在分组向量相应单元中进行聚集计算。

与图5.25相比，图5.27使用向量索引将维表上的 group by 属性通过字典表压缩编码集成到维位图索引中，通过 group by 立方体的地址计算方法在星形向量连接操作中迭代计算分组地址并存储于向量索引中，实现在维表端的“早分组”，在星形连接执行后的“后聚集”计算模式。该计算模型适用于标准星形模式的 OLAP 查询任务，以 SSB 为例，不同查询使用相同的维向量索引结构，差别在于维向量索引中数据的分布和取值，星形向量连接操作是无语义的统一计算模型，区别只是参与连接操作的维向量索引的数量，生成的向量索引也是相同的结构。

在连接算法选择上，也可以使用哈希连接算法完成星形连接操作。5.3.1 节介绍的无分区哈希连接算法和 radix 分区哈希连接算法是当前两种代表性的高性能连接算法，当连接表较大时 radix 分区哈希连接算法的性能优于无分区哈希连接算法。但 radix 分区哈希连接算法需要将连接结果完全物化后才能执行下一个连接操作，而无分区哈希连接算法则可以执行流水线星形连接操作，通过流水处理消除中间结果物化的存储和访问代价，在多表连接操作中通常不使用性能较优的 radix 分区哈希连接算法[14] [15] 。

综上所述，星形连接是数据仓库中最重要的连接形式，由于多维查询在单维上的选择率较高但总选择率较低的特点，将传统的连接操作划分为星形连接过滤操作和连接操作能够显著地降低无效连接操作代价，提高多维查询的整体性能。

连接过滤的主要技术有维表主键哈希过滤、基于布隆过滤器的维表连接过滤、基于维位图过滤器的连接过滤以及向量索引过滤器，四种算法都具有 $O(1)$ 的复杂度，但在数据集大小、过滤准确性、CPU 计算效率等方面在不同选择率下具有不同的性能特点，在具体实施过程中需要根据查询特点选择最佳的实现技术。

5.3.4 多核并行连接

多核处理器的核心数量随着半导体工艺的提升而增长，但多核处理器提供了强大的并行处理资源，而传统的软件并非面向并行计算而设计，需要对传统串行执行算法面向多核处理器的硬件架构进行并行化改造，以更充分利用多核处理器的并行计算能力。当多核处理器并发线程访问相同的数据时，需要通过代价较高的锁机制解决并发访问冲突问题，增加了并发访问算法的执行代价，在算法中如何优化锁代价以及实现 latch-free 算法是更好地利用多核处理器并行处理能力的关键问题。图5.28显示了 2023 年 AMD 和英特尔代表性的多核处理器。AMD 当前处理器核心数量达到 128 个，核心数量增长较快；在核心数量增长的同时，L3 cache 容量也有较大增幅，如 9754 处理器 L3 cache 容量为 256MB，9684X 处理器 L3 cache 容量达到 1 152MB。英特尔最新的 Max9480 处理器核心数量达到 56，L3 cache 容量为 112.5MB，在核心数量和 L3 cache 容量上少于 AMD 处理器，采用 64GB 的 HBM2e 高带宽内存作为高性能存储或大容量缓存。

从处理器技术总体发展趋势来看，大内存上的多核并行计算是主流技术趋势。主流多路处理器服务器平台能够支持 TB 级内存存储能力，传统磁盘数据库基于迭代处理模型的串行数据库查询处理算法需要进行并行化改造才能充分发挥先进处理器强大的并行处理能力，并且需要根据处理器的硬件特性优化算法和数据结构，以更充分发挥 cache 和多核心的并行处理能力。

连接操作是数据库中执行代价最大的操作，连接操作的多核并行优化技术对数据库的多核并行处理性能有较大的影响。

1. 哈希连接并行优化

哈希连接是数据库中最重要的连接技术，尤其在具有主–外键约束关系的数据仓库中是最主要的连接技术。

x86 架构处理器优化技术的核心是多级 cache 机制，不同的 CPU 在 cache 结构的

MODEL	# OF CPU CORES	# OF THREADS	MAX. BOOST CLOCK	ALL CORE BOOST SPEED	BASE CLOCK	L3 CACHE	DEFAULT TDP
AMD EPYC™ 9754	128	256	Up to 3.1GHz	3.1GHz	2.25GHz	256MB	360W
AMD EPYC™ 9754S	128	128	Up to 3.1GHz	3.1GHz	2.25GHz	256MB	360W
AMD EPYC™ 9734	112	224	Up to 3.0GHz	3.0GHz	2.2GHz	256MB	340W
AMD EPYC™ 9684X	96	192	Up to 3.7GHz	3.42GHz	2.55GHz	1152MB	400W
AMD EPYC™ 9384X	32	64	Up to 3.9GHz	3.5GHz	3.1GHz	768MB	320W

产品名称	发行日期	内核数	最大睿频频率	处理器基本频率	高速缓存	TDP
英特尔® 至强® CPU Max 9462 处理器（75 M 高速缓存，2.70 GHz）	Q1'23	32	3.50 GHz	2.70 GHz	75 MB	350 W
英特尔® 至强® CPU Max 9480 处理器（112.5 M 高速缓存，1.90 GHz）	Q1'23	56	3.50 GHz	1.90 GHz	112.5 MB	350 W
英特尔® 至强® CPU Max 9470 处理器（105 M 高速缓存，2.00 GHz）	Q1'23	52	3.50 GHz	2.00 GHz	105 MB	350 W
英特尔® 至强® CPU Max 9460 处理器（97.5 M 高速缓存，2.20 GHz）	Q1'23	40	3.50 GHz	2.20 GHz	97.5 MB	350 W
英特尔® 至强® CPU Max 9468 处理器（105 M 高速缓存，2.10 GHz）	Q1'23	48	3.50 GHz	2.10 GHz	105 MB	350 W

图 5.28　AMD 和英特尔多核处理器规格示例

资料来源：https://www.amd.com/en/processors/epyc-9004-series；https://www.intel.cn/content/www/cn/zh/products/details/processors/xeon/max-series/products.html.

设计上有较大的差异。如图5.29（a）所示，英特尔的 Sky Lake、Cascade Lake、Ice Lake 等 CPU 采用 MESH 结构的 L3 cache，各核心共享 L3 cache slice，访问延迟和跳数较低，但核心数量增长相对较慢，L3 cache 容量相对较小（如 40 核 CPU L3 cache 容量为 60MB）。AMD Milan Zen3 CPU 采用多 Die 结构，如 64 核心 CPU 由 8 个 CPU Die 组成，每 8 个核心共享 32MB 的 L3 cache，如图5.29（b）所示，L3 cache 总容量较大，达到 256MB，核心数量增长较快。不同的 cache 结构对应不同的数据访问延迟性能，相同的算法及数据集在不同架构的 CPU 平台上的性能也有所差异。

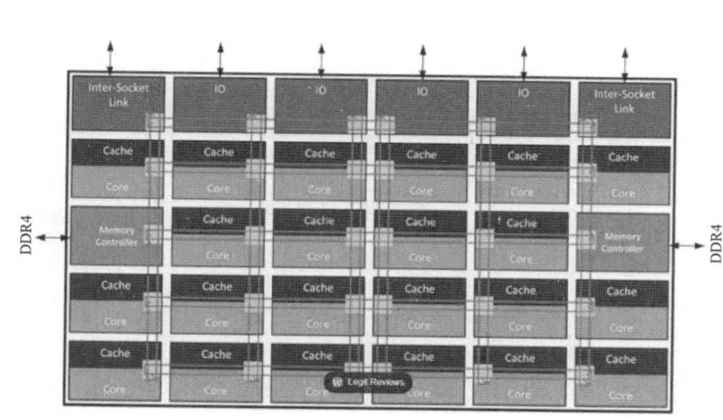

(a) 英特尔CPU MESH cache 结构

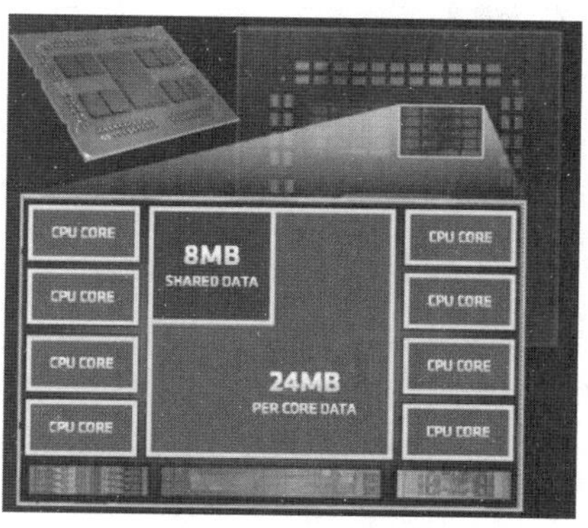

(b) AMD CPU 多 Die 结构

图 5.29　多核处理器 cache 结构

基于多级 cache 的多核并行优化技术的核心是提高并行处理时的 cache 利用率，提高强局部性数据集在高一级 cache 中的命中率，提高强局部性数据集在共享 cache 中的并行访问能力，减少不同线程在共享 cache 中的访问冲突等。

对于多核并行查询处理，数据局部性原则可以归纳如下：

- 多核 CPU 架构上，线程私有数据集大小的约束分别为 L1 cache、L2 cache 容量，当线程私有数据集小于这些约束条件时，这些频繁访问的线程私有数据集能够提高在 L1、L2 中的驻留概率。
- 线程间共享访问数据集大小约束在通用 CPU 平台上不超过 LLC（通常指 L3 cache）大小，通过共享 L3 cache 访问优化较大频繁访问数据集的 cache 命中率。

在 OLAP 查询处理过程中，比较典型的数据集包括连接操作中的哈希表，提高哈希表的 cache 访问性能是多核并行连接优化的关键技术。

典型的哈希连接可以分解为三个阶段：分区（partition）、创建哈希表（build）和哈希探测（probe）。分区是可选项，既可以使用不分区的共享哈希表，也可以先对连接的数据按连接键进行分区，将其分解为较小的互不相交的数据分片，然后为每个分片创建哈希表。

图5.30是基于共享哈希表的并行哈希连接算法。传统的哈希连接算法对较小的 R 表进行扫描并对连接键按哈希函数 h 创建哈希表，较大的 S 表按相同的哈希函数对哈希表进行探测，查找是否存在满足连接键值相同的记录，完成连接操作。在多核平台上，R 表的扫描过程按线程数量划分为多个分区，每个线程扫描一个分区，并行地执行共享哈希表的创建工作。由于哈希表的创建由多个线程并行执行，因此需要并发访问控制机制来保证哈希记录插入的正确性，而并行哈希表创建过程中的锁代价增加了很多访问延迟。

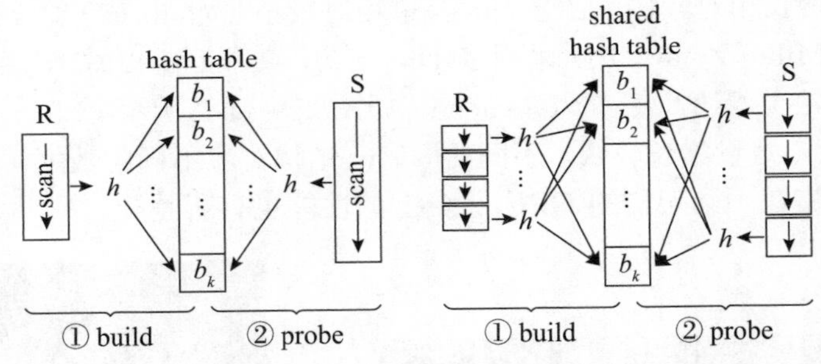

图 5.30 基于共享哈希表的并行哈希连接算法

在哈希表的 build 阶段，需要通过 latch 机制保证哈希桶写入操作的原子性，latch 的效率对哈希表的 build 性能有较大的影响。图5.31（a）表示原始 latch 结构，哈希表由一个 head 数组组成，每个数组单元指向一个哈希桶，每个哈希桶包含一个指向下一个可用哈希桶的指针、一个溢出桶指针以及两个哈希记录槽。为支持多线程并发访问，设置一个独立的 latch 数组与哈希桶对应。在插入一条记录时，首先需要访问 latch 数据获得相应的 latch 锁，然后访问哈希表 head 数组，再访问哈希桶单元，一次插入操作在三个不同的地址产生三个 cache miss，插入操作的 cache 延迟较高。图5.31（b）是优化的哈希表结构，将 latch 结构和哈希桶合并在相邻地址空间中，哈希表组织为连续的数组哈希桶，溢出桶设置在主哈希表外独立的存储空间，1 字节的 latch 合并到 8 字节的 header（hdr）字段中，hdr 中还包含哈希桶记录数量。哈希表结构的优化显著降低了哈希表 build 阶段的 cache miss，提高了哈希表创建性能。

在并行哈希探测阶段，并行处理的效率取决于共享哈希表的大小。当共享哈希表小

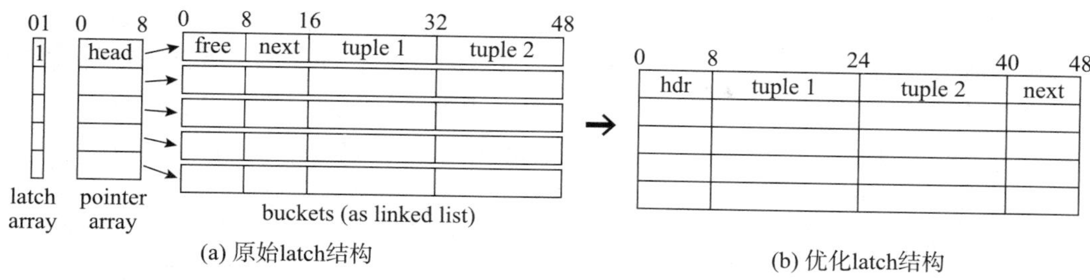

(a) 原始latch结构 (b) 优化latch结构

图 5.31 共享哈希表 latch 优化技术

于共享 L3 cache 容量时，能够获得较好的性能；当共享哈希表超过共享 L3 cache 容量时，哈希探测无法在 cache 中命中相应的哈希桶而需要进行内存访问，产生较多的 cache miss，连接操作的数据访问延迟增加。

基于共享哈希表的并行连接算法简单易于扩展，但在 build 阶段多线程并行哈希表构建时产生较大的并发控制代价，需要优化哈希表的锁管理机制，以轻量锁或者 latch-free 技术降低并发访问控制代价。在 probe 阶段，当共享哈希表较小时，如数据仓库中维表数据量通常较低，共享哈希表小于 cache 容量时能够获得较好的性能，但当共享哈希表远大于 cache 容量时，哈希探测时会产生大量的 cache miss，大量的内存访问降低了哈希连接的性能。

哈希连接的复杂度为 $O(|R|+|S|)$，使用 p 个核心的并行哈希连接的复杂度为 $O(1/p(|R|+|S|))$。共享哈希表只需要对连接表 R 和 S 扫描一次，不需要数据分区代价，但当 R 表较大时，R 表所产生的共享哈希表必然会超出 cache 容量，产生 cache 访问失效问题。当前通用处理器所采用的硬件加速技术，如预取、乱序执行、超线程等技术能够在一定程度上降低内存访问延迟，但大量内存访问仍然是哈希连接性能的决定性因素。

从硬件角度来看，共享哈希表的并行连接算法性能主要受 CPU 的 cache 容量影响，当前及下一代多核 CPU 的一个显著趋势是持续增加 L3 cache 容量，甚至集成大容量 HBM 缓存扩展多核 CPU 的共享 cache 容量，为数据库查询处理算法提供更大容量的缓存，简化及优化算法设计。从数据库模式优化的角度来看，数据库在模式上的优化技术将巨大的数据集划分为数量众多但数据量较小的维表，以及数据量巨大或数量较少的事实表，减少了连接操作时哈希表对共享 cache 容量的需求，使共享哈希表连接算法获得较好的性能。另一种可选的优化技术是减少哈希连接的实际哈希桶访问数量，如通过布隆过滤器或维位图过滤器等辅助技术将对较大哈希表的访问转换为在较小的位图上的并行计算，提高数据的 cache 局部性，减少实际连接操作的数量。

从软件角度来看，当哈希表大于共享 cache 容量时，提高哈希连接 cache 局部性的方法是对关系 R 和 S 按相同的哈希函数进行分区，为关系 R 的每个分区创建独立的哈希表，使哈希表小于 cache 容量，从而保证哈希连接时具有较高的 cache 性能。图5.10显示了基于分区技术的并行哈希连接，R 和 S 首先按相同的哈希函数 h_1 进行分区，然后每个分区按哈希函数 h_2 创建哈希表，最后扫描 S 表的各个分区，每个分区按哈希函数 h_2 对哈希表进行探测，完成哈希连接操作。

对于多核处理器，核心私有的 L1 cache、L2 cache 容量给出分区阶段数据划分的基准，需要将关系 R 按每核心对应的私有 cache 大小来确定分区数量。对于较大的表而言，需要将其划分为数量众多的分区，需要在分区阶段将一个地址区域的数据分别写入各个分区对应的地址区域，不同地址区域的分区存在于具有不同内存虚拟地址的页面中，页面虚拟地址映射缓存于 TLB 中，当分区数量超过 TLB 条目时，在数据分区过程中会访问内存而产生大量的 TLB miss，增加分区时的 TLB 条目访问延迟。

radix 分区是一种多趟分区技术，通过控制每趟分区数量不超过 TLB 条目的数量来保证分区过程中较好的 TLB 访问效率，通过多趟基于 B 位基数的分区将 R 表划分为 2^B 个分区。并行 radix 分区技术需要为输入表 R 创建共享分区集，分区数量由硬件参数（TLB 条目数量等）确定。为避免多线程并行扫描创建 radix 分区过程中的数据写冲突，可以通过两趟扫描方法实现无冲突的并行分区。对输入表的第一趟扫描计算出输入数据的直方图（histogram），得到每个线程在每个分区中数据的数量，如图5.32（a）所示，通过前缀和的计算确定每个分区大小，然后每个分区可以分配连续的内存地址，每个线程可以预先计算出它在输出分区中的地址范围，从而使各个线程向共享分区集的数据写入操作互不影响，通过数据输入地址预计算机制，各个线程并行分区扫描，消除了线程同步代价。完成第一趟分区后，输入表 R 划分为多个分区，第二趟分区在第一趟分区的基础上继续分区，然后各线程在各自的分区上并行创建哈希表及执行哈希连接操作。

进一步的并行 radix 连接优化技术包括：软件写合并（Software Write-Combine Buffers，SWWCBs）、非暂时性指令（Non-temporal Streaming）和 NUMA 感知（NUMA-awareness）优化等，如图5.32（b）所示。SWWCBs 是 cache 中软件管理的数据缓存，分区的数据在数据缓存中填满后合并写操作，减少内存写次数和 TLB 访问负载。非暂时性指令越过下级 cache 直接将 SWWCBs 缓存数据写入内存，避免数据对缓存的污染（无重用性数据占用 cache）。NUMA 感知优化技术将数据最终分区结果在 NUMA 节点分区存储，减少跨 NUMA 节点写操作代价，连接操作执行时从各 NUMA 节点读取数据。

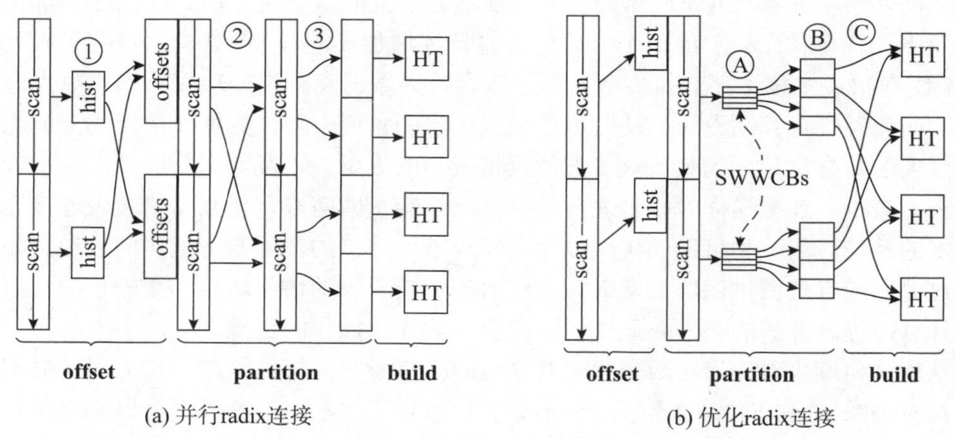

图 5.32 基于 radix 分区技术的并行哈希连接算法

基于分区的并行哈希连接操作是一种在多核处理器平台上的分而治之（divide and conquer）的处理策略，通过数据划分创建并行计算任务，通过对数据集大小的控制提高连接操作时的 cache 局部性。但分区操作需要额外的存储空间代价和分区操作代价，通过 TLB-conscious 的 radix 分区技术能够提高分区操作的性能，但分区操作代价仍然是连接操作中代价最大的部分。

在 CPU 平台，基于 radix 分区的哈希连接（简写为 rdx）算法优于基于共享哈希表的哈希连接（无分区哈希连接，简写为 n-part）算法，如图5.33所示。当表中记录数量相对较少时，基于共享哈希表的哈希连接算法创建共享哈希表所占的比例相对较小，但较大的共享哈希表访问产生较多的 cache miss，哈希连接的主要代价为共享哈希表上的哈希探测代价；但随着表中记录数量的增加，共享哈希表创建代价逐渐增长，甚至超过哈希表探测代价。而基于 radix 分区的哈希连接算法中代价最大的是分区阶段，其后的创建哈希表具有较高的线程数据局部性，哈希探测也具有较好的 cache 局部性，因此综合性能优于基于共享哈希表的哈希连接算法。

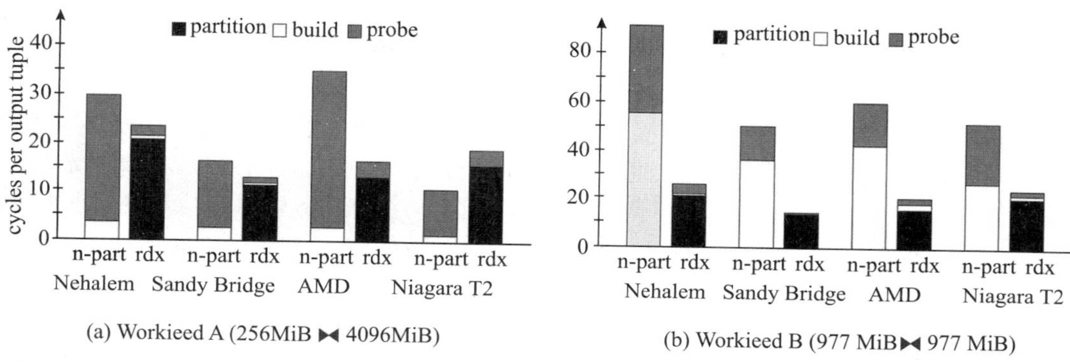

图 5.33 共享哈希表的并行哈希连接算法与基于 radix 分区技术的并行哈希连接算法性能对比

radix 哈希连接算法主要通过分区操作提高了 cache 局部性，不仅适用于 CPU 平台，还适用于 GPU 平台。图5.34显示了无分区哈希连接算法 NPO 和 radix 分区哈希连接算法 PRO 在 CPU 和 GPU 平台的性能对比。测试场景为连接表已加载到 GPU 显存中，测试结果显示当连接表 R 较小时，NPO 算法对应的哈希表通常小于 CPU 或 GPU 的 cache 容量，因此性能较 PRO 算法更优，当 R 表数据量持续增长至超出 cache 容量时，哈希表内存访问延迟降低了连接性能。radix 分区哈希连接算法在 R 表较大时性能显著优于 NPO 无分区哈希连接算法，显示了 cache 局部性在 CPU 和 GPU 平台对哈希连接算法的影响。

当连接表大小超出 GPU 显存容量时，图5.35（a）中连接表 R 存储在 GPU 显存，探测表 S 存储在 CPU 内存，图5.35（b）为两个表都存储在 CPU 内存。这两种场景都产生 CPU 和 GPU 之间的 PCIe 传输代价，主要的解决方案是在 CPU、PCIe 传输和 GPU 处理这三个阶段进行流水并行处理，交叠不同处理阶段的执行时间，提高查询处理的吞吐性能。图5.35（a）主要流水并行 PCIe 传输和 GPU 端哈希连接处理，GPU 算法优化于 CPU 端。图5.35（b）流水并行 CPU 分区、PCIe 传输和 GPU 连接处理三个阶段，GPU 分区哈希连接性能较高且对数据量大小不敏感，性能较为平稳。

在两种哈希连接算法中，NPO 无分区哈希连接算法性能的主要影响因素是哈希表的

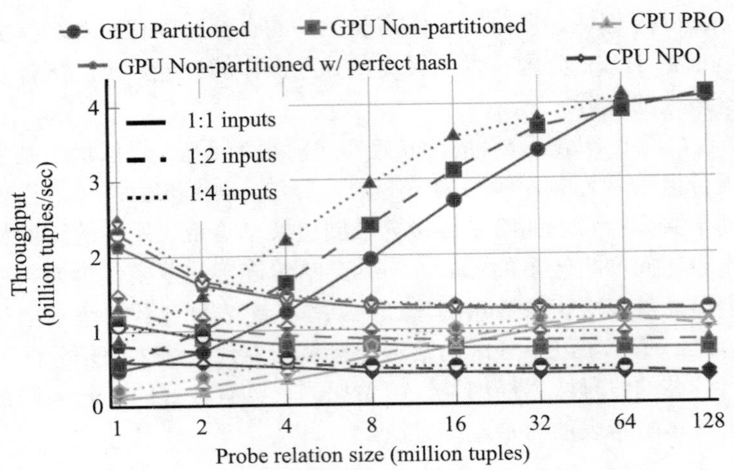

图 5.34 GPU 与 CPU 平台哈希连接算法性能对比[16]

内存访问延迟，PRO 分区哈希连接算法性能的主要影响因素是分区执行代价，对 CPU 和 GPU 的性能和硬件利用率都产生了较大的影响。对于无分区哈希连接，提高哈希表访问性能的方法一方面是通过 cache 降低内存访问延迟，受 cache 容量和哈希表大小影响，另一方面是提高哈希表内存访问吞吐性能，通过高并发内存访问提高吞吐性能。FPGA 是一种可定制化的硬件加速器，在深度流水线、向量化处理和计算密集型处理方面有性能优势，可以通过定制化硬件设计加速一些特定处理阶段的性能。FPGA 的相关研究实现了一种通过在哈希表创建和探测阶段高并发访问掩盖内存访问延迟的无分区哈希连接优化算法[17]，通过数以百计的线程局部访问实现了较多核处理器 2~3.4 倍的性能提升。CPU-FPGA 混合架构支持 FPGA 与 CPU 访问相同的内存，消除了 FPGA 与 CPU 之间的数据传输延迟，支持 FPGA 执行分区处理，CPU 执行哈希表创建和探测的异构混合连接模式[18]，FPGA 分区相比 CPU 分区具有更高的性能和健壮性。

但对于基于 PCIe 通道的 CPU-FPGA 或 CPU-GPU 架构来说，分阶段处理及设备间流水并行处理最大只能达到 PCIe 带宽上限的性能水平，而 PCIe 带宽与内存和 GPU HBM 带宽性能存在较大的差距，仍然是影响整体性能的决定性因素。对于 GPU 或 FPGA 内存 Radix 分区哈希连接算法来说，虽然性能较好，但分区需要物化中间结果，占用大量宝贵的设备内存容量，降低了硬件加速器设备内存利用率，使硬件加速器处理的数据容量减少，而无分区哈希连接算法牺牲了一定的性能但内存利用率较高，而且支持多个连接算子之间的流水处理模型，因此在数据库系统中优化连接算法的选择不仅要考虑性能因素，还需要考虑内存利用率及查询处理模型整体效率等一系列相关因素。

2. 排序归并并行连接

排序归并连接（sort-merge join）首先对连接表 R 和 S 按连接键进行排序，然后对两个顺序的连接表进行归并连接，其主要的代价是排序。现代处理器技术，如 SIMD 和多线程技术能够提高排序性能，从而使排序归并连接算法在性能上接近最优的 radix 分

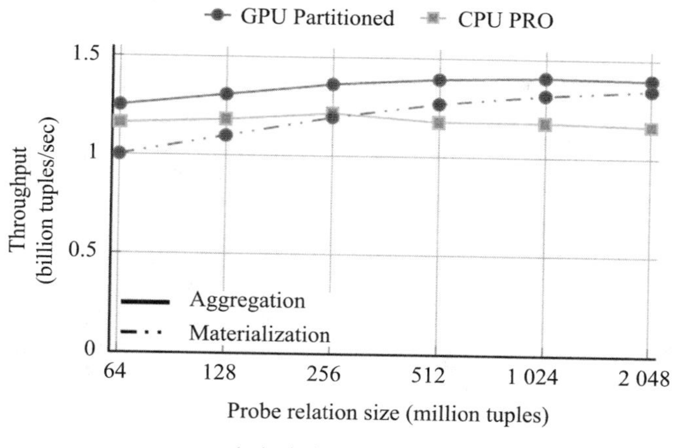

（a）流式探测哈希连接

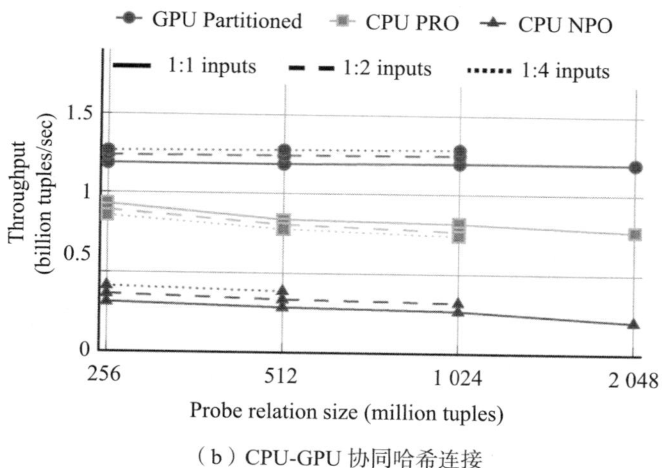

（b）CPU-GPU 协同哈希连接

图 5.35　CPU-GPU 协同哈希连接算法性能对比

区并行哈希连接算法。

图5.36显示了基于 NUMA 节点的排序连接算法 mway、mpsm 和无分区哈希连接 n-part）、radix 分区哈希连接（rdx）之间的性能对比，其中，radix 分区哈希连接算法与应用了 SIMD 技术的排序归并连接算法相比仍然具有性能优势，但在大数据量的连接操作中，radix 分区哈希连接算法的性能与排序归并连接的算法性能接近。mway 算法是高度并行化的排序归并连接算法，充分面向 NUMA 架构优化内存访问。mpsm 算法只对 R 表进行 range 分区，每个线程独立对分区进行排序，形成一个全局有序的 R' 表，S 表只在 NUMA 节点上局部排序，在归并连接操作中，R' 表中的每个分区都要与各 NUMA 节点的 S 表分区执行归并连接操作，从而消除较大 S 的分区代价。从算法性能来看，mpsm 算法与无分区哈希连接算法性能相近。radix 哈希连接算法性能优于 mway 算法，从两种算法的分段时间比较中可以看到，基于排序的连接算法中，排序和排序序列的归并过程占比较高，而排序后表连接的代价极低，因此提高排序性能能够显著地提高排序连接

操作的整体性能。

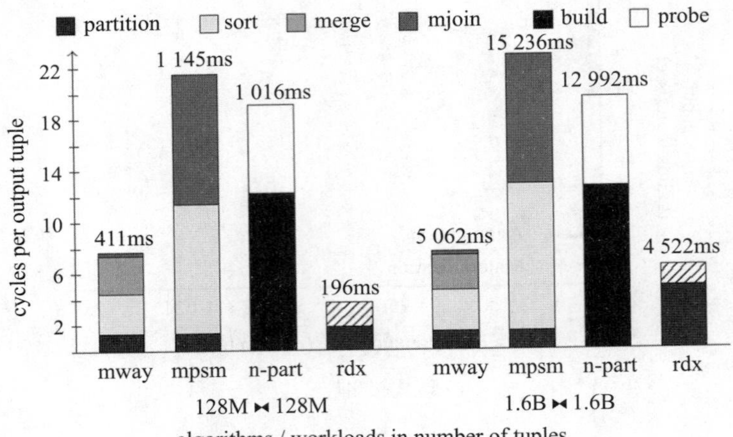

图 5.36 排序归并连接算法与哈希连接算法性能对比[19]

在排序算法中，radix 排序是一种常用的并行排序方法。radix 排序由低到高对数据的各基数位依次归类，最终得到有序的数据序列。

如图5.37所示，数据序列按十进制的位数依次进行 radix 归类，首先对个位 digit 0 进行归类，然后对十位 digit 1 归类，最后对百位 digit 2 归并，归类结束后产生有序的数据序列。

在归类过程中，创建基数哈希桶（本例以十进制为基数，需要创建 10 个哈希桶）Bucket[0..9]，扫描数据的基数位，统计各个基数出现的个数，记录在 Bucket[0..9] 各个桶中；然后对各个基数计算前缀和，并记录在 Bucket[0..9] 中；最后顺序扫描所有数据。操作如下：

```
offset = Bucket[Data\_digit];
//offset为数据Data的基数digit在新的数据序列中的位置
Data_sqeuence[offset] = Data;
//把数据Data写入新序列Data_sqeuence相应的位置
Bucket[Data_digit] = offset + 1;
//为下一个有同样digit的数据设置下一个写入位置
```

在 radix 排序中需要对数据扫描两次，第一次为基数建立直方图，通过前缀和计算确定各基数对应的输出位置范围，然后再次扫描数据，依次将数据按基数和 Bucket 桶中的位置指针输出新的序列。在 radix 排序过程中没有比较操作，连续的数据需要写入比较大的地址范围中，数据的局部性差，同时也难以利用 SIMD 特性。

在多核并行处理平台上，如果采用全局直方图计算则产生较大的共享数据访问代价，并行 radix 排序使用线程私有的直方图计算，首先计算每线程分配的数据集上基数位的个数，建立线程私用基数直方图；然后通过线程同步，计算全局前缀和：

$$Bucket(i,j) = \sum_{k=0}^{p-1}\sum_{m=0}^{j-1} Bucket(k,m) + \sum_{k=0}^{i-1} Bucket(k,j)$$

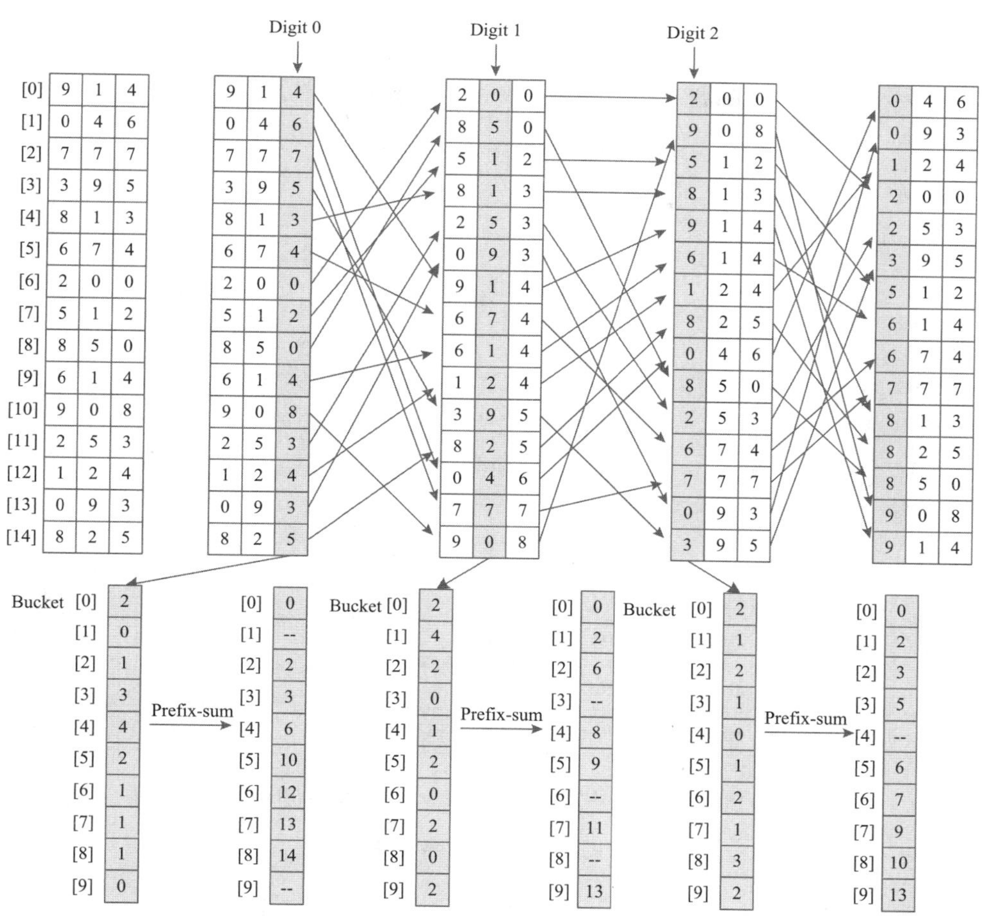

图 5.37 radix 排序过程[20]

式中，p 代表线程数。

在前缀和的计算中，首先计算所有线程中 digit 小于 j 的所有基数个数总和，然后计算该线程 i 之前的所有线程中 digit 等于 j 的所有基数个数总和，最后把两部分结果和进行累加作为线程 i 的基数 j 对应的前缀和。计算出全局前缀和之后，每个线程可以并行地使用各自线程对应的私有 Bucket 完成独立的 radix 排序，不再需要线程的同步。

另一种常用的并行排序算法是归并排序（merge sort），即将数据划分为若干分片，对每个分片排序，然后将排序的分片合并为排序的序列。其中 bitonic 归并排序是最常用的并行归并排序算法，图5.38显示了 4 个元素的排序网络（sorting network）。箭头表示一对数据的比较，箭头指向的是较大的数据。经过 3 个步骤，4 个数据通过两两对比与交换，完成了对数列的最终排序过程。排序网络能够很好地支持 SIMD 处理，如在 128 位寄存器的通用处理器中能够存储 4 个 int 型数据，通过 SIMD 指令一次处理 4 组数据的排序操作。

图5.39显示了使用 4 个寄存器，每个寄存器存储一组数据（4 个 int 型数据），如图中 R1、R2、R3、R4 中存储了向量 $w[0..3]$、$x[0..3]$、$y[0..3]$、$z[0..3]$，通过 SIMD 排序网

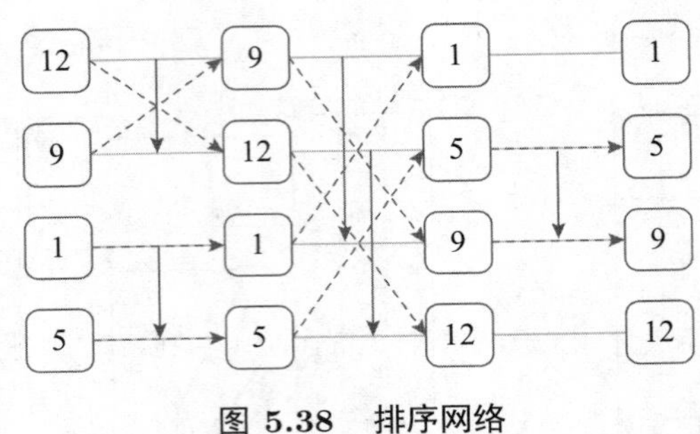

图 5.38 排序网络

络生成排序的序列 ($w[i]$，$x[i]$，$y[i]$，$z[i]$)，$0 \leqslant i \leqslant 3$，但排序的数据序列对应不同寄存器相同的位置。然后通过 SIMD shuffle 操作将排序序列转换到相同寄存器中，如将存储于 4 个寄存器的排序序列 1，5，9，12 转换到寄存器 R1 中，排序的结果以寄存器向量为单位，输出寄存器中的排序向量。

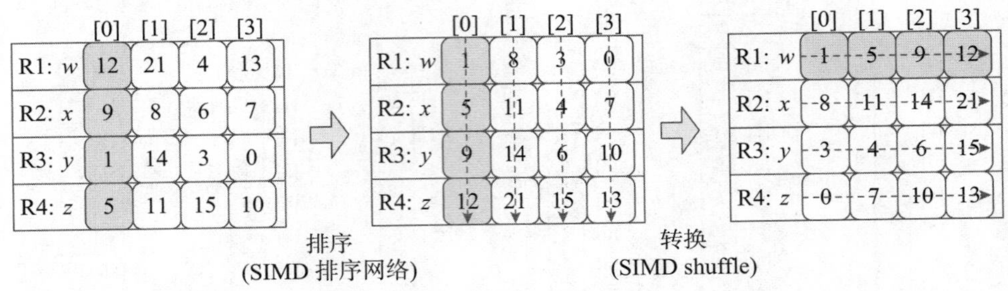

图 5.39 寄存器转换

SIMD shuffle 操作中，如果寄存器向量长度为 K，则需要 K 个寄存器。如在 128 位寄存器的通用处理器中每向量存储 4 个 int 型数据，SIMD shuffle 操作需要 4 个寄存器，在 512 位向量寄存器的处理器中每向量存储 16 个 int 型数据，则 SIMD shuffle 操作需要 16 个寄存器。

排序过程是 SIMD 友好的，排序序列的合并过程也可以通过 SIMD 并行处理。图5.40 显示了 merge network 的排序序列归并过程：首先两个排序向量 w 和 x 分别按升序和降序排列，然后通过比较操作交换数据的位置，完成对两个向量的排序并输出新的序列。

对于较大的数据集，下面的算法给出了归并排序的执行过程。序列 in_1 和 in_2 是排序序列，归并排序使用 $2{\times}K$ 个数据集进行归并排序，a 和 b 为长度为 K 的向量（K 的长度由 SIMD 位数决定，如 128 位 SIMD 使用 4 个 int 型数据作为向量）。首先在两个输入的排序序列 in_1 和 in_2 中各读取一个向量，对两个输入向量执行 bitonic 归并排序，并将排序后的较小向量整个输出，然后从 in_1 和 in_2 中当前序列头数据较小的序列中读取一个向量，迭代执行向量 a 和 b 的 bitonic 归并排序和输出较小向量的操作，直到 in_1 和 in_2 中全部数据处理完毕。

Algorithm 1: Merging larger lists with help of bitonic merge kernel `bitonic_merge4()` ($k = 4$).

```
a ← fetch4 (in1); b ← fetch4 (in2);
repeat
    ⟨a, b⟩ ← bitonic_merge4 (a, b);
    emit a to output;
    if head (in1) < head (in2) then
        a ← fetch4 (in1);
    else
        a ← fetch4 (in2);
until eof (in1) or eof (in2);
⟨a, b⟩ ← bitonic_merge4 (a, b);
emit4 (a); emit4 (b);
if eof (in1) then
    emit rest of in2 to output;
else
    emit rest of in1 to output;
```

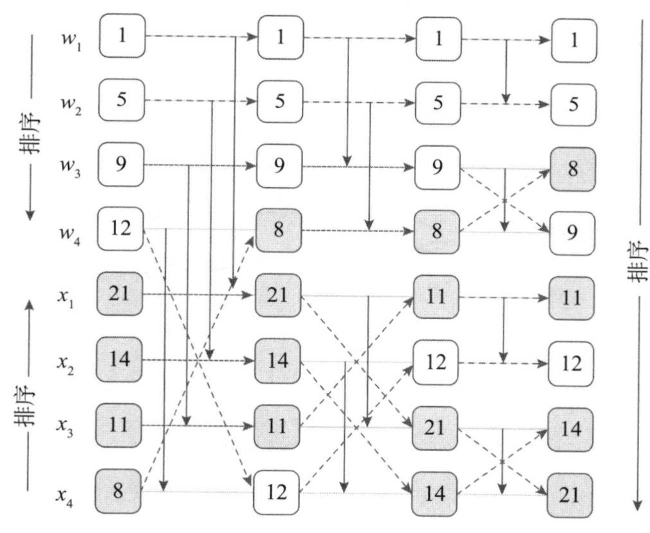

图 5.40 bitonic 归并排序网络

归并排序是一个两两合并的过程，图5.41显示了在一个多核处理器平台上的归并排序过程，首先通过 bitonic 归并排序算法实现寄存器级的排序操作，然后通过寄存器优化技术归并排序序列，从寄存器级归并排序迭代为核内归并、核间归并，最终完成整个数据序列的排序操作。

归并排序在数据量大时的扩展性降低。图5.42给出了众核集成（MIC）架构 Knights Ferry（KNF）、GPU 以及多核处理器 Core i7 平台上最好的 radix 排序和归并排序算法的性能比较，其中，归并排序随数据量增大而性能下降，但 radix 排序则保持稳定的性能，尤其在 MIC 架构的 KNF 平台获得了最高的性能。MIC 架构相对于 GPU 有更大的 cache 容量，GPU 排序算法中的同步代价和 kernal 函数调用代价较大，因此性能低于 KNF 平台。

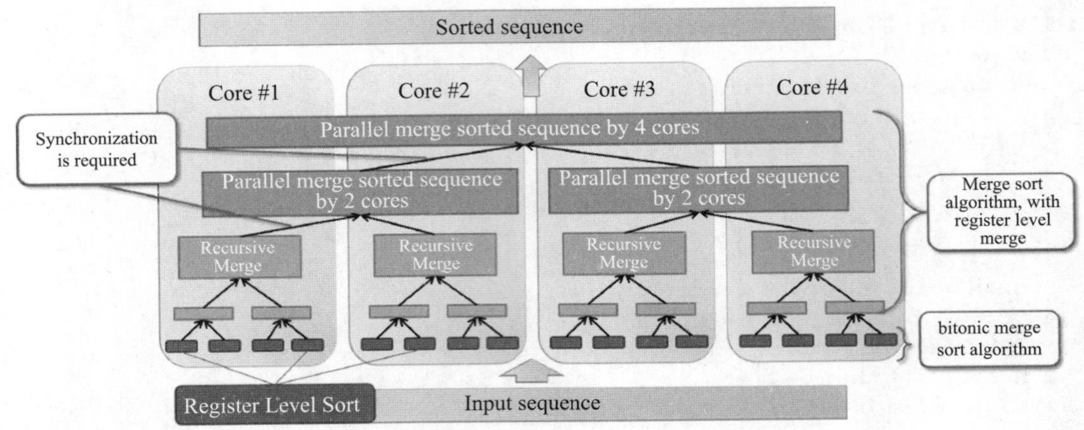

图 5.41 归并排序过程[21]

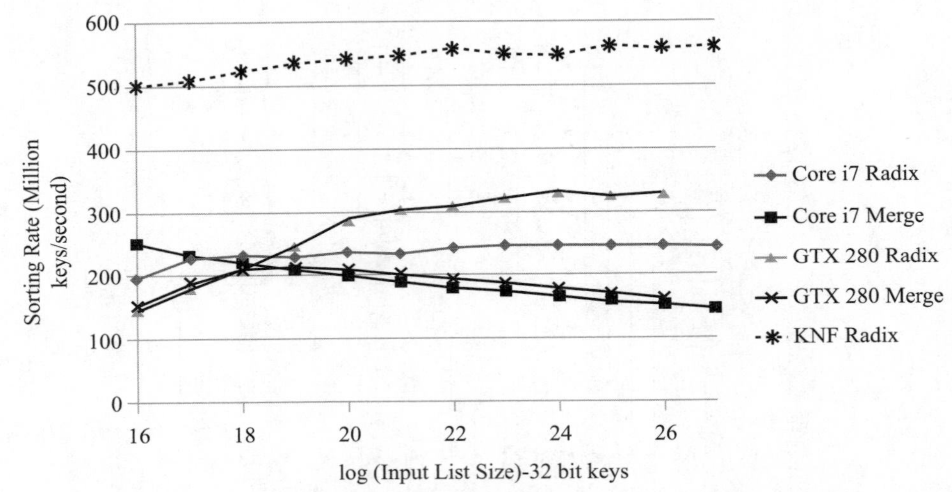

图 5.42 基数排序和归并排序在不同平台上的性能对比[22]

排序键值宽度的增加导致排序过程中计算和带宽资源消耗的增长。在 radix 排序中，键值宽度增加导致基数排序的趟数增加。图5.43中 CPU 上的 radix 排序受内存带宽影响较大，当键值宽度超过 6 个字节时带宽是主要的性能瓶颈；GPU 上的 radix 排序受带宽影响较少，键值宽度增加时性能下降相对于 CPU 略低。

在 SIMD 算法扩展性方面，radix 排序的主要瓶颈是带宽，SIMD 加速性较低，归并排序能够更好地利用 SIMD 特性，图5.43下图中 SIMD 宽度为 128 位时，归并排序的 SIMD 性能增长幅度达到 6.5 倍。

从硬件的发展趋势来看，内存带宽性能的提升相对缓慢，SIMD 向量宽度在通用处理器上从 128 位扩展到 512 位，GPU 的 SIMT 机制适合并行数据处理，对于适合并行计算及向量计算的操作能够极大地提高性能。排序连接与哈希连接性能在新的硬件平台上也呈现不同的趋势，在通用多核处理器平台上二者的性能已经接近，在并行计算能力更强大的协处理器平台上二者的性能可能会发生变化，因此连接算法的优化技术在不同

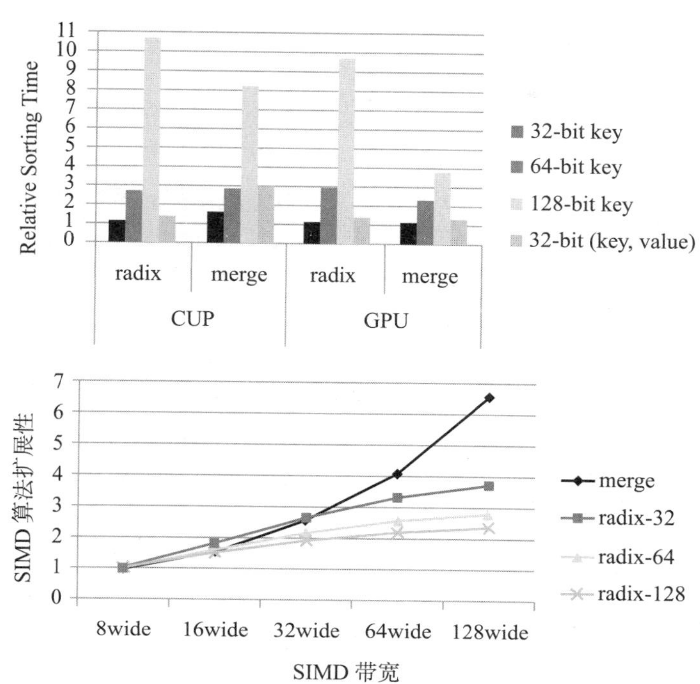

图 5.43 基数排序和归并排序扩展性对比

的硬件平台上呈现出不同的性能趋势，受硬件特征变化影响较大。

5.4 分组聚集操作优化技术

在 OLAP 查询中，查询的多维数据结果集需要按查询指定的维层次进行聚集计算。在 MOLAP 模型中，分组聚集对应 CUBE 计算，即按 CUBE 各维上维层次属性对应的坐标直接从 CUBE 空间中抽取对应的数据进行聚集计算，关键技术在于如何将分组操作转换为 MOLAP 模型中的多维数组坐标。在 ROLAP 模型中，分组聚集操作是对多维连接记录按分组属性值进行分组，并对相同分组的记录进行聚集计算，关键技术在于如何对记录进行分组。

分组聚集主要包括以下几种实现技术。

1. 基于哈希表的分组聚集

哈希表用于存储分组键值，当哈希表性能较好时，能够实现 $O(1)$ 代价的分组探测，为连接结果找到对应的聚集计算 bucket。当分组中键值较多时，较大的哈希表超出 cache 容量，导致大量的内存访问和 TLB 缺失，分组操作性能下降。哈希表的大小一方面取决于分组属性键值的数量，另一方面取决于哈希表中键值的存储空间，需要通过压缩等技术提高哈希桶的存储效率。

当哈希表较大时，可以对执行分组聚集计算的记录按分组属性先进行哈希分区，以保证每一个哈希分区对应的分组哈希表的大小最佳，如小于 cache 大小或小于内存大小；然后依次对每个分区进行哈希分组聚集计算。

使用一趟哈希分组聚集计算时，输入记录实时地通过哈希探测找到分组聚集计算桶，性能取决于哈希探测过程中的 cache miss 数量，数据可以以流水线方式实时分组聚集计算，不需要额外的存储空间代价；当使用分区哈希分组聚集计算时，输入记录需要物化下来，并按分组属性哈希分区，在分区过程中需要使用 radix 分区技术以保证 TLB 访问性能，在整个过程中需要物化存储代价和对输入记录的多趟扫描代价（采用 radix 分区时可能产生多趟扫描代价）。

在多核计算平台上，哈希分组聚集计算的性能主要取决于 cache 效率。对于当前的通用处理器，每核心私有 L2 cache 为 512KB，定义了最佳效率时的线程私有哈希表大小，也就是说当哈希分组聚集表的大小低于 L2 cache 时，可以为每线程分配私有的哈希分组聚集表，并行完成哈希分组聚集计算任务，最后将各线程私有的分组聚集计算结果进行全局归并。

当哈希分组聚集表大于 L2 cache 或线程私有哈希表总大小超出 LLC 大小时，线程间争用 LLC 资源，导致较高的 cache miss，降低分组聚集计算效率。当哈希分组聚集表大于 L2 cache 并且小于 LLC 大小时，可以使用线程间共享访问的哈希分组聚集表。但分组聚集计算导致多线程并行地向相同的哈希桶中写入数据，需要通过 latch 机制避免写冲突。

当哈希表大于 cache 容量时，通过哈希分区将数据集按分组键值划分为多个分区，使每个分区上的哈希分组聚集表满足 cache 大小的限制，减少每个分区上分组聚集操作的 cache miss 代价。由于待分组数据大于哈希分组聚集表，这种分区技术在一些内存空间有限的条件下并不适合，因此需要提高内存哈希分组聚集表的访问性能。

2. 基于排序的分组聚集计算

当分组属性结果集较大，或分组属性为高势集属性（属性中不同值数量多）时，可以采用排序分组聚集计算方法。首先将输入记录按分组属性排序，然后顺序扫描排序记录，将分组属性值相同的记录的度量属性进行聚集计算，并输出分组聚集计算结果。采用排序分组聚集计算时，排序操作的复杂度（$O(n\log n)$）高于哈希分组的复杂度（$O(n)$），而且排序操作需要额外的存储空间。

排序与哈希分组聚集可以结合起来使用。如使用 radix 排序时，采用由高位向低位的 radix 排序过程，对于长度为 n 位的数据，对其前 m 位 radix 排序后形成 2^m 个具有偏序关系的分区，即分区内未排序，但分区之间具有不相交的值域，分区之间的值域边界为 2^{n-m}；然后对每个分区进行哈希分组聚集计算。

当分组聚集计算的输入数据为有序数据时，排序分组聚集优于哈希分组聚集。例如在 TPC-H 中，LINEITEM 表的主键是 (orderkey,linenumber)，ORDERS 表的主键是 orderkey，查询 Q3 的分组属性为 l_orderkey,o_orderdate,o_shippriority，当 LINEITEM 表与 ORDERS 表通过聚集索引扫描实现归并连接时，输出的连接记录按 l_orderkey 天然排序，可以通过排序分组聚集计算方法对连接数据流直接进行分组聚集计算。当

LINEITEM 表与 ORDERS 表采用哈希连接时，连接结果集失去了 l_orderkey 属性上的有序特性，采用排序分组聚集计算时需要额外的数据排序代价。

3. 分组保序连接（order reserved join for grouping）

在 OLAP 查询执行计划中，分组聚集操作位于连接操作之后，当分组属性为连接属性且连接属性为有序结构时，如 TPC-H Q3 查询中 LINEITEM 表的连接属性 l_orderkey 上有聚集索引，分组属性为 l_orderkey，则 LINEITEM 表与 ORDERS 表在哈希连接时需要在 ORDERS 表上创建哈希表，在 LINEITEM 表上执行探测操作，输出与 l_orderkey 相同顺序的连接记录，在其后的分组操作中可以按有序的 l_orderkey 键通过归并方法进行分组聚集计算。Q10、Q18 在执行多表连接后按 c_custkey 主键进行分组聚集计算，Q21 按与 s_suppkey 主键顺序一致的 s_name 分组聚集，在这些查询处理时，如果在表连接阶段能够将分组属性表作为哈希连接的探测表，则能够保持连接操作结果与分组属性顺序的一致，使用简单的归并聚集方法。

但能否保持连接顺序与分组属性顺序的一致，取决于不同的连接顺序（join order）的性能差异是否能带来整体查询处理性能收益。

4. 数组分组聚集

当分组属性的分组数量非常少时，可以使用数组分组聚集方法。数组分组聚集是将分组属性值映射为数组下标，在分组聚集计算时将聚集表达式结果直接映射到数组指定下标的单元进行聚集计算。

当分组属性为单个字节时，如 TPC-H Q1 的分组属性 l_returnflag 和 l_linestatus 数据类型为 char(1)，可以使用数据的字符编码（ASCII 码或 Unicode value）作为数组下标，分组属性组 l_returnflag，l_linestatus 映射为长度为 256×256=65 536 的数组，每一个 l_returnflag 和 l_linestatus 的组合值直接转换为以字符编码为下标的数组地址。假设每个数组单元为 4 个字节的 int 数据类型，则长度为 65 536 的数组需要 256KB 字节，低于 L2 cache 大小但高于 L1 cache，分组聚集计算主要在 L2 cache 中进行。当查询中分组属性为多个但可以用整型数据表示，只有较少的值域时，可以采用将分组值映射为数组下标的方法。

l_returnflag 有三个值——A、N、R，l_linestatus 有两个值——F、O，只需要 $3\times2=6$ 个数组单元即可，采用字符编码作为数组下标的方法导致数组利用率低的问题。当具有低势集特点的分组属性采用字典表压缩时，分组属性的压缩编码可以直接用作分组下标。如对 l_returnflag 进行字典表压缩，其属性值的字典表编码表示为 A→0、N→1、R→2，l_linestatus 属性值的字典表编码表示为 F→0、O→1，分组数组只需要 6 个单元即可，假设每个数组单元为 4 个字节的 int 数据类型，则长度仅为 24 字节，分组聚集计算可以在寄存器内执行，能够极大地提高分组聚集计算性能。

当分组属性组为低势集但没有采用字典表压缩技术时，可以在查询处理时对分组属性进行动态字典表压缩，将分组属性转换为字典表编码，并在分组聚集计算时将分组属性编码映射为数组下标。

Oracle Database In-Memory (DBIM) Option 中介绍了一种基于稠密分组键（Dense Grouping Key，DGK）的分组聚集方法，使用 Key Vector（KV）将连接键映射到 DGK 中，用于过滤事实表记录，并通过 DGK 索引缓存进行聚集计算。如图5.44所示，Food 表将选择后的 Category 列进行分组编码，生成 KV 记录分组属性 Category 与主键的映射关系，null 表示记录不满足选择条件，0 表示记录的 Category 列为 Fruit，1 表示记录的 Category 列为 Grain。类似地，Geography 表也创建 KV，记录满足查询条件的记录与表主键的映射。事实表的外键列 g_id 和 f_id 映射到两个表对应的 KV 中（哈希连接或基于主键地址映射），满足条件的记录映射到由 DGK_f 和 DGK_g 构成的二维数组中进行聚集计算。

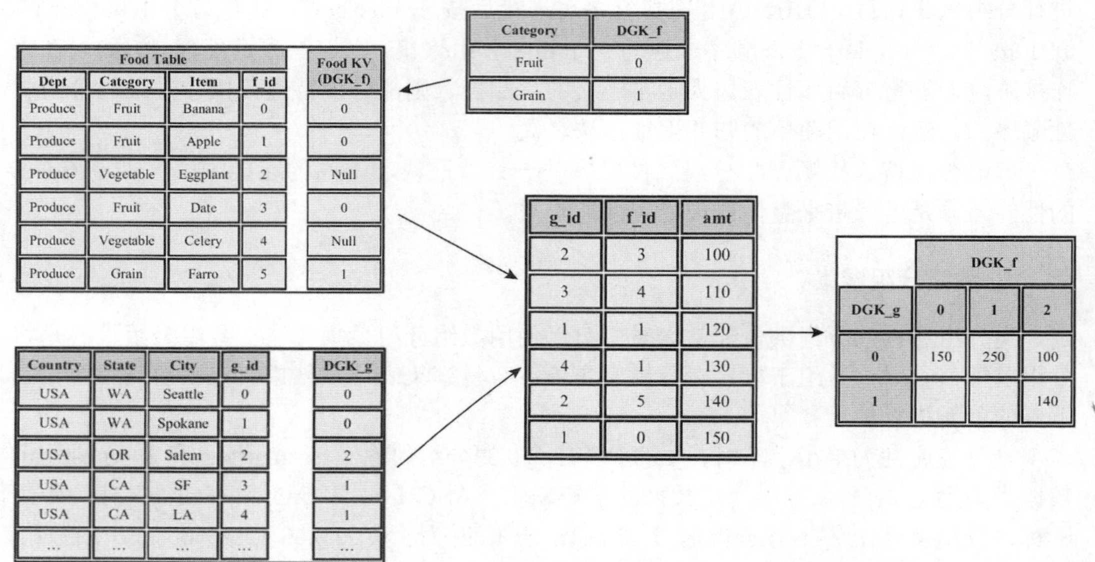

Category	DGK_f
Fruit	0
Grain	1

Dept	Category	Item	f_id	Food KV (DGK_f)
Produce	Fruit	Banana	0	0
Produce	Fruit	Apple	1	0
Produce	Vegetable	Eggplant	2	Null
Produce	Fruit	Date	3	0
Produce	Vegetable	Celery	4	Null
Produce	Grain	Farro	5	1

Country	State	City	g_id	DGK_g
USA	WA	Seattle	0	0
USA	WA	Spokane	1	0
USA	OR	Salem	2	2
USA	CA	SF	3	1
USA	CA	LA	4	1
...	...	...	...	...

g_id	f_id	amt
2	3	100
3	4	110
1	1	120
4	1	130
2	5	140
1	0	150

DGK_g \ DGK_f	0	1	2
0	150	250	100
1			140

图 5.44 Oracle 基于 DGK 的分组聚集方法[23]

类似地，A-Store 设计了一种数组存储模型，并在此基础上设计了数组 OLAP 计算模型。如图5.45所示，关系表存储为内存数组表，表的主键为数组下标，维表采用 insert-only 更新，保持记录的递增性，事实表外键对应相应维表记录的下标地址。查询分解为在各维表上的 where 和 group by 子句，投影出满足条件的 group by 属性并进行动态字典表压缩，用字典表编码填充维向量，各维表字典表构成一个 group by 多维数组，多维数组下标分量存储于维向量对应压缩的分组向量中。事实表外键直接映射到维向量相应单元，若均非空则在事实表向量相应单元中存储多维分组地址，事实表向量构成向量索引（度量索引），用于在度量列上执行按位置访问、按向量索引多维分组地址映射的多维数组映射聚集计算。

相对于图5.44，图5.45给出了一个完全数组存储/计算 OLAP 模型，将 OLAP 表存储为数组表，将关系操作转换为数组地址访问和映射，简化了哈希连接算法设计和代码执行效率，向量和多维数组结构具有更好的 cache 局部性，从而提高 OLAP 查询的整体性能。

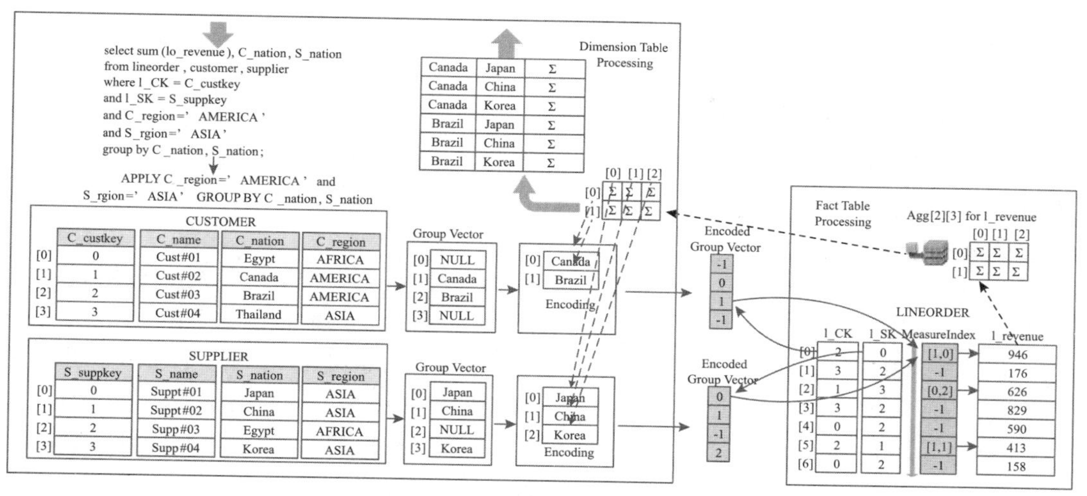

图 5.45 基于向量索引的分组聚集方法[24]

采用分组聚集时，相对于哈希表的基于值哈希函数映射的过程消除了哈希函数计算 CPU 代价，而且数组存储不需要像哈希表一样存储键值，没有指针结构，不需要溢出桶设计，结构更加精巧，空间占用少。当前 512KB 的 L2 cache 对于 int 类型聚集计算能够支持 131 072 个数组单元，对于分组属性 $\prod_{i=0}^{n}|GroupAttribute_i|$ 低于数组阈值的查询能够提供 L2 或 L3 级的分组聚集计算性能。

在 OLAP 具体实现技术中，group by 属性在早分组策略下可以在维表的维向量创建阶段构建 group by 分组立方体并转换为分组向量（GVec），分组的向量地址压缩到向量索引中，通过向量索引访问事实表度量列，将聚集计算结果映射到相应分组向量中进行迭代聚集计算。在多线程并行处理中，可以选择共享分组向量和私有分组向量两种实现方法，如图5.46所示，共享分组向量（SGVec）方法为线程间共享访问，在并发更新时需要通过 latch 机制保证共写操作的原子性，当分组较小时并发访问冲突较高，对性能影响较大，适用于共享分组向量大于 cache 容量的应用场景；私有分组向量（PGVec）方法是为每个线程设置独立的私有分组向量，执行线程内串行的分组聚集计算，是一种 latch-free 操作，然后通过线程间私有分组向量的归并操作生成全局分组向量，适用于分组向量小于私有 cache 大小的场景。当私有分组向量超过私有 cache 大小时，各线程独

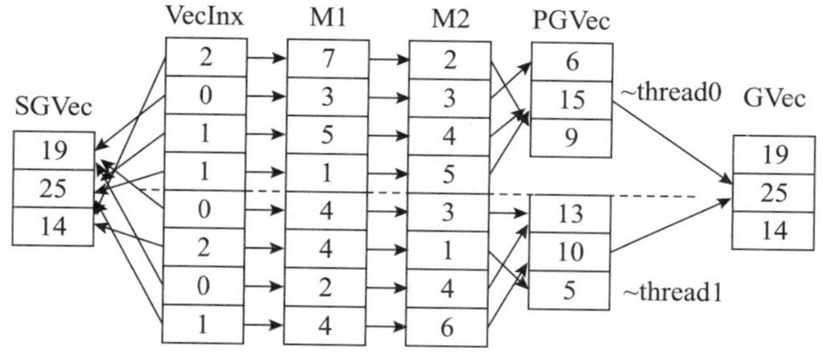

图 5.46 共享和私有分组向量的聚集计算方法

立的私有分组向量访问会产生较高的内存访问延迟，降低分组聚集计算性能。

5. 索引哈希映射

在列存储数据库中，当分组聚集计算的分组属性和度量属性按列独立存储时，以行为单位的访问会产生大量的 cache miss，索引哈希映射技术是针对这种情况的一种基于列式处理的分组聚集计算技术。

如图5.47所示，假设查询中涉及一个分组属性 G 和一组度量属性 M_i，分组属性 G 中由 4 个不同的键值组成（由不同的图案表示），索引哈希映射过程如下：

- 扫描分组列 G，将 G 中的数值插入哈希表，每个不同的值返回一个表示索引位置的整数，索引位置是从 0 开始递增的整数，相同的值对应相同的索引位置；
- 分组列 G 中每个键值对应的索引位置保存在映射表 Map 中，映射表对度量属性进行预分组，确定了每一组度量属性值对应分组的索引位置；
- 按映射表对分组属性组进行度量计算，每一个度量值按映射表中记录的索引位置推送到聚集数组 A_i 中对应的位置进行聚集计算；
- 将哈希表中分组列 G 的值和聚集数组 A_i 中的结果组合为输出结果。

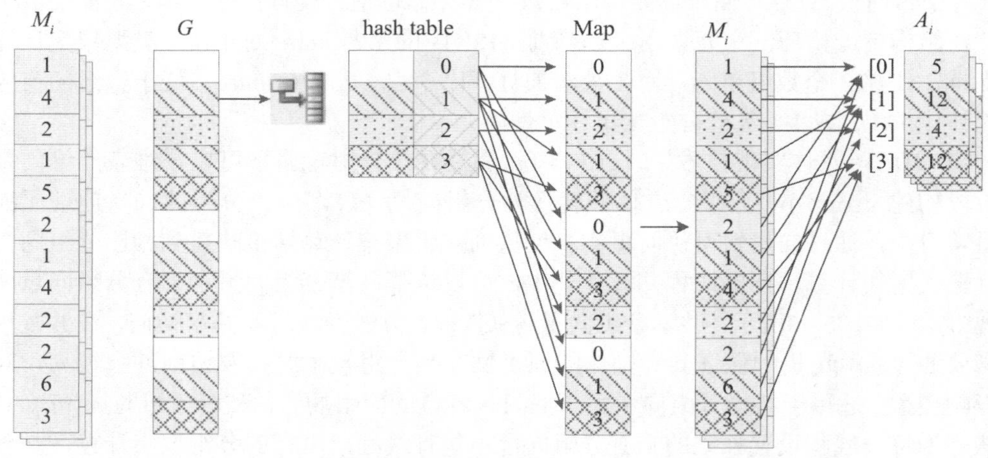

图 5.47 索引哈希映射[25]

当查询中包含多个分组属性时，如图5.48所示的分组属性 G_1、G_2，首先为 G_1 通过哈希表创建映射表 Map_1，然后为 G_2 通过哈希表创建映射表 Map_2，为度量属性创建多维聚集数组 $A[3][2]_i$，扫描度量属性列时按 Map_1 和 Map_2 对应的索引位置将度量属性值推送到多维聚集数组 $A[3][2]_i$ 对应的数组单元进行聚集计算。

索引哈希映射相当于一种动态的数组聚集计算技术，它将哈希分组聚集中的哈希表划分为一个用于分配聚集数组下标的哈希表和用于聚集计算的聚集数组，将分组聚集计算分解为在分组列上的分组操作和在度量列上的聚集操作两个阶段，使分组聚集计算成为完全的列式计算，提高了列存储的 cache 性能。

对于单个表上的分组聚集计算，索引哈希映射技术能够很好地适应列存储的特点。在通用的 OLAP 场景中，分组属性通常存在于维表，度量属性则存在于事实表，需要通

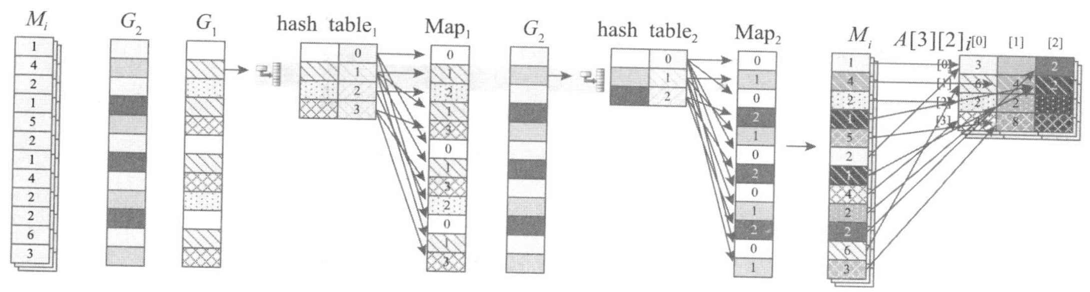

图 5.48　多分组属性索引哈希映射

过维表与事实表的哈希连接操作才能输出进行分组聚集计算的记录。图5.46所示索引哈希映射下推到维表端，图5.47所示多分组属性索引哈希映射则需要在事实表连接操作中实现。从实现技术上看，图5.46、图5.47所示方法可以看作图5.44、图5.45在维表端生成 DGK KV 和维向量的过程。

6. 函数依赖分组聚集计算

有时，OLAP 查询中的分组属性包含函数依赖关系[26]，如：

Q3：l_orderkey，o_orderdate，o_shippriority

l_orderkey→o_orderkey，o_orderkey →(o_orderdate，o_shippriority)

Q10:c_custkey，c_name，c_acctbal，c_phone，n_name，c_address，c_comment

c_custkey→(c_name，c_acctbal，c_phone，c_address，c_comment)

c_custkey→c_nationkey，c_nationkey→n_name

Q18：c_name，c_custkey，o_orderkey，o_orderdate，o_totalprice

c_custkey→c_name，o_orderkey→(o_orderdate，o_totalprice)

在创建哈希表和哈希探测时，分组属性中的码起到哈希键值的作用，其他被函数依赖的分组属性上的哈希计算是冗余的。在哈希分组聚集计算中可以对分组属性进行垂直划分，将分组属性中的码与进行聚集计算的度量属性划分为一个属性组，分组属性中的非码属性划分为另一个属性组，哈希表按两个属性组进行垂直划分，哈希计算只在包含码属性和度量属性的哈希表上进行。

如图5.49所示，待分组聚集计算的记录包含 key 和 values 两部分数据，分别表示全部的分组属性和全部的聚集计算属性，其中 key 可以进一步划分为 Mkey 和 Skey 两部分，分别表示分组属性中的码属性组和非码属性组。未优化前需要将完整的记录按 key 进行哈希计算 h(key)，并映射到对应的哈希桶中。当桶中记录与当前记录的 key 相同时，将当前记录的 values 在桶中聚集计算。如果当前记录在哈希表中没有对应的记录，则将当前记录插入哈希表中。在记录的哈希查找过程中需要对 key 中全部属性值进行哈希计算并与桶中记录的 key 值进行比较。

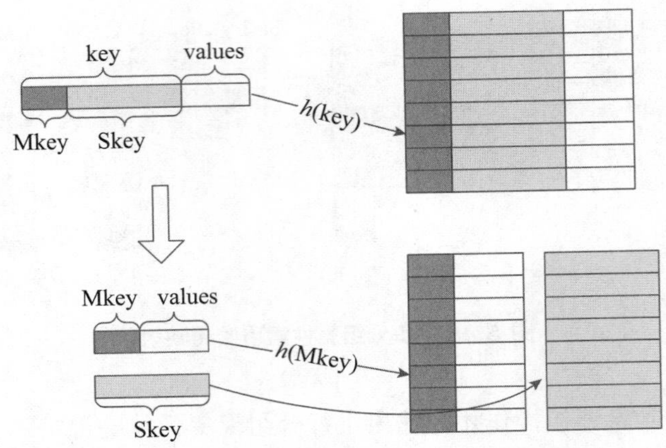

图 5.49　基于后物化策略的哈希分组聚集计算

对分组属性按函数依赖关系进行优化后，记录进行重组，包含码属性组的 Mkey 和 values 用于构造主哈希表，而 Skey 则构造辅助哈希表，即与主哈希表同构的垂直分区，只用于存储分组属性中的非码属性组的值。在记录的哈希查找过程中，通过较短的 Mkey 进行哈希计算 h(Mkey)，由于主哈希表中记录宽度较小，因此桶中能够容纳更多的记录，桶中记录的键值比较更加高效。辅助哈希表在新记录插入时存储非码属性组数据，不参与哈希桶中记录的聚集计算。在查询结果输出时，主哈希表中的记录与辅助哈希表中的记录重新组合，按查询命令中的顺序输出分组聚集结果记录。

典型的哈希分组聚集方法采用早物化策略，在连接操作中物化相应的 group by 属性，在连接操作结束后执行基于 group by 属性组的哈希分组聚集计算。基于函数依赖关系的后物化分组聚集计算先执行基于 group by 主键的分组聚集计算，可以采用后物化策略访问其他 group by 属性输出查询结果。如图5.50所示，当采用数组存储模型时，TPC-H 中各表可以表示为基于数组下标地址的级联地址访问，从而使 TPC-H 模式成为一个连通的有向无环图，从 group by 顶层主键属性出发可以访问任何子树中的属性，实现将 group by 属性组中非主属性上推到最后的后物化访问策略，进一步简化哈希表结构。

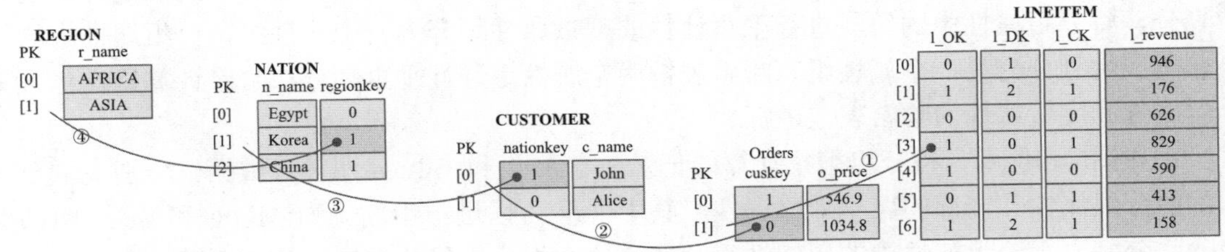

图 5.50　基于后物化策略的分组属性访问

5.5 多维分析操作优化技术

在 OLAP 查询中，典型的查询任务包含选择、投影、连接、分组、聚集操作，当数据库模式面向多维数据集进行优化后，通常将表示多维元信息的数据存储在维表，事实表仅存储数值型的度量数据和与维表连接关系的外键数据，事实表较大的数据量在存储和分布策略方面可以采用多样的优化策略，具有一定的独立性。多维分析操作将事实表数据上的连接、分组、聚集操作整合为统一的 OLAP 算子，与事实表融合为存算一体化算子，实现 OLAP 事实数据上的近存计算，并通过与存储硬件的结合进一步实现硬件级的近存计算能力。

图5.51描述了星形模式事实表四个维度上 OLAP 多维分析算子实现过程示例。数据库模式采用代理键索引机制，OLAP 查询中的选择、投影操作分解后下推到维表管理层，生成维向量索引 DVecInx1、DVecInx2、DVecInx3，向量单元位置代表维表代理键索引值，非空值代表维表上 group by 属性的分组压缩编码。事实表接受来自维表管理端的 SQL 解析、分解和维向量索引生成，基于维向量索引与事实表外键列执行星形连接操作，生成向量索引 VecInx 用于分组聚集计算，事实表度量记录根据向量索引值映射到分组向量 Group vector 中进行聚集计算。VecInx 为压缩向量索引结构，采用 [OID,VALUE] 结构，维向量索引 DVecInx1、DVecInx2 表示维表上有选择操作但没有 group by 属性，简化为维位图索引，压缩向量索引 VecInx 仅使用 OID 列记录满足连接条件记录的 OID。压缩向量索引 VecInx 利用 [OID,VALUE] 二元结构，仅顺序记录满足连接条件记录的 [OID,VALUE] 值，通过指针指标当前迭代中压缩向量索引最后元素，避免整列扫描。

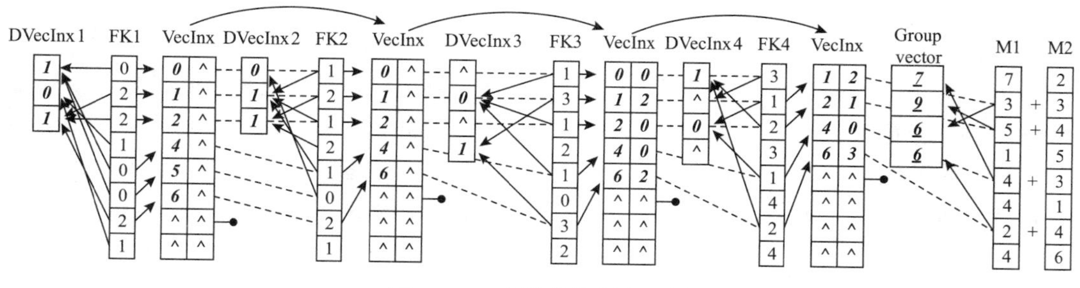

图 5.51 多维分析操作示例

图5.51所示的多维分析操作结合了维表代理键索引技术、向量连接、向量分组聚集技术，通过共享的向量索引记录连接中间结果，算法使用简单数组数据结构和高效的数组访问方法，易于在硬件加速器平台实现，并且较小的维向量索引、分组向量和向量索引具有较好的数据局部性。

存算分离技术支持数据库使用独立的存储引擎或平台进行扩展，在 OLAP 负载中，数据量占比最高的事实表是存算分离的主要优化目标，因此定制事实表上综合的多维分析算子有助于实现事实表数据存储级计算，适合近存计算优化，可以进一步结合硬件技术发展为专用的存算一体化平台。例如，将事实表存储于 CPU/GPU 集群的 HBM 高带宽显存中，只需要通过 PCIe 传输较小的维向量索引即可调用 GPU 存储端的多维分析计算，生成最终的、较小的分组向量，传输回 CPU 转换为最终查询结果；将事实表存储于 SmartSSD 存储设备时，可以通过智能 SSD 中集成的 FPGA 芯片完成 SSD 内的多维分析计算，将庞大事实数据上的分析处理下推到物理存储层，最大化减少数据传输代价。

5.6 查询优化技术

数据库的查询计划由基础关系算子组成，关系算子的性能影响查询执行的性能，但查询执行性能又不等价于算子性能的累加。查询计划执行涉及多个算子、多个执行阶段，除算子性能外，多算子、多阶段查询中间结果的处理方法对查询整体性能也有较大的影响，即影响查询处理模型的执行效率。内存 OLAP 数据库通常采用列存储模型，如何物化中间结果是查询处理模型的一个重要设计，也是查询优化的核心技术。

5.6.1 向量化查询处理技术

数据库中的查询处理模型主要包括基于流水线处理模式的行存储 Volcano 迭代查询处理模型、列代数查询处理模型（以 MonetDB 的 BAT Algebra 为代表）和向量化查询处理模型。

基于行存储的迭代查询处理模型是关系数据库最成熟的查询处理模型，迭代地将记录在各个操作符之间流水处理，减少了操作符之间的数据物化代价。但迭代处理模型采用一次一记录（tuple-at-a-time）的“拉”（pull）模式处理模型，每条记录需要执行大量的函数调用，CPU 执行代价较高。

与行存储模型相对，列存储模型执行一次一列（column-at-a-time）的处理模式，每一次函数调用能够处理大量的数据，CPU 代价被大量记录分摊。但列存储模型需要产生大量的物化数据来记录列处理的结果并与其他相关列进行连接，会产生额外的存储空间和 CPU 计算代价。当查询中涉及的属性较多且选择率较高时，大量中间结果列的物化代价导致列存储查询处理性能下降。列存储后物化策略减少了查询处理时的数据访问代价，但列存储的物化策略需要增加很多额外的中间数据存储和计算代价，在极端的情况下可能会抵消列存储的优势。

向量化查询处理将列数据划分为向量，并以向量为单位进行迭代处理。向量化查询处理模型结合了列存储后物化、代码效率高的优点，而且能够以向量为单位进行流水处理，以向量为单位的物化中间结果较小，能够大大降低物化数据代价。

图5.52给出了行存储模型、列存储模型和向量化查询处理模型的查询性能对比。行存储模型的性能主要受函数调用和迭代处理代价制约，同时，由于行存储模型一次需要访问全部的记录，有效数据访问效率相对列存储模型较低。列存储模型只需要访问查询相关的列，数据访问效率较高，但在内存的数据物化代价较高。向量化查询处理模型的函数调用和迭代处理代价被向量中的多个记录分摊，查询处理的代码效率相对行存储模型更高，随着向量长度的增加，记录处理时的代码效率提高；当向量长度在 1K 左右时，物化数据可以容纳在 32KB 的 L1 cache 中，物化代价较低，当向量长度增加时，物化数据逐

渐增大，当物化数据超出 cache 容量时增加了大量内存访问延迟，查询处理性能下降。

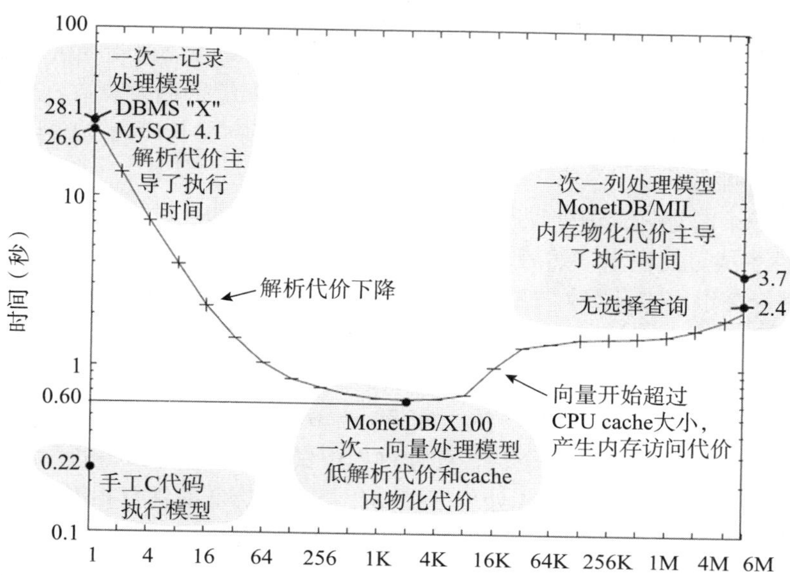

图 5.52 行存储模型、列存储模型和向量化查询处理模型的查询性能对比

向量化查询处理的效率取决于代码执行效率和物化数据处理效率。图5.53所示的查询计算 SUM(l_extendedprice*l_quantity*l_tax)，查询处理过程分解为三个计算过程 mul1、mul2 和 add1。mul1 计算需要从内存访问两个列并将计算的结果物化到一个中间结果列 netto_value 中，由于中间结果向量数量少，因此 cache 中能够支持较大的向量长度，右图中最优查询时间最长，但在较大的向量长度范围内保持稳定的性能。mul2 中需要访问一个内存列 l_tax 并与 cache 中物化中间结果列 netto_value 执行乘运算，再将结果存储于中间结果向量 tax_value 中，查询时间短于 mul1，由于计算中向量数量更多，因此最佳性能时向量长度较 mul1 中更短。add1 计算需要将两个 cache 中间结果向量 tax_value 和 netto_value 相加，结果存储在中间结果向量 total_value 中，需要使用三个向量，因此性能最佳时向量长度区间更窄，当向量能够完全容纳在 L1 cache 中时查询性能最优。

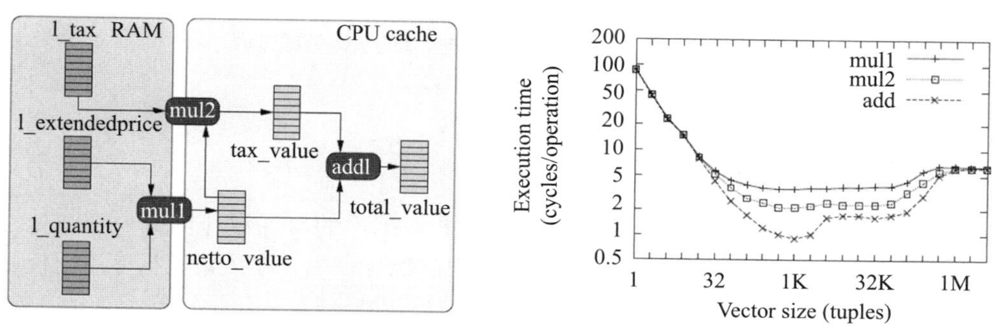

图 5.53 向量化查询处理示例

在向量化查询处理中，向量长度越长，查询处理的代码执行效率越高，但向量越长则越容易导致向量总大小超出 cache 容量而增加内存访问延迟。向量化处理的效率取决于向量的数量和向量的长度，并满足向量总的大小低于 cache 大小。向量可以通过复用技术提高利用率，并通过查询计划计算出查询处理时所需要的向量总数，根据 cache 大小可以计算出最佳性能时的向量长度。实验结果表明，当向量长度为 1 024K 左右时，查询处理的总体性能较优。

图5.54是基于向量化查询处理技术的 TPC-H Q1 查询处理过程。首先在 shipdate 列上按谓词条件生成过滤向量，然后通过选择向量在 extprice 列向量上选出进行聚集计算的数据，并进行分组聚集计算。向量化查询处理采用基于流水线的迭代处理模型，每次处理一个能够 cache 驻留的向量。向量化查询处理模型以兼容的方式将行存储与列存储技术结合起来，例如在 Vectorwise 的向量化查询处理过程中使用 NSM 行存储模型，尤其用于哈希表记录的存储结构中。以一次一向量（vector-at-a-time）的方式在行存储迭代处理模型上直接进行扩展，在每一个迭代处理过程中进行列式计算，将列存储的 SIMD 计算、代码效率等优点与行存储迭代处理模型物化结果代价低的优点相结合，克服了列存储物化代价大和行存储代码执行效率低的缺点，提高了查询处理的整体性能。SQL Server 2017 支持列存储上的 batch mode 查询处理，一次批量处理一组数据，SQL Server 2019 支持行存储表上的 batch mode 查询处理，应用于事务处理较多的行存储数据库上的查询优化。

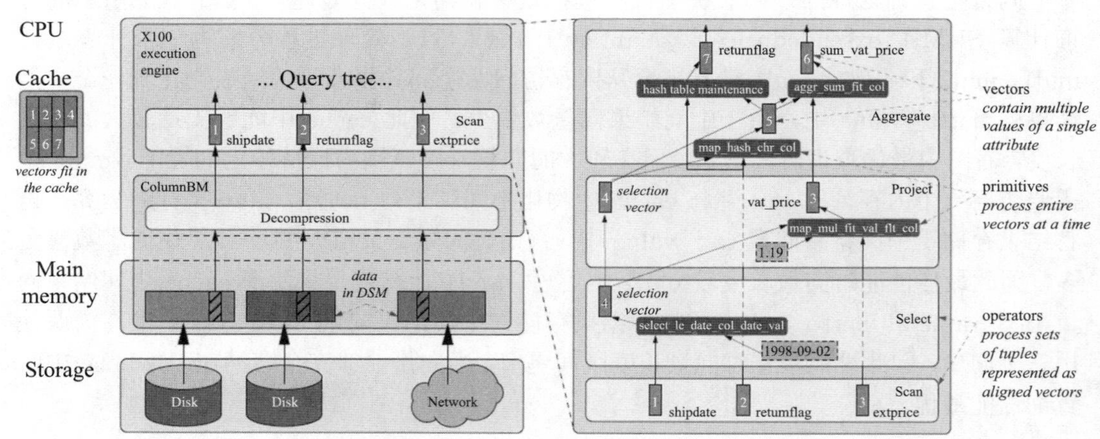

图 5.54 基于向量化查询处理技术的查询处理过程

5.6.2 实时编译技术

传统的磁盘数据库的性能瓶颈是 I/O，因此数据库的软件设计以减少查询处理的 I/O 代价为基础，并未把代码执行效率作为首要的优化目标。在关系数据库广泛使用的 volcano 迭代处理模型中，查询被分解为一系列的基础操作符，包括扫描、连接、投影、聚集、选择等，操作内部包括表达式和函数等。在查询解释引擎（interpretation engine）中使用迭代处理模型中的 open()、next()、close() 等方法，在 next() 方法中产生一条

记录并按查询树的操作符节点以“拉”模式将记录在查询树操作符节点上遍历，完成各个操作后向上输出结果。在迭代处理模式中，代码解释和函数调用成为主要的处理延迟，而且这种一次一记录的处理方式难以充分利用现代处理器硬件上的流水线处理和 SIMD 并行处理能力。MonetDB 采用一次一列的处理模式来降低解释代价，在完整地处理完一个列时才调用下一个执行过程。MonetDB/X100 采用基于块的迭代处理模式，即向量化查询处理模型，每一个 next() 调用以一个向量（100～10 000）为处理单位，查询的平均解释处理代价随向量长度的增长而降低。

JIT 查询编译技术（Just-In-Time Query Compilation）是在查询执行时首先由查询处理器为部分查询操作生成 C 或 C++ 源码、编译、动态加载并执行。JIT 编译技术能够克服迭代处理查询方式的解释执行代价，也有利于应用 CPU 的硬件优化技术。JIT 查询编译技术在数据库 ParAcce[27] 、Hyper[28] 、OmniSciDB 中得到了应用，成为当前高性能内存数据库的标志性技术之一。JIT 查询编译技术的目标是将查询编译成机器码，减少函数调用，并且使用寄存器存储级优化技术来处理记录。

传统的数据库查询处理模型以关系操作符为中心，通过“拉”模式使记录在操作符之间流动。JIT 查询编译技术对应的是一种数据为中心（data-centric）的处理模型，与数据在操作符之间流动不同，其主要目标是通过使记录在 CPU 寄存器中尽可能长时间地存储来最大化数据局部性。以图5.55为例，查询图5.55（a）对应的查询树如图5.55（b）所示，整个查询操作流水线被划分为多个流水线分段，在每一个流水线分段里全部记录完成所有的流水处理过程，最后物化到流水线分支末端。如查询树在图5.55（b）中划分为 4 个流水线分段：$\mathrm{R_1}$ 表上过滤后的记录按连接条件 $\bowtie_{\mathrm{a=b}}$ 生成哈希表；$\mathrm{R_2}$ 表上过滤后的记录进行分组聚集计算；分组聚集计算结果集按连接条件 $\bowtie_{\mathrm{z=c}}$ 生成哈希表；$\mathrm{R_3}$ 表中的记录执行两个哈希连接操作并输出查询结果。每一个流水分段的操作被编译成执行码，如图5.55（b）中 4 个流水分段编译为 4 个执行代码段，分为生产（produce）和消费（consume）两类函数，生产函数调用操作符产生结果记录，如创建哈希表，消费函数用于处理记录，如将记录推到哈希表中执行哈希连接操作。图5.55（c）中对应图5.55（b）中流水分段所生成的执行码，如第 2~4 行代表对 $\mathrm{R_1}$ 表进行扫描，按 $t.x$=7 进行过滤操作，并生成用于探测 $\bowtie_{\mathrm{a=b}}$ 条件的哈希表。

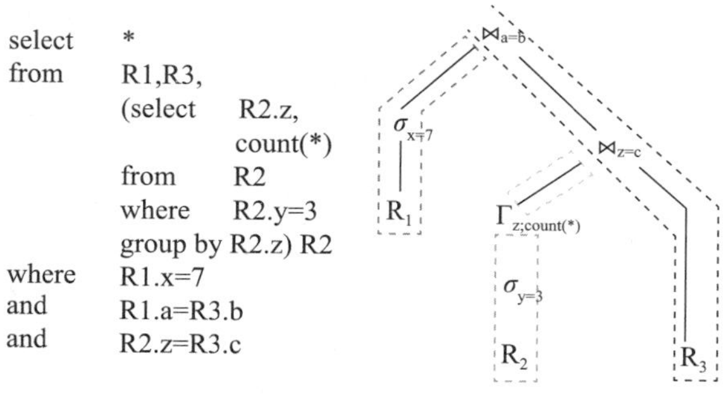


```
initialize memory of ⋈a=b , ⋈c=z , and Γz
for each tuple t in R1
    if t.x = 7
        materialize t in hash table of ⋈a=b
for each tuple t in R2
    if t.y = 3
        aggregate t in hash table of Γz
for each tuple t in Γz
    materialize t in hash table of ⋈z=c
for each tuple t3 in R3
    for each match t2 in ⋈z=c [t3.c]
        for each match t1 in ⋈a=b [t3.b]
            output t1 o t2 o t3
```

（a）Example SQL Query　　（b）Execution Plan　　（c）Compiled query (pseudo-code)

图 5.55　将 SQL 命令编译成执行代码[29]

JIT 查询编译技术需要一种自动生成机器执行代码的机制，在将 SQL 映射为机器执行代码的过程中还需要抽象层解决记录的数据类型定义问题，同时要求实时编译时间占比不能过大。

采用 data-centric 编译模型的查询处理技术相对于迭代处理模型和基于块的查询处理模型表现出较好的性能，例如在测试查询 Select count(*) from R where a>0 and b>0 and c>0 中，分别选择 0、1、2、3 个谓词条件时，相比编译迭代处理模型、解释迭代处理模型和编译的块处理模型，data-centric 编译模型具有较好的性能（见表5.3）。data-centric 编译模型的性能优势在于减少了大量函数调用代价并且提高了数据局部性，与此相对，迭代处理模型在解释执行和编译执行上的性能差异反映了查询处理时的函数调用代价，迭代处理模型与基于块的查询处理模型之间的性能差异则体现了数据局部性对查询性能的影响。

表 5.3　查询处理性能对比　　单位：秒

模型	谓同条件			
	0	1	2	3
data-centric 编译模型	0.001	5.199	7.037	18.753
编译迭代处理模型	3.283	16.009	28.185	40.475
解释迭代处理模型	3.279	30.317	58.701	90.299
编译的块处理模型	10.97	13.129	20.001	26.292

JIT 查询编译技术采用的是一次一记录的传统迭代处理模型，又称为 loop-compilation，即将查询的核心编译为面向单一记录的循环迭代处理，主要优化的是函数调用代价和提高数据在寄存器的局部性，对于现代处理器的 SIMD 计算能力、CPU 的指令乱序执行能力、并行内存访问能力等硬件特性却不能很好地利用。向量化处理又称为 multi-loop，即以向量为单位一次循环处理多个记录，向量化处理一方面通过以向量为单位的处理模式降低了函数调用代价，提高了向量数据在 L1 cache 的局部性，另一方面能够较好地利用 SIMD、CPU 的指令乱序执行、并行内存访问等硬件的计算能力。相关文献[30]进一步比较了 JIT 查询编译技术与向量化处理技术的性能。

图5.56（a）对应的投影操作在应用 SIMD 和不应用 SIMD 技术时性能有较大的差异。在不使用 SIMD 技术时，向量化查询处理需要物化中间向量，而 JIT 编译技术能够更好地利用寄存器资源，减少物化代价。在使用 SIMD 时，向量化查询处理具有更高的计算效率，JIT 编译技术在使用 SIMD 时也能够在一个 SIMD 指令中完成多个操作数的计算，根据数据宽度的不同，并行计算的数据数量随之变化。在使用 sht 类型（2 字节数据）时，一个 SIMD 指令能够处理更多的数据，向量化处理和 JIT 编译处理的性能都得以提升。

图5.56（b）对应的选择操作中性能主要的影响因素是分支预测的效率。当选择率较低或较高时，分支预测命中率较高，代码执行效率较高，但当选择率在 50%左右时，分支预测命中率较低，代码执行效率降低，性能下降。

在向量化查询处理模型中，通过选择向量存储中间选择结果，可以通过分支判断或

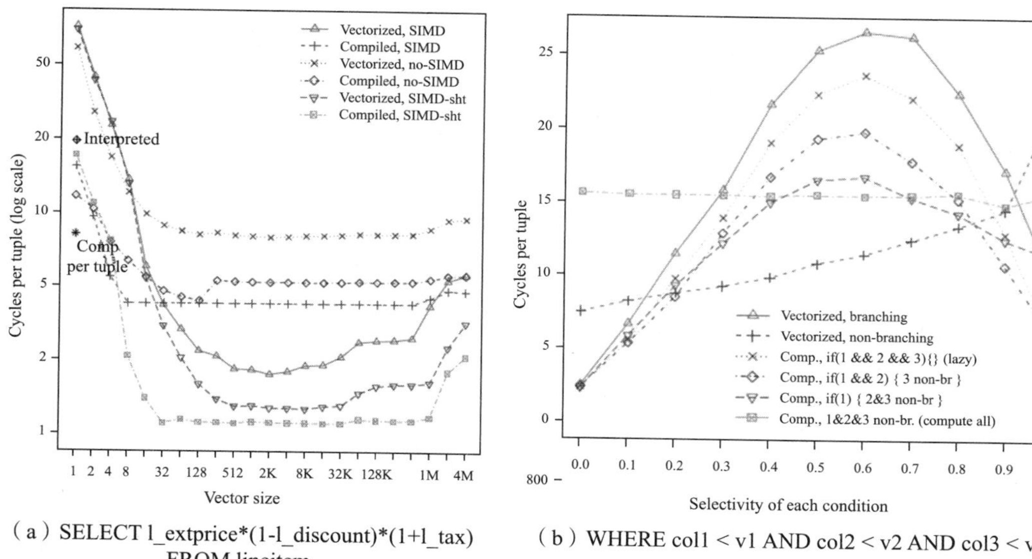

（a）SELECT l_extprice*(1-l_discount)*(1+l_tax) FROM lineitem

（b）WHERE col1 < v1 AND col2 < v2 AND col3 < v3

图 5.56　选择和投影操作性能优化技术对比

无分支判断的方式进行选择操作，消除分支预测的代价。在分支判断执行方式中，选择率较高和较低时都有较好的分支预测命中率，而选择率介于中间值时较多的分支预测错误导致查询性能下降严重。在无分支预测执行方式中，随选择率的增加计算量线性增长。

```
//  Two vectorized implementations
// (t.) medium selectivity: non-branching code
idx sel_It_T_col_T_val(idx n, T*res, T*col1, T*val2,
                                                idx*sel){
    if(sel===NULL)  {
     for(idx i=0,  idx  j=0;  i<n;  i++) {
     rex{j}=i; j+= (col1[i]<val2[0]);
     }
    } else {
     for (idx i=0, idx j=0; i<n; i++)  {
       res[j]=sel[i]; j+=(col1[sel[i]]<*val2);
     }
}
return j;
}
// (2.) else: branching selection
idx sel_lt_T_col_T_val(idx n, T*res,T*col1, T*val2,
                                           idx*sel){
if(sel===NULL) {
  for(idx i=0, idx j=0; i<n; i++)
```

```
    if(col1[i]<*val2) res[j++]=i;
} else {
  for(idx i=0, idx j=0; i<n; i++)
    if(col1[sel[i]]<*val2) res[j++]=sel[i];
}
return j:
}

// Vectorized conjunction implementation:
const idx LEN=1024;
idx sel1[LEN], sel2[LEN], res[LEN], ret1, ret2, ret3;
ret1 = sel_lt_T_col_t_val(LEN, sel1, col1,&v1, NULL);
ret2 = sel_lt_T_col_t_val(ret1, sel2, col1,&v1, sel1);
ret3 = sel_lt_T_col_t_val(ret2, res, col1,&v1, sel2);
```

在 JIT 编译执行方式中，记录的选择操作处理过程中可以对每个选择条件进行分支预测，也可以对前 2 个、第 1 个选择条件进行分支预测，对第 3 个、第 2、3 个或者对所有选择条件进行无分支预测计算。其中，完全无分支方式在不同选择率时执行相同的计算，查询时间相同；分支数量越多，查询时间变动范围越大，当只对第 1 个选择条件进行分支预测而对后两个选择条件采用无分支预测技术时，查询性能高的区间较大，查询整体性能较好；当对第 1 个和第 2 个选择条件进行分支预测而对第 3 个选择条件采用无分支预测技术时，能够在选择率较高或较低时减少其后无效计算的数量。

```
// (1.) all predicates branching ("lazy")
idx c0001(idx n,T* res, T* col1, T* col2, T* col3,
                          T* v1, T* v2, T* v3)  {
  idx i, j=0;
  for(i=0; i<n; i++)
     if (col1[i]<*v1 && col2[1]<*v2 && col3[1]<*v3)
       res [j++] = i;
     return j; // return number of selected items.
}

// (2.) branching 1,2, non-br, 3
idx c0002(idx n,T* res, T* col1, T* col2, T* col3,
                          T* v1, T* V2, T* V3)  {
   idx i, j=0;
   for(i=0; i<n; i++)
     if (col1[i]<*v1 && col2[i] <*v2) {
        res[j] = i; j += col3[i]<*v3;
     }
   return j;
}
```

```
// (3.) branching 1, non-br, 2,3
idx c0003(idx n,T* res, T* col1, T* col2, T* col3,
                        T* v1, T* V2, T* V3)  {
idx i, j=0;
for(i=0; i<n; i++)
if (col1[i]<v1) {
res[j] = i; j += col2[i]<*v2 & col3[i]<*v3;
}
return j;
}

// (4.) non-branching 1,2,3, (" compute-call ")
idx c0004(idx n,T* res,T* col1, T* col2,T* col3,
                        T* v1, T* v2, T* v3)  {
idx i, j=0
for(i=0; i<n; i++)  {
  res[j] = i;
  j += (col1[i]<*v1 & col2[i]<*v2 & col3[i]<*v3)
}
   return j;
}
```

在哈希连接优化中，存储模型对查询性能影响较大，NSM 的数据局部性优于 DSM 存储模型，无论是向量化处理还是 JIT 编译处理，NSM 哈希连接的性能都优于 DSM 哈希连接。在完全编译处理模式下，记录被“推”向哈希表完成哈希探测、哈希连接操作。

使用 NSM 存储的完全编译处理模式的性能优于向量化查询处理，但在图5.57（c）中随着哈希表中链接桶数量的增加而性能显著下降，性能低于向量化查询处理的哈希连接技术。顺序内存访问的性能可以通过自动预取机制来加速，但随机访问时无法利用预取技术。CPU 的指令乱序执行技术在一个内存访问阻塞时去执行其他准备好的内存访问任务，当数据之间没有依赖性时，CPU 能够支持对内存的并行访问。当哈希表的链接桶较长时，完全编译模式的哈希访问往往会被 cache 或 TLB miss 阻塞，增加了哈希访问的延迟。

基于向量的哈希连接操作中哈希探测的单位是向量，在哈希阶段使用类似选择向量的机制来记录满足哈希映射的记录的桶号和获得映射桶的向量序列，然后根据选择向量继续检查满足哈希映射的记录是否最终与键值相匹配，并更新选择向量。基于向量的哈希连接按处理过程可以分为多个不同的向量计算阶段，因此可以有多种编译方案。整个基于向量的处理过程可以完全编译执行，编译键值检查阶段，或者编译根据哈希探测所生成的选择向量将多个不同列中的记录组合成连接记录的过程。图5.57中随哈希表数据增长性能呈下降趋势，主要原因是数据量增长所导致的 cache 和 TLB miss 增加；随选择率增长执行时间增加，其主要代价为满足哈希连接的记录的合并代价；当哈希表中的桶链接较长时，基于向量的处理方式能够通过独立数据的并行访问方式更好地利用内存

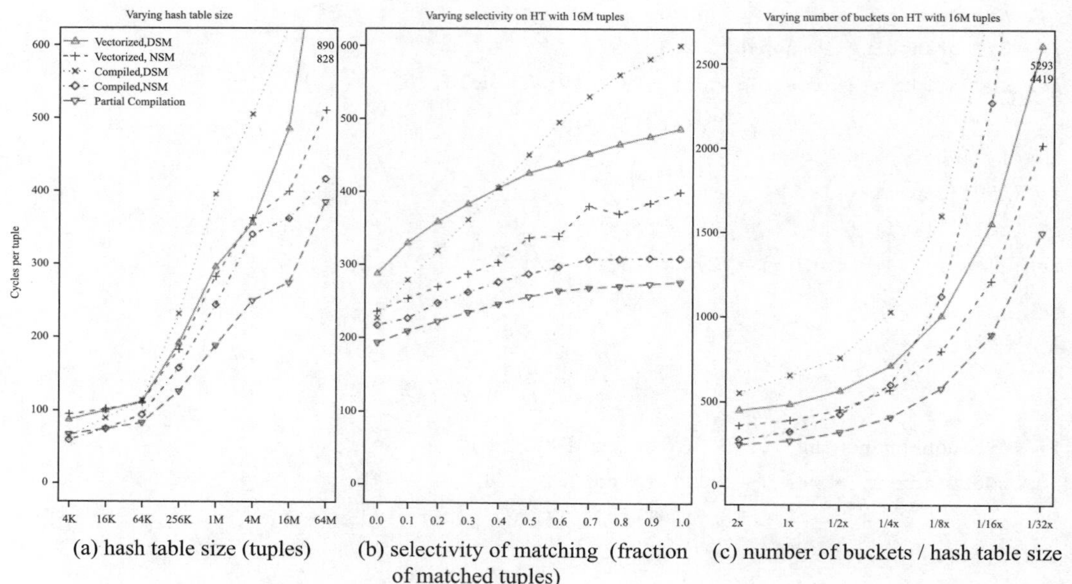

(a) hash table size (tuples) (b) selectivity of matching (fraction of matched tuples) (c) number of buckets / hash table size

图 5.57 连接操作性能优化技术对比

带宽资源，因此较完全编译执行方式更优。从整体来看，采用部分编译的向量哈希连接技术具有更好的整体性能。

综上所述，JIT 编译技术在一次一记录的迭代处理模型中能够有效地减少查询过程中的解释执行代价，并且将传统的“拉”模式进化为“推”模式，提高了数据在寄存器的局部性，提高了代码执行效率。但相对于向量化处理模型，JIT 编译执行方式在 SIMD 利用率、并行内存访问等方面不能充分利用 CPU 的硬件特性，而向量化处理模型受物化代价影响，在一些操作上与 JIT 编译执行方式各有所长。将JIT 编译技术与向量化处理技术相结合，对部分向量化处理过程采用编译执行方式能够结合两种技术各自的优点，获得更好的整体性能。

5.7 内存数据库事务处理技术

随着 HTAP 应用技术的发展，内存分析处理与内存事务处理相融合是一种代表性的技术发展趋势，本节对内存数据库的事务处理技术进行分析，为内存 HTAP 技术提供全面的技术支持。

传统的磁盘数据库采用固定大小的块页来存储数据（4KB 或 8KB），数据在磁盘和内存采用相同的结构以避免磁盘与内存缓冲区之间的数据转换代价。因此磁盘数据库的存储访问、查询处理、索引访问、并发控制、日志等机制与磁盘存储较大粒度的块结构密切相关。内存数据库采用更细粒度的内存存储结构和访问，使用内存指针直接访问记录，消除缓冲区页面访问代价，在事务处理中有更细的访问粒度，因此与传统数据库有较大的差异。

事务处理的一个影响因素是数据分区模型[31]，例如 H-store 和 VoltDB 是基于分区的内存数据库系统，SQL Server Hekaton、SAP HANA、MemSQL、Oracle TimesTen 等是不分区内存数据库系统。分区内存数据库系统简化了并发线程管理和事务处理机制，如 VoltDB 为每个分区分配一个 CPU 核心，在数据分区上采用串行事务处理策略，不需要设计多线程并发更新机制，简化内核设计，避免单数据分区上的事务并发控制代价。当事务涉及不同分区的数据时，仍然需要传统的两段锁协议，产生较大的事务延迟。不分区模型可以由线程访问数据库中的任何数据，避免分区模型中可能的负载不平衡问题，也不需要跨分区事务的协调机制，由于并发事务处理访问相同的数据，事务处理机制相对于分区系统更加复杂一些。

多版本也是内存数据库事务处理的一个影响因素。内存数据库采用多版本机制的主要原因是在并发访问控制中读不阻塞写操作，避免了基于阻塞机制事务处理中线程冲突而产生的上下文切换代价。

内存数据库事务处理系统通常使用行存储模型提供高效的数据更新操作，区别于分析型内存数据库的列存储模型。在 HTAP 系统中，通常会采用一些混合存储优化策略，如 SAP HANA 支持在列存储上的直接 OLTP 操作（如在 L2-delta 上的批量插入操作），以更好地支持主存储上的分析处理性能；Hyper 支持基于列访问频度的混合存储模型；Hekaton 在行存储表中支持创建列存储索引来加速其上的分析处理性能。相对于磁盘数据库系统，内存数据库更高的性能和面向 HTAP 的优化需求支持采用更加灵活的存储模型设计。

基于多核处理器和大内存的内存计算平台支持内存数据库更高的并发事务处理能力和更低的事务处理延迟，也对内存数据库的并发控制技术提出更高的要求，需要设计更高效的机制降低并发访问冲突和事务处理延迟；同时，内存数据库主要基于易失性的 DRAM 而设计，在事务的持久性和恢复技术上有较高的要求，以保证内存数据库事务处理的效率。

5.7.1 内存数据库并发控制技术

内存数据库并发控制的目标是在先进的内存计算平台上提高事务处理性能，提高多核并行事务处理效率，在实现技术上主要考虑两个维度：封锁技术和多版本技术（副本技术）。

（1）封锁技术。封锁技术主要包括悲观锁和乐观锁。悲观锁在事务执行时检测并发冲突，在检测到冲突时或者中止事务执行，或者阻塞事务直到冲突消除。悲观锁的基本假设是冲突概率较高，通过及时检测冲突尽早避免冲突，如 Lock 机制。乐观锁允许事务非阻塞执行，在事务提交时检测事务冲突（时间戳（Timestamp，TS）机制）和有效性（Validation 机制），在检测到冲突时中止或回滚事务。Lock 机制假设冲突较高，在事务开始前对数据库对象加锁，产生冲突时对事务进行延迟（Delay）。乐观锁的基本假设是冲突概率较低，通过延迟冲突检测提高事务处理效率，时间戳机制在事务开始时获得全局递增时间戳，在操作数据库对象时检查冲突，产生冲突时选择延迟或中止（Abort），Validation 机制在最终提交前进行有效性检验，产生冲突时对事务进行中止，可以获得更高的并发度，但事务中止开销更大。

（2）多版本技术。单版本技术只维持一个记录版本，采用原位更新方式，对读操作只有单一的有效版本，读操作需要阻塞写操作。多版本技术在更新时创建新的记录版本，允许读操作使用旧的版本，从而避免对写操作的阻塞。单版本技术支持强一致性，但读写阻塞降低了并发访问性能。

内存数据库通常不使用磁盘数据库的锁管理器，主要的技术路线是将并发控制元数据与记录结合。内存数据库在事务处理中普遍使用的技术是多版本并发控制（MVCC）技术，消除读对写操作的阻塞，其代价主要包括更新时的版本创建代价和旧版本消除时的垃圾回收代价。多版本通常与乐观锁技术结合，在多核多线程高并发事务处理场景下相对于悲观锁可以降低上下文切换代价，但在较高冲突的应用场景下会产生较高的事务中止率、较多的事务回滚和重启。

（3）分区事务处理。分区的内存数据库按核心数量将数据划分为不相交的分区，分区中采用无锁化的串行执行模式，分区内的事务处理效率较高。当事务处理需要跨分区数据访问时，必须首先获得要访问数据的分区锁，在事务处理时排他地锁定所需要的全部分区，降低了事务处理性能。

与磁盘数据库相比，内存数据库消除了磁盘 I/O 瓶颈，CPU 处理成为新的性能瓶颈，因此并发控制的目标从降低回滚率、提高事务的并发度转向降低并发控制算法本身的处理开销，如消除磁盘数据库内存锁管理器的锁维护开销，将元信息直接存储在内存数据库数据项的头部。内存数据库通常采用乐观并发控制（Optimistic Concurrency Control，OCC) 方法，主要实现技术包括：

（1）Lock 机制。磁盘数据库常见的两阶段锁（2PL）协议在加锁时检查事务之间的冲突，在增长阶段申请加锁，如在读操作时添加读锁、写操作时添加写锁；在缩减阶段只能释放锁，即在提交或回滚时释放所有锁，第一次释放锁后不能再有任何加锁的请求。在 2PL 的机制下，读锁和写锁、写锁和写锁之间可能存在冲突，为了预防或解除死锁，2PL 通过一系列死锁处理及检验机制在检测到冲突时通过回滚、根据优先级等待、回滚或抢占锁等机制避免死锁的发生。通过锁管理器实现 2PL 协议需要提供事务 ID、锁的唯一标识、锁种类等相关信息，内存数据库中一般通过将锁、事务相关元信息加在数据项的头部，避免使用锁管理器这种数据结构，因为锁管理的实现较为复杂，在内存数据库中会成为性能瓶颈。

（2）时间戳机制。时间戳并发控制方法在事务开始时为其分配开始时间戳，通常由物理时间戳或系统维护的自增 id 产生，并按照开始时间戳对事务进行排序；同时对数据项增加一些对应的事务在访问后更新的信息，包括：1）RT(X) 最大的读事务的时间戳；2）WT(X) 最大的写事务的时间戳；3）C(X) 最新修改的事务是否已经提交。在执行读写操作时，检测当前事务的实际执行顺序是否违背预先规定的顺序，如果与预定顺序不符，当前事务需要回滚或者等待。主要包括三种情况：1）Read Late：比自己的时间戳晚的事务提前写入要读数据并修改了 WT(X)，为避免己方事务读到不一致的数据，需要对事务进行中止；2）Write Late: 比自己的时间戳晚的事务提前读取要写数据并修改了 RT(X)，为避免己方写入导致对方读到不一致数据，需要对事务进行中止；3）Read

Dirty：通过对比 C(X)，可以发现是否看到的是已经提交的数据，如果需要保证 Read Commit，需要等对方提交之后再提交己方事务。

基于时间戳的并发控制方法利用静态确定事务执行顺序再检验依赖的方式来平衡事务回滚率和元信息维护的开销，在冲突率较低和较高时都有良好的性能，但由于其是静态定序的方法，在高冲突率的情况下仍旧存在着较大的性能损失。

（3）Validation 机制。Validation 机制也称为乐观并发控制，不同于 2PL 的悲观并发控制和时间戳记录每个对象的读写时间，OCC 将冲突检测推迟到提交前。实现 OCC 的一般方法是记录每个事物的读写操作集合，并将事务划分为三个阶段：1）Read 阶段：从数据库中读取数据并在私有空间完成写操作，操作没有实际写入数据库，维护当前事务的读写集合；2）Validate 阶段：对比当前事务与其他有时间重叠的事务的读写集合，判断能否提交；3）若 Validate 成功，进入 Write 阶段，真正写入数据库，同时记录每个事务的开始时间、验证时间、写入时间。

在 OCC 中，假设事务验证的顺序就是事务执行的顺序，验证的时候需要检查访问数据顺序是否一致。传统的 OCC 算法需要消耗大量的内存来维护读写集，且其在验证阶段遍历读写集的开销也很大，优化的方法包括通过数据项元信息减少验证阶段操作，以及支持多个事务并发验证提高事务执行的并发度等。

（4）多版本并发控制机制。多版本并发控制机制与不同乐观程度并发控制相结合有不同的实现方式，多版本并发机制的优点是消除读写事务与只读事务干扰，获得更好的并行性，是目前主流数据库的首选技术。MVCC 创建数据项的多个物理版本，并发事务对数据项不同的操作转换为对数据项不同版本的操作，使对同一数据项的不同操作应用在不同的版本上，提高操作的并行度。多版本本身没有处理事务冲突的机制，通常结合 2PL、时间戳、OCC 来实现可串行化。

多版本并发控制机制在实现时给每个事务在开始时分配一个唯一的标识 TID，在数据项增加如下信息：

- txd-id：创建该版本的事务 TID。
- begin-ts 及 end-ts：分别记录该版本创建和过期时的事务 TID。
- pointer：指向该对象其他版本的链表。

事务对数据库对象的写操作生成一个新的版本，用自己的 TID 标记新版本 begin-ts 及上一个版本的 end-ts，并将自己加入链表；读操作对比自己的 TID 与数据版本的 begin-ts 和 end-ts，找到其可见最新的版本进行访问。在实现技术上，MVCC 与 2PL、时间戳、OCC 结合实现不同乐观程度的并发控制。

1) MV2PL。相对于单版本的 2PL，MV2PL 多版本的读写锁信息被追加到数据项的每个版本上，一般包括写锁、读锁数量、写入的时间戳等。进行读写操作之前，事务会获取一个新的开始时间戳，然后再开始执行读写操作，只需要找到最新的可见版本加读锁再访问即可；写操作需要对最新的版本加写锁，并生成新的数据版本。

MV2PL 让读写操作互相不冲突，带来了更高的并发度，减少了不必要的事务回滚。

2) MVTO。MVCC 与时间戳结合与基于时间戳的方法相似：通过事务的开始时间戳确定事务顺序，在读写操作时，检测实际执行产生的读读、读写、写写依赖是否违背时间戳规定的顺序。与单版本的时间戳的方法不同的是，对每个数据版本增加了标识版本的 begin-ts 和 end-ts；同样在事务开始前获得唯一递增的 Start 时间戳，写事务需要对比自己的 TS 和可见最新版本的读时间戳来验证顺序，写入是创建新版本，并用自己的 TS 标记新版本的写时间戳，不同于单版本，这个写时间戳信息不会改变。读请求读取自己可见的最新版本，并在访问后修改对应版本的读时间戳，同样通过判断是否已提交避免 Read Uncommitted。

MVTO 让读写操作互相不冲突，带来了更高的并发度，减少了不必要的事务回滚，其与时间戳算法有相似的优缺点，但在高冲突率下性能表现优于 2PL。

3) MVOCC。与单版本 OCC 相比，MVOCC 并发控制的过程同样分为三个阶段：Read、Validation、Write。Read 阶段根据 begin-ts 和 end-ts 找到可见最新版本，在多版本下 Read 阶段的写操作不在私有空间完成，而是直接生成新的版本，并在新版本上进行操作，由于其 commit 前 begin-ts 为 INF，所以对其他事务是不可见的；Validation 阶段分配新的 Commit TID，并以之判断是否可以提交；通过 Validation 的事务进入 Write 阶段将 begin-ts 修改为 Commit TID。

MVOCC 让速写操作互不冲突，与之前的方法相比有更好的并发性，更低的回滚率，其性能在理论上也更有优势。

5.7.2 内存数据库恢复技术

事务的持久性和恢复机制保证数据库在故障时能够恢复到一致性的状态，普通 DRAM 内存的易失性使内存数据库的持久性和恢复机制尤其重要。

与磁盘数据库类似，内存数据库同样依赖日志和检查点来保证持久性和恢复，但在具体的技术路线上有较大的差异。

磁盘数据库通常使用基于语义的恢复与隔离算法（Algorithms for Recovery and Isolation Exploiting Semantics，ARIES）方法来保证数据库提交事务的持久性和恢复的数据一致性。大部分数据库使用预写日志（write-ahead logging，WAL）协议来处理事务日志，数据修改产生日志记录，日志记录在数据写入磁盘之前写入事务日志，日志记录根据顺序号 LSN 顺序写入日志，事务提交时，在事务成功之前，提交顺序必须写入事务日志以保证事务的成功。日志记录包括数据更新的 REDO 和 UNDO 信息，UNDO 信息保存取消本次操作的方法，如果操作更新数据时 UNDO 保存元素更新前的值/状态（物理 UNDO），或者恢复数据更新的逻辑描述（逻辑 UNDO），主要用于事务中止时的回滚操作。REDO 信息存储重复本次操作的方法，主要应用于数据库恢复时重新应用更新操作。事务日志需要写入持久存储设备以保证事务的持久性，物理日志记录事务中更新数据的前像与后像，逻辑日志记录事务执行的高层操作。逻辑日志比物理日志更小，但在恢复时逻辑日志需要重新执行每个操作，因此比物理日志恢复速度更慢。通常使用物理的 REDO 日志和逻辑的 UNDO 日志来优化日志大小。数据库通过周期性的检查点机制优化数据库的恢复性能，将缓冲区的数据脏页写盘达到一个一致性状态并削减日志，当数据库恢复时从最近的检查点恢复到一致性状态，减少 REDO 和 UNDO 操作的数量。

内存数据库的日志机制主要面向高吞吐性能和低延迟进行优化。主要优化技术体现在：

- 减少 log 日志量。Hekaton 采用只写 REDO 日志的方法减少 log 日志量，具体方法是只写事务提交时最新版本数据日志。VoltDB 采用精简的逻辑日志技术，即命令日志（command logging），只记录事务 ID、存储过程名和参数。为进一步减少日志量，一些系统不对索引进行日志，只对基本数据进行日志，系统故障时根据基础数据重建索引。
- 增加日志带宽。内存数据库系统通过并行日志提高日志的 I/O 性能。Hekaton 的多版本并发控制机制易于在不同 I/O 设备之间并行日志传输，通常使用 SSD 或 PM 持久内存优化日志传输性能。

内存数据库将全部数据加载到内存存储设备，检查点文件相对于只将部分数据缓存到内存的磁盘数据库更大。内存数据库通常持续扫描日志尾部，将新的记录版本写到新的检查点文件版本中，日志中的删除操作通常设置为检查点文件上的 delta 数据标识文件中的无效记录。一些数据库采用 copy-on-write 模式只将上一个检查点版本之后的更新写入检查点文件。

内存数据库在恢复时加载最新的检查点文件，然后回放日志中的 REDO log，重建索引等，完成内存数据库的恢复。内存数据库必须完全恢复到内存才可以运行，恢复的时间较长，通常采用并行 I/O（多日志存储设备）的方式加快恢复过程。

5.7.3 代表性内存数据库事务处理技术

内存数据库的事务处理技术受很多因素影响，如优化策略、数据分布策略、查询处理模型等，下面以 SQL Server Hekaton、基于分区模式的 VoltDB/H-Store 和面向 HTAP 的 SAP HANA 对内存数据库事务处理技术做简要的介绍。

1. SQL Server Hekaton

Hekaton 是集成到 SQL Server 数据库中的内存查询处理引擎，于 2009 年提出原型系统，于 2014 年推出正式版本，2016 年增加了 Hekaton 表上的列存储索引用于实时分析处理。Hekaton 表采用完全内存存储模式，支持哈希索引、范围索引和最多一个列存储索引，支持持久和非持久内存表，使用与磁盘表相同的 SQL 访问模式，用户可以同时访问磁盘表和内存表，涉及磁盘表和内存表的事务可以在各自表上更新，Hekaton 表上使用存储过程时可以编译为机器码提高查询性能，这些与磁盘表兼容的使用方法使传统磁盘表和内存表对用户变得透明。Hekaton 引擎数据不分区，支持高度并发查询，引擎采用 latch-free 结构优化并发访问控制，支持基于乐观锁的多版本并发控制技术减少事务处理时的冲突。在使用模式上，数据库可以全部采用内存表或磁盘表，也可以只将重要的表存储为内存表。

（1）数据组织。Hekaton 的表和索引全部存储于内存，记录是不可更新的，每个更新产生一个新的版本，索引对记录采用直接指针访问方式。Hekaton 的哈希索引采用无锁化设计，范围索引采用无锁化的 Bw-Tree 索引，还支持列存储索引。记录访问通过索引查找、范围查找、列存储索引查找或表查找。图5.58显示了 Hekaton 的记录和索引存储结构，银行账户表包含 Name、City 和 Amount 三个数据列，Header 中包含版本的时间戳（开始时间戳和结束时间戳），以及指针结构。图5.58中包含哈希索引和 Bw-Tree 两个索引，Name 列上建立哈希索引用于点查询，City 列上建立 Bw-Tree 索引用于范围查询。多版本记录映射到相同的哈希桶中，只记录第一个版本，其他版本通过指针访问。Bw-Tree 的叶节点存储键值和记录指针，重复值记录通过指针连接在一起，Bw-Tree 中只存储第一个记录。哈希桶 J 中存储 John 的 3 个版本记录和 Jane 的单版本记录，John 记录的旧版本在更新时修改 Head 中的结束时间戳（如从 20 改为 100）。读操作分配一个时间戳，只能读取时间戳范围内的记录版本，不同版本的时间戳是不相交的，因此某个时刻的读操作只能读取一个有效记录版本。

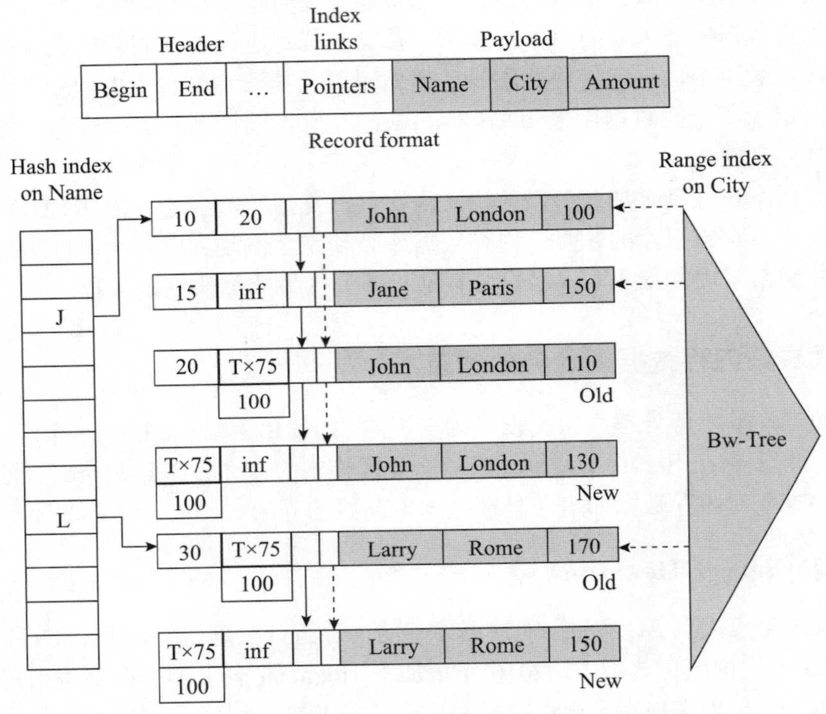

图 5.58 **Hekaton 记录和索引存储结构**[32]

下面以从 Larry 向 John 转账 20 元为例说明多版本的运行机制。Larry 和 John 分别创建了一个新的记录版本（Larry, Rome, 150）和（John, London, 130），分别链接在旧版本记录后面。事务号 Tx75 分别存储在新旧版本的开始时间戳和结束时间戳中，存放在结束时间戳中的事务号用于阻止其他事务更新相同的版本，标明当前正在更新的事务 ID，存放在开始时间戳中的事务号表示创建该版本的事务尚未完成更新事务的提交。当事务 Tx75 在时间戳 100 时完成更新事务提交时，新旧版本中开始时间戳和结束时间戳中的事务号替换为时间戳 100，如旧版本（John, London, 110）有效时间戳为 20 和 100，新版本（John, London, 130）有效时间戳为 100 和无限大。多版本机制提高了事务处理的扩展性，读操作不会阻塞写操作，但写写操作之间仍然需要阻塞。在更新操作中只读事务几乎不受影响，可以读有效时间戳范围内的旧版本。数据库系统需要持续地由工作线程进行垃圾回收，清除活动事务不再访问的无效版本，以释放内存资源。

索引的更新机制如 4.3.3 节所述，实现无锁化 Bw-Tree 索引，采用索引页写时复制（copy-on-write）策略进行异位更新和原子级操作（compare-and-swap，CAS）指令创建 delta 记录。

（2）并发控制。Hetakon 采用乐观锁并发控制机制进行事务隔离，不需要锁和锁表，在并发事务执行时不会加锁，但在事务提交前检测冲突，如果有冲突则事务中止。

一个事务有如下四种状态：活跃（Active）、准备（Preparing）、提交（Committed）和中止（Aborted）。图5.59显示了事务状态转换，一个事务在生命周期内经历以下不同的阶段：

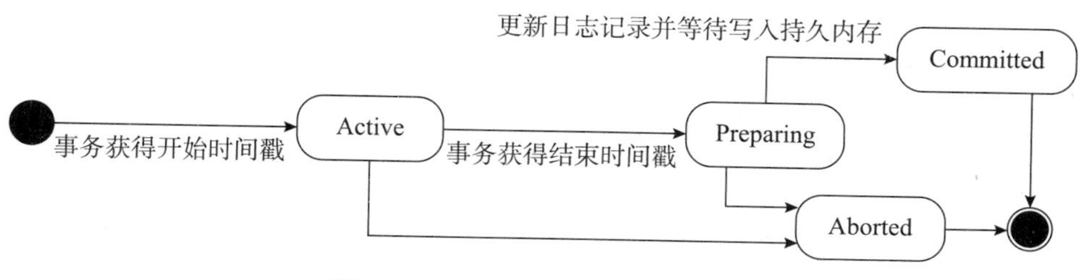

图 5.59 Hekaton 事务状态转换

- 创建阶段：创建事务，获得开始时间戳，状态设置为活跃。
- 处理阶段：在处理阶段事务不会阻塞，更新操作将事务 ID 复制到新版本记录的开始时间戳字段和旧版本或删除版本记录的结束时间戳字段中，当事务中止时转到后期处理阶段，当事务操作完成准备提交时，获取结束时间戳并转换到准备阶段。
- 准备阶段：事务进行有效性检测，确定事务可以提交还是中止。如果中止则转换到中止状态继续下一个处理阶段，若准备提交则将所有新版本和删除版本信息写到 REDO 日志记录中等待日志记录刷新到持久存储，事务转换为提交状态。
- 后期处理阶段：事务提交后将新版本的开始时间戳、旧版本的结束时间戳或删除版本替换为时间戳，如果事务中止则标记所有新版本为垃圾数据。
- 事务执行完毕时，事务的旧版本对活跃的事务不可见，分配给垃圾回收进程来物理清理。

在事务处理过程中，时间戳起到全局唯一标识事务顺序的作用，通常由一个全局的、单调递增的计数器生成，事务通过自动读取和自增获取唯一的时间戳。

准备阶段的有效性检测依赖事务的隔离级别。只读事务不论隔离级别在与基于快照隔离的更新事务并发执行时都不做有效性检测，写写事务在一个事务试图更新版本时被立即检测到并导致事务回滚。可重复读和串行化隔离级别需要在提交前进行有效性验证：可重复读要求事务 T 读取的版本数据 V1 在事务提交前对事务 T 可见，需要检测事务 T 在提交前不可更新版本数据 V1，通过检测 V1 的结束时间戳实现，事务 T 需要一个指向它访问数据的所有版本的指针；避免幻读要求事务内的两次查询不返回新的版本，在事务提交前重复扫描数据新版本，需要保持对所有索引扫描的追踪以保证有足够的信息保持重复扫描。

（3）查询执行。Hekaton 内存表可以使用 T-SQL 通过编译的存储过程或解释查询引擎执行。内存表上的访问可以通过 T-SQL 存储过程编译为高效机器码执行。查询处理引擎可以在查询中访问磁盘表和内存表，通过 Hekaton 内存表或其上的索引访问加速部分算子处理性能。

（4）持久性和恢复。Hekaton 内存数据库的持久性主要依靠外部存储上的日志和检查点机制实现，日志包含所有版本的插入和删除记录信息，只有数据进行日志，索引不做日志，减少日志开销，恢复时索引通过最近检查点文件和尾部的日志重建。事务提交时将所有事务创建的新版本和删除记录的键值写到日志中，写日志成功后事务提交，中止的事务不做日志。Hekaton 将多个日志记录整合到一个大的 I/O 操作中支持组提交，支持多个并发的日志流以降低日志的性能瓶颈影响，日志的串行化由事务的结束时间戳决定。

Hekaton 检查点机制的目标是缩短恢复时间，检查点相关的 I/O 操作采用连续增量方式来降低 I/O 突发故障的影响，顺序 I/O 检查点机制用于提高 I/O 性能，恢复时采用并行恢复技术提高 I/O 带宽并缩短恢复时间。

检查点文件存储为数据文件和 delta 文件，完整的检查点文件包含多个数据文件和 delta 文件对。数据文件包含所有指定时间戳范围内创建的新版本，采用只读模式；delta 文件存储相应数据文件中删除的版本数据，采用追加模式。在恢复时数据文件中的版本加载到内存中时数据文件被 delta 文件过滤，并重建索引。Hekaton 完整的检查点和尾日志共同支持恢复，检查点的时间戳标明该时间戳之间的事务都已包含在检查点文件中，不再需要从日志中恢复。当数据文件中删除记录较多时，可以通过合并邻近的数据文件和 delta 文件的方法将删除记录合并到新的数据文件中，消除 delta 文件，提高恢复效率。

在 Hekaton 数据恢复时，数据文件/delta 文件对提供了并行加载检查点文件的粒度，支持并行多 I/O 流数据加载，Hekaton 创建每核心一线程的并行任务处理数据流中的插入操作，重做检查点文件中的事务。当检查点文件加载完毕后，尾日志从检查点时间戳之后重做，将数据库恢复到系统崩溃时的一致性状态。

2. VoltDB/H-Store

H-Store 的单节点版本于 2007 年创建于麻省理工学院，2008 年由布朗大学、麻省理工学院、耶鲁大学和 Vetica 公司共同创建了通用版本，并于 2009 年推出商业数据库 VoltDB。H-Store 和商业化的 VoltDB 数据库是一个基于分区技术的分布式内存数据库系统，它的主要特征是通过数据分区实现分区内串行事务处理，简化事务处理引擎设计；基于预先获得所有事务处理信息的假设设计采用存储过程的高效执行方式；支持 SN 结构的分区复制策略支持高可用性和容错；使用轻量逻辑日志只记录执行的事务。

（1）数据组织。如图5.60所示，H-Store 在单节点的执行引擎访问共同的地址空间，但对应不相交的数据结构。每个分区维护独立的表，索引只包含分区表中记录的访问地址，查询引擎不能访问相同节点其他分区中的数据。数据库将表存储在固定大小的块中，设置一个块查找表用来记录块号和内存地址。查找表支持查询引擎使用 4 字节的偏移地址代替 8 字节的内存地址指针，存储层可以通过 4 字节偏移地址和块号计算记录在块内的存储地址。内存存储区域划分为定长块和变长块，定长块是主要的表记录存储空间，超过 8 字节的字段独立存储在变长块，该字段中存储 8 字节的变长块内存地址。每记录带有一个字节的 head 数据结构，包含记录是否被当前事务修改或删除的元数据，用于快照隔离机制。表记录以非排序方式存储在块中，每个表数据库维护一个 4 字节的偏移地址列表记录空闲记录，当事务删除一个记录时，删除记录的偏移地址加入偏移地址列表中；当事务插入一条记录时，数据库首先检查表缓存是否有可用记录空间，如果没有则数据库创建一个新的字长块存储插入的记录，块中未使用的记录偏移地址记录到表空间记录列表中。

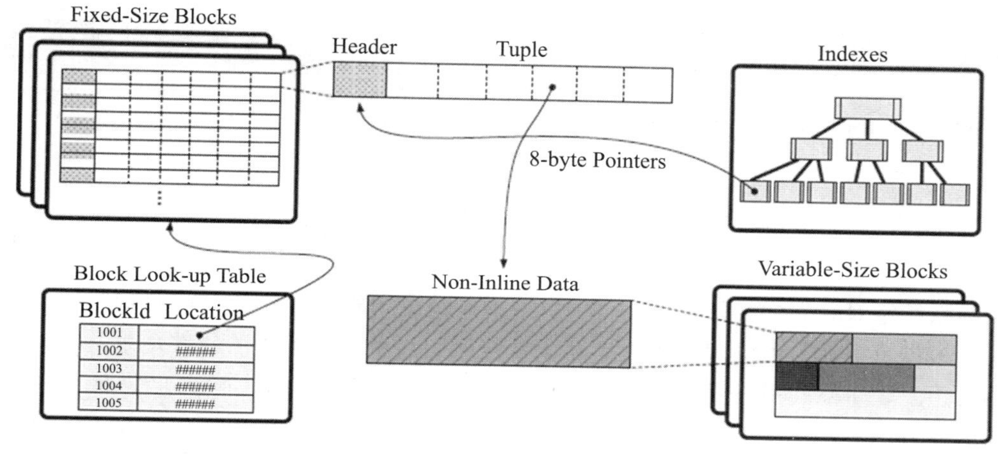

图 5.60 H-Store 内存存储层次

表可以基于表中一个或多个列水平划分为不相交的数据分片，数据库基于分区属性将每一条记录分配给指定分区，可以采用范围分区或哈希分区方法。多个表相应的分片组合到一个分区中。如图5.61（a）所示，CUSTOMER 表和 ORDERS 表基于 WAREHOUSE ID（如 CUSTOMER.W_ID 和 ORDERS.W_ID）分区，则单个 WAREHOUSE 内的事务只在单独的分区内执行。图5.61（b）显示了表复制模式，数据库将表复制到每个分区中，这种模式适用于只读或读密集型表，如 ITEM 表。复制模式使分区内的事务访问 ITEM 表记录时不必从远程分区访问数据，但对 ITEM 表记录修改时必须执行分布式事务锁定所有分区，将数据更改广播到各个节点。复制模式减少了分布式事务处理，但需要为分区分析复制数据的存储空间。

H-Store 支持 B +-Tree 索引和哈希索引，索引中的地址为记录偏移地址，分区采用单线程执行方式，因此索引不需要设计为线程安全模式，简化索引实现，缩短代码路径。当查询访问无分区属性时，需要广播到所有的分区查找记录。当为无分区属性列子集创建辅助索引并复制到所有分区时，查询转换为分区内执行，这种索引复制技术适用于非频繁更新列。

（2）并发控制。H-Store 采用轻量级的每分区一次一事务的执行方式，事务执行时独占所需要的数据和索引访问，不需要申请锁。H-Store 使用基于时间戳的事务调度，节点中一个事务提出请求后，协调器基于事务产生的时间戳生成一个唯一的标识 ID，ID 由

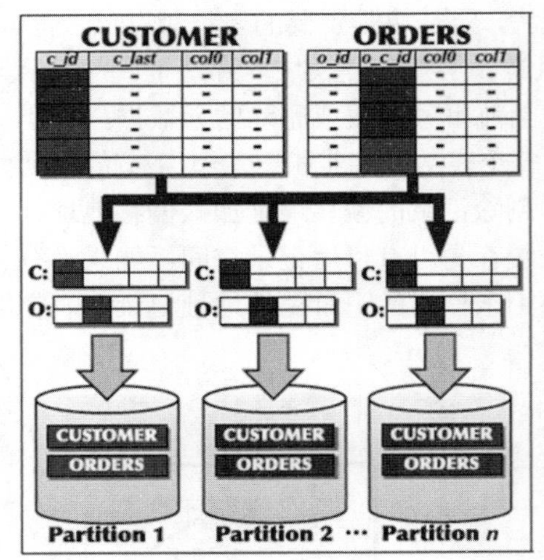

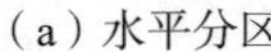
（a）水平分区

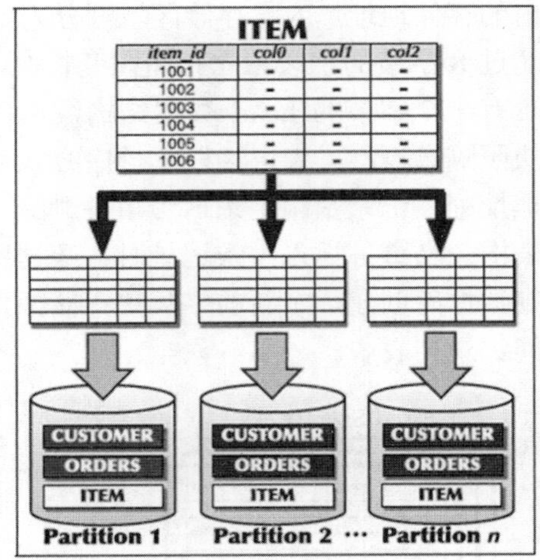

（b）表复制

图 5.61　H-Store 水平分区和表复制

节点的系统绝对时间、上一次计时后产生的事务数量和事务的分区 ID 组成复合 ID。每个分区根据事务 ID 由协调器执行单独锁管理机制，事务获取锁的条件是事务 ID 最小且不大于上一个获得锁的事务 ID，事务进入系统至少 5 毫秒，等待时间保证分布式事务从远程分区发出的事务请求不会被挂起。每分区串行事务执行模式在事务仅访问单一分区时较传统数据库的事务处理模式有显著的性能优势，但当事务需要访问两个以上分区时性能显著降低。当一个事务访问一个未获得锁的分区时，数据库系统中止事务执行，放弃事务所做的修改，当事务重新获得所需要的全部锁时重启事务。在实现技术中，协调者将对所有包含分区节点的请求装入队列，当事务获取一个分区锁时，协调者准备应答消息传回事务所在的分区，一旦事务获取所需要节点分区全部的锁时，协调者发送确认信息，协调者调度分区执行引擎立即运行事务。

（3）查询处理。H-Store 的分区采用单线程执行引擎，数据访问采用排他方式执行。执行引擎由 Java 和 C ＋＋开发的两个组件构成，Java 组件通过等待队列处理事务发起的任务，任务可以是调用存储过程启动新事务或执行另一个分区上事务在本分区上的部分查询计划，事务协调器保证只有获得执行引擎分区锁的事务才能进入事务执行队列。C++库构成的执行引擎用于 H-Store 存储数据和执行查询，Java 执行引擎层调用 C++库执行事务调用的查询计划。H-Store 采用存储过程执行方式，存储过程由用户自定义 Java 控制代码（应用逻辑）调用预定义参数的 SQL 命令，事务通过输入参数调用存储过程。事务通过基础分区调用方法开始，当方法返回时事务结束（包括返回和中止命令）。控制代码执行时将所有查询请求与请求的参数一起传给 SQL 队列运行时 API，当把所有的查询请求加入当前查询批次时，控制代码通过数据库分派该批任务执行，控制代码阻塞到当前批查询任务全部执行完为止，执行命令返回排序的输出结果列表，对应查询批次的各查询任务。对于分区或复制表，数据库需要将查询请求发送到数据所在分区，H-Store 通过路由属性实时将事务请求发送到事务所需最多数据的节点上执行，当事务在一个节点上执行但需要其他分区的数据时需要执行完整的并发控制机制。

（4）持久性和恢复。H-Store 使用轻量逻辑日志和周期性检查点机制来减少系统崩溃后的恢复时间。H-Store 采用的逻辑日志为命令日志（command logging），数据库仅将事务调用写入日志，每个日志记录包含存储过程名称、输入参数和事务 ID，一个日志记录代表事务完整的调用，不支持事务断点，对于执行时间短的 OLTP 事务影响不大。H-Store 使用独立的线程写出日志记录，执行引擎不会被日志操作阻塞。与传统磁盘数据库 WAL 的提前写日志不同，一方面数据库在事务执行完、结果返回应用前写日志，这样中止的事务在执行下一个事务之前回滚而不需要写中止事务的日志；另一方面 H-Store 内部控制机制支持的事务重启动会分配不同的事务 ID，该机制下不需要写多版本日志以及对前期无效日志标记无效的操作。

H-Store 为数据库的表创建无阻塞的快照，每个分区的快照写入节点本地磁盘，数据库系统恢复时加载最新检查点文件，重做检查点之后的命令日志，减少了数据库系统的恢复时间。H-Store 的快照只包含表数据，不包含索引。检查点可以配置为由存储过程周期性自动执行或手工执行。当 H-Store 启动一个新的检查点时，数据库中的一个节点选为检查点的协调节点，节点或者随机选择，或者是事务的基础分区节点。检查点协调节点发送特殊的事务请求到集群中的每个分区，指示各分区开始检查点处理，请求锁定所有分区以保证每个节点从一个数据库事务一致性状态开始写检查点数据，这个系统调用使每个分区的执行引擎切换到写时复制模式，后续的事务不会覆盖当前检查点启动时存在的记录，并且检查点启动后插入的记录不包含在快照文件中。当所有的分区返回确认消息后，每个分区开始通过独立的线程将快照写入磁盘，执行引擎返回事务处理，快照处理在后台运行。当快照写盘任务完成后，执行引擎取消写时复制模式并通过协调节点，协调节点获得所有分区的通知后发送最终的结束消息给各分区，指示各分区清除临时数据结构并标记快照为完整的。

H-Store 的恢复机制通过快照和命令日志实现，节点启动后首先由查询执行引擎从最新快照读取数据，数据库决定哪个分区存储记录（启动后分区的数量可能发生变化），当快照从磁盘加载到内存中后，数据库重做命令日志将其恢复到崩溃时的一致性状态。一个独立的线程向后扫描日志来定位加载的快照对应的事务，然后向前扫描日志重新提交命令日志中的事务，事务协调器保证事务以在系统产生的一致的顺序执行。事务串行写日志和重做机制保证重做事务时一致的执行顺序，从一个事务一致的快照重做事务不包含任何未提交数据，在恢复中不需要回滚操作。

3. SAP HANA

SAP HANA 集成了列存储引擎 TREX/BWA 和内存行处理引擎 P*TIME，进一步通过内存扩展先进硬件性能，将 OLTP 和 OLAP 融合起来，使传统的事务处理和分析处理使用相同的数据集，更好地服务于决策支持处理任务。SAP HANA 最显著的特点是 HTAP（混合 OLTP 和 OLAP），在存储模型上通过多阶段存储兼容事务处理的行存储和分析处理的列存储需求，通过压缩技术优化内存存储效率，通过行级多版本并发控制优化内存事务处理性能。

（1）数据组织。SAP HANA 的主要特征是在一个数据库管理系统中统一执行事务处理和复杂的分析处理任务，SAP HANA 包含构建在 P*TIME 之上的内存行存储系统和列存储系统，提供最新数据上的分析处理能力，减少数据冗余存储和传输延迟。

在数据组织上，采用压缩技术在提供高性能内存分析处理能力的同时最小化内存存储空间开销。数据以列式字典表压缩方式存储，字典表压缩减少了存储空间并且支持高效的压缩数据扫描效率。列数据存储包含两个数据结构，如图5.62所示，字典中存储列中所有不同值，索引向量（Index Vector）表示字典表中的哪个值存储于某一行。位置代表记录的偏移地址，可以高效地应用于高选择性操作中，同时值 ID 记录了列中不同值的分布情况，也可以用作倒排索引，映射值 ID 在列中的分布情况。

Index Vector		Dictionary	
position	valueID	position	value
1	3	1	Adam
2	2	2	Adriana
3	1	3	Alexa
4	3		
5	1		

图 5.62 SAP HANA 字典表压缩存储

如图5.63（a）所示，SAP HANA 采用列存储的主存储和行存储的 delta 存储混合结构，写操作应用于 delta 存储，读操作应用于主存储和 delta 存储数据，以获得最新数据集上的查询结果。为优化查询性能，SAP HANA 使用排序字典表，支持压缩数据上的直接访问，优化范围查询性能。但这种优化要求数据更新时保护字典表的有序性，增加了更新代价。

如图5.63（b）所示，主存储采用压缩存储模式，delta 存储采用分级存储模式，L1-delta、L2-delta 和主存储构成统一表（unified table）表结构，L1-delta 采用内存行存储模型，L2-delta 采用内存非压缩列存储模型，用于快速从 L1-delta 进行数据的行–列转换以及向主存储的压缩存储格式转换。主存储使用排序字典表的索引向量，插入操作在 delta 存储上执行，使用非排序字典表的索引向量以避免因保持字典表有序的重编码代价，并使用树形索引快速访问字典表。更新操作转换为一个删除操作和一个插入操作，删除操作使用位图标识删除记录的位置。delta 存储上的查询和存储效率相对主存储低，为减少性能影响，采用周期性 delta 合并操作将更新的 delta 数据合并到主存储中。

为减少压缩代价，SAP HANA 采用轻量压缩技术，允许高效访问单个数值或数值块。基本的压缩技术为域编码压缩（domain coding），列中的 n 个不同值创建字典表，分配 0~$n-1$ 编码存储在索引向量中，向量索引进一步压缩为长度为 b=$\lceil \log n \rceil$ 的位向量。在压缩方法中，前缀压缩（prefix coding）将列中重复出现的值删掉，只保留第一个值和重复的频率，最频繁出现但不连续的值可以通过位向量存储前缀编码和位置信息；聚集编码（cluster coding）用于压缩分块数据，只有单值的块被压缩存储为单值，通过位向量指示哪个块进行了压缩，用于数据重构；间接编码（indirect coding）在数据块内使用单独字典表的域编码，当不增加编码位数时可以将邻近块的字典表合并；行程编码（run length encoding）存储值和重复值长度，SAP HANA 中只存储值的起始位置。列

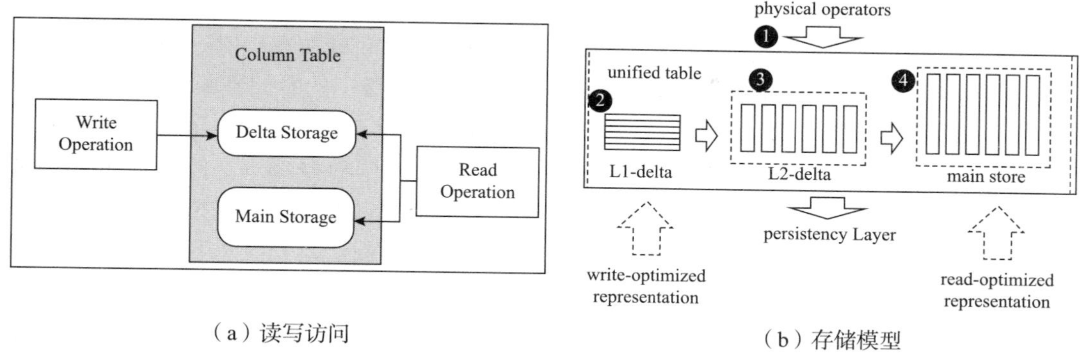

（a）读写访问　　（b）存储模型

图 5.63 SAP HANA 混合存储模型

资料来源：https://sapprofession.com/sap-hana-tutorial/.

排序后连续的数据能够提高压缩效率，SAP HANA 采用贪心算法，根据列之间的相关性优化选择排序列以提高综合存储效率。

在典型的商业应用中，数据的热度与时间相关，SAP HANA 设置一个日期列标识数据的时间属性，用于冷热数据分区，冷数据存储在磁盘中，以页面形式访问部分列集合，而热数据全部加载到内存中。

SAP HANA 中基于 P*Time 的内存行存储使用乐观无锁化索引访问协议在多核环境下提高索引访问的扩展性和性能。索引中只有真正修改的节点上的写操作加锁，而读操作不加锁，节点改变时版本号增加。读操作采用乐观方法保证一致性，读操作访问锁，如果未加锁则在读操作之前和之后读版本号，如果锁被设置或者读操作过程中被改变则读操作被重新执行。通过乐观并发访问技术，读并发访问性能接近没有并发控制的性能，索引访问性能几乎随核心数量增长而线性提升。

（2）并发控制。SAP HANA 支持混合的 OLTP 和 OLAP 负载，其技术挑战是在列存储上执行大量 OLTP 负载的性能问题。混合存储模型支持在减少数据冗余、数据复制和额外调优技术下的事务处理，但列存储和数据压缩技术对事务处理性能有一定的影响，需要通过优化设计使复杂的分析处理任务不影响并发 OLTP 任务，如高度并行执行的 OLAP 查询不阻塞 OLTP 查询执行。SAP HANA 通过负载监控管理保证 OLTP 查询任务不被阻塞并且比 OLAP 查询有更高的执行优先级。

SAP HANA 使用行级多版本并发控制（MVCC）来保证一致性和读性能，MVCC 应用于各级存储，支持事务级快照隔离和声明级快照隔离。SAP HANA 为每一个数据库读操作提供了一个一致的数据视图，只包含读操作允许看到的数据。提交版本的可见性由事务时间戳决定。数据版本采用间接方式指向包含提交时间戳的事务块，提交时间戳更新后异步地移除间接版本信息，未提交版本由事务进行标记。MVCC 中使用的事务时间戳由事务管理维护一个提交计数器，在每一个成功提交事务后自动增长，读操作在开始时获得一个提交计数器值作为一致视图的时间戳。对一个一致视图来说，所有一致视图之后提交的数据版本都不可见，只有读操作事务本身创建的未提交版本是可见的。过期版本清理由后台进程异步执行，通过系统事件或管理员人工调用。事务管理器维护一个最小读事务时间戳（MinReadTS），最老一致视图的时间戳在至少有一个事务访问时必须保留，当事务结束时事务管理器检查是不是一致视图最小的时间戳（与 MinReadTS 相等），如果是则旧版本数据被移除，MinReadTS 转换为下一个活动事务的时间戳。

MVCC 可以保证读一致性，但不能保证并发写在相同数据版本上的一致性。SAP HANA 为每个写请求提供行级排他锁，事务管理器执行死锁检测，通过取消事务避免死锁。当事务允许创建对事务可见的新的记录版本，但同时新版本被其他事务提交时，可能产生快照隔离中的更新丢失问题，SAP HANA 检测这种写冲突并且通过串行化错误中止这些产生冲突的操作。SAP HANA 支持唯一性约束，唯一性约束检测不只对应写操作可见的一致视图，而且要包含所有存在的版本。如果写操作与一致视图创建后提交的版本产生唯一性冲突，则写操作中止，如果与一个未提交版本产生唯一性冲突，则写操作阻塞，直到其他事务完成或因超时中止于写操作。

（3）查询处理。SAP HANA 采用字典表压缩，字典编码采用位压缩，向量化扫描操作可以利用 SIMD 向量化处理技术来提高性能。分组聚集是关系数据库代价较高的操作，内存数据库需要设计较好 cache 局部性的算法来优化内存访问延迟，代表性的分组聚集实现技术包含哈希和排序。哈希分组聚集把分组属性用作哈希值，插入哈希表，对聚集属性进行聚集计算。排序分组聚集首先按分组属性排序，然后累加连续分组的聚集表达式值。通常认为当哈希表小于 cache 时哈希分组聚集性能较好，当分组项超过 cache 时排序分组聚集性能较好。在算法设计上，SAP HANA 面向现代硬件特征进行了优化设计，如 CPU cache 结构和 NUMA 架构，使数据库的算法充分利用现代硬件的优势。

（4）持久性和恢复。SAP HANA 的持久性通过事务和影子页实现。事务的任何更新逻辑记录到日志中，也将保存点（检查点或快照）周期性地写出到外存。恢复数据库的某个状态时需要使用最新的保存点和保存点之后的日志，恢复机制的设计考虑了分布式内存数据库的需求。

SAP HANA 使用通用的资源容器管理加载到内存中的数据列、字典表或数据页，与内存管理子系统协同管理，当内存不足时不是采用页交换而是通过轻量的 LRU 算法释放内存资源。SAP HANA 支持不同的页面大小（从 4KB 到 16MB）来优化连续列存储数据 I/O 带宽性能，同时保持持久存储空间碎片较低。在分布式系统中独立服务的一致性状态完全独立，保存点和日志不采用同步方式，只有一致性快照才会采用同步方式。一致性状态上的操作汇聚到称为一致性修改的低层原子操作中，一致性修改包含写 REDO 日志和 UNDO/清除日志，修改一致性状态产生加载入资源容器的页面的直接修改或标记页面为脏页以及在保存点回调物化功能。一致性修改保证在保存点状态是一致的，即高层应用执行 REDO 操作在线重复保存点之后的所有新的逻辑操作，UNDO/清除操作在事务回滚或异步垃圾回收时自动执行。除故障恢复功能之外，一致性在线备份创建一致的快照，包括全部和增量快照，即使日志丢失也可以从备份中恢复分布式数据库。一致性子系统还提供面向高可用解决方案的时间点恢复功能，通过数据分布和持续日志分发实现。

4. 其他代表性内存数据库

除上述内存数据库系统外，还有一些代表性的内存数据库系统，其技术发展路径体现了从传统磁盘数据库向新一代内存数据库的演进过程。

Oracle TimesTen 和 SolidDB 设计为内存优化数据库引擎（memory-optimized database engine），既可以作为独立的数据库也可以作为磁盘数据库的高速 cache 使用，由用户定义缓存的表，如图5.64所示。系统采用内存存储模式，避免磁盘页面存储的间接记录访问方式。数据库采用内存索引结构，如 TimesTen 使用哈希索引、位图索引、支持范围查询的内存 T-Tree 索引，SolidDB 使用 Vtrie 索引（变长 trie 索引，叶节点为几个 cache line 大小，支持基于索引版本的 latch-free 读和 2 段锁写）。TimesTen 使用无锁化的多版本并发控制协议，写写冲突采用两段锁协议，通过日志和检查点保证持久性，延迟持久性技术在日志写到内存日志缓存即视为事务提交（无须等待日志写入持久存储，日志每 100ms 刷入持久存储）。SolidDB 采用悲观锁设计，使用快照一致性检查点技术来恢复到一致性状态。

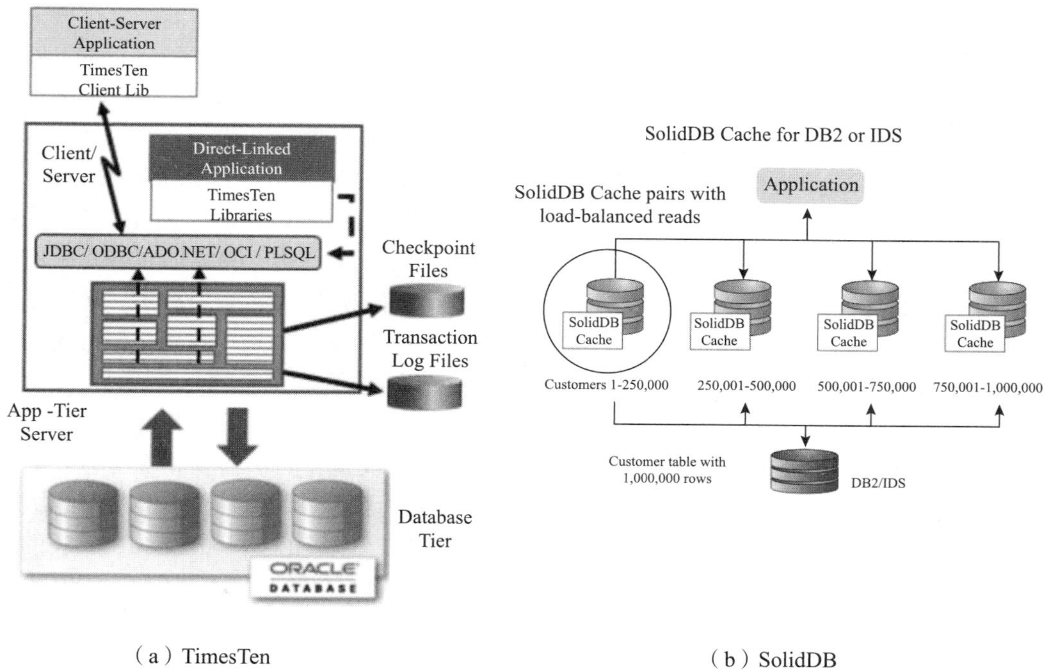

（a）TimesTen （b）SolidDB

图 5.64 TimesTen 和 SolidDB 高速 cache 架构

Altibase 是一个融合内存和磁盘引擎的混合数据库，内存优化表由一个或多个连续内存页组成，页面结构与磁盘数据库兼容。索引采用内存非持久化设计，在系统恢复时重建。Altibase 内存引擎采用多版本并发控制技术，使用日志和检查点保证持久性。

MemSQL（SingleStore）是一个 SN 架构的数据库系统，聚集节点执行查询分派、解析和优化工作，叶节点提供内存存储和查询处理功能。MemSQL 使用无锁化的 Skiplist 索引数据并存储指向记录的指针，MemSQL 使用 redo-only 事务日志，周期性创建完整快照，和 redo-only 事务日志进行数据库的恢复。

Silo 是一个创建在 Masstree 上的内存数据库，支持存储过程形式的事务处理。内存表由一系列索引树组成，包括一个主键索引、零或若干个二级索引，表中的记录存储在独立分配的内存块中，由主键索引中的指针指向记录，辅助索引包含记录的主键值，基于主键值的访问在主键索引中遍历，基于辅助索引的访问需要访问两个索引树。Silo 表是一个 Masstree 索引，主要利用其并发读写冲突较小的特点。Silo 主要面向多核并行事务处理场景，其特征是不使用全局唯一的时间戳以降低共享内存热点写操作，而是使用 epoch 分布式分配事务 ID。Epoch 是一个由专门线程周期性自增（一般每 40ms 加 1）产生的表示时间段编号的全局变量，每个线程保存一个局部的 epoch，会比全局 epoch 滞后一些，主要用于垃圾回收。线程内的事务在经过有效性验证后分配事务 ID，事务 ID 在线程内计算得到，其规则是：高位是全局 epoch 号，低位是状态位，中间顺序号要比当前事务所读写的所有记录里的事务号大，比当前事务前一次计算的事务号大。线程运行事务时维护一个读集和一个写集，事务访问记录的读集和写集。事务提交时需要获取写集记录的所有锁，通过读取全局 epoch 生成事务 ID，检查读集是否被改动，如果改动则中止事务，否则计算 TID，最后将写集写入全局内存，释放写锁。Silo 执行多磁盘上并行的 redo-only 日志，保证一个 epoch 的更新持久化之后才更新更大值的 epoch。检查点通过线程调度并行执行，恢复采用并行加载检查点文件方式执行，重建内存状态，然后重做 redo 日志恢复到一致性状态。

华为 openGauss 数据库也支持内存优化表（Memory-Optimized Tables，MOT）作为新的存储引擎，事务可以混合使用 MOT 内存表和磁盘表。MOT 表与 Silo 类似，采用建立在 Masstree 上的无锁结构。Masstree 索引在点查询、修改等功能上性能较好，但内存存储空间消耗较大，索引项存储空间较基于锁机制的磁盘 B +树索引要大，增加了内存存储开销。MOT 表采用单版本、共享内存方式。MOT 表使用乐观并发控制技术，事务从共享内存中读取记录，在局部内存执行写操作，作为读阶段记录的私有副本；事务随机执行一系列有效性检查来保证一致性，乐观并发控制机制提交事务使其他事务可以访问修改，若有效性验证失败则中止事务，在两个事务并发执行时不需要相互等待。另一种方法是遇时锁定（ETL），它以乐观的方式处理读取，但写入操作锁定它们访问的数据。来自不同 ETL 事务的写入操作相互感知，并可以决定中止。相对于 Silo，MOT 表的实现扩展了多索引表的乐观插入技术，增加对非唯一索引的支持等产品级机制。MOT 表全面集成 openGauss 的 WAL 机制来保证持久性，与磁盘表记录写入同一日志文件，MOT 表只记录事务提交阶段的操作和更新的增量记录以最小化写入磁盘的数据。openGauss 数据库恢复包括 MOT 表，随着数据库其余部分的恢复而自动执行，MOT 恢复模块无缝、全面地集成到 openGauss 恢复过程中。

5. 内存数据库扩展技术

内存数据库相对于磁盘数据库有优异的性能，但内存的易失性和容量限制了内存数据库的应用，另外新硬件技术的发展也为内存数据库提供了新的技术方案。

对于内存容量问题，内存数据库主要采用冷–热数据分层策略，将系统识别出的冷数据从内存移动到外部大容量存储设备上。冷数据识别通过对记录访问抽样分析，以及并行分析日志确认热和冷记录，在执行事务时支持跨冷–热数据访问。Anti–caching 在内存数据超出内存容量的阈值时将数据移动到磁盘，并为每个驱逐出内存的记录设置标记，当事务访问驱逐出的记录时，数据库中止事务从磁盘读取记录，当记录重新加载到内存时事务重新启动。数据库在一个固定大小的块中存储最近最少访问的记录，将数据块通过 anti-cache 写回磁盘并追踪记录访问。

非易失内存（如英特尔傲腾持久内存）是一种字节级访问的持久内存存储技术，与 DRAM 相比具有容量大、价格低、持久存储的特点，在存储访问性能上显著优于 SSD、磁盘等外部存储设备，接近 DRAM 性能，但具有读写性能不对称，与 DRAM 相比读写块更大的特点。在事务处理中，持久内存可以作为高速日志存储设备，作为写缓存或持久日志存储。与 SSD、硬盘等块访问设备不同，持久内存以较小的内存块为访问粒度，支持字节级访问和并行处理，在并行日志算法设计时需要根据持久内存的访问特点优化日志存储访问实现技术。在大容量持久内存存储应用场景下，面向持久内存的多版本并发控制技术可以不使用日志来直接存储新版本，实现实时恢复。

新一代 CXL 内存扩展技术支持大容量内存扩展和设备内存与主机内存的缓存一致性，为内存数据库提供 TB 级的存储能力，扩展内存数据库的处理容量。CXL 内存扩展器还可以通过集成 FPGA 实现物理存储层近数计算，在扩展内存数据库存储容量的同时扩展存储端计算能力。

硬件事务型内存（hardware transactional memory，HTM）支持对内存的原子级加载和存储操作，可以实现细粒度线程级并发控制。CPU 的 cache 可以用于存储事务的缓存数据，提供硬件级的隔离性，CPU 的缓存一致性协议可以用于检测事务冲突，降低事务并发控制代价。但同时 HTP 也有一定的局限性，一方面读写集需要在 cache 中执行，限制了事务的大小，另一方面硬件事件，如中断、上下文切换、缺页等都会导致事务中止。冲突检测的粒度是 cache line，cache line 上其他线程的访问或修改也会导致事务被动中止。因此，HTM 为提高事务并发控制性能提供了机遇和挑战，还需要在研究中不断探索和完善。

内存数据库扩展技术通常借助于新硬件技术的发展，一方面通过软件对多级存储的优化设计解决内存数据库的容量问题，另一方面利用新型大容量非易失内存、CXL 内存扩展技术等提高内存数据库物理容量，并通过硬件级的缓存一致性技术优化事务处理性能。

本章小结

内存数据库的性能取决于查询实现技术和面向内存、CPU 特性的查询优化技术。传统的数据库以磁盘的物理特性为基础设计了查询实现技术和查询优化技术，以优化磁盘 I/O 性能和提高顺序访问性能为中心，而内存数据库则以内存随机访问特性为基础，拥有更细粒度的数据访问能力、更好的随机访问特性和内存带宽，需要以多级 cache 为中心设计优化算法，在数据结构的设计上需要考虑 cache line 存储访问效率，内存数据库查询实现算法与传统的数据库查询实现算法有很大的不同，在算法实现思想和优化理念方面有较大的差异。

列存储已经成为分析型数据库事实上的存储模型标准，在不同的应用场景下产生一些扩展结构，如混合存储模型等。列存储与数据压缩技术相结合能够有效地提高数据的压缩比，面向压缩数据的直接处理技术进一步提高了查询处理性能。内存数据库更加注重压缩性能与数据处理性能的平衡，通常采用轻量数据压缩技术，不同的压缩技术适应的计算方式也各不相同，有的数据压缩技术适合顺序数据访问，有的则适合随机数据访问。当选择存储模型和数据压缩技术时需要充分考虑到其后的数据处理特征。

在查询处理技术中，在多核处理器平台上的优化技术以多级 cache 优化为基础，通过列存储、向量化处理、数据分区、连接过滤等技术提高频繁访问数据集在较小的 LLC 上的命中率。除操作符级的查询优化技术之外，系统级的代码优化技术也是一个重要的研究方向，向量化处理模型降低了迭代处理模型的函数调用和查询解释代价，优化了中间结果的存储代价，在行存储和列存储之间找到一个平衡的性能。JIT 编译优化技术进一步将查询优化的数据局部性提升到寄存器层面，通过预编译技术提高代码执行效率，使一次一记录的执行方式达到较高的性能，成为很多内存数据库采用的优化技术。

OLAP 查询主要解决多维查询处理问题，在内存数据库中表现为 SPJGA（选择、投影、连接、分组、聚集）基本多维分析操作符的实现技术。一方面，内存数据库的查询处理性能主要取决于这些基本关系操作符的性能，尤其是连接操作的性能。在内存数据库中，不同连接操作的性能优化仍然是一个持续研究的课题，在不同的数据负载、应用场景、计算平台上的连接优化策略不同，连接操作的性能也有较大的差异。同时，操作符之间的性能也不是孤立的问题，连接操作的策略会对其后的分组聚集计算产生影响，查询处理的性能是一个全局优化策略问题。另一方面，查询处理模型也对查询处理性能产生较大的影响，行式、列式、向量化查询处理模型在 CPU 指令执行效率、cache 局部性等方面有不同的特性，JIT 编译技术进一步提高了数据在寄存器中的局部性，提升了代码执行效率。这些新的内存查询优化技术一部分已经被内存数据库厂商广泛采用，一些仍然处于研究阶段，可能成为未来内存数据库新的优化技术标准。

内存事务处理性能主要受多核、多线程内存并发访问控制、日志、检查点、恢复等操作性能的影响，通常采用无锁化设计、乐观锁、多版本机制优化并发访问控制效率，优化日志和检查点存储访问效率。随着 CPU 核心数量和内存容量持续增长，内存事务处理有更强大的硬件资源支持，但同时对优化技术的需求也越来越高，如何在高性能硬件平台提高内存处理的性能和效率是一个持续研究的课题。

问题与思考

1. 编程实现内存列存储表上的多谓词选择操作，对比分析各种实现方法随选择率变化的性能特征。

2. 优化内存哈希连接算法，以 radix 连接和无分区连接为例分析可能采用的优化技术，并针对 TPC-H、TPC-DS、SSB 等数据仓库类负载设计更加适合的连接算法，进行连接性能对比分析。

3. 以 TPC-H、TPC-DS、SSB 负载为例，编程实现分组聚集算法，对比不同的分组聚集算法在不同的应用场景下的性能差异，设计内存 OLAP 中最优的分组聚集算法。

4. 对比分析 MonetDB 的一次一列处理模式、Vectorwise 的一次一向量处理模式、Hyper 的 JIT 编译执行模式的实现技术特点，通过 TPC-H、TPC-DS、SSB 等测试基准对比不同系统在不同数据集和负载下的性能特点，分析不同查询实现技术在哪些场景下具有最优的性能，了解不同查询实现技术的适应性。

5. 分析协处理器与通用处理器之间的硬件技术差异、在数据处理时的性能差异和计算模式差异，分析通用处理器平台上的查询处理技术在协处理器平台上需要如何优化才能适应协处理器计算特性。

6. 设计并评估 OLAP 查询处理时的 PCI-E 通道数据传输优化技术。

7. 设计并评估协处理器上不同连接操作实现技术的性能，分析不同连接实现算法在协处理器上的优化技术及性能特征。

8. 分析 TPC-H、TPC-DS、SSB 等查询在协处理器上的实现技术，针对不同操作符设计适合协处理器计算的查询执行策略。

9. 根据协处理器技术发展趋势分析协处理器 OLAP 查询处理实现技术、关键技术问题和解决的技术路线。

10. 安装 SQL Server 数据库，配置 Hekaton 内存表，学习内存表使用方法，了解内存事务处理技术，并设计相应的测试实验对比内存表与磁盘表在事务处理时的性能。

本章参考文献

[1] Marcin Zukowski, Peter A. Boncz, Niels Nes, Sándor Héman. MonetDB/X100 - A DBMS In The CPU Cache [J]. IEEE Data Eng. Bull. 2005, 28(2): 17-22.

[2] Martin Bachmaier, Ilya Krutov. In-memory Computing with SAP HANA on Lenovo X6 Systems [EB/OL]. http://www.redbooks.ibm.com/redbooks/pdfs/sg248086.pdf, 2015-05-01.

[3] Guy M. Lohman. Blink. Not Your Father's Database! [EB/OL].http://dm.kaist.ac.kr/lab/slides/isao_overview.pdf, 2013-12-11.

[4] Efstratios Ydraios. Database Cracking: Towards Auto-tunning Database Kernels [EB/OL]. http://oai.cwi.nl/oai/asset/16706/16706B.pdf, 2014-05-27.

[5] Cagri Balkesen, Jens Teubner, Gustavo Alonso, M. Tamer Özsu. Main-memory Hash Joins on Multi-core CPUs: Tuning to the Underlying Hardware [C]. ICDE Coference. New York: IEEE Press, 2013: 362-373.

[6] R. Pagh and F. F. Rodler. Cuckoo Hashing [J]. J.Algorithms, 2004, 51(2):122–144.

[7] Marcin Zukowski, Sandor Heman, and Peter Boncz. Architecture-Conscious Hashing [C]. In Proc. SIGMOD DaMoN Workshop. New York: ACM Press, 2006: 6.

[8] Boncz, P.A. Monet: A next-generation Database Kernel for Query-intensive Applications [D]. Amsterdam: Universiteit van Amsterdam, 2002 - [PhD thesis http://oai.cwi.nl/oai/asset/14832/14832A.pdf]

[9] Daniel J. Abadi, Samuel Madden, Nabil Hachem. Column-stores vs. Row-stores: How Different are They Really? [C]. SIGMOD Conference. New York: ACM Press, 2008: 967-980.

[10] Marcin Zukowski, Peter A. Boncz. Vectorwise: Beyond Column Stores [J]. IEEE Data Eng. Bull. 2012: 35(1): 21-27.

[11] Bloom Filter [EB/OL]. http://en.wikipedia.org/wiki/Bloom_filter, 2015-07-25.

[12] Yansong Zhang, Wei Hu, Shan Wang. MOSS-DB: A Hardware-Aware OLAP Database [C]. Web-Age Information Management Conference(WAIM). Berlin Heidelberg: Springer, 2010: 582-594.

[13] Min Jiao, Yansong Zhang, Yan Sun, Shan Wang, Xuan Zhou. CDDTA-JOIN: One-Pass OLAP Algorithm for Column-Oriented Databases [C]. Asia Pacific Web Conference (APWeb). Berlin Heidelberg: Springer, 2012: 448-459.

[14] Anil Shanbhag, Samuel Madden, Xiangyao Yu. A Study of the Fundamental Performance Characteristics of GPUs and CPUs for Database Analytics [C]. SIGMOD Conference 2020: 1617-1632.

[15] Maximilian Bandle, Jana Giceva, Thomas Neumann. To Partition, or Not to Partition, That is the Join Question in a Real System [C]. SIGMOD Conference, 2021: 168-180.

[16] Panagiotis Sioulas, Periklis Chrysogelos, Manos Karpathiotakis, Raja Appuswamy, Anastasia Ailamaki: Hardware-Conscious Hash-Joins on GPUs [C]. ICDE, 2019: 698-709.

[17] Robert J. Halstead, Ildar Absalyamov, Walid A. Najjar, Vassilis J. Tsotras: FPGA-based Multithreading for In-Memory Hash Joins [C]. CIDR, 2015.

[18] Kaan Kara, Jana Giceva, Gustavo Alonso: FPGA-based Data Partitioning [C]. SIGMOD Conference, 2017: 433-445.

[19] Cagri Balkesen, Gustavo Alonso, Jens Teubner, M. Tamer Özsu. Multi-Core, Main-Memory Joins: Sort vs. Hash Revisited [J]. PVLDB, 2013, 7(1): 85-96.

[20] N. Satish. M. Harris, and M. Garland. Designing Efficient Sorting Algorithms for Manycore GPUs [C]. IEEE International Symposium on Parallel & Distributed Processing(IPDPS). New York: IEEE Press, 2009: 1-10.

[21] Tian Xiaochen, Kamil Rocki and Reiji Suda. Register Level Sort Algorithm on Multi-Core SIMD Processors [C]. Proceedings of the 3rd Workshop on Irregular Applications: Architectures and Algorithms. New York: ACM Press, 2013: 9.

[22] Nadathur Satish, Changkyu Kim, Jatin Chhugani, Anthony D. Nguyen, Victor W. Lee, Daehyun Kim, and Pradeep Dubey. Fast Sort on CPUs and GPUs: A Case

for Bandwidth Oblivious SIMD Sort [C]. SIGMOD Conference. New York: ACM Press, 2010: 351-362.

[23] Shasank Chavan, Albert Hopeman, Sangho Lee, Dennis Lui, Ajit Mylavarapu, Ekrem Soylemez: Accelerating Joins and Aggregations on the Oracle In-Memory Databa se [C]. ICDE, 2018: 1441-1452.

[24] Yansong Zhang, Xuan Zhou, Ying Zhang, Yu Zhang, Mingchuan Su, Shan Wang: Virtual Denormalization via Array Index Reference for Main Memory OLAP [J]. IEEE Trans. Knowl. Data Eng. 28(4): 1061-1074 (2016).

[25] 哈索, 蔡尔. 内存数据管理 [M]. 北京: 清华大学出版社,2012.

[26] Peter A. Boncz, Thomas Neumann, Orri Erling. TPC-H Analyzed: Hidden Messages and Lessons Learned from an Influential Benchmark [C]. 5th TPC Technology Conference (TPCTC). Switzerland: Springer International Publishing, 2013: 61-76.

[27] ParAccel Inc. Whitepaper. The ParAcel Analytical Database: A Technical Overview [R]. ParAccel Inc, 2010. http://www.paraccel.com.

[28] Kemper and T. Neumann. HyPer: Hybrid OLTP and OLAP High Performance Database System. Technical report [R]. Technical Univ. Munich, TUM-I1010, 2010.

[29] Thomas Neumann, Viktor Leis: Compiling Database Queries into Machine Code [J]. IEEE Data Eng. Bull. 2014, 37(1): 3-11.

[30] Juliusz Sompolski, Marcin Zukowski, Peter A. Boncz. Vectorization vs. Compilation in Query Execution [C]. DaMoN. New York: ACM Press, 2011: 33-40.

[31] Franz Faerber, Alfons Kemper, Per-Åke Larson, Justin J. Levandoski, Thomas Neumann, Andrew Pavlo.Main Memory Database Systems [J]. Found. Trends Databases, 2017, 8(1-2): 1-130.

[32] Cristian Diaconu, Craig Freedman, Erik Ismert, Per-Åke Larson, Pravin Mittal, Ryan Stonecipher, Nitin Verma, Mike Zwilling. Hekaton: SQL Server's Memory-Optimized OLTP Engine [C]. SIGMOD Conference, 2013: 1243-1254.

第6章

GPU 数据库实现技术

本章要点

随着 CPU 性能上摩尔定律的放缓和 GPU 性能上近摩尔定律的快速增长，GPU 在强大的计算能力、大容量高带宽存储访问能力、高速扩展技术的支持下成为高性能计算的主流平台，GPU 数据库也成为当前及未来高性能数据库的代表性技术方向之一。GPU 数据库可以看作内存数据库在 GPU 新平台上的技术扩展，但 GPU 在硬件架构、编程模型、优化技术等方面与 CPU 平台有显著的不同，因此 GPU 数据库技术有其特殊的技术路线。

本章主要介绍面向现代高性能 GPU 计算平台的 GPU 数据库实现技术，通过 GPU 硬件发展的趋势分析 GPU 数据库实现的技术路线，对 GPU 数据库存储管理、编译技术、查询实现、查询处理和查询优化技术等进行概括性的介绍，分析当前 GPU 数据库的代表性实现技术。

6.1 GPU 硬件技术分析

CPU 是通用处理器，核心数据数量相对较少、增速较缓，但核心功能较强，具有较好的计算和逻辑控制能力。多核 CPU 主要采用多级 cache 架构来优化内存访问性能，每一核心配置独立的 L1 cache、L2 cache 和共享的 L3 cache，多核 CPU 主要的发展趋势是增大 L3 cache 容量，如 64 核 AMD EPYC 7773X CPU 的 L3 cache 达到 768MB，以及扩充大容量 HBM 提供可编程的大容量、高速缓存，如 56 核 Sapphire Rapids 采用 64GB HBM2e 缓存。CPU 的硬件特征适合复杂的管理逻辑处理和控制任务，对于强局部性计算、复杂数据类型处理、复杂逻辑处理、并发控制等任务有较好的适应性，但较少的核心数量和较低的 DDR 内存带宽使其大规模并行计算能力相对不足。与 CPU 相对，GPU 作为现代通用的计算处理器，其主要特征是核心数量众多，支持大规模并行计算，配置有较大容量的 HBM 高带宽内存，支持高性能网络互联技术。因此，GPU 数据库的实现技术需要立足于 GPU 硬件的特性而定制化设计。

我们首先以英伟达最新的 H100 GPU、AMD MI250X GPU 和英特尔 Data Center GPU Max1550 为例分析 GPU 的硬件特性、硬件特性与数据库查询处理需求的对应关系，然后分析当前及未来异构存储 / 计算平台上的数据库实现技术的设计思路。

6.1.1 英伟达 H100 硬件架构分析

英伟达新一代 Hopper GPU 在核心计算能力、L2 cache 容量、HBM 存储性能、高性能互联技术等方面有较大的提升，也展示了未来高性能 GPU 发展的技术路线。英伟达 H100 有三种硬件形态：GH100、H100 SXM5 和 H100 PCIe Gen5。

GH100 为 Grace Hopper Superchip，集成 Hopper GPU 和 Grace CPU（Grace CPU 是英伟达公司第一款专为数据中心设计的纯 CPU ARM 芯片）在同一个板上。在结构上，Grace CPU 是 ARM v9 架构的数据中心专属 CPU，Grace CPU 由单个板上的两个 CPU 组成，如图6.1（a）所示，单个 socket 拥有 144 个 CPU 核心，Grace CPU 有 16 个双通道 LPDDR5X 内存控制器，最多可支持 32 个通道，支持 512 GB 的内存和 546 GB/s 的吞吐量；Grace Hopper Superchip 由一个 Grace CPU 和一个 Hopper GPU 在同一块板上组成，通过 NVLink 专有的芯片到芯片（C2C）互联技术提供内存一致性以减少或消除数据传输，提供 900GB/s 的带宽。英伟达扩展 GPU 内存（EGM）技术允许 NVLink 网络上的任何 Hopper GPU 访问网络上任何 Grace CPU 的 LPDDR5X 内存，但具有本机 NVLink 性能。Grace Hopper CPU+GPU 为 TB 级加速计算而构建，芯片支持具有共享页表的统一内存，可以在 CPU 和 GPU 之间共享，芯片可以与 CUDA 应用程序共享地址空间和页表，并允许使用系统分配器来分配 GPU 内存，还支持 CPU 和 GPU 之间的原生原子操作，简化编程模型的同时提供更高的性能。

H100 SXM5 应用于英伟达 HGX H100 平台，硬件形态如图6.1（b）所示。Hopper GPU 服务器有 8 个 H100 Tensor Core GPU 和 4 个第三代 NVSwitch，每个 H100 GPU 都有多个第四代 NVLink 端口并连接到所有 4 个 NVSwitch，每个 NVSwitch 都是一个完全无阻塞的开关，可以完全连接所有 8 个 H100 Tensor Core GPU，这种全连接拓扑使任何 H100 都可以同时与任何其他 H100 以每秒 900GB/s 的 NVLink 双向速度运行通信。HGX H100 8-GPU 节点可以通过 OSFP LinkX 线缆和外部 NVLink Switch 互联，最大支持 256 个 GPU，连接节点可以达到 57.6 TB/s 的总带宽。

H100 采用 PCI Express Gen 5 ×16 通道接口，如图6.1（c）所示，提供 128GB/秒的总带宽（每个方向 64 GB/秒），H100 增加了对原生 PCIe 原子操作的支持，如原子 CAS、原子交换和原子提取添加 32 位和 64 位数据类型，加速 CPU 和 GPU 之间的同步和原子操作。H100 支持为多个进程或 VM 共享和虚拟化单个 PCIe 连接的 GPU。

H100 的硬件架构和三种形式参数如图6.2所示，图中显示了具有 144 个 SM 的完整 GH100 GPU，8 个 GPU 处理群集（GPC），72 个纹理处理群集（TPC，9 个 TPC/GPC），2 个流式多处理器（SM，SM/TPC），每个 SM 有 128 个 FP32 CUDA 核心，每个完整 GPU 有 18 432 个 FP32 CUDA 核心，每个 SM 有 4 个第四代张量核心，每个完整 GPU 有 576 个张量核心（Tensor Core），每 SM 有 256 KB 合并的 L1cache 和共享内

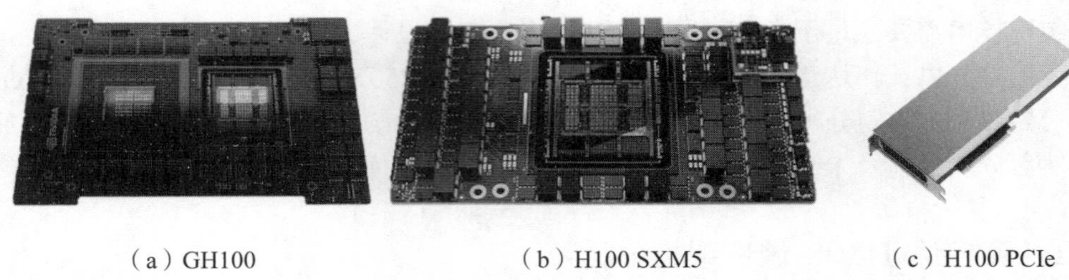

（a）GH100　　（b）H100 SXM5　　（c）H100 PCIe

图 6.1　英伟达 H100 硬件形态

存。H100 配置有 80 GB 的 HBM3 或 HBM2e 高带宽内存，带宽分别达到 3.35TB/s 和 2TB/s。

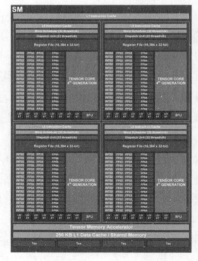

配置	GH100	H100 SXM5	H100 PCIe Gen5
SM	144	132	114
CUDA 核心	18 432	16 896	14 592
L2 cache	60 MB	50 MB	50 MB
GPU内存	96 GB HBM3	80 GB HBM3	80 GB HBM2e
内存带宽	3TB/s	3.35TB/s	2TB/s
NVLink	900GB/s	900GB/s, PCIe Gen5:128GB/s	600GB/s, PCIe Gen5:128GB/s

图 6.2　英伟达 H100 硬件架构[1]

资料来源：https://developer.nvidia.com/blog/nvidia-hopper-architecture-in-depth/.

从编程模型来看，H100 新增了线程块集群功能，支持以大于单个 SM 上的单个线程块的粒度对局部性进行编程控制，集群是一组保证并发调度的线程块，可以实现跨多个 SM 的线程高效协作和数据共享，通过向编程层次结构添加另一个级别来扩展 CUDA 编程模型，包括线程、线程块、线程块集群和网格。集群使多个线程块在多个 SM 上同时运行，以同步和协作获取和交换数据。集群所有线程都可以通过加载、存储和原子操作直接访问其他 SM 的共享内存，此功能称为分布式共享内存（DSMEM）。DSMEM 实现了 SM 间更有效的数据交换，允许跨多个 SM 共享内存块的负载、存储和原子直接 SM 到 SM 通信，不必通过慢速的全局内存传递数据，集群专用的 SM 到 SM 网络可确保对远程 DSMEM 进行快速、低延迟的访问。集群中所有线程块的所有 DSMEM 段都映射到每个线程的通用地址空间，共享内存虚拟地址空间在逻辑上分布在集群中的所有块中，与仅使用单个线程块相比，可以访问更大的共享内存池。H100 分布式共享内存新的异步执行功能包括一个新的张量内存加速器（TMA）单元，可以在全局内存和共享内存之间有效地传输大块数据和集群中线程块之间的异步复制。新的异步事务屏障用于进行原子数据移动和同步，使应用程序能够构建端到端的异步管道，将数据移入和移出芯片，完全重叠和隐藏数据移动与计算。H100 新一代 HBM3 内存可提供 3TB/秒内存带宽，配置 50MB L2 缓存架构用于缓存大部分模型和数据集以供重复访问。第二代多实例 GPU（MIG）技术最多支持 7 个单独的 GPU 实例，每个实例都包含自己的一组与英伟达开发人员工具配合使用的性能监视器。

从英伟达三代 GPU（V100、A100、H100）的技术发展历程来看，GPU 硬件技术处于快速升级通道，性能增速较高。与数据库相关联的硬件特性中，代表 GPU 计算能力的 CUDA 核心数量、存储访问优化的共享内存/L1 cache 容量、共享 L2 cache 容量、HBM 高带宽内存容量和带宽、NVLink 通道带宽性能和 NVSwitch 互联能力等方面技术升级较快，为 GPU 数据库实现技术提供了更大的数据存储能力、并行计算能力、缓存优化能力、扩展能力，支持大数据、分布式高性能计算，多卡分布式 GPU 数据库是未来的技术发展方向。

GPU 的 PCIe 扩展性高于 CPU，8 卡 GPU 服务器可以提供 640GB（80GB×8）的 HBM 存储容量，接近内存容量的典型配置，GPU 内存数据库与 CPU 内存数据库在数据处理能力上逐渐接近，在性能上有较大的优势。尤其重要的是，GPU HBM 内存较高的带宽为 GPU 数据库提供较高的吞吐性能，NVLink 实现了高于内存带宽的互联通信能力，但相对于 HBM 带宽仍然有较大的差距，提高数据存储访问和计算的 GPU 局部性仍然是 GPU 数据库查询优化的核心问题。

英伟达在 2023 年发布了 GH200 Grace Hopper 超级芯片，以及基于 NVIDIA NVLink Switch System 驱动的拥有 256 个 GH200 超级芯片的 NVIDIA DGX GH200 超级计算机。GH200 超级芯片使用 NVIDIA NVLink-C2C 芯片互联技术将基于 ARM 的 NVIDIA Grace CPU 和 NVIDIA H100 Tensor Core GPU 整合起来，提供 CPU + GPU 一致性内存模型，消除传统的 CPU 至 GPU 之间的 PCIe 数据传输瓶颈，相对于最新的 PCIe Gen5 将 GPU 和 CPU 之间的带宽提高了 7 倍，互联功耗减少 80%以上，DGX GH200 超级计算机提供近 600GB 的内存存储容量。如图6.3所示，GH200 超级芯片将 72 核的

Grace CPU 和 H100 GPU、96GB 的 HBM3 和 512 GB 的 LPDDR5X 集成在同一个封装中，CPU LPDDR5X 内存带宽达到 500GB/s，容量达到 480GB，GPU 高带宽内存 HBM3（HBM3e）达到 96GB（141GB），带宽达到 4TB/s（4.8TB/s），CPU 与 GPU 之间的 NVLink-C2C 带宽达到 900GB/s（单向 450GB/s）。GH200 超级芯片应用于 NVIDIA MGX GH200 和 NVIDIA DGX GH200 平台，后者支持 GPU 线程通过 NVLink 连接访问高达 144TB 内存，在 256 GPU 的 NVLink 连接架构下支持 115.2TB/s 的汇总单向内存访问带宽。

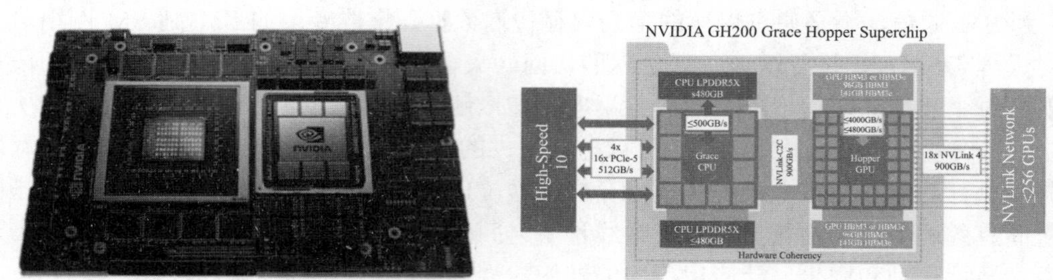

图 6.3 英伟达 GH200 硬件架构

资料来源：https://resources.nvidia.com/en-us-grace-cpu/nvidia-grace-hopper.

GH200 通过异构集成技术和 NVLink-C2C 芯片互联技术突破传统 PCIe 数据传输瓶颈，简化了传统 GPU 数据库数据分布与缓存设计，降低了 GPU 算法设计中数据传输优化技术的复杂性；全功能 CPU 和 GPU 的集成也解决了融合 APU 处理器 GPU 性能较低的问题。GH200 通过 NVLink 互联技术突破了传统 GPU 的内存容量瓶颈，为大数据库 GPU 数据库应用提供了硬件平台支持。

GH200 提供了统一内存访问技术。如图6.4（a）所示，GH200 提供了 CPU-GPU 内存统一访问，GH200 的地址转换服务支持 CPU 和 GPU 共享单一的系统页表，允许 CPU 和 GPU 端内存的统一分配，CPU 和 GPU 线程访问所有的系统内存，无论处于 CPU 物理内存还是 GPU 物理内存。NVIDIA NVLink-C2C 允许 CPU 和 GPU 在访问对方内存时无须页面复制，在 cache line 粒度提供硬件一致性访问，加速在 CPU 和 GPU 系统内存上的所有原子级操作。在操作系统层面，CPU 和 GPU 对应两个 NUMA 节点。如图6.4（b）所示，系统内存在频繁访问时可以进行物理页面迁移来提高内存访问性能或缓解内存存储压力，硬件访问计数器可以通过延迟迁移方法仅迁移热数据页面到 GPU 端。在基于 NVLink Switch 系统的远程 GPU 内存访问时，如图6.4（c）所示，GPU 线程可以通过 NVLink 页表访问兄弟节点的 CPU 或 GPU 内存，CUDA API 允许远程节点内存映射到当前进程执行加载、存储、原子操作等直接内存访问操作。

新的内存访问模型简化了传统独立的 CPU 内存和 GPU 内存基于数据复制的访问机制，将 CPU 内存和 GPU 内存纳入统一的内存地址空间，简化了 CUDA 程序设计，使开发人员可以更好地聚焦于核心算法设计，降低数据传输优化技术的权重，将 CPU 端和 GPU 端的计算融入整体设计，避免算法设计受内存隔离导致的碎片化。GH200 展示了未来 GPU 的发展趋势，大容量 GPU 内存、融合内存、高可扩展融合内存互联为 GPU 数据库提供了可扩展存储容量支持和统一的计算模型，为 GPU 数据库设计提供更高效的开发平台。

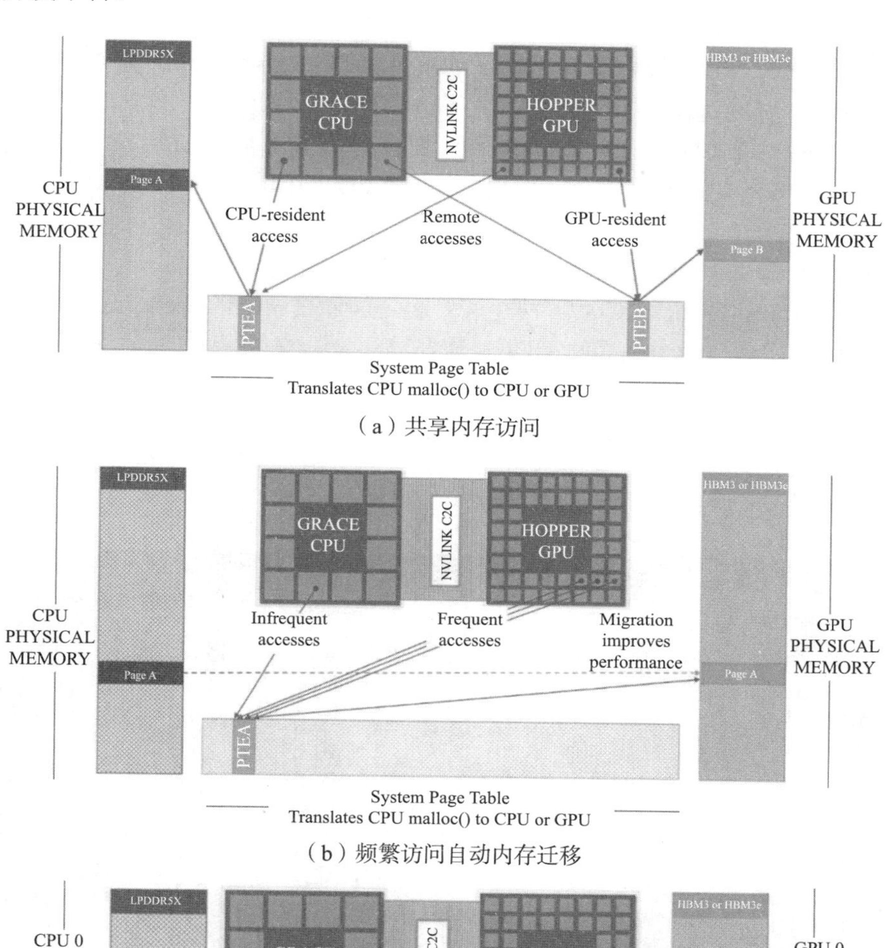

（a）共享内存访问

（b）频繁访问自动内存迁移

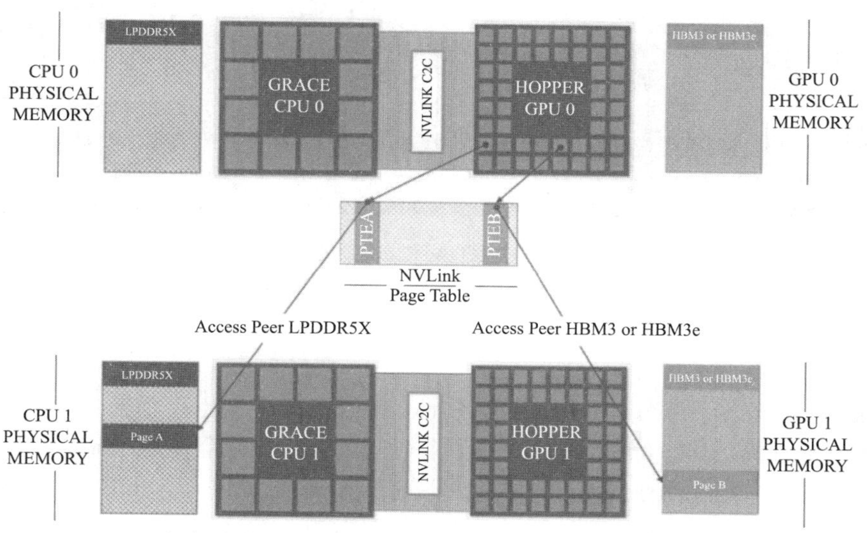

（c）通过NVLink Swith网络GPU线程访问兄弟节点内存

图 6.4 英伟达 GH200 内存访问方式

6.1.2 AMD MI250X 硬件架构分析

AMD Instinct MI250X 是新一代大容量显存 GPU 加速器，在计算能力方面配置有 220 个计算单元（Compute Units，CU），共 14 080 个流处理器（Stream Processors），在存储能力方面配置 128GB 的 HBM2e 高带宽内存，带宽速度达到 3.2 GB/s，在互联技术方面使用 PCIe 4.0 x16 技术，最大 Infinity Fabric 互联设备为 8 个，最大带宽达到 100GB/s。

从 MI250X 硬件架构来看，如图6.5所示，它在一个芯片中封装了两个图形计算芯片（Graphics Compute Dies，GCD），两个 GCD 之间通过一致的 4x Infinity Fabric 链路互联，从编程模型看作两个独立的 GPU，需要算法设计支持多 GPU 结构。在连接通道性能方面，两个 GCD 之间的 Infinity Fabric 链路带宽为 400GB/s，PCIe Gen4 通道带宽性能为 100GB/s，与其他 GPU 的外部 Infinity Fabric 链路带宽为 500GB/s，与 CPU 的第三代一致性内存 Infinity 链接带宽为 144GB/s，相对于 HBM 高达 3.2 TB/s 的带宽性能有较大的差距。

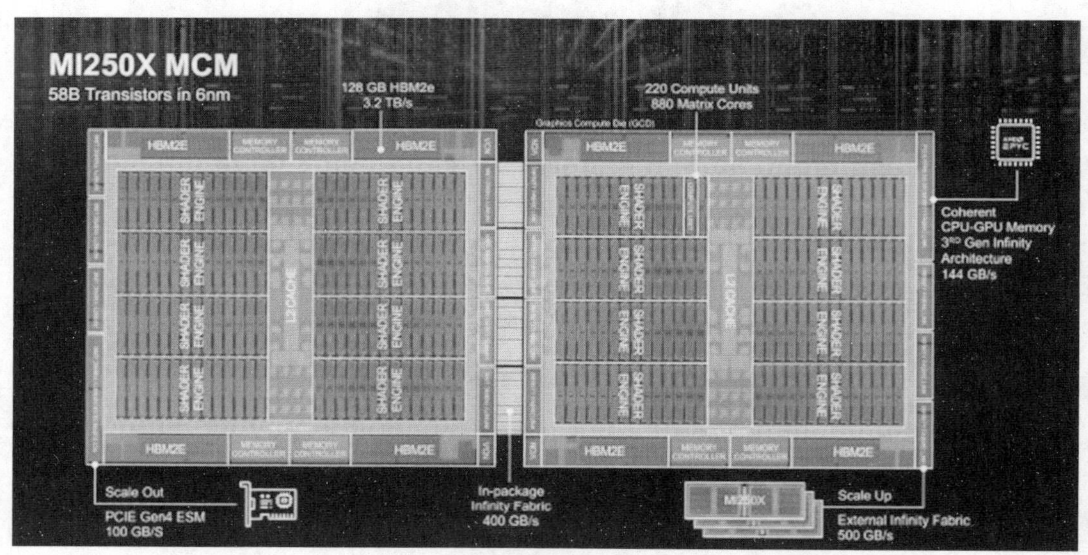

图 6.5 AMD MI250X 硬件架构

资料来源：https://chipsandcheese.com/2022/09/18/hot-chips-34-amds-instinct-mi200-architecture/.

GCD 分为 4 个计算引擎，如图6.6所示，每个计算引擎由一个异步计算引擎提供，每个计算引擎分为 2 个着色器引擎，每个着色器引擎有 14 个 CU。每个 CU 有 4 个 SIMD16 单元和 4 个 Matrix Core 单元，带有一个调度器、一个 64B/CU/clk 带宽的 16KB 64 路 L1 缓存，加载/存储单元和本地数据共享。每个 GCD 有一个 8MB 的 16 路 L2 缓存，物理划分为 32 个 slice，带宽为 128B/clk/slice，总带宽为 6.9 TB/s。每个 GCD 有 4 个堆栈，提供带宽为 3.2 Gbps 的 64 GB HBM2e 内存容量，物理划分为 32 个通道，每个 GCD 的内存带宽为 1.6 TB/s。MI250X 与常规 x86 CPU 连接时采用

PCIe 接口，与第三代 EPYC CPU 连接时使用第三代 Infinity 包内互联技术，支持在 CPU 和 GPU 的内存一致性。MI250X 能够驱动与其连接的 I/O 设备，可以直接管理与其连接的设备而无须依赖 CPU 进行管理，如将网卡直接连接到 MI250X GPU 中使用 HBM 内存存储网络数据，减少 CPU 内存消耗。

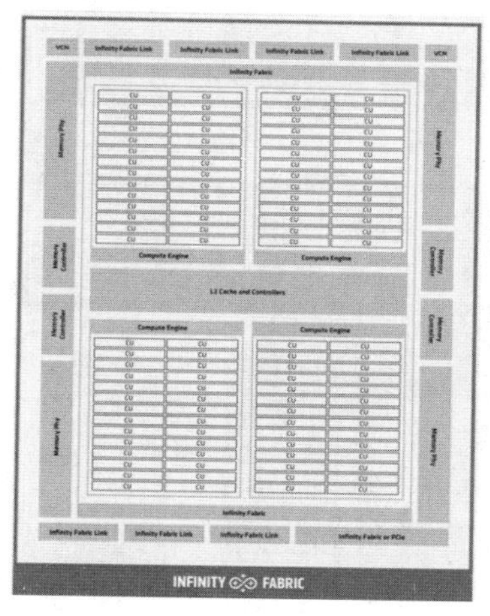

（a）GCD结构

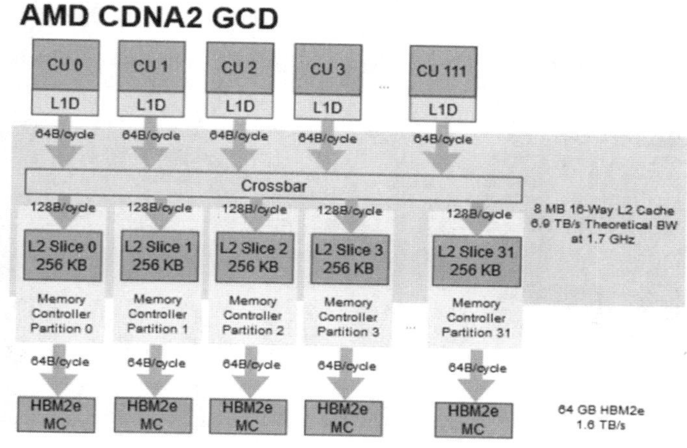

（b）GCD各级缓存和内存

图 6.6 GCD 硬件结构

下一代 CDNA3 在同一个封装上具有 CPU 和 GPU 计算小芯片，通过传递指针的方法减少了两个设备之间复制数据的代价，可以在两个设备上映射相同的物理内存页面。

6.1.3 英特尔 Data Center GPU Max 1550 硬件架构分析

英特尔 X^e 架构用于可扩展图形处理和计算，采用多堆栈设计，包含三种类型：X^e LP 为代能耗架构，X^e HPG 架构面向游戏应用，X^e HPC 架构用于高性能计算和 AI 加速。英特尔 Data Center GPU Max 系列为最新的 GPU 产品，采用 X^e HPC 架构，微架构由可编程、可扩展、以计算为中心的 X^e-core 组成，X^e-core 由向量引擎（Vector Engines）、矩阵引擎（Matrix Engines，Intel Xe Matrix Extensions (Intel XMX)）、cache 和共享局部内存构成。每个 X^e-core 包含 8 个 512 位向量引擎，用于加速传统的图像处理、计算和高性能计算负载，还包括 8 个 4 096 位 Intel XMX 用于加速 AI 计算，每个 X^e-core 支持 512KB L1 cache 和共享局部内存，X^e-core 微架构如图6.7所示。16 个 X^e-core 组成一个 X^e HPC Slice，硬件级上下文模块支持多个应用程序并发执行，不需要代价较高的软件级上下文切换代价。4 个 X^e HPC Slice、1 个 L2 cache、Gen5 PCIe 连接器、1 个内存控制器、1 个多媒体引擎和 8 个 Xe Links 构成 1 个 X^e HPC Stack，L2 cache 容量达到 204MB。在双堆栈配置中，X^e HPC Stack 通过嵌入式多核心互联桥接（Embedded Multi-Die Interconnect Bridge，EMIB）互联，带宽达到 230GB/s，Xe Links 提供高速一致性 X^e HPC Stack 间通信。每个物理封装可以由多个 X^e HPC Stack 的形式互联起来，称为开放计算加速模块（Open Compute Accelerator Module，OAM），

Xe Links 支持 OAM 内部和跨 OAM 的通信，支持最多 8 个双堆栈卡通过 Xe Links 形成全互联。

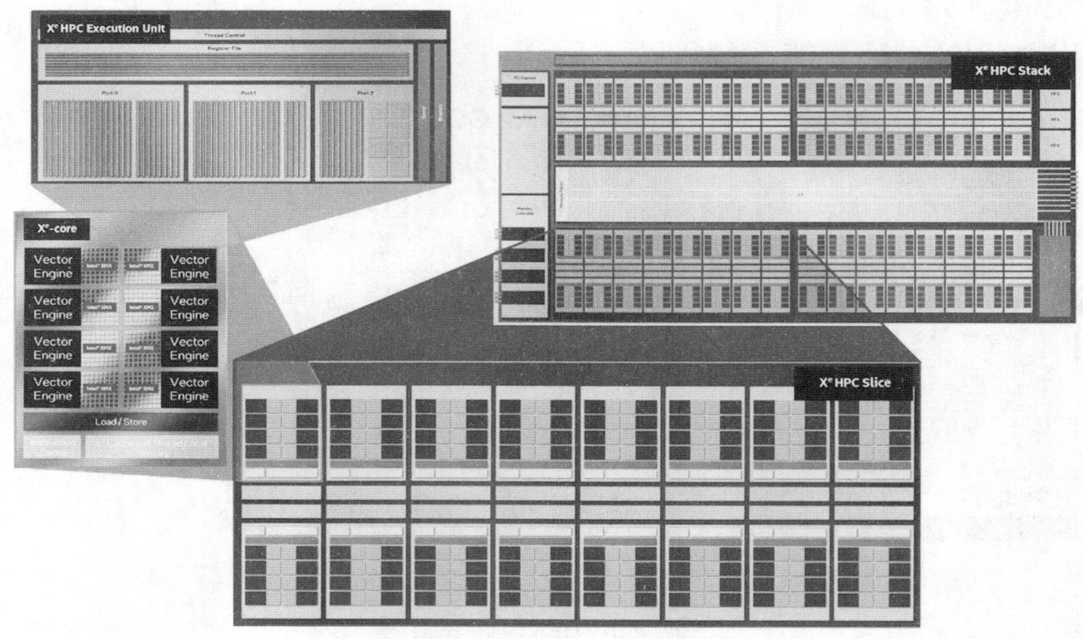

图 6.7 X^e HPC 微架构

资料来源：https://www.intel.com/content/www/us/en/developer/articles/technical/intel-data-center-gpu-max-series-overview.html.

英特尔 Data Center GPU Max 1550 硬件形态、硬件配置和存储层次如图6.8所示，在硬件形态上有两种功率的 OAM 和 PCIe 形态，OAM 形态的硬件配置高于 PCIe 形态。对比高功率的 OAM 600W 和 PCIe 类型，前者 X^e HPC Stack、X^e-core 数量、L1 cache 大小、L2 cache 大小均为后者的两倍，前者内存容量为后者的 2.6 倍，Xe Links 的数量超过 5 倍，在硬件配置上有显著的优势。X^e HPC 各级存储在容量和带宽性能上有较大的差异，寄存器文件与 L1 cache 大小均为 64MB，但带宽性能差距达到 4 倍，L2 cache 容量达到 408MB，超过同期英持尔 Xeon CPU Max 9480 的 L3 cache 容量 112.5MB 和 AMD EPYC 9754 的 L3 cache 容量 256MB，L1 与 L2 cache 的容量为 1∶6，带宽性能扩大到 8∶1，HBM 内存容量达到 128GB，带宽达到 3.2TB/s，远超过 DDR5 内存带宽 460GB/s，为大数据高性能 GPU 计算提供了强大的硬件计算资源。

英伟达 H100、AMD MI250X 和英特尔 Data Center GPU Max 1550 代表了现阶段高性能 GPU 的硬件架构，其硬件性能也决定了 GPU 数据库的性能极限。从 GPU 硬件技术发展趋势来看，以下几个硬件变化趋势对 GPU 数据库技术有较为显著的促进作用：

- 并行计算能力。GPU 的核心数量增长较快，英伟达 Tesla V100 配置有 5 120 个 CUDA 核心，Tesla A100 配置有 6 912 个 CUDA 核心，最新的 Tesla H100 配置有16 896个 CUDA 核心；AMD MI100 GPU 配置有 120 个 CU，7 680 个流处理器，最新的 MI250X 配置有 220 个 CU，共 14 080 个流处理器；英特尔 Data Center GPU Max

配置	OAM 600W	OAM 450W	PCIe
X^e HPC Stack	2 Stacks	2 Stacks	1 Stacks
X^e HPC微架构	128 X^e-cores 1 204向量引擎、矩阵引擎	96 X^e-cores 896向量引擎、矩阵引擎	56 X^e-cores 448向量引擎、矩阵引擎
L1 cache	64MB, 512KB/X^e-core	48MB, 512KB/X^e-core	28MB, 512KB/X^e-core
L2 cache	408MB, 204MB/X^eHPC Stack	216MB, 108MB/X^eHPC Stack	108MB
内存	128GB HBM2e, 64GB/X^eHPC Stack	96GB HBM2e, 48GB/X^eHPC Stack	48GB HBM2e
HBM带宽	3.2TB/s	3.2TB/s	3.2TB/s
X^eLinks	16 total/8 per X^eHPC Stack	16 total/8 per X^eHPC Stack	3 total

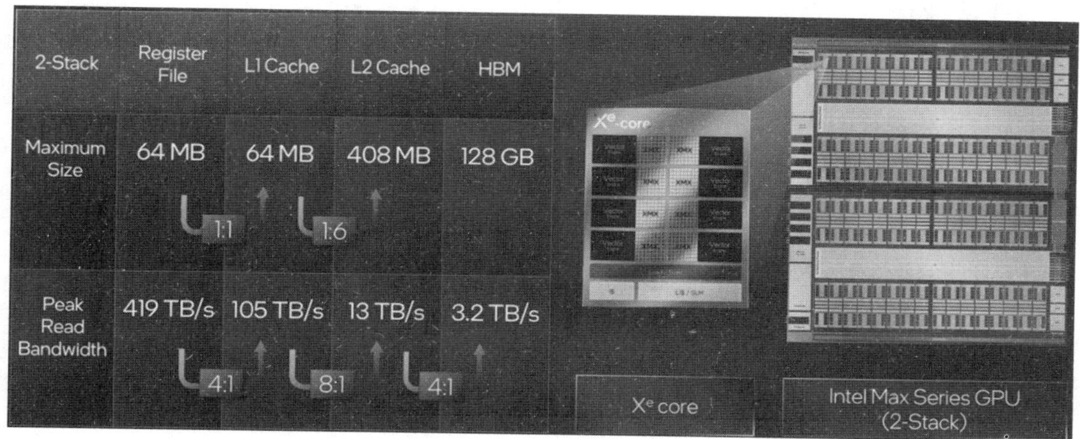

图 6.8　X^e HPC 存储层次和硬件形态

1550 配置有 128 个高性能 X^e-core。GPU 计算核心的数量增速较快，提供了强大的并行计算资源，要求 GPU 数据库在核心算法设计上充分考虑高并行计算特性，减少数据之间的依赖性，通过数据级并行实现细粒度数据上的大规模分而治之并行计算，充分发挥 GPU 的并行计算能力，在数据库算法设计方面需要降低算法的耦合性，面向超大规模并行线程进行数据结构和算法的优化设计。

- 数据访问性能。数据库的算法设计有较强的局部性特征，查询代价较高的连接、分组聚集等计算通常依赖哈希表的访问性能，对 GPU cache 或共享内存的效率依赖较高。从 GPU 硬件的发展趋势来看，L1 cache、L2 cache 的容量也在不断增大，最新的三代 GPU V100、A100 和 H100 合并的 L1 cache 和共享内存容量分别为 128KB/SM、

192KB/SM、256KB/SM，共享 L2 cache 容量分别为 6MB、40MB、50MB，缓存容量持续增长，新一代英特尔 Data Center GPU Max 1550 在共享 L2 cache 容量上达到 408MB，缓存容量对于数据库中强局部性数据集的访问优化有显著的作用，可以有效降低算法设计的复杂性和提高算法性能，如使 hardware-oblivious 无分区哈希连接算法能够更好地自动利用 GPU 的计算性能，减少存储空间消耗较大的 hardware-conscious 分区连接算法带来的 GPU 显存利用率下降问题。

在编程模型方面，GPU 扩展了异步线程执行模式，更好地优化数据移动和计算的流水并行处理能力。GPU 的多实例技术支持更多的实例来提高 GPU 的资源利用率。从 GPU 硬件支持来看，GPU 编程模型的 GPU 特质和技术门槛会逐渐减弱，编程模型将会向 CPU 靠拢，降低 GPU 开发的复杂性和优化难度，与 CPU 编程模型有更好的兼容性。

- 存储访问性能。从硬件的角度来看，GPU 的高并行计算能力需要与其相匹配的高带宽内存访问容量与性能，GPU HBM 高带宽内存的容量和性能随着 GPU 计算能力的提升而提升，并且 H100 能够通过最新的高速 NVLink 互联技术与最多 256 块 GPU 互联，Infinity Fabric、Xe Links 也提供了高可扩展的高性能互联技术，支持构建大规模并行 GPU 计算集群，实现大容量、高存储访问性能、高计算性能的 GPU 计算集群，支持高实时响应分析负载的完全 GPU 内存计算模式，实现 GPU 内存数据库。GPU 基于 PCIe 接口的扩展性高于 CPU，专用 GPU 服务器通常配置 8~16 块高端 GPU 加速器，其存储访问和计算能力更多体现在 scale-out 计算能力上。

如图6.9所示，GPU 端 HBM 内存带宽性能和增速远高于 DRAM、NVMe 存储设备和硬盘，带宽性能的差距可能会逐渐增大，PCIe 通道性能迭代提升，但仍远低于 DRAM 和 HBM 带宽性能，PCIe 性能瓶颈将长期存在，GPU 计算能力和 HBM 访问性能的快速提升使 GPU 端计算与 PCIe 传输流水并行的优化收益缩小，基于 DRAM 存储、GPU 计算的 GPU 加速模式会极大地降低 GPU 的资源利用率。新一代 GH100 通过 NVLink 提高了 CPU 和 GPU 之间的带宽性能，但相对于 HBM 带宽仍有较大的性能差距。

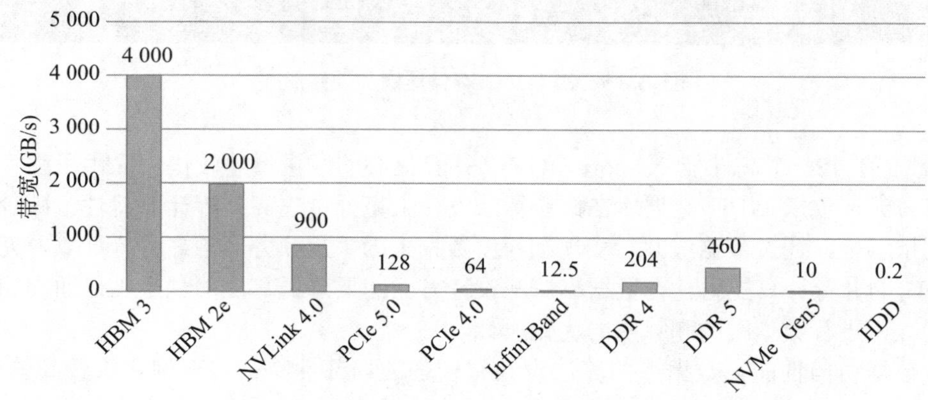

图 6.9 存储及互联技术带宽性能对比

从 GPU 数据库的技术发展路线来看，可以将 GPU 数据库分为两代：

- GPU 优化型数据库（GPU optimized database）。第一代 GPU 数据库以 GPU 优

化型数据库技术为代表，是以传统磁盘、SSD 或内存作为主存储设备，通过 PCIe 通道传输数据，GPU 显存作为缓存执行计算加速功能的 GPU 加速数据库。GPU 优化型数据库优化的主要目标是 GPU 算法实现技术、PCIe 数据传输优化技术、面向 CPU-GPU 异构计算平台的负载优化分配技术等，重点解决在 CPU 和 GPU 端数据谁来存、怎么存、谁来算、怎么算的问题，在实现技术上主要为传统数据库提供加速算子，为数据库优化器提供 GPU 优化功能和选择策略。

- GPU 内存数据库（GPU in-memory database）。第二代 GPU 数据库以 GPU 内存数据库技术为代表，是以 GPU 大容量显存驻留存储计算数据集，执行 GPU 显存上内存计算模式的 GPU 数据库，其硬件假设是 GPU HBM 显存容量的增长和 GPU 高速互联规模及性能的增长支持多 GPU 大容量内存计算。GPU 内存数据库技术优化的主要目标是面向 GPU 内存的存储优化技术、数据压缩技术、GPU 多卡数据分布式存储和分布式计算技术等，可以看作以 GPU 为节点的 SN（shared-nothing）并行计算技术，核心技术不仅包含 GPU 内的大规模并行计算算法，还包括基于 SN 和轻量共享内存（shared-memory，SM）的并行 GPU 集群计算技术。

GPU 硬件技术在算力和带宽两个维度上都得到了快速发展，GPU 性能的瓶颈逐渐从算力转向带宽，如何高效利用现代 GPU 大容量 HBM 进行高性能查询处理是下一代高性能数据库面临的技术挑战。

6.2 代表性 GPU 数据库系统

GPU 数据库研究起步较早，学术界的研究比较活跃，有较多的 GPU 数据库原型系统，但产品化的 GPU 数据库数量较少，相对于内存数据库，传统数据库厂商还未全面集成 GPU 数据库引擎。从 GPU 硬件特性和技术发展趋势来看，GPU 并行计算能力的提高、HBM 高带宽内存容量的增长、GPU 互联设备数量的增长和 GPU 互联通道性能的提升可以为数据库提供一个基于高性能 NVLink 或 PCIe5.0 互联架构、多 GPU、大容量 GPU 的内存计算平台，为 GPU 内存数据库提供了较好的硬件支持，GPU 数据库具有较好的发展潜力。从 GPU 数据库软件的发展趋势来看，基于传统磁盘数据库的 GPU 加速数据库虽然在性能上较传统的磁盘数据库有显著的提升，但相对于专用的内存数据库性能优势较小，慢速的磁盘 I/O 访问也会极大降低昂贵 GPU 的硬件利用率。从未来发展趋势来看，基于高速互联设备的 GPU 集群上的大容量内存计算型数据库是高性能数据库的代表性发展趋势之一。

6.2.1 GPU 数据库存储与计算模型

GPU 不仅是一个高性能计算平台，也提供了高带宽、大容量存储能力，在 NVLink 高速互联技术的支持下既可以作为一个加速平台，也可以作为一个独立的 GPU 内存计算平台，与基于 CPU 的内存计算平台和基于磁盘存储的传统数据库平台有多种结合方式，因此 GPU 数据库技术的发展也呈现多样性特征。

图6.10显示了包含 GPU 设备的代表性存储和计算层次，以及相应的 GPU 数据库

实现技术。根据存储设备的带宽性能把数据存储层分为热–暖–冷三个层次：冷数据用于存储大容量持久访问数据，主要使用 SSD 或磁盘，存储容量大但带宽较低，数据访问延迟较高，支持 CPU 和 GPU 的 DMA 直接存储访问；暖数据为内存存储层，数据存储能力较 GPU 更高，内存带宽性能远高于 SSD 和磁盘，但远低于 GPU 的 HBM 高带宽内存，主要作为内存数据库的数据存储层，支持高性能内存数据库系统；GPU 配置的 HBM 高带宽内存容量相对内存较小，但具有较高的带宽性能，并且带宽性能增速较高，在 NVLink 等新型 GPU 互联技术的支持下可以将多 GPU 内存及主存管理为统一的内存访问空间，实现 GPU 内存数据库。

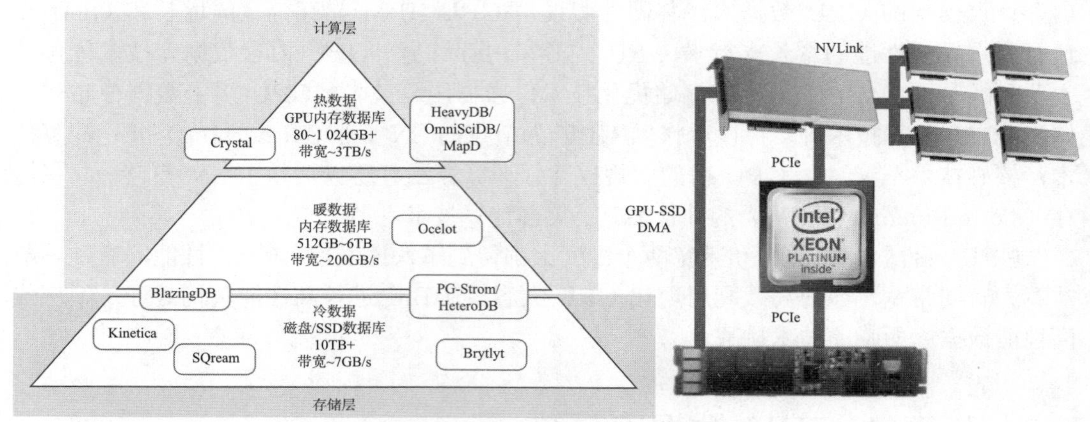

图 6.10 GPU 数据库存储、计算模型和代表性系统

CPU 和 GPU 设备作为计算层，可以直接对内存进行访问和计算，通过多核和大规模并行线程提高数据库的查询性能。CPU 和 GPU 有不同的硬件架构和编程模型，因此内存数据库和 GPU 数据库在实现技术上有较大的不同，需要通过特定的硬件优化技术定制优化的内存及 GPU 数据库查询处理引擎。

从 GPU 数据库系统的技术路线来看，可以分为 GPU 内存数据库和 GPU 加速数据库两条主要的技术路线。

GPU 内存数据库以 GPU 的 HBM 高带宽内存为主要存储设备，通过基于 NVLink 等高速互联技术的多 GPU 架构提高完全 GPU 内存计算性能，其数据处理容量取决于 GPU 的 HBM 主存大小和 GPU 互联数量，性能主要取决于 HBM 带宽性能、GPU 并行计算性能和 NVLink 等高速互联设备的带宽性能，其代表性系统包括 HeavyDB（OmniSciDB[2] /MapD）和开源 Crystal 库，可以看作面向 GPU 硬件架构的定制型数据库技术。

GPU 加速数据库通常设计为混合数据库引擎技术，数据库使用 CPU 处理传统的数据处理任务，使用 GPU 加速适合并行计算的任务和负载。GPU 加速数据库将 GPU 作为一个加速选项而非主存储及计算设备，由查询优化器决定负载在 CPU 和 GPU 之间的分配和调度。GPU 加速数据库通常需要实时将数据从磁盘/SSD 或内存传输到 GPU 进行处理，GPU-SSD 之间的 DMA 直接存储访问技术可以优化数据传输性能，在性能上仍然受 PCIe 带宽、SSD 带宽性能制约和影响。GPU 加速数据库系统通常是在原有查询处理引擎基础上扩展 GPU 加速引擎而实现，代表性的系统包括 Ocelot、Kinetica、SQream、Brytlyt、BlazingDB、PG-Strom/HeteroDB 等。

6.2.2 GPU 内存数据库

1. HeavyDB

HeavyDB 是一个开源的[3]、支持 SQL 的关系型列存储引擎，它的前身是 OmniSciDB 和 MapD，支持在 CPU-GPU 混合平台及 x86、Power 和 ARM 平台上的完全 CPU 内存处理。HeavyDB 支持基于实时编译技术将 SQL 查询编译为底层机器码，提高代码执行性能。HeavyDB 采用内存列存储，使用 SSD 作为持久数据存储，数据存储为列格式，列进一步划分为块，GPU 查询处理采用一次一操作（operator-at-a-time）模式或块处理（block oriented processing）模式，在 CPU 端采用向量化查询处理模型。

HeavyDB 首选将热数据全部缓存于 GPU 内存，执行完全 GPU 内存处理，消除 PCIe 传输代价，在多 GPU 之间使用 SN 架构使每个 GPU 独立执行查询处理任务，多 GPU 支持较大的 GPU 内存处理容量。当 GPU 内存容量不足时，优化器使用 CPU 内存进行查询处理。与传统数据仓库引擎相比，HeavyDB 基于 GPU 的高性能处理能力可以取消传统的索引、预聚集、抽样等优化技术，简化优化器设计，对原始数据直接进行高性能分析。

HeavyDB（OmniSciDB）是一个 GPU 原生的、支持多 GPU 的高性能 SQL 查询处理引擎，代表了当前 GPU 数据库的最高性能水平，在学术论文中经常用于性能对比测试。

2. Crystal 库[4]

Crystal 采用 Tile-based 查询处理模型，如图6.11所示。CPU 的向量化处理技术是每核心（线程）一次处理一个优化大小的向量数据结构，以提高代码执行效率和向量在 L1 cache 中的缓存访问性能。GPU 每个 SM 以线程块为单位一次执行大量线程的并行数据处理，每线程访问一个向量数据结构，每个 SM 处理的数据形成一个 Tile 结构。在 GPU 算法实现中，传统的查询处理通过多个核函数完成一个完整的数据处理过程，通过全局内存完成核函数之间的中间结果传递。如图6.11所示的谓词操作，Tile-based 查询处理方法将一个数据 Tile 上的处理过程整合在一个核函数中，通过 SM 内部的共享内存进行中间结果传递，消除全局内存访问延迟。

基于 Tile-based 查询处理模型，Crystal 创建了一系列库函数，例如通过 BlockLoad 向量指令加载数据 Tile，通过 BlockPred 进行谓词处理生成位图索引，通过 BlockScan 生成前缀和，通过 BlockShuffle 对数组进行排序，通过 BlockStore 生成输出数组，通过 Crystal 库构建 CUDA 查询处理程序。

GPU 内存数据库以 GPU 内存存储为基本假设，关键技术从突破 PCIe 性能瓶颈转换到提高 GPU 算法性能和效率上，如何通过算法优化提高 GPU 查询处理性能和 GPU 内存利用率，以及支持可扩展的多 GPU 并行计算，成为新的关键技术。

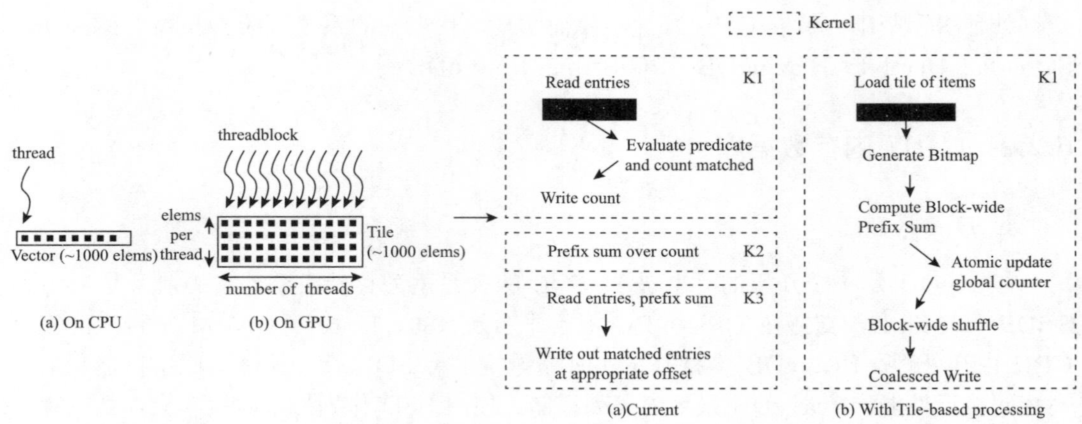

图 6.11 Tile-based 查询处理模型

6.2.3 GPU 加速数据库

GPU 加速数据库定位于 CPU-GPU 异构计算平台上的数据库协同处理技术，通过 GPU 加速部分执行代价高的关系操作算子达到提升整体查询性能的目标。

图6.12显示了 CPU-GPU 协同处理模型，其中，CPU 和 GPU 不是对等的处理器，在负载和任务分配上优化匹配硬件的计算性能和负载的计算特征。GPU 适合大数据集上的大规模并行计算，目标是优化查询负载中占比较低但计算代价较高的局部算子，CPU 适合复杂数据类型管理、复杂逻辑控制和任务处理，因此，在查询优化设计中一方面要根据 CPU 和 GPU 的硬件特性按负载的计算特性静态划分不同的数据集，将计算密集型数据集存储到 GPU 内存中提高 GPU 计算的数据局部性，另一方面要在查询优化中根据算子执行的代价模型动态分配负载的执行场地，但需要综合考虑计算代价和数据的 PCIe 传输代价。

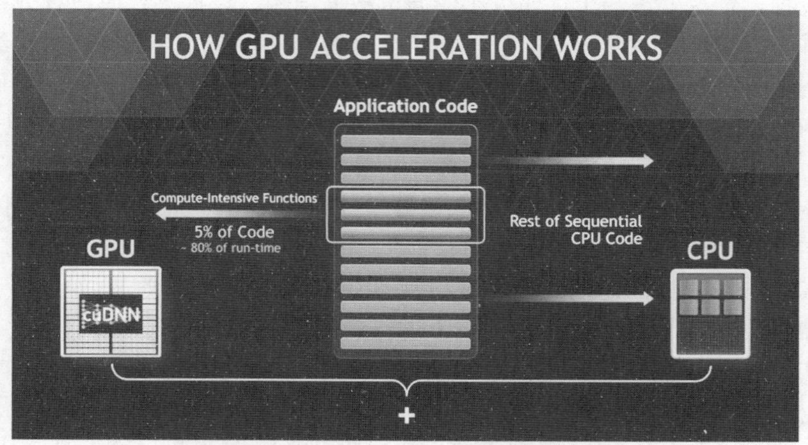

图 6.12 CPU-GPU 协同处理模型

资料来源：https://www.slideserve.com/nvidia/gpu-accelerated-deep-learning-for-cudnn-v2-powerpoint-ppt-presentation.

GPU 加速数据库的基本实现策略是实现部分适合 GPU 加速的算子并通过查询优化器在 CPU 和 GPU 平台优化分配查询任务。GPU 内存数据库通常是定制型数据库，难以支持复杂的查询任务，如 TPC-H 中复杂嵌套子查询，相对于 GPU 内存数据库技术而言不需要实现数据库全部算子，只需要扩展部分算子实现技术，更好地与传统数据库引擎兼容，支持完整的查询功能。

代表性的 GPU 加速数据库系统可以分为三种类型：内存数据库 GPU 加速系统，以 Ocelot 为代表；磁盘数据库 GPU 加速系统，以 Kinetica、SQream、Brytlyt、BlazingDB、PG-Strom/HeteroDB 等为代表；磁盘数据库基于 Arrow 的 GPU 加速系统，以 BlazingDB、PG-Strom 为代表。

1. 内存数据库 GPU 加速系统

内存数据库以多核 CPU 和 DRAM 为硬件平台，查询性能受多核 CPU 的并行计算能力和 DRAM 的带宽性能制约，GPU 更强大的并行计算能力和 HBM 更高的带宽性能使 GPU 可以用作内存数据库的硬件加速平台。

图6.13（a）显示了在内存数据库 MonetDB 基础上构建的内存数据库 GPU 加速系统 Ocelot 系统架构，其中，Operators 算子模块是核心功能模块，实现对 MonetDB 算子的 GPU 编程模型，Memory Manager 内存管理模块用于算子透明地进行 GPU 设备内存管理，Query Rewriter 查询重写模块将查询计划重定向到 Ocelot 的 GPU 算子实现，OpenCL Context Management 上下文管理模块用于初始化 OpenCL 运行时环境、核函数编译、核函数调度、提供 OpenCL 数据结构访问接口等功能。Ocelot 系统基于 OpenCL 编程模型可以更好地支持不同的 GPU 设备，通过硬件无关（hardware-oblivious）模式实现跨异构设备的系统部署。

图6.13（b）进一步研究了算子在 CPU 和 GPU 平台的部署策略，实现优化器库 HyPE，通过基于设备特征的学习代价函数自动为算子选择优化的执行平台，主要由代价估算器、算法/设备选择器和查询优化器组成。代价估算器应用了查询反馈和机器学习方法，系统可以使用代价估算或启发式规则生成查询执行计划。基于机器学习和局部最优的优化策略有较好的响应性能，但在全局优化策略方面存在一定的不足。

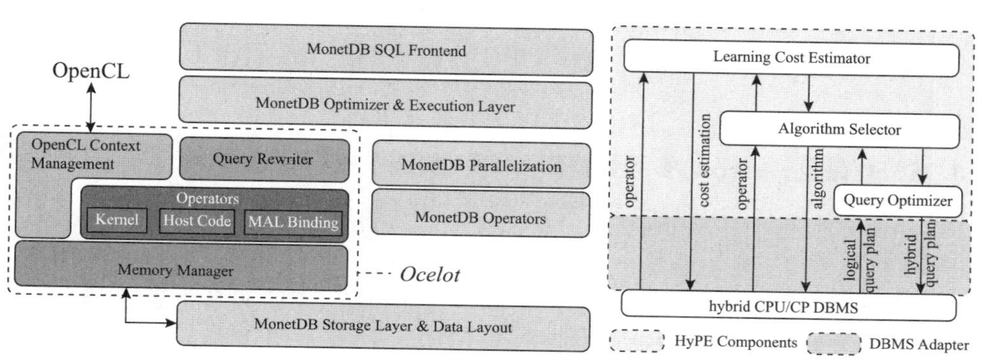

（a）Ocelot系统架构[5]　　（b）HyPE架构[6]

图 6.13 Ocelot 和 HyPE 架构图

内存数据库的算子在 CPU 和 GPU 上执行性能的差距相对较小，PCIe 传输代价相对较高，因此算子在 CPU 或 GPU 平台的选择优化难度较大。近年来随着 GPU 计算与存储能力的快速提升，GPU 计算密集型算子实现与优化技术的深入探索，内存数据库 GPU 加速技术的性能收益逐渐减少。

2. 磁盘数据库 GPU 加速系统

磁盘数据库 GPU 加速系统通过 GPU 硬件加速传统磁盘数据库的查询处理性能，由于磁盘数据库的性能较低，在引入 GPU 硬件加速平台之后通常有较为显著的性能提升。

Kinetica 是一个列存储数据库，支持 SMP 多核并行、MPP 并行和 GPU 并行处理等，利用 GPU 和现代 CPU 的向量化功能优化查询处理性能，在大规模的空间和时间查询上有显著的性能收益。

SQream 是一个 GPU 加速的数据仓库系统，通过 GPU 加速列存储查询处理性能。SQream 使用 CPU 和 GPU 处理大数据集，尤其是通过 GPU 的大规模并行处理能力加速大数据分析，不易进行并行化的数据处理任务（如文本处理）由 CPU 执行，由查询编译器和查询计划优化器决定操作符在 CPU 或 GPU 中的执行。SQream 使用列存储，数据水平划分为块，以数据块为单位进行压缩，通过数据压缩减少数据通过 PCIe 通道传输到 GPU 的时间。SQream 采用一次一操作符执行模型，也支持基于块的处理模型，查询编译器决定哪些块加载到 GPU 进行处理，需要先移动数据再进行 GPU 加速处理。SQream 采用面向 NVIDIA 定制的 CUDA 库实现，不属于 Ocelot 代表的硬件无关型 GPU 数据库实现技术。

Brytlyt 数据库构建在 PostgreSQL 数据库之上，包含 GPU 并行连接技术和 PostgreSQL 完整的功能。Brytlyt 可以与 PostgreSQL 数据库生态无缝融合，在提高数据处理能力的前提下降低系统开发成本。Brytlyt 支持 GPU 上的连接操作，数据采用水平分区方式划分为数据块，分派给 GPU 核心并行处理，通过独立数据块上的查找完成记录的匹配操作。Brytlyt 支持基本的过滤、排序、聚集、分组、连接等操作，查询执行时数据以向量化的列存储数据在 CPU 和 GPU 内存之间传输。Brytlyt 是磁盘行存储数据库，CPU 端执行一次一记录处理模型，GPU 端执行向量化查询处理模型。Brytlyt 通常将数据存储在内存提高查询性能，通过将次热数据存储在 CPU 内存、热数据存储在 GPU 内存的方法降低 PCIe 瓶颈效应，采用 CPU 内存和 GPU 内存 1 : 1 配置提高系统处理能力。

3. SSD/磁盘–Arrow 多级数据库 GPU 加速系统

PG-Strom 是基于 PostgreSQL 9.6 及更高版本设计的扩展模块，通过 GPU 加速 SQL 工作负载，用于数据分析或批量处理大数据集。PG-Strom 核心功能模块是根据 SQL 命令自动生成 GPU 程序的 GPU 代码生成器和在 GPU 设备上运行 SQL 工作负载的异步并行执行引擎。在存储引擎设计上，PG-Strom 使用 PostgreSQL 的行存储系统，支持将行存储数据转换为列存储数据传输到 GPU 内存中。PG-Strom 支持 SSD 到 GPU 直接 SQL 机制，允许从 NVMe SSD 存储直接加载到 GPU 直接执行 SQL 操作，消除 PCIe 传输代价。PG-Strom 的优化器与 PostgreSQL 协同工作，适合 CPU 及 GPU 不支持的操作（如 like 操作）由 PostgreSQL 引擎执行，CPU 执行代价高于 GPU 的操作（主要支持扫描、连接和分组操作，以及操作的组合）由 PG-Strom 引擎执行。

PG-Strom 在 SSD 直接存储访问、查询处理，以及基于内存 Arrow 存储引擎的查询处理方面，与基于传统数据库存储引擎的 GPU 数据库系统有显著的不同。

PG-Strom 支持 SSD-to-GPU Direct SQL Execution 模型，其硬件架构如图6.14（a）所示，英伟达 PCIe-switch 支持 GPU 直接远程内存访问（GPU Direct RDMA），PCIe-switch 可以支持更多的 PCIe 设备，NVMe SSD 安装在外部的 JBOF 设备中，通过 PCIe 主机卡和直连线连接服务器，每个 PCIe 插槽支持连接 4 块 SSD 设备，支持 PG-Strom 实现 SSD 到 GPU 的直接 SQL 访问，消除 CPU 与 PCIe 设备之间的数据传输，如图6.14（b）所示。

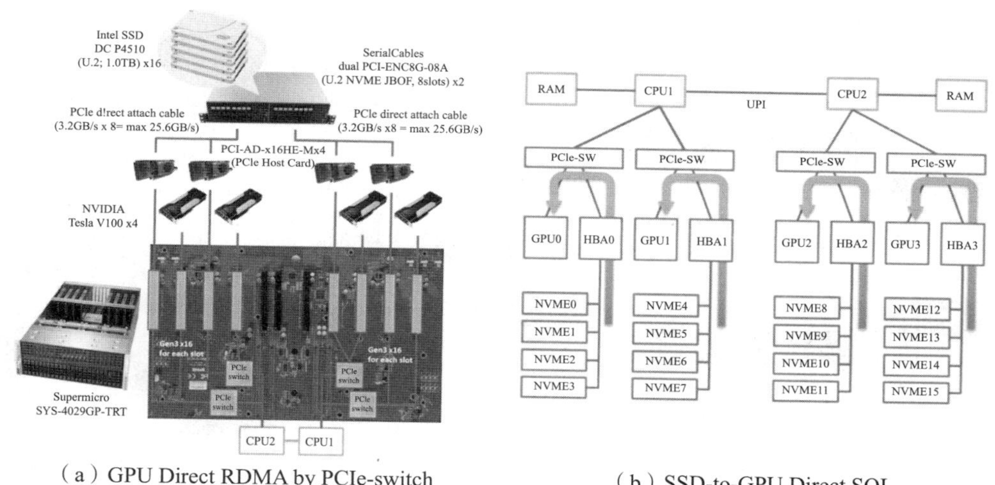

（a）GPU Direct RDMA by PCIe-switch　　（b）SSD-to-GPU Direct SQL

图 6.14　SSD-to-GPU Direct SQL Execution

传统数据库的行存储模型需要加载全部的数据到内存处理，数据传输代价较大。SSD-to-GPU Direct DMA 技术支持将数据从 SSD 直接传输到 GPU 并行执行 SQL 负载，消除查询不相关的数据及进行数据预处理，GPU 作为 I/O 加速器，减少传输到 CPU 内存的数据量，如图6.15所示。该技术将 GPU 用作 SSD 存储的前端数据处理器，加速 SSD 的访问及数据预处理，减少 CPU 处理的数据量。从 GPU 硬件特性来看，GPU 的内存带宽性能及数据吞吐性能远高于 SSD 带宽性能，作为 SSD 的数据预处理加速器可能降低 GPU 的利用率。

PG-Strom 支持使用内存列存储引擎 Arrow 作为外部表存储平台，通过第三方开源内存列存储引擎为 PostgreSQL 提供内存列存储服务，通过 FDW 接口直接访问 Arrow 数据，如图6.16所示。

BlazingDB/BlazingSQL 是一个与数据湖集成的开源的分布式 GPU 数据加速引擎，BlazingSQL 是一个关系数据库，支持基于 SQL 接口查询处理，使用英伟达 GPU 和 CUDA 库加速关系操作算子性能。如图6.17所示，BlazingSQL 可以直接查询 Apache

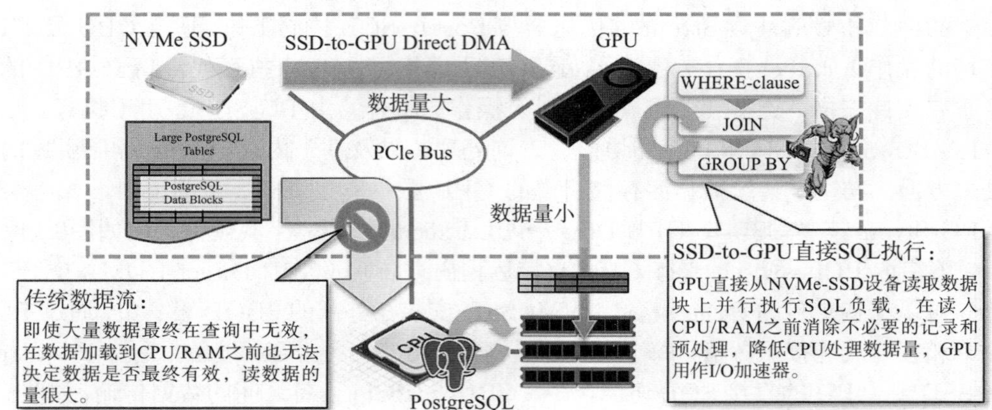

图 6.15 PG-Strom 查询处理模型

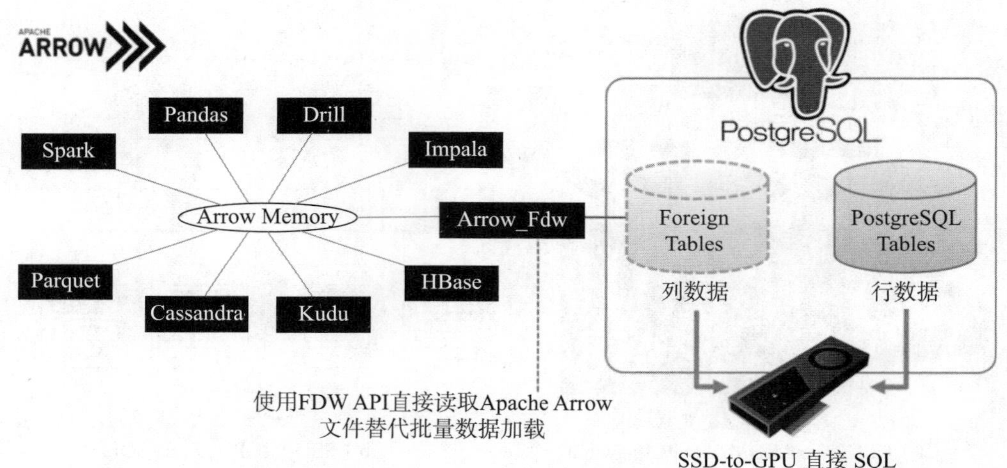

图 6.16 PG-Strom 对 Arrow 的支持

Parquet 文件，集成了 Apache Arrow 作为内存列存储分析层加速大数据分析处理。BlazingSQL 支持 JIT 编译技术，GPU 上的向量化处理技术，从数据湖读取的数据缓存在 GPU DataFrame 中（在 Apache Arrow 上构建的内存列存储结构），支持分布式 GPU 缓存，不支持写操作和索引。

面向 GPU 硬件特性设计的 GPU 内存数据库依赖大容量 HBM 内存 GPU 和 GPU 高速互联技术提供高性能，最大化发挥 GPU 的硬件优势，但与传统数据库兼容性较低，在功能上更倾向于定制化的 GPU 数据库引擎，作为全功能数据库引擎的难度较大，在事务处理方面的支持也相对较低。GPU 加速数据库的部分算子，但基于数据传输–GPU 加速的计算模型受 PCIe 较低带宽性能的制约和磁盘 I/O 性能的影响难以最大化发挥 GPU 强大的计算性能。基于 Arrow 存储的 GPU 加速数据库使用插件化的内存列存储引擎，为传统的磁盘数据库提供了 GPU 内存加速引擎，可以实现特定负载上更高的 GPU 查询处理性能。

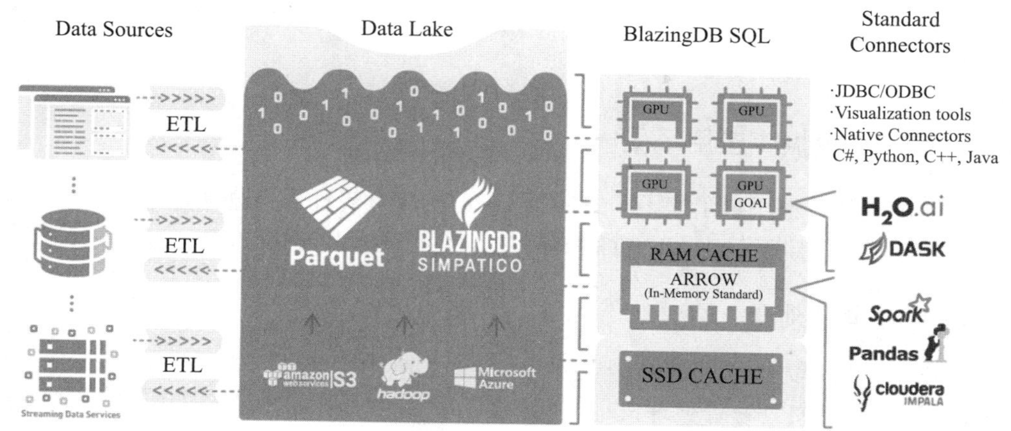

图 6.17 BlazingDB/BlazingSQL 系统架构

6.3 GPU 数据库实现技术

GPU 上的程序设计包括 host code 和 kernel 两部分。host code 负责管理 GPU，初始化数据传输调度 kernel 在 GPU 上的执行。kernel 在 GPU 上以 SIMD 和多线程方式执行，当不同数据的执行方式相同时，GPU 的多线程执行效率很高，但当数据上的执行方式不同时，如数据上包含逻辑计算或复杂的数据结构，多线程代码执行效率降低，因此 GPU 上的程序设计要尽量避免复杂的逻辑控制和复杂的数据结构。GPU 上的程序设计主要使用计算统一设备架构（Compute Unified Deivce Architecture，CUDA）和开放计算语言（Open Compute Language，OpenCL），这两种程序设计框架支持 CPU 对 GPU 上计算的管理和 CPU 与 GPU 端的数据传输。其中，CUDA 仅支持英伟达的 GPU，而 OpenCL 能够支持更多的异构计算设备。

从当前 GPU 上的研究成果来看，GPU 查询优化技术可以看作内存数据库在GPU 设备上的延伸，CPU 上的查询优化技术通过 GPU 算法和代码优化在 GPU 上独立地或协同地完成查询处理任务。GPU 高带宽 HBM 容量的增长和高速互联技术的发展使 GPU 成为一个计算型“数据群岛”，即以 GPU 本地大容量 HBM 内存计算为核心，以多 GPU 高速互联作为并行计算架构的高性能计算平台。GPU 与 CPU 性能差距的逐渐扩大，使 GPU 数据库技术的核心从如何分担 CPU 负载向如何提高 GPU 硬件利用率转换，以 GPU-native 设计思想定制设计最大化发挥 GPU 计算性能和存储利用率的计算引擎，将不适合 GPU 处理以及计算热度和密度较低的负载划分给 CPU 端处理，将 GPU 作为第一级高性能数据库计算平台，CPU 作为第二级高性能数据库计算平台，实现以 GPU 为中心的 CPU-GPU 异构平台数据库设计。

GPU 数据库实现技术不是内存数据库的 GPU 版本，需要根据 GPU 的硬件特性、计算特性、存储特性进行定制优化设计。GPU 数据库也不是对传统数据库及内存数据库的替代，而是完整数据库系统中一个以数据为中心、定制化计算的专用引擎，在 CPU 平台数据库难以解决的高性能计算和高吞吐计算领域发挥其特性，由 CPU 平台数据库承担不适合 GPU 平台数据库处理的数据管理、事务处理、复杂查询、大数据/冷数据查询等负载，实现一个异构、分层的数据库平台。

6.3.1 GPU 数据库应用场景

GPU 的硬件特性决定了其不同于通用 CPU 的架构设计和适合的应用领域，我们首先讨论 GPU 在 OLTP、OLAP 和 HTAP 场景的实现技术。

1. GPU 事务处理

GPU 事务处理方面的研究较少，主要的硬件影响因素包括：事务中频繁使用的分支语句在 GPU 的 SIMT 并行处理机制中的效率和性能较低；事务原子性要求的细粒度同步机制在 GPU 上较难实现；OLTP 负载中索引基于指针的动态数据访问和分配机制在 GPU 中难以支持，索引结构较低的并行访问支持也不利于发挥 GPU 的性能。

GPUTx[7] 采用赋予事务全局唯一时间戳并以数据为中心排序事务操作，形成事务依赖图，用简单的拓扑排序形成多个无冲突事务集，在 K-set 无冲突事务集前提下实现两阶段锁、单分区单事务、K-set 无冲突事务集的 GPU 事务处理模式。其事务处理的基本假设是事务操作在同一时刻完成，在实际应用中还存在很多难以支持的应用场景。

GPUTx 假设事务的所有读写操作可以同时完成，查询批量的大小对性能有不同的影响。进一步的研究[8] 针对细粒度的 CRUD（create，read，update，delete）操作，GPU 端较小批量的查询任务可以较快反馈查询结果，但 GPU 的硬件利用率较低，较大批量的查询并行任务可以提高 GPU 利用率，但查询结果的处理延迟较高。从 GPU 的硬件特性来看，GPU 上较大批量并行事务处理任务能够更好地发挥 GPU 的并行计算能力。

GPU 的高带宽内存性能和大规模并行处理能力为 OLTP 大规模并发事务处理的需求提供了硬件支持，但 GPU 的硬件特性在事务处理中受到诸多限制。GPU-TPS[9] 实现了线程级锁同步机制，避免 GPUTx 全局唯一时间戳和事务排序限制，提高事务处理的并行性。GPU-TPS 设计了在 CPU 和 GPU 端的事务处理任务：

• 阶段 1：CPU 初始化数据库，将数据传输到 GPU，GPU 端创建哈希表及 B+-Tree 索引。

• 阶段 2：CPU 缓存事务请求，对事务进行分组和映射，将相同类型事务先分配给相同的 warp，再通过映射在不同 warp 间负载平衡。如图6.18（a）所示，无分组和映射的事务分发到不同的 GPU warp 中；图6.18（b）按事务类型分组，相同的分组分发到相同的 warp 中优化分支处理性能；图6.18（c）通过映射使不同 warp 中的事务的负载更加均衡，对读写事务的负载通过交错方式提高 GPU 利用率。

• 阶段 3：CPU 加载 GPU kernel 函数，执行 GPU 端事务处理。

• 阶段 4：线程重复获取和执行事务。

• 阶段 5：所有事务执行完毕将事务处理结果返回 CPU 端。

在事务处理过程中，阶段 4 和阶段 2、3、5 可以流水并行执行，如图6.19所示。CPU 端的事务分组、映射、传输可以和 GPU 端的事务执行流水并行处理，图6.19中启用了两个 GPU 流，两个流之间的任务可以交错执行，一个流用于处理 CPU 端的事务准备，另

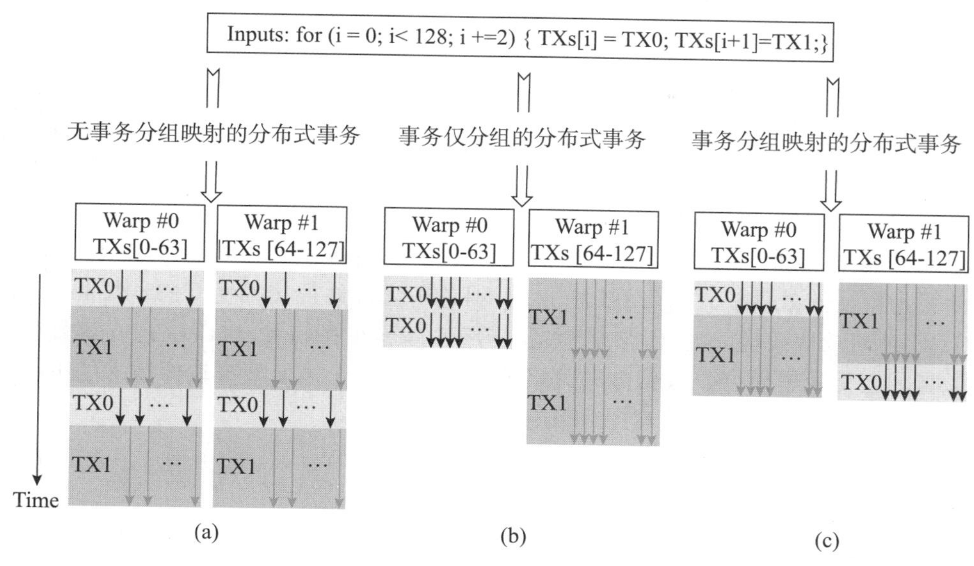

图 6.18 GPU-TPS 事务处理

一个流用于 GPU 事务处理，使 GPU 核心处于连续执行过程中，提高 GPU 的硬件利用率。

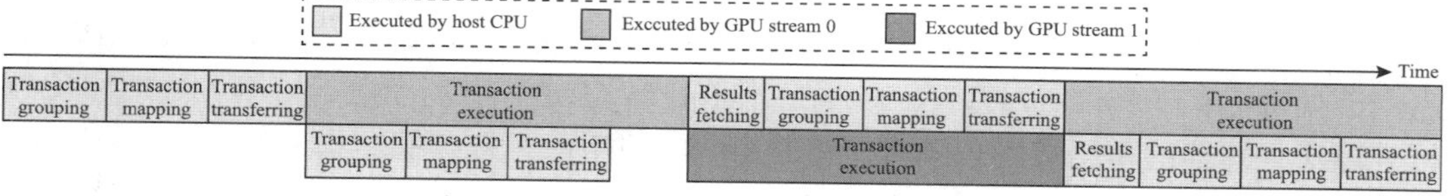

图 6.19 GPU-TPS 事务流水并行处理模型

GPU 事务处理通过两段锁协议保证线程级事务的一致性。GPU-TPS 通过定制的内存分配机制管理 GPU 设备内存来支持 GPU 上的内存分配和空间释放，支持 GPU 索引上的更新操作。基于 GPU 内存分配机制设计了 GPU 哈希索引和 B+-Tree 索引实现技术，在 B+-Tree 的实现上通过读写锁（readers-writer lock，RW-lock）同步机制支持索引节点上的并发读，树遍历确定加锁节点，回退检查确定上级节点是否需要加写锁，锁获得阶段获取索引操作相关节点全部的锁。B+-Tree 索引每个节点增加一个版本用来检查节点是否改变，优化树遍历和回退检查代价。

从 GPU 硬件技术发展趋势来看，大容量 HBM 高带宽内存和大规模并行计算能力与大规模并发事务处理负载的计算需求相匹配，新型 GPU 在异步线程并发处理、内存原子级访问等方面的能力在提升，为 GPU 事务处理提供了良好的前景。

现阶段 GPU 事务处理应用较少，主要应用 GPU 强大的并行计算性能优化只读数据上的 OLAP 查询性能。

2. GPU 分析处理

当前 GPU 数据库以 OLAP 为主要应用场景，核心目标是通过 GPU 加速大数据实时分析处理能力，弥补内存计算平台在内存带宽性能、多核并行计算性能方面的不足。

OLAP 应用场景的主要特征是在只读历史数据上执行的多维分析处理任务，主要决定因素是数据访问性能和计算性能。GPU 配置的高带宽内存提供了远高于内存带宽的数据访问性能，大规模并行核心也提供了强大的并行计算能力，适合 OLAP 以数据吞吐和计算为特征的处理模式。在 GPU 上的 OLAP 查询处理技术受 CPU-PCIe-GPU 架构、GPU-NVLink 架构、GPU 架构特征、GPU 编程模型特征、GPU 内存容量等硬件特性影响，也受数据模型、数据分布策略、算法模型、优化模型等软件技术的影响。我们将在下面的小节中详细分析 GPU OLAP 实现技术。

3. HTAP 处理

CPU 平台上的 HTAP 主要体现在面向事务处理的行存储模型和面向分析处理的列存储模型的融合以及事务处理和分析处理并发控制优化技术，但事务处理和分析处理争用 CPU 资源对提高 HTAP 的综合性能产生不利的影响。CPU-GPU 异构计算平台，尤其是 GPU 基于 PCIe 或 NVLink 的扩展能力提供了一个 CPU 之外的高性能 OLAP 计算平台，可以在硬件平台上将事务处理负载与 CPU 绑定，将分析处理负载与 GPU 绑定，实现异构计算平台上的异构 HTAP 处理。

RateupDB 是一个面向 CPU-GPU 异构的 HTAP 系统架构，如图6.20所示。CPU 平台用于处理 OLTP 事务负载，GPU 平台用于处理 OLAP 分析负载，短事务处理和长分析处理对处理器的争用被物理隔离。RateupDB 使用内存双存储结构，其中 AlphaStore 存储数据库中查询处理的数据，DeltaStore 存储事务更新的数据，系统通过多版本并发控制管理两个存储，两个存储都采用列存储。GPU 查询处理时合并 AlphaStore 存储和 DeltaStore 存储以获得最新版本的数据集，CPU 事务处理只更新 DeltaStore 存储。GPU 内存中设置 AlphaCache 用于缓存 AlphaStore 存储中频繁访问的热数据集来减少 CPU 和 GPU 之间的数据传输代价。

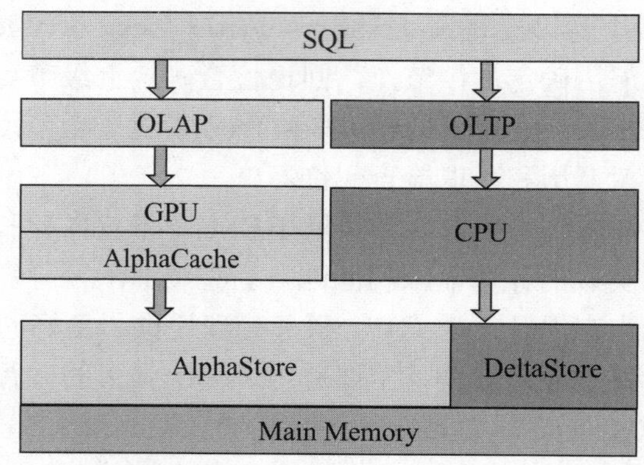

图 6.20 CPU-GPU 异构平台 HTAP 处理模型[10]

从硬件特性来看，CPU 适合复杂类型数据上的管理操作，GPU 适合简单类型数据上的大规模并行计算，不仅 OLTP 负载和 OLAP 负载可以分别与 CPU 和 GPU 平台绑定，OLAP 查询中的管理型数据处理阶段也适合 CPU 平台，即在 OLAP 负载内可以进一步按计算的类型和数据的类型将不同的计算阶段与 CPU 或 GPU 优化匹配。

从 HTAP 技术的发展趋势来看，同构计算平台上的 HTAP 实现不可避免地面临 OLTP 事务和 OLAP 任务对同构处理器资源的竞争，分布平台或异构计算平台可以从硬件资源的角度将 OLTP 负载和 OLAP 负载进行物理分离，减少不同类型任务对处理器资源的竞争。

下面分别从不同的技术层次分析 GPU 数据库实现与优化技术。

6.3.2 数据模型优化

OLAP 查询可以看作基于多维数据集的多维分析计算，可以采用多维 OLAP 计算模型和关系 OLAP 计算模型。多维 OLAP 计算模型的核心是 CUBE 计算，相关研究主要集中在如何通过 GPU 的高并发计算能力和可编程的存储层次结构加速 CUBE 计算。关系 OLAP 计算模型将多维计算转换为事实表与维表之间的选择、投影、连接、分组、聚集计算，通过关系数据库查询处理引擎完成多维分析处理任务。现代内存数据库作为 OLAP 查询处理引擎有较高的性能，通常不使用物化 CUBE、聚集表、连接索引等传统的加速技术，通过内存数据库查询处理引擎的高性能提供实时多维分析处理能力。

从存储效率来看，关系模型将多维数据存储为事实表和维表，存储效率较高。从计算模型来看，根据事实表与维表之间不同的映射技术可以分为多维计算模型和关系处理模型两大类。如图6.21所示，多维计算模型将多维数据集映射为数据立方体（DATA CUBE），查询任务转换在数据立方体中的数据切块（DATA DICE）上生成分组 CUBE，分组 CUBE 代表多维查询结果集；关系处理模型则基于关系查询处理模型生成查询树，依次执行事实表与多个维表的连接操作，并生成 group by 结果集作为查询结果。两种计算模型的主要区别在于连接与分组操作的算法设计：多维计算模型将维表映射为数据立方体的维，连接操作从基于等值查找的操作转换为事实表外键向维表的地址映射操作，分组操作由基于 group by 属性的分组操作转换为对分组 CUBE 的多维地址访问。

如图6.22所示，Fusion OLAP 计算模型[11] 实现了关系存储模型上的多维计算，主要特征包括：

- 维表主键采用代理键建立维表记录与维的地址映射关系，事实表外键直接映射为维表记录偏移地址。
- 采用“早分组，晚聚集”计算策略，在维表处理阶段对维表上的 group by 属性进行动态字典表压缩，各维表上的 group by 属性压缩字典构建了分组 CUBE（图中的 Aggregation CUBE）。
- 维表上的选择、投影、分组操作生成维向量，代表虚拟数据立方体的各个维轴，维向量中的空值代表该维成员不参与当前查询，非空值代表该维成员参与多维计算，若维向量为位图则该维向量只参与多维过滤操作，若维向量为分组编码则代表该维成员在分组 CUBE 中当前维上的多维地址分量。

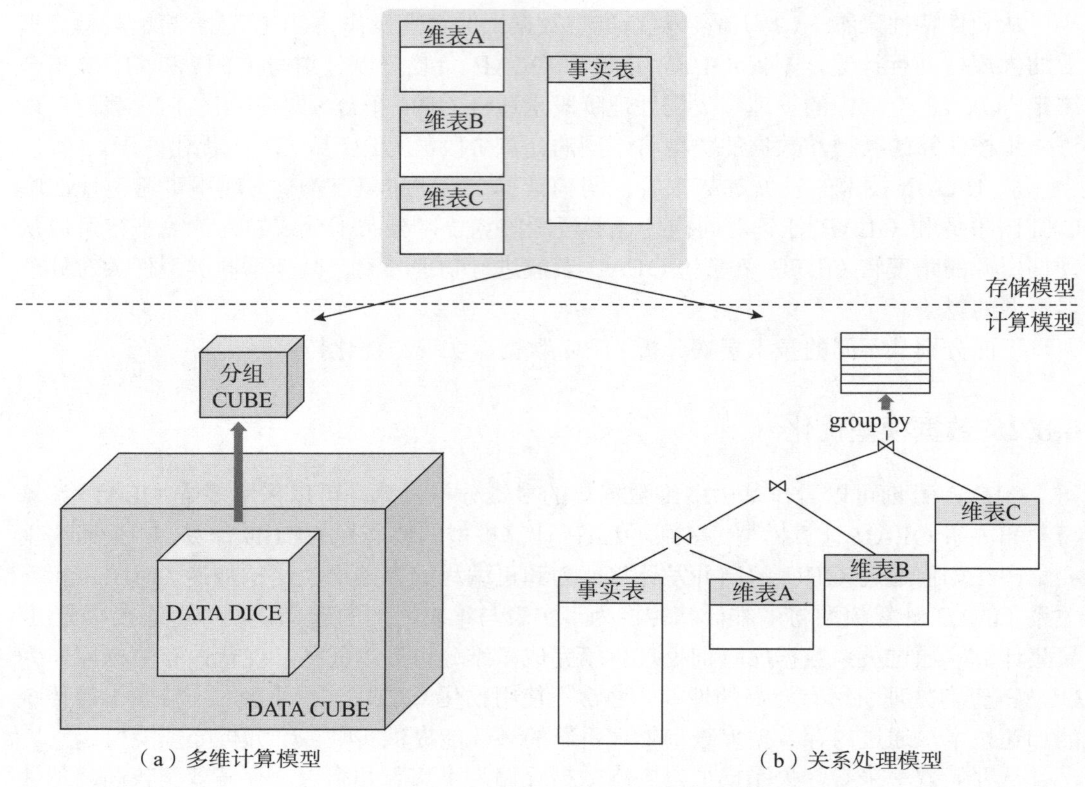

（a）多维计算模型　　（b）关系处理模型

图 6.21　OLAP 数据模型与计算模型

- 事实表垂直划分为两个数据子集：事实表外键列子集和事实表度量列子集。
- 事实表外键列可以看作多维索引，按外键值映射到相应的维向量上获取在虚拟立方体多维空间中的过滤信息，若对应各维向量成员均不为空，则该事实表外键属性组代表的事实表记录为多维查询输出记录，通过映射的各维向量成员值计算出在分组 CUBE 中的地址并存储在向量索引（图 6.22 中的 Vector Index）中。
- 根据向量索引非空单元访问事实表度量列子集，计算聚集表达式结果并根据向量索引中存储的地址映射到分组 CUBE 中完成聚集计算。
- 分组 CUBE 根据维表动态压缩字典表还原为原始的 group by 属性并与聚集结果合并输出，作为查询结果。

如图6.22所示，Fusion OLAP 通过事实表外键多维索引与维向量的多维地址映射计算将关系连接操作转换为多维地址访问，通过维表 group by 属性的动态字典表压缩将关系分组聚集操作转换为分组 CUBE 的多维地址访问，实现了关系存储模型上的多维计算，也优化了传统关系数据库在连接和分组聚集操作上的性能。

Fusion OLAP 计算模型将整个 OLAP 查询处理划分为三个阶段：维映射、多维索引计算和聚集计算，维映射实现了关系模型向多维模型的映射，生成较小的维向量，多维索引计算通过多维计算模型生成向量索引，完成多维模型向关系模型的映射，聚集计算简化为关系表上基于向量索引的分组聚集计算，维向量和向量索引成为关系–多维模

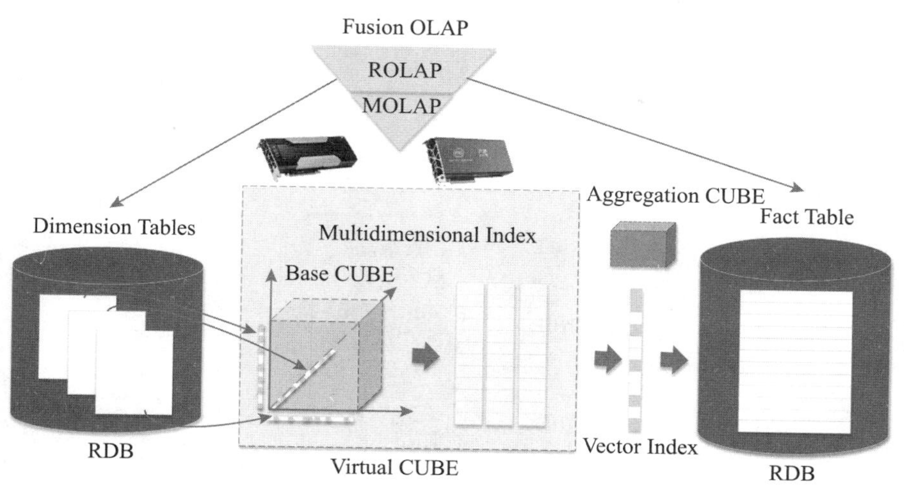

图 6.22 Fusion OLAP 计算模型

型和多维–关系模型映射的中介数据结构。OLAP 数据集的维表通常较小，维向量也较小，不同查询可以共享相同结构的维向量，简化 GPU 上存储空间分配。向量索引可以采用定长和压缩数据结构，定长数据结构适用于选择率较高的查询，不同查询共享相同的向量索引，当查询选择率较低时可以使用压缩向量索引，基于 <OID,VALUE> 结构存储非空向量索引单元的地址和分组地址，消除事实表记录访问时的分支判断操作，提高数据访问效率。多维索引计算的事实表外键列数据集相对完整的事实表较小，属于计算密集型负载，可以实现 GPU 存储及计算，加速多维索引计算生成向量索引的过程。

当前 GPU 数据库的研究中主要是基于关系查询处理模型的 GPU 优化技术，以 GPU 连接和分组聚集算法研究为中心，研究的重点主要是哈希连接和哈希分组聚集算法实现技术。相对于哈希表的哈希探测、键值匹配、记录查找等一系列数据访问和判断操作，基于地址映射的向量访问减少了分支判断和多地址访问操作，基于数组访问的操作也更易于在 GPU 上实现和优化。

6.3.3 数据分布模型

OLAP 数据集有典型的多维特征，维表相当于多维数据集的元数据，存储描述维的属性和层次信息，维映射操作是构建多维数据集的初始化过程，是一种以多维元数据管理为特征的负载；事实表外键列对应多维索引，多维索引计算是一种计算密集型负载；事实表度量列上基于向量索引的聚集计算是一种大数据稀疏访问特点的数据密集型负载。模式的特征为 CPU-GPU 异构计算平台上的数据分布提供了不同的策略。

1. GPU 原生数据库

GPU 原生数据库（native GPU database）将 GPU 作为数据库的第一级工作设备，将全部数据加载到 GPU 内存，执行完全 GPU 平台上的查询处理，如图6.23所示，以开源 Crystal 库技术为代表。数据可以在 CPU 端通过字典表压缩等技术将复杂数据类型在 GPU 端数值化，简化 GPU 对复杂字符串等数据类型的处理。

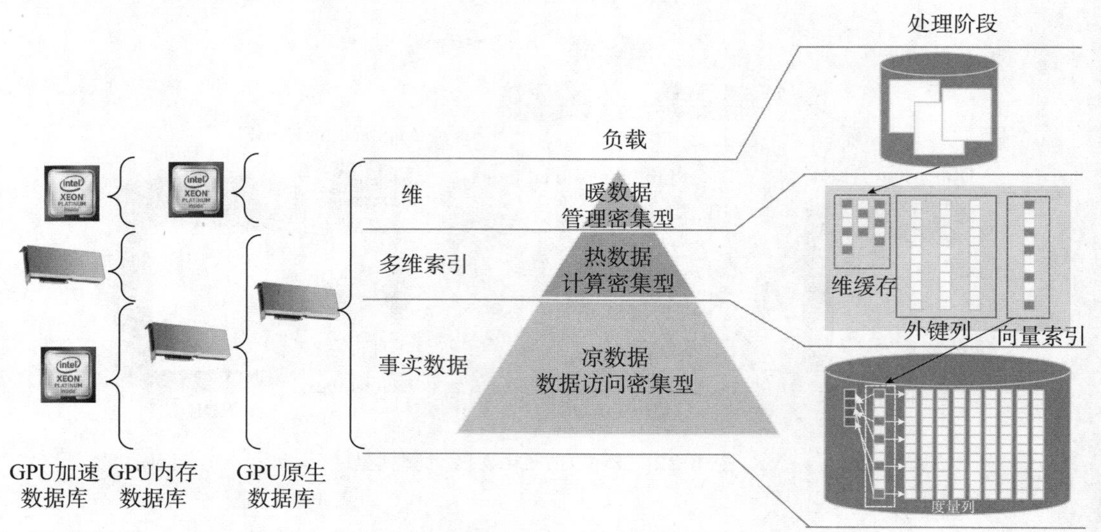

图 6.23 Fusion OLAP 数据分布模型

GPU 原生数据库适用于高实时响应、高价值数据集的只读分析查询处理任务，需要大容量内存 GPU、多 GPU 架构以及高性能 NVLink 等互联技术的支持，能够提供最优的性能，核心技术是提高算法在 GPU 平台的性能和提高 GPU 内存利用率。GPU 原生数据库技术成熟度较低，难以实现数据库完整的功能，通常不支持复杂嵌套子查询等任务，主要应用于 OLAP 多维分析应用场景。

2. GPU 内存数据库

GPU 内存数据库（GPU in-memory database）可以看作内存数据库在 GPU 平台的扩展，目标是将数据库中的计算型数据和计算型负载从内存数据库引擎中移到计算能力更强大的 GPU 平台，为 CPU 减轻计算负荷。如图6.23所示，Fusion OLAP 模型可以将事实表全部存储于 GPU 内存，事实表外键列上的多维索引计算和事实表度量列上的向量分组聚集计算可以转换为 GPU 内存上统一的向量化查询处理任务，将维表上的元数据管理、查询解析、维映射分配给 CPU 端，事实表上的数值计算全部由 GPU 完成，实现 GPU 本地内存的事实表数据多维分析计算。

当前的 GPU 内存数据库，如 HeavyDB（OmniSciDB）没有按数据的类型和计算特征设计数据在 CPU 和 GPU 内存中的分布策略，通过 GPU 缓存策略尽可能将热数据缓存在 GPU 内存实现 GPU 内存数据库模式，在数据分布模型和计算模型上没有统一的优化策略。

3. GPU 加速数据库

GPU 适合加速数据库处理任务中数值型数据上适合并行的计算型负载，GPU 处理计算密集型负载，CPU 处理不适合 GPU 的计算任务（如字符串匹配等）和复杂查询任务。图6.23中 Fusion OLAP 模型针对 GPU 内存容量有限的情况，将事实表外键列作为多维索引存储在 GPU 内存，维表存储在 CPU，执行查询任务，将解析的查询任务映射为维向量，并将较小的维向量传输给 GPU 执行 GPU 本地内存上的多维索引计算，生成向量索引，再将较小的向量索引（低选择率时对向量索引进行压缩进一步缩小数据量）传回 CPU，在内存事实表度量数据上执行基于向量索引的聚集计算。GPU 加速数据库（GPU accelerated database）模式实现了将 20%数据存储在 GPU 内存并执行其上 80%的计算任务，加速了 CPU 端的查询处理性能，最小化了 CPU 和 GPU 之间的 PCIe 数据传输代价。

GPU 数据库大多数为 GPU 加速数据库模式，查询优化器通过代价模型将查询任务分配给 CPU 或 GPU 平台处理，查询执行时需要 CPU 和 GPU 平台的协同操作，产生 PCIe 通信代价。

综上所述，数据分布策略和计算模型相关，当计算模型可以清晰地划分出管理密集型负载、计算密集型负载和数据密集型负载的边界时，可以将不同类型的数据与不同的处理器平台的存储和计算硬件特征结合起来，优化数据分布，最大化计算的局部性，减少数据传输代价。

6.3.4　GPU 数据库传输优化技术

PCIe 通道带宽性能仍然是 CPU 与 GPU 之间的主要性能瓶颈，PCIe 数据传输优化是 GPU 数据库优化技术的重要内容之一，我们主要从优化 GPU 数据库模型、优化 GPU 索引设计和优化 PCIe 传输效率几个方面讨论 GPU 数据库的 PCIe 传输优化技术。

1. 优化 GPU 数据库模型

GPU 数据库可以分为不同的模型，不同 GPU 数据库模型受 PCIe 传输性能的影响不同。图6.24显示了四种典型的 GPU 数据库模型。

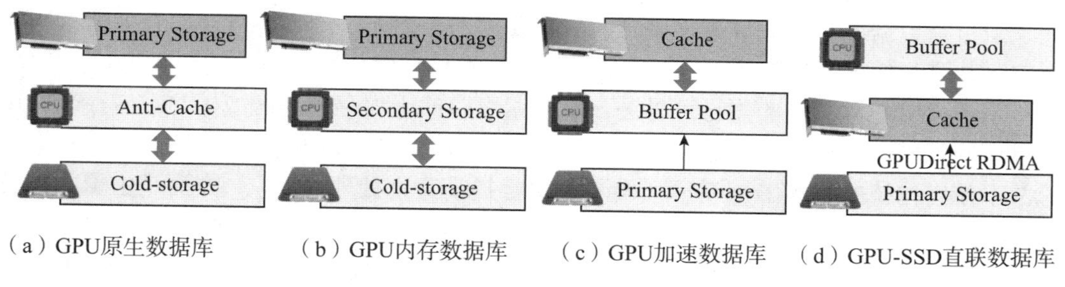

图 6.24　GPU 数据库模型

• GPU 原生数据库模型基于 GPU 大容量 HBM 内存和多设备高速互联技术的支持构建了独立的 GPU 数据库平台，以 GPU 内存为主存储，CPU 内存以 Anti-Cache 技术[12] 作为 GPU 内存换出数据的缓存，外部存储器作为持久数据存储，CPU 与 GPU 之间的 PCIe 通道用于数据加载与换出，不作为查询处理数据的传输通道，最大化减少 PCIe 传输性能影响。

• GPU 内存数据库模型中 CPU 内存为数据库的二级存储，GPU 作为主存储层，外部 SSD 作为冷数据存储层，采用静态基于负载特征的分布策略时将计算密集型负载存储于 GPU 内存中，在查询时只通过 PCIe 通道传输查询相应的维向量、向量索引等数据结构，最小化与 CPU 之间的 PCIe 数据传输代价。

• GPU 加速数据库在传统磁盘数据库的基础上扩展了 GPU 缓存层，通过查询优化器将适合 GPU 加速的算子和数据通过 PCIe 通道传输到 GPU 端进行计算，查询代价模型需要包含算子在 GPU 端的执行代价和算子相关数据的 PCIe 传输代价，只有综合代价较低的算子才会在 GPU 端执行。GPU 加速数据库通常从磁盘加载数据并将行存储数据转换为适合 GPU 处理的列数据，通过 GPU 加速其数据处理性能，与 CPU 端通过异步数据传输和计算提高数据库查询处理的综合性能。

• GPU-SSD 直联数据库通过 GPU 与 SSD 直联 RDMA 技术（如 PG-Strom）直接从 SSD 读取数据，在 GPU 端对数据进行预处理，执行适合 GPU 执行的算子，只将 GPU 处理之后较小的数据集传输给 CPU 端进行处理。该模型下 GPU 作为 SSD 存储设备和 CPU 查询处理设备之间的智能化数据传输中介节点，PCIe 传输延迟被 GPU 的数据过滤、预处理收益掩盖。

在四种 GPU 数据库模型中，前两种模型基于优化的静态数据分布策略，从系统设计上降低了 PCIe 通道的性能影响，第四种通过 GPU 角色的转换降低了 PCIe 通道性能的影响，传统磁盘数据库 GPU 加速模型是当前 GPU 数据库采用较多的模型，GPU 内存容量不够大的假设使其需要实时地将数据集从 CPU 平台传输到 GPU 平台处理，PCIe 通道容易成为 GPU 加速数据库的主要性能瓶颈，如开源 Alenka 系统运行 TPC-H 基准测试时只有 5%真正用于 GPU 计算，大部分开销用于数据传输[13]。随着 GPU 内存容量的快速增长和 GPU 互联技术的升级，GPU 作为主存储的数据库模式具有广阔的发展空间。

2. 优化 GPU 索引设计

索引是数据库中加速数据存储访问的重要技术，但在不同类型数据库及处理不同类型的负载时其使用策略有所不同。磁盘数据库主要通过索引减少数据的磁盘 I/O 读写负载，基于索引通常较小的假设可以进一步将索引存储于内存缓冲区或 GPU 内存来加速索引访问性能，提升数据库查询处理时的 I/O 访问性能。内存和 GPU OLAP 数据库通常不使用传统的 B+-Tree 索引、哈希索引等提高查询处理性能，一方面是由于内存及 GPU 数据库有较高的存储访问性能和查询处理性能，在不使用索引时同样能够达到较高的性能，另一方面是索引会占用宝贵的内存容量，降低数据处理能力，尤其是 GPU 内存容量相对较小，索引的内存开销相对于性能收益影响更大。GPU 索引技术主要集中在通过 GPU 加速索引查找性能、支持高并发查询和更新方面的研究上。

在 GPU 哈希索引研究方面，内存 KV 系统使用驻留 GPU 内存的哈希表作为 GPU 索引结构[14]，通过 GPU 加速索引查找性能。为提高 GPU 内存哈希表存储效率，动态哈希技术[15] 设计了应用于动态场景的调整大小策略，优化填充因子和 GPU 哈希表存储效率。

CPU 平台 B+-Tree 索引需要针对 cache line 优化节点大小，而 GPU B+-Tree 索引对树节点大小的限制较少，可以在 GPU 上实现相对于 CPU 树高更低的索引结构，在 GPU 大规模并发访问能力的支持下可以获得较高的查询性能。FAST[16] 是一种根据硬件特性（页大小、cache 块、SIMD 指令位宽等）设计的自调整节点大小的静态二叉树，使用软件流水线、数据预取等技术手段在查询计算的同时预取下一层节点的方式隐藏访存延迟，并通过压缩技术提升整体性能。GPU LSM 索引[17] 支持可更新日志结构树，对写进行优化，GPU B-Tree 索引[18] 实现可更新并在性能上优于 GPU LSM 索引。面向异构计算平台，HB+-Tree 是一种基于 CPU-GPU 混合存储体系的设计[19]，通过复杂均衡策略、CPU 内存和 GPU 内存存储索引树结构，解决了索引树体积超过 GPU 内存容量的问题，支持批量更新索引操作，支持较好的索引查询性能。

GPU 哈希索引和 B+-Tree 索引主要用于快速检索数据，可以加速 OLTP 查询任务，在索引更新优化技术方面还有较大的研究空间。内存和 GPU OLAP 查询任务可以通过连接索引、位图连接索引等技术加速查询性能。

位图连接索引是加速数据仓库连接性能的重要技术，位图连接索引需要对连接操作涉及的表属性按连接视图创建位图连接索引，通过位图计算消除多表连接操作，其存储代价和位图计算代价较高。图6.25显示了一种基于 CPU-GPU 混合架构的位图连接索引技术。通过对位图连接索引按索引关键字访问频度划分出热点位图并存储在 GPU 内存–CPU内存–磁盘多级存储设备中，GPU 作为独立的位图连接索引加速器使用，通过强大的向量计算性能提高位图索引计算性能，加速查询处理整体性能。GPU 位图连接索引实现了硬件级的索引功能，GPU 实现本地内存索引存储，按关键字访问位图索引，GPU 位图计算和较小的位图索引传输，有效地减少了 PCIe 传输代价。

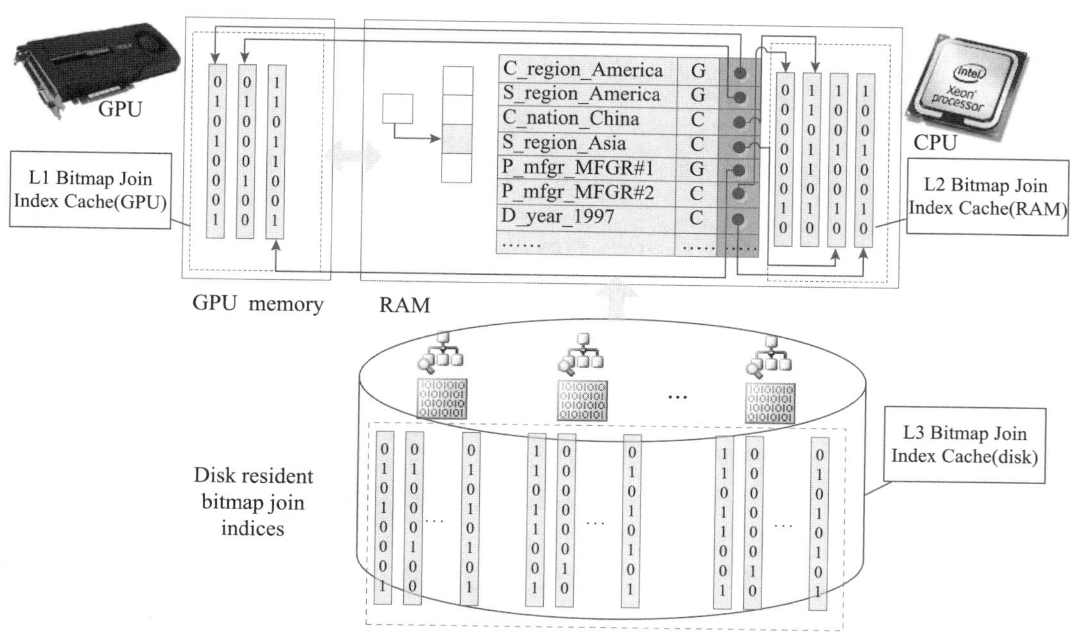

图 6.25 基于 CPU-GPU 混合架构的位图连接索引[20]

位图连接索引是通过位图访问替代连接操作，连接索引可以直接加速数据库连接操作的性能。

在内存列存储模型中，将主键设置为代理键可以实现内置的连接索引，即主键地址直接映射为记录内存偏移地址。GPU 数据库为内存或磁盘数据库的副本，用于只读数据上的高性能分析处理，可以在创建 GPU 数据副本时将普通的主键和外键转换为代理主键和代理外键，在不增加存储空间开销的情况下实现连接索引，将连接操作简化为外键向主键表记录的地址映射访问，优化连接性能。如图6.26所示，外键列 l_CK、l_SK 用于连接索引，键值转换为主键表记录的偏移地址，l_DK 通过键值计算映射为 DATE 表连接索引[21]，加速连接操作性能。当数据更新时，通过删除向量、记录存储空间重用及批量更新技术实现低成本的连接索引维护。

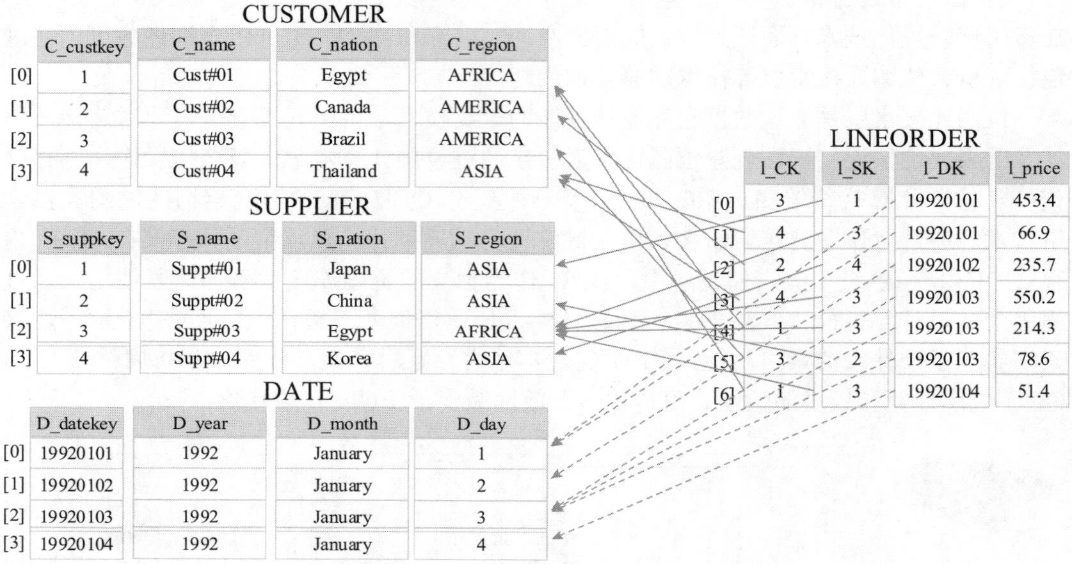

CUSTOMER

	C_custkey	C_name	C_nation	C_region
[0]	1	Cust#01	Egypt	AFRICA
[1]	2	Cust#02	Canada	AMERICA
[2]	3	Cust#03	Brazil	AMERICA
[3]	4	Cust#04	Thailand	ASIA

SUPPLIER

	S_suppkey	S_name	S_nation	S_region
[0]	1	Suppt#01	Japan	ASIA
[1]	2	Suppt#02	China	ASIA
[2]	3	Supp#03	Egypt	AFRICA
[3]	4	Supp#04	Korea	ASIA

DATE

	D_datekey	D_year	D_month	D_day
[0]	19920101	1992	January	1
[1]	19920102	1992	January	2
[2]	19920103	1992	January	3
[3]	19920104	1992	January	4

LINEORDER

	l_CK	l_SK	l_DK	l_price
[0]	3	1	19920101	453.4
[1]	4	3	19920101	66.9
[2]	2	4	19920102	235.7
[3]	4	3	19920103	550.2
[4]	1	3	19920103	214.3
[5]	3	2	19920103	78.6
[6]	1	3	19920104	51.4

图 6.26 连接索引

位图连接索引需要付出较大的位图存储代价，基于连接索引和位图索引技术可以实现动态位图连接索引技术，通过将事实表外键列存储于 GPU 内存，较小的维表位图索引传输到 GPU，动态计算位图连接索引，实现以较小的存储代价和 GPU 强大的并行计算性能实现动态位图连接索引计算，为数据库提供 GPU 硬件级的计算型索引技术。

当将 group by 属性集成到维表向量索引中时，如图6.22所示，GPU 存储的事实表外键列用作多维索引，与较小的维向量进行多维计算，生成向量索引，在 CPU 端实现高效的聚集计算。向量索引不仅具有位图连接索引的过滤作用，还起到分组索引的作用，可以加速事实表度量数据上的分组聚集计算性能。

GPU 索引技术通过将较小的索引存储于 GPU 内存，提供 GPU 索引访问及索引计算服务，为数据库提供一个硬件级的索引加速引擎，提高数据库索引访问性能，同时索引机制保证了只需要从 CPU 传输较小的索引项或数据结构即可实现高效的索引计算，并输出较小的索引结果，有效地降低了 PCIe 数据传输代价。

3. 优化 PCIe 通道传输效率

在现有技术下，数据传输性能取决于 PCIe 通道的效率。提高 PCIe 通道的效率可以考虑三个方面因素。

（1）内存数据访问模式。GPU 作为加速器典型的计算模式是：在计算开始前，将要计算的数据通过 API 从内存拷贝到 GPU 内存中，再在计算结束后将数据从 GPU 内存拷贝回内存。程序访问的主机内存分为不可分页内存（pinned（page-locked）memory）和可分页内存（pageable memory）两类。操作系统使用虚拟内存和内存分页管理，内存可能会频繁改变地址或者分配到低速存储设备上，内存访问性能较低。不可分页内存使用地址固定的物理内存，可以使用异步传输功能和 DMA（Direct Memory Access）传输，允许在 CPU 和协处理器计算时进行主机和设备间的通信，实现流水处理。但在实际应用中不能分配太大的不可分页内存，否则可能导致操作系统和其他应用程序因物理内存不够而使用虚拟内存，降低系统整体性能。内存映射（memory mapping）通过 zero-copy 功能将主机内存映射到设备地址空间，不必在内存和 GPU 内存之间进行显式的数据拷贝。使用不可分页内存能够加速数据传输性能，但需要在主机内存进行额外的内存拷贝，由于内存带宽高于 PCIe 带宽，将内存数据复制到不可分页内存后的 PCIe 传输性能仍然高于使用可分页内存的 PCIe 传输性能；内存映射简化了 GPU 编程，但在大数据访问以及数据局部化方面有一定的性能损失。

（2）数据压缩。数据压缩能够大幅减少数据存储空间，从而降低 PCIe 传输的数据量和对 GPU 内存的需求。当前列存储数据库普遍使用数据压缩技术，如 null suppression、dictionary encoding、run-length encoding、bit-vector encoding、lempel-ziv encoding 等，并实现了在多种压缩数据格式之上直接运行 SQL 查询，节省了数据传输和数据解压缩的代价。如图6.18所示，Fusion OLAP 模型中使用的维向量是一种基于动态字典表压缩技术的数据结构，减少了 PCIe 传输代价并支持基于压缩数据的多维计算，向量索引是基于分组字典表压缩技术的索引结构，在低选择率时可以进一步压缩为 <OID,VALUE> 数据结构，降低通过 PCIe 传输回 CPU 的数据量，同时也支持基于压缩分组属性的聚集计算。

（3）提高 PCIe 数据传输效率。GPU 具有强大的并行计算能力，但其核心相对于通用处理器的核心更加简单，在核心频率、乱序指令执行、分支预测等方面相对通用处理核心性能较低。GPU 加速数据库系统通常采用“数据传入 GPU—GPU 计算—计算结果回传 CPU”的处理模式，将计算任务按代价模型分布在 CPU 端和 GPU 端，由通用处理器和 GPU 协同完成查询处理任务，因此查询处理的不同阶段之间需要在 CPU 和 GPU 之间进行数据通信，查询处理性能受 PCIe 传输延迟影响较大。GPU 可以使用统一虚拟地址访问（Unified Virtual Addressing, UVA）机制直接访问内存，支持 CPU 和 GPU 使用相同的虚拟地址空间，提供透明的数据访问，在 GPU 内存中不需要复制。但 GPU 端使用的临时数据和中间结果需要存储在 GPU 内存，避免在 CPU 端与 GPU 端的频繁互访，即加强 GPU 计算时的数据局部性，减少异构存储的访问延迟。

优化 PCIe 传输性能的主要方法[22] 有以下几种：

1) 在 GPU 内存缓存传输数据用于复用；

2) 通过合并算子最大化传输数据利用率；

3) 避免 CPU 和 GPU 内存之间不必要的数据往复传输；

4) PCIe 数据传输与 GPU 计算并行以掩盖数据传输延迟。

当前 PCIe 带宽远远低于内存带宽和协处理器内存带宽，因此依赖于带宽性能的简单查询处理任务，如选择、投影等关系操作适合在 CPU 端处理，而计算代价较大的复杂关系操作，如连接、聚集等操作，适合于 GPU 上的并行处理，但 PCIe 传输代价对整体性能会产生较大的影响。从硬件技术发展趋势来看，PCIe 通道带宽与 CPU 及 GPU 内存带宽的性能差距是持续的，将 GPU 内存作为缓存的 GPU 加速数据库模式可以通过 GPU 缓存优化技术缓解 PCIe 传输问题，但难以彻底解决，随着 GPU 计算性能和 PCIe 传输性能差距的加大，通过并行 GPU 计算和 PCIe 传输的收益也在减小。随着 GPU 技术的发展，未来可能产生两种典型的架构：一是 GPU 内存数据库模式，通过增加 GPU 内存容量、提高 GPU 高速互联能力等方式增强 GPU 计算的数据局部性，减少数据传输代价；二是通过 CPU 与 GPU 融合技术或不依赖 CPU 的独立 GPU 直接访问内存，消除 PCIe 传输代价。但 CPU 与 GPU 融合处理器的性能通常低于专用 GPU，而且扩展性较低，与专用的多卡 GPU 服务器在计算性能上有较大的差距。最小化 PCIe 传输代价的 GPU 内存数据库模式是最大化发挥 GPU 计算性能的关键技术，相关研究结果表明 GPU 加速数据库的性能可能低于内存数据库的性能，降低了 GPU 的硬件加速收益。

6.3.5 GPU 数据库存储结构

GPU 数据库主要用于 OLAP 分析处理应用场景，列存储是分析型数据库最典型的存储模型，GPU 数据库存储模型的设计需要考虑不同的应用场景。

GPU 原生数据库在 GPU 存储全部的数据并执行查询处理，采用内存列存储模型加速分析处理性能。通过多 GPU 架构支持可扩展的 GPU 并行计算能力，需要进一步实现基于多 GPU 的 SN 数据分布存储模型，将数据在多 GPU 之间分片存储。当使用单事实表的星形模型时，如 SSB，可以将事实表水平分片存储，维表在各 GPU 上全复制存储，保证 GPU 计算的局部性。当使用多事实表的雪花形模型时，如 TPC-H、TPC-DS，较小的维表可以采用全复制策略，较大的维表和多事实表可以使用基于连接键的协同分片（co-partition）技术将相关连接表上具有相同连接键值的数据分片分布在相同的 GPU 上，提高 GPU 计算的局部性。

GPU 内存数据库可以采用不同的设计，当 CPU-GPU 作为 HTAP 内存数据库平台时，CPU 端可采用行存储或列存储模型存储多维元数据或更新数据集，不再变化的只读事实数据在 GPU 端存储为列数据，加速 GPU 端的多维计算性能。

基于磁盘存储的 GPU 数据库在存储模型设计上相对复杂一些。如图6.27（a）所示，PG-Strom 使用磁盘行存储结构数据表，数据从磁盘加载时 CPU 端将数据从行存储模型转换为列存储结构，异步地将数据传输给 GPU 进行处理，将数据处理任务从 CPU 端转移到 GPU 端执行。在采用 Arrow 存储的架构中，数据按列存储，实现查询处理中的按需访问，Arrow 数据文件在系统中映射为外部表，可以由 GPU 直接访问，如图6.27

（b）所示。

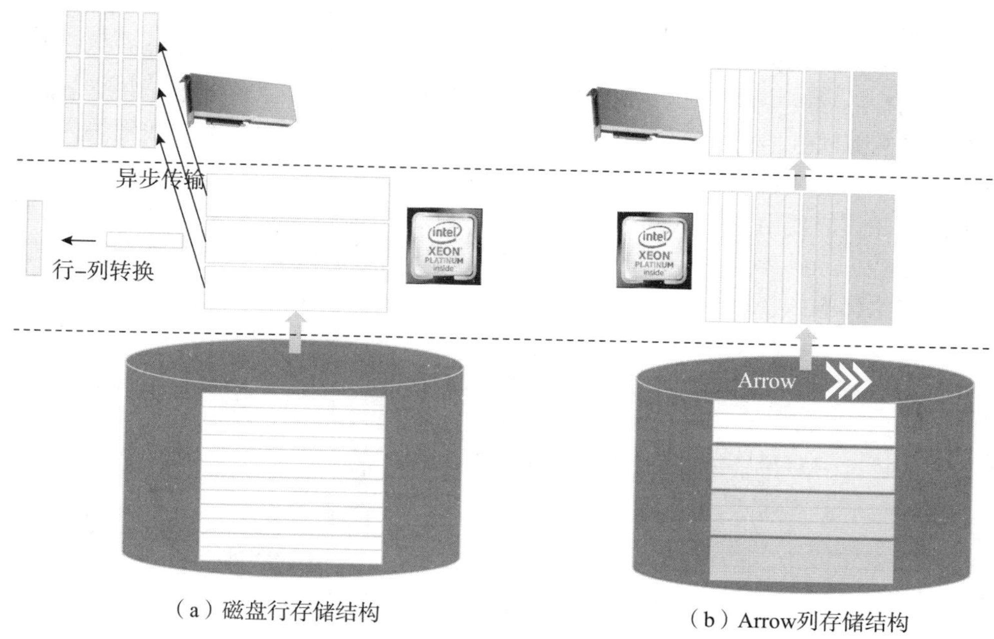

（a）磁盘行存储结构

（b）Arrow列存储结构

图 6.27　GPU 数据库各级存储模型

GPU 的管理功能相对 CPU 较弱，GPU 端不适合使用完全功能的存储引擎，可以简化为适合 GPU 访问的内存数组存储，原始数据通过压缩、转换生成适合 GPU 存储和计算的数组表存储。随着 Apache Arrow 逐渐成为高性能内存列存储的标准，基于 Arrow 存储引擎的设计可以为内存数据库和 GPU 数据库提供统一的存储访问功能，为 GPU 数据库提供跨平台的统一存储引擎。

6.3.6　GPU 查询算子实现技术

GPU 数据库主要用作 OLAP 计算的加速引擎，查询性能的关键影响因素是选择、投影、连接、分组、聚集等基础关系算子的 GPU 实现及优化技术，以及不同的查询处理模型在 GPU 端的实现和优化技术。

GPU 与 CPU 不同的硬件架构决定不同的编程方法和优化技术。总体而言，CPU 核心数量较少，每个核心有较大的私有 L1 cache、L2 cache，可以实现线程内部无锁化私有数据结构的读写访问，但无法由程序控制缓存存储访问，较大的 L3 cache 容量对线程间共享访问数据有较大的性能提升；GPU 核心数量较多，每 SM 共享内存可以通过程序分配和访问，可以应用定制的优化方法，但每线程共享内存配额较小，而且线程间的写操作需要并发控制访问机制，较小的 L2 cache 减小了线程间共享数据访问的优化范围。

图6.28显示了 GPU 的存储层次示例。GPU 由多个 SM 构成，每个 SM 由一系列 CUDA 核心构成，对应一个 block，一个 block 中配置一系列线程，称为 THREAD_BLOCK，每个线程块中的线程共享 SM 的 L1 cache 及共享内存（当前最大为 192KB），

所有 SM 共享 L2 cache，全部线程可以共同访问全局内存。CPU 中每个核心配置有容量更大的私有的 L1 cache、L2 cache（当前 L2 cache 容量达到 1.25MB）和 L3 cache（最大容量达到 1 152MB），线程由操作系统分配给 CPU 核心执行，线程局部频繁访问数据集在私有 cache 中的无锁化缓存访问和线程间共享访问频繁数据集在共享 cache 中的缓存是提高算法性能的主要优化方法。GPU 的 L1 cache/共享内存由线程块内的线程并发访问，较小的线程私有数据结构可以由线程直接无锁化访问，较大的共享内存数据结构上的写操作需要由 SM 内部各线程通过并发控制机制（如 CAS 原子级操作）访问，GPU 共享 L2 cache 容量小于 CPU 共享 L3 cache，因而对线程间共享访问数据结构的访问性能产生影响。

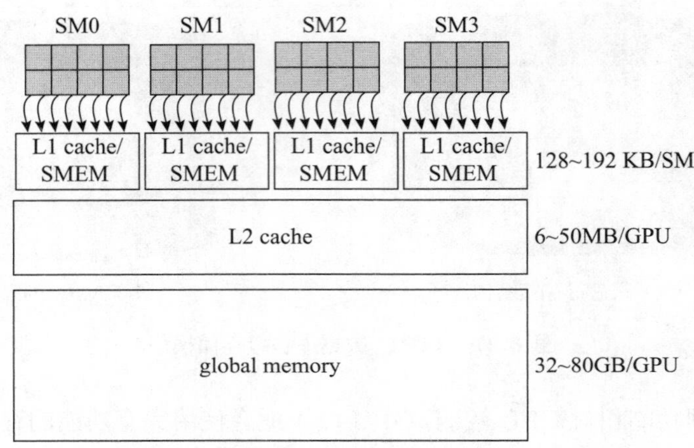

图 6.28 GPU 存储层次

在数据访问模型上，CPU 和 GPU 有较大的不同，如图6.29所示。示例中假设 CPU 有 4 个核心、4 个线程，GPU 由 4 个 SM 组成，每个 SM 中的线程块由 8 个线程组成，每 4 个线程构成一个统一执行的 warp。假设数据集为一个 4×32 的二维数组，矩阵中的行为 CPU 每个线程并行处理的数据，线程内可以进一步应用 SIMD 指令提高并行数据计算性能（如 SIMD 长度为 128 位时一次并行处理 4 个 int 类型数组单元），以及向

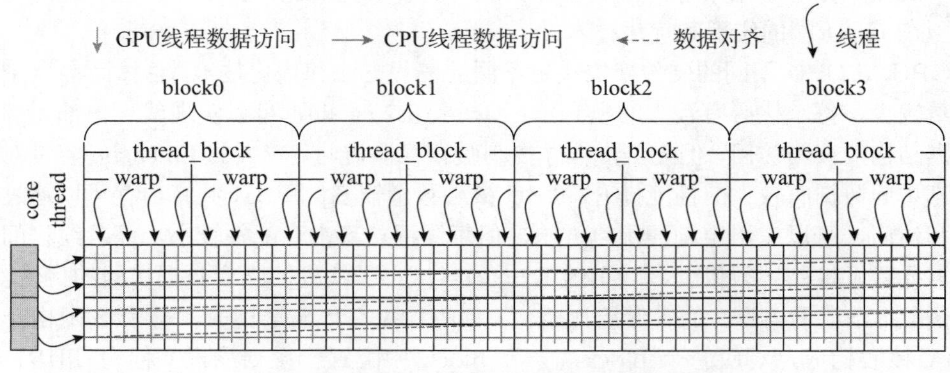

图 6.29 CPU/GPU 线程数据访问模型

量化查询处理方法通过线程私有的 L1 cache 优化线程内中间结果（如长度为 16 的数组单元构成一个向量）的缓存访问代价；GPU 由 4 个 block 和每个 SM 中的线程块启动 4×32 个并行线程，线程块内每个 warp 为统一的 SIMT 指令执行单位（新一代的 GPU 支持 warp 内线程的异步执行），矩阵中的列为 GPU 每个线程处理的数据，线程内可以应用向量化查询处理方法一次处理指定长度（如 4 个数组单元）的向量并将中间结果存储到共享内存中优化数据访问性能，全部 block 和线程块的并行线程处理的数据构成 32 个向量组，即一个 4×32 的 Tile 结构，构成 GPU 一次并行向量化处理的数据粒度。

数据库关系算子的 GPU 实现技术的核心问题是如何为线程分配数据集，如何通过共享内存优化查询处理性能。如图6.30所示，GPU 上执行 $y>5$ 选择操作示例，线程块大小为 4，Tile 大小为 16，每线程向量长度为 4。在一个 Tile 数据分片内，每个线程处理 4 个数据作为一个向量，在共享内存中生成位图，然后计算各线程中位图为 1 的数量（如线程 0 中位图为 1 的数量是 2 个）作为线程直方图，根据线程位图中 1 数量直方图计算前缀和（如线程 1 中满足 $y>5$ 选择操作数据的起始位置为 0，线程 1 中数据的起始位置为线程 0 的起始位置加线程 0 中位图为 1 的数量 2），最后根据前缀和生成满足 $y>5$ 选择条件的记录序列，将各线程中满足谓词条件的记录无冲突地写到线程分配的存储区域中，实现 GPU 线程间的谓词操作结果合并。以 Tile 为单位的谓词处理将各线程产生的中间结果，如位图、直方图、前缀和向量等创建在较快的共享内存中，减少中间结果数据在高延迟全局内存上的读写操作。

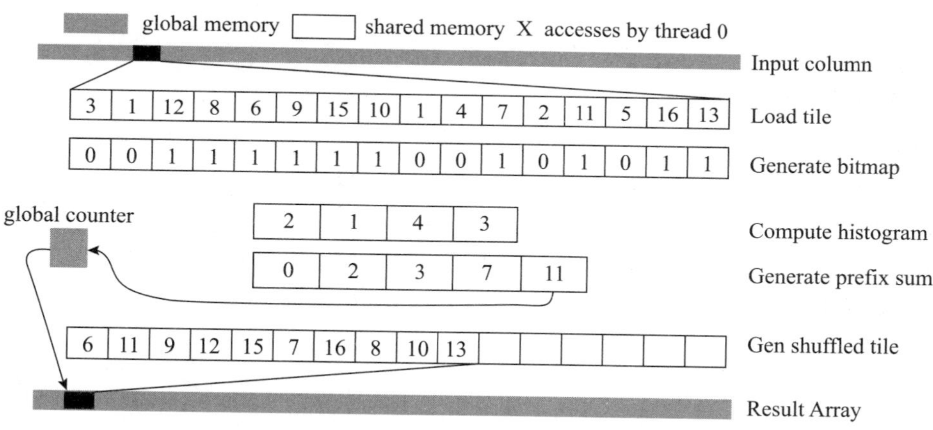

图 6.30　GPU 选择操作实现方法

GPU 数据库比较典型的实现技术是将关系代数功能拆解为算子层（operator）和原语层（primitives）两部分，并设计了一系列适应 GPU 计算的数据并行原语（primitives），主要的并行原语包括：

- map 映射：对输入数据按条件过滤，设置结果位图；
- scatter 分散：按指定序列散射输入数据；
- gather 聚集：按顺序聚集数据；
- reduce 归约：按条件归约数据，去掉不符合条件的数据；
- prefix sum 前缀求和：计算指定位置的非零数据之和，计算非冲突写入位置；

- split 划分：按指定的划分函数对数据分区；
- sort 排序：对数据进行排序；
- product 乘积：生成两个元组每元素的笛卡儿乘积对。

并行原语的同步和分支负载很小，可以充分利用处理器间的通信机制，可以方便地扩展到大规模处理器上，通过将算子映射成原语的单个或多个组合，能够充分利用 GPU 高并发计算能力，也易于创建 GPU 关系操作算子，如选择操作算子可以用 Filter 原语实现，Filter 原语由 map 原语、prefix sum 原语和 scatter 原语实现。

简单关系操作，如扫描、选择、投影等在简单数据类型上的处理，主要依赖 GPU 的并行数据访问能力，对计算能力要求不高，其性能依赖于 GPU 内存带宽性能。OLAP 查询中较为复杂的连接、分组聚集等操作需要较为复杂的数据结构，算法对计算性能要求较高，是 GPU 查询优化的重要研究对象。

1. Join 算子 GPU 实现技术

GDB[23] 中用 CUDA 数据并行原语实现了索引和无索引的嵌套循环连接、归并连接以及哈希连接算法，性能较 CPU 有较大提升。GPU 连接算法的优化设计主要体现在如何基于线程块并行执行以及利用共享内存优化连接性能等方面，下面以无索引连接（NIJ）、索引连接（IJ）、排序索引连接（SIJ）和哈希连接（HJ）四种代表性的实现技术为例，介绍 GPU 连接算法的典型设计方法[24]。

（1）无索引连接。无索引连接算法首先将连接表 R 和 S 划分为 n 和 m 个子表，再对子表对做笛卡儿乘积构建数据块，如图6.31（a）所示，块内 R_n 的每一条记录需要与 S_m 的每条记录进行连接比较。为提高记录与 S 子表记录的连接比较性能，S 子表存储在共享内存中，因此需要将 S 划分为不超过共享内存大小的子表。算法通过前缀和计算每个线程连接结果记录数量，为各线程分配无冲突的写地址。

（2）索引连接。索引连接算法创建 |S| 个线程执行 S 表记录的索引访问，如图6.31（b）所示，每个线程读取一条 S 表记录，通过索引比较是否与索引键值相同。当 S 表记录数量超过 GPU 线程上限时，算法在同一线程内依次读取后续记录索引连接操作。

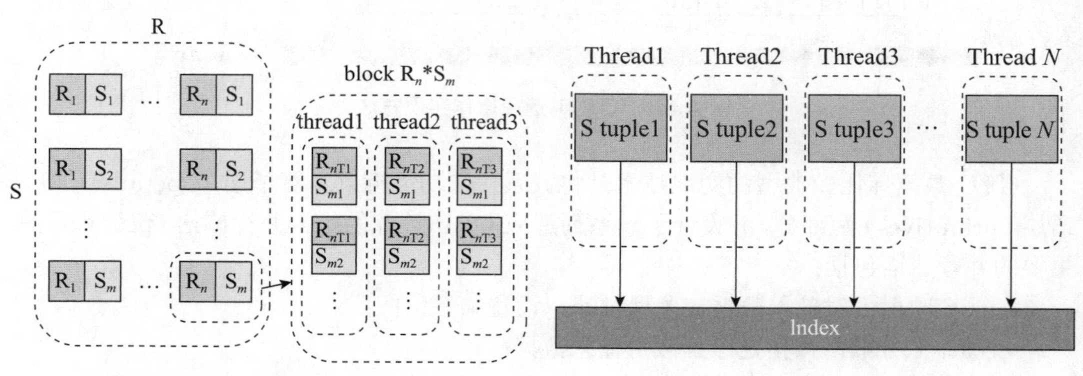

（a）无索引连接　　（b）索引连接和排序索引连接

图 6.31　GPU 无索引、索引和排序索引连接

（3）排序索引连接。排序索引连接算法与索引连接算法类似，无索引的 S 表记录采用二分法在 R 表中查找连接匹配的记录，为提高内存访问性能将索引中起始搜索位置存储在共享内存中。

（4）哈希连接。哈希连接算法分为两个阶段：基于 Split 的分区阶段和哈希连接阶段。分区阶段将输入表划分为多个分区，如图6.32（a）所示，每个线程首先计算属于各分区的记录的数量，然后确定各线程在分区中的写入位置。创建的分区直方图通过共享内存进行缓存优化，当分区数量较多时通过基数再分区进行多趟划分。哈希连接阶段每个块处理一对 R 表和 S 表哈希分片上的操作，S 表存储在共享内存中，R_N 子表中的每条记录执行线程级的连接匹配操作，如图6.32（b）所示，线程读取 R_{N1}、R_{N2}、R_{N3} 记录，与 S_N 表中的记录 S_{N1}、S_{N2}、S_{N3} 依次执行连接操作。S 表分区之后，如果每个 S 表分区大小超过共享内存大小，则对 S 表分区进行再分区，以保证 S 表分区小于共享内存大小。

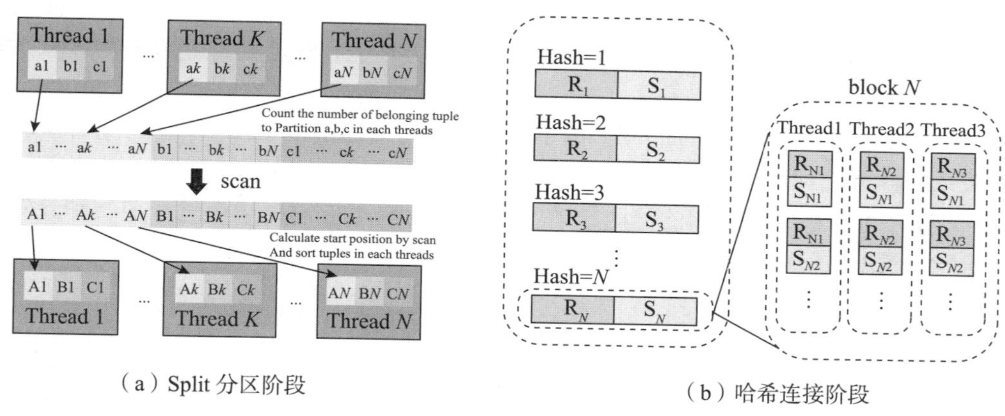

（a）Split 分区阶段

（b）哈希连接阶段

图 6.32 GPU 哈希连接算法

哈希连接算法是 CPU 和 GPU 平台上重要的连接操作实现技术，图6.33显示了哈希连接算法在 GPU 平台上的实现技术演进过程。时间轴上部为 GPU 哈希连接算法的演进过程，下部为 GPU 的硬件技术发展过程，GPU 硬件特性推动了 GPU 哈希连接算法优化技术的发展。

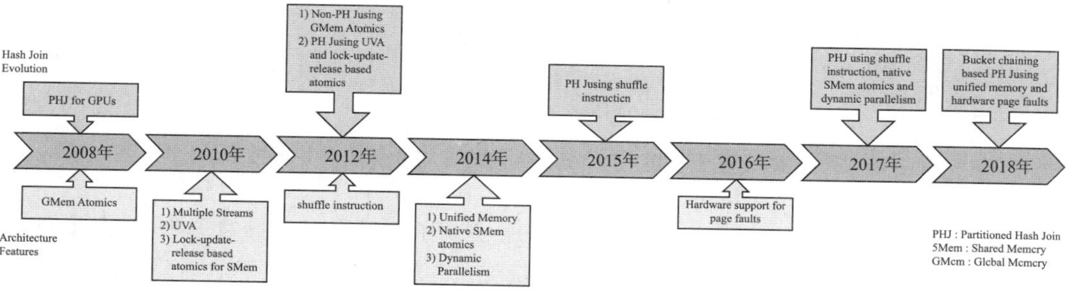

图 6.33 GPU 哈希连接算法技术路线[25]

2008 年最初的研究没有使用之后出现的现代 GPU 的硬件特性，如原子操作、统一内存访问、多 CUDA 流技术等。2012 年的研究中实现了使用全局内存原子操作构建哈希表的无分区哈希连接算法，同年的研究中提出了基于统一虚拟地址访问技术和 lock-update-release 原子指令的分区哈希连接算法。2012 年一系列对比研究表明，GPU 分区哈希连接算法性能优于无分区哈希连接算法，其后的研究主要聚集于面向 GPU 硬件特性优化的 GPU 分区哈希连接算法研究。2015 年在分区哈希连接算法中引入 GPU 的 shuffle 指令，优化 SM 内部线程间的访问，优化前缀和计算性能。2017 年实现了基于两个 CUDA 流的流水并行传输–分区技术，具体的方法是使第二个输入关系的数据传输过程与第一个输入关系的分区过程并行执行以隐藏数据传输时间。2018 年的研究中使用桶链替换了直方图，使数据传输和计算更好地流水并行处理，实现了使用 2014 年推出的 GPU 统一内存访问技术和 2016 年推出的硬件缺页支持功能。

在 GPU 分区哈希连接算法的研究中，最初采用线程级直方图分区技术，然后进一步通过 shuffle 指令实现相同 warp 内的共享直方图，通过原子指令实现相同线程块内共享直方图，使用桶链代替直方图，使用统一内存在 CPU 和 GPU 之间移动数据，在 PCIe 数据传输时进行预取操作等一系列技术优化哈希连接性能，核心目标是提高分区及数据访问性能。

在优化 PCIe 传输性能方面，如图6.34所示，通过独立的 DMA 和执行引擎技术，第一个关系的分区处理和第二个关系的 PCIe 数据传输可以并行处理，通过流水并行缩短 PCIe 传输时间。基于直方图的分区技术需要在数据全部传输完毕后进行前缀和计算和分区操作，流水并行的数据粒度较大。

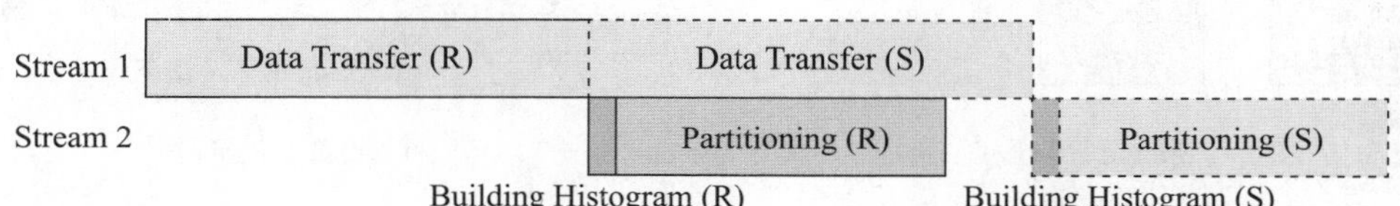

图 6.34 PCIe 数据传输与计算流水并行技术

桶链技术不需要创建全局直方图，按分区的需要创建空桶，如图6.35所示，相同的关系在传输时可以并行执行分区操作，数据传输与分区计算的并行粒度更细，并行度更高。

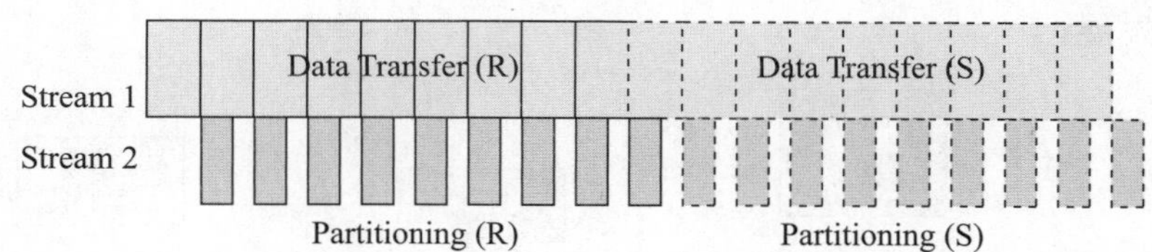

图 6.35 基于桶链的 PCIe 数据传输与计算流水并行技术

在多表连接实现技术上，Virginian 系统上实现了一种多表连接算子[26]，其实现方法使用基于 CUDA 的 SQL 虚拟机模型执行查询，将 SQL 查询编译为虚拟机操作码，由 SQL 虚拟机完成 CUDA 计算任务映射。该实现技术使用 CUDA 三维 grid 和线程模型处理多表连接任务，同时最多支持 3 个表的连接操作。

OLAP 查询中代表性的负载是在星形模式上事实表与维表的多表连接操作，也是

OLAP 查询执行代价较高的操作，多表连接操作的关键技术是如何优化连接中间结果及提高连接操作性能。图6.36（a）显示了一种基于向量索引的星形连接方法[27]，维表被映射为维向量，支持主–外键基于地址的直接映射访问，维表上的 group by 属性压缩为多维分组分量地址，集成到维向量中；事实表外键列通过地址映射直接访问维向量相应单元，将维向量单元值存储于向量索引中（空值或多维分组分量地址），向量索引用于索引访问下一个事实表连接外键列并在非空记录上执行与第二个维向量的连接操作，若映射的维向量单元非空则迭代计算多维分组向量地址，直到完成所有与维向量的连接操作，生成星形连接的向量索引。星形连接操作可以通过 GPU 进行加速，如图6.36（b）所示，将事实表外键列存储于 GPU 内存作为专用的 GPU 星形连接加速器，CPU 端的 SQL 查询生成相应的维向量，较小的维向量通过 PCIe 传输到 GPU，执行 GPU 端的星形连接操作，生成向量索引传输回 CPU 执行较大事实表度量数据上的聚集计算。该方法仅用 GPU 内存存储较小的事实表外键列并加速星形连接操作，对 GPU 内存容量和 PCIe 传输性能要求较低，连接表数量没有限制。

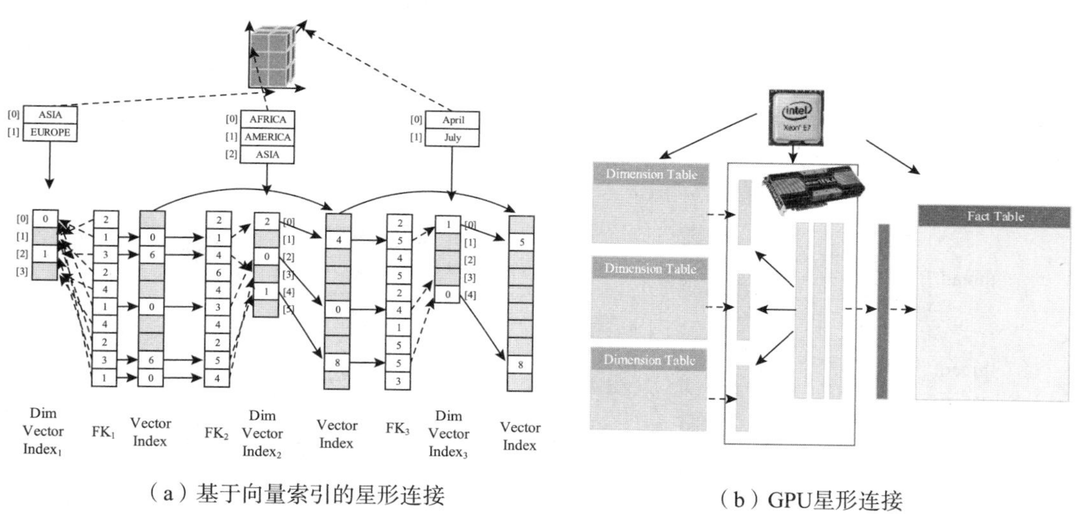

（a）基于向量索引的星形连接　　（b）GPU星形连接

图 6.36　基于向量索引的内存 OLAP 星形连接加速技术

进一步的研究实现了 GPU 端向量化的星形连接优化技术，将向量索引通过共享内存缓存，减少了多表连接过程中对全局内存的访问和全局内存的向量索引存储开销。

CPU-GPU 集成架构利用集成显卡支持 CPU 与 GPU 访问相同的内存地址空间，相对于独立的 GPU 消除了 PCIe 传输瓶颈，异构架构的哈希连接算法[28] 实现了动态在 CPU 和 GPU 之间划分计算任务，基于代价模型进行负载均衡。CPU-GPU 集成架构中 GPU 计算能力相对于独立 GPU 较低，并且缺乏基于 PCIe 的扩展能力，并没有成为高性能计算的主流平台，虽然对 CPU 有一定性能加速作用，但两种不同硬件特征计算平台上的细粒度的协同查询处理需要较复杂的优化技术。

2. 分组聚集计算

OLAP 查询的功能是从多维数据集中抽取查询子集并按指定的分组属性进行多维分组聚集计算，连接操作是为分组聚集计算筛选多维数据子集，OLAP 查询最终的功能是分组聚集计算。分组聚集计算包括两个处理阶段：分组和聚集。在关系数据库查询实现技术中通常采用后物化的方法执行分组聚集操作，即连接操作中合并 group by 属性并在连接操作执行后执行分组聚集操作；在多维模型中，group by 属性可以映射为多维数组，通过早物化技术在连接操作之前创建 group by 分组多维数组，连接操作中迭代计算 group by 分组多维数组地址，在连接操作之后执行基于多维地址访问的聚集计算，如 Fusion OLAP 模型中基于向量索引的多维分组聚集计算[29] 和 Oracle 基于 DGK 的分组聚集计算[30] 方法。图6.37显示了基于向量索引的分组聚集方法，向量索引中包含多维分组数组的地址信息，映射为多维分组或分组向量，作为线程私有分组聚集器使用，向量索引可以采用定长或压缩方法，定长向量索引按线程数量划分行组分片，每线程独立执行分组聚集计算，最后在线程间归并分组聚集计算结果；压缩向量索引按压缩后向量索引的长度划分线程向量索引分片，基于向量索引分片并行执行各线程分组聚集计算并归并结果。分组向量可采用私有或共享两种结构，当分组向量小于私有 cache 时采用无锁化私有分组向量聚集方法，当分组向量超出私有 cache 时采用共享私有向量方法，各线程基于锁机制的并发控制更新共享分组向量的聚集值。

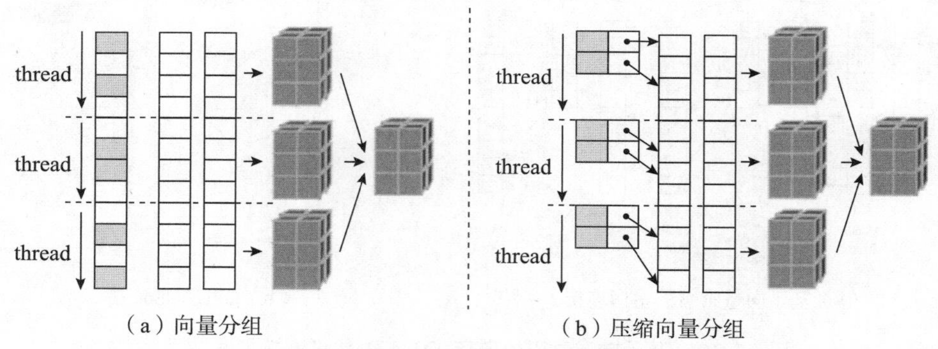

（a）向量分组　　（b）压缩向量分组

图 6.37　基于向量索引的分组聚集方法

GPU 上的关系数据库分组聚集方法主要有哈希分组聚集和排序分组聚集。哈希分组聚集方法在 group by 属性上创建哈希表，分组聚集操作包含哈希映射、键值比较、和更新数据，哈希分组聚集方法支持流水处理，在并发线程访问中存在并发写冲突；排序分组聚集方法基于 group by 属性排序，然后基于排序的 group by 属性顺序扫描结果集并计算每个分组的聚集计算结果，排序分组聚集方法需要在物化连接结果集的基础上进行排序，不支持流水处理。哈希分组聚集方法在低分组、流水执行、高分组情况下均优于排序分组聚集方法，排序分组聚集方法主要的应用场景是全部数据集都可以存储在 GPU 内存，并且分组数量非常大的查询任务[31] 。

图6.38显示了 GPU 哈希分组聚集算法，操作分为 5 个步骤：①执行初始化哈希表核函数，哈希表由哈希桶数组构成，哈希桶由 3 个 32 位键值、count 值和 sum 累加值

元素组成；②执行扫描核函数，GPU 线程扫描表记录，新的分组按分组属性计算哈希函数，映射哈希桶，哈希桶采用线性探测方法，当哈希桶被其他分组键值占用时继续探测 K+1，K+2，…等哈希桶，直到找到空闲桶为止，找到空闲哈希桶后通过原子操作设置键值、设置 count 值增 1，在 sum 字段累加当前聚集值，对全局分组计数器进行原子级增 1 操作，记录当前产生的分组数量，当记录找到相同键值的哈希桶时，在 sum 累加器中累加当前聚集表达式值并对 count 值增 1；③表扫描操作完成后，组计数器传回主机端；④根据组计数器创建主机端结果集缓存；⑤终结核函数扫描哈希表中非空哈希桶，通过 UVA 写回主机内存结果集缓存。

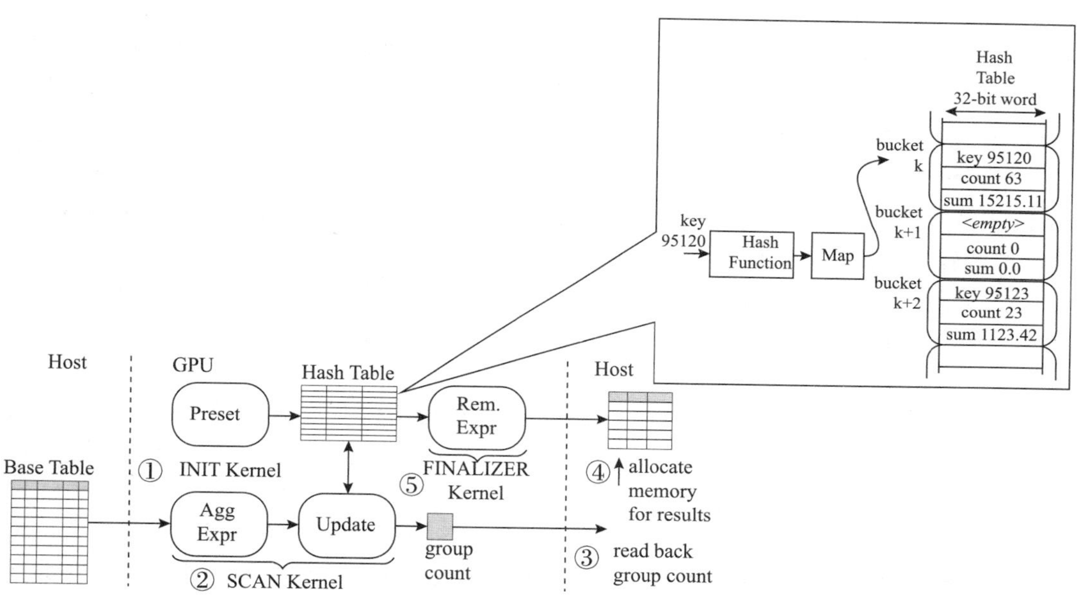

图 6.38 GPU 哈希分组聚集算法

在 GPU 哈希分组聚集和排序分组聚集算法性能的比较中，主要结论是当分组数少于 200 000 时哈希分组聚集方法性能较优，而且只需要一次扫描数据完成分组聚集计算；排序分组聚集方法需要较高的初始化代价，对 GPU 内存占用较大，当分组数超过100 000时，哈希表超过 GPU 的 L2 cache 大小，哈希分组聚集算法性能开始下降，排序分组聚集算法性能逐渐占优。哈希分组聚集算法性能受 GPU L2 cache 容量影响较大，新一代 GPU L2 cache 容量增长较快，可以更好地适合较高基数的分组聚集计算。

GPU 哈希分组聚集方法在设计上需要考虑多方面的因素[32]。GPU 的 warp 并行执行机制导致分支处理效率较低，有冲突哈希表在 GPU 实现中因分支语句效率会对性能产生较大的影响。无冲突哈希表可以有效地避免 GPU 分支处理代价，当分组属性为较小的数值型时可以直接将数值作为哈希函数，分组属性压缩码也可以用作哈希函数，当分组属性属于较小的 [min,max] 范围时，可以将相对 min 值的偏移值作为哈希函数映射到 |min,max| 范围中。在哈希表的存储位置方面，根据分组的大小可以存储于寄存器、共享内存和全局内存中，根据存储容量和分组数量采用线程级哈希表或线程间共享哈希

表。在 CPU-GPU 协同计算方面可以采用 CPU 执行选择操作、选择数据是否重新组织、聚集列在 CPU 和 GPU 之间垂直划分、数据集在 CPU 和 GPU 之间水平划分等策略，提高 CPU 和 GPU 的利用率及 PCIe 传输效率。

GPU 哈希分组聚集算法性能参数受 GPU 硬件架构影响较大，算法参数在不同 GPU 设备上执行有较大的性能差异，因此算法执行时优化执行参数是一种有效的优化技术[33]。当前研究普遍认为 GPU 端哈希分组性能优于排序分组，但哈希分组在 GPU 端存在内存访问非预期的问题，排序分组的性能主要受共享内存上线程间同步原子操作代价的影响，通过对原子操作的优化，排序分组算法的性能可以优于哈希分组性能[34] 。随着 GPU 端算法优化技术的研究，哈希分组和排序分组的性能会进一步提升，但从查询处理的完整过程来看，哈希分组操作可以和其他操作形成流水线处理过程，不需要物化前一阶段操作结果，对 GPU 内存消耗较少，而排序分组必须物化前一阶段的结果集后才能执行排序操作，还需要额外的排序中间结果存储空间，GPU 内存的利用率相对较低。

哈希分组聚集与基于向量索引的分组聚集操作在较低分组时执行 CPU 或 GPU cache 内的分组聚集计算，整体性能主要受内存带宽制约（memory bandwidth bound)，当分组数较大时，整体性能主要受计算性能制约（computing bound)，通常采用共享哈希表或分组向量聚集计算方法。表6.1显示了 OmniSci CPU 和 GPU 版本、内存数据库 Hyper 及基于私有向量和共享向量的向量分组聚集方法的性能比较。

性能对比结果给出如下结论：

• GPU 数据库 OmniSci GPU 的分组聚集性能优于内存数据库 Hyper 和 OmniSci CPU。

• CPU 端向量分组聚集算法在分组数低于 4 194 304（2^{22}）时私有分组向量方法性能优于共享分组向量方法，优于内存数据库 OmniSci 和 Hyper 的性能；当分组数量超过 8 388 608（2^{23}）时共享分组向量方法性能优于私有分组向量方法，也低于内存数据库 Hyper 的性能。

• 当分组数低于 131 072（2^{17}）时，内存向量分组聚集方法优于 OmniSic GPU 性能，综合带宽性能超过 PCIe 带宽性能。

通过上述性能对比测试结果，我们可以得出一个 CPU-GPU 异构平台的分组聚集算子选择策略。如下述公式所示，当分组聚集算子带宽性能超过 PCIe 性能时，CPU 端分组聚集计算时间短于 PCIe 传输时间，CPU 平台执行效率更高，反之，当分组聚集算子带宽性能低于 PCIe 性能时，PCIe 数据传输时间长于 CPU 端的计算时间，将数据传输到 GPU 端执行分组聚集计算存在可能的性能收益。

$$\text{platform} = \begin{cases} \text{GPU if BandWith}_{\text{PCIe}} > \text{ThroughPut}_{\text{G\&A}} \\ \text{CPU if BandWith}_{\text{PCIe}} > \text{ThroughPut}_{\text{G\&A}} \end{cases}$$

从 GPU 内存容量快速增长、GPU 互联能力不断提升的硬件发展趋势来看，分组聚集计算受内存带宽性能影响较大，GPU 大容量高带宽 HBM 内存能够更好地提升分组聚集计算性能。

表 6.1　CPU 与 GPU 分组聚集性能比较[35]

分组数	OmniSci CPU mode	OmniSci GPU mode	Hyper	Vecor Grouplug		Throughput(GB/s)	
				VecGroup	SVecGroup	VecGroup	SVecGroup
32	1 990	721	167	**50**	20 625	**132.8**	0.3
64	1 964	565	170	**58**	13 399	**116.5**	0.5
128	1 949	345	437	**58**	9 743	**115.9**	0.7
256	2 138	329	821	**57**	6 590	**116.9**	1.0
512	2 114	281	861	**57**	4 569	**118.6**	1.5
1 024	2 084	270	969	**58**	3 412	**116.4**	2.0
2 048	1 981	285	926	**61**	2 579	**110.7**	2.6
4 096	1 998	297	950	**63**	1 186	**106.8**	5.7
8 192	2 013	302	962	**66**	1 055	**101.8**	6.4
16 384	2 146	312	969	**70**	977	**95.4**	6.9
32 768	2 249	313	1 103	**76**	946	**88.2**	7.1
65 536	2 593	333	1 227	**102**	946	**65.9**	7.1
131 072	2 840	374	1 275	**185**	958	**36.3**	7.0
262 144	3 186	**392**	1 255	562	981	11.9	6.8
524 288	3 580	**428**	1 263	899	1 018	7.5	6.6
1 048 576	3 617	**470**	1 271	932	1 099	7.2	6.1
2 097 152	4 255	**487**	1 321	1 058	1 170	6.3	5.7
4 194 304	5 122	**531**	1 382	1 051	1 275	6.4	5.3
8 388 608	7 050	**585**	1 419	1 636	1 401	4.1	4.8
16 777 216	10 502	**710**	1 495	3 130	1 558	2.1	4.3
33 554 432	16 495	**906**	1 483	5 757	1 803	1.2	3.7
67 108 864	17 437	**906**	1 487	9 763	2 293	0.7	2.9

6.3.7　GPU 查询处理模型

在 GPU 上执行的代码称为 kernel 核函数，GPU 数据库主要使用基于核函数的查询执行引擎（kernel based execution，KBE）执行 GPU 端的数据处理任务。与内存数据库相似，GPU 数据库也采用了 JIT 编译技术将常用的查询子句预编译为可执行的代码块，并在运行时组合使用，与编译原生代码达到相近的性能，如 OmniSciDB 使用基于 LLVM（Low-level Virtual Machine）的 nvcc JIT 编译器将关系算子原语预编译为架构无关汇编代码，运行时由编译器完成 SQL 语言到算子的编译工作，查询执行器完成算子到并行原语的映射。

基于 kernel 核函数的查询执行引擎将查询执行计划分解为一系列适应 GPU 计算的数据并行原语，由这些并行原语构成关系算子和查询计划，GPU 主要采用一次一算子（operator-at-a-time）查询处理模型，由核函数完成列存储数据上的计算任务。在执行模型上，当前主要有一次执行一个 kernel 函数（one-kernel-at-a-time）和并发 kernel 函数执行（current-kernel-execution）两种类型。一次执行一个 kernet 函数的方法独占 GPU

资源，通过全局内存交换 kernel 函数之间的中间数据，这种查询执行方法可能导致 GPU 资源利用率降低，全局内存为 kernel 中间结果缓存空间开销增大。新型 GPU 支持并发 kernel 执行，即在一个 GPU 中同时执行多个 kernel 函数，并提供了并发 kernel 之间的通信通道技术，从而支持 GPU 多个 kernel 间通过流水处理优化 kernel 中间结果缓存代价，提高 GPU 资源利用率。

图6.39显示了一个查询示例的执行过程，图6.39（a）为查询的逻辑执行计划，首先执行表扫描操作，然后对扫描的记录进行聚集计算，灰色椭圆形操作符代表 GPU 上的阻塞执行模式（至少包含一个 kernel 函数），需要物化操作结果。KBE 执行计划通过一系列原语执行查询任务，图6.39（b）中 k_prefix_sum 核函数用于计算满足谓词条件记录的前缀和，需要在全局内存中物化中间结果并传递给后一 kernel 函数处理。图6.39（c）采用非阻塞执行方式，两个操作原语可以在 GPU 上并发执行，k_map 核函数执行后将满足谓词条件的记录传递给 k_reduce 核函数执行，在两个核函数之间形成流水处理，优化中间结果物化代价。

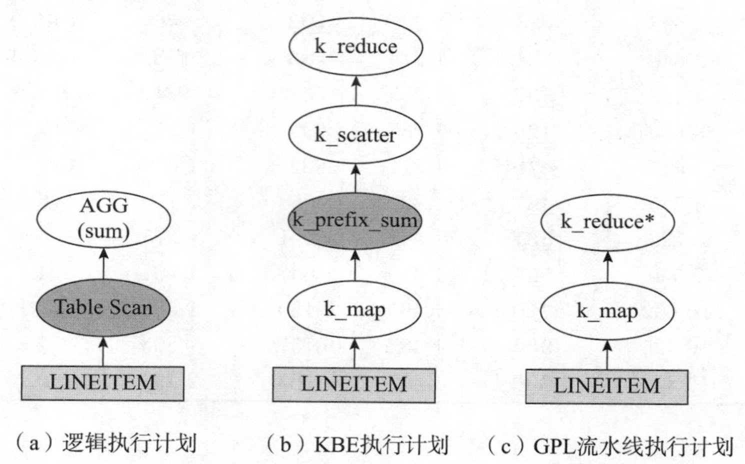

图 6.39 GPU KBE 执行计划和流水线执行计划[36]

基于并发 kernel 核函数执行模式的流水线执行方法提高了 GPU 资源和全局内存利用率，但需要优化每个核函数处理的数据粒度、核函数之间的数据通道，使流水线上的核函数负载均衡，对于复杂查询任务，需要 GPU 在硬件上支持更高的核函数并发执行能力。

GPL 流水线执行模型是基于 GPU 对并发 kernel 的支持而设计的一种 inter-kernel 的执行模型，通过 kernel 功能融合可以实现 intra-kernel 执行模型。图6.40（a）显示了 GPU 上代表性的一次一算子执行模型的处理过程示例，查询任务由三个 kernel 函数构成，三个 kernel 函数顺序执行，每个 kernel 函数处理完整的列数据，并通过全局内存传递中间结果。图6.40（b）将三个 kernel 函数融合为一个统一的 kernel 函数，将数据划分为更细粒度的 Tile，kernel 函数执行时，相同线程块内的线程在不同处理阶段生成的中间结果数据可以缓存在共享内存中，通过共享内存在不同的处理阶段之间进行通信，构建基于线程块内部基于 Tile 数据的流水处理，通过共享内存上的数据缓存消除全局内存缓存开销。

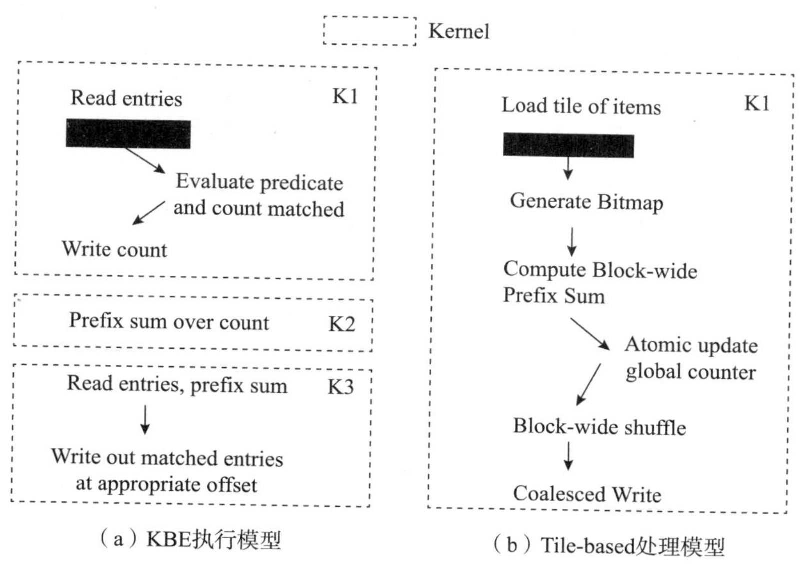

（a）KBE执行模型　（b）Tile-based处理模型

图 6.40 GPU KBE 执行模型和 Tile-based 处理模型

Tile-based 处理模型是 CPU 平台向量化执行模型的 GPU 实现技术。如图6.41（a）所示，CPU 每个线程一次处理一个向量长度的数据，向量中间结果缓存在 L1 cache 中，不同处理阶段通过 L1 cache 缓存和传递中间结果数据，实现线程内基于向量粒度的流水处理。图6.41（b）显示了 GPU 线程执行模型，在 SM 内部 GPU 以线程块组织工作线程，每个线程处理一定长度的数据，线程块内的线程构建了一个数据矩阵作为一次处理的数据结构（称为 Tile），可以看作 CPU 向量执行模型在 GPU 线程块上的二维向量结构。Tile 的大小需要保证线程块不同处理阶段处理的数据以及生成的中间结果数据不超过共享内存大小，通过共享内存缓存的中间结果支持 GPU 基于 Tile 粒度数据的线程块内部流水处理。

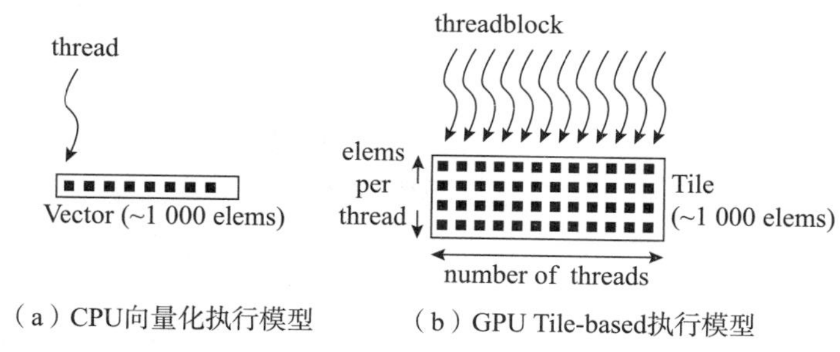

（a）CPU向量化执行模型　（b）GPU Tile-based执行模型

图 6.41 CPU 向量化执行模型和 GPU Tile-based 执行模型

当线程块中向量长度缩短为 1 时，Tile-based 执行模型进一步简化为一次一记录处理模型，可以通过更快的寄存器传递不同阶段被处理记录的中间结果，消除中间结果物化代价。

从数据处理粒度来看，数据库主要使用三种查询处理模型：行式（一次一元组）、列式（一次一列）和向量化（一次一向量）查询处理模型。由于 CPU 和 GPU 处理器架构不同而导致的线程结构、向量结构不同，查询处理性能也有一些差异。图6.42对比了 CPU 和 GPU 平台三种查询处理模型在 SSB 上的基准测试性能（SF=100，平均查询执行时间），CPU 平台上向量化查询处理性能最高，列式查询处理性能次之，行式查询处理性能最低，体现了较少线程但较大线程内向量长度和较大私有 L1 cache 容量对向量化查询处理的优化效果；GPU 平台线程块内线程数量较大，平均共享内存容量较小，每线程向量较小的硬件特性难以充分发挥向量化查询处理的性能优势，相较于更加简单的行式查询处理模型有相近的性能，但行式查询处理和向量化查询处理模型通过流水处理消除或优化了中间结果在全局内存的物化代价，查询性能均优化于列式查询处理模型。

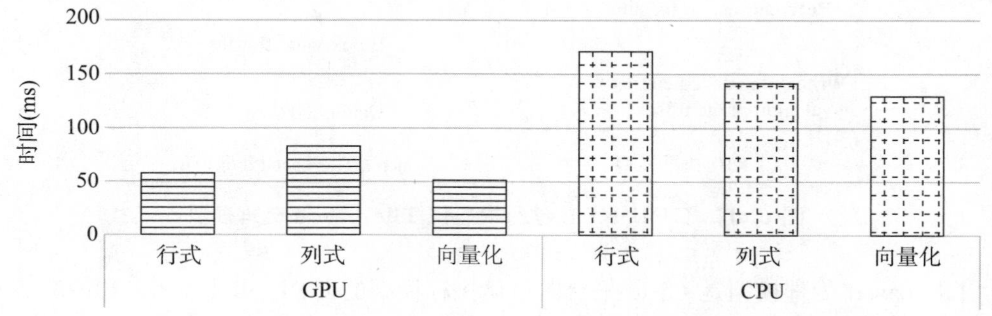

图 6.42 CPU 和 GPU 平台不同查询处理模型性能比较

从查询处理模型的优化原理来看，线程私有 cache 的大小决定了向量化查询处理算法的效率，当 GPU 共享内存容量有较大提升时，向量化查询处理模型的性能将得到进一步的提升。

6.3.8 GPU 查询优化技术

GPU 数据库查询优化技术包含代价估算模型、算法选择与查询重写、异构查询任务调度三大功能，在不同的 GPU 数据库实现技术中有不同的优化策略。

GPU 内存数据库将全部数据或最核心计算数据集驻留于 GPU 内存，支持 GPU 内存计算模型，基于未来大容量 GPU 显存技术和更大的互联度实现完全 GPU 内存计算引擎。由于 GPU 硬件架构不同于 CPU，GPU 内存数据库难以支持 CPU 平台内存数据库的全部查询处理功能，主要支持基于基本 SPJGA（选择、投影、连接、分组、聚集）算子的 OLAP 查询任务，TPC-H 查询中复杂嵌套子查询任务通常需要改写为普通算子实现的查询任务才能有效执行。当前 GPU 平台上的连接、分组、聚集等核心算子实现及优化技术仍然处于探索阶段，GPU 算子实现算法的性能特征的代价估算方法有待完善，查询处理模型如 GPU 向量化查询处理模型及行式查询处理模型等优化实现技术还不完善，查询优化主要采用启发式规则方法，即基于算法的性能特征通过一系列规则生成最优的查询执行计划。

1. 代价估算模型

GPU 加速数据库面向 CPU-GPU 异构平台，需要在 CPU 和 GPU 端分布数据及计算负载，基于 PCIe 通道传递数据，协同完成查询处理任务。GPU 加速数据库包含模块级加速和算子级加速两种类型。

模块级加速是用 GPU 实现一个完整的功能模块，如 GPU 索引、GPU 多维索引计算等。GPU 索引将索引存储于 GPU 内存，提供基于 GPU 平台的索引访问功能，为数据库提供硬件级的索引功能。GPU 多维索引计算模块的功能如图6.18所示，事实表外键映射为连接索引，存储于 GPU 内存，可以用作多维数据集的多维索引。多表连接操作使用基于向量索引的星形连接方法（如图6.32所示）为数据库提供多维索引计算功能，为星形模型数据集提供统一的多维索引计算服务。GPU 索引和多维索引计算的硬件访问性能可以更准确评估，可以存储集成到数据库查询优化器中，为数据库是否使用 GPU 索引提供优化选择策略。

算子级加速指 CPU-GPU 协同计算模式，由数据库的代价评估模型统一评估算子在 CPU 或 GPU 端执行的代价，以及综合的查询计划执行代价。异构的 CPU-GPU 计算平台差异、PCIe 传输延迟等因素增加了 GPU 数据库代价估算的难度。GPU 上关系代数算子的执行代价主要定义为: $T_{Gop}=T_{CPU2GPU}+T_{GPU}+T_{GPU2CPU}$，只有 $T_{CPU}>T_{Gop}$ 时算子在 GPU 端执行才有性能收益。当计算平台包含硬盘、SSD、NVLink、多 GPU 时，算子执行过程涉及的数据传输与访问代价更加多样化，算子代价估算更为复杂。基于算子性能估算的难度，基于学习的代价估算方法将算子当作黑盒，使用机器学习方法基于历史查询性能数据估算算子执行代价。相对于基于算子性能分析的方法，基于学习的代价估算方法是一种自适应的代价估算方法，但其在获取充分的训练、训练阶段样本的全面性等方面还难以有效地解决，硬件的多样性也影响着代价估算的准确性。HyPE[37] 设计了一个基于学习的代价估算框架，可以有效地解决异构环境下算子分配问题，但在选出最优执行计划方面仍然存在较大的改进空间。

2. 算法选择与查询重写

代价估算给出了查询相关算子在 CPU 和 GPU 平台上的执行代价，进一步需要选择算子的最优执行算法并对逻辑查询树等价变形，如选择下推、连接过滤、行列数据转换等变换为 GPU 端执行的算子缩减需要传输的数据集大小。

在算法选择方面，根据 GPU 端数据存储和计算性能选择优化的算法，如在 PK-FK 连接操作中，当大表超过 GPU 内存大小时，将维表存储在 GPU 内存创建 GPU 哈希表，事实表存储于主存，通过 PCIe 传输到 GPU 端执行哈希连接操作；或者在 CPU 端完成对事实表和维表的分区操作，然后将满足 GPU 内存大小的分区传输到 GPU 端执行哈希连接操作等。多表连接操作的连接顺序也是重要的优化技术，目前在 GPU 端的多表连接顺序优化方法还存在很大的不足，基于动态规划的方法不易在 GPU 上并行化，在消除分支、PCIe 传输性能、并行计算、存储访问等方面需要针对 GPU 的存储访问和计算特性而优化设计。

在算子的传输优化方面，GPU 端算法的选择产生了一系列 PCIe 传输优化问题，需要通过查询重写方法优化算子执行时的 PCIe 传输性能。查询重写的目标是减少 CPU 和 GPU 之间的 PCIe 传输数量，代表性方法是通过穷举传输算子同时执行的执行计划，通过贪心策略找出更多利用 GPU 算子的执行计划，提高传输算子的利用率。当 GPU 内存用作 CPU 内存的缓存时，可以将 GPU 内存进一步划分为管理算子访问数据的 cache 和存储中间数据结构的 Heap 堆栈空间[38]，通过对并发查询存储资源的统一管理优化 GPU 端算子执行时频繁访问数据的重用性能，减少缓存抖动和数据反复迁移问题。

3. 异构查询任务调度

CPU-GPU 异构平台数据库查询任务调度的目标是让 CPU 和 GPU 计算设备尽可能地“忙”起来，提高 CPU 和 GPU 资源利用率。为达到这一目标，代表性的方法是给每个计算核心维护一个工作队列，根据启发式规则将查询计划树中独立的算子分配给工作队列并发执行。

以 HyPE 为例，如图6.43所示，优化器框架采用分层结构对异构环境下查询进行优化。基于学习的代价估算器对算子对应的不同算法进行代价估算，为算法选择提供代价依据，选择的优化算法通过查询优化器将逻辑查询计划与底层数据库适配，按启发式规则匹配最终的算法和执行计算的处理器，转换为混合的执行计划，实现了一个基于 OpenCL 的与硬件无关优化器框架。

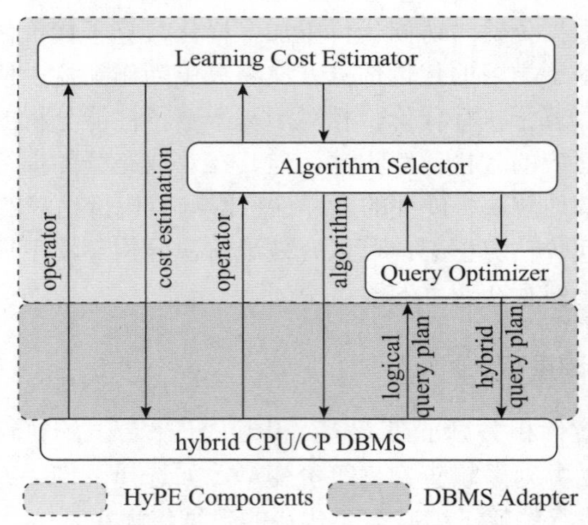

图 6.43 HyPE 查询优化器框架

系统级的 GPU 数据库，如 PG-Strom 和 BrytlytDB 基于开源数据库 PostgreSQL 开发，采用复用 PostgreSQL 优化器的技术路线，通过代价模型在查询执行计划中插入适合 GPU 处理的算子（如连接、扫描、聚合、非字符型过滤等），实现 GPU 对部分计算代价高的算子的加速，通过编译期的静态分配任务策略简化查询优化器设计。

上述 GPU 数据库查询优化技术需要根据数据分布存储策略决定其计算策略。当不考虑 GPU 端数据存储时，采用数据按查询需求实时传输到 GPU 进行计算的直接策略，这种策略受 GPU 内存容量和 PCIe 带宽性能的影响而性能较低，甚至可能低于优化的内存数据库性能。CPU 和 GPU 协同计算策略利用 CPU 和 GPU 计算资源提高两个计算平台的利用率，在 CPU 端执行部分查询任务，减少 PCIe 数据传输代价。当前 CPU-GPU 协同计算策略缺乏数据分布存储策略支持，通常是以较大的列为粒度在 GPU 存储数据。异构分析引擎 Mordred[39] 提出了一个基于语义的细粒度的缓存策略，将查询语义、数据关联性、查询频率等因素作为 CPU 和 GPU 之间数据分布存储策略的影响因素，优化了数据分布存储和异构查询执行。

数据在 GPU 端的缓存策略可以从粒度和语义两个维度来分类，图6.44显示了三种数据缓存策略。图6.44（a）是一种以整列为粒度的缓存策略，假设 GPU 可以缓存 7 个列数据段，则以列为粒度的缓存只能使用 4 个列数据段，浪费了 3 个列数据段的缓存能力。图6.44（b）为以列数据段为粒度的缓存策略，可以充分利用 GPU 的内存资源缓存最大量的数据，但缓存的数据与查询语义相关的数据没有相关性。图6.44（c）在细粒度列数据段缓存的基础上基于查询语义对 GPU 缓存数据进行优化选择，优先缓存两个表连接键列以优化 GPU 端的连接性能。GPU 缓存管理通过最不经常使用置换算法（least frequently used replacement algorithm）优化查询访问列数据段在缓存中的换入换出，在每次段数据访问后更新权重。段相关性通过不同算子查询语义进行定义，如在谓词操作中，相同谓词操作中的段数据或与相同行集相关的段数据定义为相同权重；哈希连接操作中将哈希表创建的段数据和哈希表探测段数据定义为相关段数据；在分组聚集操作中聚集列和分组列定义为相关段数据，包括在相同表和不同表中的分组和聚集段数据。

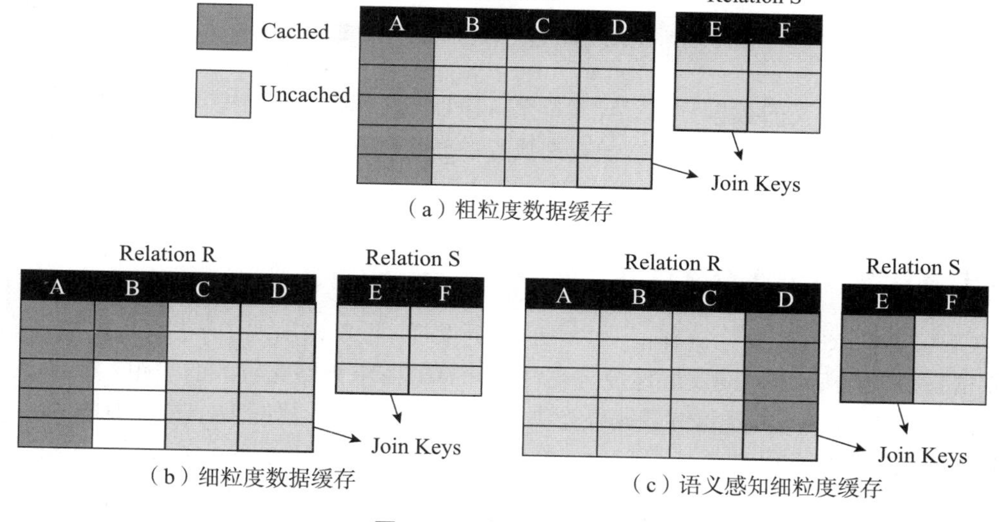

（a）粗粒度数据缓存　（b）细粒度数据缓存　（c）语义感知细粒度缓存

图 6.44　数据缓存策略

在异构平台查询优化技术中，数据驱动的算子分配启发式规则是一种代表性技术，即算子推向列数据所在的处理器平台。但这种策略只有算子涉及的所有列都存储于 GPU 时才能在 GPU 执行算子，否则将在 CPU 执行，优化程度相对比较有限。Mordred 采用基于语义的数据驱动算子分配策略，基于段数据存储策略将算子划分为在 CPU 和 GPU 端同时执行的算子，实现段级查询计划。图6.45（a）示例中关系 R 在 GPU 部分缓存，关系 S 全部缓存，关系 R 划分为三个段组，段组 1 包含缓存在 GPU 内存的 3 个属性列，段组 2 包含缓存在 GPU 内存的 2 个属性列，段组 3 存储在 CPU 端。图6.45（b）显示了生成的物理执行计划，查询在 CPU 和 GPU 端同时执行，线段代表从 GPU 端向 CPU 端传输的中间结果，每个段组上的子查询计划在 CPU 和 GPU 之间共享。段组 1 的段数据全部缓存于 GPU 内存，整个子查询在 GPU 端执行，分组聚集操作结果返回 CPU。段组 2 在 GPU 中部分缓存，查询谓词属性 A2、E1 和连接属性 B2、D1 在 GPU 端，分组属性 C2 在 CPU 端，连接操作在 GPU 端执行，连接结果存储为 R 表和 S 表的 RowID，传回 CPU 端生成 C2 和 E1 连接结果集，然后执行分组聚集计算。段组 3 在 GPU 端没有缓存，整个子查询在 CPU 端执行，输出结果与段组 1 和段组 2 的结果集进行合并。

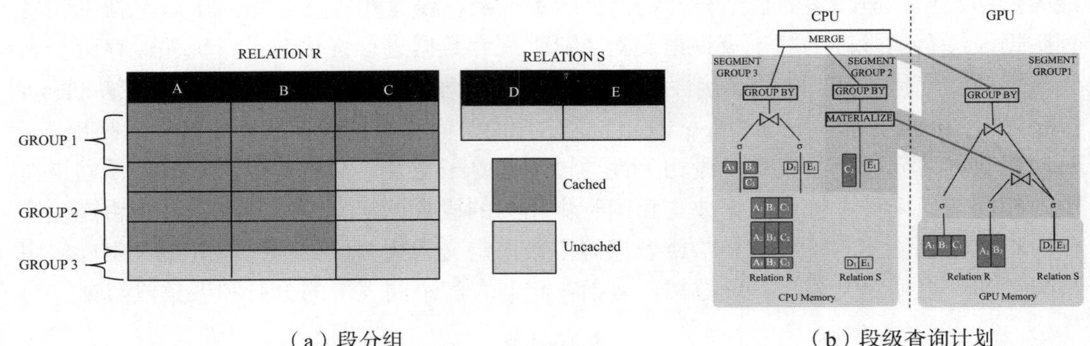

（a）段分组　　　　（b）段级查询计划

图 6.45　段分组和基于段分组的异构查询计划

细粒度基于语义的数据分布存储策略和 GPU 缓存机制为 GPU 数据库提供了更细粒度的异构算子实现技术，提高了子查询执行的数据局部性，提高了 CPU-GPU 协同计算效率。

6.3.9　GPU 数据库系统技术一览

GPU 上的数据库研究得到了学术界的广泛重视，近年来出现了一批 GPU 数据库学术原型系统。多核 CPU 的发展速度与高性能计算的需求仍然有较大的差距，而 GPU 通过更高带宽的 HBM 内存和更多核心提供了更强大的并行计算能力，并在 HPC 高性能计算领域成为主流的高性能计算平台，推动了数据库在 GPU 平台上的发展。表6.2列出了代表性的 GPU 数据库系统，包括代表性的学术原型 GPU 数据库系统和商业化 GPU 数据库。

如表6.3所示，除 GPUTx 为 OLTP 系统外，其他系统主要面向 OLAP 负载，绝大部分系统支持内存列存储模型，支持一次一操作处理模型，部分系统支持一次一块（block-at-a-time) 处理模型，传统的一次一记录 volcano 迭代处理模型没有在 GPU 数据库中得到应用，但最新研究表明基于融核技术的行式查询处理模型在 GPU 平台也有较好的性能。JIT 编译执行技术在部分数据库系统得到应用，通过实时编译技术提高代码执行性能。GPU 数据库可以在 GPU 上独立运行，部分系统也可以在混合的 CPU-GPU 平台运

表 6.2 GPU 数据库系统

系统	研究机构	年份	是否开源
GPUQP	Hong Kong University of Science and Technology	2007	是
GPUTx	Nanyang Technological University	2011	否
Virginian	NEC Laboratories America	2012	是
CoGaDB	University of Magdeburg	2013	是
GPUDB	Ohio State University	2013	是
MapD/OmniSci/HeavyDB	HEAVY.AI	2013	否
Ocelot	Technische Universit¨at Berlin	2013	是
OmniDB	Nanyang Technological University	2013	是
MultiQx-PU	Ohio State University	2014	是
Brytlyt	Brytlyt Ltd.	2016	否
PG-Strom	HeteroDB, Inc	2012/2017	是
SQream	SQream Company	2010	否

行。混合平台处理的关键问题是如何解决不同平台之间的并行处理以及数据在不同平台之间的数据传输代价优化问题。由于 GPU 编程方式与通用处理器不兼容，很难将现有的系统平滑地扩展为 GPU 数据库系统，大多数的 GPU 数据库系统都是定制系统，系统结构与硬件紧密绑定，系统扩展性受到一定的制约。Ocelot 是开源列存储数据库 MonetDB 的 OpenCL 扩展版本，通过对 MonetDB 的部分 MAL 操作进行 OpenCL 扩展实现将 MonetDB 的操作转换到 GPU 平台的功能。OmniDB 使用模块化的接口，每一个接口为一个协处理器设备提供操作符和代价模型。MultiQx-GPU 进一步地探索了 GPU 上查询处理时资源利用率低的问题，通过并发查询管理模块的扩展增强了 GPU 数据库的并发查询处理能力，让 GPU 数据库的功能进一步接近完整的数据库功能。GPU 数据库的商业化进展相对较慢，基于 PostgreSQL 的 GPU 数据库 Brytlyt、PG-Strom 以及 SQream 基于磁盘数据库设计，通过 GPU 加速适合的查询算子性能，技术上相对成熟，但非原生 GPU 数据库设计模式使其与 GPU 数据库最理想性能存在一定的差距。MapD/OmniSci/HeavyDB 是一个定制化的 GPU 数据库，具有原生 GPU 数据库设计特点，性能较高，目前已发展为一个高性能的关系型 GPU 计算平台，也支持 CPU 内存计算平台，是当前内存数据库和 GPU 数据库的代表性系统之一。

GPU 数据库技术的发展面临一个重要的现实问题：如何与现有的内存数据库兼容。从硬件性能来看，GPU 计算平台和内存计算平台的优化匹配能够最小化 GPU 与数据库平台的性能差异。内存数据库系统首先是一个数据管理系统，其次才是一个数据计算引擎，GPU 的特长是数据处理，即大规模并行数据计算，在复杂处理流程控制、复杂数据结构、复杂数据类型的管理功能方面存在不足，更适合作为内存数据库简单数据上的高性能计算，作为一个数据处理加速器辅助内存数据库系统，而且需要作为一个插件化的加速器对内存数据库系统的结构产生最小的影响。现阶段比较理想的方式是将 GPU 数据库引擎集成到内存数据库系统中，对计算密集型的负载进行处理，简化 GPU 数据库的功能，协同内存数据库的数据处理任务。

表 6.3 GPU 数据库系统的主要技术路线[40][41]

		GPUQP	GPUTx	Virginian	CoGaDB	GPUDB	MapD/OmniSci/HeavyDB	Ocelot	OmniDB	MultiQx-GPU	Brytlyt	PG-Strom	SQReam
存储系统	内存存储	✔	✔	✔	✔	✔	✔	✔	✔	✔	✔	✔	✔
	磁盘存储	✔	✘	✘	✘	✘	✔	✘	✘	✘	✘	✘	✘
存储模型	列存储	✔	✔	✔	✔	✔	✔	✔	✔	✔	✔	✔	✔
	行存储	✘	✘	✘	✘	✘	✘	✘	✘	✘	✔	✔	✘
查询处理模型	一次一算子	✔		✔	✔	✔	✔	✔	✔	✔	✔	✔	✔
	一次一块	✘		✔	✘	✔	✔	✘	✔	✘	✔	✔	✔
	JIT 编译	✘		✘	✘	✔	✔	✘	✘	✔	✔	✔	✔
查询处理	非混合查询优化器	✔	✔	✔	✔	✔	✔	✔	✔	✔	✘	✘	✘
	混合查询优化器	✔	✘	✘	✔	✘	✔	✔	✔	✔	✔	✔	✔
硬件相关性	硬件相关	✔	✔	✔	✔	✔	✔	✘	✘	✔	✔	✔	✔
	硬件无关	✘	✘	✘	✘	✘	✘	✔	✔	✘	✘	✘	✘

本章小结

CPU/GPU 异构计算平台是当前 TOP500 和 GREEN500 上主流的高性能和高效率计算平台，近年来新型 GPU 在 HBM 高带宽内存容量、cache 大小、并行计算性能、互联能力等硬件性能方面迅速提升，为 GPU 数据库技术的发展提供了良好的硬件支持，也将推动 GPU 数据库技术的成熟并成为新一代高性能数据库的代表性技术。

GPU 与 CPU 差异化的硬件架构使 GPU 数据库的实现技术与内存数据库既存在共性又存在较大的差异，但总体而言，内存数据库实现技术对 GPU 数据库实现技术有较强的参考作用，CPU 平台上内存数据库成熟的查询优化技术，如向量化查询处理技术等，逐渐被 GPU 平台采纳并根据 GPU 的硬件特征进行定制化实现。从技术的发展路线和硬件特征来看，GPU 数据库是一种众核计算平台和高带宽内存存储平台上的特殊内存数据库技术，进一步扩展了内存数据库面向新型存储和计算硬件平台的适应性，并借助新硬件的性能红利进一步提升内存数据库性能。从硬件技术发展和应用需求来看，GPU

数据库在核心、高端实时分析处理领域有独特的性能优势，基于 PCIe 的架构有更好的硬件扩展性，可以融合 scale-up 和 scale-out 特征为内存数据库提供良好的计算加速能力，为 HTAP 提供基于异构计算资源分布模式的新型计算框架。

问题与思考

1. 安装配置 PG-Strom、OmniSci 等 GPU 数据库，通过 SSB 基准测试对比分析其性能特征，分析当前代表性 GPU 数据库的性能特点和进一步优化性能的需求。

2. 分析开源 Crystal 库中的数据库算子实现技术，学习基于 CUDA 算法实现技术，了解哈希连接、哈希分组聚集、向量化查询处理算法的实现方法。

3. 基于 SSB 基准数据库设计 GPU 平台上的查询实现技术，分析基于不同算法的实现技术及性能影响因素。

4. 分析 TPC-H 数据和模式特点，设计 TPC-H 中复杂多表连接、嵌套子查询等代表性查询任务的实现方案，设计基于 CPU-GPU 异构平台的查询处理及优化技术。

本章参考文献

[1] NVIDIA Hopper Architecture In-Depth. https://developer.nvidia.com/blog/nvidiahopper-architecture-in-depth/，2022-03-22.

[2] OmniSci Overview. https://docs.omnisci.com/v5.1.1/1_overview.html.

[3] Heavy DB. https://github.com/heavyai/heavydb.

[4] Anil Shanbhag, Samuel Madden, Xiangyao Yu. A Study of the Fundamental Performance Characteristics of GPUs and CPUs for Database Analytics [C]. SIGMOD Conference, 2020: 1617-1632.

[5] Max Heimel, Michael Saecker, Holger Pirk, Stefan Manegold, Volker Markl. Hardware-Oblivious Parallelism for In-Memory Column-Stores [C]. Proc. VLDB Endow. 2013, 6(9): 709-720.

[6] Sebastian Breß, Max Heimel, Michael Saecker, Bastian Köcher, Volker Markl, Gunter Saake. Ocelot/HyPE: Optimized Data Processing on Heterogeneous Hardware [C]. Proc. VLDB Endow. 2014, 7(13): 1609-1612.

[7] Bingsheng He, Jeffrey Xu Yu. High-throughput Transaction Executions on Graphics Processors [C]. Proc. VLDB Endow. 2011, 4(5): 314-325.

[8] Iya Arefyeva, Gabriel Campero Durand, Marcus Pinnecke, David Broneske, Gunter Saake. Low-Latency Transaction Execution on Graphics Processors: Dream or Reality? [C]. ADMS@VLDB, 2018: 16-21.

[9] Lan Gao, Yunlong Xu, Rui Wang, Hailong Yang, Zhongzhi Luan, Depei Qian. Accelerating In-memory Transaction Processing Using General Purpose Graphics Processing Units. Future Gener [J]. Comput. Syst. 2019, 97: 836-848.

[10] Rubao Lee, Minghong Zhou, Chi Li, Shenggang Hu, Jianping Teng, Dongyang Li, Xiaodong Zhang. The Art of Balance: A RateupDB Experience of Building a CPU/GPU Hybrid Database Product [C]. Proc. VLDB Endow. 2021, 14(12): 2999-3013.

[11] Yansong Zhang, Yu Zhang, Shan Wang, Jiaheng Lu. Fusion OLAP: Fusing the Pros of MOLAP and ROLAP Together for In-Memory OLAP [J]. IEEE Trans. Knowl. Data Eng. 2019, 31(9): 1722-1735.

[12] Justin A. DeBrabant, Andrew Pavlo, Stephen Tu, Michael Stonebraker, Stanley B. Zdonik. Anti-Caching: A New Approach to Database Management System Architecture [C]. Proc. VLDB Endow. 2013, 6(14): 1942-1953.

[13] Emily Furst, Mark Oskin, Bill Howe. Profiling a GPU Database Implementation: A Holistic View of GPU Resource Utilization on TPC-H Queries [C]. DaMoN, 2017: 3:1-3:6.

[14] Kai Zhang, Kaibo Wang, Yuan Yuan, Lei Guo, Rubao Lee, Xiaodong Zhang. Mega-KV: A Case for GPUs to Maximize the Throughput of In-Memory Key-Value Stores [C]. Proc. VLDB Endow. 2015, 8(11): 1226-1237.

[15] Yuchen Li, Qiwei Zhu, Zheng Lyu, Zhongdong Huang, Jianling Sun. DyCuckoo: Dynamic Hash Tables on GPUs [C]. ICDE, 2021: 744-755.

[16] Changkyu Kim, Jatin Chhugani, Nadathur Satish, Eric Sedlar, Anthony D. Nguyen, Tim Kaldewey, Victor W. Lee, Scott A. Brandt, Pradeep Dubey. FAST: Fast Architecture Sensitive Tree Search on Modern CPUs and GPUs [C]. SIGMOD Conference, 2010: 339-350.

[17] Saman Ashkiani, Shengren Li, Martin Farach-Colton, Nina Amenta, John D. Owens. GPU LSM: A Dynamic Dictionary Data Structure for the GPU [C]. IPDPS, 2018: 430-440.

[18] Muhammad A. Awad, Saman Ashkiani, Rob Johnson, Martin Farach-Colton, John D. Owens. Engineering a High-performance GPU B-Tree [C]. PPoPP, 2019: 145-157.

[19] Amirhesam Shahvarani, Hans-Arno Jacobsen: A Hybrid B+-tree as Solution for In-Memory Indexing on CPU-GPU Heterogeneous Computing Platforms [C]. SIGMOD Conference, 2016: 1523-1538.

[20] Yu Zhang, Yansong Zhang, Mingchuan Su, Fangzhou Wang, Hong Chen. HG-Bitmap Join Index: A Hybrid GPU/CPU Bitmap Join Index Mechanism for OLAP [C]. WISE Workshops. Berlin Heidelberg: Springer, 2013: 23-36.

[21] Yansong Zhang, Yu Zhang, Xuan Zhou, Jiaheng Lu. Main-memory Foreign Key Joins on Advanced Processors: Design and Re-evaluations for OLAP Workloads [J]. Distributed Parallel Databases, 2019, 37(4): 469-506.

[22] Holger Pirk, Stefan Manegold, Martin L. Kersten. Accelerating Foreign-Key

Joins using Asymmetric Memory Channels [C]. VLDB - Workshop on Accelerating Data Management Systems Using Modern Processor and Storage Architectures. New York: VLDB Endowment, 2011: 27-35.

[23] Bingsheng He, Mian Lu, Ke Yang, Rui Fang, Naga K. Govindaraju, Qiong Luo, Pedro V. Sander. Relational Query Coprocessing on Graphics Processors [J]. ACM Trans. Database Syst., 2019, 34(4): 21:1-21:39.

[24] Makoto Yabuta, Anh Nguyen, Shinpei Kato, Masato Edahiro, Hideyuki Kawashima. Relational Joins on GPUs: A Closer Look [C]. IEEE Trans. Parallel Distributed Syst., 2017, 28(9): 2663-2673.

[25] Johns Paul, Bingsheng He, Shengliang Lu, Chiew Tong Lau. Revisiting Hash Join on Graphics Processors: A Decade Later [J]. Distributed Parallel Databases, 2020, 38(4): 771-793.

[26] Kevin Angstadt, Ed Harcourt. A Virtual Machine Model for Accelerating Relational Database Joins Using a General Purpose GPU [C]. SpringSim (HPS), 2015: 127-134.

[27] 张延松，张宇，王珊. 一种基于向量索引的内存 OLAP 星型连接加速新技术 [J]. 计算机学报, 2019, 42(8): 1686-1703.

[28] Jiong He, Mian Lu, Bingsheng He. Revisiting Co-Processing for Hash Joins on the Coupled CPU-GPU Architecture [C]. Proc. VLDB Endow., 2013, 6(10): 889-900.

[29] Yansong Zhang, Yu Zhang, Shan Wang, Jiaheng Lu. Fusion OLAP: Fusing the Pros of MOLAP and ROLAP Together for In-Memory OLAP [J]. IEEE Trans. Knowl. Data Eng., 2019, 31(9): 1722-1735.

[30] Shasank Chavan, Albert Hopeman, Sangho Lee, Dennis Lui, Ajit Mylavarapu, Ekrem Soylemez. Accelerating Joins and Aggregations on the Oracle In-Memory Database [C]. ICDE, 2018: 1441-1452.

[31] Tomas Karnagel, René Müller, Guy M. Lohman. Optimizing GPU-accelerated Group-By and Aggregation [C]. ADMS@VLDB, 2015: 13-24.

[32] Diego G. Tomé, Tim Gubner, Mark Raasveldt, Eyal Rozenberg, Peter A. Boncz. Optimizing Group-By and Aggregation using GPU-CPU Co-Processing [C]. ADMS@VLDB, 2018: 1-10.

[33] Viktor Rosenfeld, Sebastian Breß, Steffen Zeuch, Tilmann Rabl, Volker Markl. Performance Analysis and Automatic Tuning of Hash Aggregation on GPUs [C]. DaMoN, 2019: 8:1-8:11.

[34] Bala Gurumurthy, David Broneske, Martin Schäler, Thilo Pionteck, Gunter Saake. An Investigation of Atomic Synchronization for Sort-Based Group-By Aggregation on GPUs [C]. ICDE Workshops, 2021: 48-53.

[35] Yansong Zhang, Yu Zhang, Jiaheng Lu, Shan Wang, Zhuan Liu, Ruichen Han. One Size Does Not Fit All: Accelerating OLAP Workloads with GPUs [J]. Distributed

Parallel Databases, 2020, 38(4): 995-1037.

[36] Johns Paul, Jiong He, Bingsheng He. GPL: A GPU-based Pipelined Query Processing Engine [C]. SIGMOD Conference, 2016: 1935-1950.

[37] Breß S, Kocher B, Heimel M, Markl V, Saecker M, Saake G. Ocelot/hype: Optimized Data Processing on Heterogeneous Hardware [C]. Proc. of the VLDB Endowment, 2014,7(13):1609−1612.

[38] Sebastian Breß, Henning Funke, Jens Teubner. Robust Query Processing in Co-Processor-accelerated Databases [C]. SIGMOD Conference, 2016: 1891-1906.

[39] Bobbi W. Yogatama, Weiwei Gong, Xiangyao Yu. Orchestrating Data Placement and Query Execution in Heterogeneous CPU-GPU DBMS. Proc. VLDB Endow., 2022, 15(11): 2491-2503.

[40] Sebastian Breß, Max Heimel, Norbert Siegmund, Ladjel Bellatreche, and Gunter Saake. GPU-accelerated Database Systems. Survey and Open Challenges [J]. Transactions on Large-Scale Data and Knowledge-Centered Systems (TLDKS). Berlin Heidelberg: Springer, 2014, 8920: 1-35.

[41] 裴威，李战怀，潘巍. GPU 数据库核心技术综述 [J]. 软件学报，2021，32(3): 859-885.

第 3 部分　内存数据库实践技术

内存数据库技术随着新硬件技术和软件技术的发展而不断发展，从传统的 CPU + DRAM 内存计算平台扩展到新型 GPU/FPGA 加速器异构计算平台、DRAM-PM 异构非易失存储平台、DPU + DRAM 近存计算平台，以及存算分离计算平台、HTAP 应用平台等新型计算平台和架构，因此，内存数据库的概念从传统的以内存为存储平台、以 CPU 为计算平台的数据库管理技术扩展为以异构存储平台和异构计算平台为基础的、以内存访问和计算为核心的数据库技术。新硬件技术的发展和不确定性向内存数据库提出新的挑战，如何在动态变化的新硬件发展趋势中创建新的内存数据库计算模型和统一的计算架构、减少硬件异构性对内存数据库软件架构的不利影响是一个基础性的问题，也是避免内存数据库与不同类型硬件技术耦合度过强而导致软件复杂度大幅提升的理论基础。

第 7 章探索了一种面向当前及未来新型异构硬件平台的开放内存 OLAP 计算架构，以内存 OLAP 为核心，基于新型 OLAP 计算模型和面向模式特征的分层计算模型技术，以模式、数据、负载为中心设计分层的 OLAP 计算模型，并将不同类型的负载与不同类型的硬件优化匹配，从数据库软件的角度通过对计算模块的解耦合使封闭的 OLAP 计算模型可以与开放的异构硬件更加灵活地匹配和定制，降低内存数据库引入新硬件技术的复杂度和实现成本。第 8 章介绍了内存数据库关键技术的实现案例，通过基础的选择、投影、连接、分组、聚集等算子实现技术，扩展到基于存算分离模型的多维计算算子，通过实践案例介绍内存数据库实现技术，让读者了解内存数据库基本的实现技术。

第7章 

开放内存 OLAP 计算架构

本章要点

传统数据库的查询处理引擎是一个封闭的系统，在存算分离软件架构和新型异构硬件的影响下，打破封闭的结构并将其转换为开放的分层计算架构是实现 OLAP 计算模型解耦合、软件与硬件动态优化匹配的一条可行的技术路线。为实现这一目标，需要从数据模型、数据库计算模型、数据库实现技术三个方面探索如何在关系数据库传统理论模型的基础上扩展新型计算架构，通过数据内在特征划分计算负载，并实现与不同硬件特征的软硬件优化匹配。

7.1 多维–关系数据模型

OLAP 底层数据模型主要分为两类：多维数据模型和关系数据模型。多维数据模型将数据存储为多维数据集，多维立方体由维和度量构成，维定义了多维数据的维度和层次，度量定义了多维数据空间中的事实数据，多维立方体上切片和切块操作定义了多维数据空间中按维或层次的数据过滤操作，上卷和下钻操作定义了基于维层次不同粒度的聚集计算操作，即多维数据集上的操作可以看作基于多维数据空间结构选择查询子集并对其按预设置维或层次构建的分组立方体进行聚集计算。为满足多维空间操作，数据需要映射为多维数据结构进行存储，高维空间存在数据稀疏的存储效率问题，为查询生成的数据立方体需要较高的预计算代价和存储开销。关系数据模型将多维数据集分解为维表和事实表，通过维表与事实表之间的主–外键参照完整性约束建立维表与事实表的逻辑映射关系，将多维数据集上的切片、切块、上卷、下钻等操作转换为选择、投影、连接、分组、聚集等基本关系算子，通过关系操作完成多维数据集上的计算任务。多维数据模型需要构建多维立方体存储稀疏的事实数据并保持维与事实数据的双向地址映射关系，关系数据模型只将实际的事实数据存储为事实表，通过事实表外键与维表主键之间的等值连接关系建立事实数据与维的逻辑联系，查询性能依赖于关系操作算子性能。

表7.1对比了多维数据模型和关系数据模型的实现技术。多维数据模型实现简单，数据访问效率高，但在数据稀疏时存储效率低，数据更新时需要重构数据立方体的代价较高，在计算时可以通过基于数组地址的访问提高效率。关系数据模型存储效率高，数据维护代价低，查询实现依赖于关系算子性能，主要计算代价集中在大事实表与多个维表之间的连接和分组聚集操作性能上，传统的关系数据库中连接与分组聚集操作通常采用哈希方法，相对于多维数据模型的地址访问计算代价较高。

表 7.1 多维数据模型和关系数据模型技术对比

对比类型	多维数据模型	关系数据模型
存储模型实现	多维数组：数据立方体 CUBE	关系表：维表和事实表
存储空间效率	稀疏存储时存储效率低	存储效率高
数据更新约束	重构 CUBE	无约束
多维查询实现	多维数组地址访问	连接操作
查询使用的数据结构	多维数组	关系、哈希表
多维查询操作	多维数组访问	SPJGA 操作

从数据模型层面来看，关系数据模型存储效率较高，多维数据模型计算性能较好，在关系存储模型上引入多维计算模型能够更好地结合多维数据模型和关系数据模型各自的优点，在计算性能和存储效率上扬长避短。因此，我们提出了一种多维–关系数据模型，将传统的 MOLAP 和 ROLAP 计算模型扩展为 Fusion OLAP 计算模型，实现在关系数据存储模型上的多维计算。

7.1.1 数据模型

OLAP 是建立在多维数据模型上的分析处理技术，多维数据集在逻辑模型上是一个多维立方体，通过维度的组合确定多维数据子集，并对多维数据子集进行聚集计算。在 OLAP 实现技术中，多维数据模型可以使用多维数组表示多维数据集，维度构建多维数组的轴，映射到数组的下标，事实数据通过多维数组下标定位，能够实现从维度向事实数据的直接地址访问，但需要构建一个巨大的多维数组空间。当多维数据在多维数组存储中很稀疏时，存储效率很低，而且当维发生变化时需要对多维数组进行重构，如图7.1（a）所示。关系模型采用关系存储，维度存储为维表，事实数据存储为事实表，事实表与维表之间通过主–外键参照完整性约束来表示事实数据与维度数据之间松耦合的多维数据关系，OLAP 操作转化为在关系数据库中事实表与维表之间的 SPJGA 操作，即事实表与维表通过星形连接，按查询的分组属性对指定的度量属性进行聚集计算，事实与维度是一种松耦合关系，即维度的变化不会产生事实数据的重构，多维数据存储模型不会随着数据量的增长而变化，如图7.1（b）所示。但在关系数据模型中，多维查询转换为事实表与维表之间的等值连接操作，而连接操作是关系数据库中最复杂、代价最大的操作，相对于多维数据模型的直接数组地址访问方式的查询性能有较大差距。HOLAP（Hybrid OLAP）是将细节数据用 ROLAP 存储，聚集结果用 MOLAP 存储，结合 ROLAP 的存储效率和 MOLAP 在聚集计算上的高性能，是两种 OLAP 查询处理模型的集成技术。

多维–关系数据模型在数据存储上采用关系模型，即维表和事实表存储多维数据的维度信息和事实数据，但同时保留虚拟多维数据模型的特征，即只将维表映射为多维数据立方体的轴，事实表在多维空间中序列化，将多维地址作为事实表的外键，在关系存储模型维表与事实表保持主–外键参照完整性约束的基础上增加外键向维度的地址映射，在关系存储的维表和事实表之间保留面向虚拟数据立方体的多维地址映射关系。如图7.1（c）所示，维表 D_1、D_2、D_3 映射了一个虚拟的数据立方体，F_1、F_2、F_3、F_4、F_5、F_6 为虚拟数据立方体中的事实数据，事实数据序列化为关系存储的事实表，数据立方体的多维数组下标物化为事实数据的外键，记录事实数据与各个维之间的值–地址映射关系。由于虚拟数据立方体并不需要构建物理的 CUBE，维的更新不影响事实数据的物理存储。

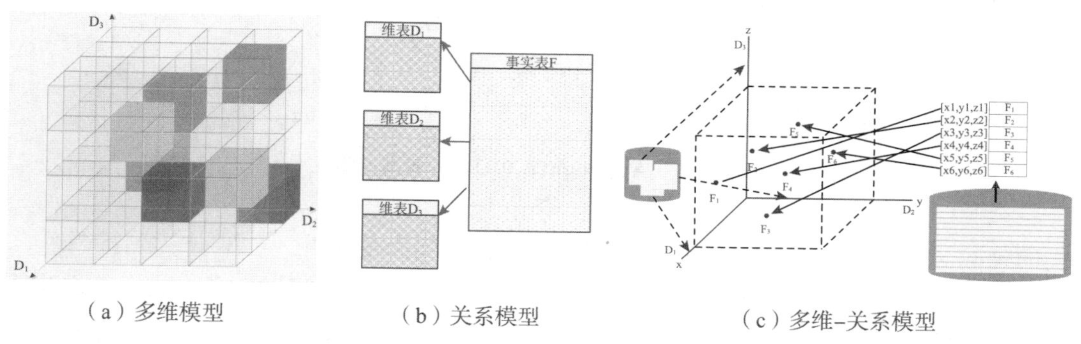

（a）多维模型　　（b）关系模型　　（c）多维–关系模型

图 7.1　多维模型、关系模型、多维–关系模型示意图[1]

图7.2（a）显示的多维–关系模型中，Virtual CUBE 为多维数据集对应的虚拟数据立方体，由基于一维数组的维向量和序列化存储的事实数据组成；查询对应虚拟数据立方体中的一个多维数据子集上的聚集计算，由查询谓词条件定义出多维数据集对应的虚拟 Query CUBE，并对虚拟 Query CUBE 中的事实数据进行聚集计算；聚集计算的结果也可以看作一个 CUBE，由在 Virtual CUBE 上通过过滤操作生成的 Query CUBE 中的数据按分组属性创建的多维结果集，聚集计算的结果集存储在 Aggregate CUBE 中。Virtual CUBE 是只有维向量定义的逻辑 CUBE，Query CUBE 则是查询条件在各维上取值所确定的虚拟 CUBE，对应由各维向量上的过滤器所确定的多维数据集，如图7.2（b）所示，维向量过滤器不仅定义了维上哪些成员满足查询条件，而且对满足查询过滤条件的维成员按分组属性进行编码，设置在 Aggregate CUBE 相应维中的坐标，事实数据在维向量过滤器上完成过滤操作后生成的结果数据中附加了分组属性在 Aggregate CUBE 对应维上的坐标，然后按多维坐标位置将事实数据映射到 Aggregate CUBE 对应的单元中进行聚集计算。

由于维向量过滤器首先被创建，维向量过滤器上的选择率是确定的，可以根据维向量过滤器的选择率和维向量过滤器大小生成优化的过滤顺序，然后将事实数据依次通过各个维向量过滤器，过滤掉不满足查询条件的事实记录。每个通过维向量过滤器的事实记录获得了在分组聚集操作中 Aggregate CUBE 在当前维度上的坐标分量，通过全部维向量过滤器的事实数据获得了完整的 Aggregate CUBE 各维的坐标。事实数据在进行多维过滤时创建一个向量，记录满足维过滤条件的事实数据的地址和在 Aggregate CUBE

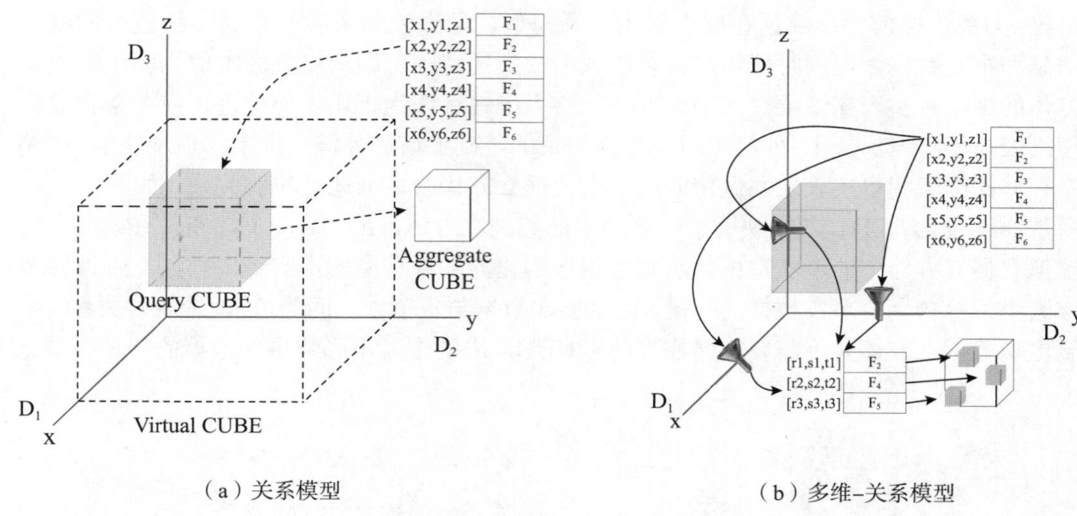

（a）关系模型　　（b）多维–关系模型

图 7.2　Aggregate CUBE 聚集计算

中的坐标（多维数组坐标转换为一维数组坐标），称为向量索引。

多维过滤策略将多维数据访问转换为事实数据在 Virtual CUBE 各个维向量过滤器上的过滤操作，即事实数据依次通过线性排列的各个维向量过滤器，实现事实表外键数据向维向量基于地址映射操作，转换为一种特殊的关系数据库选择操作，简化了查询处理。多维过滤操作是 OLAP 查询处理过程是计算代价最高的部分，但只涉及查询相关的事实数据外键列和维向量过滤器，生成事实数据向量索引，是一种低输入、低输出的计算密集型任务。

多维过滤操作是一个数据量随选择率递减的过程，而 Aggregate CUBE 上的聚集计算则是在既定选择率下的计算过程。向量索引中记录了事实数据中满足查询多维过滤条件的事实记录的位置以及该事实记录度量属性进行聚集计算单元的位置，是一种内存直接地址访问操作。当分组属性是低势集属性或过滤后的分组属性成员数量较少时，Aggregate CUBE 较小，基于 Aggregate CUBE 地址访问的聚集计算效率较高；当过滤后的分组属性仍然是高势集属性时，基于多维数组构造的 Aggregate CUBE 较大，当 Aggregate CUBE 在计算中稀疏访问时，即 Aggregate CUBE 中只有极少的单元有实际对应的事实数据时，基于 Aggregate CUBE 的聚集计算效率较低，在聚集计算阶段可以按向量索引中记录的 Aggregate CUBE 坐标生成哈希表，优化稀疏访问时的聚集计算性能。

表7.2给出了 SSB 中包含分组操作的 10 个查询，以及 TPC-H 包含分组操作的查询中的分组属性统计信息。SSB 是一种标准的星形模型测试基准，查询是一种导航式 OLAP 查询模式，分组属性对应相对较小的分组属性集，因此非常适合采用 Aggregate CUBE 技术，通过多维数组构建 Aggregate CUBE。TPC-H 查询中，以维表或事实表主码或候选码作为分组属性的查询通常属于较高势集属性，如表7.2中深色底纹部分的查询，直接构造 Aggregate CUBE 会产生巨大的存储空间开销，通常采用基于哈希或排序的分组聚集计算技术，其他常规查询通常符合构造 Aggregate CUBE 的条件，也可以采用图 5.50 所示的基于函数依赖的分组方法，把具有函数依赖关系的多分组属性简化

表 7.2 SSB 和 TPC-H 查询分组统计

	查询	分组属性	分组属性势集	实际分组数量	分组 CUBE 大小
SSB	Q2.1	d_year, p_brand1	7×1 000	7×40	280
	Q2.2	d_year, p_brand1	7×1 000	7×8	56
	Q2.3	d_year, p_brand1	7×1 000	7×1	7
	Q3.1	c_nation, s_nation, d_year	25×25×7	5×5×6	150
	Q3.2	c_city, s_city, d_year	250×250×7	10×10×6	600
	Q3.3	c_city, s_city, d_year	250×250×7	2×2×6	24
	Q3.4	c_city, s_city, d_year	250×250×7	2×2×1	4
	Q4.1	d_year, c_nation	7×25	7×5	35
	Q4.2	d_year, s_nation, p_category	7×25×25	2×5×10	100
	Q4.3	d_year, s_city, p_brand1	7×250×1 000	2×10×40	800
TPC-H	Q1	l_returnflag, l_linestatus	3×2	3×2	6
	Q3	l_orderkey, o_orderdate, o_shippriority	1 500 000× 2 406×1	57 263×120×1	6 871 560
	Q4	o_orderpriority	5	5	5
	Q5	n_name	25	25	25
	Q7	supp_nation, cust_nation, l_year	25×25×7	2×2×2	8
	Q8	o_year	7	2	2
	Q9	nation, o_year	25×7	25×7	175
	Q10	c_custkey, c_name, c_acctbal, c_phone, n_name, c_address, c_comment	150 000		150 000
	Q12	l_shipmode	7	7	7
	Q13	c_custkey	150 000		150 000
	Q16	p_brand, p_type, p_size	25×150×50	24×145×8	27 840
	Q18	c_name, c_custkey, o_orderkey, o_orderdate, o_totalprice	150 000		150 000
	Q21	s_name	10 000	411	411
	Q22	substring(c_phone from 1 for 2)	25	7	7

为主属性分组操作，如 Q18 中分组属性 c_name，c_custkey，o_orderkey，o_orderdate，o_totalprice 存在函数依赖关系 o_orderkey→o_orderdate，o_totalprice，c_name，c_custkey，

Aggregate CUBE 可以简化为 o_orderkey 向量上的分组操作，Q3、Q10 存在同样的优化方法。Q3、Q10、Q13、Q18、Q21 可以简化为主键向量上的分组操作，支持不同选择率的查询任务。对于 Aggregate CUBE 聚集计算来说，其大小相对于 cache 大小对性能有较大的影响，当前多核处理器每核心 1MB 的 L2 cache 可以支持超过 26 万单位长度的分组在私有 L2 cache 内的高性能分组聚集计算，60MB L3cache 能够存储宽度为 4 字节、大小超过 1 500 万单元的 Aggregate CUBE 在 L3 cache 内的高性能分组聚集计算，能够满足绝大多数 OLAP 查询的高性能分组计算需求。

图7.3显示了多维–关系模型的映射计算过程。从物理存储模型来看，多维数据在关系数据库中存储为维表和事实表，其中特殊的约束是维表需要映射为 Virtual CUBE 的维度，事实表可以看作 Virtual CUBE 空间中事实数据的序列化存储，事实表外键为事实数据在 Virtual CUBE 中的多维地址。从计算模型来看，多维–关系映射（M-R Map）定义了给定模式下的统一的多维–关系计算模型，即将每个维表映射为 Virtual CUBE 的一个维向量，事实表外键通过值–地址映射到各个维向量中唯一的位置，实现关系数据向虚拟多维空间的映射，通过向量索引存储多维映射结果，并通过向量索引将多维映射的结果转换为关系存储事实表上的索引访问，实现在维表端关系–多维映射、事实表外键上关系–多维映射和多维计算、事实表度量数据上的多维–关系映射。

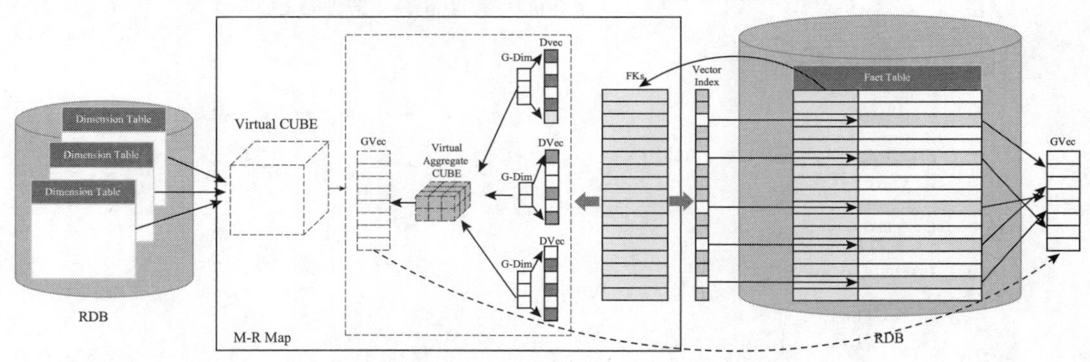

图 7.3 多维–关系计算模型[2]

在统一的多维–关系计算模型下，主要由维向量（过滤器）、分组向量、向量索引来构造多维–关系映射计算。每个查询任务分解到相应的维表上，根据 where 条件过滤维表记录并投影出 group by 相关的属性，构造维表上的分组向量，生成维向量和 Aggregate CUBE 对应的分组向量；事实表外键列依次在每个维向量中按值–地址映射过滤，并迭代计算过滤事实表记录的 Aggregate CUBE 地址，完成全部维向量上的过滤后将满足条件的事实表记录的一维 Aggregate CUBE 地址存储在向量索引中；通过向量索引访问事实表记录，执行聚集计算并将结果映射到向量索引中存储的分组向量地址单元中进行聚集计算。

多维–关系映射将多维空间访问转换为事实表外键列在相应维向量上的过滤操作，可以看作一种基于外键值–地址映射机制的向量连接操作，维向量大小决定了向量连接操作的性能。表7.3统计了 SSB 和 TPC-H 数据集中各维表在不同数据规模下的维向量大小

（向量宽度为 1 字节），SSB 在 1TB 数据规模以内各维向量均小于主流 CPU 的 L3 cache 大小，具有较好的向量连接性能支持，TPC-H 数据集的 CUSTOMER 表和 PART 表较大，在 300GB 数据集以下维向量小于主流 CPU 的 L3 cache，在 1TB 数据集以上时维向量较大，但在新型大容量 HBM CPU 的支持下，较大维表上的向量连接操作也可以获得较好的性能。

表 7.3　SSB 和 TPC-H 维表和维向量大小统计

	行数				维向量大小（MB）			
	1GB	100GB	300GB	1TB	1GB	100GB	300GB	1TB
TPC-H								
CUSTOMER	150 000	15 000 000	45 000 000	150 000 000	0.14	14.31	42.92	143.05
PART	200 000	20 000 000	60 000 000	200 000 000	0.19	19.07	57.22	190.73
SUPPLIER	10 000	1 000 000	3 000 000	10 000 000	0.01	0.95	2.86	9.54
NATION	25	25	25	25	0.000 024	0.000 024	0.000 024	0.000 024
REGION	5	5	5	5	0.000 005	0.000 005	0.000 005	0.000 005
SSB								
CUSTOMER	30 000	3 000 000	9 000 000	30 000 000	0.029	2.86	8.58	28.61
PART	200 000	1 400 000	1 800 000	2 000 000	0.19	1.34	1.72	1.91
SUPPLIER	2 000	200 000	600 000	2 000 000	0.002	0.19	0.57	1.91
DATE	2 555	2 555	2 555	2 555	0.002	0.002	0.002	0.002

TPC-DS 的维表大小不随数据规模增长而线性增长，体现了现实世界中维表较小且缓慢增长的特征。表7.4统计了从 1GB 到 100TB 数据规模时各维表记录行数和维向量大小，在低于 1TB 的数据模型下，最大的 CUSTOMER 表维向量仅为 11.44MB，远低于主流 CPU 的 L3 cache 大小，在 100TB 数据集中，最大的 CUSTOMER 表维向量大小为 95.37MB，绝大多数维向量大小远低于主流 CPU 的 L3 cache，在向量连接算法中具有较高的 cache 访问性能。

综上所述，多维–关系模型是一种融合了多维计算和关系存储特性的新型数据模型，在存储模型上采用存储效率高的关系模型，在计算模型上采用计算性能高的多维模型，融合多维数据模型和关系数据模型各自的优点，避免各自在存储效率和计算性能方面的不足。多维–关系模型的纽带是多维–关系映射，在维表主键和事实表外键上保留多维地址映射机制，查询中的维表映射为维向量，事实表外键和维向量构成基于 Virtual CUBE 的多维计算，多维计算结果存储在向量索引中，向量索引作为多维计算模型向关系存储数据访问的中介，实现关系–多维–关系三阶段计算、两级数据映射。

表 7.4 TPC-DS 维表和维向量大小统计

表	数据规模							
	1GB	100GB	300GB	1TB	3TB	10TB	30TB	100TB
维表行数								
call_center	6	30	36	42	48	54	60	60
catalog_page	11 718	20 400	26 000	30 000	36 000	40 000	46 000	50 000
customer	100 000	2 000 000	5 000 000	12 000 000	30 000 000	65 000 000	80 000 000	100 000 000
customer_address	50 000	1 000 000	2 500 000	6 000 000	15 000 000	32 500 000	40 000 000	50 000 000
customer_demographics	1 920 800	1 920 800	1 920 800	1 920 800	1 920 800	1 920 800	1 920 800	1 920 800
date_dim	73 049	73 049	73 049	73 049	73 049	73 049	73 049	73 049
household_demographics	7 200	7 200	7 200	7 200	7 200	7 200	7 200	7 200
income_band	20	20	20	20	20	20	20	20
item	18 000	204 000	264 000	300 000	360 000	402 000	462 000	502 000
promotion	300	1 000	1 300	1 500	1 800	2 000	2 300	2 500
reason	35	55	60	65	67	70	72	75
ship_mode	20	20	20	20	20	20	20	20
store	12	402	804	1 002	1 350	1 500	1 704	1 902
time_dim	86 400	86 400	86 400	86 400	86 400	86 400	86 400	86 400
warehouse	5	15	17	20	22	25	27	30
web_page	60	2 040	2 604	3 000	3 600	4 002	4 602	5 004
web_site	6	30	36	42	48	54	60	60
维向量大小 (MB)								
call_center	0.000 006	0.000 029	0.000 034	0.000 040	0.000 046	0.000 051	0.000 057	0.000 057
catalog_page	0.01	0.02	0.02	0.03	0.03	0.04	0.04	0.05
customer	0.10	1.91	4.77	11.44	28.61	61.99	76.29	95.37
customer_address	0.05	0.95	2.38	5.72	14.31	30.99	38.15	47.68
customer_demographics	1.83	1.83	1.83	1.83	1.83	1.83	1.83	1.83
date_dim	0.07	0.07	0.07	0.07	0.07	0.07	0.07	0.07
household_demographics	0.007	0.007	0.007	0.007	0.007	0.007	0.007	0.007
income_band	0.000 02	0.000 02	0.000 02	0.000 02	0.000 02	0.000 02	0.000 02	0.000 02
item	0.02	0.19	0.25	0.29	0.34	0.38	0.44	0.48
promotion	0.000	0.001	0.001	0.001	0.002	0.002	0.002	0.002
reason	0.000 03	0.000 05	0.000 06	0.000 06	0.000 06	0.000 07	0.000 07	0.000 07
ship_mode	0.000 02	0.000 02	0.000 02	0.000 02	0.000 02	0.000 02	0.000 02	0.000 02
store	0.000 01	0.000 38	0.000 77	0.000 96	0.001 29	0.001 43	0.001 63	0.001 81
time_dim	0.08	0.08	0.08	0.08	0.08	0.08	0.08	0.08
warehouse	0.000 005	0.000 014	0.000 016	0.000 019	0.000 021	0.000 024	0.000 026	0.000 029
web_page	0.000 06	0.001 95	0.002 48	0.002 86	0.003 43	0.003 82	0.004 39	0.004 77
web_site	0.000 006	0.000 029	0.000 034	0.000 040	0.000 046	0.000 051	0.000 057	0.000 057

7.1.2 多维–关系模式

模式是数据库的理论基础，多维–关系模式定义了多维–关系数据模型需要满足的模式特性，在关系模式的基础上扩展了面向多维数据模型的主键、外键、参照完整性约束、模式优化、多级模式及映射等多维–关系模式的基本理论框架。

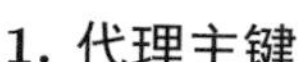

1. 代理主键

在关系数据库中，主键用于唯一标识表中的每一行，保证关系满足实体完整性约束。关系数据库只强制了主键的唯一性，对多维–关系模型而言只保证了维表中的每一条记录可在 Virtual CUBE 维度上有不同的位置，但缺乏明确的映射关系，只能通过较高代价的基于等值查找方法实现关系–多维映射。

多维–关系模式扩展了关系数据库中的主键定义：多维–关系模式中的主键采用代理键（连续的 1，2，3，⋯整数序列），在保持关系数据库主键唯一性的同时保留了多维数据模型的维度映射特性，实现将维表记录按代理键主键直接映射到 Virtual CUBE 维度上，实现关系数据向多维数据的直接映射。

基于代理键主键的表可以映射为一个等长的向量，作为该关系表在 Virtual CUBE 上映射的维度，也可以作为非维表（如具有主–外键参照完整性约束的事实表）的向量索引，实现基于主键值的直接地址映射访问。多维–关系模式中的代理主键约束确定了关系存储的维表映射为多维数据的基础，代理主键需要在数据更新时保证代理键的连续性，需要关系数据库对维表在主键定义和更新机制的扩展技术支持，具体方法参考 3.2.4 节中 Fusion OLAP 模型相关内容。

2. 映射完整性约束

维表主键代理键机制扩展了传统数据库理论中主键的实体完整性约束，在非空值和唯一值约束的基础上增加了面向多维数据模型的值–地址映射约束，同样地，在主–外键参照完整性约束的基础上进行扩展，将外键值在参考表主键上的唯一等值约束扩展为值–地址映射完整性约束，即外键值在维表主键列的地址映射关系。

关系模式中的参照完整性约束定义为：

若属性或属性组 F 是基本关系 R 的外键，它与基本关系 S 的主键 Ks 相对应（基本关系 R 和 S 不一定是不同的关系），则对于 R 中的每个元组在 F 上的值必须为：

（1）空值，F 的每个属性值均为空值。

（2）S 中某个元组中的主键值（主码值）。

参照的关系中的属性值必须能够在被参照关系找到或者取空值，否则不符合数据库的语义。多维–关系模式将关系数据库中的主–外键参照完整性约束扩展为映射完整性约束。

若属性 F 是事实表 R 的外键，它与维表 S 的主键 Ks 相对应（维表 S 的主键 Ks 为代理键），则对于 R 中的每个元组在 F 上的值必须为：

（1）S 中某个元组中的主键值（主码值）。

（2）R 中的每一条记录的外键值可以直接或函数映射为维表 S 的记录（或维向量）地址（或偏移地址）。

扩展的映射完整性约束的基础是维表使用代理主键，第一个条件是满足关系模式的主–外键参照完整性约束，第二个条件是满足多维模型的地址映射约束。

在映射完整性约束下，事实表与维表之间的外键连接操作可以转换为映射连接，即事实表外键值直接映射为维表记录地址访问，通过基于多维数据语义的映射连接代替关系数据库的等值外键连接操作。

3. 模式优化

多维–关系模式优化包括两个部分：基于"数""据"分离的存储优化、基于管算存分离的模式优化。

(1) 基于"数""据"分离的存储优化策略。在传统数据库的概念中，数据既包含了数据的值又包含了数据的语义。对多维数据来说，空间中的点包含多维数据的值，其语义包含在多维数据结构中，通过维度解释多维空间中的数据语义，即将数据划分为"数"（数值）与"据"（多维元数据）。关系数据库将多维数据存储为维表和事实表，但关系存储模型并不强制分离维结构和事实数据，在事实表中通常带有描述性语义属性，如图7.4（a）所示，TPC-H 事实表中包含非数值类型的描述性属性，如 O_ORDERPRIORITY、L_RETURNFLAG、L_LINESTATUS、L_SHIPINSTRUCT、L_SHIPMODE 等描述性语义属性，图7.4（b）中 SSB 事实表减少了描述性语义属性，只保留了 lo_orderpriority、lo_shipmode 描述性语义属性，图7.4（c）TPC-DS 事实表中则完全消除了描述性语义属性，事实表存储无语义数值型的外键列和度量列，描述性属性全部存储于维表中。

在多维–关系模式中，采用"数""据"分离的存储优化策略，将数据的值和元数据在存储上分离，即事实表只存储无语义的度量值，用于 OLAP 查询中的无语义多维数值计算，维表存储全部描述性语义信息，用于定义多维数据集的结构、支持查询分解以及对无语义事实表计算结果语义解析。

以 TPC-H 数据集的 LINEITEM 表为例，事实表中的描述性语义属性 returnflag、linestatus、shipinstruct 和 shipmode 可以看作单属性维度，称为退化维度，一般为低势集属性。图7.5描述了将退化维度整合为一个扩展维度的方法实现将退化维度从事实表中分离的目标，具体方法是将四个属性的笛卡儿乘积作为一个新的维度 RLSS，创建主键 FSSMkey 以及事实表中相应的外键 RLSSkey，将包含语义的四个属性转换为一个不包含语义信息的数值型外键列，实现事实表 LINEITEM 存储的数值化，实现了事实表"数"与"据"在逻辑和物理存储上的分离。

"数""据"分离的存储策略具有以下优点：

- 更加符合多维数据模型的定义：维 → "据（多维元数据）"，事实 → "数（值）"。
- 简化大事实表存储引擎设计：庞大的事实表只存储简单的数值类型，简化存储与压缩技术。
- 易于定制不同计算负载：维表元数据较小，数据类型多样，支持通用增加、删除、修改操作，主要用于数据管理和查询解析；事实表较大，数据类型简单，主要支持计算任务。
- 易于定制分布式存储策略：数据语义元数据存储在较小的维表中，无语义庞大的数值存储在事实表中，可以采用维表与事实表分布式存储策略，使用不同的存储平台和存储引擎，如集中式高端维表元数据管理平台和中低配分布式事实表存储平台。
- 降低数据安全风险和存储成本：庞大的数值型事实数据不包含语义信息，通过在事实数据上定制的无语义数值计算可以实现无语义事实数据存储与计算，降低数据存储

O_ORDERKEY	O_CUSTKEY	O_ORDERSTATUS	O_TOTALPRICE	O_ORDERDATE	O_ORDERPRIORITY	O_CLERK	O_SHIPPRIORITY	O_COMMENT
1	370	O	172799	1996-01-02	5-LOW	Clerk#000000951	0	blithely final dolphins solve-- blithely blithe...
2	781	O	38426	1996-12-01	1-URGENT	Clerk#000000880	0	quickly regular depend
3	1234	F	205654	1993-10-14	5-LOW	Clerk#000000955	0	deposits alongside of the dependencies are slow...
4	1369	O	56001	1995-10-11	5-LOW	Clerk#000000124	0	final requests detect slyly across the blithely...
5	445	F	105368	1994-07-30	5-LOW	Clerk#000000925	0	even deposits cajole furiously. quickly spe
6	557	F	45523	1992-02-21	4-NOT SPECIFIED	Clerk#000000058	0	ironically bold asymptotes sleep blithely beyon...
7	392	O	271886	1996-01-10	2-HIGH	Clerk#000000470	0	ironic, regular deposits are. ironic foxes sl
32	1301	O	198666	1995-07-16	2-HIGH	Clerk#000000616	0	slyly final foxes are slyly. packag

L_ORDERKEY	L_PARTKEY	L_SUPPKEY	L_LINENUMBER	L_QUANTITY	L_EXTENDEDPRICE	L_DISCOUNT	L_TAX	L_RETURNFLAG	L_LINESTATUS	L_SHIPDATE	L_COMMITDATE	L_RECEIPTDATE	L_SHIPINSTRUCT	L_SHIPMODE	L_COMMENT
1	1552	93	1	17	24710	0.04	0.02	N	O	1996-03-13	1996-02-12	1996-03-22	DELIVER IN PERSON	TRUCK	blithely regular ideas caj
1	674	75	2	36	56688	0.09	0.06	N	O	1996-04-12	1996-02-28	1996-04-20	TAKE BACK RETURN	MAIL	slyly bold pinto beans detect s
1	637	38	3	8	12301	0.1	0.02	N	O	1996-01-29	1996-03-05	1996-01-31	TAKE BACK RETURN	REG AIR	deposits wake furiously dogged,
1	22	48	4	28	25817	0.09	0.06	N	O	1996-04-21	1996-03-30	1996-05-16	NONE	AIR	even ideas haggle. even, bold reque
1	241	23	5	24	27390	0.1	0.04	N	O	1996-03-30	1996-03-14	1996-04-01	NONE	FOB	carefully final gr
1	157	10	6	32	33829	0.07	0.02	N	O	1996-01-30	1996-02-07	1996-02-03	DELIVER IN PERSON	MAIL	furiously regular accounts haggle bl
2	1062	33	1	38	36596	0	0.05	N	O	1997-01-28	1997-01-14	1997-02-02	TAKE BACK RETURN	RAIL	carefully ironic platelets against t
3	43	19	1	45	42437	0.06	0	R	F	1994-02-02	1994-01-04	1994-02-23	NONE	AIR	blithely s
3	191	70	2	49	53468	0.1	0	R	F	1993-11-09	1993-12-20	1993-11-24	TAKE BACK RETURN	RAIL	final, regular pinto

PS_PARTKEY	PS_SUPPKEY	PS_AVAILQTY	PS_SUPPLYCOST	PS_COMMENT
1	2	3325	772	requests after the carefully ironic ideas cajole alongside of the enticingly special accounts. fluffily...
1	27	8076	993	careful pinto beans wake slyly furiously silent pinto beans. accounts wake pendi
1	52	3956	337	boldly silent requests detect. quickly regular courts are. instructions haggle ironic foxes. sometimes ...
1	77	4069	358	regular deposits are. furiously even packages cajole furiously. even pinto beans boost furiously final ...
2	3	8895	378	furiously even asymptotes are furiously regular plate
2	28	4969	915	even accounts wake furiously. idle instructions sleep in
2	53	8539	438	furiously even pinto beans serve about the ironic idea

（a）TPC-H事实表

lo_orderkey	lo_linenumber	lo_custkey	lo_partkey	lo_suppkey	lo_orderdate	lo_orderpriority	lo_shippriority	lo_quantity	lo_extendedprice	lo_ordertotalprice	lo_discount	lo_revenue	lo_supplycost	lo_tax	lo_commitdate	lo_shipmode
1	1	74	1552	42	19960102	5-LOW	0	17	2471035	17279949	4	2372193	87213	2	19960212	TRUCK
1	2	74	674	9	19960102	5-LOW	0	36	5668812	17279949	9	5158618	94480	6	19960228	MAIL
1	3	74	637	4	19960102	5-LOW	0	8	1230104	17279949	10	1107093	92257	2	19960305	REG AIR
1	4	74	22	48	19960102	5-LOW	0	28	2581656	17279949	9	2349306	55321	6	19960330	AIR
1	5	74	241	82	19960102	5-LOW	0	24	2738976	17279949	10	2465078	68474	4	19960314	FOB
1	6	74	157	69	19960102	5-LOW	0	32	3382880	17279949	7	3146078	63429	2	19960207	MAIL
2	1	157	1062	54	19961201	1-URGENT	0	38	3659628	3842809	0	3659628	57783	5	19970114	RAIL
3	1	247	43	98	19931014	5-LOW	0	45	4243680	20565430	6	3989059	56582	0	19940104	AIR
3	2	247	191	84	19931014	5-LOW	0	49	5346831	20565430	10	4812147	65471	0	19931220	RAIL
3	3	247	1288	71	19931014	5-LOW	0	27	3202956	20565430	6	3010778	71176	7	19931122	SHIP

（b）SSB事实表

ss_sold_date_sk	ss_sold_time_sk	ss_item_sk	ss_customer_sk	ss_cdemo_sk	ss_hdemo_sk	ss_addr_sk	ss_store_sk	ss_promo_sk	ss_ticket_number	ss_quantity	ss_wholesale_cost	ss_list_price	ss_sales_price	ss_ext_discount_amt	ss_ext_sales_pri
2451814	54831	1	37221	1408751	1831	7811	8	48	554	35	5.40	9.34	3.64	73.98	127.40
2451426	63784	1	874	1534265	4456	27800	8	187	1081	97	19.83	21.21	16.11	0.00	1562.67
2451830	61720	1	52546	1166646	1546	32046	7	151	1795	42	50.33	58.88	56.52	878.32	2373.84
2452610	68146	1	7880	1603272	3017	38809	8	31	1956	34	79.93	112.70	27.04	0.00	919.36
2452250	46089	1	63101	356561	4421	30281	7	116	3426	40	18.02	18.92	11.54	0.00	461.60
2451296	68320	1	73520	999554	3636	19669	4	196	3940	86	85.99	102.33	74.69	0.00	6423.34
2451062	39133	1	74297	1291353	7162	31771	10	291	5913	4	25.21	38.57	33.94	0.00	135.76
2451671	NULL	1	41382	NULL	1170	NULL	NULL	NULL	6087	NULL	61.19	NULL	NULL	0.00	NULL
2452554	70131	1	64756	1545832	2906	29627	4	9	3332	6	67.23	70.59	63.53	221.08	381.18
2451909	46717	1	15257	1846578	2699	34020	1	291	8474	38	2.66	3.75	3.56	14.88	135.28

sr_returned_date_sk	sr_return_time_sk	sr_item_sk	sr_customer_sk	sr_cdemo_sk	sr_hdemo_sk	sr_addr_sk	sr_store_sk	sr_reason_sk	sr_ticket_number	sr_return_quantity	sr_return_amt	sr_return_tax	sr_return_amt_inc_tax	sr_fee	sr_return_sh
2451794	40096	1	7157	910283	6421	37312	8	16	9750	41	72.57	6.53	79.10	68.35	536.03
2452608	33280	1	7662	180118	5780	9042	2	31	18318	32	400.96	20.04	421.00	52.14	417.92
2452694	30733	1	99300	831597	3094	15391	2	5	29338	6	266.40	0.00	266.40	42.53	2.64
2451783	46066	1	80213	548962	4252	41495	8	23	30786	11	411.62	20.58	432.20	68.66	205.81
2452016	33347	1	73040	1524381	1867	42953	10	7	46586	2	131.20	1.31	132.51	44.62	60.28
2452502	50303	1	3423	1833624	6647	24023	8	30	48298	33	822.69	57.58	880.27	31.32	179.19
2450929	44047	1	7804	1024448	2534	7820	10	27	50189	12	329.16	13.16	342.32	51.80	238.44
2452048	43023	1	49279	132296	4929	38489	7	22	51114	29	112.52	3.37	115.89	32.62	50.17
2451629	37147	1	50173	483217	940	8310	4	1	62428	18	162.00	9.72	171.72	65.78	31.32
2451876	31672	1	77623	881228	3680	8885	1	12	64771	15	1116.60	66.99	1183.59	80.02	435.15

（c）TPC-DS事实表

图 7.4　事实表结构

和计算时的数据安全风险，可以更好地应用云存储资源降低数据存储和计算成本。

“数”“据”分离的存储策略是优化计算模型的基础，通过数据语义与数据类型的划分定制不同负载的计算方法和优化计算性能。

（2）多维–关系模式优化。关系数据库的模式优化遵循范式理论，第一范式（1NF）保证了基本关系结构，在第一范式的基础上消除部分函数依赖得到第二范式（2NF），继续消除传递函数依赖得到第三范式（3NF），数据库应用中通常优化到第三范式，TPC-H是一个满足第三范式的模式，可以有效地消除更新操作中的插入、删除、更新异常等情况，但较多的表数量增加了连接操作的复杂度。

如图7.6所示，对于数据仓库应用来说，代表性的星形模型、雪花形模型等不满足第二、第三范式要求，在第一范式和第三范式之间存在较大的优化空间。SSB 是星形模式，

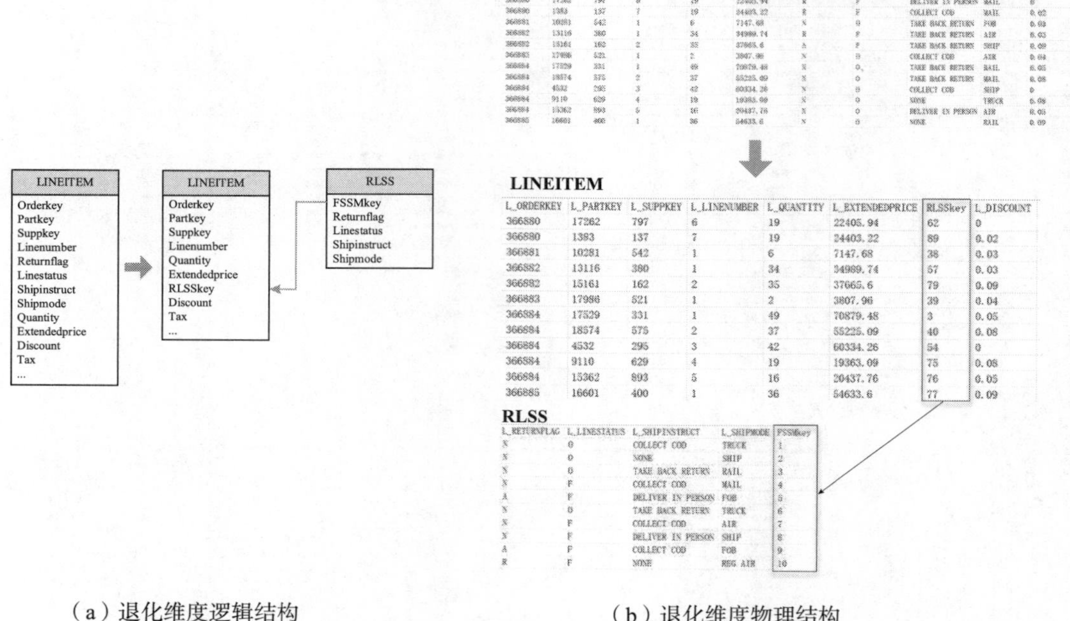

（a）退化维度逻辑结构　　（b）退化维度物理结构

图 7.5　退化维度模式分解

唯一的事实表中物化了 TPC-H 中的 LINEITEM 表和 ORDERS 表，因此存在部分函数依赖，维表 CUSTOMER、SUPPLIER 中物化了 NATION 和 REGION 信息，存在传递函数依赖，因此在数据更新时会产生插入、删除、更新异常问题，但由于数据仓库通常为只读数据上的查询操作，模式设计在数据更新方面的缺点影响较小。TPC-DS 的 Store 销售渠道包含两个事实表 Store_Sales 和 Store_Returns，在模式上消除了部分函数依赖和传递函数依赖，但为了减少两个事实表之间高代价的连接操作，即 Store_Returns 事实表冗余存储 Store_Sales 事实表中的 Store、Customer、Customer_Address、Customer_Demographics、Household_Demographics、Item、Date_Dim、Time_Dim 外键，两个事实表共享维表，通过事实表 Store_Sales 和 Store_Returns 冗余外键结构降低大事实表之间的连接代价。

因此，在数据仓库和 OLAP 应用场景中，模式优化的方法和目标与通用的关系数据库有所不同。传统的范式理论和模式分解方法的主要目标是优化数据库在事务处理中的存储效率，减少冗余存储、消除更新异常，而分析型数据库加载的是前端事务型数据库中满足事务处理条件的数据并面向分析处理需要进行结构优化，维表与事实表的划分需要满足多维数据结构和多维计算需求，相对于 2NF 和 3NF 放宽了消除数据冗余存储的要求，在维表模式上通常不考虑 3NF 的要求，放宽对传递函数依赖数据的冗余存储和更新异常管理需求，减少表连接的数量，在优化方法上从以存储效率为中心转向以提高计算效率为中心的设计模式。

传统数据库由独立的、面向事务处理的 OLTP 数据库和面向分析处理的 OLAP 数据库构成，OLTP 数据库和 OLAP 数据库在模式要求和优化技术上有较大的差异，因此

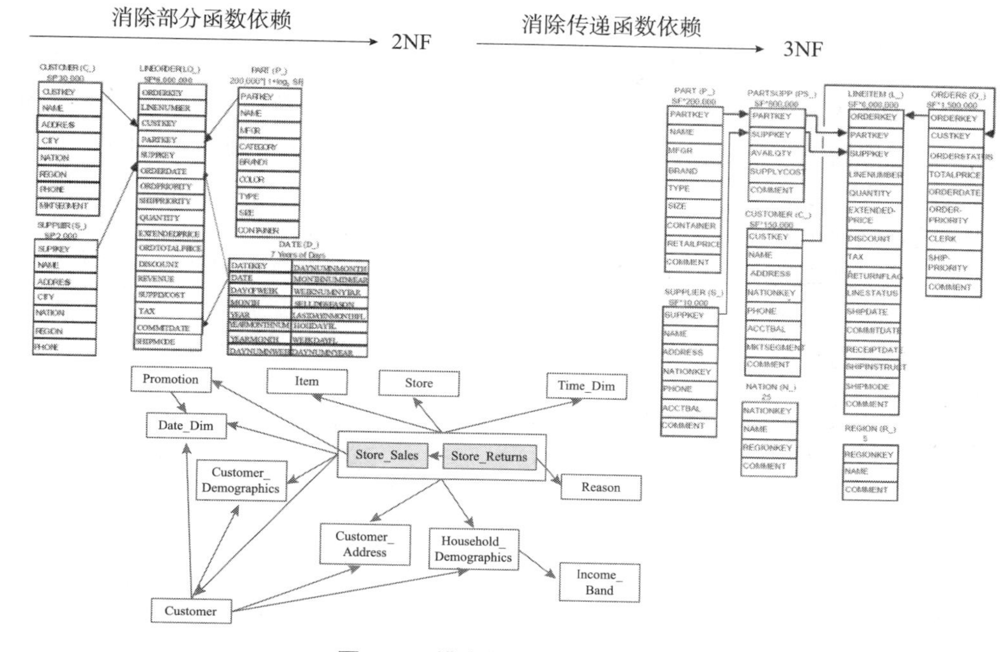

图 7.6　模式优化路径

OLTP 数据库中的数据需要经过 ETL 工具加载到 OLAP 数据库中，完成模式结构的转换。新兴的 HTAP 数据库整合了 OLTP 和 OLAP 数据库引擎，通过统一的数据库平台支持完整的 OLTP 和 OLAP 业务[3][4]，因此，未来数据库的设计需要在模式优化阶段结合 OLTP 和 OLAP 数据库各自的需求，统一设计模式优化方案。

图7.7显示了传统关系数据库三级模式两级映射和扩展的三级模式两级映射机制。传统的内模式、模式、外模式存在于数据库内部，内模式对应数据库的物理存储模型和技术，如行存储、列存储及索引技术等。在 HTAP 应用场景中，模式定义了数据逻辑结构，如 TPC-H 的 3NF 模式结构对应 OLTP 场景，在内模式层映射为适合事务处理的行存储模型，外模式则对应应用需求，如面向 OLAP 负载时，通过模式–外模式映射物化为适合 OLAP 计算负载的优化的星形模型（如 SSB），在内模式层映射为列存储模型，从数据模型和存储模型上优化 OLAP 计算性能。随着云计算、异构存储及存算分离计算技术的发展，计算与存储分层、数据与数据分层为 HTAP 应用提供了新的思路。图7.7中扩展的三级模式两级映射将整个系统划分为数据库端和存储端，对应数据库管理层和独立的存储计算层。存储端可以采用独立的存储平台，如开源的内存列存储平台 Apache Arrow、定制的内存数组存储以及其他分布式存储技术等，存储多维数据集中庞大的基于无语义“数”的事实数值存储，通过简化的数值类型存储和表结构降低存储复杂度和数据安全成本，独立的物理存储层可以看作插件式存储引擎，易于迁移和升级。优化的模式中，事实数据通常为单一的事实表或关联事实表，相对原始结构更加简单，易于实现基于水平分片的横向扩展。存储端的事实数据上执行核心的 OLAP 计算任务，采用面向 OLAP 计算优化的事实表结构（如物化的单一事实表或优化的多事实表），通过定制的存储端近数计算实现事实数据上的 OLAP 计算任务。OLTP 模式作为系统的前端实

现 OLTP 功能，采用适合事务处理的 3NF 和行存储模型，事实表作为 OLTP 负载的事实数据缓冲区，暂存易变的实时数据，在数据稳定后通过一定的策略通过模式转换加载到 OLAP 模式的事实表存储层。在扩展的三级模式中，传统的数据库端用于存储多维数据集的元数据，即多维数据的"据"，使用关系数据库引擎支持适合 OLTP 负载优化的模式结构和存储模型，较小的维表及事实表缓冲区存储降低了数据库的存储和计算负载；独立的存储端用于存储优化模式的事实表，存储简单类型无语义的多维数据中的"数"，并执行其上无语义的数值计算任务，OLTP 模式层负载解析查询任务并下推无语义的数值型维向量，以及接收 OLAP 模式层无语义的计算结果并解析为查询语义。扩展的三级模式两级映射支持了数据库端和存储端存算分离的计算架构，分离了存储和计算需求差异较大的 OLTP 和 OLAP 负载，减少了 HTAP 中 OLTP 和 OLAP 端的数据冗余存储代价，实现了 OLTP 和 OLAP 数据管理和计算的分离。

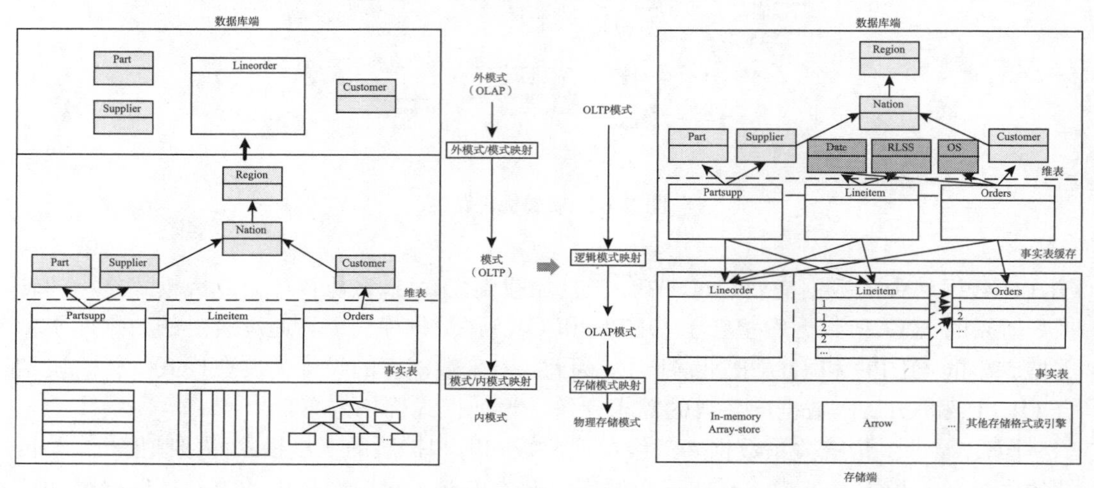

图 7.7 扩展三级模式两级映射[5]

为实现"数""据"存储分离和 OLTP 与 OLAP 模式的优化映射，需要对 OLTP 模式层和 OLAP 模式层的模式进一步优化设计，下面以 TPC-H 模式为例说明模式优化的方法。

如图7.8所示，ORDERS 表中描述性语义属性 O_ORDERSTATUS、O_ORDERPRIORITY 和 O_SHIPPRIORITY 的笛卡儿乘积创建一个基于代理键的扩展维表 OS，通过无语义外键列消除 ORDERS 表中四个有语义的属性列。创建一个日期维表 DATE，将 O_ORDERDATE 日期数据转换为日期维表代理键值，消除 ORDERS 事实表中的日期语义。如图7.9所示，LINEITEM 表中四个描述性属性创建一个带有代理键的扩展维表 RLSS，通过无语义外键代替原始具有语义的描述属性列，同样地，日期列基于扩展日期维表代理键值进行更新，消除日期数据语义。PARTSUPP 事实表中查询相关的 PS_SUPPCOST 列物化到 LINEITEM 事实表中，消除 PARTSUPP 表的存储代价和连接代价。事实表 LINEITEM 和 ORDERS 通过图 3.21 和图7.7所示方法，为 ORDERS 表创建代理键作为新的主键并同步更新 LINEITEM 表外键，实现 LINETEM 表基于外键值–地址映射方式对 ORDERS 表的直接访问，在保持 ORDERS 表和 LINEITEM 表独立存储的基础上提供较高的连接性能，并根据主–外键值的保序特性实现与物化事实表相同的数据分片性能。

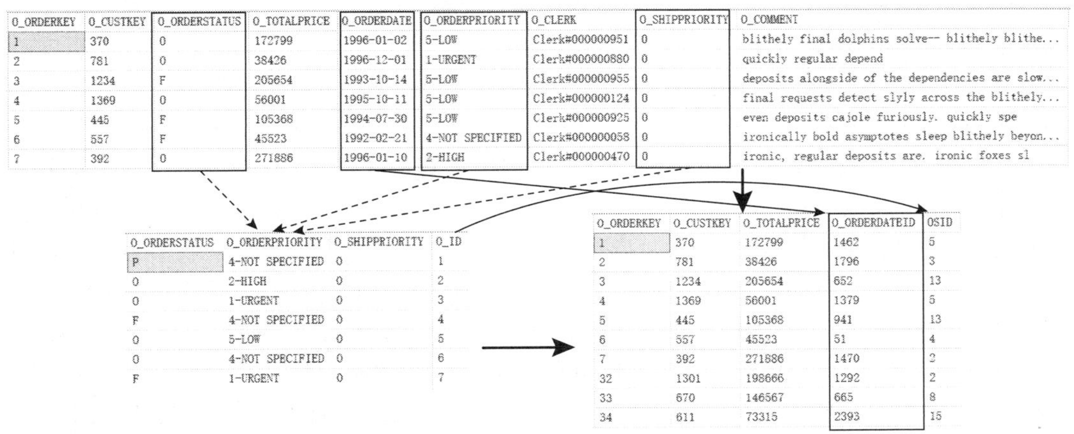

O_ORDERKEY	O_CUSTKEY	O_ORDERSTATUS	O_TOTALPRICE	O_ORDERDATE	O_ORDERPRIORITY	O_CLERK	O_SHIPPRIORITY	O_COMMENT
1	370	O	172799	1996-01-02	5-LOW	Clerk#000000951	0	blithely final dolphins solve-- blithely blithe...
2	781	O	38426	1996-12-01	1-URGENT	Clerk#000000880	0	quickly regular depend
3	1234	F	205654	1993-10-14	5-LOW	Clerk#000000955	0	deposits alongside of the dependencies are slow...
4	1369	O	56001	1995-10-11	5-LOW	Clerk#000000124	0	final requests detect slyly across the blithely...
5	445	F	105368	1994-07-30	5-LOW	Clerk#000000925	0	even deposits cajole furiously. quickly spe
6	557	F	45523	1992-02-21	4-NOT SPECIFIED	Clerk#000000058	0	ironically bold asymptotes sleep blithely beyon...
7	392	O	271886	1996-01-10	2-HIGH	Clerk#000000470	0	ironic, regular deposits are. ironic foxes sl

O_ORDERSTATUS	O_ORDERPRIORITY	O_SHIPPRIORITY	O_ID
P	4-NOT SPECIFIED	0	1
O	2-HIGH	0	2
O	1-URGENT	0	3
F	4-NOT SPECIFIED	0	4
O	5-LOW	0	5
O	4-NOT SPECIFIED	0	6
F	1-URGENT	0	7

O_ORDERKEY	O_CUSTKEY	O_TOTALPRICE	O_ORDERDATEID	OSID
1	370	172799	1462	5
2	781	38426	1796	3
3	1234	205654	652	13
4	1369	56001	1379	5
5	445	105368	941	13
6	557	45523	51	4
7	392	271886	1470	2
32	1301	198666	1292	2
33	670	146567	665	8
34	611	73315	2393	15

图 7.8　ORDERS 表模式优化

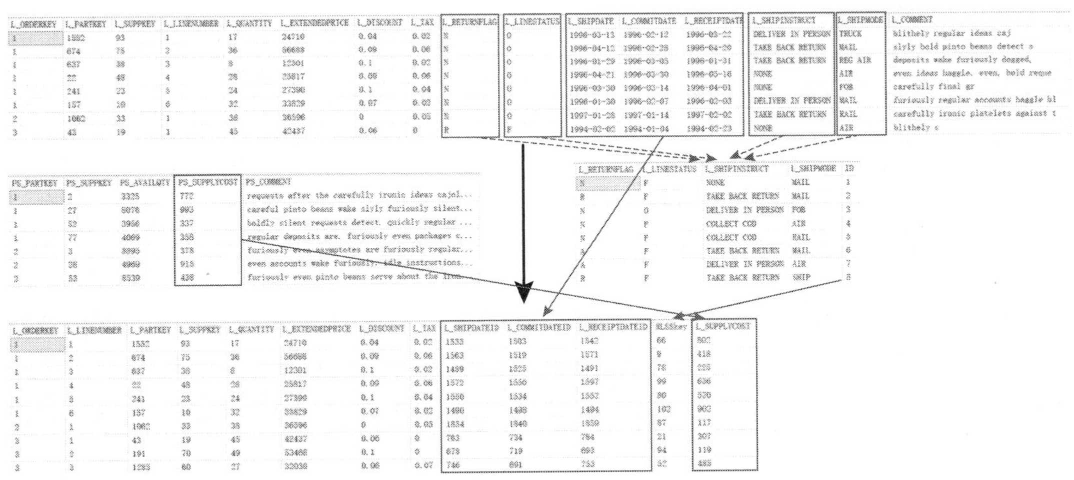

L_ORDERKEY	L_PARTKEY	L_SUPPKEY	L_LINENUMBER	L_QUANTITY	L_EXTENDEDPRICE	L_DISCOUNT	L_TAX	L_RETURNFLAG	L_LINESTATUS	L_SHIPDATE	L_COMMITDATE	L_RECEIPTDATE	L_SHIPINSTRUCT	L_SHIPMODE	L_COMMENT
1	1552	93	1	17	24710	0.04	0.02	N	O	1996-03-13	1996-02-12	1996-03-22	DELIVER IN PERSON	TRUCK	blithely regular ideas caj
1	674	75	2	36	56688	0.09	0.06	N	O	1996-04-12	1996-02-28	1996-04-20	TAKE BACK RETURN	MAIL	slyly bold pinto beans detect s
1	637	38	3	8	12301	0.1	0.02	N	O	1996-01-29	1996-03-05	1996-01-31	TAKE BACK RETURN	REG AIR	deposits wake furiously dogged,
1	22	48	4	28	25817	0.09	0.06	N	O	1996-04-21	1996-03-30	1996-05-16	NONE	AIR	even ideas haggle. even, bold reque
1	241	23	5	24	27390	0.1	0.04	N	O	1996-03-30	1996-03-14	1996-04-01	NONE	FOB	carefully final gr
1	157	10	6	32	33829	0.07	0.02	N	O	1996-01-30	1996-02-07	1996-02-03	DELIVER IN PERSON	MAIL	furiously regular accounts haggle bl
2	1062	33	1	38	36596	0	0.05	N	O	1997-01-28	1997-01-14	1997-02-02	TAKE BACK RETURN	RAIL	carefully ironic platelets against t
3	43	19	1	45	42437	0.06	0	R	F	1994-02-02	1994-01-04	1994-02-23	NONE	AIR	blithely s

PS_PARTKEY	PS_SUPPKEY	PS_AVAILQTY	PS_SUPPLYCOST	PS_COMMENT
1	2	3325	772	requests after the carefully ironic ideas cajol...
1	27	8076	993	careful pinto beans wake slyly furiously silent...
1	52	3956	337	boldly silent requests detect. quickly regular ...
1	77	4069	358	regular deposits are. furiously even packages c...
2	3	8895	378	furiously even asymptotes are furiously regular...
2	28	4969	915	even accounts wake furiously. idle instructions...
2	53	8539	438	furiously even pinto beans serve about the iron...

L_RETURNFLAG	L_LINESTATUS	L_SHIPINSTRUCT	L_SHIPMODE	ID
N	F	NONE	MAIL	1
R	F	TAKE BACK RETURN	MAIL	2
N	O	DELIVER IN PERSON	FOB	3
N	F	COLLECT COD	AIR	4
N	F	COLLECT COD	RAIL	5
A	F	TAKE BACK RETURN	MAIL	6
A	F	DELIVER IN PERSON	AIR	7
R	F	TAKE BACK RETURN	SHIP	8

L_ORDERKEY	L_LINENUMBER	L_PARTKEY	L_SUPPKEY	L_QUANTITY	L_EXTENDEDPRICE	L_DISCOUNT	L_TAX	L_SHIPDATEID	L_COMMITDATEID	L_RECEIPTDATEID	HLSSkey	L_SUPPLYCOST
1	1	1552	93	17	24710	0.04	0.02	1533	1503	1542	66	802
1	2	674	75	36	56688	0.09	0.06	1563	1519	1571	9	418
1	3	637	38	8	12301	0.1	0.02	1489	1525	1491	78	226
1	4	22	48	28	25817	0.09	0.06	1572	1556	1597	99	636
1	5	241	23	24	27390	0.1	0.04	1550	1534	1562	80	520
1	6	157	10	32	33829	0.07	0.02	1490	1498	1494	102	902
2	1	1062	33	38	36596	0	0.05	1834	1840	1839	87	117
3	1	43	19	45	42437	0.06	0	783	734	784	21	307
3	2	191	70	49	53488	0.1	0	678	719	693	94	119
3	3	1285	60	27	32038	0.06	0.07	746	691	753	52	485

图 7.9　LINEITEM 表模式优化

TPC-DS 包含一个销售事实表和一个退货事实表，退货事实表与销售事实表之间存在主–外键参照完整性约束。在现实应用中，退货通常有一个有限的时间窗口，在扩展三级模式结构 OLTP 模式中的 Store_Sales 和 Store_Returns 事实表缓冲区可以用于缓存退货窗口期内的实时数据，超过退货期限后稳定的数据再加载到 OLAP 模式事实表中。在 OLAP 模式 Store_Sales 事实表上创建一个代理键列，用于事实表记录的地址映射，Store_Returns 事实表缓冲区记录在加载时增加对 OLAP 模式 Store_Sales 事实表代理键的外键并按代理键外健值排序，用于高效访问相对应的 Store_Sales 事实表记录。

从多维数据模型的角度来看，最理想的模式是多个但较小的维表和单一较大的事实表结构。单一的事实表结构，如 SSB 星形模式，易于存储和计算，可以在 NUMA 架构或分布式系统中通过水平分片技术进行横向扩展，适合云计算平台上的分布式计算。为更好地保持与 OLTP 数据库模式的兼容，如 TPC-H 模式，通过轻量物化（将 PARTSUPP 的 SUPPLYCOST 物化到 LINEITEM 表）策略消除部分事实表连接，并且可以基于地址映射技术的事实表代理键机制实现多事实表之间的直接地址访问，将物理的多事实表结构转化为单一的逻辑事实表结构，在较低数据冗余的前提下保持较好的表间记录访问和数据分布性能。

相对于 SSB 模式优化，扩展三级模式两级映射在维表层保持 3NF 结构兼容事务处理需求，并进一步对事实表语义属性进行抽象并转换为维度，扩展维度和层次语义，支持雪花形维度结构。事实表优化的目标是数值存储化和事实表单一化，数值存储化可以简化事实表存储的数据类型支持和设计，并通过无语义数值存储和计算降低第三方存储的敏感度；事实表单一化的目标是更好地适应 NUMA 分布式存储架构、多 GPU 架构、分布式存储架构上数据分片的需求，降低数据关联度和数据分片的冗余度，减少跨存储区域访问的延迟，在实现技术上可以采用物化事实单一事实表或基于映射连接操作的多事实表结构。

在上述模式优化技术的支持下，OLTP 层保持了面向 OLTP 优化的模式结构，OLAP 层保持了面向 OLAP 优化的模式结构，通过 OLTP-OLAP 模式映射实现事实表存储和计算模式的优化转换，并将多维数据结构中的“数”与“据”分别映射到 OLAP 和 OLTP 模式层，实现数据基于语义和计算特征的分层存储。扩展的三级模式两级映射将传统数据库的应用技术扩展到 HTAP 应用场景和存算分离计算架构上，更好地适应新型存储及硬件技术的发展趋势和数据库的应用需求。

7.2 多维–关系计算模型

多维–关系数据模型定义了数据存储模型和逻辑计算模型，通过关系–多维映射、多维计算、多维–关系映射实现了在关系存储数据上的多维计算。多维–关系计算模型在索引、数据结构和算法上扩展了传统关系数据库的查询处理算法，既可以设计为全新的 OLAP 计算引擎，也可以作为关系数据库查询处理引擎的扩展实现技术。

7.2.1 向量索引

向量索引是多维–关系计算模型引入的新型索引结构，用作关系模型和多维模型的转换枢纽。向量索引在结构上可以看作一个多位位图索引，包括一维向量结构和二元压缩向量结构，向量索引的定义如下：

$$Vec\ln x = \{v|v \in (\text{null}, 0, 1, 2, \ldots)\}$$

$$Vec\ln x = \{[\text{OID}, v]|\text{OID}, v \in (0, 1, 2, \ldots)\}$$

向量索引根据应用的层次包括维向量索引和事实表向量索引，在不同的层次有不同的语义和计算任务。

1. 维向量索引

维向量索引的作用是实现关系存储的维表向多维数据模型的映射，即将维表映射为一个向量索引结构，对应 Virtual CUBE 的一个维度。维向量索引对应维表上的选择、投影、分组操作，将维表及查询应用于维表的结果映射为一个维向量，并在维向量中记录 Aggregate CUBE 的多维地址分量。在实际应用中，维向量索引分为直接映射和逻辑映射两种情况，直接映射场景中维表代理键物理连续并且没有缺失值，需要在维表记录更新时保持维表代理键的物理顺序，查询将维表映射为一个等长的维向量索引，维向量索引下标对应维表代理键值，实现维表记录与维向量索引的一一映射。查询应用在维表上，根据 where 子句（如 d_year=1993）投影出 group by 属性（如 group by d_season...），并为投影出的 group by 属性创建一个数组字典表，为每一个满足选择条件记录的 d_season 属性创建一个唯一的字典项，并用字典表数组下标作为字典编码填充在维向量索引对应的单元中，作为该查询生成的维向量索引参与其后的多维计算任务，如图7.10（a）所示。维向量索引逻辑映射对应维表代理键未保持物理顺序并存在缺失值的情况，对应维表更新时采用异位更新以及存在删除的维表记录的应用场景，如图7.10（b）所示。维向量索引按维表代理键最大值设置长度，缺失代理键值对应维向量索引中的空单元，放松维表更新时代理键的约束条件。

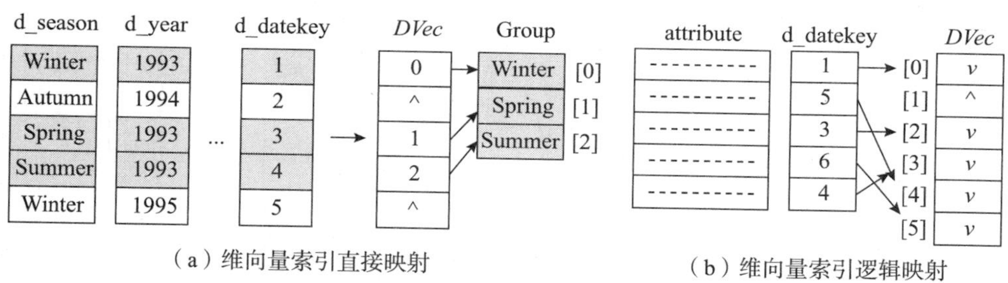

图 7.10　维向量索引映射

维向量索引映射为 Virtual CUBE 的一个维度，与事实表外键构成映射完整性约束，用作事实表外键的映射连接访问。

2. 事实表向量索引

事实表向量索引用于记录多维计算的结果，即事实表外键与维向量索引之间的多维映射或多表向量连接（映射连接）操作的结果，在结构上分为定长向量索引和压缩向量索引。定长向量索引是与事实表等长的向量，每个向量索引单元对应该事实表记录的多维映射结果，空值代表当前事实表记录不满足多维映射过滤条件，非空值为基于维向量索引分组地址迭代计算的 Aggregate CUBE 地址，在事实表外键与各维向量索引的多维映射（向量连接）过程中迭代更新 Aggregate CUBE 的多维地址。压缩向量索引对应低选择率时的数据结构，采用 [OID,VALUE] 二元结构存储满足多维映射条件的事实表记录的 OID 和 Aggregate CUBE 多维地址。向量索引在多维映射（多表连接）阶段起到位图索引的访问作用，提高外键列的访问效率，最终生成的向量索引在事实表度量列上执行聚集计算时，一方面通过向量索引实现对事实表度量列的按位置访问，提高数据访问效率，另一方面向量索引中存储的 Aggregate CUBE 多维地址值用于高效的分组聚集计算。

7.2.2 计算模型

多维–关系数据模型通过“数”“据”分离技术构建了维表元数据层和事实表数值存储计算层，维表元数据管理层应用于数据库存储端，事实表无语义数值存储于独立的存储平台，如数据库、开源 Apache Arrow 平台、云存储平台等，实现大数据存储和近存计算任务。

图7.11给出了一个多维–关系计算模型查询处理示例。

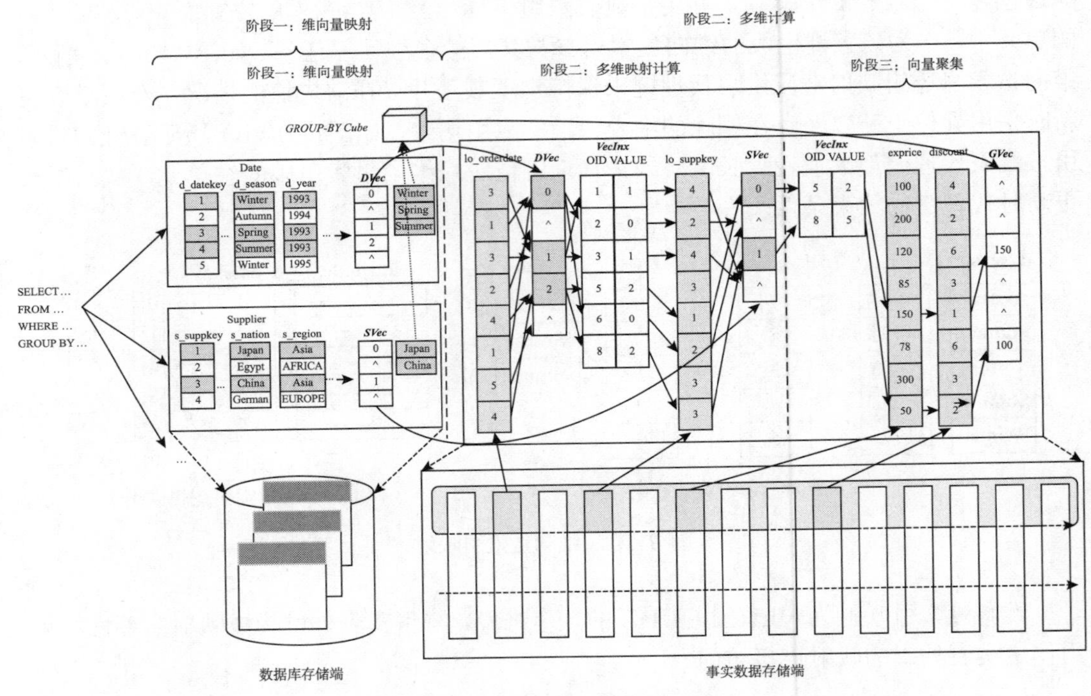

图 7.11 多维–关系计算模型示例

根据存储结构和计算特征的不同，多维–关系计算模型可以分为不同的方案。

1. 基于“数”“据”分离的两阶段计算模型

维表作为多维数据集的元数据存储在数据库存储端，执行查询解析任务，将查询分解为应用于相关维表的子任务，创建相应的维向量索引和 Aggregate CUBE（图7.11中的 GROUP-BY Cube），带有语义的分组字典表存储于数据库端，无语义的维向量索引和 GROUP-BY Cube 对应的分组向量发送到无语义事实数据值存储平台，启动多维计算任务。

经过模式优化的事实表以物理或逻辑单事实表结构存储于数据库或独立的存储平台，图7.11示例中使用外部内存列存储平台存储事实表数值列，查询执行方式为向量化查询处理，即以优化的向量长度作为一次批量执行单位，加载查询相关的事实数值列向量执行多维计算任务，向量索引（压缩向量索引）以向量形式存储，在基于向量大小的行组执行过程中充分利用 CPU 的 L1 cache 缓存中间结果，优化计算性能。事实表外键列基于映射参照完整性约束映射到维向量（如 DVec 和 SVec），对非空单元值执行多维地址计算并将结果存储在压缩向量索引 VecInx 中，向量索引作为下一个外键列的访问索引，并通过与下一个维向量的映射访问迭代更新向量索引；连接操作执行完后生成的向量索引用于索引访问事实表度量列并执行聚集计算，聚集计算的结果根据压缩向量索引中的 VALUE 值映射到分组向量（GVec）相应单元进行聚集计算。

2. 基于管算存的三阶段计算模型

事实表由外键和度量列组成，对应不同的计算类型，事实表外键列可以看作多维索引，基于维向量索引执行的多维映射计算是典型的计算密集型负载，需要强大的硬件计算性能支持，而基于向量索引访问的度量列上的分组聚集计算则是一种面向大数据稀疏访问的轻量计算负载，与硬件存储性能关联较高但对计算性能要求较低。为优化硬件资源利用效率，多维–关系计算按负载的计算特征进一步优化为三阶段计算模型。

数据库端用于存储维表元数据和查询解析任务，是一种管理型负载，需要通用数据库的管理功能。事实表外键列上的多维映射计算是一种计算密集型负载，但事实表外键列大小在事实表中占比通常较低（如 SSB 中事实表外键列占比低于 20%），多维映射计算负载适合 GPU 等硬件加速器上的计算，使用较小的 GPU 显存存储较小的事实表外键列，利用 GPU 强大的计算性能加速向量索引计算性能。事实表度量列数据量较大但计算负载较轻，基于向量索引的访问和基于分组向量的聚集计算放松了对硬件性能的要求，适合 DPU、FPGA 及内置 FPGA 芯片的智能 SSD（如 SmartSSD[①]）硬件设备上的近存计算技术。

管算存计算模型为三种类型负载创建了一个循环流水线任务队列，如图7.12所示，只有第一阶段维表元数据上的处理涉及数据语义，后两个阶段的计算都是无语义数值计算，维向量索引、向量索引作为中介数据结构在各阶段之间流动并驱动下一阶段计算的执行，最后阶段计算完成后生成无语义的分组向量，再回到循环队列第一阶段进行结果解析，输出查询结果，然后继续执行下一个查询任务。

当计算平台是统一硬件平台时，三个计算阶段串行执行，为不同的计算阶段分配统一的计算资源；当计算平台是异构存储/计算硬件平台时，管、算、存三个阶段对应的数据可以存储在异构存储平台，利用异构计算资源进行计算，从而在各计算阶段之间可以引入基于负载粒度的流水并行处理方法，异步执行并发查询任务，增强计算的局部性，提高异构硬件计算资源的利用率。

① https://semiconductor.samsung.com/ssd/smart-ssd/.

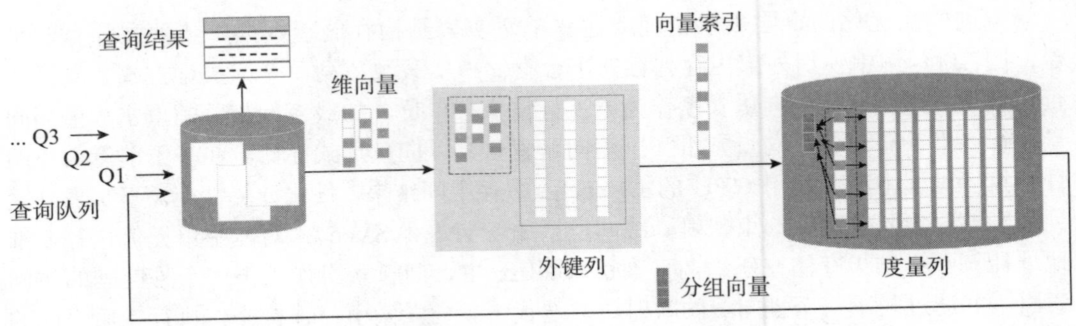

图 7.12 计算任务队列

7.2.3 实现技术

多维–关系计算模型可以作为关系数据库的扩展技术，“数”“据”分离机制在数据库端保留了多维元数据（维表）管理功能和查询解析功能，将无语义数值型事实数据的存储和多维计算从传统的数据库中分离出去，采用更加灵活、低成本的解决方案，从而强化数据库的管理功能，卸载数据库的计算功能，更好地发挥新型存储技术和硬件技术的优势。

在实现技术上，不同类型负载计算任务的实现需要考虑不同的数据特征、硬件平台、优化技术等方面进行设计。

1. 元数据管理端实现技术

多维–关系数据模型的数据集分解为维表和事实表两部分，对应数据库管理端与存储计算端，数据库端对输入的 SQL 命令进行解析和改写，生成存储计算端多维计算接口需要的维向量，存储计算端根据输入的维向量调用定制的多维计算接口。

以图7.11为例说明数据库端的处理过程。原 SQL 命令在维表 DATE 和 SUPPLIER 上有 group by 属性，需要在其上构建维向量。将 SQL 命令改写为如下两个 SQL 命令，在维表上根据 where 子句投影出 group by 属性，由两个维表的 group by 属性构建查询的多维分组，在维表端对 group by 属性进行字典表压缩并编码，字典表连续的编码用于构建 group by 分组的两个维坐标。

```
SELECT d_season, d_datekey

FROM date

WHERE d_year = 1993

SELECT s_nation, s_suppkey

FROM supplier

WHERE s_region='ASIA'
```

如图7.13所示，传统的查询计划中维表选择、投影出来的属性用于构建哈希表，如将满足 where 条件的 DATE 表的 d_datekey、d_season 属性构建用于连接操作的哈希表。多维–关系计算模型采用维向量映射方法，将满足 where 条件的 d_season 属性投影为维向量，维向量记录每条记录输出的分组属性，空值表示该记录无输出。输出的分组属性 d_season 通过哈希表进行字典表压缩，当在哈希表未找到该属性值时，向全局自增序列申请编码值作为该分组属性值的编码，并将编码写入维向量；当分组属性在哈希表中找到相同值时，直接将该属性值在哈希表中的编码写入维向量相应单元中。最终，维表输出压缩的维向量，非空值表示 SQL 命令在该维表上的 group by 属性编码。

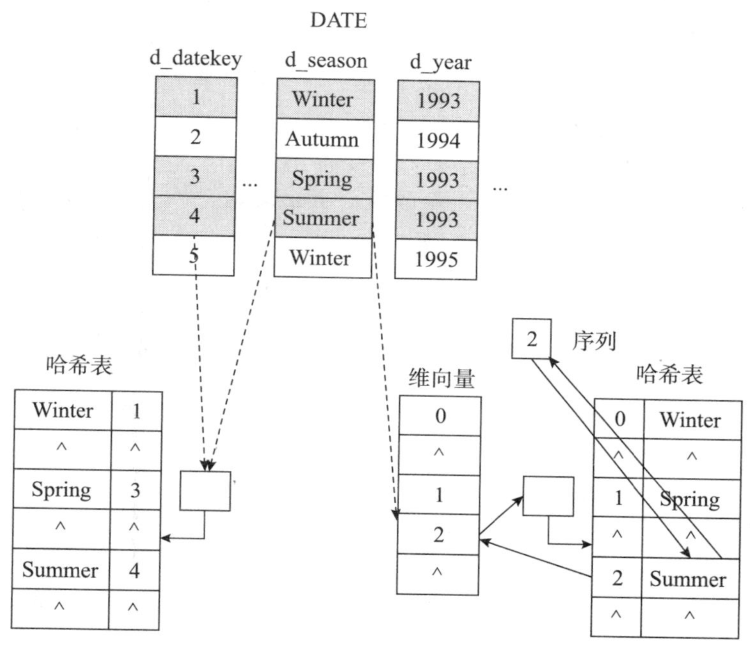

图 7.13 哈希表与维向量生成过程

在数据库的元数据管理端需要增加扩展的维向量生成器接口，在传统的哈希表基础上进行功能扩充，利用维表的代理键索引特性用简单的向量代替哈希表，通过自增序列和哈希表对 group by 属性进行压缩编码。

维向量生成是在较小维表上的低势集 group by 属性压缩编码的过程，需要 latch 机制保证字典编码的唯一性，在实现中有较高的并发访问控制开销，适合于较低的线程并发度。

基于分组字典表构建维向量可以实现按需构建 Aggregate CUBE，缩减查询中分组向量大小，提高分组聚集操作执行时的 cache 局部性，但动态字典表访问的 latch 并发控制机制在低分组、多线程情况下性能较低。

分组向量的大小影响分组聚集计算性能，在私有分组向量聚集计算算法中性能主要受 L2 cache 大小的影响，在共享分组向量聚集计算算法中性能主要受 L3 cache 大小的影响，因此，分组编码的算法选择主要受 L2、L3 cache 支持分组大小的影响，如当前主流 1MB L2 cache 可以支持宽度为 4 字节/8 字节、长度为 26 万/13 万的分组向量，60MB L3 cache 则可以支持宽度为 4 字节/8 字节、长度为 1 570 万/780 万的分组向量，硬件的支持使维向量映射阶段的分组编码方法更加灵活。

OLAP 查询中的 group by 属性通常为低势集的分类属性，在存储时可以采用字典表压缩方法，在维向量映射计算时，当 group by 属性 G1，G2，G3，…的集势 |G1|*|G2|*|G3|*…小于 CPU cache 能支持的最大分组长度时，可以直接使用 group by 属性的字典编码作为分组编码创建 Aggregate CUBE，虽然 Aggregate CUBE 存在大量无效单元，但提升了维向量映射计算性能，对分组聚集计算性能影响较小。[6]

表7.2统计了 SSB 和 TPC-H 基准查询分组属性的集势和实际分组数量，采用分组字典表压缩后显著降低了分组向量的大小，从优化分组大小的角度来看，SSB 查询中的 Q2.1、Q2.2、Q2.3、Q3.1、Q4.1、Q4.2 可以直接使用压缩字典表编码构建分组向量，Q3.2、Q3.3、Q3.4、Q4.3 则需要通过动态字典表压缩方法优化分组向量大小；TPC-H 查询中 Q1、Q、Q5、Q7、Q8、Q9、Q12、Q22 可以直接使用压缩字典表编码构建分组向量，Q3、Q10、Q13、Q18、Q21 查询的分组数量依赖相应表主键列，可以直接由维表或 ORDERS 表代理键向量构造分组向量用于分组聚集计算。

2. 多维映射计算实现技术

多维–关系计算模型中的多维映射计算对应关系数据库的星形连接操作，是一个计算密集型负载，对硬件计算性能要求较高，适合 GPU 加速器平台执行。在计算模型上，维向量映射阶段创建查询相关维表上的分组字典表并根据字典表编码创建维向量，各分组字典表构成一个逻辑 Aggregate CUBE。多维映射计算转换为各外键列，依次与各维向量进行映射过滤，通过向量索引记录满足过滤条件的记录在分组向量中的地址，通过迭代映射过滤和分组地址计算生成最终的向量索引。定长向量索引与外键列一一对应，直接存储当前的分组地址值，算法实现简单，定长向量索引可以应用于不同查询选择率，但在低选择率时性能提升不显著；压缩向量索引只存储满足映射过滤条件的向量索引单元，通过 OID 存储记录地址，通过 VALUE 存储分组地址，在迭代映射过滤中缩短向量索引长度，提高低选择率时的计算效率，如图7.14所示。压缩向量索引需要解决动态内存空间分配问题，对于选择率变化较大的负载来说，预留压缩向量索引内存空间需要权衡。优化的方法是使用向量化查询处理模型，将外键列和向量索引以优化的向量大小为粒度进行处理，压缩向量索引可以使用定长压缩向量索引结构简化内存分配。在 GPU 计算平台，可以通过 GPU 向量化查询处理方法使用 GPU 的共享内存作为向量索引的存储设备，基于 GPU 特定的编程方式，向量转换为向量矩阵，提高多维映射计算过程中间结果的存储访问和计算性能。

多维映射计算包含对事实表外键列的顺序读访问、向量索引的顺序读/写操作和维向量的随机读操作，其中事实表外键列的顺序读访问性能主要取决于内存带宽性能，由内存通道数量、内存带宽以及是否使用 HBM 高带宽内存决定，向量索引是计算中间结果，需要额外的内存物化和访问代价，主要通过向量化查询处理方法通过较小的向量长度使其在高性能的 L1 cache 中完成，维向量的随机访问性能依赖于 L3 cache 上的访问

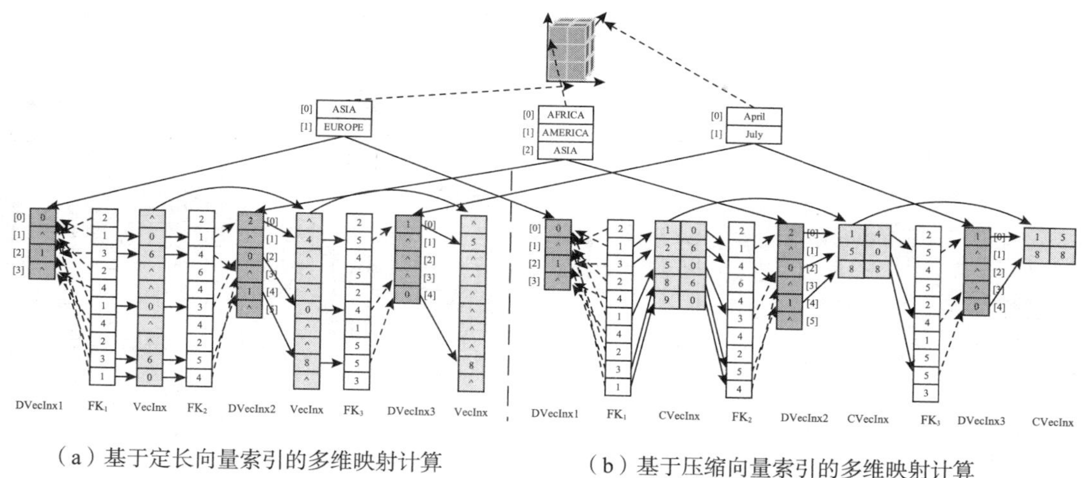

（a）基于定长向量索引的多维映射计算　　（b）基于压缩向量索引的多维映射计算

图 7.14　多维映射计算

性能，主要取决于 CPU 的 cache 架构和 L3 cache 大小，是整个计算过程中对 CPU 硬件架构依赖性最强的部分。

多维映射计算对处理器的计算能力要求较高，在 CPU 平台需要充分发挥现代多核 CPU 的并行处理能力，也可以通过新型高性能硬件加速器，如 GPU、FPGA、DPU 等实现定制化的高性能计算功能。多维映射计算的输入是较小的维向量，输出是新型向量索引，基于向量索引的聚集计算应用于物理或逻辑单一的事实表，如果将多维映射计算封装为一个独立的计算型索引加速模块，如计算型列存储索引，通过 OLTP 行存储引擎中的维表输出维向量，列存储索引完成多维映射计算，生成向量索引，则数据库的 OLAP 列存储引擎可以执行简化的、类似第一范式的处理过程。

3. 基于向量索引的聚集计算

向量索引一方面具有位图索引的过滤作用，另一方面嵌入了面向分组向量的分组索引，计算性能主要受两个因素影响：如何优化分组向量大小和如何面向现代多核处理器架构优化分组聚集计算性能。

将查询中 group by 子句映射为分组向量可以采用不同的方法。图7.15显示了基于哈希分组的方法实现分组向量映射，主要技术特征是通过哈希表创建唯一的分组字典表，实现最小分组向量映射。具体方法包括：（1）维表按选择条件投影出主键和分组属性，按维表主键创建哈希表或维向量；（2）事实表外键列依次与各维表哈希表连接或多维映射（向量连接），获取查询全部 group by 属性并创建哈希表，为每个唯一的 group by 属性组分配全局唯一的分组序列号作为分组向量 ID，并将分组向量 ID 存储于向量索引中；（3）事实表度量列基于向量索引或压缩向量索引访问相应事实表记录，将聚集表达式结果映射到向量索引分组 ID 对应的分组向量中进行聚集计算。该方法通过哈希表探测 group by 属性组，如不存在则分配全局唯一的分组 ID，如存在则使用已分配的分组 ID，保证分组向量与实际 group by 属性组一一对应，保证分组向量按需分配，实现分组向量最小化。哈希分组面向的是复杂数据类型，如长文本字段，哈希分组的计算代价较大。

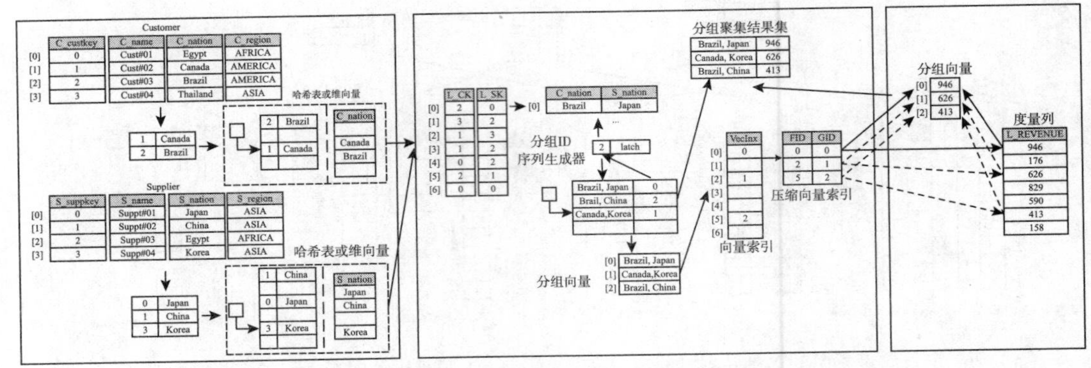

图 7.15 基于哈希分组的分组向量映射

图7.16显示了分组向量映射计算过程。维表对选择出的记录按 group by 属性进行投影，并为投影出的 group by 属性创建分组字典表，在哈希表或维向量中存储维表主键和分组下标，事实表外键列与哈希表或维向量执行的连接操作中计算分组 CUBE 中的地址并存储在向量索引或压缩向量索引中，通过向量索引访问事实表度量列，将聚集表达式的结果映射到分组向量中。分组向量由维表端 group by 属性字典表构建 CUBE 生成，存储分组 CUBE 较大但查询实际使用的分组单元较少，浪费分组向量的存储空间，降低分组聚集计算时的 cache 局部性。

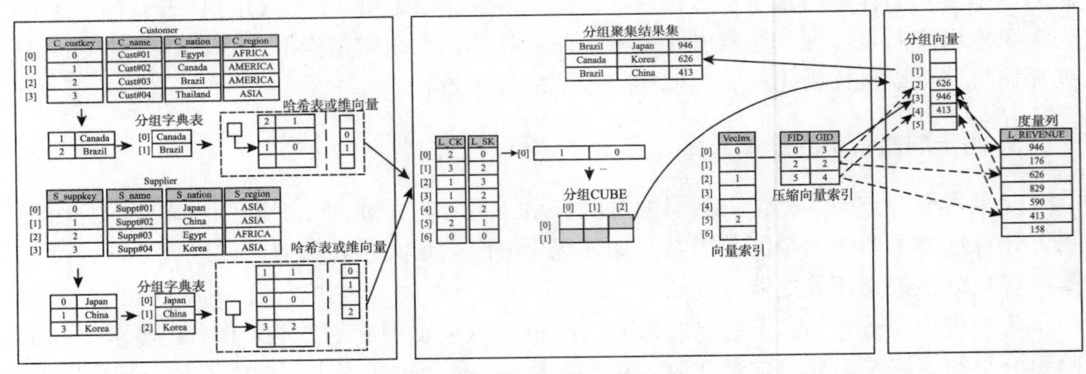

图 7.16 分组向量映射

图7.17显示了压缩分组向量映射方法。在分组向量映射的基础上，将分组 CUBE 单元映射到分组向量中，通过一个全局唯一的分组 ID 序列生成器为分组向量中实际使用的单元分配唯一的分组 ID，并创建一个分组对照表用于存储压缩分组向量与分组 CUBE 的地址映射关系，在多维映射计算结束后，根据最大分组 ID 创建实际的分组向量，实现对稀疏分组向量的压缩，通过较小的分组向量提高分组聚集计算时的 cache 局部性。分组聚集计算生成的分组向量通过分组对照表和维表端的分组字典表还原出 group by 属性组，与分组向量合并为分组聚集结果集。

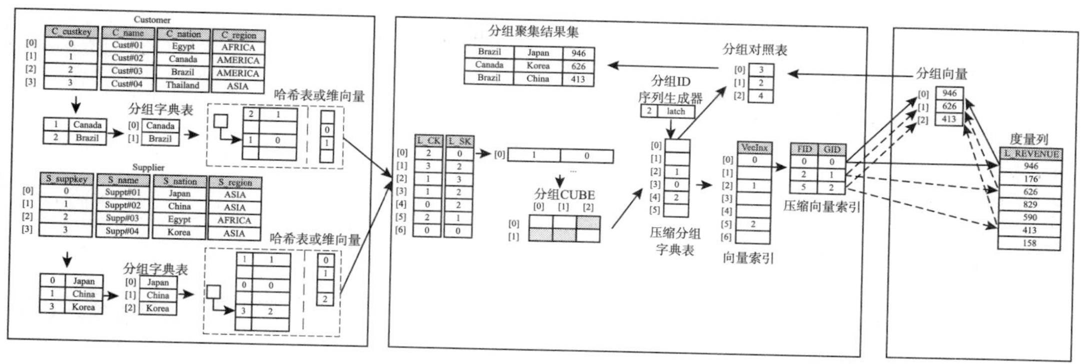

图 7.17 压缩分组向量映射

分组向量映射将查询中 group by 属性值映射到向量索引中作为分组向量的地址 ID，从而使向量索引可以独立在事实表上执行分组聚集计算，分组向量不仅消除了查询中的数据语义，还提高了计算效率，简单的向量数据结构和向量地址访问方法适合应用于与存储硬件技术相结合的近数计算、近存计算及存内计算技术。

基于向量索引和分组向量的聚集计算在实现技术上需要根据向量大小与 cache 大小的关系、处理器的架构特点设计优化的算法。

多核 CPU 架构中的 cache 层次由核心私有的 L1、L2 cache 和核心共享的 L3 cache 组成，当分组向量大小低于核心私有 L1、L2 cache 容量时，采用线程私有分组向量方法（即每个线程创建独立的分组向量）实现线程内无锁化分组聚集计算，通过线程间私有分组向量的合并计算生成全局分组向量。当分组向量大小远大于核心私有 L1、L2 cache 容量时，通常采用共享分组向量访问方法，多线程并发访问共享的分组向量单元进行聚集计算，需要通过 latch 机制实现多线程对相同分组向量单元更新时的并发访问控制。图7.18显示了在多核 CPU 平台上私有和共享分组向量分组聚集算法的性能对比，横轴为分组数量（分组数量对数值），分组单元宽度为 8 字节，分组向量长度确定了分组向量大小，当分组向量低于 L1 cache 容量时，私有分组向量分组聚集算法性能较高，当分组向量大小介于 L1 和 L2 cache 容量之间时，私有分组向量分组聚集算法性能缓慢下降，当私有分组向量大小高于 L2 cache 时，私有分组向量内存空间消耗增大，分组聚集算法性能快速下降。共享分组向量分组聚集算法性能较低但相对平稳，当分组向量远大于 L2 cache 容量时，共享分组向量分组聚集算法只需要保持一个共享的分组向量，存储效率和计算性能较高。

在 GPU 平台，SM 中有多个 CUDA 核心，支持较大的线程粒度，共享相同的共享内存。因此，在 GPU 平台上的基于分组向量的分组聚集算法中，每线程私有向量在共享内存中仅能分配较小的存储空间，不适合典型的查询任务。如图7.19所示，在 GPU 平台以 Block 为单位，线程块内的线程并发访问共享内存中唯一的分组向量，需要通过并发访问控制机制保证线程并发更新分组向量时的正确性。线程块完成全部聚集计算任务后，各 SM 内的分组向量进行归并计算，生成全局分组向量。当分组向量超过 GPU 共享内存大小时，将分组向量存储于全局内存中，通过并发访问控制机制由 GPU 全部的线程执行分组向量单元上并发聚集结果更新操作。当分组向量较小并且存储于共享内存

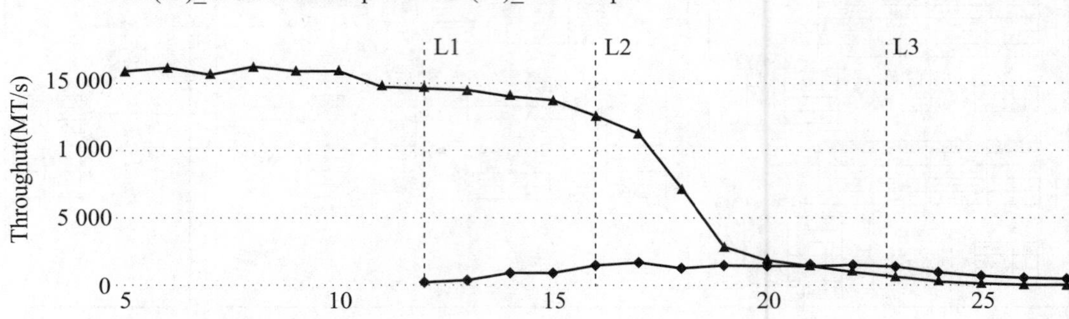

图 7.18 私有与共享分组向量分组聚集算法性能

时，并发访问冲突较小，数据更新延迟较低，当分组向量较大需要存储于高延迟的全局内存时，并发访问冲突较大，数据更新性能相应降低。

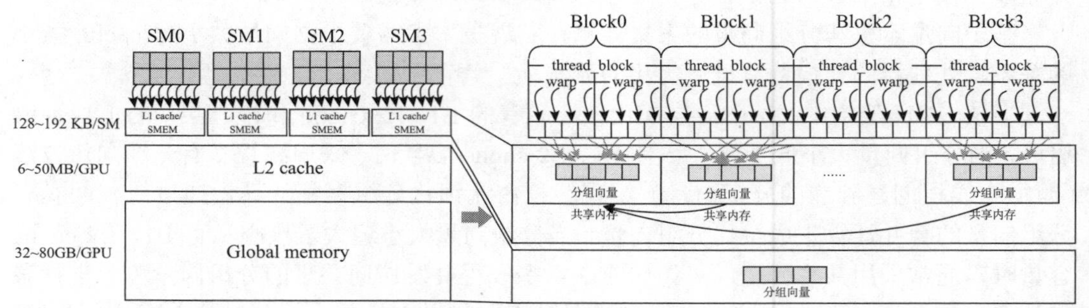

图 7.19 GPU 基于分组向量的分组聚集实现技术

多维–关系计算模型实现了关系存储的元数据向多维数据的映射计算、多维映射计算和基于向量索引的多维数据向关系数据的映射计算过程，扩展了关系数据库的查询算子，通过多维计算提高查询处理性能，简化算法设计。

7.3 面向异构硬件平台的多维–关系计算模型

新硬件技术的发展为数据库提供了多样化的硬件平台，数据库面临新型异构存储和计算平台的挑战，如何使数据库的存储和查询处理引擎适应多样的异构计算平台是数据库当前和未来需要解决的一个问题。传统数据库查询处理引擎是一个封闭的紧密耦合结构，面向新硬件的扩展技术复杂度较高，系统升级成本较高。多维–关系模型从模式和数据特征的角度对数据进行分层，不同数据层上的负载有不同的存储和计算特征，可以面向新型异构存储和计算硬件平台的特征进行定制化设计，提供面向多样化异构硬件平台灵活的技术方案，以开放的 OLAP 计算架构面对硬件技术发展的多样性。

7.3.1　异构硬件平台多维–关系计算框架

存储的异构性体现在容量、性能、成本、计算特性等方面，如 DRAM、PM 持久内存、CXL 内存、SSD 在存储容量、性能、成本方面形成阶梯状差异，PIM 内存相对于传统 DRAM 内存扩展了存内计算能力，适合于存算一体化负载。计算的异构性主要体现在不同处理器的计算特性上，如通用多核 CPU、GPU、FPGA、DPU 在处理能力、计算性能、成本、近存计算能力方面有较大的不同，CPU 适合于数据管理负载，GPU、FPGA 较高的计算性能适合加速计算型负载，DPU 适合于存储端近数计算处理。硬件不同的存储与计算特性增加了数据库查询优化的复杂性和难度，也使数据库的查询优化技术与特定硬件特性深度绑定，增加了数据库的技术升级代价。

多维–关系模型中基于“数”“据”分离和管算存分离的计算模型为异构硬件平台提供了一个开放的、易于扩展的计算框架。如图7.20所示，多维数据从物理多维数据立方体结构转换为逻辑多维模型和实际存储的序列化事实数据，在关系数据库中存储为维表和事实表，在 7.1.2 节扩展约束的支持下实现关系数据库上的多维映射计算。事实表可以是星形模型的单一事实表，也可以是优化的基于外键值–地址映射方式技术的多事实表结构，事实表外键抽取为面向多维映射计算的数据集，维向量和向量索引作为不同数据集和负载之间的中介数据结构。多维数据按数据内在应用特性和数据集上负载的计算特性划分为暖、热、冷三个数据集，数据存储容量需求为小、中等和大，计算特征为管理密集型、计算密集型和数据密集型，对计算资源的需求为通用数据处理能力、高性能计算能力和高效率近数计算能力。针对当前代表性硬件架构，多维–关系计算模型可以支持多样化的计算框架。

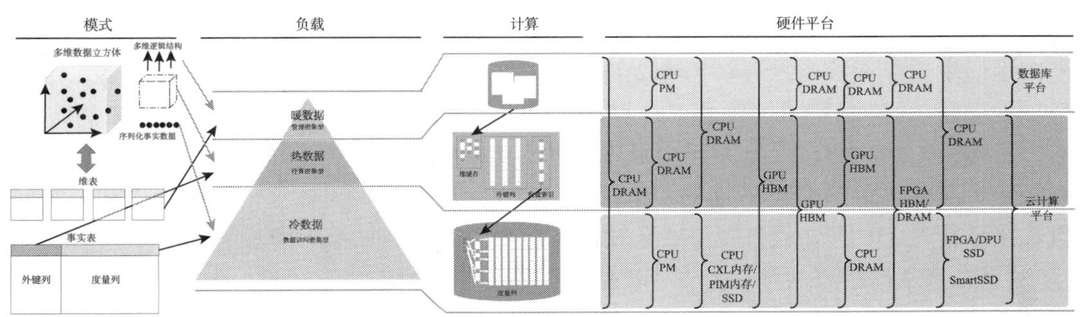

图 7.20　面向异构硬件平台的多维–关系计算框架设计

1. CPU 异构存储平台

CPU 异构存储平台主要面向异构内存结构，包括全 DRAM 内存存储、DRAM-PM 非易失内存混合存储、DRAM- PIM 计算内存、DRAM-CXL 扩展内存 SSD 闪存异构存储，如图7.21所示。

全 DRAM 是统一的内存存储结构，三个计算阶段串行执行，其中第二、三阶段的多维映射计算和分组聚集计算可以通过向量化查询处理模型合并为一个统一的算子，通过 L1 cache 内的向量化处理优化向量索引的存储访问代价。

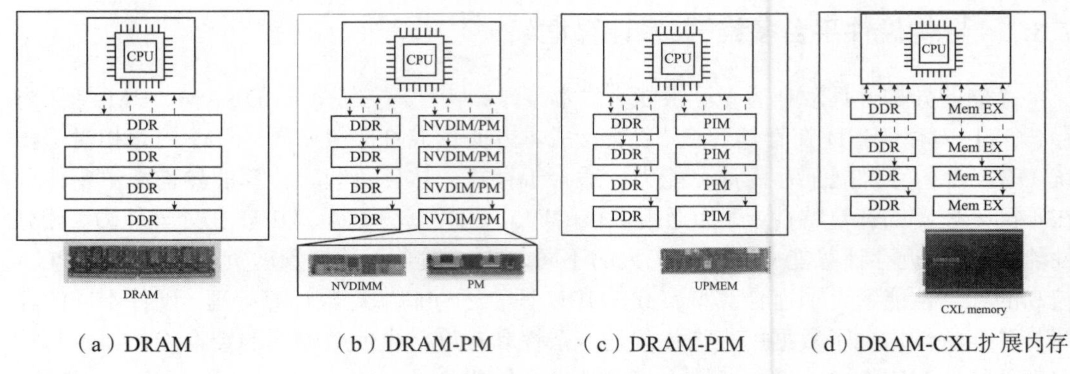

（a）DRAM （b）DRAM-PM （c）DRAM-PIM （d）DRAM-CXL扩展内存

图 7.21 CPU 异构存储平台

非易失内存在容量、成本上具有优势，在性能上相对 DRAM 较低，DRAM 和 PM 非易失内存采用相同的内存地址空间和混合结构，因此将 DRAM 用于存储计算密集型的事实表外键数据，执行对内存性能依赖较高的多维映射计算任务，将维表和事实表度量数据存储于 PM 非易失内存，执行维向量映射计算和基于向量索引的数据密集型分组聚集计算，将有限的高性能 DRAM 用于对计算性能需求较高的多维映射计算负载，加速整体查询处理性能。随着英特尔傲腾持久内存的停产，非易失内存技术产生了不确定性，从未来技术发展趋势来看，如果非易失内存能够完全取代 DRAM，则可以使用统一内存计算模型，如果在成本/容量和性能方面存在不对称性，则可以通过 DRAM 加速计算密集型负载，非易失内存用于数据密集型负载处理。

以 UPMEM 为代表的 PIM 内存在内存条中集成了 DPU 计算核心，实现存内计算（processing in-memory）功能，支持将一部分计算任务下推到存储层。在多维–关系计算模型中，维表元数据管理任务需要支持复杂数据类型处理和复杂的逻辑处理任务，不适合下推到 PIM 存储端，多维映射计算需要较大容量的 cache 支持和跨内存介质的访问，适合于多核 CPU 或 GPU，基于向量索引的分组聚集计算只需要较简单的数据结构支持和轻量计算能力，适合于下推到 PIM 内存实现存储内的聚集计算，向量索引和分组向量数据结构对 DPU 处理器硬件要求较低，适合于内存数据流上的轻量聚集计算任务。

同理，CXL 扩展内存通过 PCIe 通道扩展了计算机的内存容量，但 CXL 扩展内存相对于 DRAM 内存延迟较高，是一种面向内存容量的扩展技术，适合于数据密集型的分组聚集计算任务。

异构内存通常在性能、容量、成本等方面具有不对称性，将多维–关系计算模型中数据密集型负载部署到大容量、低成本的扩展内存上执行是一种易于实现的优化技术，基于向量索引和分组向量简单数据结构和算法的设计降低了系统实现成本，提高了数据处理效率。

2. GPU 异构存储计算平台

GPU 技术的一个发展趋势是持续提升 GPU 高带宽 HBM 内存容量和带宽性能，显存容量的增长使 GPU 内存计算成为可能。GPU 平台上的多维–关系计算模型根据 GPU

显存容量、数据集大小等因素可以进一步分解为三种模式。

GPU 内存计算模式实现 GPU 内存上全部的数据处理任务，基于高带宽内存和众核计算资源实现最大化的性能提升。GPU 内存计算模式支持的数据集大小受 GPU 显存容量限制，维表元数据存储的复杂数据类型和处理任务对于 GPU 硬件架构存在一定的不适应性，维映射阶段对 group by 属性的动态字典表压缩操作需要 latch 并发控制机制，在 GPU 上延迟较高。

GPU 存储计算模式将维表元数据管理负载分配给通用 CPU 平台，消除语义的事实表存储计算负载分配给 GPU 平台。CPU 将维表存储端生成的维向量通过 PCIe 传输给 GPU，在 GPU 事实表存储端完成多维映射和分组聚集计算，最后将生成的分组向量传输回 CPU 端转换为查询结果。GPU 存储计算模式通过“数”“据”分离的存储策略将适合 CPU 和 GPU 存储处理的数据和计算分配给不同的处理器平台，由通用的 CPU 完成基于“据”的多维元数据管理和映射计算，由 GPU 完成基于“数”的高性能数值计算任务，更好地发挥 CPU 与 GPU 各自的硬件特性。

GPU 加速模式对应 GPU 显存容量较小的情况，用有限的 GPU 显存存储事实表外键列，执行多维映射计算，管理密集型和数据密集型的计算在 CPU 端执行，通过有限的 GPU 显存加速查询处理中性能要求最高的负载，发挥 GPU 的加速性能。

基于管算存分离的 OLAP 技术采用三级存储和三级计算模型：元数据存储，用于存储维表数据；连接列存储，存储事实表外键列作为多表连接操作集；事实数据存储，存储事实表度量列用于分组聚集计算。维向量作为元数据存储的中间交换数据，向量索引作为显式或隐式的连接操作中间交换数据，分组向量作为分组聚集计算的结果集。三级计算包括：维表元数据上根据 SQL 命令参数生成维向量；连接列根据维向量生成向量索引；事实数据上根据向量索引生成分组向量。三级存储可以存储于不同的存储引擎、存储平台或存储设备上，三级计算依赖不同的处理器对应不同的存储层，灵活配置存储与计算资源以达到提高存储效率或查询处理性能的目标，也使 OLAP 计算在面向异构高性能计算平台时具有灵活性和适配性。图7.22演示了管算存分离 OLAP 计算模型在 CPU-GPU 异构计算平台和 DRAM-PM 异构存储平台上的实现技术，三种线型代表细分的三种不同的计算模型。

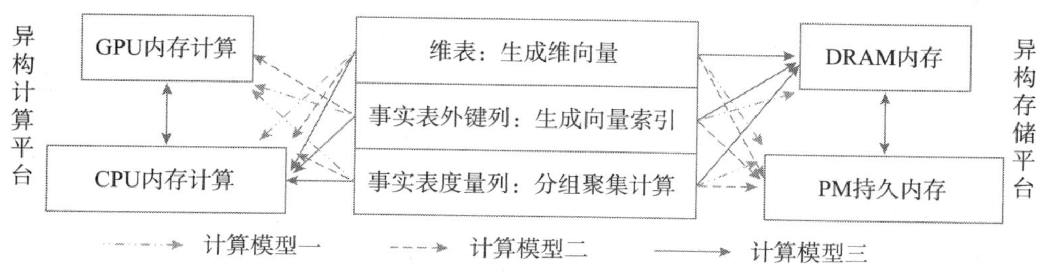

图 7.22　异构计算平台管算存分离 OLAP 实现技术[7]

表7.5总结了两种异构计算/存储平台上三种计算模型的特点、对存储容量的要求以及性能的特征。异构计算/存储平台需要权衡性能与成本，在数据量相对于硬件存储能力的不同匹配下可以灵活采用不同的计算模型，最大化高性能、低容量计算/存储硬件的数

据局部性和计算性能，提高异构 OLAP 查询处理的综合性能。

表 7.5 异构计算平台管算存分离 OLAP 实现技术对比

异构计算	计算模型	描述
CPU-GPU	GPU 内存计算	维表存储于 CPU 平台，事实表存储于 GPU 平台，GPU 平台完成事实数据上的多维分析计算任务；性能最高，GPU 存储容量要求高
	GPU 加速	仅事实表外键列存储于 GPU 平台，用于加速多表连接操作，维向量映射和分组聚集计算由 CPU 完成；只加速多表连接性能，GPU 存储容量要求低
	CPU 内存计算	全部存储于 CPU 平台，由 CPU 完成分析计算任务
DRAM-PM	DRAM 加速	仅事实表外键列存储于 DRAM 加速多表连接性能，对 DRAM 容量要求低，综合性能接近全 DRAM 内存计算
	PM 内存计算	全部存储于 PM，实现 PM 内存计算，性能最低
	CPU 内存计算	全部存储于 DRAM，实现 DRAM 内存计算，对 DRAM 容量要求高，性能最高

以 CPU-GPU 异构计算平台为例，向量化 OLAP 查询处理是优化查询中间结果的算法设计，在 CPU 和 GPU 平台都有提高查询性能、提高内存利用率的作用，但在实现技术上基于 CPU 和 GPU 不同的硬件架构有显著的差异。

图7.23（a）（b）显示了在 CPU 平台基于定长向量索引和压缩向量索引的向量化 OLAP 查询处理技术，前者适用于高选择率 OLAP 查询应用场景，向量索引或位图大小固定，数据量较小；后者适合低选择率时的 OLAP 查询应用场景，压缩向量索引或压缩位图存储开销加大，但低选择率时数据访问效率较高，查询性能较优。

图7.23（c）（d）显示了在 GPU 平台基于定长向量索引和压缩向量索引的向量化 OLAP 查询处理技术。CPU 平台每线程对应一个线性向量，而 GPU SM 的硬件架构支持线程块数据处理粒度，SM 内部使用向量矩阵结构存储查询中间结果，支持定长及压缩向量索引和位图实现技术，通过 GPU 较小但访问性能较高的共享内存优化查询中间结果的物化及访问，消除 GPU 内存物化存储空间开销和访问延迟，提高 GPU 平台 OLAP 查询处理性能。

图7.24显示了在 CPU-GPU 异构计算平台和 DRAM-PM 持久内存异构存储平台上三种 OLAP 计算模型在 SSB（SF=100）数据集上的基准测试性能。由于维向量映射计算中采用动态字典表压缩技术，产生一定的并发访问控制代价，在 CPU 端相对较低，但相对于 GPU 端的高性能多维计算则相对较高，影响了 GPU 内存计算的整体性能。GPU 加速模式在传输向量索引时产生的 PCIe 代价仍然占比较高，其综合性能与 CPU 内存计算模型相差不大，加速效果不显著，在传统低带宽 PCIe 架构中难以发挥其 GPU 加速能力，在新一代 GPU 高性能互联技术的支持下（如 GH200 NVLink 高带宽通道）能够获得更好的性能。

完全 PM 持久内存计算模型的整体性能相对完全 DRAM 计算模型较低，显示了低成本、大容量持久内存取代 DRAM 的性能损失程度。将 OLAP 计算中执行代价最高的多表连接计算的事实表外键存储于 DRAM 中，既可以满足 DRAM 容量较小的约束，又

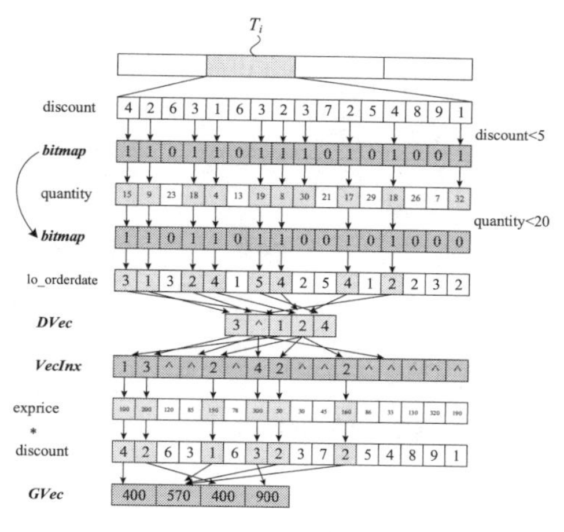

（a）基于向量索引的OLAP查询处理

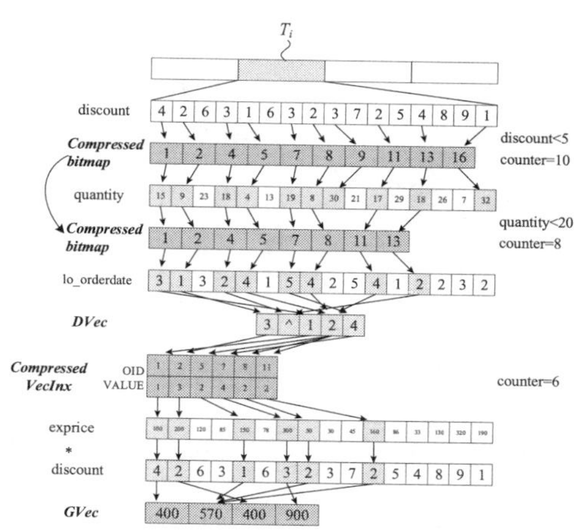

（b）基于压缩向量索引的OLAP查询处理

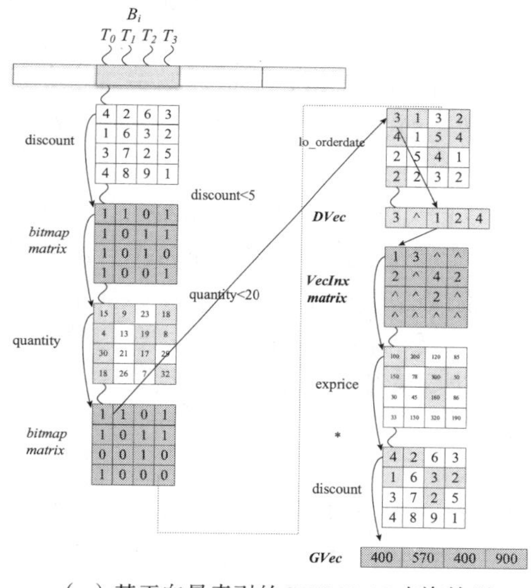

（c）基于向量索引的GPU OLAP查询处理

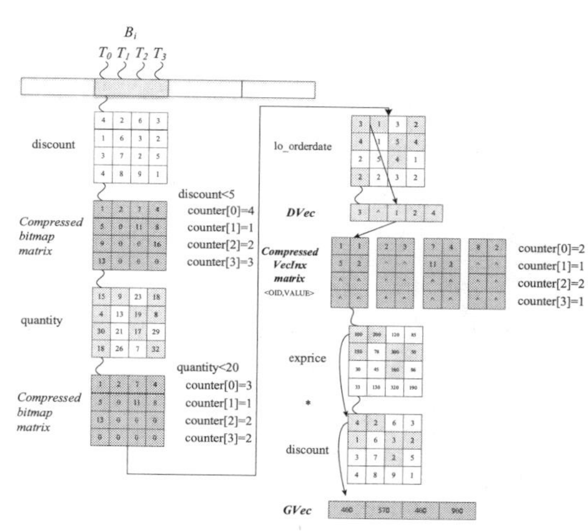

（d）基于压缩向量索引的GPU OLAP查询处理

图 7.23　CPU 和 GPU 计算平台 OLAP 实现技术

能够充分利用 DRAM 较高的性能加速整体查询处理性能，使 OLAP 查询的整体性能接近完全 DRAM 内存计算模型，通过较低的硬件成本达到较高的综合性能。在 PM 持久内存停产后，CXL 扩展内存可能成为新一代大容量内存实现技术，但同样面临相对主板 DRAM 更高的延迟，完全 CXL 扩展内存计算也将造成较大的性能损失。DRAM 内存加速模型可以将计算密集型小数据驻留于较小的高性能主板内存，将低计算强度的聚集计算下推到大容量 CXL 扩展内存中，实现异构存储硬件上的高效率协同计算。

当存储硬件面临性能–容量–成本约束选择异构架构时，基于管算存分层的存储和计算模型可以灵活地将计算密集型负载和数据密集型负载下推到不同特征的存储层，实现异构存储资源的最大化利用。

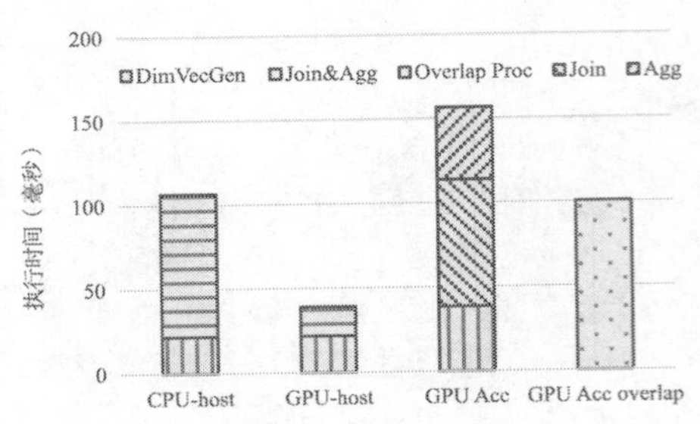

（a）CPU-GPU平台SSB分段平均查询执行时间

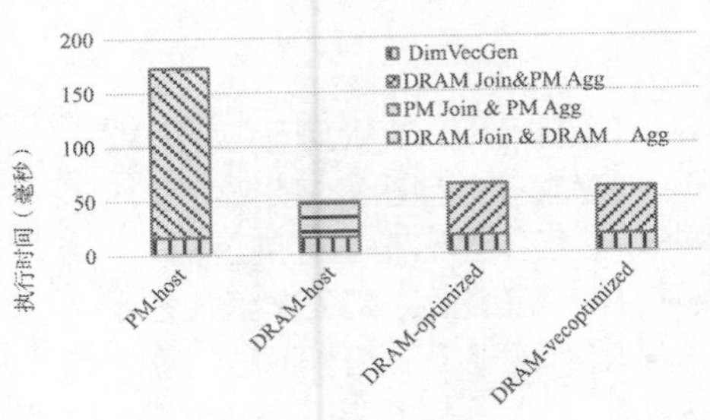

（b）DRAM-PM平台SSB分段平均查询执行时间

图 7.24 两平台上 OLAP 计算模型在 SSB 数据集上的基准测试性能

3. FPGA/DPU 加速平台

FPGA 的可定制性提供了不同的应用场景，一种是类似 GPU 的加速模式，另一种是近数计算模式。

FPGA 加速模式对应配置有大容量内存或 HBM 的高端 FPGA，可以用于事实表存储计算功能，实现对事实数据上多维分析计算的定制化加速。该模式依赖于 FPGA 相对于 CPU 更强大的计算性能和较大的内存容量。

FPGA 近数计算模式对应较小规模或定制化的 FPGA 计算设备，如面向数据处理的 FPGA、DPU 或集成 FPGA 的 SSD 设备（如 SmartSSD）。CPU 平台执行维映射计算和多维计算任务，完成主要的数据管理和计算任务，生成向量索引和分组向量，由近数计算层的 FPGA 或 DPU 完成面向大容量存储设备的存储端计算，将高延迟的存储访问处理负载从 CPU 端分离，推向大数据物理存储端执行低强度的分组聚集计算，提高 CPU 的资源利用率。

图7.25显示了基于 FPGA 的不同 OLAP 实现技术。

当使用 CPU 与 FPGA 融合处理器时，CPU 和 FPGA 访问相同的内存地址空间，由 CPU 负责维表元数据管理及维向量映射计算，FPGA 负载计算代价较高的星形连接操作，CPU 负责基于向量索引的分组聚集计算，FPGA 负责高强度计算负载，CPU 负责管理及低计算强度的数据访问。

当使用独立的 PCIe FPGA 加速卡时，可以作为专用的星形连接计算加速器，即将事实表较小的外键表存储于 FPGA 卡的本地内存，实现本地化的 FPGA 星形连接计算，加速执行代价最高的星形连接负载。

当使用集成到 SSD 内部的 FPGA 时，可以将基于向量索引的分组聚集计算下推到闪存物理存储层，通过向量索引按位置访问存储在 SSD 中的列存储数据并执行轻量的分组向量映射聚集计算，将事实表大数据稀疏访问下推到物理存储层的内部数据访问通道中，消除大数据 PCIe 传输延迟及低选择率向量索引访问造成的大量无效物理数据访问，提高 OLAP 查询的整体性能。

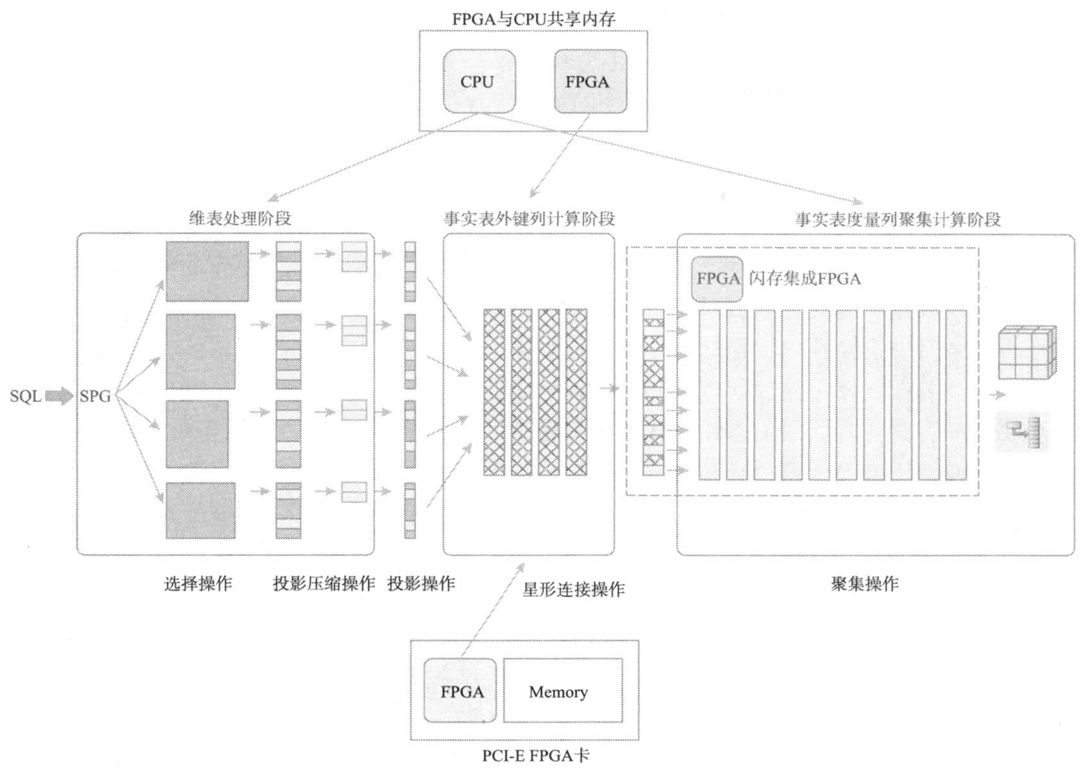

图 7.25　基于 FPGA 的 OLAP 实现技术[8]

4. 数据库 + 云存储平台

云存储平台为数据库提供了可扩展的低成本存储平台，推动了数据库从传统的存储引擎、查询处理引擎一体化设计向存算分离计算架构的发展，推动了云原生数据库技术的成熟。存算分离计算架构可以看作一种“拉”模式的计算架构，云存储平台作为原生存储设备通过算子下推优化技术，将选择、投影、连接过滤等操作在云存储平台的存储端执行，数据库将过滤后较小的数据“拉”回数据库平台处理。多维–关系计算模型进一步根据模式和数据语义特征对数据集进行划分，通过“数”“据”分离的模式优化技术将数据库端转换为语义元数据管理平台，无语义的事实数据与独立的存储平台（如云存储平台，开源 Apache Arrow 存储平台等）结合，基于维向量的多维–关系计算模型实现了“推”模式的无语义数值存储端计算，在事实数据存储端完成多维计算任务，最大化存储端的近数计算能力。这种基于数据语义特征的“数”“据”分离计算模型强化了数据库的管理功能和存储端的计算功能，将繁重的计算任务从数据库中分离，降低数据库的性能压力；同时，面向无语义数值计算功能的存储端简化了存储设计，定制化的无语义数值计算易于与新型硬件设备（如 FPGA、DPU 等）相结合，增强存储端硬件技术的扩展性。

多维–关系计算框架为异构存储和计算平台提供了一个开放的计算架构，通过数据的分层将统一的负载按不同的计算特征划分，从而与不同特性的硬件更灵活地匹配，定制不同硬件上的实现技术，扬长避短地发挥硬件的性能优势。

硬件技术的发展存在不确定性，如傲腾持久内存改变了传统内存易失性的基础假设，为大容量内存分析处理提供了高性价比的硬件支持，但未能成为市场主流而停产。当前新兴的硬件技术，如 PIM、CXL 扩展内存、SmartSSD 等代表着硬件技术新的发展趋势，但同样在未来的市场上面临不确定性风险。新型硬件也将不断涌现，硬件技术的“百花齐放”和“前途未卜”对数据库软件技术的发展提出了巨大的挑战，面向硬件特征的软硬件一体化数据库设计受硬件技术发展不确定性的影响，一方面可能造成数据库技术滞后于硬件技术发展，导致新型硬件难以在数据库平台充分发挥其作用，另一方面可能导致数据库面向新硬件的技术升级与开发存在因硬件退出而失效的损失，硬件的多样性也导致数据库软件体系架构更加复杂。本节提出的面向异构硬件平台的多维–关系计算框架是一种面向当前及未来异构硬件平台的开放 OLAP 计算框架，通过“数”“据”分离的数据模型和管算存分离计算模型将数据库的查询处理引擎分层，从而在每个层次清晰定义负载的存储及计算特征，匹配的硬件性能特征，以及定制化、简化的计算模型和实现技术，既支持将当前不同类型的新硬件与分层计算模型的不同层次优化匹配，也支持未来新兴硬件根据其自身硬件特性与统一计算框架的优化匹配，为新兴硬件提供明确的功能定位和需求，明确其面向数据库负载的硬件设计目标。基于分层 OLAP 计算模型，从硬件设计的角度可以为新硬件选择明确的应用场景，根据相应层次数据库存储和计算的需求进一步定制硬件特征，使其更好及更高效地满足数据库的应用需求，避免面向数据库负载需求过度以及不足的硬件设计。

7.3.2 面向多维–关系计算模型的数据库扩展技术

内存数据库系统在设计上有不同的技术路线，比较有代表性的是原生型内存数据库和扩展型内存数据库。原生型内存数据库是一种全新的内存数据库系统，例如 SAP HANA、MonetDB、Hyper 等，是自底向上的、面向内存计算平台正向设计的内存数据库系统。原生内存数据库需要较高的系统开发成本，与传统磁盘数据库是一种替代关系，传统磁盘数据库平台的应用需要较高的迁移成本。

传统磁盘数据库厂商通常采用内存数据库扩展技术，即在传统磁盘数据库引擎的基础上扩展面向内存事务处理的行存储引擎和面向内存分析处理的列存储引擎，通过扩展的内存微引擎架构为传统磁盘数据库扩展面向高性能内存管理和分析处理的能力，对用户而言通过扩展内存表或列存储索引等数据结构与原来的查询处理技术兼容，降低用户系统迁移成本，代表性技术如 Oracle Data in memory 采用的双格式（daul-format）技术，以及 SQL Server 的 Hekaton 内存行存储引擎和列存储索引技术等。

对于数据库系统而言，增加一个全新的、全功能的内存数据库引擎具有较高的复杂度和系统开发成本，如何在传统磁盘数据库引擎的基础上快速、低成本地获得内存数据处理能力是一个具有现实意义的研究课题。本章讨论的多维–关系计算模型是一种轻量化的、面向 OLAP 负载定制的计算型 OLAP 引擎，通过面向模式定制统一的 OLAP 计算框架简化内存 OLAP 引擎的设计，可以为传统磁盘数据库提供灵活的内存 OLAP 实现方案。

多维–关系计算模型在内存列存储数据上建立了一个定制化的多维计算框架，用于加速数据库中基于典型星形或雪花形模型的 OLAP 查询任务，应用于多维数据计算场景，不适合通用的复杂查询任务（如嵌套子查询等），为数据库提供一个面向 OLAP 负载的加速器。在实现技术上，首先需要一个轻量的内存列存储引擎，如开源的 Apache Arrow 可以用作插件化的内存列存储引擎。Apache Arrow 已经成为一种成熟的工业标准内存列存储格式，主要应用于内存分析处理领域。Arrow 为不同的系统提供了统一的内存数据列式访问接口，为内存数据库的存算分离提供了存储支持，本节探索基于 Arrow 的管算存分离架构的 OLAP 实现技术以及基于 Arrow 存储的存内计算实现技术。

在优化的 OLAP 模式中，事实表主要由数值型的连接外键列和度量属性组成，数据结构简单，数据量和增量较大，主要提供列扫描及基于位图的按位置访问操作。Arrow 基于 C++ vector 向量类实现，封装了 field、schema、table 对象表示列、模式和表，提供了对表数据的存储和列数据访问接口，可以用作数据库扩展的内存列存储外部表，为传统数据库扩展内存列存储访问能力。Apache Arrow 基本存储格式是数组（Array），能为 OLAP 分析处理提供良好的列式访问数据能力。Apache Arrow 提供了 Tabular Data 存储格式，Tabular Data 存储格式中的 arrow::table 实例由两部分数据组成: 以行存形式组织的 Table 元数据和以列存形式组织的 Table 数据。通过定义 DataBase::DB_Opera 类可以导入、管理和读取 SSB 中的四个维表 PART 表、DATE 表、SUPPLIER 表以及 CUSTOMER 表数据。DataBase::DB_Opera 类里封装了内存数据访问接口，访问 Apache Arrow 中的 arrow::table 实例中的列式存储数据，Get_element_data_string_arrow() 接口根据表名、列名以及偏移地址返回具体的 std::string 类型值，主要用于访问维表数据，Get_array_data_int_arrow() 接口根据表名和列名返回数据类型为 int 的数组地址，主要用于访问数值存储的事实表。在实现中将 SSB 的 tbl 数据文件加载到 Arrow 中，作为共享访问的内存数据集，模拟独立的内存列存储平台。在 Arrow 存储层上创建多维计算层，用于将事实表上的多维计算任务下推到 Arrow 存储层，实现基于 Arrow 的存内计算，维表上的处理模拟数据库查询处理引擎功能，构建一个基于 Arrow 存储的管算存分离 OLAP 计算架构。设计了维表上的维向量映射计算接口和事实表上多维计算接口，分别模拟管算存计算模型中维表管理端功能（维表可以采用行列混合存储，模拟数据库的内存行表存储结构）和事实表存储端（采用列存储）的存内计算功能。

宏观上将 Arrow 设计为存储计算层，实现 OLAP 多维计算任务的存储级计算功能，微观上在 Arrow 上扩展了一个轻量的多维计算引擎，Arrow 作为插件式存储引擎仅提供内存列存储、内存列顺序扫描、内存列按位置访问等基础功能，由计算引擎完成基于底层 Arrow 存储服务的 OLAP 多维计算功能。当不使用 Arrow 存储时，可以通过列存储接口转换为其他候选的存储引擎，如内存数组表、vector 表、数据库内置内存列存储引擎等，实现物理存储模式的灵活选择，为数据库提供可扩展的内存存储及计算引擎。

下面基于扩展的 Arrow 内存列存储技术讨论数据库扩展内存 OLAP 计算引擎实现的技术路线。

1. 双存储引擎

图7.26显示了传统磁盘数据库基于 Arrow 存储的内存 OLAP 加速引擎方案：双存储引擎方案是在传统磁盘数据库中集成 Arrow 内存列存储引擎，创建磁盘行存储数据的内存列存储副本，并通过 Arrow 上定制的 OLAP 加速模块加速数据库的 OLAP 分析处理性能。

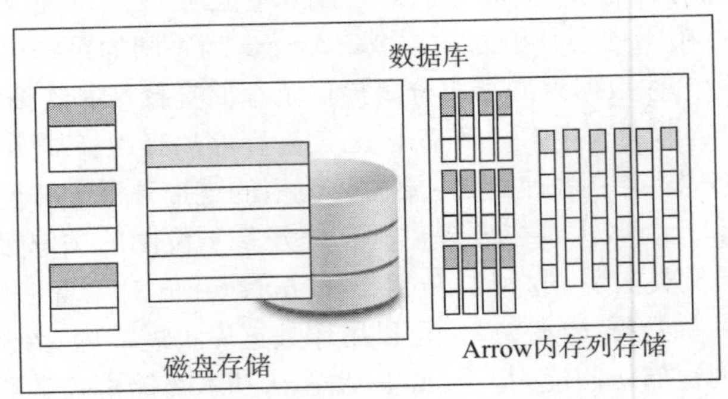

图 7.26　双存储引擎结构

该方案在磁盘存储引擎上创建一个基于 Arrow 的列存储数据副本，用于加速 OLAP 查询负载。磁盘数据库在事务处理中对大内存的利用率较低，通过 Arrow 对分析型数据的存储更好地利用当前计算机平台大内存资源，实现高性能分析计算。定制的 OLAP 计算引擎基于开放的多维–关系计算框架可以独立进行技术升级，扩展面向新型硬件的实现技术，为数据库提供一个插件化的外部 OLAP 加速引擎。在 HTAP 应用中，事务处理主要由磁盘数据库引擎执行，Arrow 存储引擎主要存储 insert-only 的分析型数据，事实表主要支持增量追加数据，维表需要通过一定的同步机制保持磁盘数据库端维表更新时的数据一致。

2. "数""据" 分离存储引擎

多维–关系模型从多维数据的角度将数据划分为事实表值存储（"数"）和维表元数据（"据"）存储，两种存储需要不同的存储模型和处理模型，适合于数据库 + 存储计算平台混合模式。图7.27显示了基于"数""据"分离模型的存储引擎结构，数据库引擎存储维表元数据，可以通过内存行存储引擎进一步提高元数据管理性能。除维表外，还可以设置行存储的事实数据 delta 表，作为事实表更新数据的缓存，通过一定的更新策略动态追加到外部 Arrow 存储引擎中；经过模式优化的无语义数值型事实表存储于外部 Arrow 存储引擎，作为事实数据的存储和计算平台。

扩展行列混合存储方案是由数据库内部的传统磁盘存储引擎或内存行存储引擎管理维表元数据，提供面向 OLTP 负载的事务处理能力，Arrow 作为外部表存储事实表数据。数据库负责多维数据的元数据管理和 SQL 查询解析、改写、任务调度，创建查询维向量发送给外部 Arrow 存储引擎执行本地化的多维计算任务，再将计算结果传回数据库解析输出，为数据库提供一个完全自治的外部存储平台和多维计算服务，卸载数据库在 OLAP 查询中的计算负载。图7.20所示的异构平台 OLAP 计算框架都可以应用于独

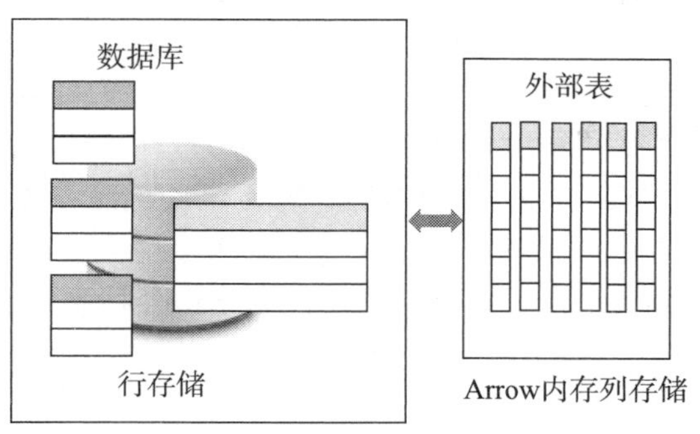

图 7.27 “数”“据”分离存储引擎结构

立的 Arrow 存储平台。

Arrow 内存列存储可以设计为扩展的列存储索引，为数据库提供了基于 Arrow 外部表的计算型内存列存储索引，不仅提高了数据存储访问性能，还可以提供完整的索引计算功能。

3. 数据库 + 云存储引擎

图7.28显示了将存储层扩展为独立的云存储计算平台方案：数据库 + 云存算一体化平台方案根据未来软/硬件发展趋势，将 Arrow 扩展为独立的存算一体化平台，提供高性能、可扩展内存云存储能力和存算一体化设计，与数据库管理引擎协同支持基于高可扩展、高性能、弹性的内存云存储平台的 HTAP 数据库。该方案的主要特点是：（1）从多维数据模型出发，将数据划分为元数据集和数值集，从数据内在特征出发，划分数据库平台和云平台存储数据集；（2）基于“数”“据”分离策略的模式优化技术强化维表的元数据管理功能，消除事实表语义将其转换为无语义数值存储，消除事实数据存储端的语义解析能力，简化存储引擎设计，降低数据存储安全风险；（3）基于维向量和向量索引的多维计算技术将查询在维表存储端映射为无语义向量数据结构，在事实表存储端执行无语义的多维计算，优化计算性能；（4）云存储端可以面向新型硬件扩展异构计算模型，将面向新硬件的查询优化技术从数据库复杂的引擎中分离，提高硬件技术升级的独立性。

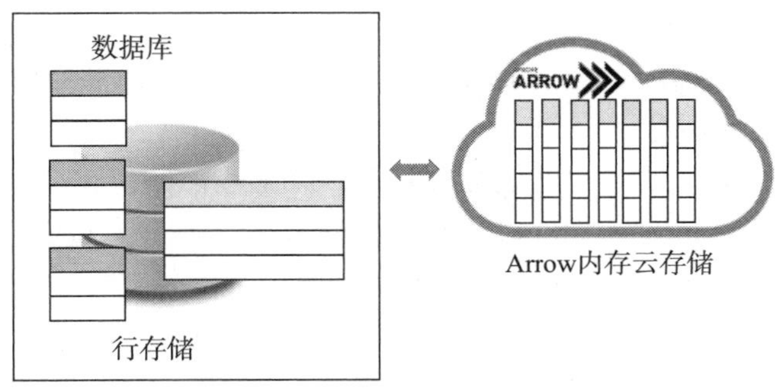

图 7.28 数据库 + 云存算一体化平台

Apache Arrow 在数据库和数据处理领域得到了广泛的应用，已经成为事实上的内存数据交换标准。Arrow 在数据库中主要用作外部表，提高内存列数据存储访问能力。基于 Arrow 的内存 OLAP 扩展技术进一步根据多维–关系模型，为基于“数”“据”分离策略的事实数据值存储平台定制轻量的多维计算引擎，从而将 OLAP 的计算负载最大化地从传统数据库的查询处理引擎中分离，提高事实数据存储和计算的独立性，提高面向新硬件技术路线选择的灵活性，降低数据库面向新硬件技术升级的成本。

本章小结

一方面，新硬件技术的发展为高性能内存数据库提供了新的硬件平台支持，提供了更强大的存储访问和计算性能，能够更好地推动数据库性能的提升，但另一方面，硬件的多样性和复杂性提高了数据库查询优化技术的复杂度，进一步增加了数据库查询引擎设计的成本和复杂度。同时，新硬件技术的发展也存在不确定性，新硬件与数据库查询处理引擎的深度绑定成本较高。因此，如何将数据库复杂的查询处理引擎分解为不同的层次，在查询处理引擎外部实现独立的、面向不同硬件的实现技术是应对新硬件技术发展的一条技术路线。本章基于多维–关系模型系统地介绍了面向异构硬件平台技术的发展而定制的开放内存 OLAP 技术框架在数据模型、计算模型和实现技术上的具体方案，可以作为内存数据库的实现技术案例。

问题与思考

1. 对比分析存算分离计算架构与管算存分离计算架构的差异。

2. 设计一个面向 CPU-GPU-DPU 异构计算平台的 TPC-H 计算框架，说明不同硬件平台的数据存储与计算方案。

本章参考文献

[1] 张延松, 王珊. 内存数据库技术与实现 [M]. 北京: 高等教育出版社，2016.

[2] Yansong Zhang, Yu Zhang, Shan Wang, Jiaheng Lu. Fusion OLAP: Fusing the Pros of MOLAP and ROLAP Together for In-Memory OLAP [J]. IEEE Trans. Knowl. Data Eng.，2019, 31(9): 1722-1735.

[3] Per-Åke Larson, Cipri Clinciu, Eric N. Hanson, Artem Oks, Susan L. Price, Srikumar Rangarajan, Aleksandras Surna, Qingqing Zhou. SQL Server Column Store Indexes [C]. SIGMOD Conference, 2011: 1177-1184.

[4] Per-Åke Larson, Cipri Clinciu, Campbell Fraser, Eric N. Hanson, Mostafa Mokhtar, Michal Nowakiewicz, Vassilis Papadimos, Susan L. Price, Srikumar Rangarajan, Remus Rusanu, Mayukh Saubhasik. Enhancements to SQL Server Column Stores [C]. SIGMOD Conference, 2013: 1159-1168.

[5] 张延松，韩瑞琛，刘专，等. 一种基于管算存分离的内存数据库实现技术 [J]. 计算机学报，2023，19(4)：761-779.

[6] Shasank Chavan, Albert Hopeman, Sangho Lee, Dennis Lui, Ajit Mylavarapu, Ekrem Soylemez. Accelerating Joins and Aggregations on the Oracle In-Memory Database [C]. ICDE, 2018: 1441-1452.

[7] Yansong Zhang, Yu Zhang, Jiaheng Lu, Shan Wang, Zhuan Liu, Ruichen Han. One Size Does Not Fit All: Accelerating OLAP Workloads with GPUs [J]. Distributed Parallel Databases, 2020, 38(4): 995-1037.

[8] 张延松，张宇，柴云鹏，周烜，王珊. 一种基于 FPGA 的内存 OLAP 查询优化方法 [P]. 中国，CN201610232593.3.

第8章

内存 OLAP 实现技术实践

本章要点

内存数据库查询处理引擎的性能主要受算子算法性能、查询处理模型效率的影响，面向硬件特性的算子算法实现技术是内存数据库性能的基础设计，是构建内存 OLAP 数据库查询处理引擎的核心技术。本章设计了内存 OLAP 核心的算子算法实践案例，包含选择、投影、连接、星形连接、分组聚集、多维计算等 OLAP 查询处理的核心算子算法实现技术，使读者了解内存数据库底层算法设计和性能优化的基本方法，了解面向硬件特性查询优化的基本方法，掌握 OLAP 查询处理引擎的基本实现技术。

OLAP 查询的目标是在多维数据集上执行分析处理任务，查询任务主要由选择、投影、连接、分组、聚集算子完成。具体过程是根据查询任务在事实表和维表上对记录按 where 条件进行选择，按分组和聚集表达式投影出参与查询的属性，按查询任务连接相关表并对连续结果集记录按 group by 属性进行分组, 对分组记录按聚集表达式进行计算并更新分组聚集结果。如图8.1（a）所示，SSB 中 Q3 查询示例在 DATE、CUSTOMER 和 SUPPLIER 表上执行 where 过滤条件，按 select 子句投影出 DATE、CUSTOMER、SUPPLIER 和 LINEORDER 表中相关属性集，执行多表间星形连接操作，并连接结果按 group by 子句中的 c_nation, s_nation, d_year 进行分组，计算 sum(lo_revenue) 表达式的结果，更新为分组聚集结果。图8.1（b）显示了 TPC-H 中 Q5 查询示例，where 子句中 REGION、ORDERS 表上的谓词选择出满足条件的记录，按 TPC-H 结构执行表间级联连接操作，按 group by 子句投影出 n_name 列作为分组表达式，对满足条件的连接记录的 sum(l_extendedprice * (1 - l_discount)) 表达式结果进行分组聚集计算。

典型 OLAP 查询由选择、投影、连接、分组、聚集算子构成查询执行过程，在多维–关系计算模型中，多维计算任务进一步下推到事实表存储层，基于维向量和向量索引执行核的选择、投影、连接、分组、聚集计算，通过向量化查询处理技术进一步整合为一个基于模式结构的多维计算算子，实现事实数据上的存储级计算。本章设计了面向选

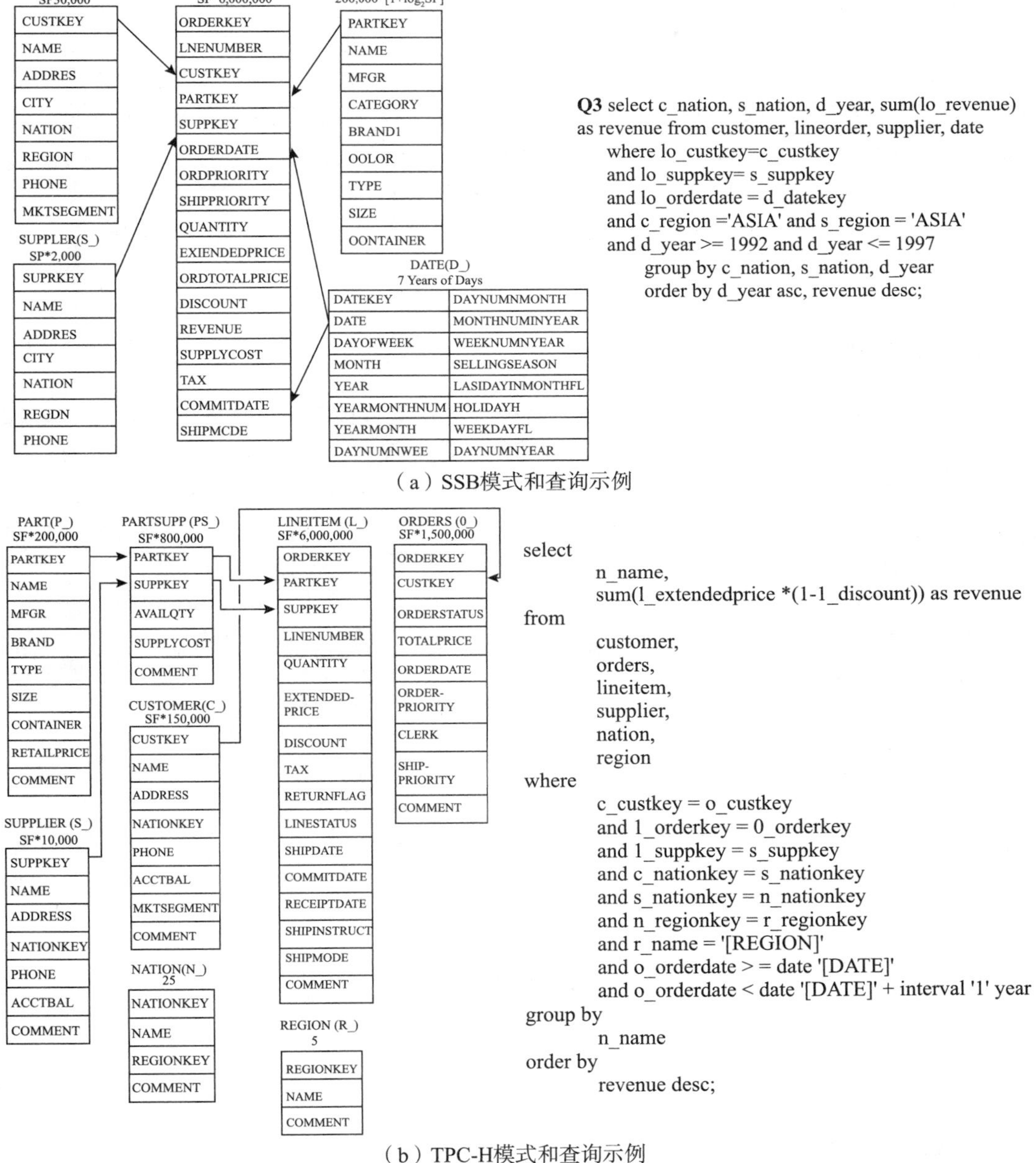

（a）SSB模式和查询示例

（b）TPC-H模式和查询示例

图 8.1 OLAP 查询示例分析

择、投影、连接、分组、聚集、多维计算的 OLAP 基础算子算法实现案例，探索底层算子实现及优化技术，结合查询处理模型优化技术探索 OLAP 查询处理引擎实现技术，并通过面向 TPC-H 的查询案例实践内存 OLAP 查询处理算法设计方法。

8.1 选择算子算法设计

选择操作主要用于实现多列多谓词过滤操作，按谓词表达式依次在各列上执行过滤操作，选择满足全部谓词条件的记录。[1][2][3] 选择算子在算法设计上需要考虑不同的查询处理模型，如行式处理、列式处理、向量化处理模型中选择中间结果的存储访问技术，基于分支（branching）和无分支（non-branching）设计的算法在 CPU 上的执行效率等问题，实验通过基于案例数据集和不同选择率的算法性能测试分析算法性能与 CPU 硬件性能之间的关系。

8.1.1 选择操作案例

选择算子算法设计目标：探索不同选择操作算法的性能特征。选择操作案例如图8.2所示，数据采用内存数组存储，数组下标用作列存储数据访问索引，R.a、R.b、R.c 列上执行谓词操作 R.x<val，列选择结果存储在选择向量 Sel1、Sel2、Sel3 中，根据上一列的选择向量按数组下标访问下一列相应单元并执行下一个谓词操作，最后根据选择向量 Sel3 将 R.d 中满足前三列谓词条件的数组单元值进行累加计算输出结果。

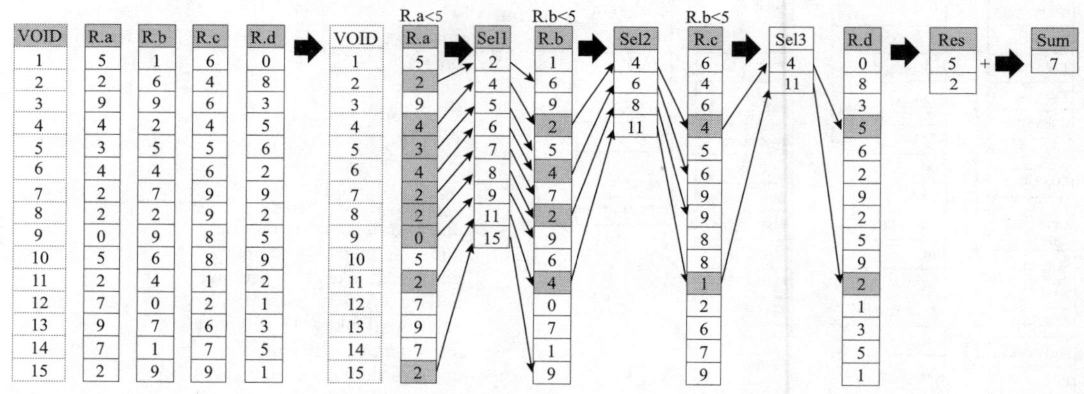

图 8.2 选择操作查询案例

算法配置信息如下：

1. 数据生成器

实验测试中使用固定步长递增选择率（const stride test，从 0% 到 100%，选择率递增步长为 10%）和等比递减选择率（low selection rate test，选择率从 10% 到 10^{-9}，每次减少 90%）。

固定步长递增选择率中模拟生成事实表谓词列 R.a、R.b、R.c、R.d，记录长度 2^{26}。

R.a：范围 0~100，随机生成

R.b：范围 0~100，随机生成

R.c：范围 0~100，随机生成

R.d：固定为 1，便于计数检验

等比递减选择率中模拟生成事实表谓词列 R.a、R.b、R.c、R.d，记录长度 2^{26}。

R.a：范围 0~1 000，随机生成

R.b：范围 0~1 000，随机生成

R.c：范围 0~1 000，随机生成

R.d：固定为 1，便于计数检验

2. 选择率设置

固定步长递增选择率中总选择率从 0% 到 100%，步长为 10%。执行 3 个列选择操作时，总选择率和各列选择率如表8.1所示。

表 8.1　固定步长选择率多谓词选择操作选择率设置

总选择率	sel1	sel2	sel3
0	0	0	0
0.1	0.46	0.46	0.46
0.2	0.59	0.59	0.59
0.3	0.67	0.67	0.67
0.4	0.74	0.74	0.74
0.5	0.79	0.79	0.79
0.6	0.84	0.84	0.84
0.7	0.89	0.89	0.89
0.8	0.93	0.93	0.93
0.9	0.97	0.97	0.97
1.0	1.00	1.00	1.00

等比递减选择率中总选择率从 0% 到 100%。执行 3 个列选择操作时，总选择率和各列选择率如表 8.2 所示。

表 8.2　等比递减选择率多谓词选择操作选择率设置

总选择率	sel1	sel2	sel3
0	0	0	0
$\mathbf{10^{-9}}$	0.001	0.001	0.001
$\mathbf{10^{-8}}$	0.002 1	0.002 1	0.002 1
$\mathbf{10^{-7}}$	0.004 6	0.004 6	0.004 6
$\mathbf{10^{-6}}$	0.01	0.01	0.01
$\mathbf{10^{-5}}$	0.021	0.021	0.021
$\mathbf{10^{-4}}$	0.046	0.046	0.046
0.001	0.1	0.1	0.1
0.01	0.21	0.21	0.21
0.1	0.46	0.46	0.46
0	0	0	0

8.1.2 算法设计

选择操作算法设计采用分支与无分支两种。分支算法使用 if 语句执行谓词判断，算法性能受 CPU 分支预测指令效率影响，在不同选择率下有不同的性能表现。无分支算法将谓词操作转换为逻辑计算，不需要 CPU 分支预测指令。根据不同的查询处理模型、中间结果数据结构、中间结果存储方式，整个选择算法设计树状结构图如图 8.3 所示。

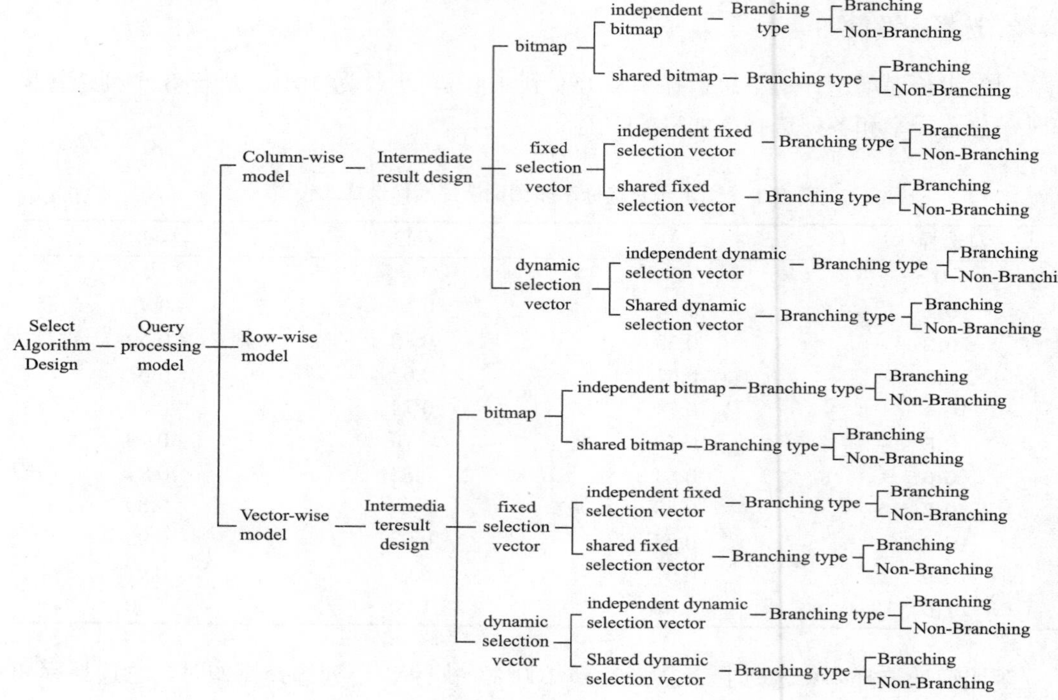

图 8.3 选择算子算法设计

图 8.3展示了基于不同的查询处理模型、物化中间结果类型的选择算子算法族，并对于选择算子算法族中的每一个算法实现都做了分支预测和无分支预测两种代码实现。无分支和分支预测算法实现如下所示：

```
/**
 * @brief medium selectivity implementations: non-braching code
 * @param n the num of tuples
 * @param sf_sv the shared fixed selection vector
 * @param col1 the filter column
 * @param val2 the filter value
 * @return int the count of dynamic selection vector
 */
idx sel_lt_T_fsel_shared_val_non_branching(idx n,
                                            idx *sf_sv,
                                            const T *col1,
                                            T *val2,
                                            idx current_size)
```

```
{
  idx i = 0, j = 0;
  idx current_idx = 0;
  if (current_size == 0)
  {
    for (i = 0, j = 0; i < n; i++)
    {
      sf_sv[j] = i;
      j += (col1[i] <= val2[0]);
    }
  }
  else
  {
    for (i = 0, j = 0; i < n; i++)
    {

      j += (col1[sf_sv[i]] <= *val2);
      if (current_idx < j)
      {
        sf_sv[current_idx] = sf_sv[i];
        current_idx++;
      }
    }
  }
  return j;
}

/**
 * @brief medium selectivity implementations: braching code
 * @param n the num of tuples
 * @param sf_sv the shared fixed selection vector
 * @param col1 the filter column
 * @param val2 the filter value
 * @param current_size the length of the selection vector
 * @return int the count of dynamic selection vector
 */
idx sel_lt_T_fsel_shared_val_branching(idx n,
                                       idx *sf_sv,
                                       const T *col1,
                                       T *val2,
                                       idx current_size)
{
  idx i = 0, j = 0;
  if (current_size == 0)
  {
    for (i = 0, j = 0; i < n; i++)
    {
      if (col1[i] <= *val2)
      {
        sf_sv[j++] = i;
      }
    }
  }
  else
  {
    for (i = 0, j = 0; i < n; i++)
    {
      if (col1[sf_sv[i]] <= *val2)
      {
        sf_sv[j++] = sf_sv[i];
```

```
        }
      }
    }
    return j;
}
```

多谓词选择操作涉及多个数据列和选择向量，在查询处理模型上可以采用行式处理、列式处理和向量化处理三种方法，算法实现如下所示：

```
/**
 * @brief perform select using Culomn-wise query processing model with shared fixed selection vector
 * @param condition determine the selection rate
 * @param size_R the number of column tuples
 * @param Ra
 * @param Rb
 * @param Rc
 * @param Rd
 * @param sf_sv the shared fixed selection vector
 * @return int the count of selection result
 */
idx selalgo_cwm_fsv_shared(idx condition, const idx &size_R,
                           const T *Ra,
                           const T *Rb,
                           const T *Rc,
                           const T *Rd,
                           idx *sf_sv,
                           const Selalgo_Branch &selalgo_branch)
{
  idx count = 0;
  idx i;
  idx result_size = size_R;
  idx current_size_ra = 0;
  idx current_size_rb = 0;
  idx current_size_rc = 0;
  if (selalgo_branch == Selalgo_Branch::NON_BRANCH)
  {
    current_size_ra = sel_lt_T_fsel_shared_val_non_branching(result_size, sf_sv, Ra, &condition, 0);
    current_size_rb = sel_lt_T_fsel_shared_val_non_branching(current_size_ra, sf_sv, Rb, &condition, current_size_ra);
    current_size_rc = sel_lt_T_fsel_shared_val_non_branching(current_size_rb, sf_sv, Rc, &condition, current_size_rb);
    for (i = 0; i < current_size_rc; i++)
    {
      count += Rd[sf_sv[i]];
    }
  }
  else if (selalgo_branch == Selalgo_Branch::BRANCH_ONE_TWO_THREE)
  {
    current_size_ra = sel_lt_T_fsel_shared_val_branching(result_size, sf_sv, Ra, &condition, 0);
    current_size_rb = sel_lt_T_fsel_shared_val_branching(current_size_ra, sf_sv, Rb, &condition, current_size_ra);
    current_size_rc = sel_lt_T_fsel_shared_val_branching(current_size_rb, sf_sv, Rc, &condition, current_size_ra);
    for (i = 0; i < current_size_rc; i++)
    {
      count += Rd[sf_sv[i]];
    }
  }
  else if (selalgo_branch == Selalgo_Branch::BRANCH_ONE_TWO)
  {
    current_size_ra = sel_lt_T_fsel_shared_val_branching(result_size, sf_sv, Ra, &condition, 0);
    current_size_rb = sel_lt_T_fsel_shared_val_branching(current_size_ra, sf_sv, Rb, &condition, current_size_ra);
    current_size_rc = sel_lt_T_fsel_shared_val_non_branching(current_size_rb, sf_sv, Rc, &condition, current_size_ra);
    for (i = 0; i < current_size_rc; i++)
    {
      count += Rd[sf_sv[i]];
    }
  }
  else
  {
    current_size_ra = sel_lt_T_fsel_shared_val_branching(result_size, sf_sv, Ra, &condition, 0);
    current_size_rb = sel_lt_T_fsel_shared_val_non_branching(current_size_ra, sf_sv, Rb, &condition, current_size_ra);
    current_size_rc = sel_lt_T_fsel_shared_val_non_branching(current_size_rb, sf_sv, Rc, &condition, current_size_ra);
    for (i = 0; i < current_size_rc; i++)
    {
      count += Rd[sf_sv[i]];
    }
  }
  return count;
}
idx vec_num = DATA_NUM / size_v;

// count = dynamic_vector_col_branch(conditions[select_idx], DATA_NUM, Ra, Rb, Rc, Rd, ret1, ret2, ret3, branch);
gettimeofday(&start, NULL);
for (idx i = 0; i != vec_num; ++i)
{
  count += selalgo_cwm_fsv_shared(conditions[select_idx], size_v, Ra + i * size_v, Rb + i * size_v, Rc + i * size_v, Rd + i * size_v, sf_sv, selalgo_branch);
}
gettimeofday(&end, NULL);
```

以上是基于向量化处理的多谓词选择操作代码实现，其中 size_v（即向量长度）通常是值为 1 024（可设定为 cache line size 即缓存行大小的整数倍）的整型变量，表示在向量化处理中原始数据首先在逻辑上被划分为长度为 size_v 的 vector set，再以长度为 size_v 为粒度去调用 selalgo_cwm_fsv_shared() 接口，该接口中的 cwm 表示列式查询处理模型（Column-wise query model），fsv 表示定长选择向量（fixed selection vector），shared 表示多谓词选择操作共享同一个定长选择向量。前面的无分支和分支预测算法代码实现是基于共享定长选择向量的，selalgo_cwm_fsv_shared() 接口根据不同的测试条件调用图 8.4 中分支预测和无分支预测算法实现接口完成 Ra、Rb 和 Rc 三列数据上的多谓词选择操作。

算法实现接口说明：

- selalgo_rowwise()：采取行式处理、无物化中间结果实现的多谓词操作算法。
- selalgo_cwm_dsv_shared()：采取列式或向量化处理、物化中间结果为共享动态选择向量（shared dynamic selection vector）的多谓词操作算法，其中动态选择向量基于 std::vector 类实现，主要使用 std::vector.emplace_back() 接口实现动态增长。
- selalgo_cwm_fsv_shared()：采取列式或向量化处理、物化中间结果为共享定长选择向量的多谓词操作算法。
- selalgo_cwm_bmp_shared()：采取列式或向量化处理、物化中间结果为共享位图（shared bitmap）的多谓词操作算法。
- selalgo_cwm_dsv_independent()：采取列式或向量化处理、物化中间结果为私有动态选择向量（independent dynamic selection vector）的多谓词操作算法。
- selalgo_cwm_fsv_independent()：采取列式或向量化处理、物化中间结果为私有定长选择向量（independent fixed selection vector）的多谓词操作算法。
- selalgo_cwm_bmp_independent()：采取列式或向量化处理、物化中间结果为私有位图（independent bitmap）的多谓词操作算法。

8.1.3 性能分析

实验的主要目标是测试在不同的查询处理模型和物化中间结果类型的选择算子算法实现中，分支预测和无分支预测实现代码的性能差异。实验平台为一台 W760-G30 服务器, 配置有 2 块 Intel(R) Xeon(R) Silver 4116 CPU @ 2.10GHz 12 核心 CPU, 共 48 个物理线程, 16.5MB L3 cache，503GB DDR4 内存, 操作系统为 242-Ubuntu, Linux 版本为 4.4.0-210-generic, gcc 版本为 5.3.0。

本小节对图8.3选择算子算法族中的所有算法在查询处理模型（query model)、物化中间结果类型（intermediate result type）以及分支预测优化策略（branching type）三个维度上分析性能差异。

1. 查询处理模型

图8.4展示的是 BRANCH_ONE_TWO_THREE(即分支预测优化) 代码实现下的不同查询处理模型之间的性能差异，其中：

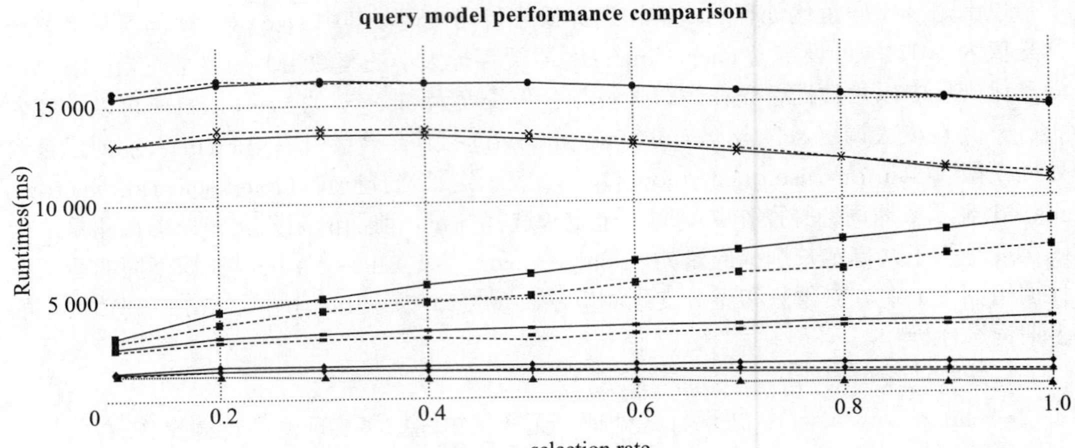

图 8.4 基于分支预测和不同查询处理模型实现的选择算子性能曲线差异

注：本章相关图形由于版面限制无法清晰呈现在书中，读者可下载本书附加材料，在 PowerBI 中查看完整内容。

- 查询处理模型：——代表列式查询处理模型，—▲—代表行式查询处理模型（Row-wise query model），-----代表向量化查询处理模型（Vector-wise query model）。
- 物化中间结果类型：●表示物化中间结果类型为私有位图，■表示物化中间结果类型为私有动态选择向量，◆表示物化中间结果类型为私有定长选择向量，×表示物化中间结果类型为共享位图，▬表示物化中间结果类型为共享动态选择向量，+表示物化中间结果类型为共享定长选择向量。

实验测试结果如图 8.4 所示，在基于分支预测优化代码实现中，当选择率以 0.1 为步长从 0.1 变化到 1 时，行式查询处理模型性能优于列式查询处理模型和向量化查询处理模型。在基于向量化查询处理模型的不同的物化中间结果实现的对比中，除位图之外，性能在 0.1~1 的选择率变化区间上都优于列式查询处理模型。

图8.5展示了 NON_BRANCH（即无分支预测）优化代码实现下的实验测试结果，不

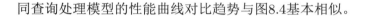

同查询处理模型的性能曲线对比趋势与图8.4基本相似。

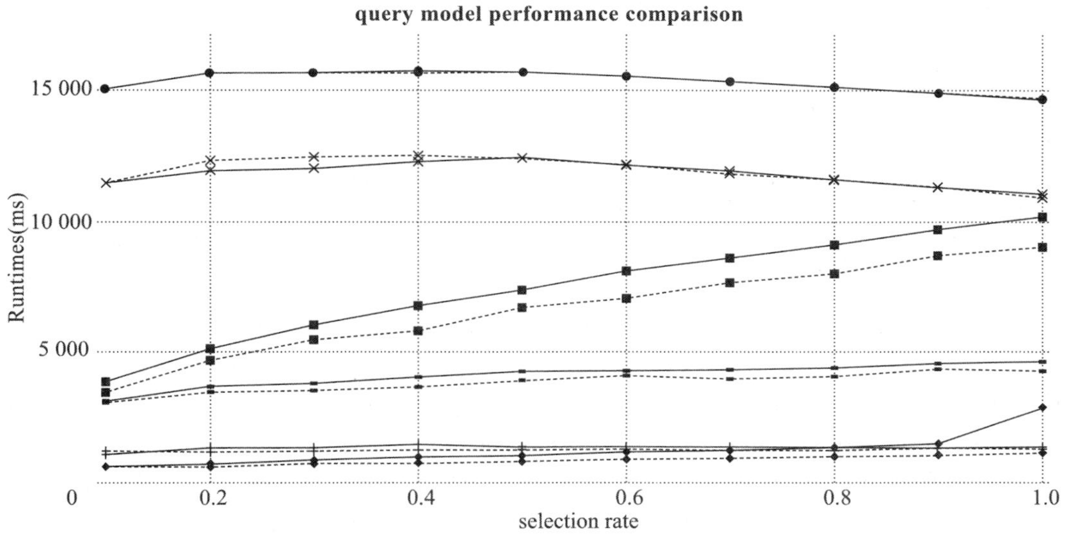

query model and intermediate result type

- Column-wise query model with the independent bitmap
- Column-wise query model with the independent dynamic selection vector
- Column-wise query model with the independent fixed selection vector
- Column-wise query model with the shared bitmap
- Column-wise query model with the shared dynamic selection vector
- Column-wise query model with the shared fixed selection vector
- Vector-wise query model with the independent bitmap
- Vector-wise query model with the independent dynamic selection vector
- Vector-wise query model with the independent fixed selection vector
- Vector-wise query model with the shared bitmap
- Vector-wise query model with the shared dynamic selection vector
- Vector-wise query model with the shared fixed selection vector

图 8.5　基于无分支预测和不同查询处理模型实现的选择算子性能曲线差异

图8.6和图8.7补充了 0~0.1 低选择率测试条件下性能曲线对比。在图8.6中，当选择率小于 10^{-4} 时，在基于列式查询处理模型和向量化查询处理模型实现的选择算子族中，除物化中间结果类型为位图外，性能都优于基于行式查询处理模型的选择算子实现，在选择率处于 10^{-4}~10^{-2} 测试区间时，基于列式查询处理模型和向量化查询处理模型的私有定长选择向量和共享定长选择向量选择算子实现性能优于基于行式查询处理模型的选择算子实现。综上所述，在低选择率的测试条件下，基于列式查询处理模型和向量化查询处理模型实现的选择算子算法族相对于行式查询处理模型有明显的性能优势区间。

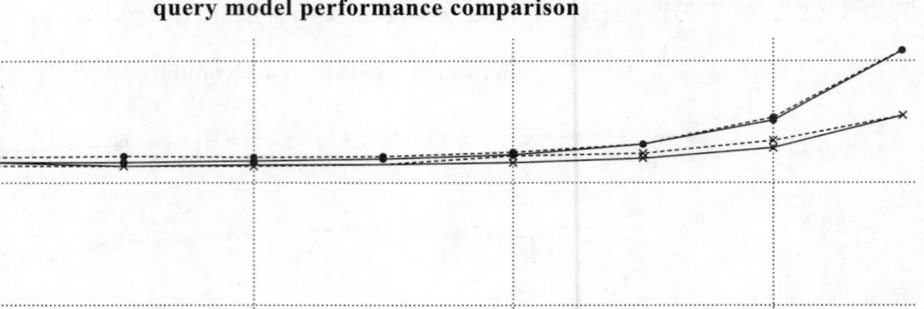
query model performance comparison
15 000
10 000
5 000
0
Runtimes(ms)
−8
−6
−4
−2
selection rate
query model and intermediate result type
Column-wise query model with the independent bitmap
Column-wise query model with the independent dynamic selection vector
Column-wise query model with the independent fixed selection vector
Column-wise query model with the shared bitmap
Column-wise query model with the shared dynamic selection vector
Column-wise query model with the shared fixed selection vector
Row-wise query model
Vector-wise query model with the independent bitmap
Vector-wise query model with the independent dynamic selection vector
Vector-wise query model with the independent fixed selection vector
Vector-wise query model with the shared bitmap
Vector-wise query model with the shared dynamic selection vector
Vector-wise query model with the shared fixed selection vector

图 8.6　基于分支预测和不同查询处理模型实现的选择算子在低选择率下性能曲线差异

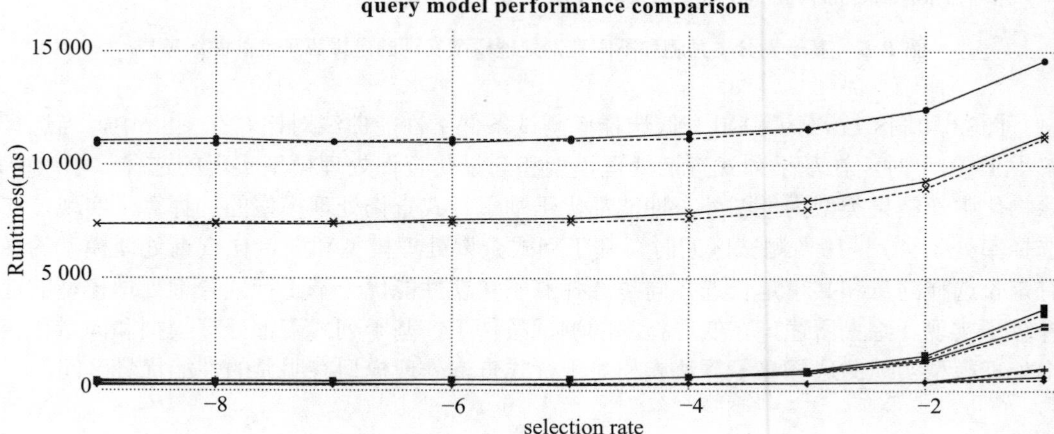
query model performance comparison
15 000
10 000
5 000
0
Runtimes(ms)
−8
−6
−4
−2
selection rate

query model and intermediate result type

—●— Column-wise query model with the independent bitmap
—■— Column-wise query model with the independent dynamic selection vector
—◆— Column-wise query model with the independent fixed selection vector
—×— Column-wise query model with the shared bitmap
—▬— Column-wise query model with the shared dynamic selection vector
—+— Column-wise query model with the shared fixed selection vector
-●- Vector-wise query model with the independent bitmap
-■- Vector-wise query model with the independent dynamic selection vector
-◆- Vector-wise query model with the independent fixed selection vector
-×- Vector-wise query model with the shared bitmap
-▬- Vector-wise query model with the shared dynamic selection vector
-+- Vector-wise query model with the shared fixed selection vector

图 8.7　基于无分支预测和不同查询处理模型实现的选择算子在低选择率下性能曲线差异

2. 物化中间结果类型

本部分实验主要是对比在相同的查询处理模型下，不同的物化中间结果对于选择算子实现算法的性能影响，其中：

- 物化中间结果类型：—●—表示物化中间结果类型为私有位图，—■—表示物化中间结果类型为私有动态选择向量，—◆—表示物化中间结果类型为私有定长选择向量，—×—表示物化中间结果类型为共享位图，—▬—表示物化中间结果类型为共享动态选择向量，—+—表示物化中间结果类型为共享定长选择向量。

图 8.8(a) 展示的是基于列式查询处理模型和分支预测优化实现的选择算子算法性能差异对比。综合来看，定长选择向量性能最佳，动态选择向量次之，位图性能最差，这是因为基于 std::vector 实现的动态选择向量虽然可以实现中间结果大小动态增长，但是其产生的额外数据管理开销使得其算法性能相较于基于定长数组实现的定长选择向量性能较差，而基于定长 bool 型数组实现的位图在所有选择率测试情况下都需要扫描完整的位图，繁重的扫描操作代价导致基于位图实现的选择算子性能最差。通过比较相同的物化中间结果算法性能发现，在 0.1~1 的选择率变化区间上，共享物化中间结果算法性能普遍优于私有物化中间结果算法性能，其中，基于列式查询处理模型的共享定长选择向量和共享位图在整个选择率变化区间上的性能都优于私有定长选择向量和私有位图，且共享定长选择向量和私有定长选择向量在低选择率的测试条件下性能优于高选择率，而共享位图和私有位图在高选择率测试条件下的性能优于低选择率，共享动态选择向量与私有动态选择向量之间的性能差距相较于其他两种物化中间结果类型最大。图 8.8(b) 展示的是基于列式查询处理模型和无分支预测优化实现的选择算子算法性能差异，其算法性能分析对比与图 8.8(a) 基本一致，但是相对于分支预测优化代码实现，无分支预测优化代码实现的私有和共享物化中间结果算法之间的性能差距更大。图 8.8(c)(d) 展示的基于向量化查询处理模型实现的不同物化中间结果的选择算子算法性能差异，与列式查询处理模型基本一致。

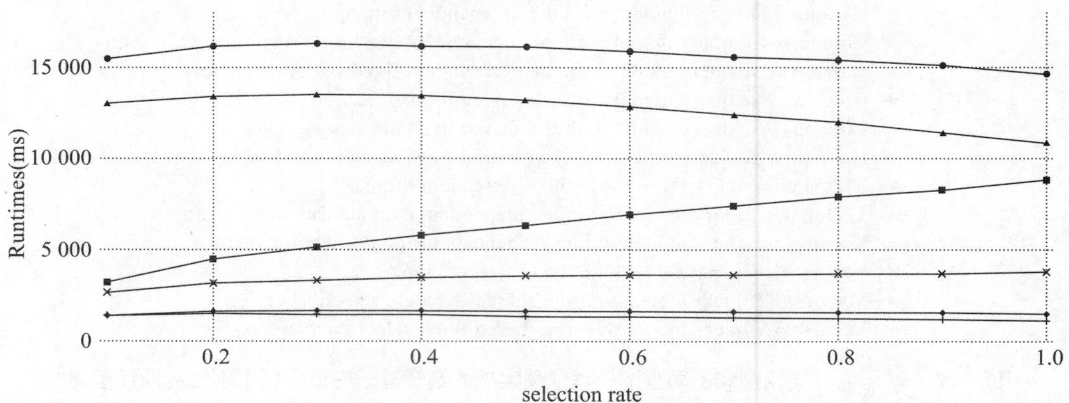

（a）基于分支预测优化和列式查询处理模型实现的选择算子算法族性能对比

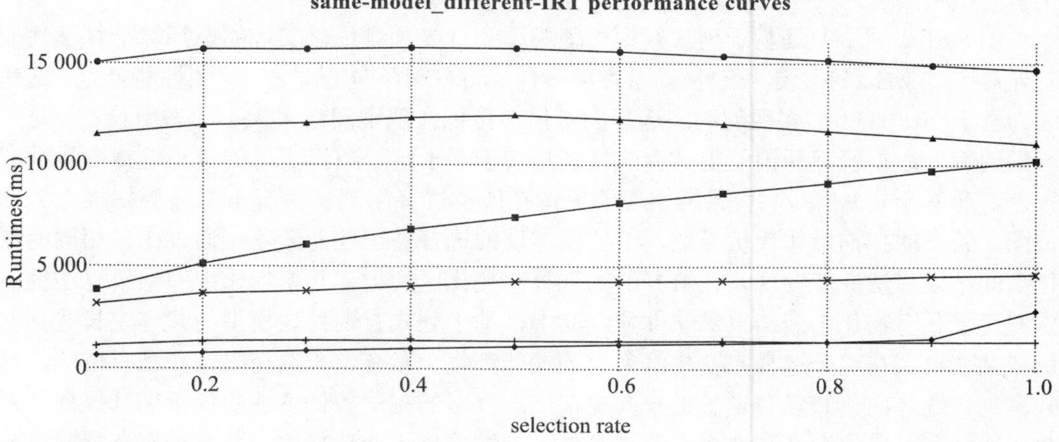

（b）基于无分支预测优化和列式查询处理模型实现的选择算子算法族性能对比

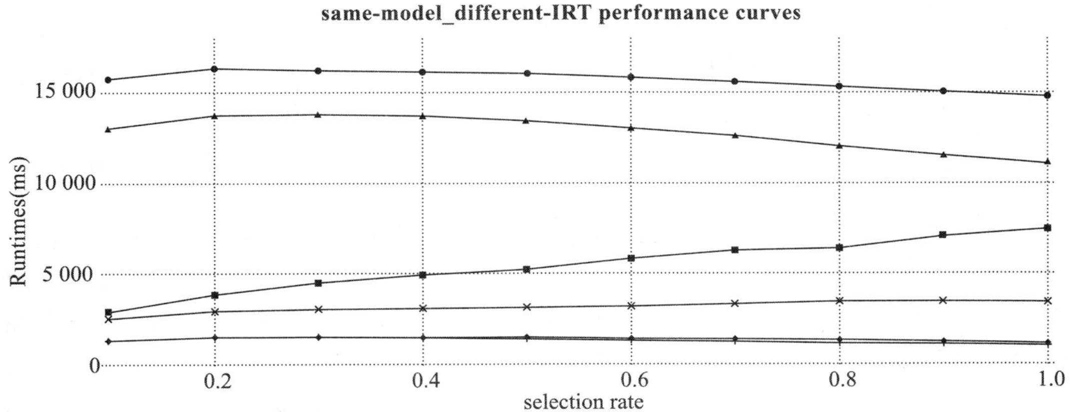

query model with different intermediate result type and branching type

- Column-wise query model with the independent bitmap and BRANCH_ONE_TWO_THREE
- Column-wise query model with the independent dynamic selection vector and BRANCH_ONE_TWO_THREE
- Column-wise query model with the independent fixed selection vector and BRANCH_ONE_TWO_THREE
- Column-wise query model with the shared bitmap and BRANCH_ONE_TWO_THREE
- Column-wise query model with the shared dynamic selection vector and BRANCH_ONE_TWO_THREE
- Column-wise query model with the shared fixed selection vector and BRANCH_ONE_TWO_THREE

（c）基于分支预测优化和向量化查询处理模型实现的选择算子算法族性能对比

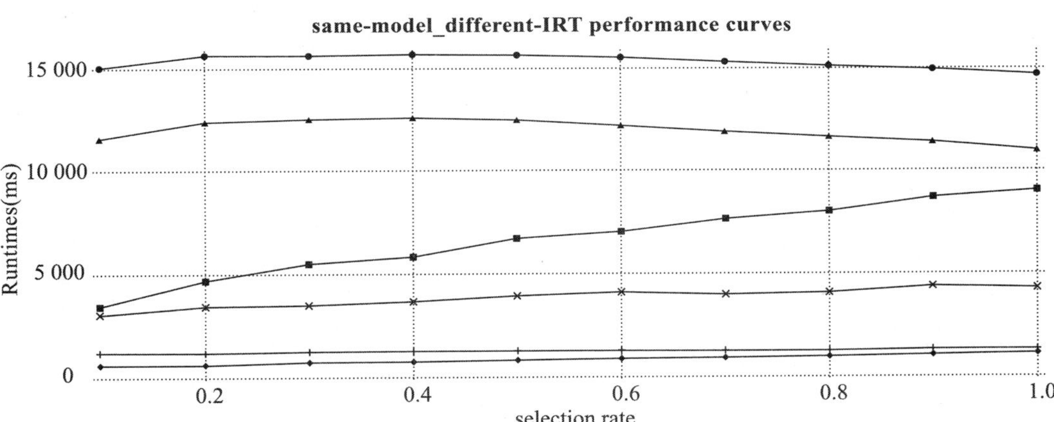

query model with different intermediate result type and branching type

- Column-wise query model with the independent bitmap and BRANCH_ONE_TWO_THREE
- Column-wise query model with the independent dynamic selection vector and BRANCH_ONE_TWO_THREE
- Column-wise query model with the independent fixed selection vector and BRANCH_ONE_TWO_THREE
- Column-wise query model with the shared bitmap and BRANCH_ONE_TWO_THREE
- Column-wise query model with the shared dynamic selection vector and BRANCH_ONE_TWO_THREE
- Column-wise query model with the shared fixed selection vector and BRANCH_ONE_TWO_THREE

（d）基于无分支预测优化和向量化查询处理模型实现的选择算子算法族性能对比

图 8.8　基于相同查询处理模型和不同物化中间结果实现的选择算子性能差异

3. 分支预测优化策略

本部分实验主要是对比在相同的查询处理模型和物化中间结果类型下的分支预测优化和无分支预测优化代码实现的性能对比分析，其中：

- 分支预测优化策略：—●—表示分支预测优化代码实现，-■-表示无分支预测优化代码实现。

图 8.9(a) 展示的是基于列式查询处理模型的分支预测优化和无分支预测优化代码实现的性能曲线对比，可观察到基于相同的查询处理模型和物化中间结果类型的分支预测优化和无分支预测优化代码实现性能差距不大，其中基于私有动态选择向量和共享位图的分支预测优化和无分支预测优化代码实现性能差距相对较大。图 8.9 (b) 展示的是基于向量化查询处理模型的分支预测优化和无分支预测优化代码实现的性能曲线对比，相对于列式查询处理模型，基于私有动态选择向量和共享位图的分支预测优化和无分支预测优化代码实现性能差距更明显。

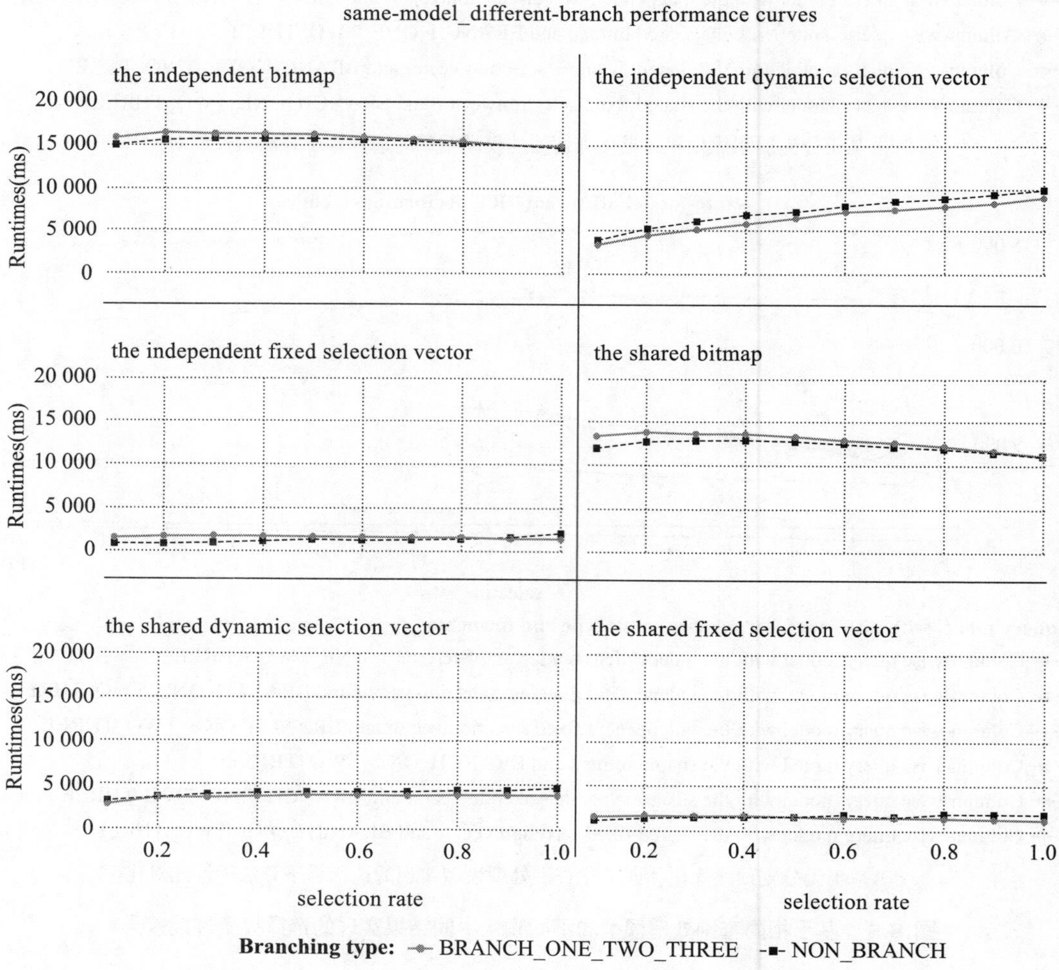

(a) 列式查询处理模型

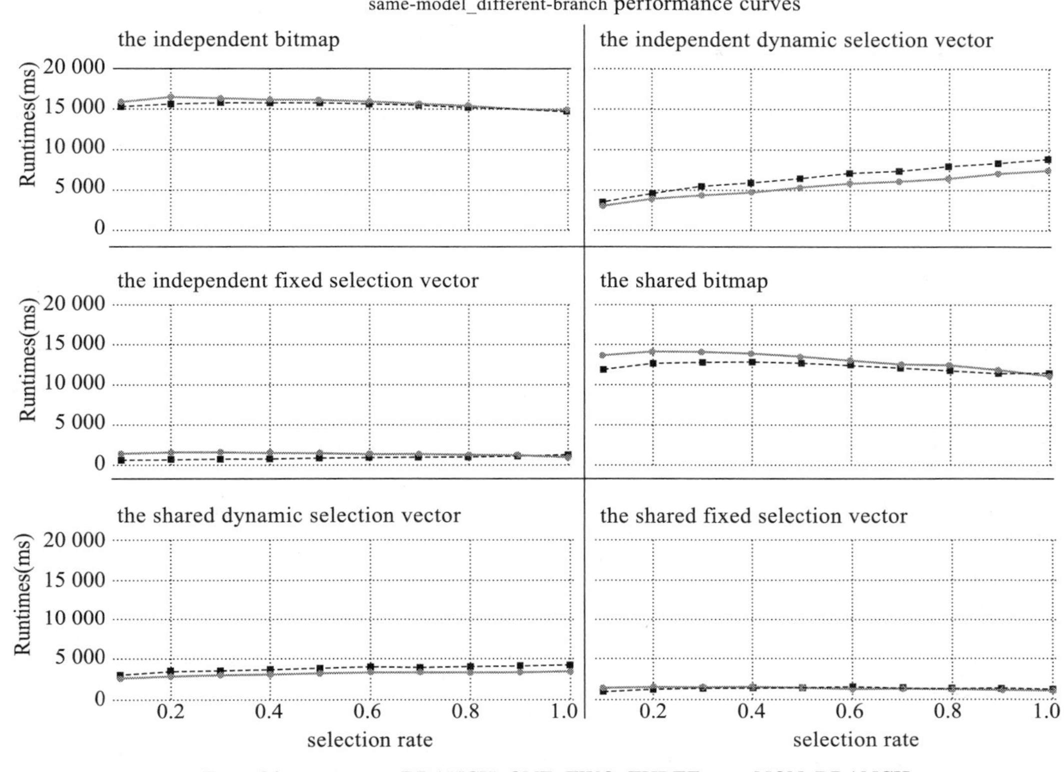

(b) 向量化查询处理模型

图 8.9 基于相同的查询处理模型和物化中间结果类型的分支预测优化和无分支预测优化代码实现性能对比

通过 8.1.2 节和 8.1.3 节的选择算子算法实验设计和结果分析，发现基于行式查询处理模型的选择算子实现性能最佳，基于列式查询处理模型和向量化查询处理模型实现的共享定长选择向量性能次之，而分支预测优化和无分支预测优化代码实现性能差异较小。由于基于行式查询处理模型的选择算子中不包含物化中间结果实现，所以在 8.1.4 节的案例研究中所有的选择算子由基于列式查询处理模型和向量化查询处理模型的共享定长选择向量算法实现。

8.1.4 选择算子案例研究设计

选择算子案例研究是基于下列代码进行案例设计的。在 8.1.2 节和 8.1.3 节基础上进一步延伸，探究混合模式 (combined mode，数据存储格式为列式存储，数据访问方式为行式访问) 和多趟模式 (mutipass mode，数据存储格式为列式存储，数据访问模式为列式多趟访问) 的性能对比分析。

```
// (1.) all predicates branching ("lazy")
idx c0001(idx n,T* res,T* col1,T* col2,T* col3,
                        T* v1, T* v2, T* v3) {
  idx i,j=0;
  for(i=0; i<n; i++)
    if (col1[i]<*v1 && col2[i]<*v2 && col3[i]<*v3)
      res[j++] = i;
  return j; // return number of selected items.
}

// (2.) branching 1,2, non-br. 3
idx c0002(idx n,T* res,T* col1,T* col2,T* col3,
                        T* v1, T* v2, T* v3) {
  idx i,j=0;
  for(j=0; i<n; i++)
    if (col1[i]<*v1 && col2[i] < *v2) {
      res[j] = i; j += col3[i] < *v3;
    }
  return j;
}

// (3.) branching 1, non-br. 2,3
idx c0003(idx n,T* res,T* col1,T* col2,T* col3,
                        T* v1, T* v2, T* v3) {
  idx i,j=0;
  for(i=0; i<n; i++)
    if (col1[i]<v1) {
      res[j] = i; j += col2[i]<*v2 & col3[i]<*v3
    }
  return j;
}

// (4.) non-branching 1,2,3, ("compute-all")
idx c0004(idx n,T* res,T* col1,T* col2,T* col3,
                        T* v1, T* v2, T* v3) {
  idx i, j=0;
  for(i=0; i<n; i++) {
    res[j] = i;
    j += (col1[i]<*v1 & col2[i]<*v2 & col3[i]<*v3)
  }
  return j;
}
```

案例研究树状结构图如图8.10所示。其中：

• BRANCH_ONE_TWO_THREE：表示在 Ra、Rb、Rc 三列选择算子采取分支预测优化代码实现方法。

• BRANCH_ONE_TWO：表示在 Ra、Rb 两列选择算子采取分支预测优化代码实现方法，Rc 列选择算子采取无分支预测优化代码实现方法。

• BRANCH_ONE：表示在 Ra 列选择算子采取分支预测优化代码实现方法，Rb 和 Rc 两列选择算子采取无分支预测优化代码实现方法。

• NON_BRANCH：表示在 Ra、Rb 和 Rc 三列选择算子采取无分支预测优化代码实现方法。

以下是基于混合模式和向量化查询处理模型实现的案例研究示例，在 casetest_combined_cwm_fsv_shared 接口中，combined 代表基于混合模式，cwm 代表基于列式查询处理模型，fsv 代表定长选择向量，shared 代表 Ra、Rb 和 Rc 三列的多谓词选择操作共享同一个定长选择向量。以下代码中，在向量化查询处理模型中将数据划分为长度为

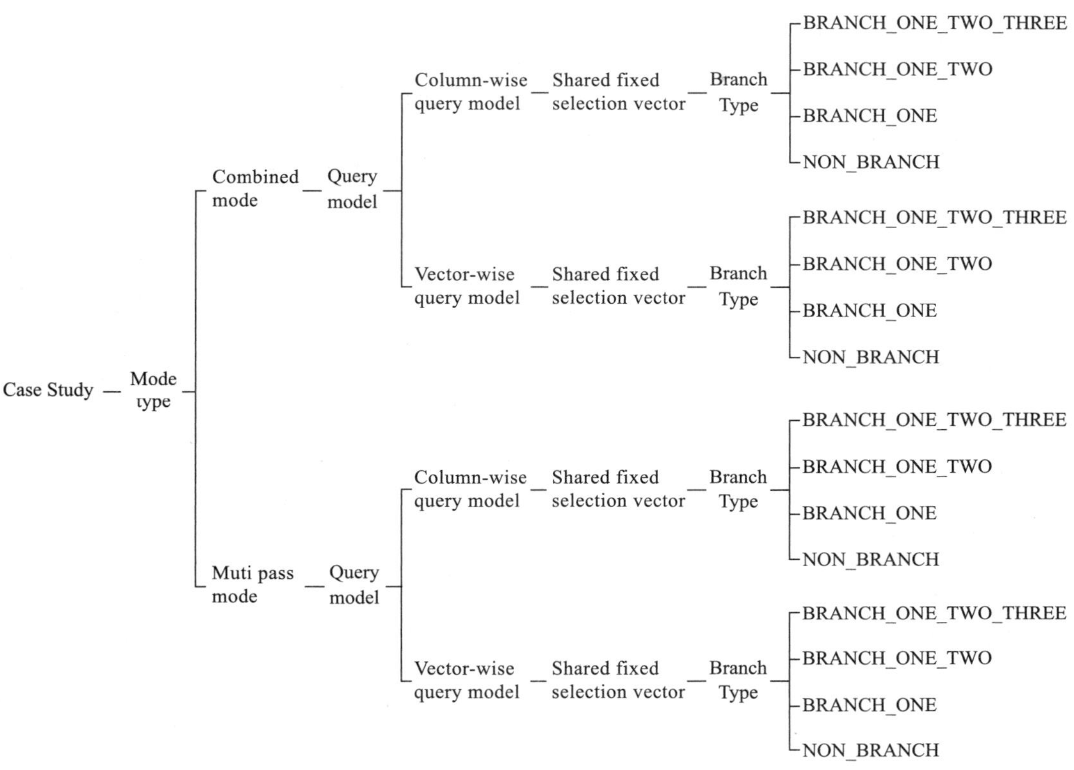

图 8.10　案例研究树状结构图

size_v 的向量集合，以长度为 size_v 的向量作为调用 casetest_combined_cwm_fsv_shared() 的数据粒度。在 casetest_combined_cwm_fsv_shared() 中根据不同的测试条件完成 Ra、Rb 和 Rc 三列的多谓词选择操作。

```
/**
 * @brief case test using combined column-wise model with shared fixed selection
   vector
 * @param condition determine the selection rate
 * @param size_R the number of column tuples
 * @param Ra
 * @param Rb
 * @param Rc
 * @param Rd
 * @param sf_sv the shared fixed selection vector
 * @return int the count of selection result
 */
idx casetest_combined_cwm_fsv_shared(idx condition, const idx
&size_R,
                                     const T *Ra,
```

```
                                           const T *Rb,
                                           const T *Rc,
                                           const T *Rd,
                                           idx *sf_sv,
                                           const Selalgo_Branch &selalgo_branch)
{
  idx count = 0;
  idx i;
  idx result_size = size_R;
  idx current_size_ra = 0;
  idx current_size_rb = 0;
  idx current_size_rc = 0;
  if (selalgo_branch == Selalgo_Branch::BRANCH_ONE_TWO_THREE)
  {
    for (i = 0; i<result_size; i++)
    {
     if ((Ra[i] <= condition) && (Rb[i] <=condition) && (Rc[i] <= condition))
     {
      sf_sv[current_size_rc++] = i;
     }
   }
  for (i = 0; i<current_size_rc; i++)
   {
    count += Rd[sf_sv[i]];
   }
 }

else if (selalgo_branch == Selalgo_Branch::BRANCH_ONE_TWO)
  {
   for (i = 0; i<result_size; i++)
   {
     if ((Ra[i] <= condition) && (Rb[i] <=condition))
     {
       sf_sv[current_size_rc] = i;
       current_size_rc += (Rc[i] <= condition);
     }
    }
    for (i = 0; i<current_size_rc; i++)
    {
     count += Rd[sf_sv[i]];
    }
   }
  else if (selalgo_branch == Selalgo_Branch::BRANCH_ONE)
```

```
  {
    for (i = 0; i<result_size; i++)
    {
      if (Ra[i] <= condition)
      {
        sf_sv[current_size_rc] = i;
        current_size_rc += ((Rb[i] <= condition) && (Rc[i]<= condition));
      }
    }
    for (i = 0; i<current_size_rc; i++)
    {
      count += Rd[sf_sv[i]];
    }
  }
  else
  {
    for (i = 0; i<result_size; i++)
    {
      sf_sv[current_size_rc] = i;
      current_size_rc += ((Ra[i] <= condition) && (Rb[i]<= condition) && (Rc[i]<=
      condition));
    }
    for (i = 0; i<current_size_rc; i++)
       {
      count += Rd[sf_sv[i]];
    }
  }
  return count;
}
/**

 * @brief combined vector-wise model for case test
 * @param size_R
 * @param Ra
 * @param Rb
 * @param Rc
 * @param Rd
 * @param conditions
 * @param timefile
 * @return void
 */

void test_case_combined_vectorwise_model(const idx &size_R,
```

```
                                          const T *Ra, const T *Rb,
                                          const T *Rc, const T *Rd,
                                          const std::vector <idx> &conditions,
                                          const Selalgo_Branch &selalgo_branch,
                                          std::ofstream &casestudy_timefile,
                                          std::ofstream &casestudy_lsr_timefile,
                                          bool is_lsr)
{
    ...
    idx vec_num = DATA_NUM / size_v;
    for (idx i = 0; i != vec_num; ++i)
    {
      count += casetest_combined_cwm_fsv_shared(conditions[select_idx], size_v,
      Ra + i * size_v, Rb + i * size_v, Rc + i * size_v, Rd + i * size_v, sf_sv,
      selalgo_branch);
    }
    ...
}
```

8.1.5 选择算子案例研究性能分析

本小节对图 8.10 中的每种算法在分支预测优化策略、处理模式 (processing mode) 和查询处理模型三个维度上进行性能差异分析。

1. 分支预测优化策略

本部分实验主要是对基于相同的处理模式和查询处理模型、不同的分支预测优化策略实现的选择算子算法族性能差异进行对比分析。其中：

- 分支预测优化策略：-●-表示 BRANCH_ONE，-◆-表示 BRANCH_ONE_TWO，-■-表示 BRANCH_ONE_TWO_THREE，-▲-表示 NON_BRANCH。

图 8.11 展示的是基于相同的处理模式、查询处理模型和物化中间结果，采取不同的分支预测优化策略实现的选择算子的性能差异。如图 8.11(a) 所示，基于混合模式和列式查询处理模型实现的选择算子算法族中，在 0.1~1 的大部分测试区间上 BRANCH_ONE_TWO_THREE 和 BRANCH_ONE_TWO 代码实现性能最佳，BRANCH_ONE 代码实现性能次之，NON_BRANCH 代码实现性能最差，可以概括为，对 Ra、Rb 和 Rc 三列数据的选择算子采取分支预测代码实现方式越多，在混合模式下性能越佳。图 8.11 (b) 所示的基于混合模式和向量化查询处理模型实现的选择算子的性能曲线中，相较于图 8.11(a)，BRANCH_ONE_TWO_THREE 的性能曲线更加稳定，而 NON_BRANCH 的性能曲线出现不稳定的凸点，其他性能曲线对比特征基本一致。图 8.11(c) 所示的是基于多趟模式和列式查询处理模型实现的选择算子算法族性能对比，在小选择率的测试区间上 (如当选择率小于 0.1 时)，BRANCH_ONE 代码实现的性能优于 BRANCH_ONE_TWO，NON_BRANCH 代码实现性能优于 BRANCH_ONE_TWO_THREE，当选

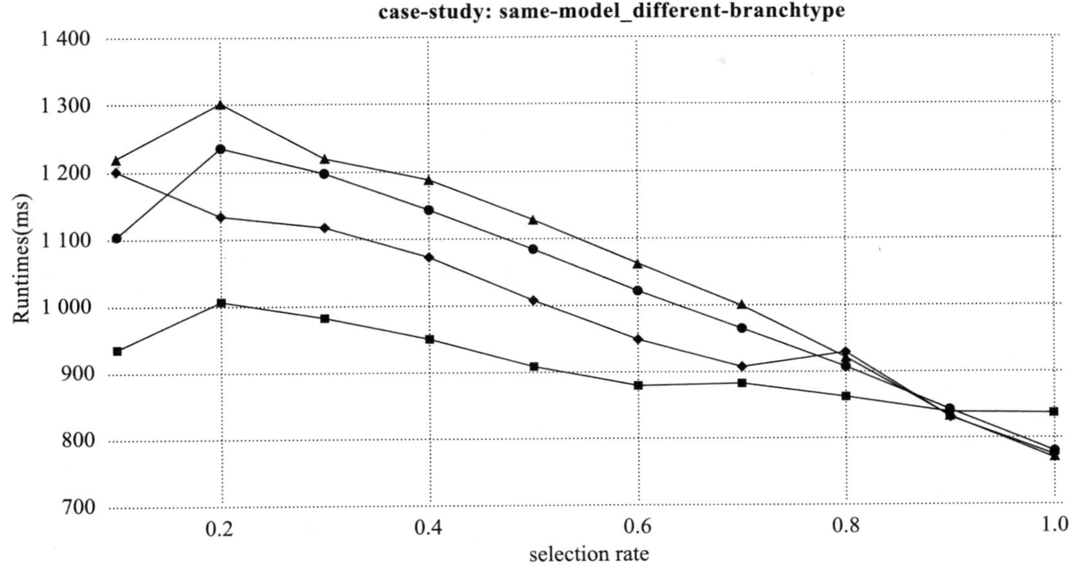

（a）混合模式和列式查询处理模型

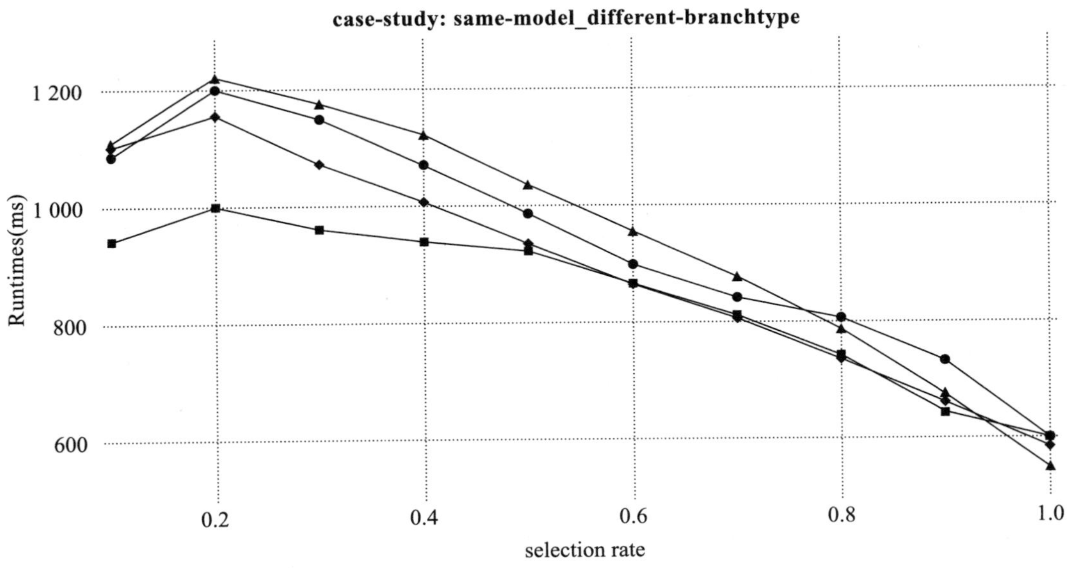

（b）混合模式和向量化查询处理模型

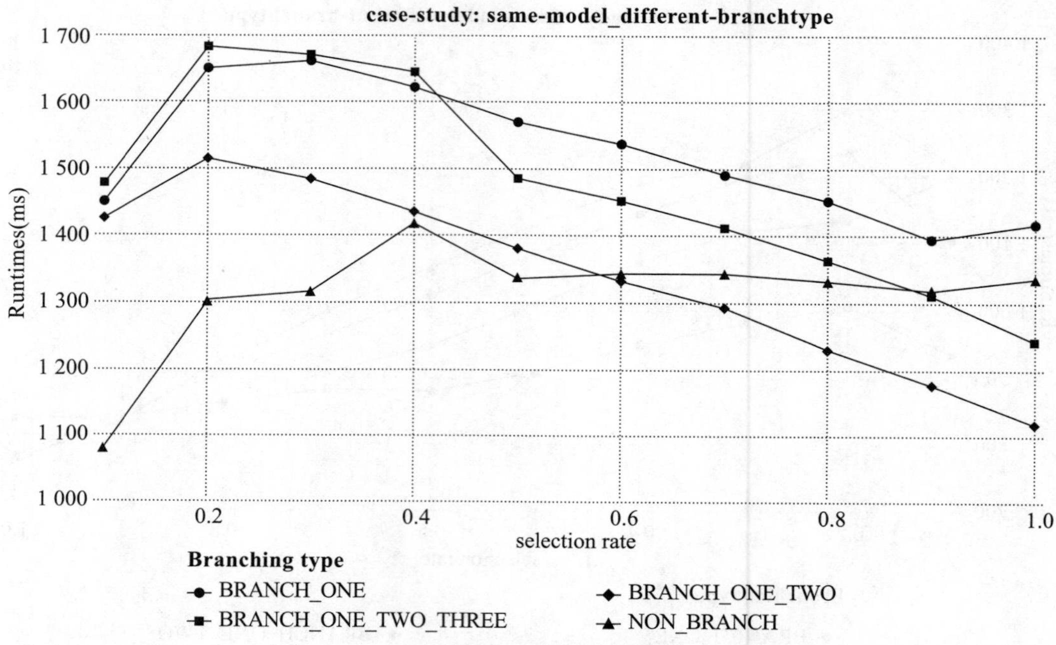

case-study: same-model_different-branchtype
1 700
1 600
1 500
1 400
1 300
1 200
1 100
1 000
Runtimes(ms)
0.2
0.4
0.6
0.8
1.0
selection rate
Branching type
BRANCH_ONE
BRANCH_ONE_TWO
BRANCH_ONE_TWO_THREE
NON_BRANCH

（c）多趟模式和列式查询处理模型

case-study: same-model_different-branchtype
1 600
1 400
1 200
1 000
Runtimes(ms)
0.2
0.4
0.6
0.8
1.0
selection rate
Branching type
BRANCH_ONE
BRANCH_ONE_TWO
BRANCH_ONE_TWO_THREE
NON_BRANCH

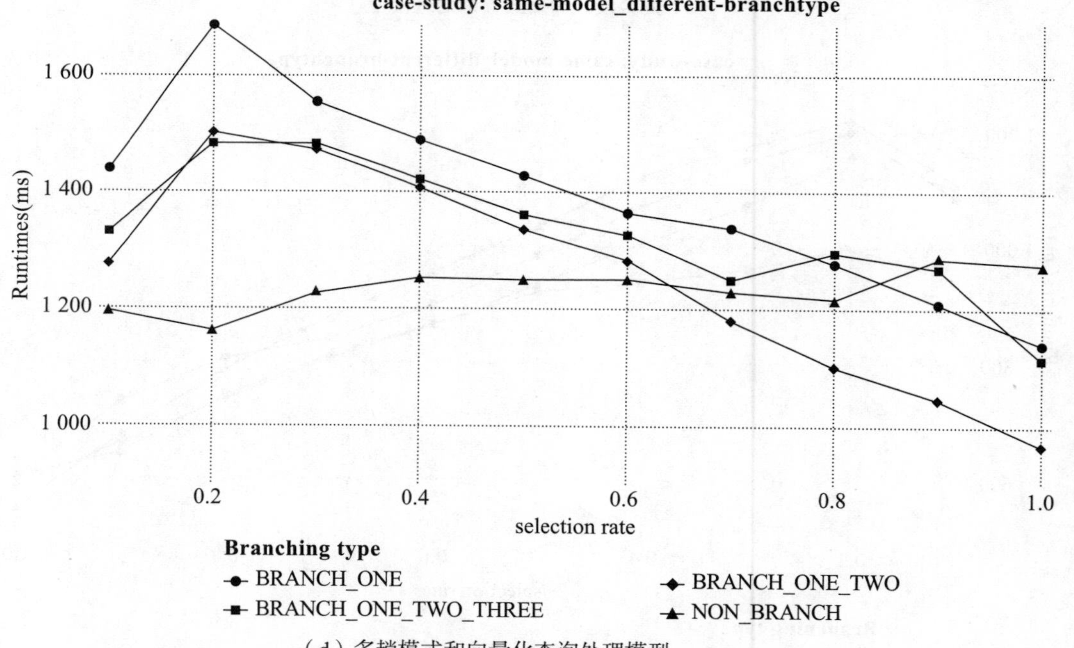

（d）多趟模式和向量化查询处理模型

图 8.11 基于相同处理模式和查询处理模型、不同的分支预测优化策略实现的选择算子性能对比

择率小于 0.6 时，NON_BRANCH 代码实现的性能最优，在选择率大于 0.6 的测试区间上，BRANCH_ONE_TWO_THREE 和 BRANCH_ONE_TWO 代码实现的性能更

优。图 8.11 (d) 所示的是基于多趟模式和向量化查询处理模型实现的性能曲线对比，与图 8.11(c) 相比，各性能曲线特征更趋于稳定，且其性能特征对比分析基本一致，但是在低选择率的测试区间上，BRANCH_ONE 代码实现的性能不再优于 BRANCH_ONE_TWO，NON_BRANCH 的最佳性能优势区间也缩减到选择率小于 0.5。

图8.12（a）（b）展示的是低选择率测试中基于混合模式和查询处理模型分别是列式查询处理模型、向量化查询处理模型实现的选择算子算法族性能对比。如图8.12（a）（b）所示，NON-BRANCH 在混合模式下的整个低选择率测试区间性能最差，而 BRANCH_ONE 在图8.12（a）上选择率小于 10^{-5} 和图8.12（b）上选择率小于 10^{-6} 的测试区间上，性能与 BRANCH_ONE_TWO 接近，当选择率增加时，BRANCH_ONE_TWO 性能明显优于 BRANCH_ONE，所以基于混合模式，即使是在低选择率的测试条件下，选择算子算法采取分支预测代码实现也有明显的性能优势。图8.12（c）（d）展示的是低选择率测试中基于多趟模式和查询处理模型分别是列式查询处理模型、向量化查询处理模型实现的选择算子算法族性能对比，且图8.12（c）（d）展现出的性能特征基本一致。基于多趟模式的 BRANCH_ONE_TWO_THREE、BRANCH_ONE_TWO、BRANCH_ONE 的性能基本一致，当选择率小于 10^{-4} 时，NON_BRANCH 性能最差，当选择率大于 10^{-4} 小于 0.1 时，NON_BRANCH 性能最佳。所以与混合模式不同的是，基于多趟模式的选择算子算法采取无分支预测代码实现方式在小于 0.1 的低选择率测试区间上有明显的性能优势区间。

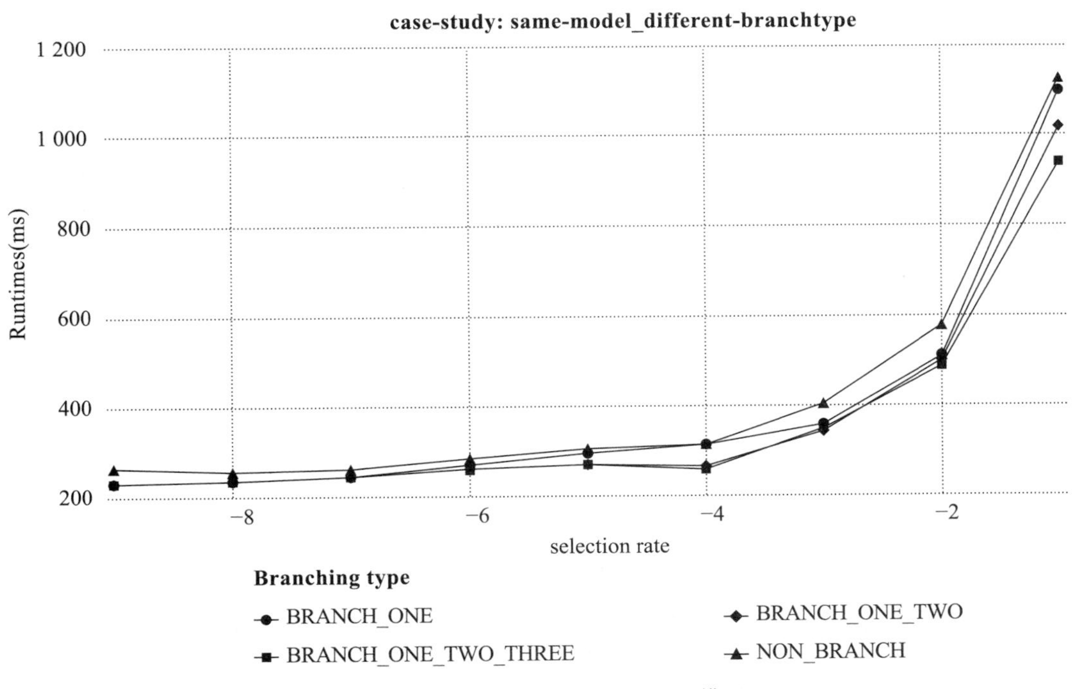

（a）混合模式和列式查询处理模型

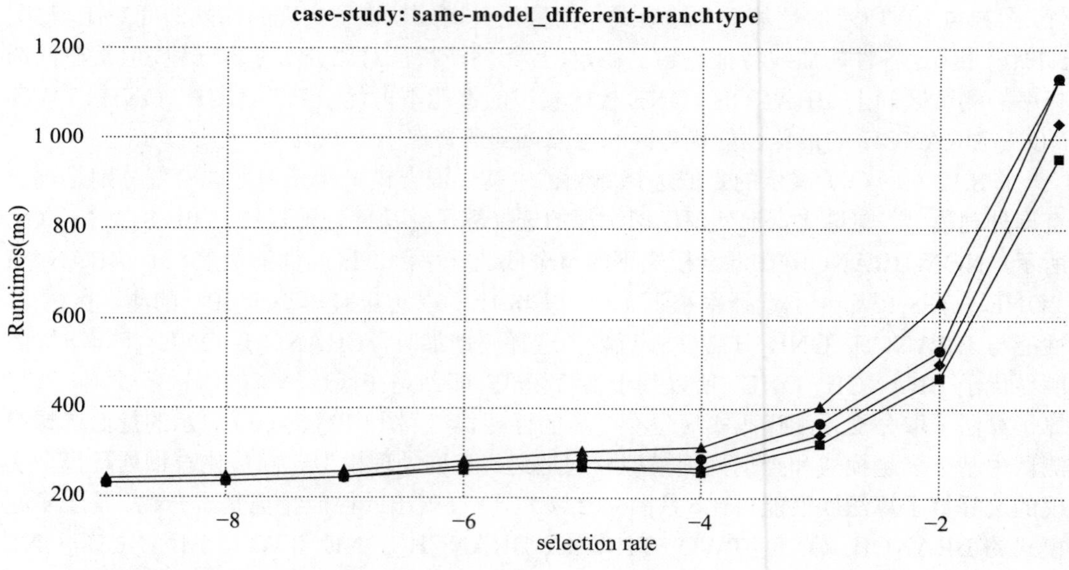

（b）混合模式和向量化查询处理模型

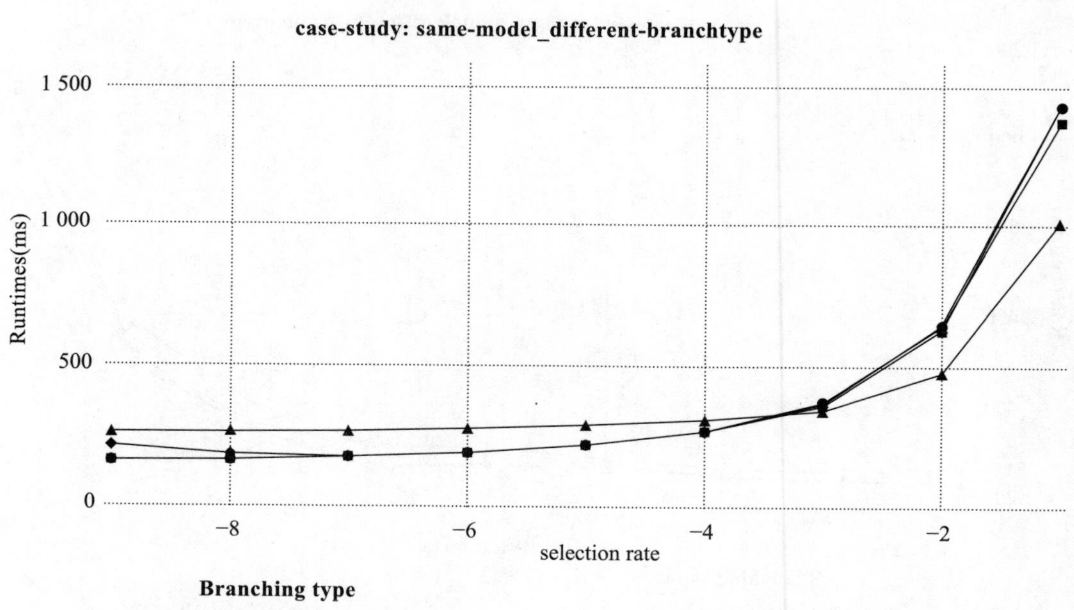

（c）多趟模式和列式查询处理模型

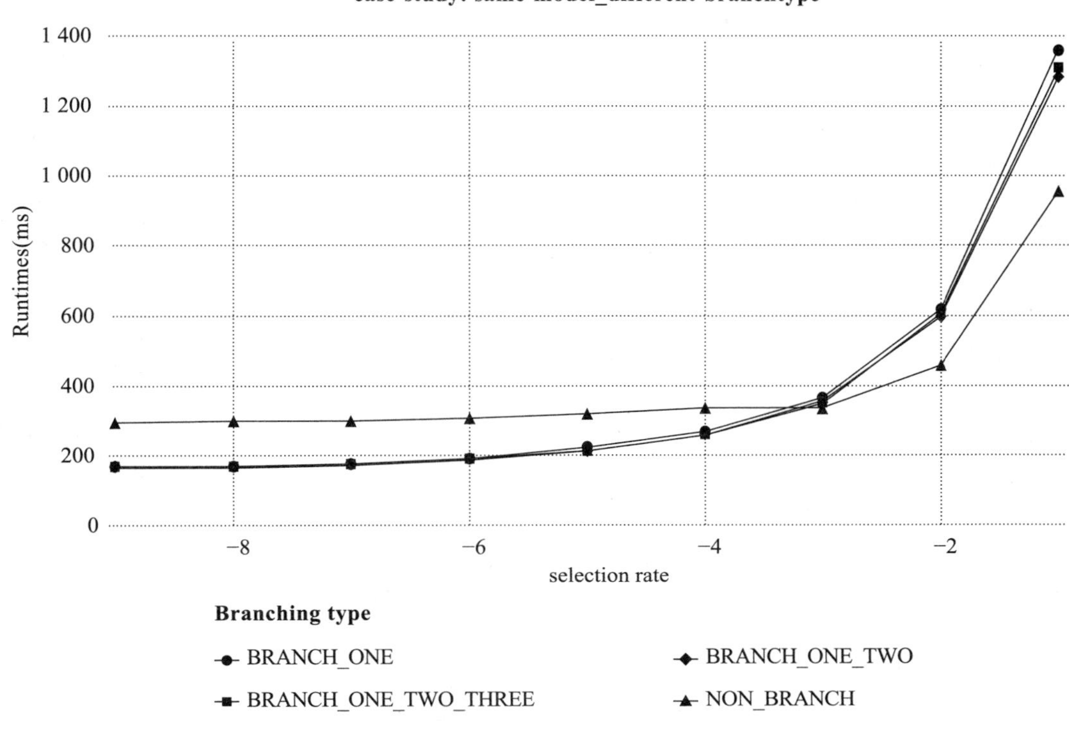

（d）多趟模式和向量化查询处理模型

图 8.12　基于相同处理模式和查询处理模型、不同的分支预测优化策略实现的选择算子低选择率性能对比

2. 处理模式和查询处理模型

本部分实验是在相同的分支预测优化策略下测试分析不同的处理模式和查询处理模型的性能差异。其中：

- 处理模式和查询处理模型：-●-表示基于列式查询处理模型的混合模式，-◆-表示基于向量化查询处理模型的混合模式，-■-表示基于列式查询处理模型的多趟模式，-▲-表示基于向量化查询处理模型的多趟模式。

图8.13的四幅图分别展示了在 BRANCH_ONE、BRANCH_ONE_TWO、BRANCH_ONE_TWO_THREE 和 NON_BRANCH 下的基于不同处理模式和查询处理模型实现的选择算子性能差异，其相同的性能差异分析特点是：在较高选择率的测试区间上，基于混合模式的选择算子实现性能优于多趟模式，基于向量化查询处理模型的选择算子性能优于列式查询处理模型。其不同的性能差异分析特点是：在 BRANCH_ONE、BRANCH_ONE_TWO 下的低选择率的测试区间上，基于混合模式的选择算子性能与基于多趟模式的选择算子性能有明显的性能差距，而在 BRANCH_ONE_TWP_THREE、NON_BRANCH 下的低选择率的测试区间上，基于混合模式的选择算子性

能与基于多趟模式的选择算子性能接近。

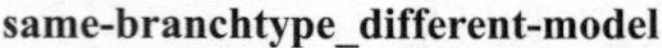

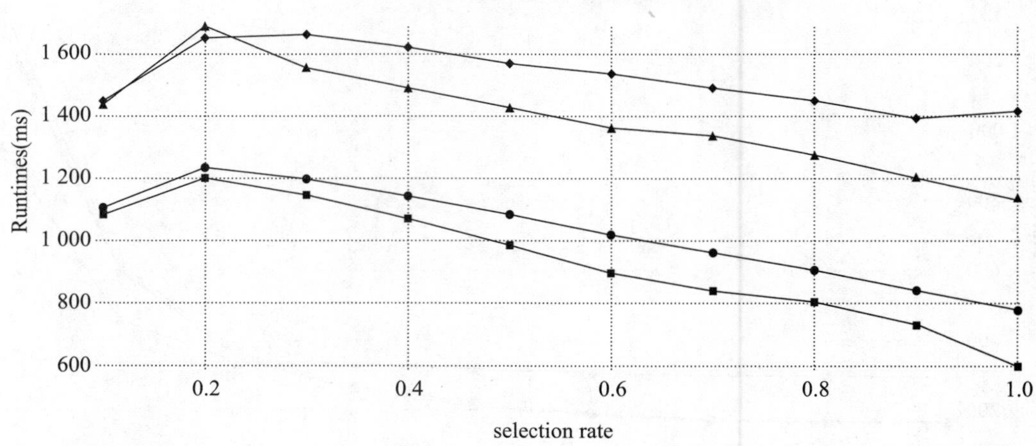

processing mode with different query model

- combined processing mode with Column-wise query model
- combined processing mode with Vector-wise query model
- multipass processing mode with Column-wise query model
- multipass processing mode with Vector-wise query model

(a) BRANCH_ONE

same-branchtype_different-model

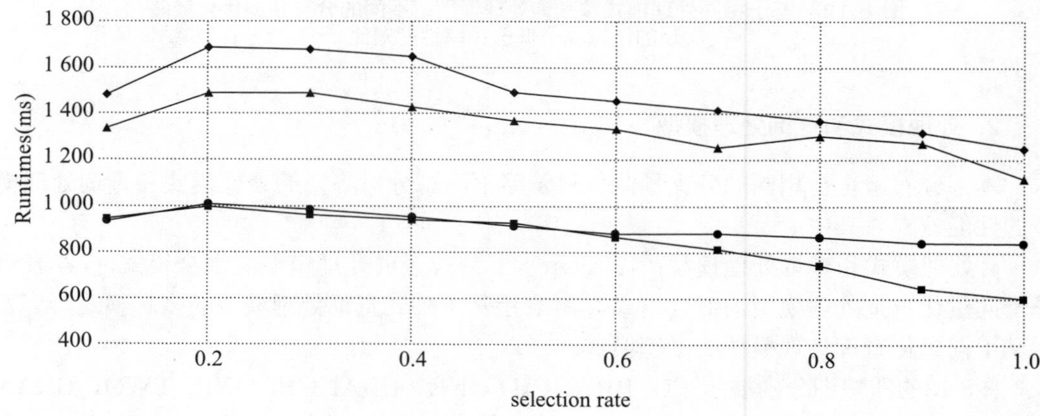

processing mode with different query model

- combined processing mode with Column-wise query model
- combined processing mode with Vector-wise query model
- multipass processing mode with Column-wise query model
- multipass processing mode with Vector-wise query model

(b) BRANCH_ONE_TWO

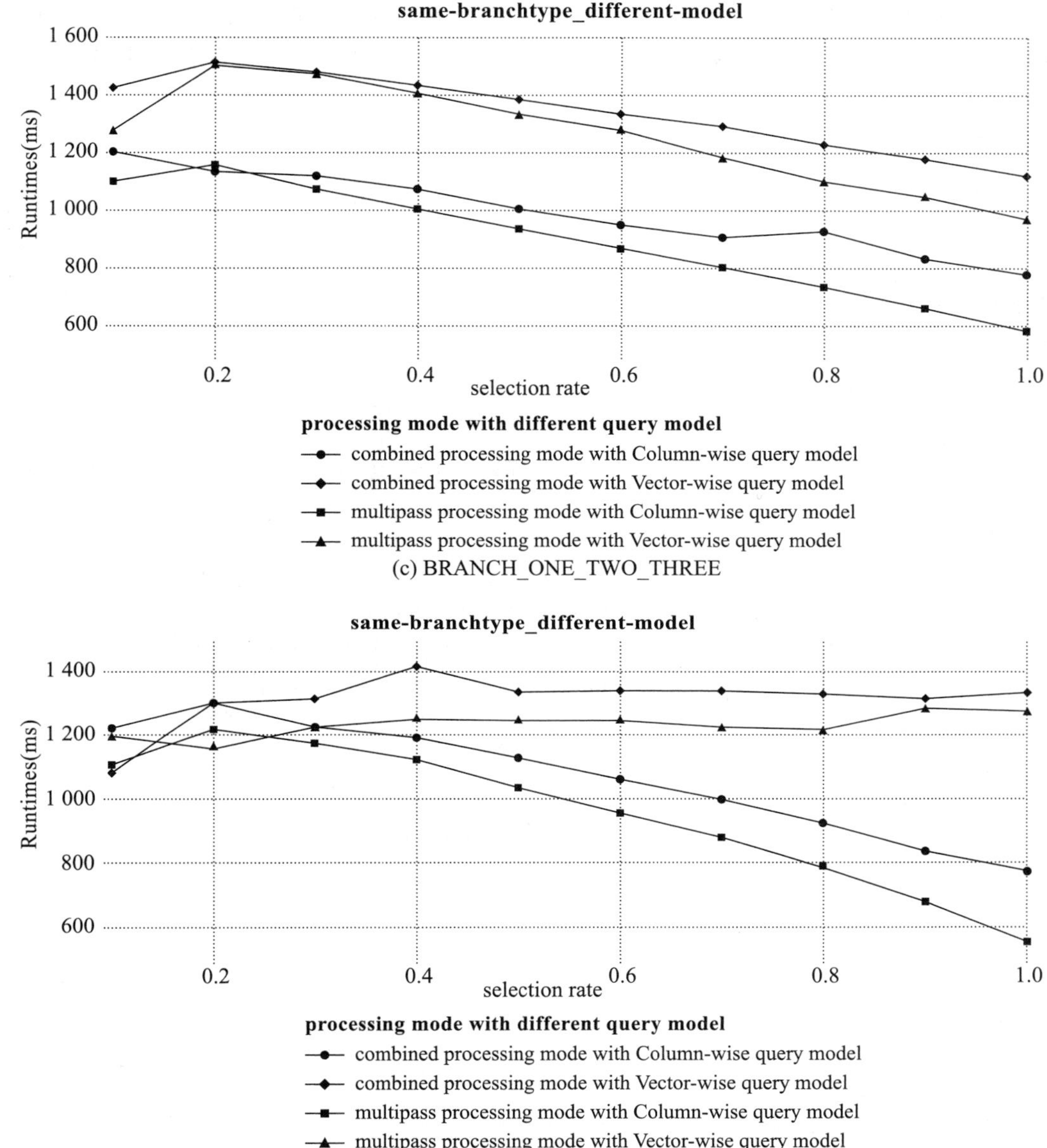

(c) BRANCH_ONE_TWO_THREE

(d) NON_BRANCH

图 8.13 基于相同分支预测优化策略和不同处理模式及查询处理模型实现的选择算子性能差异

图8.14补充了低选择率测试条件下基于不同处理模式及查询处理模型实现的选择算子性能差异对比，图8.14（a）展示在 BRANCH_ONE 下，当选择率小于 10^{-2} 时，基于多趟模式的选择算子性能优于混合模式。图8.14（b）（c）展示在 BRANCH_ONE_TWO 和 BRANCH_ONE_TWO_THREE 下，当选择率小于 10^{-3} 时，基于多趟模式的选择算子性能优于混合模式。图8.14（d）展示在 NON_BRANCH 下，在低选择率 0~0.1 的测试区间上，基于多趟模式的选择算子性能优于混合模式。综上所述，在低选择率的测试

条件下，基于多趟模式的选择算子性能相较于混合模式明显的性能优势区间，且在 Ra、Rb 和 Rc 三列上采取无分支预测代码实现的选择算子越多，基于多趟模式的选择算子性能的优势区间越长。

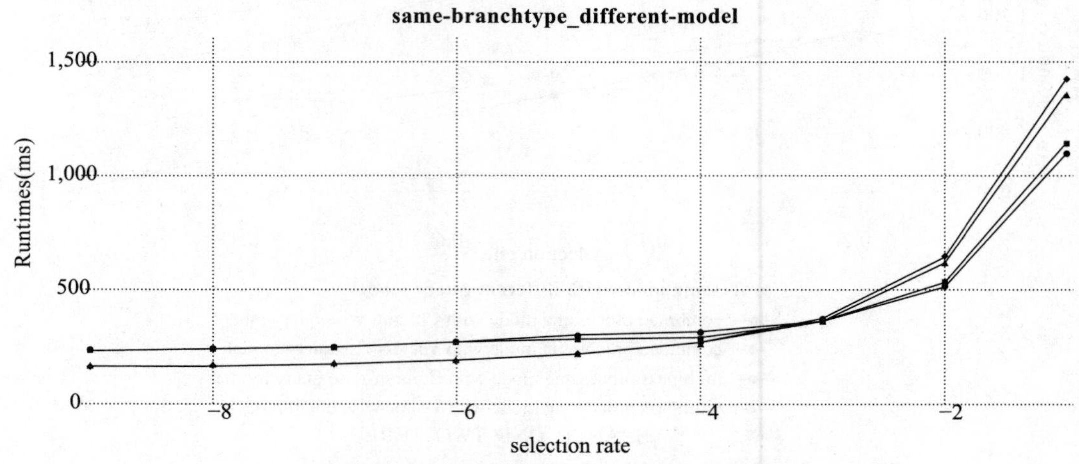

(a) BRANCH_ONE

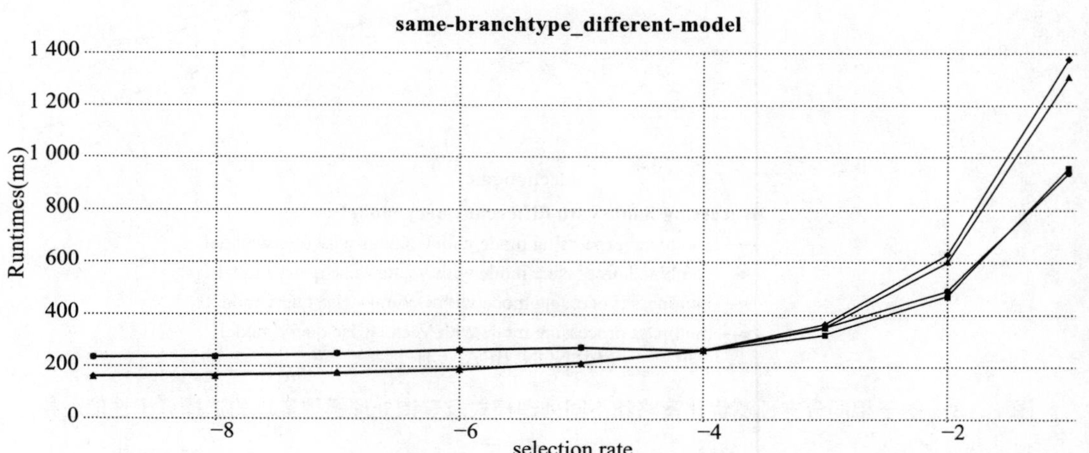

(b) BRANCH_ONE_TWO

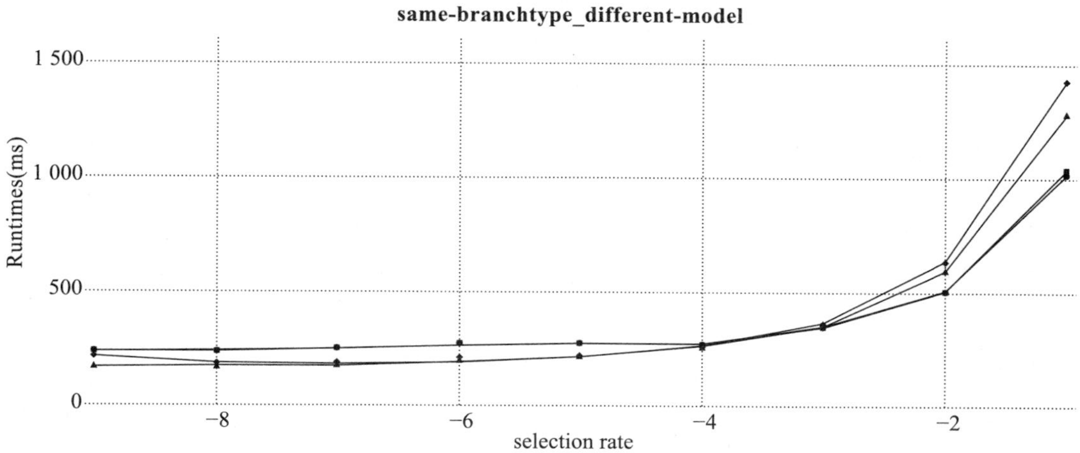

(c) BRANCH_ONE_TWO_THREE

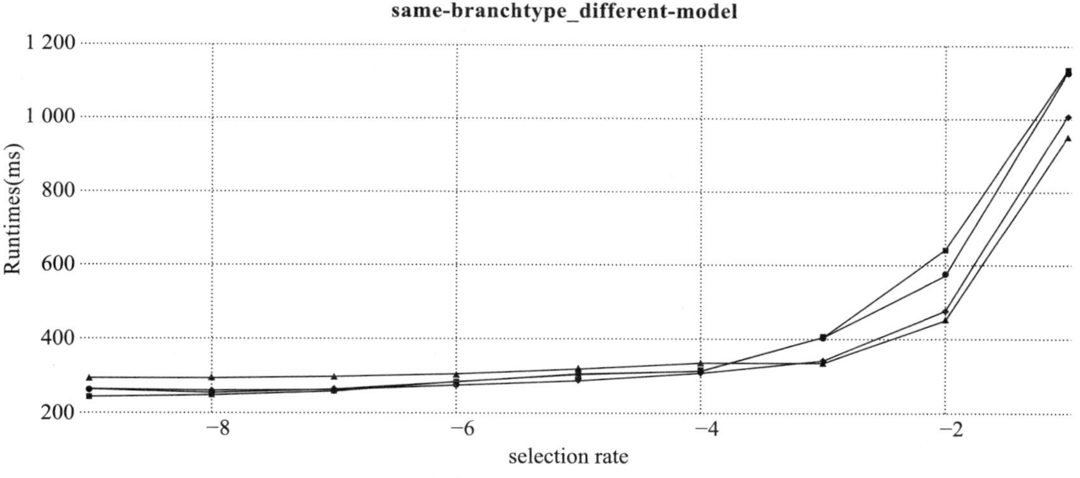

(d) NON_BRANCH

图 8.14 基于相同分支预测优化策略和不同处理模式及查询处理模型实现的选择算子低选择率下性能差异

8.2 投影算子算法设计

投影操作主要用于实现列存储模型上的多列访问，投影操作的性能主要受存储模型、投影策略影响。行存储模型上的投影操作效率主要取决于访问的列在内存中的布局带来的缓存行（cache line）访问效率，列存储模型上的投影操作分为早物化和晚物化策略，物化中间结果集大小和访问效率受选择率的影响，实验主要通过不同的存储模型和物化策略测试在不同负载下投影操作的性能特征，分析投影操作性能的主要影响因素。

8.2.1 投影操作案例

投影算子算法设计目标：探索不同存储模型、物化策略在不同负载下的投影操作算法的性能特征。选择操作案例如图8.3所示，表由 R.a、R.b、R.c 三列组成，行存储模型中 R.b 可以调整大小，模拟访问列 R.a、R.c 存储于相同或不同 cache line 的场景。如图8.15（a）所示，行存储投影操作中读取记录的 R.a、R.c 列数据，执行相应的谓词操作，将满足条件的记录投影输出。图8.15（b）（c）采用列存储模型，R.a、R.c 列存储为独立的内存数组结构。图8.15（b）中，早物化投影策略先执行列 R.a 上的谓词操作，投影出满足条件记录的位置 pos 和值 Val1 作为投影中间结果，然后根据位置 pos 访问列 R.c 并执行谓词操作，投影出满足条件的记录，输出来自 R.a 和 R.c 列的结果集 {(Val1,Val2)}。早物化策略在每个投影列上输出投影结果集，在多表投影操作中逐渐缩小物化结果集，当选择率较低时，早物化的结果集投影出大量无效的数据，需要较大的内存空间消耗。图8.15（c）中，晚物化策略先执行投影列上的谓词操作，推迟投影列数据物化操作执行时间。投影列 R.a、R.c 首先执行谓词操作，谓词操作结果存储为位置 pos 数据结构，两个投影列上的位置 pos 经过与操作生成最终满足谓词条件的记录位置 pos，然后分别访问投影列 R.a、R.c 输出各自的投影数据，合并为投影操作输出结果集 {(Val1,Val2)}。

实验配置信息如下：

（1）数据生成器。模拟生成数据表由 R.a、R.b、R.c 列组成，记录长度 2^{26}。

R.a、R.c 列：取值范围 0~1 000，随机生成。在行存储模型中，R.b 列为填充列，设置不同的宽度模拟 R.a、R.c 列存储于相同缓存行（64 字节）和不同缓存行的情况，如 R.a、R.c 列设置为 int_32，R.b 列设置为 char[52] 模拟 R.a、R.c 列存储于相同的缓存行内，R.b 列设置为 char[64] 模拟 R.a、R.c 列存储于不同的缓存行内。列存储模型中 R.a、R.c 列设置为独立的内存数组结构。

（2）选择率设置。实验测试中使用固定步长递增选择率（const stride test，从 0% 到 100%，选择率递增步长为 10%）和等比递减选择率（low selection rate test，选择率从 10% 到 10^{-9}，每次减少 90%）。执行 2 个列谓词操作时，总选择率和各列选择率如表8.3和表8.4所示。

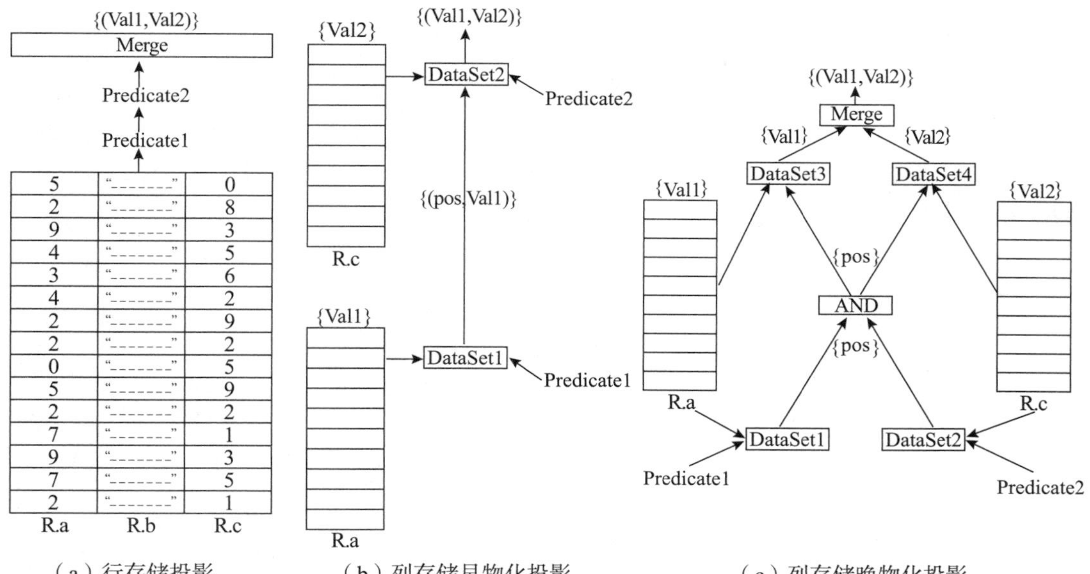

（a）行存储投影 （b）列存储早物化投影 （c）列存储晚物化投影

图 8.15 投影操作查询案例

表 8.3 投影操作固定步长递增选择率设置

总选择率	sel1	sel2
0	0	0
0.1	0.32	0.32
0.2	0.45	0.45
0.3	0.55	0.55
0.4	0.63	0.63
0.5	0.71	0.71
0.6	0.77	0.77
0.7	0.84	0.84
0.8	0.89	0.89
0.9	0.95	0.95
1.0	1.00	1.00

表 8.4 投影操作等比递减选择率设置

总选择率	sel1	sel2
0.1	0.32	0.32
0.01	0.1	0.1
0.001	0.03	0.03
$\mathbf{10^{-4}}$	0.01	0.01
$\mathbf{10^{-5}}$	0.003	0.003
$\mathbf{10^{-6}}$	0.001	0.001

8.2.2 算法设计

投影操作行存储算法为顺序扫描访问 R.a 和 R.c 列数据并执行相应的谓词操作，满足谓词条件的记录投影为结果集 {(Val1,Val2)}，由于选择率的不同，结果集长度存在不确定性，可以预设固定大小结果集数据结构按需存储，也可以使用动态数组 vector 存储投影结果集。行存储投影算法如下所示：

```
/**
 * @brief projection calculation
 *        calculate a row per iteration
 *
 * @param condition
 * @param size_R
 * @param Ra
 * @param Rc
 * @param result
 * @return int the result count.
 */
int proalgo_rowwise(int condition, const idx &size_R,
                    row_store_min *row_min,
                    std::vector<std::pair<int, int>> &result)
{
  int count = 0;
  idx i;
  idx result_size = size_R;
  for (i = 0; i != result_size; ++i)
  {
    if (row_min[i].Ra <= condition && row_min[i].Rc <= condition)
    {
      count++;
      result.emplace_back(row_min[i].Ra, row_min[i].Rc);
    }
  }
  return count;
}
```

列存储早物化投影算法依次访问投影列 R.a 和 R.c，R.a 投影结果存储于中间结果集 {(pos,Val1)} 中，通过结果集中的 pos 访问 R.c 列相应位置执行谓词操作，输出满足条件的投影结果集 {(Val1,Val2)}。结果集 {(pos,Val1)} 和 {(Val1,Val2)} 在存储上可以选择预分配定长数据结构（与记录行数相同）按需使用，也可以使用动态数组 vector 存储变长结果集。列存储早物化投影算法如下所示：

```
/**
 * @brief projection calculation
 *        calculate one column in one run with early materialization strategy and dynamic vector result
 *
 * @param condition
 * @param size_R
 * @param Ra
 * @param Rc
 * @param result
 * @return int the result count.
 */
int proalgo_cwm_em(int condition, const idx &size_R,
                   const int *Ra,
                   const int *Rc,
                   std::vector<std::pair<int, int>> &result,
                   int pre_size)
```

```
{
  idx read_idx, cur_size, write_idx;
  for (read_idx = 0, write_idx = pre_size; read_idx != size_R; ++read_idx)
  {
    if (Ra[read_idx] <= condition)
    {
      result[write_idx].first = read_idx;       // pos,
      result[write_idx].second = Ra[read_idx]; // value1
      ++write_idx;
    }
  }
  cur_size = write_idx - pre_size;
  for (read_idx = 0, write_idx = pre_size; read_idx != cur_size; ++read_idx)
  {
    auto cur_pos = result[read_idx + pre_size].first;
    if (Rc[cur_pos] <= condition)
    {
      result[write_idx].first = result[cur_pos + pre_size].second; // value 1
      result[write_idx].second = Rc[cur_pos];                      // value 2
      ++write_idx;
    }
  }

  return write_idx;
}
```

列存储晚物化投影算法分别访问投影列 R.a 和 R.c，输出谓词操作位置集 {pos}，结果集可以存储为位图或下标序列，位置集经过与操作生成最终位置集 {pos}，然后按位置集分别访问 R.a 和 R.c 列，投影出最终结果集 {(Val1,Val2)}。算法中位置集 {pos} 存储为位图时，与操作为位图与操作，位置集 {pos} 存储为位置序列时，与操作为归并扫描操作，不同数据结构的算法性能受选择率的影响。

```
/**
 * @brief projection calculation
 *        calculate one column in one run with late materialization strategy and independent
 *        dynamic vector intermediate results as well as dynamic vector final result
 *
 * @param condition
 * @param size_R
 * @param Ra
 * @param Rc
 * @param pos1
 * @param pos2
 * @param result
 * @return int the result count.
 */
int proalgo_cwm_lm_idv(int condition, const idx &size_R,
                       const int *Ra,
                       const int *Rc,
                       std::vector<int> &pos1, std::vector<int> &pos2,
                       std::vector<std::pair<int, int>> &result)
{

  idx i, j;
  for (i = 0; i < size_R; ++i)
  {
    if (Ra[i] <= condition)
    {
      pos1.emplace_back(i);
    }
  }

  for (i = 0; i < size_R; ++i)
  {
    if (Rc[i] <= condition)
    {
      pos2.emplace_back(i);
```

```
    }
  }

  idx merge_idx = 0;
  for (i = 0, j = 0; i < pos1.size() && j < pos2.size();)
  {
    if (pos1[i] == pos2[j])
    {
      pos1[merge_idx] = pos1[i];
      ++i;
      ++j;
      ++merge_idx;
    }
    else if (pos1[i] > pos2[j])
    {
      ++j;
    }
    else
    {
      // if pos1[i] < pos2[j]
      ++i;
    }
  }

  for (i = 0; i != merge_idx; ++i)
  {
    auto cur_pos = pos1[i];
    result.emplace_back(Ra[cur_pos], Rc[cur_pos]);
  }

  return result.size();
}
```

整个投影算法设计树状结构图如图8.16所示。

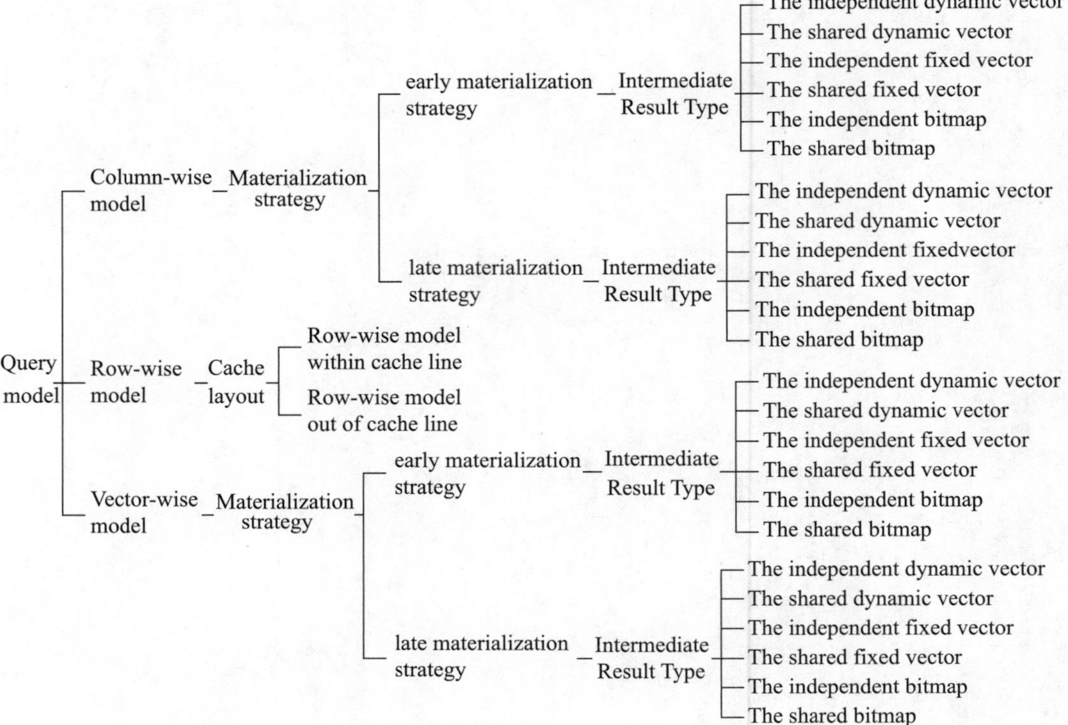

图 8.16 投影算法设计树状结构图

算法实现接口介绍：

• proalgo_rowwise()：以行存储格式存储数据，具体实现方式为使用基于下列代码定义的结构体实现的结构体数组存储数据，通过改变 Rb 大小测试 Ra 和 Rc 是否在同一缓存行内的性能特征，其中，在同一缓存行内（within cache line）时设置 Rb 大小为 52，不在同一缓存行内（out of cache line）时设置 Rb 大小为 64，并分别使用动态数组 vector 或定长 int 型数组存储投影结果。

```
struct row_store_min
{
  idx Ra;
  char Rb[52];
  idx Rc;
};
```

• proalgo_cwm_em()：以列存储格式存储数据，按一次一列或一次一向量的方式访问数据，使用早物化策略，并分别使用动态数组 vector 或定长整型数组存储投影结果。

• proalgo_cwm_lm_idv()：以列存储格式存储数据，按一次一列或一次一向量的方式访问数据，使用晚物化策略，物化中间结果类型为私有动态选择向量，其中动态选择向量基于 std::vector 类实现，主要使用 std::vector.emplace_ back() 接口实现动态增长，并分别使用动态数组 vector 或定长整型数组存储投影结果。

• proalgo_cwm_lm_sdv()：以列存储格式存储数据，按一次一列或一次一向量的方式访问数据，使用晚物化策略，物化中间结果类型为共享动态选择向量，并分别使用动态数组 vector 或定长整型数组存储投影结果。

• proalgo_cwm_lm_ifv()：以列存储格式存储数据，按一次一列或一次一向量的方式访问数据，使用晚物化策略，物化中间结果类型为私有定长选择向量，其中定长选择向量为一个定长整型数组，并分别使用动态数组 vector 或定长整型数组存储投影结果。

• proalgo_cwm_lm_sfv()：以列存储格式存储数据，按一次一列或一次一向量的方式访问数据，使用晚物化策略，物化中间结果类型为共享定长选择向量，并分别使用动态数组 vector 或定长整型数组存储投影结果。

• proalgo_cwm_lm_ibmp()：以列存储格式存储数据，按一次一列或一次一向量的方式访问数据，使用晚物化策略，物化中间结果类型为私有位图，其中位图为一个定长 bool 型数组，并分别使用动态数组 vector 或定长整型数组存储投影结果。

• proalgo_cwm_lm_sbmp()：以列存储格式存储数据，按一次一列或一次一向量的方式访问数据，使用晚物化策略，物化中间结果类型为共享位图，并分别使用动态数组 vector 或定长整型数组存储投影结果。a

8.2.3　性能分析

实验的主要目标是测试基于不同的查询处理模型、物化中间结果类型以及投影结果存储类型的投影算子算法实现性能差异。实验平台为一台 W760-G30 服务器，配置有 2 块 Intel(R) Xeon(R) Silver 4116 CPU @ 2.10GHz 12 核心 CPU，共 48 个物理线程，16.5MB L3 cache，503GB DDR4 内存，操作系统为 242-Ubuntu，Linux 版本为 4.4.0-

210-generic, gcc 版本为 5.3.0.。

本部分对图8.17投影算子算法族中的所有算法在查询处理模型、物化策略以及中间结果类型三个维度上分析性能差异。

1. 查询处理模型

图8.17展示的是基于相同最终结果类型实现的投影算子算法族中不同查询处理模型性能对比，其中：

- 查询处理模型：——代表列式查询处理模型，-----代表向量化查询处理模型，┈┈代表行式查询处理模型。
- 物化策略和中间结果类型：•代表早物化策略 (Early materialization strategy), ■代表晚物化策略和私有位图中间结果类型 (Late materialization strategy and the independent bitmap intermediate results)，◆代表晚物化策略和私有动态向量中间结果类型 (Late materialization strategy and the independent dynamic selection vector intermediate results)，▲代表晚物化策略和私有定长选择向量中间结果类型 (Late materialization strategy and the independent fixed selection vector intermediate results)，×代表晚物化策略和共享位图中间结果 (Late materialization strategy and the shared bitmap intermediate results)，▬代表晚物化策略和共享动态选择向量中间结果类型 (Late materialization strategy and the shared dynamic selection vector intermediate results)，+代表晚物化策略和共享定长选择向量中间结果类型 (Late materialization strategy and the shared fixed selection vector intermediate results)。

对于基于行式查询处理模型实现的两种投影算子实现：┈+┈代表缓存内的行式查询处理模型 (Row-wise model in cache)，┈×┈代表超出缓存大小的行式查询处理模型 (Row-wise model out of cache)。

如图8.17(a) 所示，当投影操作存储结果类型为动态向量时，缓存内的行式查询处理模型和超出缓存大小的行式查询处理模型投影算子在低选择率时性能非常差，随着选择率增加，基于行式查询处理模型实现的投影算子缩小了与列式查询处理模型和向量化查询处理模型的性能差距，但是与基于列式查询处理模型和向量化查询处理模型实现的性能最佳的投影算子之间仍存在较大差距。基于所有中间结果类型和晚物化策略实现的投影算子算法族在整个选择率测试区间上，基于向量化查询处理模型实现的投影算子性能都优于列式查询处理模型。在选择率小于 0.3 的测试区间上，基于早物化策略实现的投影算子算法族中基于向量化查询处理模型实现的投影算子性能都优于列式查询处理模型，但是在选择率超过 0.3 的测试区间上，基于列式查询处理模型实现的投影算子性能优于向量化查询处理模型，且与其他所有的投影算子实现相比具有较大的性能优势。与图8.17(a) 相比，图8.17(b) 中基于定长向量最终结果的缓存内的行式查询处理模型和超出缓存大小的行式查询处理模型投影算子在低选择率时性能更加稳定，在大部分甚至全部的选择率测试区间上性能优于基于晚物化策略和列式查询处理模型实现的大部分投影算子和基于晚物化策略和向量化查询处理模型实现的部分投影算子性能。此外，图8.17(b) 中的基于列式查询处理模型实现的投影算子算法族与向量化查询处理模型性能比较特征

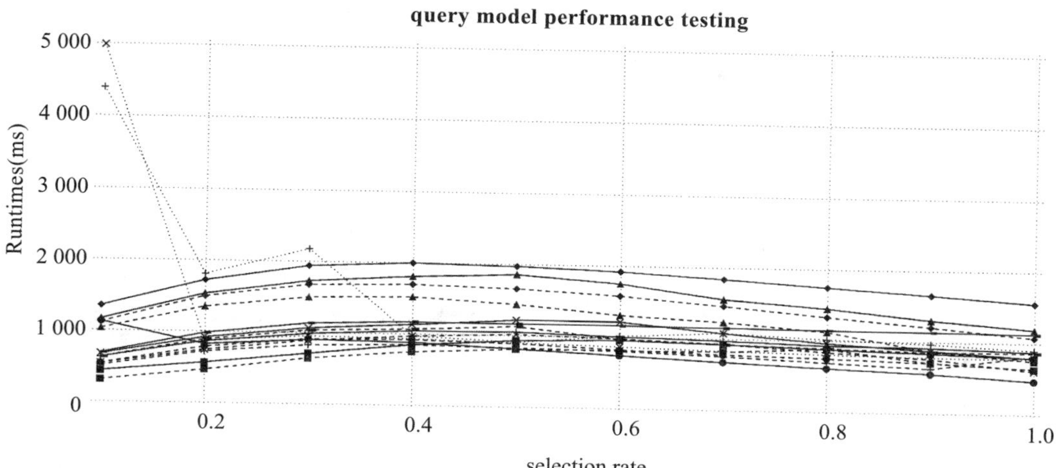

Abbreviation	Full name
cwm	Column-wise query model
em	Early materialization strategy
lm	Late materialization strategy
proalgo	Projection algorithm
rowwise	Row-wise query model
rwmic	Row-wise query model in cache
rwmoc	Row-wise query model out of cache
vwm	Vector-wise query model

Abbreviation	Full name
sfvi	the shared fixed vector intermediate results
sdvi	the shared dynamic vector intermediate results
sbmpi	the shared bitmap intermediate results
ifvi	the independent fixed vector intermediate results
idvi	the independent dynamic vector intermediate results
ibmpi	the independent bitmap intermediate results
fvf	the fixed vector final results
dvf	the dynamic vector final results

query model with different materialization strategy、intermediate result type and final result type.

- proalgo_cwm_em_dvf
- proalgo_cwm_lm_ibmpi_dvf
- proalgo_cwm_lm_idvi_dvf
- proalgo_cwm_lm_ifvi_dvf
- proalgo_cwm_lm_sbmpi_dvf
- proalgo_cwm_lm_sdvi_dvf
- proalgo_cwm_lm_sfvi_dvf
- proalgo_rowwise_rwmic_dvf
- proalgo_rowwise_rwmoc_dvf
- proalgo_vwm_em_dvf
- proalgo_vwm_lm_ibmpi_dvf
- proalgo_vwm_lm_idvi_dvf
- proalgo_vwm_lm_ifvi_dvf
- proalgo_vwm_lm_sbmpi_dvf
- proalgo_vwm_lm_sdvi_dvf
- proalgo_vwm_lm_sfvi_dvf

（a）动态向量最终结果

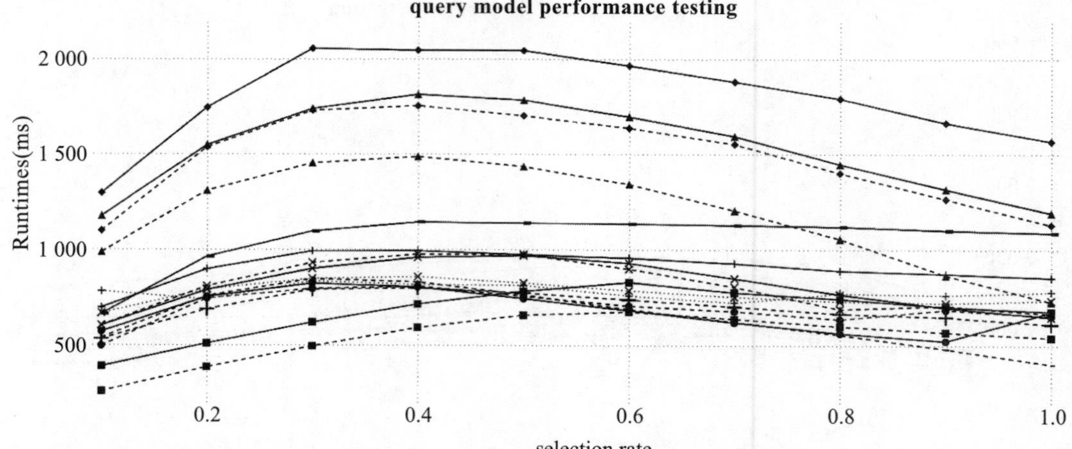

Abbreviation	Full name
cwm	Column-wise query model
em	Early materialization strategy
lm	Late materialization strategy
proalgo	Projection algorithm
rowwise	Row-wise query model
rwmic	Row-wise query model in cache
rwmoc	Row-wise query model out of cache
vwm	Vector-wise query model

Abbreviation	Full name
sfvi	the shared fixed vector intermediate results
sdvi	the shared dynamic vector intermediate results
sbmpi	the shared bitmap intermediate results
ifvi	the independent fixed vector intermediate results
idvi	the independent dynamic vector intermediate results
ibmpi	the independent bitmap intermediate results
fvf	the fixed vector final results
dvf	the dynamic vector final results

query model with different materialization strategy、intermediate result type and final result type.

- proalgo_cwm_em_dvf
- proalgo_cwm_lm_ibmpi_dvf
- proalgo_cwm_lm_idvi_dvf
- proalgo_cwm_lm_ifvi_dvf
- proalgo_cwm_lm_sbmpi_dvf
- proalgo_cwm_lm_sdvi_dvf
- proalgo_cwm_lm_sfvi_dvf
- proalgo_rowwise_rwmic_dvf
- proalgo_rowwise_rwmoc_dvf
- proalgo_vwm_em_dvf
- proalgo_vwm_lm_ibmpi_dvf
- proalgo_vwm_lm_idvi_dvf
- proalgo_vwm_lm_ifvi_dvf
- proalgo_vwm_lm_sbmpi_dvf
- proalgo_vwm_lm_sdvi_dvf
- proalgo_vwm_lm_sfvi_dvf

（b）定长向量最终结果

图 8.17　基于相同最终结果类型实现的投影算子算法族中不同查询处理模型性能对比

与图8.17(a) 基本相似，基于早物化策略实现的投影算子算法族中，基于向量化查询处理模型实现的投影算子相对于列式查询处理模型的性能优势区间从 0~0.3 扩展到 0~0.4，且在大于 0.6 的高选择率测试区间上，基于共享动态选择向量中间结果类型、晚物化策略和向量化查询处理模型实现的投影算子性能在所有投影算子中最佳。

在图8.18所示的基于不同查询处理模型实现的投影算子性能对比测试中，从基于行式查询处理模型实现的投影算子算法族、基于早物化策略实现的投影算子算法族、基于私有中间结果类型和晚物化策略实现的投影算子算法族以及基于共享中间结果类型和晚物化策略实现的投影算子算法族中选出最佳投影算子——proalgo_rowwise_rwmic_fvf、proalgo_vwm_em_fvf、proalgo_vwm_lm_sfvi_fvf 和 proalgo_vwm_lm_ibmpi_fvf 补充 0~0.1 的低选择率测试区间上的性能对比实验。如图8.18所示，在整个低选择率测试区间上，基于缓存内的行式查询处理模型实现的投影算子性能最差，基于早物化策略和向量化查询处理模型实现的投影算子与基于共享定长选择向量、晚物化策略和向量化查询处理模型实现的投影算子性能相近，且在 0~0.01 的低选择率测试区间上性能优于基于私有位图、晚物化策略和向量化查询处理模型实现的投影算子，在 0.01~0.1 的测试区间上基于私有位图、晚物化策略和向量化查询处理模型实现的投影算子性能最佳。

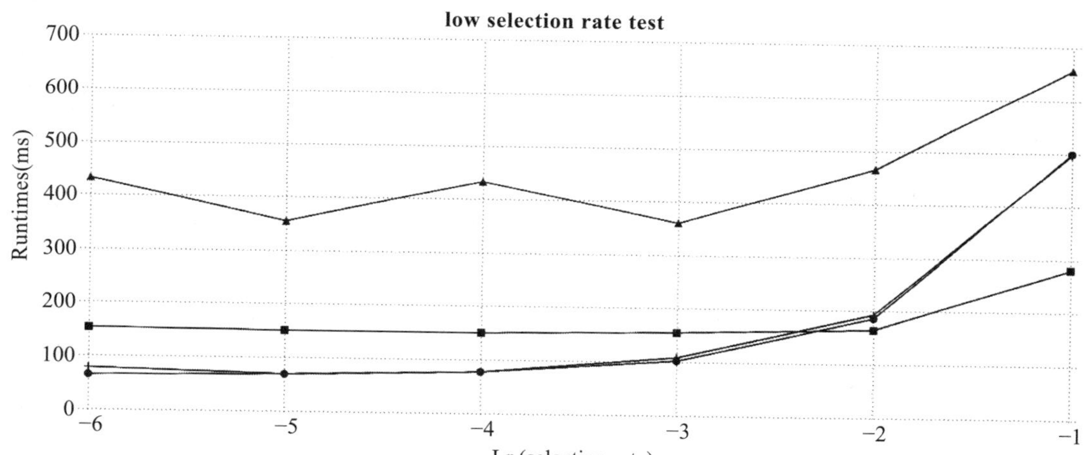

Abbreviation	Full name
cwm	Column-wise query model
em	Early materialization strategy
lm	Late materialization strategy
proalgo	Projection algorithm
rowwise	Row-wise query model
rwmic	Row-wise query model in cache
rwmoc	Row-wise query model out of cache
vwm	Vector-wise query model

Abbreviation	Full name
sfvi	the shared fixed vector intermediate results
sdvi	the shared dynamic vector intermediate results
sbmpi	the shared bitmap intermediate results
ifvi	the independent fixed vector intermediate results
idvi	the independent dynamic vector intermediate results
ibmpi	the independent bitmap intermediate results
fvf	the fixed vector final results
dvf	the dynamic vector final results

query processing model with different materialization strategy、intermediate result type and final result type

—▲— proalgo_rowwise_rwmic_dvf

—●— proalgo_vwm_em_fvf

—■— proalgo_vwm_lm_ibmpi_fvf

—+— proalgo_vwm_lm_sfvi_fvf

图 8.18 低选择率测试条件下的基于不同查询处理模型实现的投影算子性能对比

2. 物化策略和最终结果类型

图8.19展示的是基于早物化策略的投影算子性能对比，其中：

- 查询处理模型：——代表列式查询处理模型，-----代表向量化查询处理模型。
- 最终结果类型：●代表最终结果类型为动态向量，■代表最终结果类型为定长向量。

如图8.19所示，在基于早物化策略实现的投影算子算法族中，在选择率较低的 0~0.3 的测试区间上，基于向量化查询处理模型实现的投影算子性能优于列式查询处理模型；在 0.3~1 的测试区间上，基于列式查询处理模型实现的投影算子性能优于向量化查询处理模型；而在整个测试区间上，基于最终结果类型为定长向量实现的投影算子性能都优于最终结果类型为动态向量。

图 8.20 展示的是基于晚物化策略的投影算子性能对比。在图8.20(a) 和图8.20(b) 中：

- 查询处理模型：　　代表列式查询处理模型，-----代表向量化查询处理模型。
- 中间结果类型：　代表私有位图，◆代表私有动态选择向量，▲代表私有定长选择向量，×代表私有位图，_代表共享动态选择向量，+代表共享定长选择向量。

在图8.20(c) 中：

- 查询处理模型：　　代表列式查询处理模型，-----代表向量化查询处理模型。
- 最终结果类型：黑色线条代表最终结果类型为动态向量，灰色线条代表最终结果类型为定长向量。

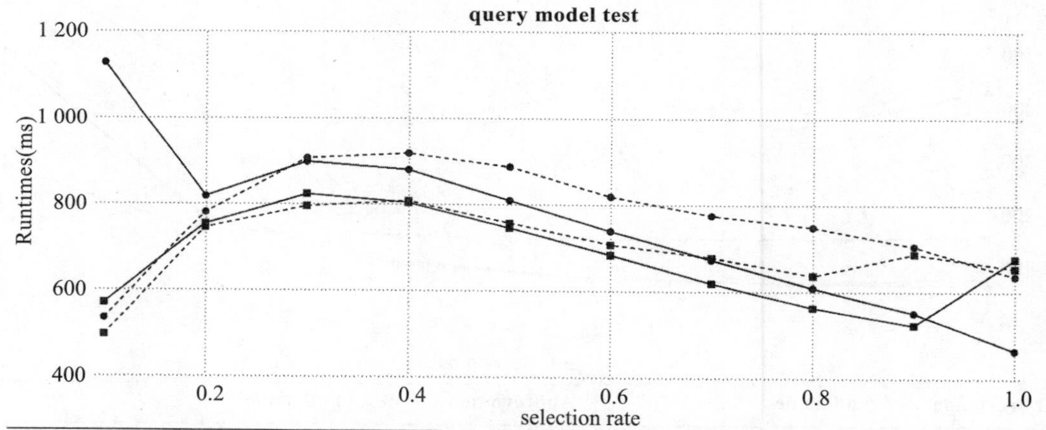

Abbreviation	Full name
cwm	Column-wise query model
em	Early materialization strategy
lm	Late materialization strategy
proalgo	Projection algorithm
rowwise	Row-wise query model
rwmic	Row-wise query model in cache
rwmoc	Row-wise query model out of cache
vwm	Vector-wise query model

Abbreviation	Full name
sfvi	the shared fixed vector intermediate results
sdvi	the shared dynamic vector intermediate results
sbmpi	the shared bitmap intermediate results
ifvi	the independent fixed vector intermediate results
idvi	the independent dynamic vector intermediate results
ibmpi	the independent bitmap intermediate results
fvf	the fixed vector final results
dvf	the dynamic vector final results

query processing model with different materialization strategy、intermediate result type and final result type

—●— proalgo_cwm_em_dvf　　-●- proalgo_vwm_em_dvf

—■— proalgo_cwm_em_fvf　　-■- proalgo_vwm_em_fvf

图 8.19　基于早物化策略实现的投影算子性能对比

从图8.20可以看出，基于向量化查询处理模型实现的投影算子性能在整个测试区间上都优于列式查询处理模型。分析不同的中间结果类型对投影算子性能的影响，可以看出，在基于相同的查询处理模型实现的投影算子中，当中间结果类型为私有或共享动态选择向量时，最终结果类型为动态向量实现的投影算子在整个测试区间上性能优于最终结果类型为定长向量；当中间结果类型为私有或共享位图时，基于最终结果类型为定长向量实现的投影算子在整个测试区间上性能优于最终结果类型为动态向量。在基于列式查询处理模型实现的投影算子算法族中，基于中间结果类型为私有或共享定长选择向量和最终结果类型为动态向量实现的投影算子在低选择率测试区间上性能优于最终结果类型为定长向量，当选择率增加时，基于最终结果类型为定长向量实现的投影算子性能逐渐优于最终结果类型为动态向量。在基于向量化查询处理模型实现的投影算子算法族中，基于中间结果类型为私有定长选择向量和最终结果类型为动态向量实现的投影算子性能在低选择率测试区间上优于最终结果类型为定长向量，当选择率增加时，基于最终结果类型为定长向量的投影算子性能逐渐优于最终结果类型为动态向量，当中间结果类型为共享定长选择向量时，基于最终类型为定长向量投影算子性能在整个测试区间上优于最

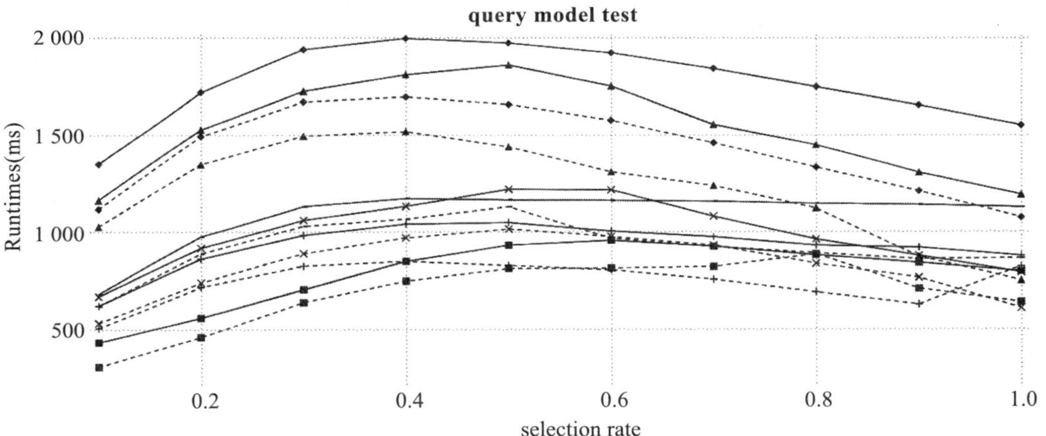

Abbreviation	Full name
cwm	Column-wise query model
em	Early materialization strategy
lm	Late materialization strategy
proalgo	Projection algorithm
rowwise	Row-wise query model
rwmic	Row-wise query model in cache
rwmoc	Row-wise query model out of cache
vwm	Vector-wise query model

Abbreviation	Full name
sfvi	the shared fixed vector intermediate results
sdvi	the shared dynamic vector intermediate results
sbmpi	the shared bitmap intermediate results
ifvi	the independent fixed vector intermediate results
idvi	the independent dynamic vector intermediate results
ibmpi	the independent bitmap intermediate results
fvf	the fixed vector final results
dvf	the dynamic vector final results

query processing model with different materialization strategy、intermediate result type and final result type

proalgo_cwm_lm_ibmpi_dvf　proalgo_cwm_lm_sdvi_dvf　proalgo_vwm_lm_ifvi_dvf

proalgo_cwm_lm_idvi_dvf　proalgo_cwm_lm_sfvi_dvf　proalgo_vwm_lm_sbmpi_dvf

proalgo_cwm_lm_ifvi_dvf　proalgo_vwm_lm_ibmpi_dvf　proalgo_vwm_lm_sdvi_dvf

proalgo_cwm_lm_sbmpi_dvf　proalgo_vwm_lm_idvi_dvf　proalgo_vwm_lm_sfvi_dvf

（a）最终结果类型为动态向量

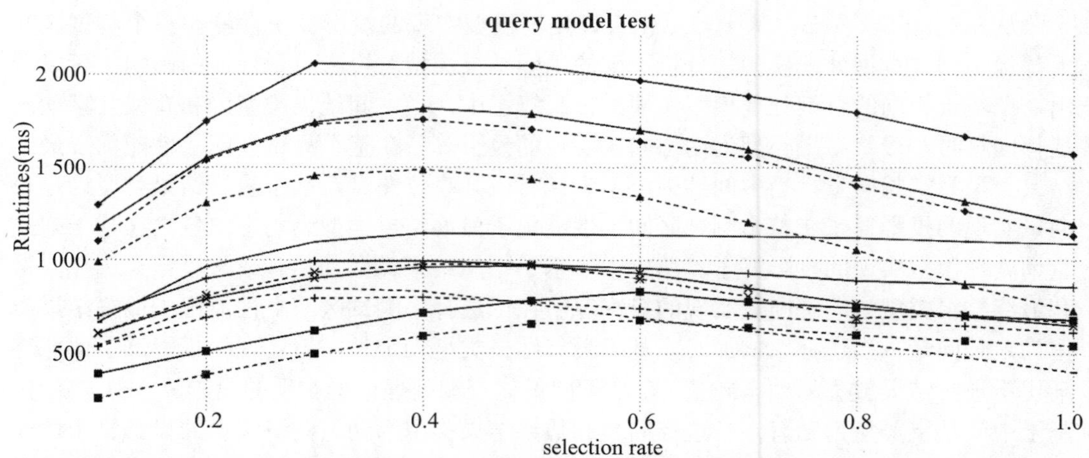

Abbreviation	Full name
cwm	Column-wise query model
em	Early materialization strategy
lm	Late materialization strategy
proalgo	Projection algorithm
rowwise	Row-wise query model
rwmic	Row-wise query model in cache
rwmoc	Row-wise query model out of cache
vwm	Vector-wise query model

Abbreviation	Full name
sfvi	the shared fixed vector intermediate results
sdvi	the shared dynamic vector intermediate results
sbmpi	the shared bitmap intermediate results
ifvi	the independent fixed vector intermediate results
idvi	the independent dynamic vector intermediate results
ibmpi	the independent bitmap intermediate results
fvf	the fixed vector final results
dvf	the dynamic vector final results

query processing model with different materialization strategy、intermediate result type and final result type

proalgo_cwm_lm_ibmpi_dvf
proalgo_cwm_lm_idvi_dvf
proalgo_cwm_lm_ifvi_dvf
proalgo_cwm_lm_sbmpi_dvf
proalgo_cwm_lm_sdvi_dvf
proalgo_cwm_lm_sfvi_dvf
proalgo_vwm_lm_ibmpi_dvf
proalgo_vwm_lm_idvi_dvf
proalgo_vwm_lm_ifvi_dvf
proalgo_vwm_lm_sbmpi_dvf
proalgo_vwm_lm_sdvi_dvf
proalgo_vwm_lm_sfvi_dvf

（b）最终结果类型为定长向量

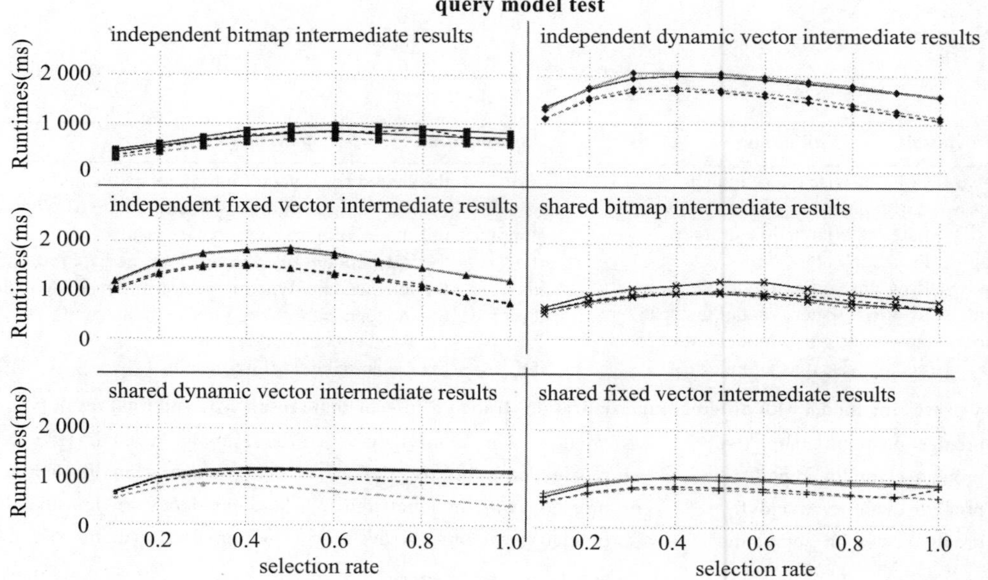

Abbreviation	Full name
cwm	Column-wise query model
em	Early materialization strategy
lm	Late materialization strategy
proalgo	Projection algorithm
rowwise	Row-wise query model
rwmic	Row-wise query model in cache
rwmoc	Row-wise query model out of cache
vwm	Vector-wise query model

Abbreviation	Full name
sfvi	the shared fixed vector intermediate results
sdvi	the shared dynamic vector intermediate results
sbmpi	the shared bitmap intermediate results
ifvi	the independent fixed vector intermediate results
idvi	the independent dynamic vector intermediate results
ibmpi	the independent bitmap intermediate results
fvf	the fixed vector final results
dvf	the dynamic vector final results

query processing model with different materialization strategy、intermediate result type and final result type

（c）基于不同的中间结果类型实现的投影算子算法族性能对比

图 8.20　基于晚物化策略的投影算子性能对比

终结果类型为动态向量。

8.3　连接算子算法设计

连接操作实验主要实现两个表之间基于主–外键的等值连接操作过程。连接实验实现两种连接算法：基于代理键索引的向量连接（映射连接）和哈希连接。向量连接需要连接表主键使用代理键，实现键值与地址的直接映射，适用于 OLAP 多维数据分析场景。哈希连接使用 C++ STL 标准库中 hash_map 模拟实现基于哈希表的等值连接，通过不同连接表大小测试两种算法的性能特征，分析连接算法性能受连接表相对于 cache 大小的影响，了解 CPU cache 结构与连接算法性能的相关性。

8.3.1　连接操作案例

连接算子算法设计目标：探索向量连接和哈希连接在不同负载下的算法性能，分析连接算法性能与 CPU cache 大小的相关性。选择操作案例如图8.21所示，R 表由 PK 和 payload 列组成，S 表由 FK 和 payload 列组成，R 表和 S 表基于 R.PK=S.FK 执行等值连接操作。图8.21（a）为向量连接算法示例，R.PK 由连续整数序列构成，PK 可以直接映射为 R 表记录偏移地址，向量连接首先将 R 表投影出 payload 向量，向量下标对应隐式的 PK 值，S 表记录的 FK 值映射到 R.payload 向量相应地址，累加 R.payload+S.payload

值作为连接输出结果。图8.21（b）为哈希连接算法示例，使用 C++ STL 库的 hash_map 将 R 表记录映射为哈希表，S 表记录基于 S.FK 执行哈希表访问，模拟哈希连接算法，匹配记录累加 R.payload+S.payload 值作为连接输出结果。

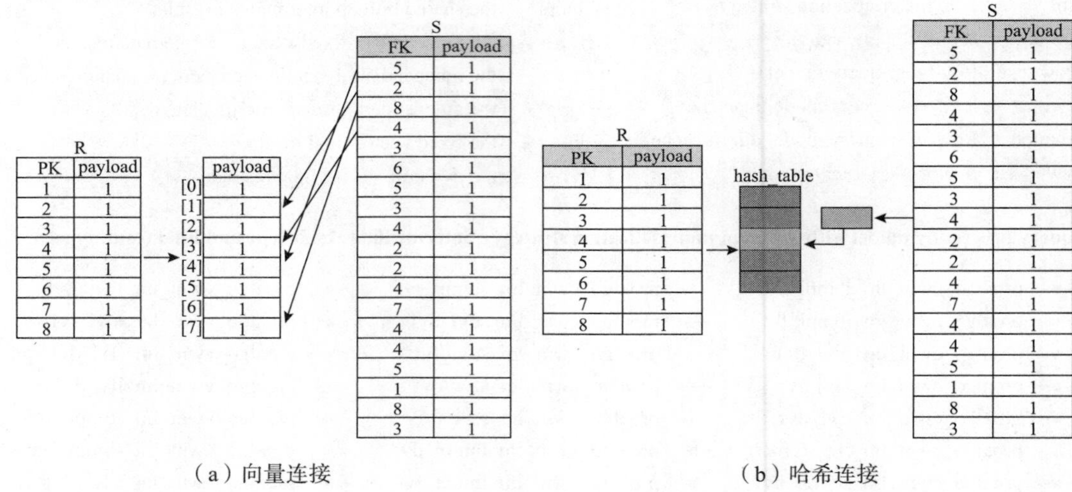

（a）向量连接

（b）哈希连接

图 8.21　连接操作查询案例[4]

实验配置信息如下：

（1）数据生成器。模拟生成 R 和 S 数据表，数据类型为 int_32，R.PK 为连续递增整数，payload 固定设置为 1，便于通过连接结果检验连接数量是否正确，S.FK 为 R.PK 最大值范围内的随机数，模拟乱序连接键值。

（2）连接数据集设置。S 表记录长度固定为 2^{30}，R 表长度变化范围为 2^5~2^{30}，模拟从小表连接到大表连接的不同负载变化。

8.3.2 算法设计

向量连接操作算法如下所示，其中向量连接算法的 build 阶段算法为：

```
/**
 * @brief vecjoin build phase
 *
 * @param R Table data for building the vector
 * @param vector Intermediate results—vector
 * @return void
 */
void build(relation_t* R, int * vector)
{
    for (int i = 0; i < R->num_tuples; i++)
    {
        vector[R->key[i]] = R->payload[i];
    }
}
```

向量连接算法的 probe 阶段算法为：

```
/**
 * @brief vecjoin probe phase
 *
 * @param S Table data for probe the vector
 * @param vector Intermediate results□vector
 * @return void
 */
int probe(relation_t* S, int * vector)
{
    int count = 0;
    for (int i = 0; i < S->num_tuples; i++)
        count += vector[S->key[i]];
    return count;
}
```

向量连接算法中 S.FK 记录了在 R.payload 向量上的访问地址，当 R.payload 向量小于 cache 容量时有较好的 cache 局部性，当 R.payload 向量超过 cache 容量时产生内存访问，连接性能受内存访问延迟影响。预取操作实现当前数据处理和后续数据访问的并行执行，可以优化内存访问延迟。在向量连接算法中可以通过预取操作优化连接性能，预取优化向量连接算法的 probe 阶段算法实现如下：

```
/**
 * @brief vecjoin probe phase based on prefetching optimization
 *
 * @param S Table data for probe the vector
 * @param vector Intermediate results□vector
 * @return void
 */
int probe_prefetch(relation_t* S, int * vector)
{
    int count = 0;
    for (int i = 0; i < S->num_tuples; i++)
    {
        __builtin_prefetch(&S->key[i + 10]);
        count += vector[S->key[i]];
    }

    return count;
}
```

哈希连接包含对 R 表记录构建哈希表和对 S 表记录进行哈希探测两个处理阶段，哈希连接算法性能取决于哈希表的创建和访问效率，哈希连接算法的 build 阶段算法实现如下：

```
/**
 * @brief hashjoin build phase
 *
 * @param R Table data for building the vector
 * @param hashtable Intermediate results□hashtable
```

```
 * @return void
 */
void build(relation_t* R, std::unordered_map<int, int> &hashtable)
{
    for (int i = 0; i < R->num_tuples; i++)
    {
        hashtable[R->key[i]] = R->payload[i];
    }
}
```

哈希连接算法的 probe 阶段算法如下：

```
/**
 * @brief hashjoin probe phase
 *
 * @param S Table data for probe the vector
 * @param hashtable Intermediate results—hashtable
 * @return void
 */
int probe(relation_t* S, std::unordered_map<int, int> &hashtable)
{
    int count = 0;
    for (int i = 0; i < S->num_tuples; i++)
        count += hashtable[S->key[i]];
    return count;
}
```

8.3.3 性能分析

实验 1：不同负载大小的连接性能。

测试 S 表记录长度固定为 2^{30}，R 表长度从 2^5 增长到 2^{30} 时两种连接算法的性能。

性能曲线及分析如图8.22所示。

图8.22（a）展示的是向量连接算法和哈希连接算法性能在 R 表长度从 2^5 增长到 2^{30} 的不同负载下的变化趋势，其中三条 x 轴恒线从左到右分别表示测试服务器平台上的 L1 cache 大小、L2 cache 大小和 L3cache 大小。如图8.22（a）所示，当 R 表大小小于 L1 cache(2^{15}) 时，哈希连接算法与向量连接算法性能存在差距但是保持稳定，但当 R 表大小超过 L1 cache 大小之后，哈希连接算法与向量连接算法性能差距开始扩大。当 R 表大小超过 L3 cache 大小的 8 倍之后，哈希连接算法由于其中间数据结构——哈希桶的大小远超过 L3 cache 大小，其性能出现快速下降，而向量连接算法的中间数据结构向量索引在设计上相对于哈希桶更加简洁高效，所以其性能下降趋势更加平缓。

图8.22（b）展示的是在 probe 阶段中对 S 表的顺序读操作是否采取预取优化的向量连接算法实现之间性能对比，可明显看到，在 [2^5，2^{30}] 测试区间上，经过预取优化的向量连接算法相对于原始的向量连接算法有一个稳定的性能优势。

实验 2：向量连接算法性能与各级 cache 大小的相关性。

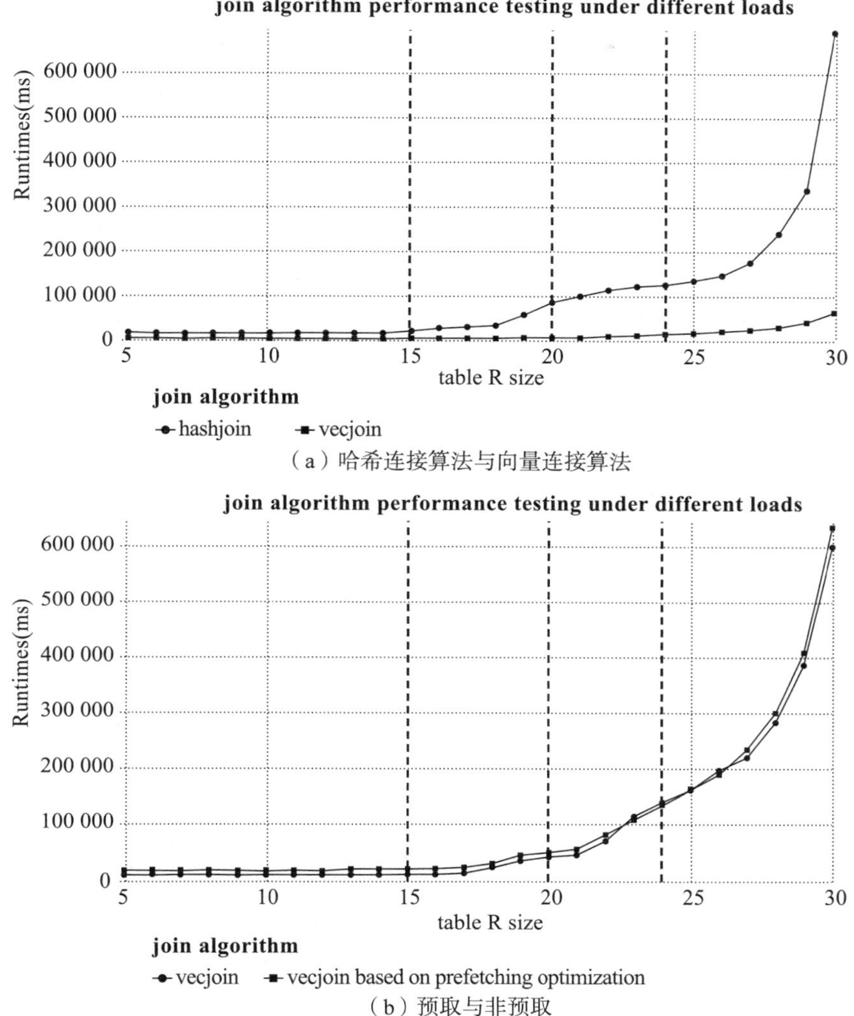

（a）哈希连接算法与向量连接算法

（b）预取与非预取

图 8.22 不同负载下的连接性能测试

检测本机 CPU 的 L1、L2、L3 cache 大小，将 R.payload 大小设置为各级 cache 大小的 10%~150%（步长为 10%），测试向量连接算法运行时间。通过性能曲线分析连接算法性能与中间数据结构向量相对于 cache 大小的相关关系。

图8.23展示的是向量连接算法性能与各级 cache 大小相关性测试。从图8.23（a）可以看出，当 R 表大小（即哈希连接算法的中间数据结构哈希桶大小或向量连接算法的中间数据结构向量索引大小）处于相对于 L1 cache 大小的 [10%，150%] 的测试区间时，受 L1 cache 的高效缓存数据访问性能影响，哈希连接算法和向量连接算法性能体现出稳定特征，且经预取优化的向量连接算法相对于原始的向量连接算法有明显且稳定性能优势。在图8.23（b）和（c）中，即使 R 表大小处于 L2 cache 和 L3 cache 的容量大小内，由于哈希桶和向量索引等数据结构设计上的差异性，哈希连接算法与向量连接算法性能差距

随数据量增长而不断扩大，这是因为数据量越大，cache 缓存效果越差，性能差距越大，与哈希连接算法相比，向量连接算法在图8.23（b）和（c）的实验中仍保持相对稳定的性能特征，当实验数据集处于 L2 cache 的容量范围内时，经预取优化的向量连接算法仍有明显的性能优势，但在图8.23（c）所示的数据量更大的测试区间上，经预取优化的向量连接算法的性能优势基本可忽略不计。

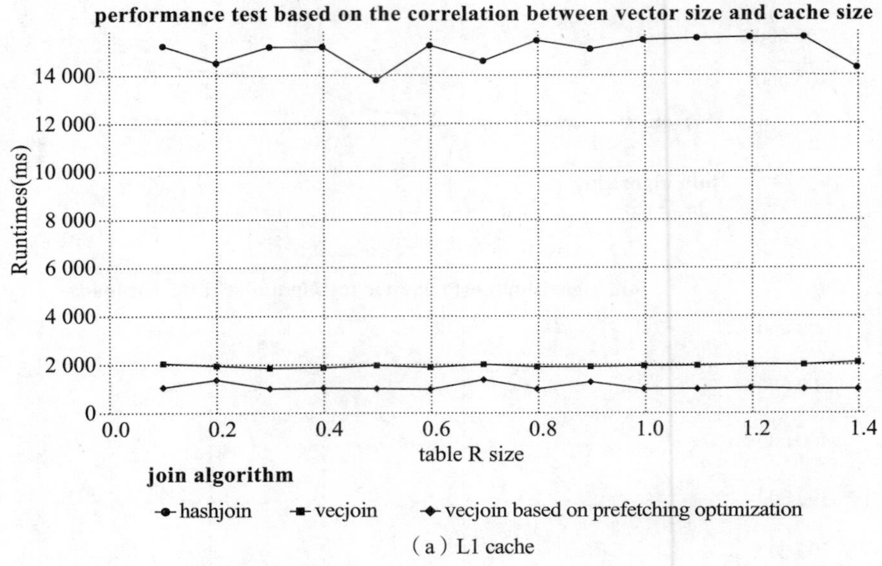

（a）L1 cache

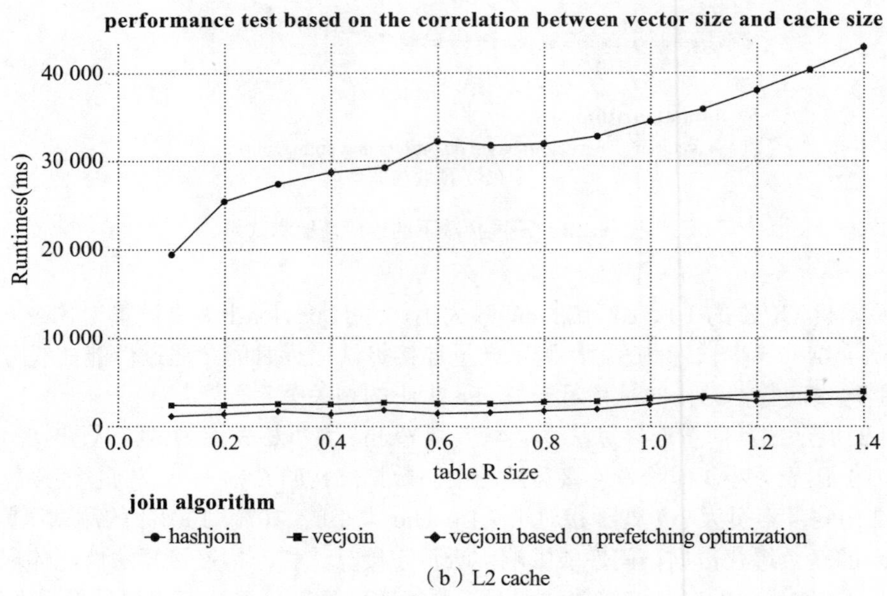

（b）L2 cache

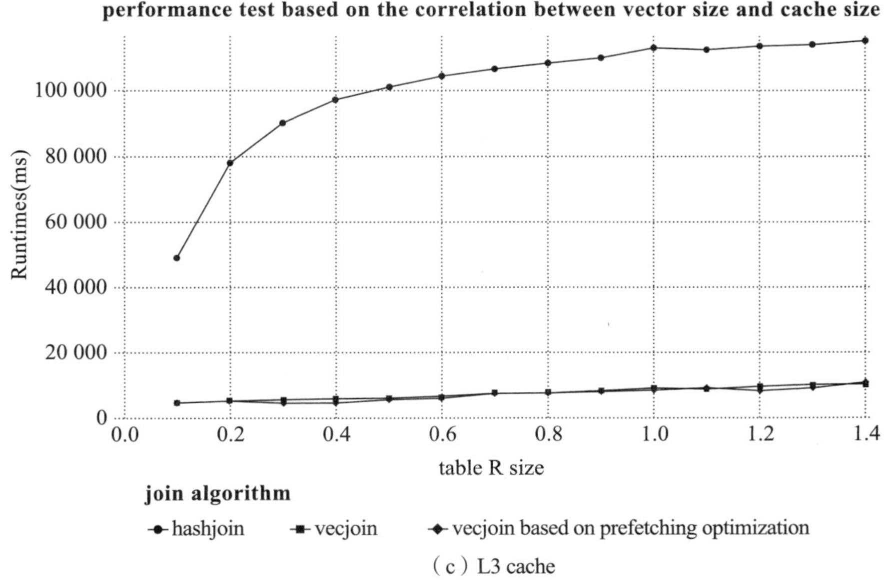

（c）L3 cache

图 8.23　向量连接算法性能与各级 cache 大小相关性测试

8.4　分组算子算法设计

分组操作实现对表中的列按分组属性划分为不同的数据集并对相当数据集中的数据进行聚集计算，是 OLAP 查询的关键算子。实验中分组算法采用基于向量索引的分组算法，即由预创建的向量索引记录分组 ID，基于向量索引访问表中记录，按分组 ID 进行分组计算。

8.4.1　分组操作案例

分组算子算法实验目标：探索向量分组和哈希分组在不同负载下的算法性能，分析分组算法性能与 CPU cache 大小的相关性。图8.24显示了向量分组算法示例，向量索引（VecInx）存储了分组 ID（0~n），映射到 S 表 S.M1 和 S.M2 列，分组向量（GrpVec）用于存储分组计算结果，分组 ID 映射为分组向量地址。向量分组算法在 S 表上执行基于向量索引的索引扫描操作，将对应记录的计算结果映射到分组向量单元中进行汇总计算，算法性能主要受分组向量访问性能影响，当分组向量小于 CPU cache 时，分组计算有较好的 cache 局部性，分组计算延迟较低。分组算法还可以基于 C++ STL hash_map 方法模拟哈希分组计算，根据向量索引值在哈希表中映射对应哈希桶进行汇总计算。

实验配置信息如下：

（1）数据生成器。模拟生成 S 数据表，数据类型为 int_32，长度为 600 000 000，模拟 SF=100 的 TPC-H 数据集。S 表度量列 M1 和 M2 预设值为 5，聚集表达式为 M1+M2，计算结果便于排查错误（聚集计算结果为行数 10 倍）。分组向量大小 n 为可变数据，模拟不同的分组势集，向量索引数据类型为 int_32，通过随机数填充 0~$n-1$ 之间的整数

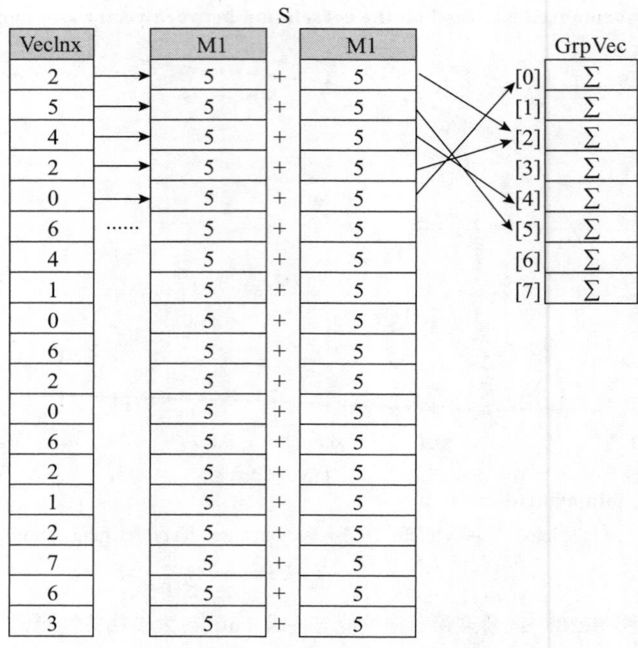

图 8.24 分组操作查询案例

分组 ID 值。

（2）分组数据集设置。分组数量从 32（2^5）起依次加倍，直到 67 108 864（2^{26}），分组数量覆盖 OLAP 查询的应用范围。

8.4.2 算法设计

向量分组算法实现如下所示：

```
 /**
  * @brief vector group algorithm
  *
  * @param size_R
  * @param vecInx
  * @param m1
  * @param m2
  * @param group_vector
  * @return int64_t the sum of the group vector result
  */
int64_t vector_group(const size_t& size_R,
                     const int* vecInx,
                     const int* m1,
                     const int* m2,
                     int* group_vector,
                     const int& group_num){
    int64_t final_result = 0;
```

```
    for(int i = 0; i < size_R; ++i) {
        group_vector[vecInx[i] - 1] += m1[i] + m2[i];
    }

    for(size_t i = 0; i != group_num; ++i) {
        final_result += group_vector[i];
    }

    return final_result;
}
```

哈希分组算法实现如下所示：

```
/**
 * @brief hashtable group algorithm
 *
 * @param size_R
 * @param vecInx
 * @param m1
 * @param m2
 * @param group_hashtable
 * @return int64_t the sum of the group vector result
 */
int64_t hashtable_group(const size_t& size_R,
                        const int* vecInx,
                        const int* m1,
                        const int* m2,
                        std::unordered_map<int, int> &group_hashtable){
    int64_t final_result = 0;

    for(size_t i = 0; i != size_R; ++i) {

        group_hashtable[vecInx[i] - 1] += m1[i] + m2[i];
    }

    for(size_t i = 0; i != group_hashtable.size(); ++i) {
        final_result += group_hashtable[i];
    }

    return final_result;
}
```

8.4.3 性能分析

下面测试分组大小 n 从 32（2^5）增长到 67 108 864（2^{26}）时的分组算法性能，分析分组算法性能与向量相对于各级 cache 大小的相关性。

图8.25展示的是分组数从 32（2^5）增长到 67 108 864（2^{26}）时的向量分组算法和哈

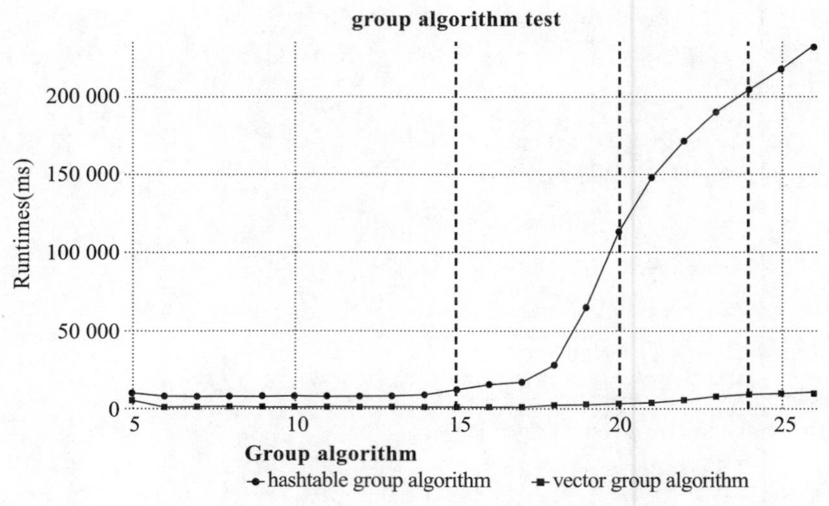

图 8.25 分组算法性能对比测试结果

希分组算法的性能对比，整体上看，向量分组算法在整个测试区间上性能都优于哈希分组算法。当分组数小于 L1 cache 大小 (即 2^{15}) 时，虽然哈希分组算法与向量分组算法存在性能差距，但是由于 L1 cache 高效缓存数据访问性能，哈希分组算法与向量分组算法之间的性能差距相对稳定，但是当分组数超过 L1 cache 大小时，由于哈希分组算法相对于向量分组算法具有更复杂的数据结构和更大的计算复杂度，哈希分组算法和向量分组算法之间的性能差距不断扩大，当分组数达到 L2 cache 大小的 25%（即 2^{18}）时，哈希分组算法性能迅速下降，而向量分组算法的性能则一直保持相对平缓的下降趋势。

8.5 聚集算子算法设计

聚集操作实现对多列数据代数表达式的聚集计算，主要特征是需要访问多列，执行多阶段计算过程。聚集算法的实现与查询处理模型相关，行式查询处理模型以记录为单位访问多列数据，计算表达式结果并进行聚集计算；列式查询处理模型以列为记录，一次执行一个阶段的计算任务并物化中间结果，再基于物化结果执行下一阶段的计算，直至完成全部计算，并对最终物化列进行聚集计算；向量化查询处理模型以优化的向量大小为单位，一次执行一个向量行组的聚集计算任务，各阶段计算结果物化为结果向量，通过 L1 cache 缓存提高物化数据访问效率。因此，聚集算法设计可以使用不同的访问模型，在列式查询处理模型和向量化查询处理模型中可以进一步通过 SIMD 指令提高计算效率。

8.5.1 聚集操作案例

聚集算子算法实验目标：探索聚集计算在不同查询处理模型下的算法性能，分析聚集算法性能与 CPU cache 大小的相关性。图8.26显示了聚集算法示例，聚集表达式 sum((l_ extendedprice*l_quantity)*l_tax+l_extendedprice*l_quantity) 分为三个计算阶段，第一阶段计算 l_extendedprice*l_quantity 的结果，存储于 netto_value 中，第二阶段计算 netto_value*l_tax，存储于 tax_value 中，第三阶段累加 netto_value 和 tax_value 的结果，存储于 total_value 中，最后汇总 total_value 的结果，获得累加和结果。

在图8.26的算法描述中，当每次访问 l_extendedprice、l_quantity 和 l_tax 列中一行数据时，中间结果存储为寄存器变量，实现基于流水模式的聚集计算，不需要中间结果物化代价，但需要每次计算访问多个列中不同的内存地址。当每次计算访问完整的 l_extendedprice、l_quantity 和 l_tax 列时，提高了每个计算阶段数据访问的局部性，但需要将中间结果 netto_value、tax_value 和 total_value 在内存中物化，增加了内存存储空间开销，也增加了内存访问延迟。将 l_extendedprice、l_quantity 和 l_tax 列划分为优化的行向量组时，每次访问相同长度的列向量，各计算阶段的中间结果 netto_value、tax_value 和 total_value 可能在 cache 中物化，减少内存空间的消耗和内存访问延迟。向量长度的不同设置对算法性能有较大的影响，当聚集计算中向量可以缓存在 L1 cache 中时，cache 访问延迟最低，算法性能最优，当向量长度增加，向量超过 L1、L2、L3 cache 大小时，产生内存访问延迟，算法性能相应降低，因此，可以通过不同向量长度的设置测试在指定 CPU 平台上算法性能和向量长度的相关性。

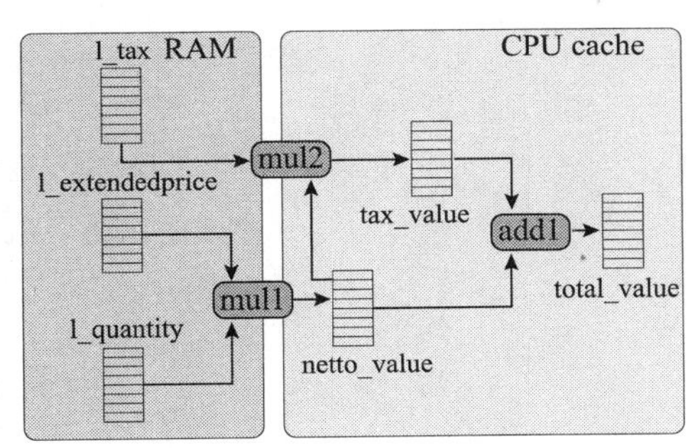

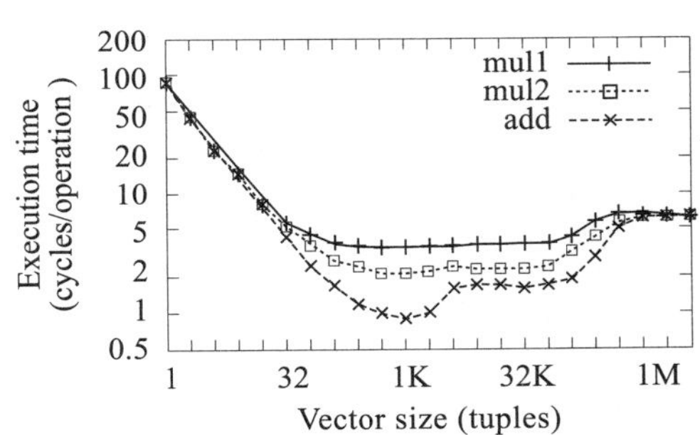

图 8.26 聚集操作查询案例

实验配置如下：

（1）数据生成器。

模拟生成事实表列 l_quantity、l_exptendedprice 和 l_tax，记录长度 2^{24}。

l_tax 随机范围为 0.01~0.2；l_quantity 随机范围为 1~10；l_exptendedprice 随机范围为 5~20。

（2）算法模型。

行式处理：一次处理一行记录；

列式处理：一次处理一列记录，物化选择向量；

向量化处理：一次处理长度为 n 的记录向量，L1 cache 自动缓存中间结果向量。

输出最终汇总值：sum((l_extendedprice*l_quantity)*l_tax+l_extendedprice*l_quantity)。

8.5.2 算法设计

行式查询处理模型聚集操作算法如下所示：

```
/**
 * @brief aggregation algorithm using Row-wise model
 *
 * @param size_R
 * @param l_tax
 * @param l_quantity
 * @param l_extendedprice
 * @return void
 */
double aggalgo_rowwise(const idx & size_R,
                       const double * l_tax,
                       const double * l_quantity,
                       const double * l_extendedprice)
{
    double result = 0.0;
    for (int i = 0; i < size_R; i++)
        result += (l_extendedprice[i] * l_quantity[i]) * l_tax[i] + l_extendedprice[i] * l_quantity[i];
    return result;
}
/**
```

列式查询处理模型聚集操作算法如下所示：

```
/**
 * @brief aggregation algorithm using Column-wise model
 *
 * @param size_R
 * @param l_tax
 * @param l_quantity
 * @param l_extendedprice
 * @param netto_value
 * @param tax_value
 * @param total_value
 * @return void
 */
double aggalgo_columnwise(const idx & size_R,
                          const double * l_tax,
                          const double * l_quantity,
                          const double * l_extendedprice,
                          double * netto_value,
                          double * tax_value,
                          double * total_value)
{
    double result = 0.0;
    /*l_extendedprice * l_quantity*/
    for (int i = 0; i < size_R; i++)
        netto_value[i] = l_extendedprice[i] * l_quantity[i];
    /*netto_value * l_tax*/
    for (int i = 0; i < size_R; i++)
        tax_value[i] = netto_value[i] * l_tax[i];
```

```
    /*netto_value + tax_value*/
    for (int i = 0; i < size_R; i++)
        result += netto_value[i] + tax_value[i];
    return result;
}
```

列式查询处理模型聚集计算可以进一步应用 SIMD 指令提高并行计算性能，算法实现如下：

```
 * @brief aggregation algorithm using Column-wise model with SIMD
 *
 * @param size_R
 * @param l_tax
 * @param l_quantity
 * @param l_extendedprice
 * @param netto_value
 * @param tax_value
 * @param total_value
 * @return void
 */
double aggalgo_columnwise_simd(const idx & size_R,
                        const double * l_tax,
                        const double * l_quantity,
                        const double * l_extendedprice)
{
    double result = 0.0;
    __m512d netto_value, tax_value, total_value, l_tax_simd, l_quantity_simd, l_extendedprice_simd, result_simd;
    double * result_back = (double *)_mm_malloc(8 * sizeof(double), 64);
    for (int i = 0; i < size_R; i+=8)
    {
        l_tax_simd = _mm512_load_pd(l_tax + i);
        l_quantity_simd = _mm512_load_pd(l_quantity + i);
        l_extendedprice_simd = _mm512_load_pd(l_extendedprice + i);
        /*l_extendedprice * l_quantity*/
        netto_value = _mm512_mul_pd(l_extendedprice_simd, l_quantity_simd);
        /*netto_value * l_tax*/
        tax_value = _mm512_mul_pd(netto_value, l_tax_simd);
        /*netto_value + tax_value*/
        result_simd = _mm512_add_pd(netto_value, tax_value);
        _mm512_store_pd(result_back, result_simd);
        for (int j = 0; j < 8; j++)result += result_back[j];

    }
```

向量化查询处理模型聚集操作算法如下所示：

```
for (int i = 0; i < vec_num; i++)
{
    double *netto_value = new double[vec_size];
    double *tax_value = new double[vec_size];
    double *total_value = new double[vec_size];
    result += aggalgo_columnwise(vec_size, l_tax + i * vec_size,
    l_quantity + i * vec_size, l_extendedprice

}
```

```
/**
 * @brief aggregation algorithm using Column-wise model
 *
 * @param size_R
 * @param l_tax
 * @param l_quantity
 * @param l_extendedprice
 * @param netto_value
 * @param tax_value
 * @param total_value
 * @return void
 */
double aggalgo_columnwise(const idx & size_R,
                          const double * l_tax,
                          const double * l_quantity,
                          const double * l_extendedprice,
                          double * netto_value,
                          double * tax_value,
                          double * total_value)
{
    double result = 0.0;
    /*l_extendedprice * l_quantity*/
    for (int i = 0; i < size_R; i++)
        netto_value[i] = l_extendedprice[i] * l_quantity[i];
    /*netto_value * l_tax*/
    for (int i = 0; i < size_R; i++)
        tax_value[i] = netto_value[i] * l_tax[i];
    /*netto_value + tax_value*/
    for (int i = 0; i < size_R; i++)
        result += netto_value[i] + tax_value[i];
    return result;
}
```

向量化查询处理模型聚集计算可以进一步和 SIMD 指令相结合，提高并行计算性能，算法实现如下：

```
for (int i = 0; i < vec_num; i++)
{
    result += aggalgo_columnwise_simd(vec_size, l_tax + i * vec_size,
    l_tax + i * vec_size, l_quantity + i * vec_size, l_extendedprice +

}
,
 * @brief aggregation algorithm using Column-wise model with SIMD
 *
 * @param size_R
 * @param l_tax
 * @param l_quantity
```

```
 * @param l_extendedprice
 * @param netto_value
 * @param tax_value
 * @param total_value
 * @return void
 */
double aggalgo_columnwise_simd(const idx & size_R,
                            const double * l_tax,
                            const double * l_quantity,
                            const double * l_extendedprice)
{
    double result = 0.0;
    __m512d netto_value, tax_value, total_value, l_tax_simd, l_quantity_simd,
    l_extendedprice_simd, result_simd;
    double * result_back = (double *)_mm_malloc(8 * sizeof(double), 64);
    for (int i = 0; i < size_R; i+=8)
    {
        l_tax_simd = _mm512_load_pd(l_tax + i);
        l_quantity_simd = _mm512_load_pd(l_quantity + i);
        l_extendedprice_simd = _mm512_load_pd(l_extendedprice + i);
        /*l_extendedprice * l_quantity*/
        netto_value = _mm512_mul_pd(l_extendedprice_simd, l_quantity_simd);
        /*netto_value * l_tax*/
        tax_value = _mm512_mul_pd(netto_value, l_tax_simd);
        /*netto_value + tax_value*/
        result_simd = _mm512_add_pd(netto_value, tax_value);
        _mm512_store_pd(result_back, result_simd);
        for (int j = 0; j < 8; j++)result += result_back[j];

    }
```

8.5.3　性能分析

本小节对行式查询处理模型、列式查询处理模型、列式 SIMD 查询处理模型、向量化查询处理模型、向量化 SIMD 查询处理模型性能特征进行分析。

如图8.27所示，在所有的聚集算法实现中，基于行式查询处理模型实现的聚集算法性能最佳，基于列式查询处理模型实现的聚集算法性能次之，而基于向量化查询处理模型 (向量长度设定为 1 024) 实现的聚集算法性能最差，其中，行式查询处理模型的性能约是向量化查询处理模型的 10 倍，列式查询处理模型的 7 倍。应用 SIMD 指令之后，基于列式查询处理模型的聚集算法性能提升了 5 倍，基于向量化查询处理模型的聚集算法性能提升了 6 倍，但是仍达不到行式查询处理模型的性能指标。

对向量访问聚集算法测试不同向量长度时的算法性能，向量长度为 2^0~2^{24}，分析算法性能、向量大小和 cache 大小之间的关系。图8.28展示的是基于不同向量长度的向量访问聚集算法性能，由于使用的是 AVX512 指令集，所以应用 SIMD 指令的向量访问聚集算法的向量长度最小值为 2^3(8)。从图8.28可以看出，当向量长度处于 $[2^3，2^{24}]$ 的测

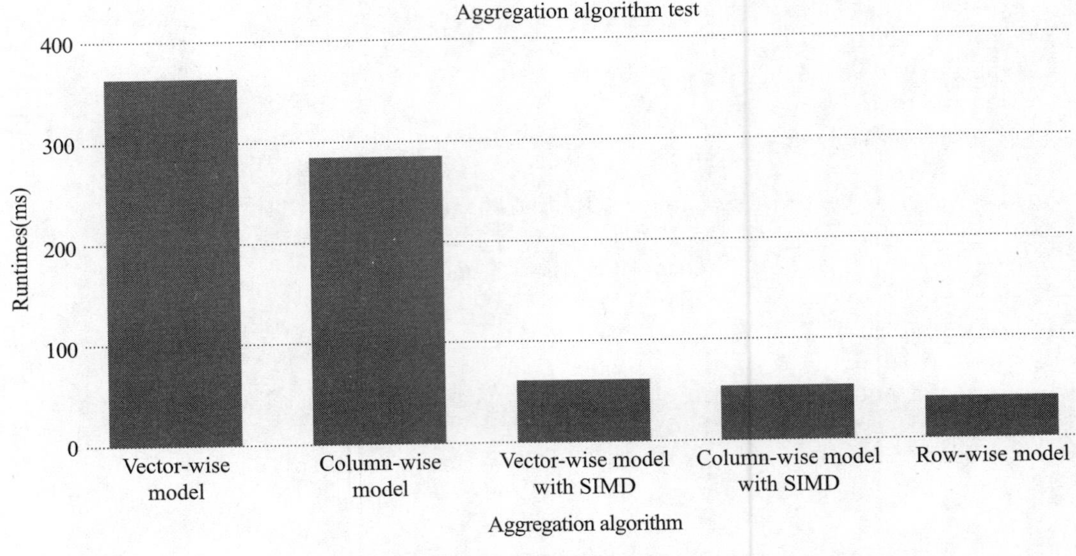

图 8.27 聚集算法性能对比

试区间上时，除 2^{13} 的性能出现异常值外，使用 SIMD 指令的向量访问聚集算法性能更优，且当向量长度小于 2^8 时，向量访问聚集算法性能随向量长度增大而得到提升。

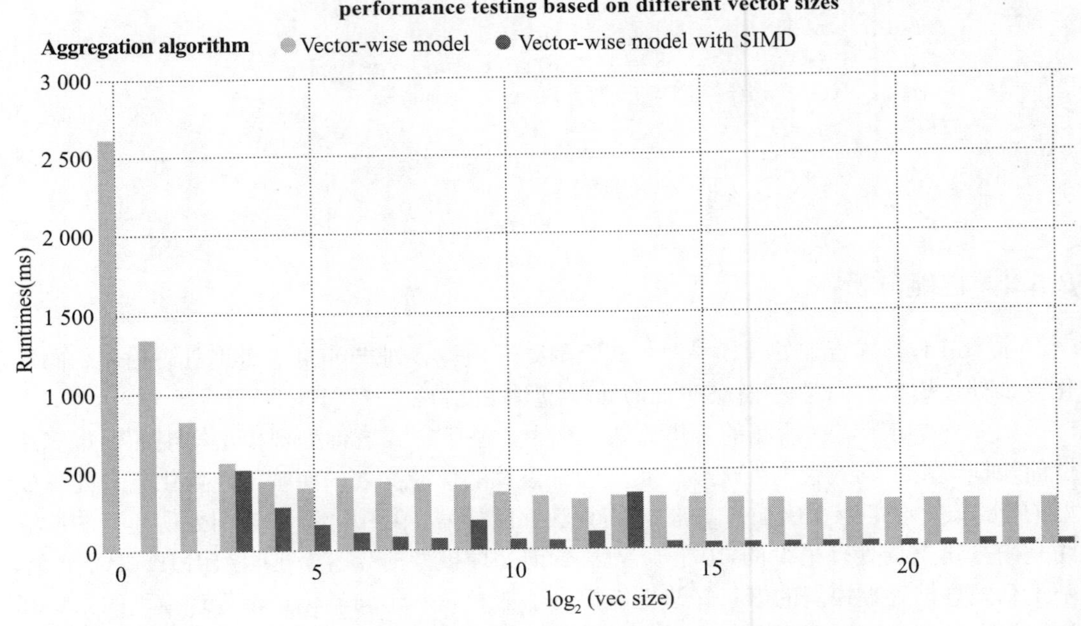

图 8.28 基于不同向量长度的向量访问聚集算法性能测试

8.6 星形连接算子算法设计

星形连接对应事实表与多个维表外键连接场景，是 OLAP 查询的主要操作，也是执行代价较高的操作。星形连接实验模拟 SSB 数据集上事实表 LINEORDER 与维表 DATE、SUPPLIER、PART、CUSTOMER 之间的连接操作，如图8.29所示，5 个表的行数由 SF 参数确定，查询在各维表上的选择率和分组数量如表 3.12 所示。实验采用向量连接算法，维表抽象为维向量结构，通过选择率参数设置空值数量，通过分组数量参数设置非空值取值范围，可以模拟不同的查询任务。

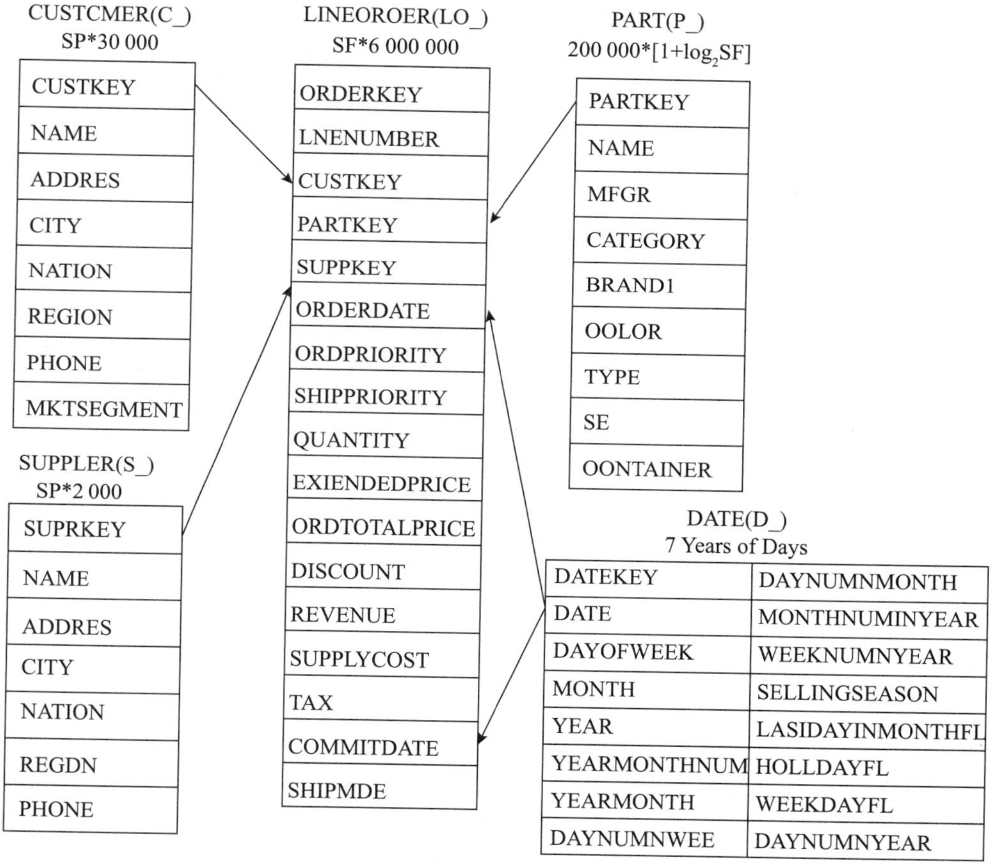

CUSTCMER(C_)
SP*30 000
CUSTKEY
NAME
ADDRES
CITY
NATION
REGION
PHONE
MKTSEGMENT

LINEOROER(LO_)
SF*6 000 000
ORDERKEY
LNENUMBER
CUSTKEY
PARTKEY
SUPPKEY
ORDERDATE
ORDPRIORITY
SHIPPRIORITY
QUANTITY
EXIENDEDPRICE
ORDTOTALPRICE
DISCOUNT
REVENUE
SUPPLYCOST
TAX
COMMITDATE
SHIPMDE

PART(P_)
200 000*[1+$\log_2$SF]
PARTKEY
NAME
MFGR
CATEGORY
BRAND1
OOLOR
TYPE
SE
OONTAINER

SUPPLER(S_)
SP*2 000
SUPRKEY
NAME
ADDRES
CITY
NATION
REGDN
PHONE

DATE(D_)
7 Years of Days
DATEKEY
DATE
DAYOFWEEK
MONTH
YEAR
YEARMONTHNUM
YEARMONTH
DAYNUMNWEE
DAYNUMNMONTH
MONTHNUMINYEAR
WEEKNUMNYEAR
SELLINGSEASON
LASIDAYINMONTHFL
HOLLDAYFL
WEEKDAYFL
DAYNUMNYEAR

图 8.29　SSB 模式

8.6.1 星形连接操作案例

图8.30模拟事实表与 3 个维表之间的星形连接操作，每个维表生成一个维向量，维向量长度与维表行数相同，空值表示不满足维表上 where 条件的记录位置，非空值表示维表上 group by 属性的压缩编码，如维表上 group by 属性包含 2 个成员，则编码为 0 和 1，有 n 个成员则分组编码为 0~$n-1$。

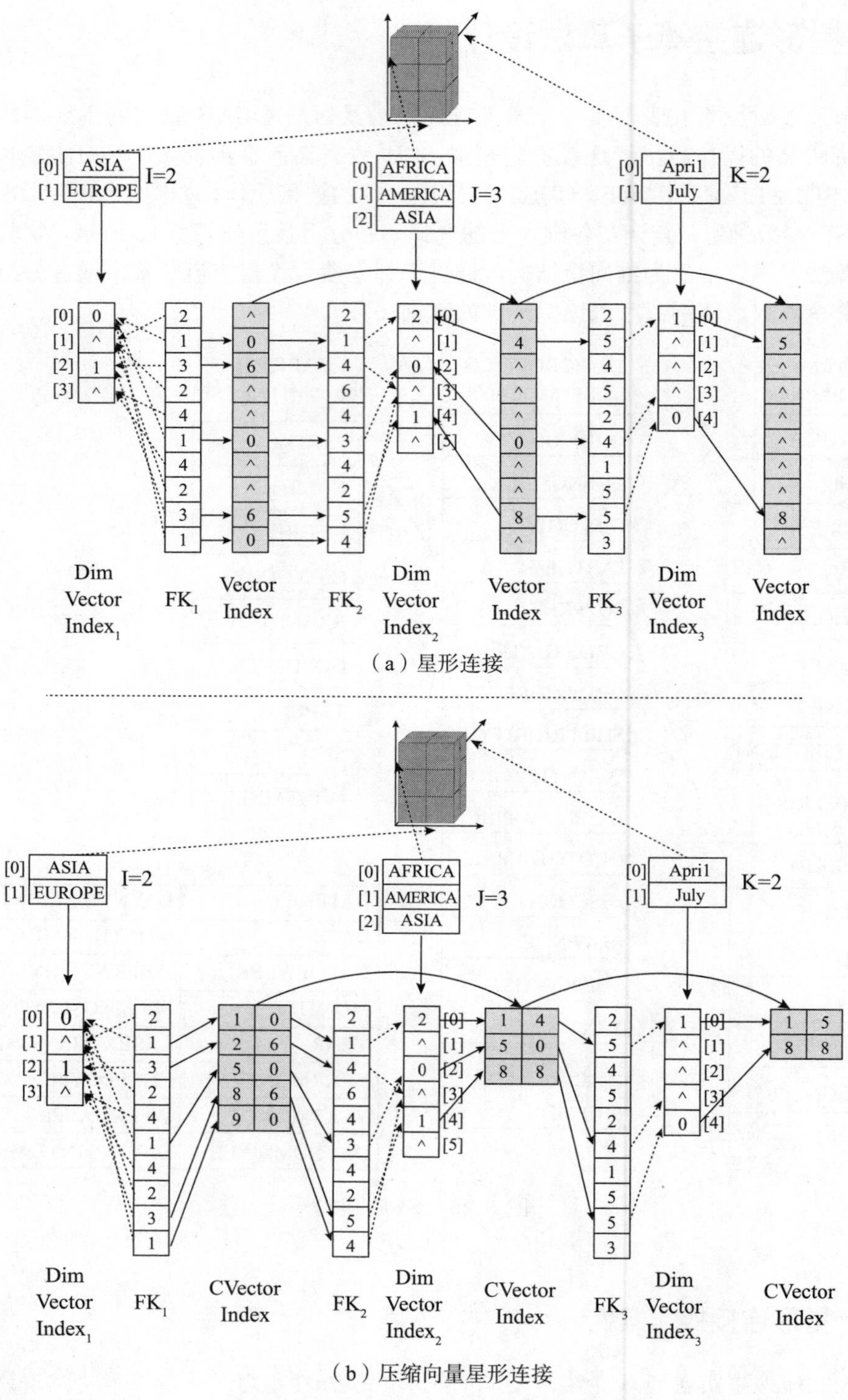

图 8.30 星形连接操作查询案例

事实表外键列依次与各维向量执行基于外健值映射到维向量下标地址的向量操作，若非空则记录在向量索引中，图8.30(a) 为使用定长向量索引，单列记录分组编码，图8.30(b) 为使用压缩向量索引，使用 <OID,VALUE> 二元组记录满足连接条件事实表记录的 OID 和分组编码，分组编码数据类型为 int_32，实验中使用压缩向量索引方式提高性能。每次连接生成压缩向量索引，然后压缩向量索引中的 OID 用于访问下一列的外键列数据，执行与下一个维向量的向量连接操作，更新压缩向量索引中的中间结果，直到处理完最后一个维向量，生成最终的压缩向量索引。

算法配置信息如下：

（1）数据生成器。

1）输入 SF 值。根据 SF 计算 5 个表的记录行数。根据维表的行数通过随机数填充 4 个事实表外键列的值，如维表长度为 20 000，事实表相应外键列通过随机数生成 $0 \sim 20\,000 - 1$ 的值。

2）输入选择率。选择率范围 $0 \sim 1$，根据选择率通过随机数填充空值，维向量宽度设置为 int_8，1 字节宽度，空值通过宏定义为最大值，根据选择率随机设置空值位置。

3）输入分组数。根据输入的分组数设置各维向量中分组编码，如分组数为 8，则分组编码为 $0 \sim 8 - 1$，随机分布在维向量非空单元中。

4）创建 4 个外键列，通过随机数按维表记录长度范围设置外键值。

（2）选择率设置。

实验测试事实表与 4 个维表的多表星形连接操作，选择率统一设置为 1、2^{-1}、2^{-2}、2^{-3}、2^{-4}，模拟不同选择率下的星形连接性能。实验测试中 SF 最小为 10，测试时分组数可以统一设置为 2^4，4 个维向量分组最大值为 2^{16}。对星形连接执行过程计时，执行完毕后输出最终压缩向量索引中满足连接条件记录的个数，与选择率印证。

8.6.2　算法设计

定长向量索引设置为数组向量，存储星形连接结果，与外键列在位置上一一对应；压缩向量索引采用二元结构，OID 对应满足连接条件记录的位置，压缩向量索引可以采用向量动态数组存储或者定长二元数组结构存储，通过位置指针指示实际存储位置。

星形连接算法可以采用一次一行、一次一列、一次一向量的处理模型，算法代码如下。

一次一行处理模型：

```
/**
 * @brief starjoin using Row-wise model
 *
 * @param size_lineorder
 * @param dimvec_c
 * @param dimvec_s
 * @param dimvec_p
 * @param dimvec_d
```

```
* @param fk_c
* @param fk_s
* @param fk_p
* @param fk_d
* @return int
*/
int starjoinalgo_rowwise(const int& size_lineorder,
                        const int8_t* dimvec_c, const int8_t* dimvec_s,
                        const int8_t* dimvec_p, const int8_t* dimvec_d,
                        const int32_t* fk_c, const int32_t* fk_s,
                        const int32_t* fk_p, const int32_t* fk_d){
    // join on four tables
    int count = 0;
    for(int i = 0; i != size_lineorder; ++i) {
        if(dimvec_c[fk_c[i]] != DIM_NULL && dimvec_s[fk_s[i]] != DIM_NULL
&& dimvec_p[fk_p[i]] != DIM_NULL && dimvec_d[fk_d[i]] != DIM_NULL) {
            count ++;
        }
      }
      return count;
    }
```

一次一列处理模型和定长向量索引：

```
/**
 * @brief starjoin using Column-wise model by static vector
 *
 * @param size_lineorder
 * @param dimvec_c
 * @param dimvec_s
 * @param dimvec_p
 * @param dimvec_d
 * @param fk_c
 * @param fk_s
 * @param fk_p
 * @param fk_d
 * @param result
 * @return int
 */

int starjoinalgo_cwm_sv(const int& size_lineorder,
                        const int8_t* dimvec_c, const int8_t* dimvec_s,
                        const int8_t* dimvec_p, const int8_t* dimvec_d,
```

```
                    const int32_t* fk_c, const int32_t* fk_s,
                    const int32_t* fk_p, const int32_t* fk_d,
                    int * result){
// join on customer table
 for (int i = 0; i != size_lineorder; i++)
 {
      if (dimvec_c[fk_c[i]] != DIM_NULL)
            result[i] += ((int)dimvec_c[fk_c[i]]) << (GROUP_BITS_TABLE * 3);
      else
            result[i] = GROUP_NULL;
 }
 //join on supplier table
 for (int i = 0; i != size_lineorder; i++)
 {
      if (result[i] != GROUP_NULL)
      {
          if (dimvec_s[fk_s[i]] != DIM_NULL)
                result[i] += ((int)dimvec_s[fk_s[i]]) << (GROUP_BITS_TABLE * 2);
          else
                result[i] = GROUP_NULL;
      }
 }
 //join on part table
 for (int i = 0; i != size_lineorder; i++)
 {
       if (result[i] != GROUP_NULL)
       {
             if (dimvec_p[fk_p[i]] != DIM_NULL)
                   result[i] += ((int)dimvec_p[fk_p[i]]) << (GROUP_BITS_TABLE);
             else
                   result[i] = GROUP_NULL;
       }
  }
  //join on date table
  for (int i = 0; i != size_lineorder; i++)
  {
      if (result[i] != GROUP_NULL)
      {
          if (dimvec_d[fk_d[i]] != DIM_NULL)
                result[i] += (int)dimvec_d[fk_d[i]];
          else
                result[i] = GROUP_NULL;
      }
```

```
    }
    int count = 0;
    for (int i = 0; i != size_lineorder; i++)
    {
        if (result[i] != GROUP_NULL)
            ++count;
    }
    return count;
}
```

一次一列处理模型和压缩向量索引：

```
/**
 * @brief starjoin using Column-wise model by dynamic vector
 *
 * @param size_lineorder
 * @param dimvec_c
 * @param dimvec_s
 * @param dimvec_p
 * @param dimvec_d
 * @param fk_c
 * @param fk_s
 * @param fk_p
 * @param fk_d
 * @param result
 * @return int
 */
int starjoinalgo_cwm_dv(const int& size_lineorder,
                        const int8_t* dimvec_c, const int8_t* dimvec_s,
                        const int8_t* dimvec_p, const int8_t* dimvec_d,
                        const int32_t* fk_c, const int32_t* fk_s,
                        const int32_t* fk_p, const int32_t* fk_d,
                        std::vector< std::pair< int, int>> result){
  size_t read_idx, cur_size, write_idx;
  // join on customer table
  for (read_idx = 0, write_idx = 0; read_idx != size_lineorder; ++read_idx)
  {
      if (dimvec_c[fk_c[read_idx]] != DIM_NULL)
      {
          result.emplace_back(read_idx, (((int)dimvec_c[fk_c[read_idx]]) <<
          (GROUP_BITS_TABLE * 3))); // (pos, group)
          ++write_idx;
      }
  }
```

```
  //join on supplier table
  cur_size = write_idx;
  for (read_idx = 0, write_idx = 0; read_idx != cur_size; ++read_idx)
  {
      auto cur_pos = result[read_idx].first;
      if (dimvec_s[fk_s[cur_pos]] != DIM_NULL)
      {
         result[write_idx].first = cur_pos; // (pos)
         result[write_idx].second = result[read_idx].second + (((int)dimvec_s
         [fk_s[cur_pos]]) << (GROUP_BITS_TABLE * 2)); // (group)
         ++write_idx;
     }
    }
    //join on date table
    cur_size = write_idx;
    for (read_idx = 0, write_idx = 0; read_idx != cur_size; ++read_idx)
    {
        auto cur_pos = result[read_idx].first;
        if (dimvec_d[fk_d[cur_pos]] != DIM_NULL)
        {
           result[write_idx].first = cur_pos; // (pos)
           result[write_idx].second = result[read_idx].second + (int)dimvec_d
           [fk_d[cur_pos]]; // (group)
           ++write_idx;
        }
    }
    return write_idx;
  }
```

一次一向量处理模型和定长向量索引：

```
  for (int i = 0; i <= vec_num; i++)
     {
        int *result = new int[size_v];
        int nums = (i != vec_num) ? size_v : size_lineorder - i * size_v;
        count += starjoinalgo_cwm_sv(nums, dimvec_c, dimvec_s, dimvec_p,
        dimvec_d, fk_c + i
* size_v, fk_s + i * size_v, fk_p + i * size_v, fk_d + i * size_v, result);
     }
```

一次一向量处理模型和压缩向量索引：

```
  std::vector< std::pair< int, int>> result;
  int vec_num = size_lineorder / size_v;
  int count = 0;
  for (int i = 0; i <= vec_num; i++)
```

```
    {
        int nums = (i != vec_num) ? size_v : size_lineorder - i * size_v;
        count += starjoinalgo_cwm_dv(nums, dimvec_c, dimvec_s, dimvec_p, dimvec_d,
fk_c + i * size_v, fk_s + i * size_v, fk_p + i * size_v, fk_d + i * size_v,result);
        result.clear();
    }
```

8.6.3 性能分析

本小节对行式处理、列式处理和向量化处理，定长向量索引、压缩向量索引在不同选择率下的性能曲线所反映的性能特征进行分析。

图8.31展示的是不同的星形连接算法在不同选择率下的性能对比，其中，

- 查询处理模型：——代表列式查询处理模型，—▲—代表行式查询处理模型，-----代表向量化查询处理模型
- 中间结果类型：●代表压缩向量索引，■代表定长向量索引。

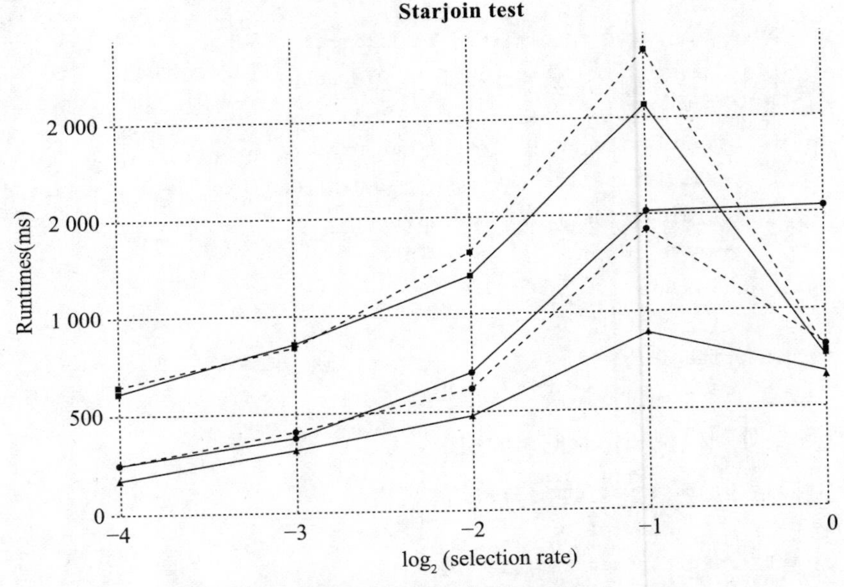

图 8.31 星形连接算法实现性能测试

如图8.31所示，所有的星形连接算法实现总体上都呈现出在最低的单列选择率 2^{-4}(总选择率 2^{-16}) 到单列选择率 2^{-1}(总选择率 2^{-4}) 的测试区间上性能不断下降和从单列选择率 2^{-1}(总选择率 2^{-4}) 到单列选择率 1(总选择率 1) 的测试区间上性能逐渐上升的变化趋

势。其中，基于行式查询处理模型实现的星形连接算法性能在整个测试区间上性能最佳。从中间结果类型角度分析，基于压缩向量索引实现的星形连接算法性能在整个测试区间上都优于基于定长向量索引实现的星形连接算法。在基于压缩向量索引实现的两种星形连接算法中，基于向量化查询处理模型实现的星形算法优于列式查询处理模型，而在基于定长向量索引实现的两种星形连接算法中，基于列式查询处理模型实现的星形连接算法性能优于向量化查询处理模型。

8.7　多维计算算子算法设计

多维计算算子对应 OLAP 负载中事实表上的多维分析计算任务，包含选择、投影、连接、分组、聚集等算子，是实现事实表存储端计算的核心功能。[5] 多维计算算子实现技术是基础关系算子实现技术的整合，通过 pthread 多线程编程技术实现面向多核 CPU 平台的并行处理，探索面向多核 CPU 和 cache 结构的优化技术，也是实现 SSB 查询的核心功能。

8.7.1　多维计算操作查询案例

多维计算操作查询案例如图8.32所示，具体步骤如下：

（1）使用 4 个维向量模拟 SSB 中的 4 个维表上的选择、投影、分组操作，预设选择率、分组压缩编码，向量类型（位图或向量索引）。

（2）通过维向量与 FK 外键的向量连接操作迭代计算多维分组地址，生成压缩向量索引。

（3）通过压缩向量索引执行分组聚集计算，生成分组向量。

（4）采用向量化查询处理方法，向量大小为 1 024。

（5）多线程采用私有分组向量技术，线程间分组向量归并计算全局分组向量。

（6）输出分组数和执行时间，分组向量存储在日志中用于校验结果，分组向量输出时间不计入执行时间。

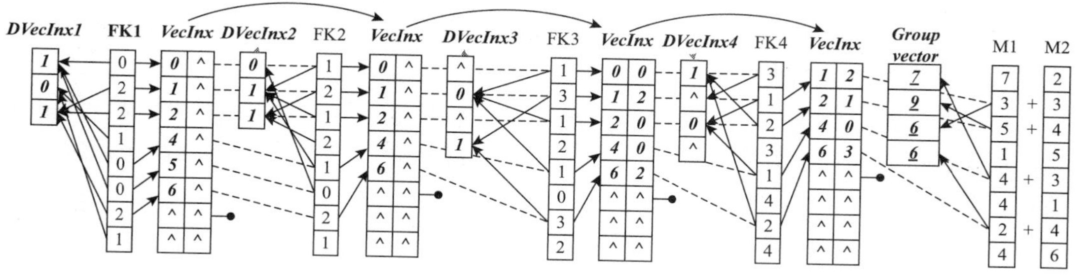

图 8.32　多维计算操作查询案例[6]

算法配置信息如表 8.5 所示。

1. 数据生成器

（1）输入 SF 值。根据 SF 计算 5 个表的记录行数。根据维表的行数通过随机数填充 4 个事实表外键列的值，如维表长度为 20 000，事实表相应外键列通过随机数生成 0~20 000 − 1 的值。

（2）输入选择率。选择率范围 0~1，根据选择率通过随机数填充空值，维向量宽度设置为 int_8，1 字节宽度，空值通过宏定义为最大值，根据选择率随机设置空值位置。

（3）输入分组数。根据输入的分组数设置各维向量中分组编码，如分组数为 8，则分组编码为 0~8 − 1，随机分布在维向量非空单元中。

（4）创建 4 个外键列，通过随机数按维表记录长度范围设置外键值。

表 8.5　SSB 查询参数设置

查询	分组属性	分组数量	选择率			
			DATE	SUPPLIER	PART	CUSTOMER
Q2.1	d_year, p_brand1	7×40		1/5	1/25	----
Q2.2	d_year, p_brand1	7×8		1/5	1/125	----
Q2.3	d_year, p_brand1	7×1		1/5	1/1000	----
Q3.1	c_nation, s_nation, d_year	5×5×6	6/7	1/5	----	1/5
Q3.2	c_city, s_city, d_year	10×10×6	6/7	1/25	----	1/25
Q3.3	c_city, s_city, d_year	2×2×6	6/7	1/125	----	1/125
Q3.4	c_city, s_city, d_year	2×2×1	1/84	1/125	----	1/125
Q4.1	d_year, c_nation	7×5		1/5	2/5	1/5
Q4.2	d_year, s_nation, p_category	2×5×10	2/7	1/5	2/5	1/5
Q4.3	d_year, s_city, p_brand1	2×10×40	2/7	1/25	1/25	1/5

2. 算法参数设置

算法参数描述如下：

```
./OLAPcore --SF=100 --d-sele=0.1 --d-bitmap=0 --d-groups=4 --s-sele=0.2
--s-bitmap=1 --s-groups=6 --p-sele=0.1 --p-bitmap=0 --p-groups=4 --c-sele=0.2
--c-bitmap=1 --c-groups=6
```

每个维向量一组参数，宽度为 int_8，分别表示选择率、是否为位图索引、分组数量，根据各维表输入参数设置维向量空值数量、分组编码，位图只用于过滤不提供分组地址计算。

按 SF 计算 4 个事实表外键列大小并生成 int_32 类型的外键列数组，值按维向量大小随机生成外键值。

生成 M1、M2 两个事实表度量列，统一设置初始值 5，计算 M1+M2 输出。

通过输入参数模拟 SSB Q2、Q3、Q4 组查询的核心计算功能。

8.7.2　算法设计

算法设计可以参考经典代码，学习 pthread 多线程编程技术，学习好的程序设计方法。

1. pthread 多线程编程技术

（1）进程与线程概念介绍。

1）进程。进程[①]是一个具有独立功能程序的运行实体，通常一个进程包含一个或多个线程。线程与进程都是操作系统的概念。不同进程相互独立，同一进程的线程共享该进程的地址空间及其他资源。

进程具有以下三个特征：

- 并发性：任何进程都可以同其他进程一起并发执行。
- 独立性：进程是一个能独立运行的基本单位，同时也是系统分配资源和调度的独立单位。
- 异步性：进程间的相互制约使进程具有执行的间断性，即进程按各自独立的、不可预知的速度向前推进。

进程由程序、数据和进程控制块三部分组成，多个不同的进程可以包含相同的程序：一个程序在不同的数据集里就构成不同的进程，能得到不同的结果；但是执行过程中，程序不能发生改变。

进程具有以下三种基本状态：

- 就绪状态：进程已获得除处理器外的其他所需资源，等待分配处理器资源；只要分配了处理器进程就可执行。就绪进程可以按多个优先级来划分队列。例如，当一个进程由于时间片用完而进入就绪状态时，排入低优先级队列；当进程由 I/O 操作完成而进入就绪状态时，排入高优先级队列。
- 运行状态：进程占用处理器资源；处于此状态的进程的数目小于等于处理器的数目。在没有其他进程可以执行时 (如所有进程都在阻塞状态)，通常会自动执行系统的空闲进程。
- 阻塞状态：由于进程等待某种条件（如 I/O 操作或进程同步），在条件满足之前无法继续执行。该事件发生前即使把处理机分配给该进程，也无法运行。

2）线程。[②]每个进程都有自己的地址空间，即进程空间，在网络或多用户换机下，一个服务器通常需要接收大量不确定数量用户的并发请求，为每一个请求都创建一个进程显然行不通（系统开销大响应，用户请求效率低），因此在操作系统中引入了线程的概念：在一个进程中，每个独立的功能都需要独立地运行，这时又需要把当前进程划分成多个运行区域，每个独立的小区域（小单元）称为一个线程。

线程具有以下几个特点：

① 轻型实体。线程中的实体除一点必不可少的、能保证独立运行的资源，基本上不

① 参考 https:blog.csdn.net/Hello_shuoarticledetails142787416。

② 参考 https://blog.csdn.net/2303_79336820/article/details/143313681。

拥有系统资源。线程的实体包括程序、数据和 TCB。线程是动态概念，它的动态特性由线程控制块（Thread Control Block，TCB）描述。TCB 包括以下信息：

- 线程状态。
- 当线程不运行时，被保存的现场资源。
- 一组执行堆栈。
- 存放在每个线程的局部变量主存区。
- 访问同一个进程中的主存和其他资源，用于指示被执行指令序列的程序计数器、保留局部变量、少数状态参数和返回地址等的一组寄存器和堆栈。

② 独立调度和分派的基本单位。在操作系统中，线程是能独立运行的基本单位，因此也是独立调度和分派的基本单位。因为线程体量很“轻”，所以同一进程中线程切换非常迅速且开销小。

③ 可并发执行。在同一个进程中，多个线程可以并发执行，甚至允许在一个进程中所有线程都能并发执行；同样，不同进程中的线程也能并发执行，充分利用和发挥了处理机与外围设备并行工作的能力。

④ 共享进程资源。在同一进程中的各个线程都可以共享该进程所拥有的资源，这首先表现在：所有线程都具有相同的地址空间（进程的地址空间），这意味着，线程可以访问该地址空间的每一个虚地址；此外，还可以访问进程所拥有的已打开文件、定时器、信号量机构等。由于同一个进程内的线程共享内存和文件，所以线程之间互相通信不必调用内核。

3）进程与线程的区别。

① 地址空间。同一进程的所有线程共享本进程的地址空间，而不同的进程之间的地址空间是独立的。

② 资源拥有。同一进程的所有线程共享本进程的资源，如内存、CPU、IO 等。进程之间的资源是独立的，无法共享。

③ 执行过程。每一个独立进程都相当于一个可独立执行的应用程序，有一个程序执行的入口。但是线程不能独立执行，必须依存在应用程序中，由程序的多线程控制机制进行控制。

④ 健壮性。因为同一进程的所有线程共享此进程的资源，因此当一个线程崩溃时，此进程也会崩溃。但是各个进程之间的资源是独立的，因此当一个进程崩溃时，不会影响其他进程，因此进程比线程健壮。

（2）Pthread 库简介。

Pthread 是 POSIX threads 的简称，是 POSIX 的线程标准。POSIX 是可移植操作系统接口 (Portable Operating System Interface) 的简称，其定义了操作系统的标准接口，旨在获得源代码级别的软件可移植性。Pthread 是 C ＋＋ 98 接口且只支持 Linux，使用时需要包含头文件 #include <pthread.h>，编译时需要链接 pthread 库 (Windows 环境下无 pthread，Linux GCC4.6 以下编译需加-pthread 编译选项)。pthread 常用功能接口介绍如下。

1）线程创建。代码如下：

```
int pthread_create (pthread_t *thread, pthread_attr_t *attr, void *(*start_routine)
(void *),void *arg);
```

若创建线程成功，pthread_create 返回 0；若创建线程失败，pthread_create 返回相应错误代码。其中：

• thread 是线程标识符，但这个参数不是由用户指定的，而是由 pthread_create 函数在创建时将新的线程的标识符放到这个变量中。

• attr 指定线程的属性，包含线程的调度策略、堆栈的相关信息、join or detach 的状态等，可以用 NULL 表示默认属性。

• start_routine 指定线程开始运行的函数。

• arg 是 start_routine 所需要的参数，是一个无类型指针。

pthread_attr_t 相关接口如下：

```
pthread_attr_t attr; // 声明attr
pthread_attr_init(&attr); // 创建attr
pthread_attr_destroy(&attr); // 销毁attr
pthread_attr_setdetachstate(&attr, PTHREAD_CREATE_JOINABLE); //设置为joinable
```

2）线程同步。代码如下：

```
int pthread_join(pthread_t threadid, void **value_ptr);
int pthread_detach (threadid);
```

阻塞是线程之间同步的一种方法，pthread_join 函数会让调用它的线程等待 threadid 线程运行结束之后再运行，value_ptr 存放了其他线程的返回值。一个可以被 join（连接）的线程一般情况下只可以被另一个线程 join，如果同时有多个线程尝试 join 同一个线程产生的最终结果是未知的，此外，线程是不能 join 自己的。

3）线程终止。代码如下：

```
void pthread_exit (void *retval);
int pthread_cancel (pthread_t thread);
```

当发生以下情形之一时，线程就会结束：

• 程运行的函数结束，即线程的任务已经完成；

• 线程调用了 pthread_exit() 函数；

• 其他线程通过调用 pthread_cancel 来结束这个线程；

• 进程通过调用 exec() 或 exit() 结束；

• main() 已结束，而且在 main() 内未调用 pthread_exit() 来等待所有线程完成任务。

一个线程通过调用 pthread_cancel 来请求取消同一进程中的线程，被取消的线程由 thread 参数指定。如果 pthread_cancel 函数执行成功则返回 0，执行失败则返回对应的错误编码。

一个线程结束并不意味着它的所有信息已经消失，可能会出现僵尸线程 (zombie thread) 的问题。僵尸线程是一种已经退出的可合并的（joinable）的线程，处于一种等待其他线程调用 pthread_join 来合并它以收集它的退出信息 (exit status)。如果没有其他线程调用 pthread_join 函数来合并它，该线程占用的一些系统资源将不会被释放，比如堆栈，如果 main() 函数需要长时间运行且需要创建大量可合并的线程，就有可能出现堆栈不足的错误，所以对于那些不需要合并的线程，可通过 pthread_detach() 进行设置，当该线程运行结束后，它所占用的资源就会及时得到释放。需要注意的是，当调用 pthread_join 对一个线程进行设置之后，该线程就不能被改成可合并状态。总之，为防止僵尸线程的出现，需要对每个线程使用 pthread_join 或者 pthread_detach 函数。

4）其他函数。代码如下：

```
pthread_self (); // 返回当前线程的 thread ID
pthread_equal (thread1,thread2); // pthread_equal比较两个线程的
ID，如果不同则返回0，否则返回一个非零值
// 互斥锁
pthread_mutex_t mutexsum;
pthread_mutex_init (mutex,attr);
pthread_mutex_destroy (pthread_mutex_t *mutex);
pthread_mutexattr_init (attr);
pthread_mutexattr_destroy (attr);
phtread_mutex_lock(pthread_mutex_t *mutex);
phtread_mutex_trylock(pthread_mutex_t *mutex);
phtread_mutex_unlock(pthread_mutex_t *mutex);
```

5）示例代码。示例代码如下：

```
#include< stdlib.h>
#include < pthread.h>
#include < stdio.h>
#include < math.h>
#define NUM_THREADS 4
void *BusyWork(void *t)
{
    int i;
    long tid;
    double result = 0.0;
    tid = (long) t;
    printf("Thread %ld starting...\n", tid);
    for (i = 0; i<1000000; i++)
    {
        result = result + sin(i) * tan(i);
    }
    printf("Thread %ld done. Result = %e\n", tid, result);
    pthread_exit((void *) t);
}

int main(int argc, char *argv[])
{
```

```
    pthread_t thread[NUM_THREADS];
    pthread_attr_t attr;
    int rc;
    long t;
    void *status;
/* Initialize and set thread detached attribute */
    pthread_attr_init(&attr);
    pthread_attr_setdetachstate(&attr, PTHREAD_CREATE_JOINABLE);
    for (t = 0; t<NUM_THREADS; t++)
    {
        printf("Main: creating thread %ld\n", t);
        rc = pthread_create(&thread[t], &attr, BusyWork, (void *) t);
        if (rc)
        {
            printf("ERROR; return code from pthread_create() is %d\n", rc);
            exit(-1);
        }
    }

/* Free attribute and wait for the other threads */
     pthread_attr_destroy(&attr);
     for (t = 0; t<NUM_THREADS; t++)
     {
          rc = pthread_join(thread[t], &status);
          if (rc)
          {
               printf("ERROR; return code from pthread_join() is %d\n",rc);
               exit(-1);
          }
          printf("Main: completed join with thread %ld having a status of
          %ld\n", t, (long) status);
     }
     printf("Main: program completed. Exiting.\n");

     pthread_exit(NULL);
     }
```

运行结果如下：

```
Main: creating thread 0
Main: creating thread 1
Thread 0 starting...
Thread 1 starting...
Main: creating thread 2
```

```
Main: creating thread 3
Thread 2 starting...
Thread 3 starting...
Thread 1 done. Result = -3.153838e+06
Thread 0 done. Result = -3.153838e+06
Main: completed join with thread 0 having a status of 0
Main: completed join with thread 1 having a status of 1
Thread 3 done. Result = -3.153838e+06
Thread 2 done. Result = -3.153838e+06
Main: completed join with thread 2 having a status of 2
Main: completed join with thread 3 having a status of 3
Main: program completed. Exiting.
```

哈希连接算法经典论文和开源代码学习参见：Cagri Balkesen, Jens Teubner, Gustavo Alonso, M. Tamer Özsu. Main-memory Hash Joins on Multi-core CPUs: Tuning to the Underlying Hardware. ICDE, 2013: 362-373。

源码下载地址：https://systems.ethz.ch/research/data-processing-on-modern-hardware/projects/parallel-and-distributed-joins.html。

多维计算算法可以采用一次一行、一次一列、一次一向量的处理模型，结合 pthread 多线程编程，NUMA 存储访问优化技术，算法代码如下。

基于一次一行处理模型的多维计算操作实现：

```
 /**
  * @brief OLAPcore based on row-wise model
  *
  * @param param
  * @return void
  */
void *OLAPcore_row_thread(void *param)
{
    pth_rowolapcoret *arg = (pth_rowolapcoret *)param;
    int groupID = 0;
    for (int i = 0; i<arg->num_tuples; i++)
    {
        int location = i + arg->start;

        int flag = 1;
        for (int j = 0; j<arg->dimvec_nums; j++)
        {
           int table_order = arg->orders[j];
           int idx_flag =
arg-> dimvec_array[table_order][arg-> fk_array[table_order][location]];
           if (idx_flag != DIM_NULL)
```

```
            {
                groupID += idx_flag * arg->factor[j];
                continue;
            }
            else
            {
                flag = 0;
                groupID = 0;
                break;
            }
        }
        if (flag)
        {
            arg->group_vector[groupID] += arg->M1[i] + arg->M2[i];
            groupID = 0;
        }
    }
}
```

基于一次一列处理模型和压缩向量索引的多维计算操作实现：

```
void *join_cwm_dv_thread(void *param)
{
    pth_cwmjoint *arg = (pth_cwmjoint *)param;
    if (!arg->join_id)
    {
        *(arg->index) = 0;
        for (int i = 0; i<arg->num_tuples; i++)
        {
            int location = arg->start + i;
            int idx_flag = arg->dimvec[arg->fk[location]];
            if (idx_flag != DIM_NULL)
            {
                arg->OID[*(arg->index)] = location;
                arg->groupID[*(arg->index)] = idx_flag * arg->factor;
                (*(arg->index))++;

            }
        }
    }
    else
    {

        int comlength = *(arg->index);
```

```
        *(arg->index) = 0;
        for (int i = 0; i<comlength; i++)
        {
            int location = arg->OID[i];
            int idx_flag = arg->dimvec[arg->fk[location]];
            if (idx_flag != DIM_NULL)
            {
                arg->OID[*(arg->index)] = location;
                arg->groupID[*(arg->index)] = arg->groupID[i] + idx_flag * arg->
                factor; (*(arg->index))++;
            }
        }
    }
}
/**
```

基于一次一列处理模型和定长向量索引的多维计算操作实现：

```
/**
 * @brief Join option based on column-wise model and static vector
 *
 * @param param
 * @return void
 */
void *join_cwm_sv_thread(void *param)
{
    pth_cwmjoint *arg = (pth_cwmjoint *)param;
    for (int i = 0; i<arg->num_tuples; i++)
    {
        int location = arg->start + i;
        int idx_flag = arg->dimvec[arg->fk[location]];
        if (!arg->join_id)
        {
            if (idx_flag != DIM_NULL)
            {
                arg->groupID[location] = idx_flag * arg->factor;
            }
            else
                arg->groupID[location] = GROUP_NULL;
            }
        else
        {
            if ((arg->groupID[location] != GROUP_NULL) && (idx_flag != DIM_NULL))
            {
```

```
                arg->groupID[location] += idx_flag * arg->factor;
            }
            else
                arg->groupID[location] = GROUP_NULL;
        }
    }
}
/**
 * @brief Aggregation option based on column-wise model and static vector
 *
 * @param param
 * @return void
 */
void *agg_cwm_sv_thread(void *param)
{
    pth_cwmaggt *arg = (pth_cwmaggt *)param;
    for (int i = 0; i<arg->num_tuples; i++)
    {
        int location = i + arg->start;
        int16_t tmp = arg->groupID[location];
        if (tmp != GROUP_NULL)
            arg->group_vector[tmp] += arg->M1[location] + arg->M2[location];
    }
}
```

基于一次一向量处理模型和压缩向量索引的多维计算操作实现：

```
/**
 * @brief OLAPcore based on Vector-wise model and dynamic vector
 *
 * @param param
 * @return void
 */
void *OLAPcore_vwm_dv_thread(void *param)
{
    pth_vwmolapcoret *arg = (pth_vwmolapcoret *)param;
    int nblock = arg->num_tuples / size_v;
    int iter = 0;
    while (iter <= nblock)
    {
        int64_t length = (iter == nblock) ? arg->num_tuples % size_v : size_v;
        int64_t comlength;
        for (int i = 0; i<arg->dimvec_nums; i++)
        {
```

```
            if (!i)
            {
                *(arg->index) = 0;
                for (int j = 0; j<length; j++)
                {
                    int location = arg->start + iter * size_v + j;
                    int table_order = arg->orders[i];
                    int idx_flag =
arg->dimvec_array[table_order][arg->fk_array[table_order][location]];
                    if (idx_flag != DIM_NULL)
                    {
                        arg->OID[*(arg->index)] = location;
                        arg->groupID[*(arg->index)] = idx_flag * arg->factor[i];
                        (*(arg->index)) ++;
                    }
                }
            }
            else
            {
                comlength = *(arg->index);
                *(arg->index) = 0;
                for (int j = 0; j<comlength; j++)
                {
                    int location = arg->OID[j];
                    int table_order = arg->orders[i];
                    int idx_flag =
arg->dimvec_array[table_order][arg->fk_array[table_order][location]];
                    if (idx_flag != DIM_NULL)
                    {
                        arg->OID[*(arg->index)] = location;
                        arg->groupID[*(arg->index)] = arg->groupID[j] + idx_flag *
arg->factor[i];
                        (*(arg->index)) ++;
                    }
                }
            }
        }
        comlength = *(arg->index);
        for (int i = 0; i<comlength; i++)
        {
            int16_t tmp = arg->groupID[i];
            int location = arg->OID[i];
```

```
                arg->group_vector[tmp] += arg->M1[location] + arg->M2[location];
            }
            iter++;
        }
}
```

基于一次一向量处理模型和定长向量索引的多维计算操作实现：

```
/**
 * @brief OLAPcore based on Vector-wise model and static vector
 *
 * @param param
 * @return void
 */
void *OLAPcore_vwm_sv_thread(void *param)
{
    pth_vwmolapcoret *arg = (pth_vwmolapcoret *)param;
    int nblock = arg->num_tuples / size_v;
    int iter = 0;
    while (iter <= nblock)
    {
        int64_t length = (iter == nblock) ? arg->num_tuples % size_v : size_v;
        int64_t comlength;
        for (int i = 0; i<arg->dimvec_nums; i++)
        {
            if (!i)
            {
                for (int j = 0; j<length; j++)
                {
                    int location = arg->start + iter * size_v + j;
                    int table_order = arg->orders[i];
                    int idx_flag =
arg->dimvec_array[table_order][arg->fk_array[table_order][location]];
                    if (idx_flag != DIM_NULL)
                        arg->groupID[j] = idx_flag * arg->factor[i];
                    else
                        arg->groupID[j] = GROUP_NULL;
                }
            }
            else
            {
                for (int j = 0; j<length; j++)
                {
                    int location = arg->start + iter * size_v + j;
```

```
                int table_order = arg->orders[i];
                int idx_flag =
arg->dimvec_array[table_order][arg->fk_array[table_order][location]];
                if ((arg->groupID[j] != GROUP_NULL) && (idx_flag != DIM_NULL))
                    arg->groupID[j] += idx_flag * arg->factor[i];
                else
                    arg->groupID[j] = GROUP_NULL;
            }
        }
    }
    for (int i = 0; i<length; i++)
    {
        int16_t tmp = arg->groupID[i];
        int location = arg->start + iter * size_v + i;
        if (tmp != GROUP_NULL)
        {
            arg->group_vector[tmp] += arg->M1[location] + arg->M2[location];
        }
    }
    iter++;
  }
}
```

pthread 多线程编程示例：

```
pth_vwmolapcoret argst[nthreads];
pthread_t tid[nthreads];
pthread_attr_t attr;
pthread_barrier_t barrier;
pthread_attr_init(&attr);
pthread_attr_setstacksize(&attr, STACKSIZE);
rv = pthread_barrier_init(&barrier, NULL, nthreads);
for (int j = 0; j<nthreads; j++)
{
    int cpu_idx = j;
    CPU_ZERO(&set);
    CPU_SET(cpu_idx, &set);
    pthread_attr_setaffinity_np(&attr, sizeof(cpu_set_t), &set);
    argst[j].num_tuples = (j == (nthreads - 1)) ? numS : numSthr;
    argst[j].start = numSthr * j;
    numS -= numSthr;
    argst[j].dimvec_array = dimvec_array;
    argst[j].fk_array = fk_array;
    argst[j].factor = factor;
```

```
    argst[j].dimvec_nums = dimvec_nums;
    argst[j].groupID = groupID[j];
    argst[j].group_vector = group_vector[j];
    argst[j].M1 = M1;
    argst[j].M2 = M2;
    argst[j].orders = orders;
    rv = pthread_create(&tid[j], &attr, OLAPcore_vwm_sv_thread, (void *)&argst[j]);
    if (rv)
    {
      printf("ERROR; return code from pthread_create() is %d\n", rv);
      exit(-1);
    }
}
for (int j = 0; j<nthreads; j++)
{
    pthread_join(tid[j], NULL);
}
```

2. NUMA 存储优化技术

（1）NUMA[①]简介。

非均匀内存访问 (Non-Uniform Memory Access，NUMA) 架构是指多处理器系统中，内存的访问时间是依赖于处理器和内存之间的相对位置的。这种设计里存在和处理器相对近的内存，通常被称作本地内存；还有和处理器相对远的内存，通常被称为非本地内存。

均匀内存访问 (Uniform Memory Access，UMA) 架构则与 NUMA 架构相反，处理器对共享内存的访问距离和时间是相同的。

缓存一致性 NUMA (Cache Coherent NUMA，ccNUMA) 架构主要是在 NUMA 架构之上保证了多处理器之间的缓存一致性，降低了系统程序的编写难度。

（2）NUMA Hierarchy。

1）NUMA Node 内部。NUMA Node 内部是由一个物理 CPU 和它所有的本地内存 (Local Memory) 组成的。广义地讲，NUMA Node 内部还包含本地 IO 资源，对大多数英特尔 x86 NUMA 平台来说，主要是 PCIe 总线资源。以上就是 ACPI 规范中抽象出的 NUMA Node 概念。

① 物理 CPU。CPU Socket 可以由多个 CPU Core 和一个 Uncore 部分组成。每个 CPU Core 内部又可以由两个 CPU thread 组成。每个 CPU thread 都是一个操作系统可见的逻辑 CPU。

• Socket。一个 Socket 对应一个物理 CPU。这个词大概是从 CPU 在主板上的物理连接方式上来的，可以理解为 Socket 就是主板上的 CPU 插槽。处理器通过主板的

① 参考 https://blog.csdn.net/fuhanghang/article/details/141157334。

Socket 来插到主板上。尤其是有了多核 (Multi-core) 系统以后，Multi-socket 系统被用来指明系统到底存在多少个物理 CPU。

• Node。NUMA 体系架构中多加入了 Node 概念，用于解决 Core 分组问题，每个 Node 有自己内部 CPU、总线和内存，同时还可以访问其他 Node 内的内存，NUMA 的最大优势就是可以方便地增加 CPU 的数量。通常一个 Socket 有一个 Node，也有可能一个 Socket 有多个 Node。

• Core。Core 是 CPU 的运算核心。英特尔 x86 处理器的核包含了 CPU 运算的基本部件，如逻辑运算单元 (ALU)、浮点运算单元 (FPU)、L1 和 L2 缓存。一个 Socket 里可以有多个 Core。

• Uncore。x86 处理器的物理 CPU 里没有放在 Core 里的部件都叫 Uncore。Uncore 里集成了过去 x86 UMA 架构时代北桥芯片的基本功能, 主要包括内存控制器 (Integrated Memory Controller, iMC)、PCIe Root Complex、QPI(Quick Path Interconnect) 控制器、L3cache、CBox(负责缓存一致性) 及其他外设控制器。

• Threads。本处特指 CPU 多线程技术，在英特尔 x86 架构下，CPU 的多线程技术被称作超线程 (Hyper-Threading) 技术。英特尔的超线程技术在一个处理器 Core 内部引入了额外的硬件设计，模拟了两个逻辑处理器 (Logical Processor)，每个逻辑处理器都有独立的处理器状态，但共享 Core 内部的计算资源，如 ALU、FPU、L1、L2 缓存 cache。

② 本地内存。在英特尔 x86 平台上，所谓本地内存，就是 CPU 可以经过 Uncore 部件里的 iMC 访问到的内存。而那些非本地的远程内存 (Remote Memory)，则需要经过 QPI 的链路到该内存所在的本地 CPU 的 iMC 来访问。曾经在英特尔 IvyBridge NUMA 平台上做的内存访问性能测试显示，远程内存访问的延时是本地内存的一倍。

③ 本地 IO 资源。与本地内存一样，所谓本地 IO 资源，就是 CPU 可以经过 Uncore 部件里的 PCIe Root Complex 直接访问的 IO 资源。如果是非本地 IO 资源，则需要经过 QPI 链路到该 IO 资源所属的 CPU，再通过该 CPU PCIe Root Complex 访问。如果同一个 NUMA Node 内的 CPU 和内存与另外一个 NUMA Node 的 IO 资源发生互操作，因为要跨越 QPI 链路，会存在额外的访问延迟问题。

2）NUMA Node 互联。在英特尔 x86 处理器上，NUMA Node 之间的互联是通过 QPI。CPU 的 Uncore 部分有 QPI 的控制器来控制 CPU 到 QPI 的数据访问。

图8.33就是一个利用 QPI Switch 互联的 8 NUMA Node 的 x86 系统。

（3）NUMA Affinity。

1）CPU NUMA Affinity。CPU NUMA 的亲和性是指从 CPU 角度看，哪些内存访问更快，有更低的延迟。如前所述，与该 CPU 直接相连的本地内存是更快的。操作系统如果可以根据任务所在 CPU 去分配本地内存，就是基于 CPU NUMA 亲和性的考虑。因此，CPU NUMA 亲和性就是要尽量让任务在本地的 NUMA Node 里运行。

2）Device NUMA Affinity。设备 NUMA 亲和性是指从 PCIe 外设的角度看，如果和 CPU 和内存相关的 IO 活动都发生在外设所属的 NUMA Node，将会有更低的延迟。这里有两种设备 NUMA 亲和性的问题。

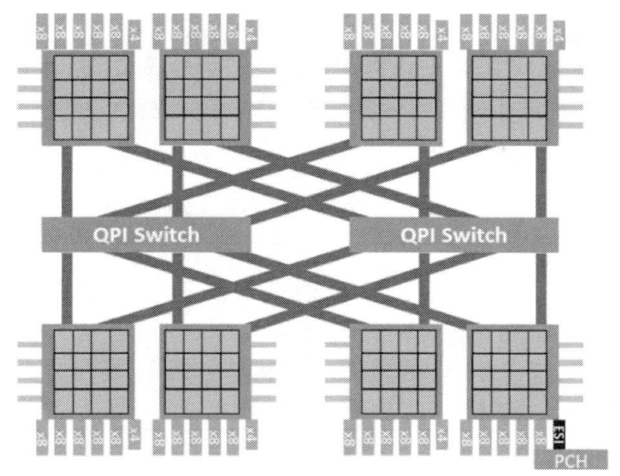

图 8.33 QPI Switch 互联的 8 NUMA Node 的 x86 系统

① DMA Buffer NUMA Affinity。大部分 PCIe 设备支持 DMA 功能。也就是说，设备可以直接把数据写入位于内存中的 DMA 缓冲区。显然，如果 DMA 缓冲区在 PCIe 外设所属的 NUMA Node 里分配，那么将会有最低的延迟。否则，外设的 DMA 操作要跨越 QPI 链接去读写另外一个 NUMA Node 里的 DMA 缓冲区。因此，操作系统如果可以根据 PCIe 设备所属的 NUMA Node 分配 DMA 缓冲区，将会有最好的 DMA 操作的性能。

② Interrupt NUMA Affinity。设备 DMA 操作完成后，需要在 CPU 上触发中断来通知驱动程序的中断处理例程 (ISR) 读写 DMA 缓冲区。很多时候，ISR 通过触发下半部机制 (SoftIRQ) 进入协议栈相关 (Network，Storage) 的代码路径来传送数据。对大部分操作系统来说，硬件中断 (HardIRQ) 和下半部机制的代码在同一个 CPU 上发生。因此，DMA 缓冲区的读写操作发生的位置和设备硬件中断密切相关。假设操作系统可以把设备的硬件中断绑定到自己所属的 NUMA Node，那之后中断处理函数和协议栈代码对 DMA 缓冲区的读写将会有更低的延迟。

（4）NUMA 优化策略。NUMA 优化策略关心的是将内存分配放在特定的节点上，以使程序尽可能快地访问它们。实现这一点的主要方法是为其本地节点上的线程分配内存，并保持线程在那里运行 (节点关联)。这为内存提供了最佳的延迟，并将通过全局互联的流量最小化。

Linux 传统上使用系统调用将线程绑定到特定的 CPU(sched_set_affinity(2) 系统调用和 schedutils)，NUMA API 在此基础上进行了扩展，允许程序在指定节点上分配内存。

推荐使用 libnuma API 来使程序实现 NUMA 优化策略，它提供了比直接使用系统调用更友好和抽象的接口。当不需要修改应用程序时，操作系统管理员可以使用 numactl 命令行实用程序设置一些策略，除 numactl 命令外，numactl RPM 中还包含一些实用程序，如 numastat 用于收集关于内存分配的统计信息，numademo 用于显示不同策略对系统的影响。

1）NUMA 内存策略。NUMA 内存策略是 NUMA-aware 应用程序可以利用的编程接口，NUMA API 的主要任务是管理策略。策略可以应用于进程或内存区域。NUMA API 目前支持四种策略（见表8.6）

表 8.6 NUMA API 策略

策略名称	描述
default	在本地节点 (当前线程运行的节点) 上进行分配
bind	在特定的节点集上分配
interleave	在一组节点上交错分配内存
preferred	试着先在一个节点上分配

bind 和 preferred 之间的区别是，当不能在指定的节点上分配内存时，bind 会失败；而 preferred 则返回到其他节点。使用 bind 可能会导致更早的内存短缺和由于交换所致的延迟。在 libnuma 中，preferred 和 bind 是结合在一起的，可以通过 numa_set_strict libnuma 函数对每个线程进行更改。默认的是更灵活的 preferred 分配。

可以为每个进程 (进程策略) 或每个内存区域设置策略。子进程继承 fork 上父进程的进程策略。进程策略应用于进程上下文中进行的所有内存分配。这包括在系统调用和文件缓存中进行的内部内核分配。中断总是在当前节点上分配。当内核分配内存页时，进程策略总是适用。

为每个内存区域设置策略，也称为 VMA 策略 3，允许进程为其地址空间中的内存块设置策略。内存区域策略比进程策略具有更高的优先级。内存区域策略的主要优点是可以在分配发生之前设置它们。目前只支持匿名进程内存、SYSV 共享内存、shmem 和 tmpfs 映射以及大型 tlbfs 文件。共享内存的区域策略一直持续到删除共享内存段或文件为止。

2）libnuma 编程。libnuma[①]是一个可以链接到程序的共享库，可为 NUMA 策略提供一个稳定的 API，提供了比直接使用 NUMA API 系统调用更高级别的接口，是程序推荐的接口。libnuma 是 numactl RPM 的一部分。

① 基础接口。

```
numa_available();
numa_max_node();
```

在使用任何 NUMA API 函数之前，必须先调用 numa_available()，当该函数返回一个负值时，表明该系统不支持 NUMA 策略。

numa_max_node() 发现和返回系统中的节点数。

② nodemasks。libnuma 在 numa.h 中定义了 nodemask_t 的抽象数据类型管理节点集。nodemask_t 是节点编号的固定大小位集。系统中的每个节点都有一个唯一的编号。最大的数字是 numa_max_node() 返回的数字。最高的节点是根据常数 numa_num_nodes 的实现定义的。

① 参考 https:blog.csdn.netqq_40379678articledetails107814666。

numa.h 中 nodemask_t 的定义如下：

```
#if defined(__x86_64__) || defined(__i386__)
#define NUMA_NUM_NODES 128
#else
#define NUMA_NUM_NODES 2048
#endif

typedef struct {
        unsigned long n[NUMA_NUM_NODES/(sizeof(unsigned long)*8)];
} nodemask_t;
nodemask_t mask;
nodemask_zero(&mask);
```

nodemask 用 nodemask_zero() 初始化为空。

```
nodemask_set(&mask, maxnode); /* set node highest */
if (nodemask_isset(&mask, 1)) { /* is node 1 set? */
...
}
nodemask_clr(&mask, maxnode); /* clear highest node again */
```

单个节点可以用 nodemask_set 设置，用 nodemask_clr 清除。

nodemask_isset 测试是否在 nodemask 中设置了位。

numa.h 中有两个预定义的节点：numa_all_nodes 表示系统中的所有节点，numa_no_nodes 是空集。

③ 简单内存空间分配。libnuma 提供使用指定策略分配内存的函数，这些分配函数将所有内存空间申请分配到页面，并且相对较慢，应该仅用于分配超过 CPU 缓存大小的大型内存对象。当不能分配内存时，这些分配函数返回 NULL，所有由 numa_alloc 函数族分配的内存都应该通过 numa_free 释放。

```
void *mem =numa_alloc_onnode(MEMSIZE\_IN\_BYTES, 1);
if (mem == NULL)
/* report out of memory error */
... pass mem to a thread bound to node 1 ...
```

numa_alloc_onnode 在特定节点上分配内存，其中，memsize 参数应该小于节点大小，这是由于其他程序也可能在该节点上分配内存，而分配整个节点可能导致内存交换。一般情况下，numa_alloc_onnode 首先尝试在指定的节点上分配内存，但是当目标节点内存不足时，就会在其他节点分配内存。但是当 numa_set_strict(1) 首先执行时，即使目标节点上没有足够的内存时，也不会切换到其他节点并导致分配失败。在此之前，内核会尝试交换节点上的内存并清除其他缓存，这可能会导致延迟。

```
numa_free(mem, memsize);
```

线程最终必须使用 numa_free 释放内存。

```
void *mem =
void *mem =
numa_alloc_interleaved(MEMSIZE\_IN\_BYTES);
if (mem == NULL)
/* report out of memory error */
... run memory bandwidth intensive algorithm on mem ...
numa\_free(mem, MEMSIZE_IN_BYTES);
```

numa_alloc_interleaved 在系统中的所有节点上交错分配内存。numa_alloc_ interleaved_ 子集函数只能用于在特定的一组节点上交错分配内存。另一个函数是 numa_alloc_local()，在本地节点上分配内存，这也是所有分配方式的默认值。但是当进程有不同的进程策略时，例如 numa_alloc 函数，使用当前进程策略分配内存。

④ 进程策略。每个线程都有一个从父线程继承的默认内存策略，除使用 numactl 对内存策略进行修改，该内存分配策略是在当前节点上分配内存。

```
numamask_t oldmask = numa_get_interleave_mask();
numa_set_interleave_mask(&numa_all_nodes);
/* run memory bandwidth intensive legacy library that allocates memory
*/
numa_set_interleave_mask(&oldmask);
```

numa_set_interleave_mask 允许当前线程所有将来的内存分配都是通过在指定的节点集请求来交错分配内存的。传递 numa_all_nodes 参数给 numa_set_interleave_mask() 会将交错分配内存请求分配给所有节点，传递 numa_no_node 参数给 numa_set_interleave_mask() 会关闭交叉。numa_get_interleave_mask 返回当前交错掩码。

```
numa_set_preferred()
numa_set_membind()
numa_get_membind()
numa_set_localalloc()
```

numa_set_preferred 设置当前线程的首选节点。内存分配器尝试首先在该节点上分配内存。如果没有足够的空闲内存，它将返回到其他节点。

numa_set_membind 将严格的内存绑定掩码设置为 nodemask。“严格”意味着必须在指定的节点上分配内存。当在交换后没有足够的内存可用时，分配失败。

numa_get_membind 返回当前的内存绑定掩码。

numa_set_localalloc 将进程策略设置为标准的本地分配策略。

⑤ 改变已分配内存区域策略。当使用共享内存时，通常不可能使用 numa_alloc 函数族来分配内存。内存必须通过 shmat() 或 mmap 获取。为了允许 libnuma 程序在这些区域上设置策略，有一些附加函数用于为已经存在的内存区域设置内存策略。这些函数只影响指定区域的未来分配。

```
void *mem = shmat( ... ); /* get shared memory */
numa_interleave_mask(mem, size, numa_all_nodes);
numa_tonode_memory()
```

```
numa_tonodemask_memory()
numa_setlocal_memory()
numa_police_memory()
```

numa_interleave_memory 使用交织掩码设置一个交织策略，将 numa_all_nodes 传递给系统中的所有节点。numa_tonode_memory 分配特定节点上的内存。numa_ tonodemask_memory 将内存放到节点掩码中。numa_setlocal_memory 为当前节点分配内存区域提供了一个策略。numa_police_memory 使用当前策略来分配内存。

⑥ 绑定到特定 CPUs。NUMA 策略的另一部分是在正确节点的 CPU 上运行线程。这是由 numa_run_on _node 函数完成的，该函数将当前线程绑定到节点中的所有 CPU。numa_run_on_node_mask 将线程绑定到一个 node mask 中的所有 CPU。

```
numa_run_on_on_node(1);
numa_set_prefered(1);
```

在节点 1 上运行当前线程并分配内存。

```
nodemask_t mask;
nodemask_zero(&mask);
nodemask_set(&mask 1);
numa_bind(&mask);
```

numa_bind() 将将来分配给特定 nodemask 的进程的 CPU 和内存绑定在一起，上述代码表示 numa_bind 将进程 CPU 和内存分配绑定到节点 1。

```
numa_run_on_node_mask(&numa_all_nodes);
numa_get_run_node_mask()
```

numa_run_on_node_mask() 通过将线程绑定到 numa_all_nodes，可以允许线程再次在所有节点上执行。numa_get_run_node_mask 函数返回允许当前线程运行的节点的 nodemask。这可用于在运行子进程或启动线程之前保存和恢复调度器关联状态。

NUMA 存储访问优化技术代码如下：

```
//按NUMA节点申请内存空间，dimvec采取全复制策略，fk按numa节点数进行水平划分
for (int i = 0; i<numa\_num; i++)
{
    bind_numa(i);
    dimvec_c_p[i] = (int8_t *)numa_alloc(sizeof(int8_t) * size_customer);
    dimvec_s_p[i] = (int8_t *)numa_alloc(sizeof(int8_t) * size_supplier);
    dimvec_p_p[i] = (int8_t *)numa_alloc(sizeof(int8_t) * size_part);
    dimvec_d_p[i] = (int8_t *)numa_alloc(sizeof(int8_t) * size_date);
    fk_c_p[i] = (int32_t *)numa_alloc(sizeof(int32_t) * num_lineorder[i]);
    fk_s_p[i] = (int32_t *)numa_alloc(sizeof(int32_t) * num_lineorder[i]);
    fk_p_p[i] = (int32_t *)numa_alloc(sizeof(int32_t) * num_lineorder[i]);
    fk_d_p[i] = (int32_t *)numa_alloc(sizeof(int32_t) * num_lineorder[i]);
    M1_p[i] = (int32_t *)numa_alloc(sizeof(int32_t) * num_lineorder[i]);
    M2_p[i] = (int32_t *)numa_alloc(sizeof(int32_t) * num_lineorder[i]);
```

```
}
//按numa节点申请中间结果，各线程在计算过程中只访问本numa节点上的数据和中间结果
for (int i = 0; i<nthreads; i++)
{
    int numa_id = get_numa_id(i);
    bind_numa(numa_id);
    OID[i] = (int64_t *)numa_alloc(sizeof(int64_t) * size_v);
    memset(OID[i], 0, size_v * sizeof(int64_t));
    groupID[i] = (int16_t *)numa_alloc(sizeof(int16_t) * size_v);
    memset(groupID[i], 0, size_v * sizeof(int16_t));
    group_vector[i] = (uint32_t *)numa_alloc(sizeof(uint32_t) * group_nums);
    memset(group_vector[i], 0, group_nums * sizeof(uint32_t));
}
```

8.7.3 性能分析

本小节对行式处理、列式处理和向量化处理，定长向量索引、压缩向量索引在不同选择率下的性能曲线所反映的性能特征进行分析。

图8.34展示了不同的多维计算算子实现模拟 SSB 基准测试中的 Q2、Q3 和 Q4 组查询性能对比。其中：

●表示 Column-wise query model with dynamic vector，即基于一次一列处理模型和压缩向量索引实现的多维计算算子。

■表示 Column-wise query model with static vector，即基于一次一列处理模型和定长向量索引实现的多维计算算子。

◆表示 Row-wise query model，即基于一次一行处理模型实现的多维计算算子。

▲表示 Vector-wise query model with dynamic vector，即基于一次一向量处理模型和压缩向量索引实现的多维计算算子。

×表示 Vector-wise query model with dynamic vector and numa-aware data layout，即基于一次一向量处理模型、压缩向量索引和 NUMA 存储优化策略实现的多维计算算子。

一表示 Vector-wise query model with static vector，即基于一次一向量处理模型和定长向量索引实现的多维计算算子。

十表示 Vector-wise query model with static vector and numa-aware data layout，即基于一次一向量处理模型、定长向量索引和 NUMA 存储优化策略实现的多维计算算子。

如图8.34所示，从中间结果类型角度分析，基于相同的查询处理模型实现的多维计算算子中，定长向量索引实现相较于压缩向量实现在 Q2、Q3 和 Q4 组查询中都有明显的性能优势。从查询处理模型角度分析，总体上说，基于向量化查询处理模型实现的多维计算算子性能最佳，基于列式查询处理模型实现的多维计算算子性能次之，基于行式查询处理模型实现的多维计算算子性能最差，其中由于压缩向量索引实现中需要额外的计算代价来减少空间存储代价，列式查询处理模型和向量化查询处理模型中基于压缩向量

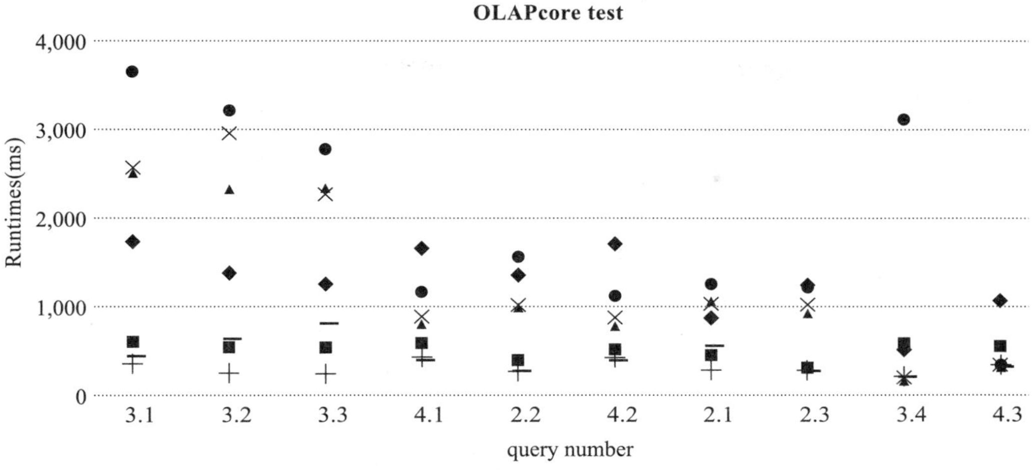

图 8.34　OLAPcore 模拟 SSB 基准测试性能对比

索引实现的多维计算算子在 Q2 和 Q3 组的部分查询中性能较行式查询处理模型差。最后，基于定长向量索引实现的使用 NUMA 存储优化技术的多维计算算子相较于原基于定长向量索引实现的多维计算算子在 Q2 和 Q3 组的部分查询中有明显的性能优势，在 Q4 组或其他多维计算算子实现中无明显性能优势。

8.8　GPU 多维计算算子算法设计

多维计算算子是事实表上的核心计算功能，也是查询处理代价最大的操作，可以通过 GPU 加速其计算性能。[7] 实验面向 GPU 内存计算场景，由 GPU 高带宽内存存储事实表，通过 PCIe 传入的维向量执行 GPU 内存多维计算，生成分组向量，传输回 CPU 端输出。

8.8.1　GPU 多维计算操作查询案例

GPU 多维计算操作查询案例如图8.35所示，具体步骤如下：

（1）在 CPU 端创建维向量和分组向量；

（2）在 GPU 端通过数据生成器生成事实表度量列 M1、M2 并赋初始值；

（3）维向量和分组向量通过 PCIe 传输到 GPU 内存；

（4）执行 GPU 多维计算功能，生成分组向量；

（5）分组向量通过 PCIe 传输回 CPU 端输出。

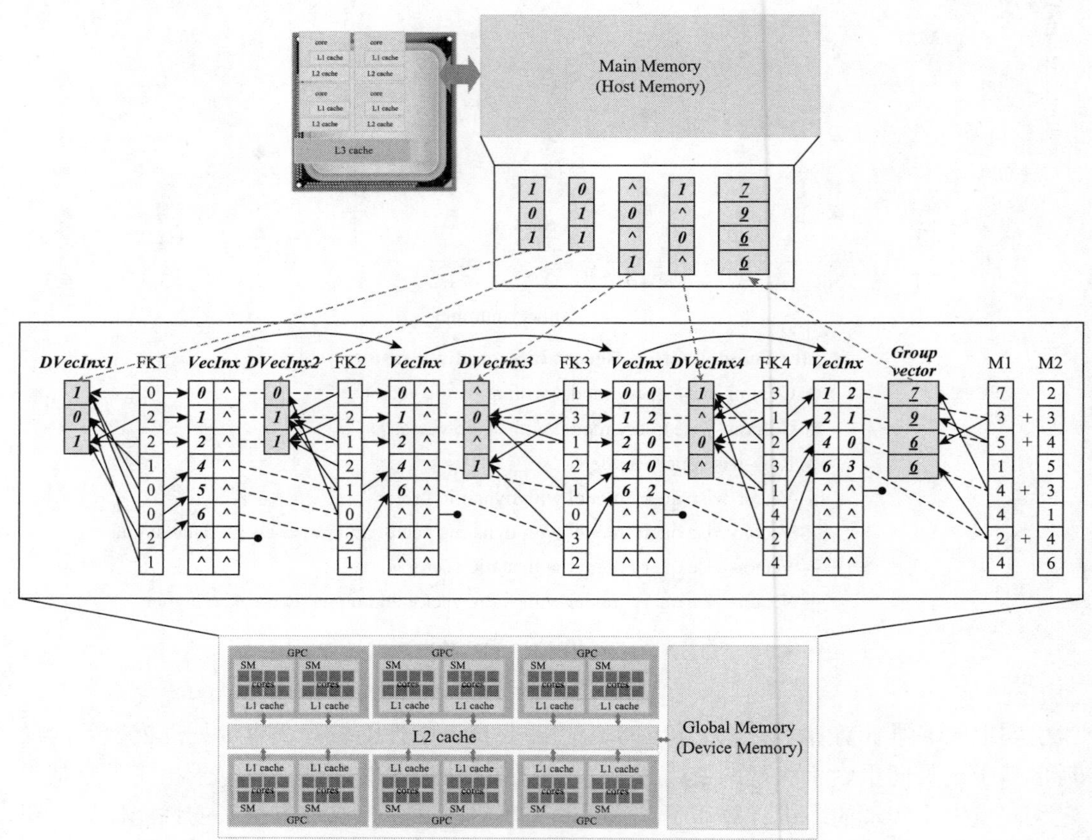

图 8.35　多维计算操作查询案例[8][9]

算法配置信息如下：

1. 数据生成器

（1）输入 SF 值。根据 SF 计算 5 个表的记录行数。根据维表的行数通过随机数填充 4 个事实表外键列的值，如维表长度为 20 000，事实表相应外键列通过随机数生成 0 ~ 20 000 − 1 的值。

（2）输入选择率。选择率范围 0 ~ 1，根据选择率通过随机数填充空值，维向量宽度设置为 int_8，1 字节宽度，空值通过宏定义为最大值，根据选择率随机设置空值位置。

（3）输入分组数。根据输入的分组数设置各维向量中分组编码，如分组数为 8，则分组编码为 0~8−1，随机分布在维向量非空单元中。

（4）创建 4 个外键列，通过随机数按维表记录长度范围设置外键值。

2. 选择率设置

实验测试事实表与 4 个维表的多表星形连接操作，选择率统一设置为 1、2^{-1}、2^{-2}、2^{-3}、2^{-4}，模拟不同选择率下的星形连接性能。实验测试中 SF 最小为 10，测试时分组数可以统一设置为 2^4，4 个维向量分组最大值为 2^{16}。对星形连接执行过程计时，执行完毕后输出最终压缩向量索引中满足连接条件记录的个数，与选择率印证。

8.8.2 算法设计

图8.36对比了基于向量索引实现的 CPU/GPU 向量化查询处理模型。CPU 向量化查询处理模型（图8.36左半部分示意图）首先处理进行选择过滤操作的 discount 列和 quantity 列，将 discount 列和 quantity 列划分成 cache-fit 的等长的向量分片，分配给对应的线程 T_i 进行位图计算处理，并生成临时中间结果 bitmap。接下来基于生成的 bitmap 访问外键列 lo_orderdate(外键列中存储的是所对应的维向量 DVec 中元素的地址索引) 的有效值，通过地址映射直接访问 DATE 表的维向量 DVec 中的数据实现向量连接操作，与 discount 列和 quantity 列上的选择过滤操作相似，lo_orderdate 列首先被划分为等长的向量分片，再分配给对应的线程 T_i，T_i 通过 bitmap 快速找到 lo_orderdate 列的向量分片中的有效值，并通过地址映射直接访问维向量 DVec 完成向量连接操作。在向量连接操作中，所有线程访问共享的维向量 DVec，并生成与向量分片等长的向量索引结构 VecInx。最后 CPU 查询处理模型基于向量索引结构 VecInx 和 LINEORDER 表

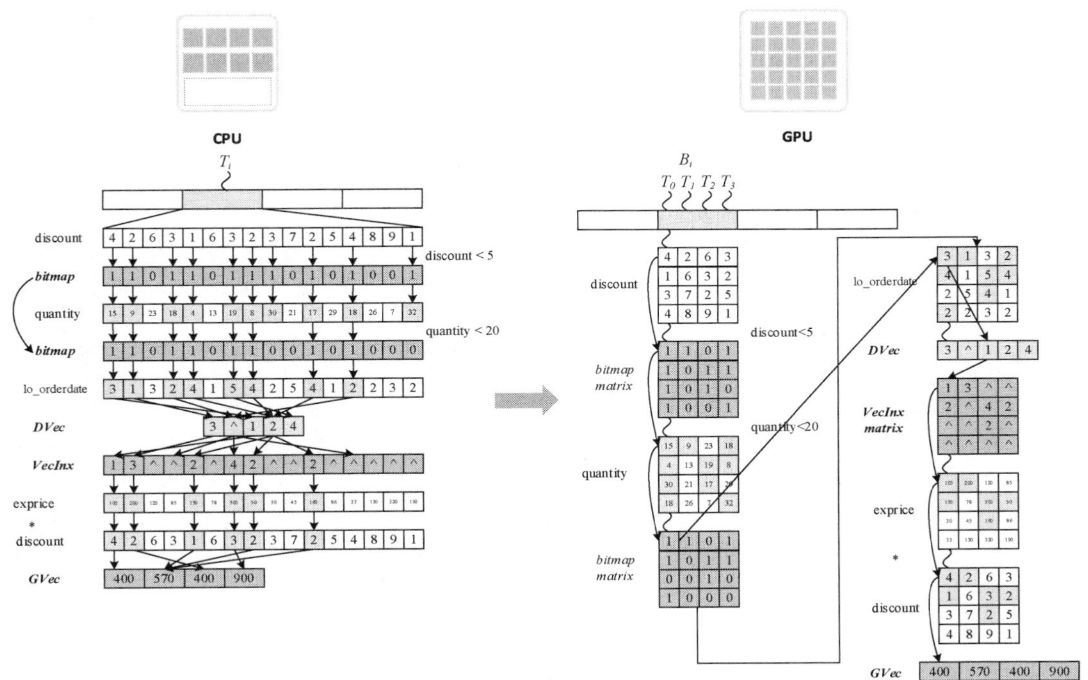

图 8.36 基于向量索引的 CPU 和 GPU 向量化查询处理差异分析

的度量列 exprice 和 discount 完成聚集计算操作 (exprice * discount)，线程 T_i 首先访问其负责处理的 VecInx 的向量分片，若当前访问的 VecInx 的偏移地址中存储的是有效值 (有效值代表度量列上对应偏移量的元素的聚集计算结果在 GVec 上对应的地址索引)，就根据该有效值对应的地址索引进行聚集计算操作，并将聚集计算结果存储映射到 GVec 对应的地址空间进行累加统计。

GPU 向量化查询处理模型与 CPU 向量化查询处理模型的不同主要体现在列数据的组织形式和并行化处理方式不同。以 discount 列为例，discount 列在 CPU 上被组织为线性表结构，而在 GPU 上被组织为矩阵结构，且 GPU 向量化处理模型中一个向量分片中的数据通常由一个 Streaming Multiprocessor(SM) 进行并行化处理，如图8.36右半部所示，一个 SM 块内有 4 个 CUDA CORE(T_0、T_1、T_2、T_3)，CUDA CORE T_0 负责处理向量分片数据矩阵结构中的第一列数据 (即 4、1、2、3)。

通过 CUDA 编程模型实现 GPU 多维分析计算算法设计，基于共享内存的 GPU 多维计算算子行式处理实现的具体算法代码如下：

```
__global__ void OLAPcore_rowwise(int8_t ** dimvec_array, int32_t ** fk_array, int * size_array,
                                 int * orders, int * dimvec_nums, int * factor,
                                 int * size_lineorder, int * group_nums,
                                 int32_t *M1, int32_t *M2, uint32_t * group_vector)
{
    int i = threadIdx.x + blockIdx.x * blockDim.x;
    __shared__ unsigned long long result_tmp[1000];
    int groupID = 0;
    for (i =threadIdx.x; i < * group_nums; i+=blockDim.x)
    {
        result_tmp[i] = 0;
    }
    __syncthreads();
    for (i = threadIdx.x + blockIdx.x * blockDim.x; i < *size_lineorder; i += blockDim.x * gridDim.x)
    {
        int flag = 1;
        for (int j = 0; j < *dimvec_nums; j++)
        {

            int table_index = orders[j];
            int8_t idx_flag = dimvec_array[table_index][ fk_array[table_index][i]];
            if (idx_flag != DIM_NULL)
            {
                groupID += idx_flag * factor[j];
                continue;
            }
            else
            {

                flag = 0;
                groupID = 0;
                break;

            }
        }
        if (flag)
        {

            int sum = M1[i] + M2[i];
            atomicAdd(&result_tmp[groupID], sum);
```

```
            groupID = 0;
        }
    }
    __syncthreads();

    for (i = threadIdx.x; i < *group_nums; i += blockDim.x)
    {
        atomicAdd(&group_vector[i], result_tmp[i]);
    }

}
```

GPU 多维计算算子列式处理实现代码如下：

（1）基于压缩向量索引的列式处理实现。

```
__global__ void OLAPcore_columnwise_dv(int8_t ** dimvec_array, int32_t ** fk_array, int * size_array,
                                       int * orders, int * dimvec_nums, int64_t * OID, int16_t * groupID,
                                       int * factor, int * size_lineorder, int * group_nums, int32_t * M1,
                                       int32_t * M2, uint32_t * group_vector)
{
    int64_t i = threadIdx.x + blockIdx.x * blockDim.x;
    int idx = 0;
    int16_t tmp = -1;
    int64_t comlength=0;
    int sum = 0;
    __syncthreads();
    for (int j = 0; j < *dimvec_nums; j++)
    {
        if (!j)
        {
            for (int k = threadIdx.x + blockIdx.x * blockDim.x; k < *size_lineorder; k += blockDim.x * gridDim.x)
            {
                int table_index = orders[j];
                int idx_flag = dimvec_array[table_index][fk_array[table_index][k]];

                OID[i] = k;
                groupID[i] = idx_flag * factor[j];
                i += (int)(idx_flag != DIM_NULL)*(blockDim.x * gridDim.x);

            }
        }
        else
        {
            comlength = i;
            i = threadIdx.x + blockIdx.x * blockDim.x;
            for (int k = threadIdx.x + blockIdx.x * blockDim.x; k < comlength; k += blockDim.x * gridDim.x)
            {
                int location = OID[k];
                int table_index = orders[j];
                int idx_flag = dimvec_array[table_index][fk_array[table_index][location]];
                OID[i] = location;
                groupID[i] += (int)(idx_flag != DIM_NULL)*(idx_flag * factor[j]);
                i += (int)(idx_flag != DIM_NULL)*(blockDim.x * gridDim.x);
            }
        }
    }
    comlength = i;
    for (i = threadIdx.x + blockIdx.x * blockDim.x; i < comlength; i += blockDim.x * gridDim.x)
    {
        tmp = groupID[i];
        sum = M1[OID[i]] + M2[OID[i]];
        atomicAdd(&group_vector[tmp], sum);
    }
}
```

（2）基于定长向量索引的列式处理实现。

```
__global__ void OLAPcore_columnwise_sv(int8_t ** dimvec_array, int32_t ** fk_array, int * size_array,
                                       int * orders, int * dimvec_nums, int16_t * groupID,
                                       int * factor, int * size_lineorder, int * group_nums, int32_t * M1,
                                       int32_t * M2, uint32_t * group_vector)
{
    int64_t i = threadIdx.x + blockIdx.x * blockDim.x;
    int idx = 0;
    int16_t tmp = -1;
    int64_t comlength=0;
    int sum = 0;
    __syncthreads();
    for (int j = 0; j < *dimvec_nums; j++)
    {
        if (!j)
        {
            for (int k = threadIdx.x + blockIdx.x * blockDim.x; k < *size_lineorder; k += blockDim.x * gridDim.x)
            {
                int table_index = orders[j];
                int idx_flag = dimvec_array[table_index][fk_array[table_index][k]];
                if (idx_flag != DIM_NULL)
                    groupID[k] = idx_flag * factor[j];
                else
                    groupID[k] = GROUP_NULL;
            }
        }
        else
        {
            for (int k = threadIdx.x + blockIdx.x * blockDim.x; k < *size_lineorder; k += blockDim.x * gridDim.x)
            {
                int table_index = orders[j];
                int idx_flag = dimvec_array[table_index][fk_array[table_index][k]];
                if ((groupID[k] != GROUP_NULL) && (idx_flag != DIM_NULL))
                    groupID[k] += idx_flag * factor[j];
                else
                    groupID[k] = GROUP_NULL;
            }
        }
    }
    for (i = threadIdx.x + blockIdx.x * blockDim.x; i < *size_lineorder; i += blockDim.x * gridDim.x)
    {
        tmp = groupID[i];
        if (tmp != GROUP_NULL)
        {
            sum = M1[i] + M2[i];
            atomicAdd(&group_vector[tmp], sum);
        }

    }
}
```

GPU 多维计算算子向量化处理实现代码如下：

（1）基于共享内存和压缩向量索引的向量化处理实现。

```
__global__ void OLAPcore_vectorwise_dv(int8_t ** dimvec_array, int32_t ** fk_array, int * size_array,int *
orders, int * dimvec_nums,
                                       int * factor, int * size_lineorder, int * group_nums, int32_t * M1,
                                       int32_t * M2, uint32_t * group_vector)
{
    int64_t i = threadIdx.x;
    int64_t blockLength = (*size_lineorder) / BLOCK_NUM;
    int64_t blockStart = blockIdx.x * blockLength;
    blockLength = ( blockIdx.x == BLOCK_NUM - 1)? *size_lineorder - blockLength * (BLOCK_NUM - 1) : blockLength;
    int64_t blockEnd = blockStart + blockLength;
    int16_t tmp = -1;
    int sum = 0;
```

```
    __shared__ int32_t OID[COMSIZE];
    __shared__ int16_t groupID[COMSIZE];
    int index = 0, comlength = 0;
    int table_index = 0;
    int idx_flag = 0;
    __syncthreads();
    while (i < blockEnd)
    {
        for (int j = 0; j < *dimvec_nums; j++)
        {
            if (!j)
            {
                index = threadIdx.x;
                for (i = threadIdx.x + blockStart; i < COMSIZE + blockStart && i < blockEnd; i += blockDim.x)
                {
                    table_index = orders[j];
                    idx_flag = dimvec_array[table_index][fk_array[table_index][i]];
                    if (idx_flag != DIM_NULL)
                    {
                        OID[index] = i;
                        groupID[index] = idx_flag * factor[j];
                        index += blockDim.x;
                    }
                }
                comlength = index;
            }
            else
            {
                index = threadIdx.x;
                for (i = threadIdx.x + blockStart; i < comlength + blockStart && i < blockEnd; i += blockDim.x)
                {
                    table_index = orders[j];
                    idx_flag = dimvec_array[table_index][fk_array[table_index][OID[i - blockStart]]];
                    if (idx_flag != DIM_NULL)
                    {
                        OID[index] = OID[i - blockStart];
                        groupID[index] = groupID[i - blockStart] + idx_flag * factor[j];
                        index += blockDim.x;
                    }
                }
                comlength=index;
            }
        }

        for (i = threadIdx.x + blockStart; i < comlength + blockStart && i < blockEnd; i += blockDim.x)
        {

            tmp = groupID[i - blockStart];
            sum = M1[OID[i - blockStart]] + M2[OID[i - blockStart]];
            atomicAdd(&group_vector[tmp], sum);
        }
        blockStart += COMSIZE;
    }
}
```

（2）基于共享内存和定长向量索引的向量化处理实现。

```
__global__ void OLAPcore_vectorwise_sv(int8_t ** dimvec_array, int32_t ** fk_array, int * size_array,
                                       int * orders, int * dimvec_nums,
                                       int * factor, int * size_lineorder, int * group_nums, int32_t * M1,
                                       int32_t * M2, uint32_t * group_vector)
{
    int64_t i = threadIdx.x;
    int64_t blockLength = (*size_lineorder) / BLOCK_NUM;
    int64_t blockStart = blockIdx.x * blockLength;
    blockLength = ( blockIdx.x == BLOCK_NUM - 1)? *size_lineorder - blockLength * (BLOCK_NUM - 1) : blockLength;
    int64_t blockEnd = blockStart + blockLength;
    int16_t tmp = -1;
    int sum = 0;
```

```
    __shared__ int16_t groupID[BITSIZE];
    int table_index = 0;
    int idx_flag = 0;
    __syncthreads();
    while (i < blockEnd)
    {
        for (int j = 0; j < *dimvec_nums; j++)
        {
            if (!j)
            {

                for (i = threadIdx.x + blockStart; i < BITSIZE + blockStart && i < blockEnd; i += blockDim.x)
                {
                    table_index = orders[j];
                    idx_flag = dimvec_array[table_index][fk_array[table_index][i]];
                    if (idx_flag != DIM_NULL)
                        groupID[i - blockStart] = idx_flag * factor[j];
                    else
                        groupID[i - blockStart] = GROUP_NULL;
                }
            }
            else
            {
                for (i = threadIdx.x + blockStart; i < BITSIZE + blockStart && i < blockEnd; i += blockDim.x)
                {
                    table_index = orders[j];
                    idx_flag = dimvec_array[table_index][fk_array[table_index][i]];
                    if ((groupID[i - blockStart] != GROUP_NULL) && (idx_flag != DIM_NULL))
                        groupID[i - blockStart] = groupID[i - blockStart] + idx_flag * factor[j];
                    else
                        groupID[i - blockStart] = GROUP_NULL;
                }
            }
        }
        for (i = threadIdx.x + blockStart; i < BITSIZE + blockStart && i < blockEnd; i += blockDim.x)
        {

            tmp = groupID[i - blockStart];
            if (tmp != GROUP_NULL)
            {
                sum = M1[i] + M2[i];
                atomicAdd(&group_vector[tmp], sum);
            }
        }
        blockStart += BITSIZE;
    }
}
```

以上代码分别展示了 GPU 多维计算算子的行式处理、列式处理以及向量化处理的具体实现，其中数据划分处理逻辑与图8.36的右半部分一致，即列数据被划分成等长的向量分片，每个向量分片的数据逻辑上是以矩阵结构进行组织，并由一个 SM 块进行并行化处理，SM 块的一个线程 T_i 处理数据矩阵中一列。在行式处理和向量化处理中，通过使用 _shared_ 关键字在共享内存申请临时中间结果变量来加速对临时中间结果的访问和存储性能。

8.8.3 性能分析

本小节对 GPU 多维分析处理模拟测试在不同 SF 大小、不同选择率、不同分组数量结果配置时的性能测试结果进行分析。其中 GPU 多维计算算子测试实验中的平台参数如表8.7所示。

表 8.7　GPU 多维计算算子测试实验中的平台参数

类型	参数
Driver Version	470.82.01
CUDA Version	11.4
GPU 型号	NVIDIA Tesla V100-PCIE
显存	32 510MiB

GPU 多维计算算子性能测试实验通过输入参数模拟 SSB Q2、Q3、Q4 组查询的核心计算功能来测试对比 GPU 多维计算算子性能，图8.37所示的是 SF 参数设置为 100 时模拟 SSB 基准测试性能对比。

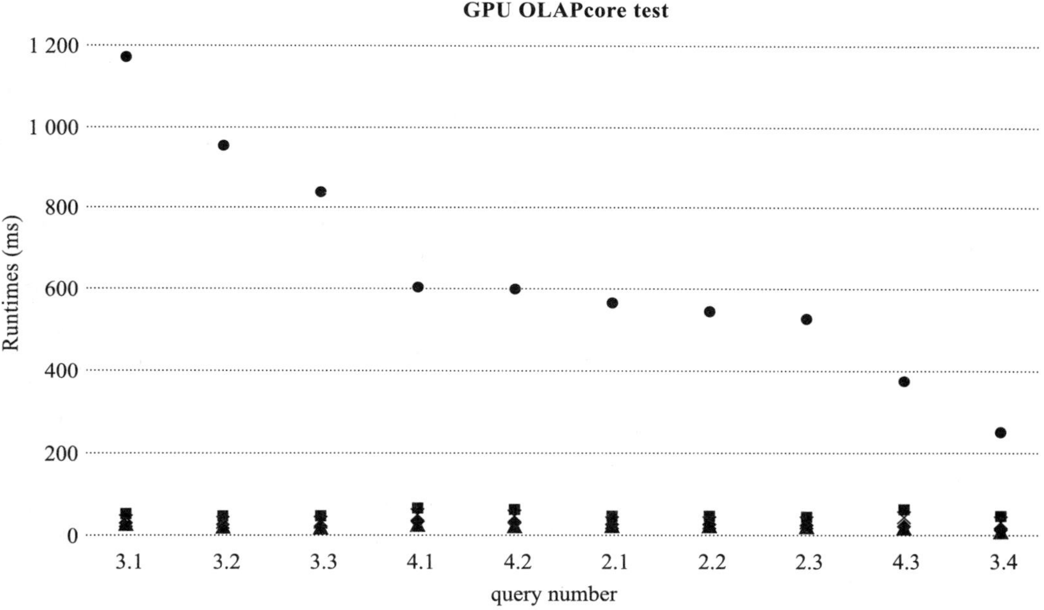

图 8.37　GPU OLAPcore 模拟 SSB 基准测试性能对比

图8.37展示的是在通过输入参数模拟 SSB Q2、Q3 和 Q4 组查询的核心计算功能实验中，基于不同查询处理模型和中间结果变量的 GPU 多维计算算子实现方式的性能差异。其中，• 代表基于列式处理模型和压缩向量索引实现的 GPU 多维计算算子，■ 代表基于列式处理模型和定长向量索引实现的 GPU 多维计算算子，◆ 代表基于行式处理模型实现的 GPU 多维计算算子，▲ 代表基于向量化处理模型和压缩向量索引实现的 GPU 多

维计算算子，× 代表基于向量化处理模型和定长向量索引实现的 GPU 多维计算算子。

如图8.37所示，五种不同的 GPU 多维计算算子在模拟 SSB 的 Q2、Q3、Q4 组查询中展现出稳定的性能特征：基于列式处理模型和压缩向量索引实现的 GPU 多维计算算子性能最差，与其余四种 GPU 多维计算算子性能差距显著，且性能差距随查询总选择率变化明显，例如在查询总选择率最高的 Q3.1 查询中与其余四种 GPU 多维计算算子实现性能差距最大，在查询总选择率最低的 Q3.4 查询中性能差距最小；除基于列式处理模型和压缩向量索引实现的 GPU 多维计算算子之外，基于向量化处理模型和压缩向量索引实现的 GPU 多维计算算子性能最佳，基于行式处理模型实现的 GPU 多维计算算子与基于向量化处理模型和压缩向量索引实现的 GPU 多维计算算子性能相近，基于向量化处理模型和定长向量索引的 GPU 多维计算算子性能略低于前两者，基于列式处理模型和定长向量索引实现的 GPU 多维计算算子性能最差。

基于列式处理模型和定长向量索引实现的 GPU 多维计算算子与基于行式处理模型和向量化处理模型实现的三种 GPU 多维计算算子虽存在一定的性能差距，但整体查询耗时大概是其余三种 GPU 多维计算算子的 2~3 倍，处于合理的性能区间内，推测该性能差距主要来自不同存储介质带来的数据访问和存储性能延迟——基于列式处理模型实现的 GPU 多维计算算子由于临时中间结果集较大只能存储在全局内存（global memory）中，而基于行式处理模型和向量化处理模型的 GPU 多维计算算子临时中间结果集较小，所以可存储在访问性能较高的共享内存中。通过上述分析可知，基于列式处理模型的实现技术并不会产生基于列式处理模型和压缩向量索引实现的 GPU 多维计算算子所展现出的与其他 GPU 多维计算算子实现的性能差距，且通过比较基于向量化处理模型和定长向量索引的 GPU 多维计算算子与基于向量化处理模型和压缩向量索引的 GPU 多维计算算子的性能特征，在访问延迟较低的存储介质共享内存中，中间结果类型不同所带来的不同的计算负载类型（基于定长向量索引实现的 GPU 多维计算算子在访问临时中间结果时主要是顺序读负载，基于压缩向量索引实现的 GPU 多维计算算子在访问临时中间结果时主要是随机读负载）对 GPU 多维计算算子性能影响较小。而基于列式处理模型实现的 GPU 多维计算算子由于其临时中间结果较大而存储在全局内存中，其中全局内存的高访问延迟特性可能使得面向压缩向量索引的随机读负载性能远低于面向定长向量索引的顺序读负载性能，推测这可能是基于列式处理模型和压缩向量索引实现的 GPU 多维计算算子性能差距较大的原因。

为验证上述猜测，本节补充测试了总选择率递减的两表连接实验——模拟 SF=100 的大小表连接，其中大表与 LINEORDER 表等长，表长为 6×10^8 行，小表与 CUSTOMER 表等长，表长为 3×10^6 行，总选择率递减分为两个阶段：第一个阶段选择率以步长 0.1 从 1 递减到 0.1，第二个阶段选择率以 0.1 为倍数从 0.1 等比递减到 0.000 000 1。

在图8.38所示的实验测试结果中，以基于列式处理模型和压缩向量索引的 GPU 多维计算算子的大小表连接性能作为随机读性能，以基于列式处理模型和定长向量索引的 GPU 多维计算算子的大小表连接性能作为顺序读性能，展示了全局内存中的随机读与顺序读耗时之比随选择率改变的变化趋势。可明显发现，在选择率为 1 的高选择率或选择率小于 0.000 01 的极低选择率的测试区间上，全局内存中的随机读性能与顺序读性能相近，在中间选择率测试区间上，随机读耗时与顺序读耗时都有两倍以上的性能差距，最高可达 12 倍，所以全局内存更适合应用于顺序读负载场景，而尽量避免随机读负载。

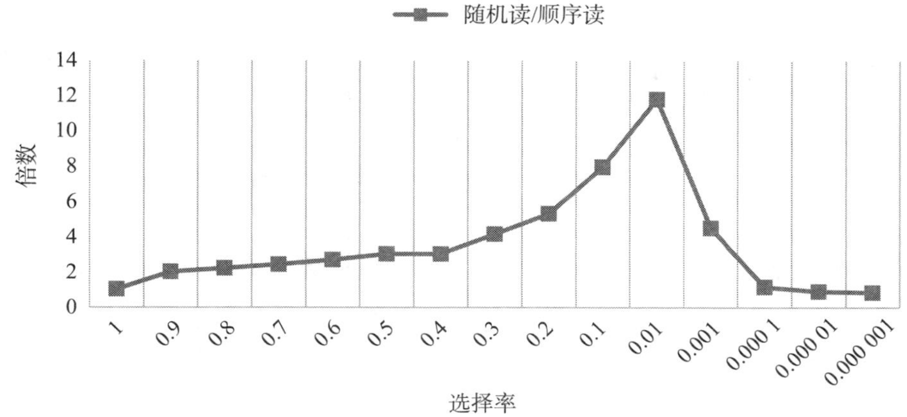

图 8.38　大小表连接实验测试分析全局内存的随机读和顺序读性能对比

8.9　TPC-H 查询算法设计

数据库算子算法研究构建了数据库查询处理引擎实现的基础方法，可以在基础算子实现技术的基础上探索数据库查询处理引擎的基本实现技术。开源 Apache Arrow 提供了一个内存列存储平台，可以模拟内存数据库的列存储引擎，基于 Arrow 设计 OLAP 计算模型，模拟内存数据库查询处理引擎的基本功能和实现技术。实验使用 Arrow 作为 TPC-H 数据库的存储平台，实现 TPC-H Q5 查询算法，探索内存数据库查询处理引擎实现技术。

8.9.1　多维计算操作案例

TPC-H 是代表性的分析处理基准，在模式上包含星形连接，联级连接多种类型，在连接负载上包含小表连接和大表连接任务，是一种代表性的雪花形模型。TPC-H 数据表中包含代理主键表，如 PART、SUPPLIER、CUSTOMER、NATION、REGION，也包含非代表主键表，如 ORDERS，还包含复合主键表，如 PARTSUPP。应用向量连接算法需要对原始表中非代理主键表进行数据预处理，通过代理键更新机制应用向量连接算法。

算法配置信息如下：

1. 数据存储

通过 TPC-H 数据生成器 dbgen 生成指定 SF 大小的 tbl 数据集，加载到 Arrow 内存表。

2. 数据预处理

TPC-H 维表使用代理主键,为从 0 或 1 开始的连续整型主键,可以用作代理键索引。

PARTSUPP 使用复合主键 (ps_partkey，ps_suppkey)，ORDERS 使用不连续整型主键，需要对两个表的主键进行预处理，创建单属性主键和相应的外键，具体需求如下：

- PARTSUPP 中增加代理主键 PS_KEY,LINEITEM 中增加代理外键 L_PSKEY，PS_KEY 使用连续整数序列，L_PSKEY 相应更新。
- ORDERS 表主键 O_ORDERKEY 更新为连续整型主键,更新相应的 L_ORDERKEY。

通过代理键预处理，使 TPC-H 的 8 个表均可以通过代理主键进行地址映射（见图8.39）。

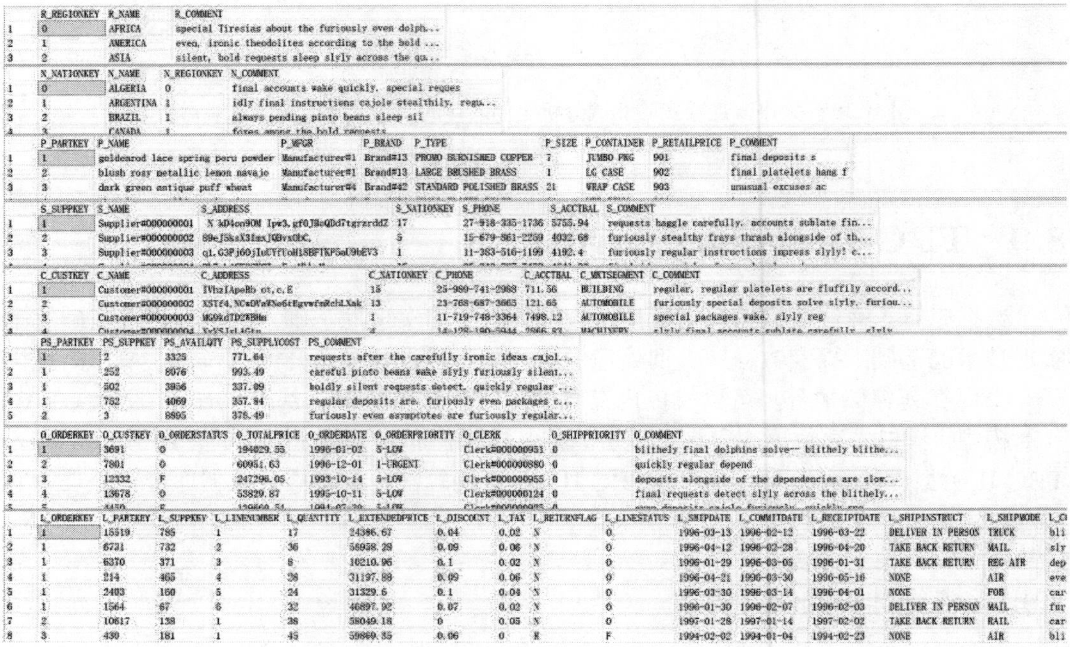

	R_REGIONKEY	R_NAME	R_COMMENT
1	0	AFRICA	special Tiresias about the furiously even dolph...
2	1	AMERICA	even, ironic theodolites according to the bold ...
3	2	ASIA	silent, bold requests sleep slyly across the qu...

	N_NATIONKEY	N_NAME	N_REGIONKEY	N_COMMENT
1	0	ALGERIA	0	final accounts wake quickly. special reques
2	1	ARGENTINA	1	idly final instructions cajole stealthily. regu...
3	2	BRAZIL	1	always pending pinto beans sleep sil
4	3	CANADA	1	foxes among the bold requests

	P_PARTKEY	P_NAME	P_MFGR	P_BRAND	P_TYPE	P_SIZE	P_CONTAINER	P_RETAILPRICE	P_COMMENT
1	1	goldenrod lace spring peru powder	Manufacturer#1	Brand#13	PROMO BURNISHED COPPER	7	JUMBO PKG	901	final deposits s
2	2	blush rosy metallic lemon navajo	Manufacturer#1	Brand#13	LARGE BRUSHED BRASS	1	LG CASE	902	final platelets hang f
3	3	dark green antique puff wheat	Manufacturer#4	Brand#42	STANDARD POLISHED BRASS	21	WRAP CASE	903	unusual excuses ac

	S_SUPPKEY	S_NAME	S_ADDRESS	S_NATIONKEY	S_PHONE	S_ACCTBAL	S_COMMENT
1	1	Supplier#000000001	N kD4on9OM Ipw3,gf0JBoQDd7tgrzrddZ	17	27-918-335-1736	5755.94	requests haggle carefully. accounts sublate fin...
2	2	Supplier#000000002	89eJ5ksX3ImxJQBvxObC,	5	15-679-861-2259	4032.68	furiously stealthy frays thrash alongside of th...
3	3	Supplier#000000003	q1,G3Pj6OjIuUYfUoH18BFTKP5aU9bEV3	1	11-383-516-1199	4192.4	furiously regular instructions impress slyly! c...

	C_CUSTKEY	C_NAME	C_ADDRESS	C_NATIONKEY	C_PHONE	C_ACCTBAL	C_MKTSEGMENT	C_COMMENT
1	1	Customer#000000001	IVhzIApeRb ot,c,E	15	25-989-741-2988	711.56	BUILDING	regular, regular platelets are fluffily accord...
2	2	Customer#000000002	XSTf4,NCwDVaWNe6tEgvwfmRchLXak	13	23-768-687-3665	121.65	AUTOMOBILE	furiously special deposits solve slyly. furiou...
3	3	Customer#000000003	MG9kdTD2WBHm	1	11-719-748-3364	7498.12	AUTOMOBILE	special packages wake. slyly reg
4	4	Customer#000000004	XxVSJsL4Gtn	4	14-128-190-5944	2866.83	MACHINERY	slyly final accounts sublate carefully. slyly

	PS_PARTKEY	PS_SUPPKEY	PS_AVAILQTY	PS_SUPPLYCOST	PS_COMMENT
1	1	2	3325	771.64	requests after the carefully ironic ideas cajol...
2	1	252	8076	993.49	careful pinto beans wake slyly furiously silent...
3	1	502	3956	337.09	boldly silent requests detect. quickly regular ...
4	1	752	4069	357.84	regular deposits are. furiously even packages c...
5	2	3	8895	378.49	furiously even asymptotes are furiously regular...

	O_ORDERKEY	O_CUSTKEY	O_ORDERSTATUS	O_TOTALPRICE	O_ORDERDATE	O_ORDERPRIORITY	O_CLERK	O_SHIPPRIORITY	O_COMMENT
1	1	3691	O	194029.55	1996-01-02	5-LOW	Clerk#000000951	0	blithely final dolphins solve-- blithely blithe...
2	2	7801	O	60951.63	1996-12-01	1-URGENT	Clerk#000000880	0	quickly regular depend
3	3	12332	F	247296.05	1993-10-14	5-LOW	Clerk#000000955	0	deposits alongside of the dependencies are slow...
4	4	13678	O	53829.87	1995-10-11	5-LOW	Clerk#000000124	0	final requests detect slyly across the blithely...

	L_ORDERKEY	L_PARTKEY	L_SUPPKEY	L_LINENUMBER	L_QUANTITY	L_EXTENDEDPRICE	L_DISCOUNT	L_TAX	L_RETURNFLAG	L_LINESTATUS	L_SHIPDATE	L_COMMITDATE	L_RECEIPTDATE	L_SHIPINSTRUCT	L_SHIPMODE	L_C
1	1	15519	785	1	17	24386.67	0.04	0.02	N	O	1996-03-13	1996-02-12	1996-03-22	DELIVER IN PERSON	TRUCK	bli
2	1	6731	732	2	36	56958.28	0.09	0.06	N	O	1996-04-12	1996-02-28	1996-04-20	TAKE BACK RETURN	MAIL	sly
3	1	6370	371	3	8	10210.96	0.1	0.02	N	O	1996-01-29	1996-03-05	1996-01-31	TAKE BACK RETURN	REG AIR	dep
4	1	214	465	4	28	31197.88	0.09	0.06	N	O	1996-04-21	1996-03-30	1996-05-16	NONE	AIR	eve
5	1	2403	160	5	24	31329.6	0.1	0.04	N	O	1996-03-30	1996-03-14	1996-04-01	NONE	FOB	car
6	1	1564	67	6	32	46897.92	0.07	0.02	N	O	1996-01-30	1996-02-07	1996-02-03	DELIVER IN PERSON	MAIL	fur
7	2	10617	138	1	38	58049.18	0	0.05	N	O	1997-01-28	1997-01-14	1997-02-02	TAKE BACK RETURN	RAIL	car
8	3	430	181	1	45	59869.35	0.06	0	R	F	1994-02-02	1994-01-04	1994-02-23	NONE	AIR	bli

图 8.39 代理键预处理

8.9.2 算法设计

Q5 为典型的雪花形连接，TPC-H Q5 查询案例代码如下：

```
select
        n_name.
        sum(l_extendedprice * (1-l_discount)) as revenue
from
        customer,
        orders,
```

```
        lineitem,
        supplier,
        nation,
        region
where
        c_custkey=o_custkey
        and l_orderkey=o_orderkey
        and l_suppkey=s_suppkey
        and c_nationkey=s_nationkey
        and s_nationkey=n_nationkey
        and n_regionkey=r_regionkey
        and r_name ='[REGION]'
        and o_orderdate >= date '[DATE]'
        and o_orderdate < date '[DATE]' + interval '1' year
group by
        n_name
order by
        revenue desc;
```

算法实现参考方法为：

- NATION 表较小 (25 行)，可以直接使用 n_nationkey 代替 n_name 执行聚集计算，使用向量分组聚集计算算法。
- ORDERS 表上的谓词生成位图，供 LINEITEM 表连接过滤。
- s_nationkey=c_nationkey 谓词处理可创建 S 和 C 表的向量,通过地址映射判断。

算法实现分三个模块：load()、preproc() 和 Q5。load() 用于加载 tbl 数据到 Arrow 存储，preproc() 用于代理主键预处理，Q5() 用于执行 Q5 查询。在三个模块执行时计时，输出执行时间 (ms), Q5() 连续执行两遍，第一次执行为 warmup，以第二次执行时间为准。查询结果存储到 result.log 文件中，查询结果写文件时间不计入查询执行时间，查询执行时间仅为内存算法执行时间。

Q5 执行时交互输入两个参数 REGION 和 DATE，可用于测试不同参数时的查询执行时间。

基于代理键转换后，TPC-H 各表通过外键可以直接映射主键表。查询分解到各相关表中，生成位图或向量，通过 LINEITEM 表外键与各表向量建立映射访问关系，实现以 LINEITEM 表记录为根节点，基于外键地址映射关系的树形访问路径（见图8.40）。例如 REGION 表上应用 r_name = '[REGION]'创建位图，LINEITEM 表构建逻辑表达式：

```
if(bitmap[n_regionkey[s_nationkey[l_suppkey[i]]]]==1
  && c_nationkey[o_custkey[l_orderkey[i]]]==s_nationkey[l_suppkey[i]])
     GrpVex[s_nationkey[l_suppkey[i]]]+= l_extendedprice[i] * (1 -
l_discount[i]);
```

维表 SUPPLIER 包含级联的 NATION 和 REGION 表，可以将级联维表结构映射为根维向量（root dimension vector），如 s_nationkey = n_nationkey and n_regionkey =

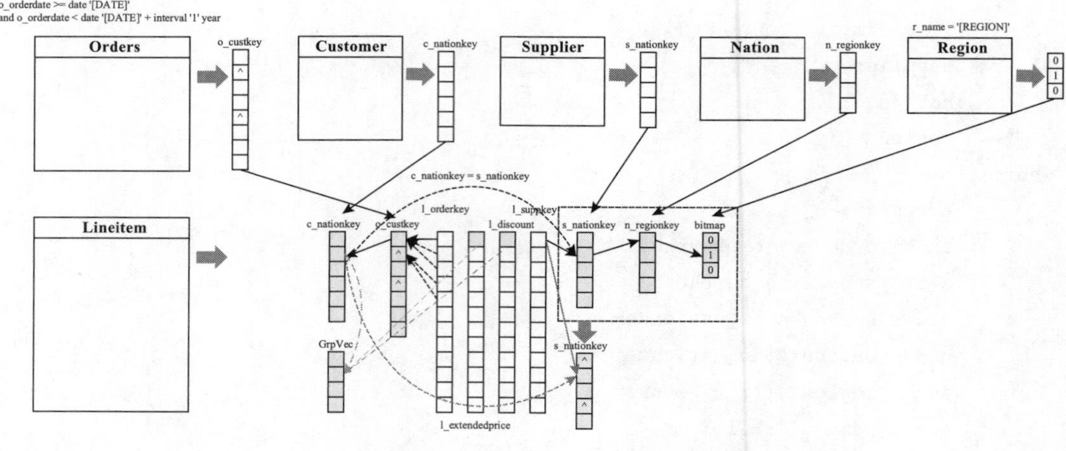

图 8.40 TPC-H Q5 算法模型

r_regionkey and r_name = '[REGION]'子句映射为 SUPPLIER 表的维向量 s_nationkey，不满足底层 r_name = '[REGION]'条件的 SUPPLIER 维向量单元设置为空值，从而使 Q5 查询只需要从事实表记录出发，访问单一的 SUPPLIER 和 CUSTOMER 维向量，简化计算模型，精简后的逻辑表达式如下：

（1）SUPPLIER 维映射。

```
if(bitmap[n_regionkey[s_nationkey[k]]]==1)
  s_nationkey[k]=NULL;
```

（2）事实表映射。

```
GrpVex[s_nationkey[l_suppkey[i]]]+=l_extendedprice[i] * (1 - l_discount[i]);
```

算法实现技术可以采用事实表向量化查询处理技术，优化事实表多列访问计算代价。算法主要代码如下所示：

```
set_bitmap(bitmap, REGION, r_regionkey);
DimVec_S(bitmap, bitmap_S, s_nationkey, n_regionkey);
DimVec_o(bitmap, bitmap_o, o_orderdate, o_custkey, c_nationkey, n_regionkey, DATE, DATE + 10000);
Tri_table_join(bitmap_S, bitmap_o, l_suppkey, l_orderkey_1, l_extendedprice, l_discount, GrpVex);
```

TPC-H Q5 主要由四个部分实现：（1）set_bitmap() 接口根据输入的 REGION 参数对 r_regionkey 列进行选择过滤操作生成中间结果 bitmap，由于 REGION 表数据量较少，set_bitmap() 采用单线程实现方式。（2）DimVec_S() 接口基于 NATION 表、REGION 表与 SUPPLIER 表的级联关系，根据 s_nationkey = n_nationkey and n_regionkey = r_regionkey 访问 set_bitmap() 接口生成的中间结果 bitmap 生成 SUPPLIER 表上的维向量，且当访问的 bitmap 上的元素非空时，在 SUPPLIER 表上的维向量中填充 s_nationkey 列上对应位置的值，DimVec_S() 接口采取多线程并行化实现。（3）DimVec_o() 接口主要是基于 CUSTOMER 表、NATION 表、REGION 表与 ORDERS 表的级联关系，根据 o_custkey = c_custkey and c_nationkey= n_nationkey and n_regionkey = r_regionkey 访问 set_bitmap() 接口生成的中间结果 bitmap 和选择过滤条件 o_orderdate >= date '[DATE]' and o_orderdate < date'[DATE]'+ interval

‘1’ year，生成 ORDERS 表上的维向量，若访问的 bitmap 上的元素非空且选择过滤条件 o_orderdate >= date‘[DATE]’ and o_orderdate < date‘[DATE]’+ interval ‘1’ year 成立时，在 ORDERS 表上的维向量填充 c_nationkey 列上对应位置的值，DimVec_o() 接口采取多线程并行化实现。（4）Tri_table_join() 接口主要是根据 SUPPLIER 表、ORDERS 表与 LINEITEM 表的级联关系，根据 l_suppkey = s_suppkey 访问 SUPPLIER 表上的维向量 bitmap_S，根据 l_orderkey = o_orderkey 访问 ORDERS 表上的维向量 bitmap_o，并对比 bitmap_S 中存储的 s_nationkey 值和 bitmap_o 中存储的 c_nationkey 值，相等时计算 l_extendedprice * (1 - l_discount)，并存储在最终结果变量 GrpVex 中的对应位置进行累加统计，Tri_table_join() 接口基于向量化处理模型和多线程并行化处理方式实现，其具体实现方式如下所示。

set_bitmap() 接口实现：

```
void set_bitmap(int * bitmap, int REGION, const int * r_regionkey)
{
  for (int i = 0; i < region_t->num_rows(); i++)
  {
    if (r_regionkey[i] == REGION)
      bitmap[i] = 1;
  }
}
```

DimVec_S() 接口实现：

```
void *DimVec_S_thread(void *param)
{
  pth_dst *argst = (pth_dst *)param;
  for (int i = 0; i < argst->comline; i++)
  {
    int location = i + argst->start;
    if (argst->bitmap[argst->n_regionkey[argst->s_nationkey[location]]]==1)
      argst->bitmap_S[location] = argst->s_nationkey[location];
  }
}
```

DimVec_o() 接口实现：

```
void *DimVec_o_thread(void *param)
{
  pth_dot *argst = (pth_dot *)param;
  for (int i = 0; i < argst->comline; i++)
  {
    int location = i + argst->start;
    if (argst->bitmap[argst->n_regionkey[argst->c_nationkey[argst->o_custkey[location]
    - 1]]]==1 && argst->o_orderdate[location] >= argst->DATE1 && argst->o_orderdate
    [location] < argst->DATE2)
      argst->bitmap_o[location] = argst->c_nationkey[argst->o_custkey[location] - 1];
  }
}
```

Tri_table_join() 接口实现：

```
void *Tri_table_join_vector_thread(void *param)
{
  pth_ttjt *argst = (pth_ttjt *)param;
  int nblock = argst->comline / size_v;
  int iter = 0;
  int groupID[size_v];
  while (iter <= nblock)
  {
    int64_t length = (iter == nblock) ? argst->comline % size_v : size_v;
    for (int j = 0; j < length; j++)
    {
      int location = argst->start + iter * size_v + j;
      if (argst->bitmap_S[argst->l_suppkey[location] - 1] != -1 && argst->
      bitmap_S[argst->l_suppkey[location] - 1]== argst->bitmap_o[argst->
      l_orderkey_1[location]])
        groupID[j] = argst->bitmap_S[argst->l_suppkey[location] - 1];
      else
        groupID[j] = -1;
    }

    for (int i = 0; i < length; i++)
    {
      int16_t tmp = groupID[i];
      int location = argst->start + iter * size_v + i;
      if (tmp != -1)
      {
        argst->GrpVex[tmp] +=argst->l_extendedprice[location] *
       (1 - argst->l_discount[location]);
      }
    }
    iter++;
  }
}
```

8.9.3 性能分析

本小节对不同 SF 大小、不同查询参数时的算法性能进行分析。

以 SF=1，REGION = “ASIA”，DATE=“19950101”为例，load() 接口运行结果如下所示：

```
Load lineitem
Load partsupp
Load orders
Load part
Load supplier
Load customer
Load nation
Load region
```

preproc() 接口运行结果如下：

```
pre-processing for table partsupp
pre-processing for table orders
pre-processing for table lineitem
```

Q5() 接口输入参数界面如下：

```
<<< input 0: quit
<<< input 1: enter the next test
<<< please input: 1
<<< Input parameter: REGION ASIA
<<< Input parameter: DATE 19950101
```

Q5() 接口运行结果如下：

```
INDIA   5.57057e+07
INDONESIA   5.67333e+07
JAPAN   4.84815e+07
CHINA   5.33876e+07
VIETNAM   5.16344e+07
```

8.10 基于底层算子库实现 Q5 查询

8.1 节至 8.5 节分别介绍了 OLAP 查询分析任务的底层组成算子——选择、投影、连接、分组、聚集的算法设计和优化实现，形成了基础算子算法族，并在此基础上进一步进行了性能对比分析，对基础算子算法族进行剪枝裁剪，提取各个底层算子最优的算法实现，组成如下所示的底层算子库。

select 算子：

```
void Select_Option(Select_Node &select_node, int nthreads)
{
  pthread_t tid[nthreads];
  pthread_attr_t att;
  cpu_set_t set;
  pthread_barrier_t barrier;
  int rv;
  for (int i = 0; i < select_node.select_num; i++)
  {

    pthread_attr_init(&att);
    pthread_attr_setstacksize(&att, STACKSIZE);

    pth_st argst[nthreads];
    int nummea = select_node.col_length;
    int numper = nummea / nthreads;
    for (int j = 0; j < nthreads; j++)
     {
      int cpu_idx = j;
      CPU_ZERO(&set);
      CPU_SET(cpu_idx, &set);
      pthread_attr_setaffinity_np(&att, sizeof(cpu_set_t), &set);
      argst[j].sel_col1 = select_node.select_data[i].sel_col1;
      argst[j].sel_col2 = select_node.select_data[i].sel_col2;
      argst[j].select_flag = select_node.select_data[i].select_flag;
```

```
      argst[j].pre_bmp = select_node.select_data[i].pre_bmp;
      argst[j].res_bmp = select_node.select_data[i].res_bmp;
      argst[j].tablename = select_node.tablename;
      argst[j].comline = (j == nthreads - 1) ? nummea : numper;
      argst[j].startindex = j * numper;
      nummea -= numper;
      rv = pthread_create(&tid[j], &att, select_node.select_data[i].select, (void *)&argst[j]);
      if (rv)
      {
        printf("ERROR; return code from pthread_create() is %d\n", rv);
        exit(-1);
      }
    }
    for (int j = 0; j < nthreads; j++)
    {
      pthread_join(tid[j], NULL);
    }
  }
}

void *select_thread_equal_col_storecol2_AND(void *param)
{
  pth_st *argst = (pth_st *)param;

  for (int i = 0; i < argst->comline; i++)
  {
    int location = i + argst->startindex;
    if (*((int *)argst->sel_col2 + *((int *)argst->sel_col1 + location)) != -1)
    {
      argst->res_bmp[location] = *((int *)argst->sel_col2 + *((int *)argst->sel_col1 + location));
    }


    if (argst->select_flag != 0)
      if (argst->res_bmp[location] != -1 && argst->pre_bmp[location] == -1)
      {
        argst->res_bmp[location] = -1;
      }
  }
}
```

project 算子：

```
void Project_Option(Project_Node &project_node)
{
  std::ofstream resfile;

  for (int i = 0; i < project_node.colnum; i++)
    project_node.project[i](project_node.project_data[i], project_node.group_total_num);
  resfile.open("test.log",std::ios::out | std::ios::trunc);
  for (int i = 0; i < project_node.colnum; i++)
  {
    resfile << project_node.project_data[i].name_array;
    if (i != project_node.colnum - 1)
      resfile << "\t";
  }
  resfile << std::endl;
  for (int i = 0; i < project_node.group_total_num; i++)
  {
```

```
    for (int j = 0; j < project_node.colnum; j ++)
    {
      project_node.write[j](project_node.project_data[j], i, resfile);
      if (j != project_node.colnum - 1)
        resfile << "\t";
    }
    resfile << std::endl;
  }

}

void project_groupby_int(Project_Data &project_data, int group_total_num)
{
  for (int k = 0; k < group_total_num; k += project_data.group_count * project_data.factor)
    for (int i = 0; i < project_data.group_count; i++)
      for (int j = i * project_data.factor; j < (i + 1) * project_data.factor ; j ++)
        *((int *)project_data.res_array + k + j) = (*((int *)project_data.pro_sel + i));

}

void project_int(Project_Data &project_data, int group_total_num)
{

  for (int i = 0; i < project_data.group_count; i++)
  {
    int location = project_data.OID[i];
    for (int j = 0; j < project_data.fk_num; j++)
      location = project_data.FK_sel[j][location];
    *((int *)project_data.res_array + i) = (*((int *)project_data.pro_sel + location));

  }
}
```

group 算子：

```
void Group_Option(Group_Node &group_node, int nthreads)
{

  for (int j = 0; j < group_node.tablenum; j++)
  {
    pthread_t tid[nthreads];
    pthread_attr_t att;
    cpu_set_t set;
    pthread_barrier_t barrier;
    pthread_mutex_t mut;
    pthread_mutex_init(&mut, NULL);
    int rv, i;
    int nummea = group_node.group_data[j].table_size;
    int numper = nummea / nthreads;
    int r = pthread_barrier_init(&barrier, NULL, nthreads);
    pthread_attr_init(&att);
    pthread_attr_setstacksize(&att, STACKSIZE);
    pth_gt argst[nthreads];
    for (i = 0; i < nthreads; i++)
    {
```

```
      int cpu_idx = i;
      CPU_ZERO(&set);
      CPU_SET(cpu_idx, &set);
      pthread_attr_setaffinity_np(&att, sizeof(cpu_set_t), &set);
      argst[i].colnum = group_node.group_data[j].colnum;
      argst[i].group_count = group_node.group_data[j].group_count;
      argst[i].startindex = i * numper;
      argst[i].comline = (i == nthreads - 1) ? nummea : numper;
      argst[i].mut = &mut;
      argst[i].barrier = &barrier;
      argst[i].gro_col =  group_node.group_data[j].gro_col;
      argst[i].com_dic_t = group_node.group_data[j].com_dic_t;
      argst[i].res_vec = group_node.group_data[j].res_vec;
      argst[i].colname = group_node.group_data[j].colname;
      argst[i].tablename = group_node.group_data[j].tablename;
      argst[i].group = group_node.group_data[j].group;
      argst[i].group_assignment = group_node.group_data[j].group_assignment;
      nummea -= numper;
      rv = pthread_create(&tid[i], &att, group_thread, (void *)&argst[i]);
      if (rv)
      {
        printf("ERROR; return code from pthread_create() is %d\n", rv);
        exit(-1);
      }
    }
    for (int i = 0; i < nthreads; i++)
    {
      pthread_join(tid[i], NULL);
    }
  }

}

void *group_thread(void *param)
{
  int i, j, k;
  pth_gt *argst = (pth_gt *)param;
  Group_Data_gt group_data;
  for (i = 0; i < argst->comline; i++)
  {

    int location = i + argst->startindex;
    int dic_location = 0;
    int pre_location = 0;
    if (argst->res_vec[location] != -1)
    {
      pthread_mutex_lock(argst->mut);
      for (j = 0; j < (*(argst->group_count)); j++)
      {
```

```
        int flag = 0;
        for (k = 0; k < argst->colnum; k++)
        {
          group_data.gro_col = (std::string *)argst->gro_col[k];
          group_data.com_dic_t = (std::string *)argst->com_dic_t[k];
          group_data.location = location;
          group_data.dic_location = j;
          group_data.tablename = argst->tablename;
          flag = argst->group[k](group_data);
          if (!flag)
            break;
        }
        if ((k == argst->colnum - 1) && flag)
          break;
      }
      if (j == (*(argst->group_count)))
      {
        for (k = 0; k < argst->colnum; k++)
        {

          group_data.gro_col = (std::string *)argst->gro_col[k];
          group_data.com_dic_t = (std::string *)argst->com_dic_t[k];
          group_data.location = location;
          group_data.dic_location = j;
          group_data.tablename = argst->tablename;
          argst->res_vec[location]  = (*(argst->group_count));
          argst->group_assignment[k](group_data);
        }

        (*(argst->group_count))++;

      }
      else
        argst->res_vec[location] = j;
      pthread_mutex_unlock(argst->mut);
  }

  }
}
```

join 算子：

```
void Join_Option(Join_Node &join_node, int nthreads)
{
  int i, j;
  for (i = 0; i < join_node.join_col_num; i++)
  {
```

```
    pth_jt argst[nthreads];
    int64_t numS, numSthr;
    int  rv;
    cpu_set_t set;
    pthread_t tid[nthreads];
    pthread_attr_t attr;
    pthread_barrier_t barrier;
    numS = join_node.table_size;
    numSthr = numS / nthreads;
    for (j = 0; j < nthreads; j++)
    {
      int cpu_idx = j;
      CPU_ZERO(&set);
      CPU_SET(cpu_idx, &set);
      pthread_attr_setaffinity_np(&attr, sizeof(cpu_set_t), &set);
      argst[j].num_tuples = (j == (nthreads - 1)) ? numS : numSthr;
      argst[j].start = numSthr * j;
      argst[j].join_id = i;
      numS -= numSthr;
      argst[j].join_col = join_node.join_col[i];
      argst[j].pre_vec = join_node.pre_vec[i];
      argst[j].join_col_cross = join_node.join_col_cross[i];
      argst[j].pre_vec_cross = join_node.pre_vec_cross[i];
      argst[j].OID = join_node.OID;
      argst[j].groupID = join_node.groupID;
      argst[j].factor = join_node.factor[i];
      argst[j].index = &join_node.index[j];
      rv = pthread_create(&tid[j], &attr, join_node.join[i], (void *)&argst[j]);
      if (rv)
      {
        printf("ERROR; return code from pthread_create() is %d\n", rv);
        exit(-1);
      }
    }
    for (int j = 0; j < nthreads; j++)
    {
      pthread_join(tid[j], NULL);
    }
  }

}

void *join_cwm_dv_cross_groupby_thread(void *param)
{
    pth_jt *arg = (pth_jt *)param;
    if (!arg->join_id)
    {
        *(arg->index) = 0;
        for (int i = 0; i < arg->num_tuples; i++)
```

```
        {
            int location = arg->start + i;
            int idx_flag = *((int *)arg->pre_vec + *((int *)arg->join_col + location));
            int idx_flag_cross = *((int *)arg->pre_vec_cross + *((int *)arg->join_col_cross + location));
            if ((idx_flag != -1) && (idx_flag == idx_flag_cross))
            {
                arg->OID[*(arg->index) + arg->start] = location;
                arg->groupID[*(arg->index) + arg->start] += idx_flag * arg->factor;
                (*(arg->index))++;

            }
        }
    }
    else
    {
        int comlength = *(arg->index);
        *(arg->index) = 0;
        for (int i = 0; i < comlength; i++)
        {
            int location = arg->OID[i + arg->start];
            int idx_flag = *((int *)arg->pre_vec + *((int *)arg->join_col + location));
            int idx_flag_cross = *((int *)arg->pre_vec_cross + *((int *)arg->join_col_cross + location));
            if ((idx_flag != -1) && (idx_flag == idx_flag_cross))
            {
                arg->OID[*(arg->index) + arg->start] = location;
                arg->groupID[*(arg->index) + arg->start] += arg->groupID[i + arg->start] + idx_flag * arg->factor;
                (*(arg->index))++;
            }
        }
    }
}
```

Aggregate 算子：

```
void Agg_Option(Agg_Node &agg_node, int nthreads)
{
  int i, j;
  for (i = 0; i < agg_node.agg_num; i++)
  {
    int64_t numS, numSthr;
    int rv;
    cpu_set_t set;
    pth_at argst[nthreads];
    pthread_t tid[nthreads];
    pthread_attr_t attr;
    pthread_barrier_t barrier;
    numS = agg_node.table_size;
    numSthr = numS / nthreads;
    pthread_attr_init(&attr);
    pthread_attr_setstacksize(&attr, STACKSIZE);
    rv = pthread_barrier_init(&barrier, NULL, nthreads);
    for (j = 0; j < nthreads; j++)
    {
      int cpu_idx = j;
      CPU_ZERO(&set);
      CPU_SET(cpu_idx, &set);
      pthread_attr_setaffinity_np(&attr, sizeof(cpu_set_t), &set);
      argst[j].num_tuples = (j == (nthreads - 1)) ? numS : numSthr;
      argst[j].start = numSthr * j;
```

```
        numS -= numSthr;
        argst[j].agg_col1 = agg_node.agg_col1[i];
        argst[j].agg_col2 = agg_node.agg_col2[i];
        argst[j].OID = agg_node.OID;
        argst[j].groupID = agg_node.groupID;
        argst[j].index = &agg_node.index[j];
        argst[j].pre_res = agg_node.pre_res[i];
        argst[j].res_vec = agg_node.res_vec[j];
        rv = pthread_create(&tid[j], &attr, agg_node.agg[i], (void *)&argst[j]);
        if (rv)
        {
            printf("ERROR; return code from pthread_create() is %d\n", rv);
            exit(-1);
        }
      }
      for (j = 0; j < nthreads; j++)
      {
         pthread_join(tid[j], NULL);
      }

    }

    for (i = 1; i < nthreads; i++)
      for (j = 0; j < agg_node.group_num; j++)
        (*((double *)agg_node.res_vec[0] + j)) += (*((double *)agg_node.res_vec[i] + j));
    for (i = 0; i < agg_node.group_num; i++)
      std::cout << (*((double *)agg_node.res_vec[0] + i)) << std::endl;

  }

void *agg_value_reduce_col_thread(void *param)
{
  pth_at *arg = (pth_at *)param;
  for (int i = 0; i < *(arg->index); i++)
  {
    *((double *)arg->pre_res + arg->OID[i + arg->start]) = *((double *)arg->agg_col1)
    - *((double *)arg->agg_col2 + arg->OID[i + arg->start]);
  }
}
void *agg_col_mul_col_last_thread(void *param)
{
  pth_at *arg = (pth_at *)param;
  for (int i = 0; i < *(arg->index); i++)
  {
    int16_t tmp = arg->groupID[i + arg->start];
    *((double *)arg->res_vec + tmp) += *((double *)arg->agg_col1 + arg->OID[i + arg->
    start]) * *((double *)arg->agg_col2 + arg->OID[i + arg->start]);
  }
}
```

8.9 节中详细分析了 TPCH Q5 查询算法设计，并提供了 TPC-H Q5 查询的硬编码实现版本，但不具备普适性，无法为 OLAP 查询任务提供一个通用的解决方案。所以本节中通过设计和优化 TPC-H Q5 的查询计划，再根据查询计划调度底层算子库，实现完整的 Q5 查询，其中，Q5 查询计划可分为如图8.41所示的四个部分。

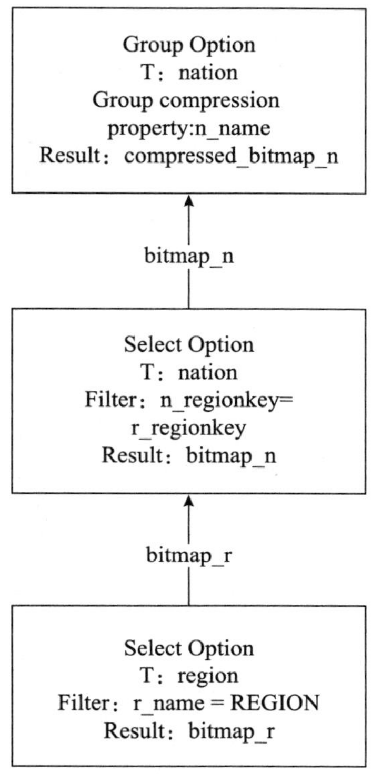

(a) nation-region node

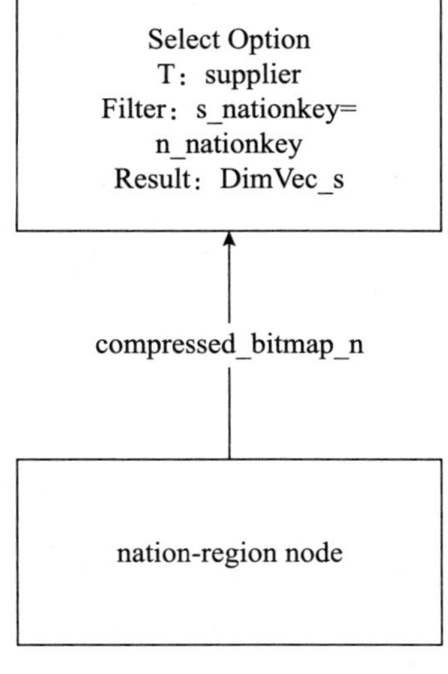

(b) Supplier-nation node

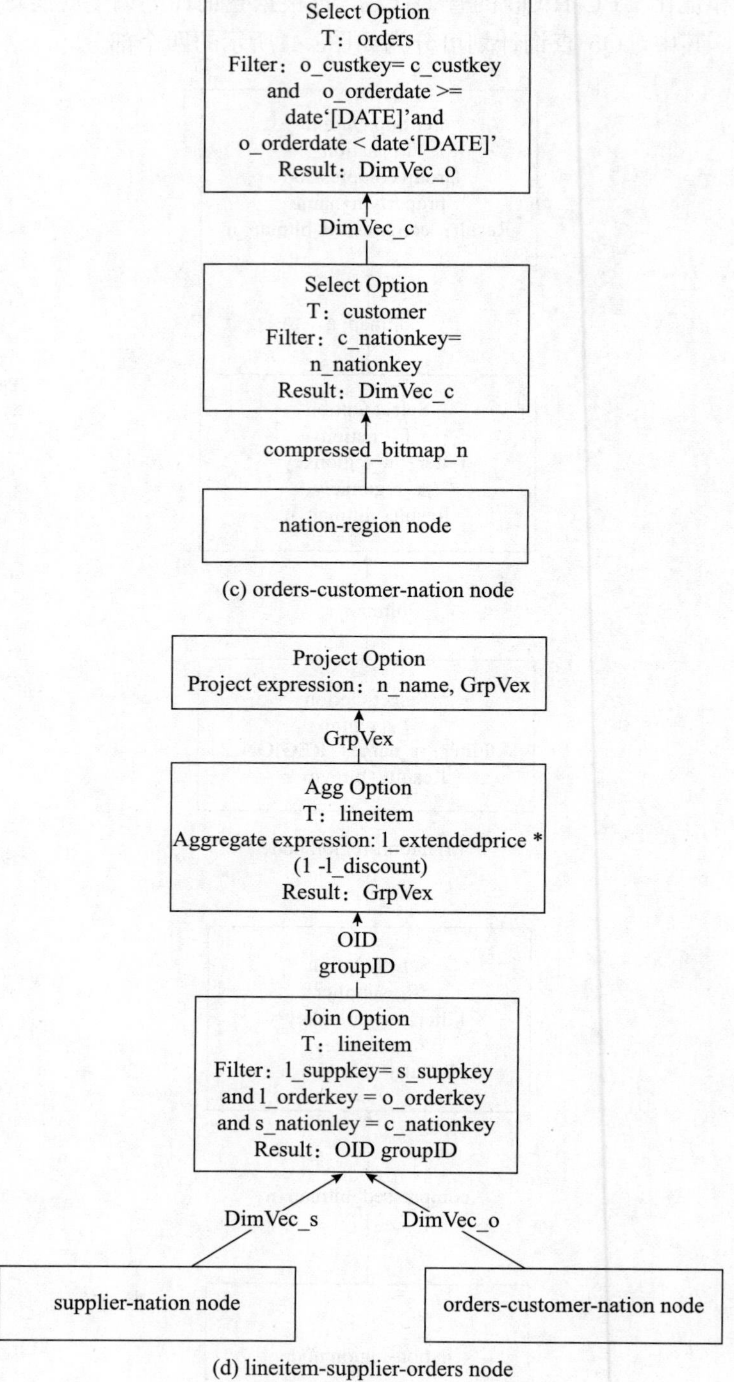
Select Option
T：orders
Filter：o_custkey= c_custkey
and o_orderdate >=
date‘[DATE]’and
o_orderdate < date‘[DATE]’
Result：DimVec_o
DimVec_c
Select Option
T：customer
Filter：c_nationkey=
n_nationkey
Result：DimVec_c
compressed_bitmap_n
nation-region node
(c) orders-customer-nation node
Project Option
Project expression：n_name, GrpVex
GrpVex
Agg Option
T：lineitem
Aggregate expression: l_extendedprice *
(1 -l_discount)
Result：GrpVex
OID
groupID
Join Option
T：lineitem
Filter：l_suppkey= s_suppkey
and l_orderkey = o_orderkey
and s_nationley = c_nationkey
Result：OID groupID
DimVec_s
DimVec_o
supplier-nation node
orders-customer-nation node
(d) lineitem-supplier-orders node

图 8.41 查询计划

下面的代码以 select option 为例展示了在 Q5 plan tree 里填充一个 node 的过程。

```
select_node[0].select_num = 1;
select_node[0].tablename = "region";
select_node[0].select_data[0].sel_col1 = &region_col_tmp;
select_node[0].select_data[0].sel_col2 = &R_NAME;
select_node[0].select_data[0].select_flag = 0;
select_node[0].select_data[0].select = select_thread_string_equal_value_AND;
select_node[0].select_data[0].pre_bmp = NULL;
select_node[0].select_data[0].res_bmp = new int[region_t->num_rows()];
memset(select_node[0].select_data[0].res_bmp, 0xff, sizeof(int) * region_t->num_rows());
select_node[0].col_length = region_t->num_rows();
```

下面的代码展示的是 Q5() 的运行结果。

```
INDIA   5.57057e+07
INDONESIA   5.67333e+07
JAPAN   4.84815e+07
CHINA   5.33876e+07
VIETNAM   5.16344e+07
```

本章小结

内存数据库的性能由核心算法性能决定，本章设计了数据库基础算子算法实现案例，介绍了内存数据库核心算法设计与优化方法，通过实践掌握内存数据访问、内存查询处理优化技术，了解内存数据库查询处理引擎的关键实现技术，并通过 GPU 查询算法案例学习面向异构平台的算法设计与优化方法。

本章提供了内存数据库基础算子实现技术和不同的优化方法，可以进一步与查询案例相结合，模拟数据库特定的查询任务，深入探索内存数据库的查询优化方法。

问题与思考

1. 安装 SQL Server、MonetDB、HeavyDB 等代表性内存数据库，设计 SSB 对比测试案例，对比不同内存数据库查询性能，分析主要的查询实现及优化技术。

2. 基于向量索引实现 SSB 完整的查询实现技术，与代表性的内存数据库进行性能对比。

3. 基于向量索引技术实现代表性 TPC-H 查询案例，根据不同的查询任务进一步探索内存查询优化技术。

本章参考文献

[1] Columnstore Indexes: Overview. https://learn.microsoft.com/en-us/sql/relational-databases/indexes/columnstore-indexes-overview?view=sql-server-ver16, 2024-09-17.

[2] Database In-Memory Guide. https://docs.oracle.com/en/database/oracle/oracle-database/12.2/inmem/in-memory-column-store-architecture.html.

[3] Monet DB. https://www.monetdb.org/.

[4] Yansong Zhang, Yu Zhang, Xuan Zhou, Jiaheng Lu. Main-memory Foreign Key Joins on Advanced Processors: Design and Re-evaluations for OLAP Workloads. Distributed Parallel Databases, 2019, 37(4): 469-506.

[5] Yansong Zhang, Xuan Zhou, Ying Zhang, Yu Zhang, Mingchuan Su, Shan Wang. Virtual Denormalization via Array Index Reference for Main Memory OLAP. IEEE Trans. Knowl. Data Eng.,2016, 28(4): 1061-1074.

[6] Zhuan Liu, Ruichen Han, Yansong Zhang, Yu Zhang, Xi Tang, Gang Deng, Tao Zhong, Roman Dementiev, Yunfei Lu, Mingjian Que: Exploring Fine-Grained In-Memory Database Performance for Modern CPUs. IEEE Trans. Parallel Distributed Syst.,2023, 34(6): 1757-1772.

[7] Heavy. AI. https://www.heavy.ai/product/heavydb.

[8] Yansong Zhang, Yu Zhang, Shan Wang, Jiaheng Lu. Fusion OLAP: Fusing the Pros of MOLAP and ROLAP Together for In-Memory OLAP. IEEE Trans. Knowl. Data Eng.,2019, 31(9): 1722-1735.

[9] Yansong Zhang, Yu Zhang, Jiaheng Lu, Shan Wang, Zhuan Liu, Ruichen Han. One Size Does Not Fit All: Accelerating OLAP Workloads with GPUs. Distributed Parallel Databases, 2020, 38(4): 995-1037.

图书在版编目（CIP）数据

内存数据库 / 张延松，王珊编著. -- 北京：中国人民大学出版社，2025. 3. -- ISBN 978-7-300-33596-4

I. TP333.1

中国国家版本馆CIP数据核字第20255VP270号

内存数据库

张延松　王　珊　编著

Neicun Shujuku

出版发行	中国人民大学出版社		
社　　址	北京中关村大街 31 号	**邮政编码**	100080
电　　话	010–62511242（总编室）		010–62511770（质管部）
	010–82501766（邮购部）		010–62514148（门市部）
	010–62515195（发行公司）		010–62515275（盗版举报）
网　　址	http:// www. crup. com. cn		
经　　销	新华书店		
印　　刷	天津鑫丰华印务有限公司		
开　　本	787 mm × 1092 mm　1/16	**版　　次**	2025 年 3 月第 1 版
印　　张	31.75 插页 1	**印　　次**	2025 年 3 月第 1 次印刷
字　　数	708 000	**定　　价**	96.00 元

中国人民大学出版社　理工出版分社

教师教学服务说明

中国人民大学出版社理工出版分社以出版经典、高品质的统计学、数学、心理学、物理学、化学、计算机、电子信息、人工智能、环境科学与工程、生物工程、智能制造等领域的各层次教材为宗旨。

为了更好地为一线教师服务，理工出版分社着力建设了一批数字化、立体化的网络教学资源。教师可以通过以下方式获得免费下载教学资源的权限：

★ 在中国人民大学出版社网站 www.crup.com.cn 进行注册，注册后进入“会员中心”，在左侧点击“我的教师认证”，填写相关信息，提交后等待审核。我们将在一个工作日内为您开通相关资源的下载权限。

★ 如您急需教学资源或需要其他帮助，请加入教师 QQ 群或在工作时间与我们联络。

中国人民大学出版社　理工出版分社

教师 QQ 群： 229223561(统计2组) 982483700(数据科学) 361267775(统计1组)
教师群仅限教师加入，入群请备注（学校+姓名）

联系电话： 010-62511967，62511076

电子邮箱： lgcbfs@crup.com.cn

通讯地址： 北京市海淀区中关村大街 31 号中国人民大学出版社 507 室（100080）